Atmosphärendynamik

Ulrich Achatz

Atmosphärendynamik

Illustrationen von Martin Lay

 Springer Spektrum

Ulrich Achatz
Institut für Atmosphäre und Umwelt
Goethe Universität
Frankfurt am Main, Hessen, Deutschland

ISBN 978-3-662-63779-1   ISBN 978-3-662-63780-7   (eBook)
https://doi.org/10.1007/978-3-662-63780-7

Die Deutsche Nationalbibliothek verzeichnet diese Publikation in der Deutschen Nationalbibliografie; detaillierte bibliografische Daten sind im Internet über http://dnb.d-nb.de abrufbar.

Illustrationen: Martin Lay, Breisach

Planung: Simon Shah-Rohlfs
Springer Spektrum ist ein Imprint der eingetragenen Gesellschaft Springer-Verlag GmbH, DE und ist ein Teil von Springer Nature.
Die Anschrift der Gesellschaft ist: Heidelberger Platz 3, 14197 Berlin, Germany

Einleitung

Dynamik ist immer noch eine der wesentlichen Grundlagen der Atmosphärenwissenschaften. Sie vermittelt das Grundverständnis für die Bewegungen in und die thermodynamische Entwicklung der Atmosphäre. Wer auch immer mit der Weiterentwicklung von numerischer Wettervorhersage und Klimamodellierung beschäftigt ist, benötigt dieses Wissen als unerlässliche Grundlage. Dieses Buch befasst sich ausschließlich mit der Dynamik der trockenen Atmosphäre. Wolken und Niederschlag füllen eigene Bände. Dies gilt ebenso für Strahlungsprozesse und den Austausch der Atmosphäre mit dem festen Boden und den Ozeanen. Das Buch diskutiert, welche grundlegenden Gesetze und Gleichungen die Entwicklung von Wind, Temperatur, Druck und Dichte bestimmen, und was der Grund für die charakteristischen entsprechenden Verteilungen und Strukturen ist, die wir in der Atmosphäre antreffen. Grundlegende Gleichgewichte werden diskutiert, die auf der Wetterkarte sehr deutlich sichtbar sind. Die Natur verwirbelter Strömungen wird beschrieben, die im Wetter der mittleren Breiten allgegenwärtig sind. Die Dynamik von Wellen wird als wesentlicher Eckstein eingeführt und entwickelt. Die quasigeostrophische Theorie hilft uns, die Natur und den Ursprung extratropischen Wetters zu verstehen. Ein Ausflug in die Dynamik der planetaren Grenzschicht wird angeboten, und schließlich mehrere Kapitel zur Wechselwirkung von Wellen und mittleren Strömungen, einschließlich der mittleren Zirkulation.

Der Text ist über die Jahre aus Vorlesungen entstanden, die ich an der Goethe Universität in Frankfurt gegeben habe. Kap. 1–7 als Pflicht und Kap. 8–9 als Wahlangebot enthalten Material aus dem Studiengang BSc Meteorologie, während das Kap. 10 zu Schwerewellen eine Vorlesung aus dem MSc Meteorologie ist. Dabei ist mir die Entwicklung eines intuitiven Verständnisses genauso wichtig wie die Anwendung und Übung der mathematischen Werkzeuge, die unsere Sprache formen. Einige Anhänge beschreiben verschiedene entsprechende Details, und ich habe versucht die Sprünge zwischen den einzelnen Gleichungen so kurz wie möglich zu halten. Es bleibt zu hoffen, dass Leser diesen Ansatz hilfreich finden.

Der Anfang zu allen Kapiteln waren Vorlesungsskripte, zu denen ich zahlreiche wichtige Kommentare von Studierenden und Kollegen erhalten habe. Diese haben

wesentlich geholfen, die Skripte zu erstellen und verbessern, und auch alle möglichen Fehler darin zu beseitigen. In dieser Hinsicht möchte ich besonders Gergely
Bölöni, Sebastian Borchert, Stamen Dolaptchiev, Markus Ernst, Elena Gagarina, Mark
Fruman, Magnus Heinz, Young-Ha Kim, Ulrike Löbl, Jewgenija Muraschko, Martin
Pieroth, Kristin Raykova, Bruno Ribstein, Georg Sebastian Völker und Yannik Wilhelm
erwähnen. Ihnen allen mein herzlichster Dank, insbesondere auch Young-Ha Kim für
seine Unterstützung mit verschiedenen Abbildungen aus ERA5-Daten! Darüber hinaus
bin ich Erich Becker, Oliver Bühler und Volkmar Wirth sehr zum Dank verpflichtet für
zahlreiche hilfreiche Kommentare zum Buchentwurf. Zweifelsohne wird es weiterhin
Tippfehler geben, und auch die gesamte Darstellung ist bestimmt noch verbesserungs-
fähig. Für entsprechende Kommentare bin ich stets dankbar.

Inhaltsverzeichnis

Die Grundgleichungen der atmosphärischen Bewegungen

Ziel dieses Kapitels ist die Ableitung der Grundgleichungen, welche die Prognose von Wind und Dichte aus vorgegebenen entsprechenden Anfangsbedingungen und bekannten Verteilungen des Drucks ermöglichen. Die Grundgleichungen für die Vorhersage des Druckfelds werden später als prognostische Gleichungen für die Temperatur und die thermodynamische Zustandsgleichung bereitgestellt.

1.1 Zeitableitungen in Fluiden

1.1.1 Die Bilder von Euler und Lagrange

Grundlage der Formulierung der prognostischen Gleichungen in der Meteorologie sind zwei komplementäre Betrachtungsweisen der Entwicklung der atmosphärischen Strömung. In beiden wird das betrachtete Luftvolumen in *Fluidelemente* aufgeteilt, die als infinitesimal kleine Ansammlung von Luftteilchen angesehen werden können (Abb. 1.1). Jedes Flüssigkeitselement folgt der makroskopischen Bewegung der beteiligten Luftteilchen. Kinetische Teilchenbewegungen werden vernachlässigt. Entsprechend wird angenommen, dass die mittlere freie Weglänge der Luftmoleküle klein gegenüber allen betrachteten Längenskalen ist, auch im Verlauf aller differenziellen Grenzwertbildungen. Nicht vernachlässigbare Auswirkungen der Gas- und Flüssigkeitskinetik werden über makroskopisch formulierte Reibungs- und Diffusionsterme beschrieben. In Konsequenz der o. g. Grundgedanken haben die Fluidelemente folgende Eigenschaften:

- Sie sind infinitesimal klein.
- Die Masse jedes Fluidelements ist erhalten.

© Springer-Verlag GmbH Deutschland, ein Teil von Springer Nature 2022
U. Achatz, *Atmosphärendynamik,* https://doi.org/10.1007/978-3-662-63780-7_1

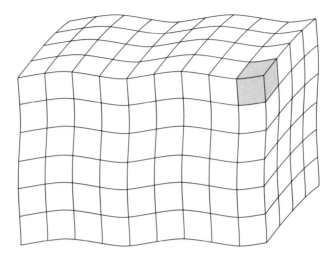

Abb. 1.1 Die Aufteilung eines Luftvolumens in infinitesimal kleine Fluidelemente.

Darüber hinaus ist jedes Fluidelement Träger verschiedener von der Zeit t abhängiger quantitativer Eigenschaften, wie z. B.

- Ort $\mathbf{x}(t)$,
- Geschwindigkeit $\mathbf{v}(t)$,
- Dichte $\rho(t)$,
- Temperatur $T(t)$ und
- anderer Eigenschaften wie Feuchte, Spurenstoffkonzentrationen etc.

Die Strömungsbeschreibung nach Lagrange

Im Lagrange-Bild werden die *einzelnen Fluidelemente mit ihren Eigenschaften in ihrer Bewegung verfolgt*. Dies ist aufgrund der großen, im Prinzip unendlichen, Zahl von Fluidelementen aufwendig, findet aber näherungsweise in verschiedenen Modellbeschreibungen der Atmosphäre Anwendung (Abb. 1.2). Der Ansatz ist jedoch insbesondere konzeptionell wichtig als Basis der Formulierung der grundlegenden Bewegungsgleichungen. Dies beruht darauf, dass die grundlegenden physikalischen Gesetze in der Regel das Verhalten von Fluidelementen als den denkbar kleinsten Materieeinheiten unter Beeinflussung durch äußere Kräfte und Flüsse beschreiben.

Die Strömungsbeschreibung nach Euler

Meistens ist der Betrachter daran interessiert, wie die zeitliche Entwicklung von Wind, Temperatur etc. an einem *festen Ort* ist. Dies ist die Betrachtungsweise nach Euler. Die quantitativ zu beschreibenden Strömungseigenschaften werden demnach nicht einzelnen

Abb. 1.2 Illustration der Ergebnisse eines Modells, das eine Lagrange-artige Strömungsbeschreibung verwendet. Man beachte die finiten Fluidelemente, die im Modell mit ihrer (potentiellen) Temperatur in der Zeit verfolgt werden. Abbildung aus McKenna et al. (2002).

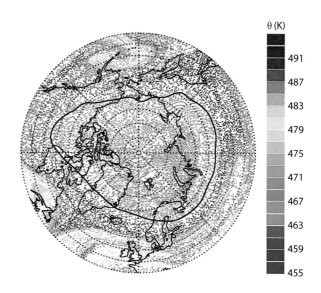

θ (K)

491
487
483
479
475
471
467
463
459
455

Fluidelementen zugeordnet, sondern als von Ort und Zeit abhängige Felder definiert, also z. B.

- Geschwindigkeit $\mathbf{v}(\mathbf{x}, t)$,
- Dichte $\rho(\mathbf{x}, t)$,
- Temperatur $T(\mathbf{x}, t)$ etc.

Dies ist z. B. auch die jedem aus der Wetterkarte bekannte Betrachtungsweise der Atmosphäre (Abb. 1.3).

1.1.2 Die materielle Ableitung einer Fluideigenschaft

Die materielle Ableitung eines Skalars

Da die grundlegenden Gesetzmäßigkeiten der Physik das Verhalten von einzelnen Flüssigkeitselementen beschreiben, benötigt man für eine Euler-artige Beschreibung der Orts- und Zeitentwicklung einer Strömung eine Übersetzungsmöglichkeit aus dem Lagrange-Bild. Diese wird durch die *materielle Ableitung* ermöglicht. Der zugehörige Operator löst folgendes Problem: *Gegeben sei ein Feld* $\Phi(\mathbf{x}, t)$ *gemäß Euler. Was ist dann an einem vorgegebenen Ort* $\mathbf{x}_0$ *die Zeitableitung von* Φ *längs der Bewegung des Fluidelements, das sich zur Zeit* t *am Ort* $\mathbf{x}(t) = \mathbf{x}_0$ *befindet?* Dazu berechnet man zunächst die infinitesimale Änderung von Φ am Ort des Fluidelements, d. h. von $(t) = \Phi[\mathbf{x}(t), t]$, zustande kommend durch die zeitliche Änderung am Ort $\mathbf{x}_0$ und die Ortsänderung des Fluidelements, also

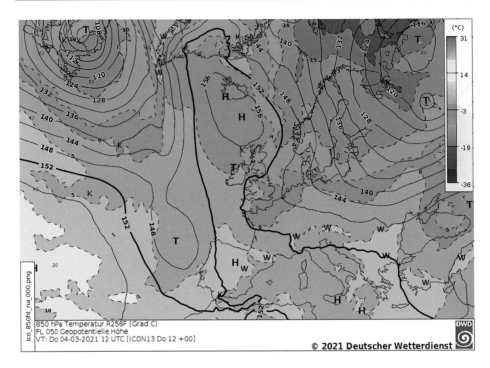

Abb. 1.3 Die ortsabhängige Verteilung der Temperatur über Europa (auf dem 850-mb-Druckniveau) zu einem festen Zeitpunkt, als Beispiel einer Feldgröße im Sinne eines Euler-Bildes. (Quelle: Deutscher Wetterdienst).

$$\delta\tilde{\Phi} = \frac{\partial\Phi}{\partial t}(\mathbf{x}_0, t)\,\delta t + \frac{\partial\Phi}{\partial x}(\mathbf{x}_0, t)\,\delta x + \frac{\partial\Phi}{\partial y}(\mathbf{x}_0, t)\,\delta y + \frac{\partial\Phi}{\partial z}(\mathbf{x}_0, t)\,\delta z \qquad (1.1)$$

Division durch das Zeitinkrement δt liefert im Grenzfall $\delta t \to 0$

$$\frac{d\tilde{\Phi}}{dt} = \frac{\partial\Phi}{\partial t} + \frac{d\mathbf{x}}{dt}\cdot\nabla\Phi \qquad (1.2)$$

Die Ortsänderung des Fluidelements ist durch das lokale Geschwindigkeitsfeld gegeben, d. h.

$$\frac{d\mathbf{x}}{dt} = \mathbf{v}(\mathbf{x}_0, t) \qquad (1.3)$$

so dass man die materielle Ableitung von Φ erhält:

$$\frac{D\Phi}{Dt} = \frac{\partial \Phi}{\partial t} + \mathbf{v} \cdot \nabla \Phi \tag{1.4}$$

Andere geläufige Bezeichnungen für die materielle Ableitung sind die der *advektiven* bzw. *Lagrange*-Ableitung.

Die materielle Ableitung eines Vektorfelds
Die materielle Ableitung der kartesischen Komponenten eines Vektorfelds $\mathbf{b} = b_x \mathbf{e}_x + b_y \mathbf{e}_y + b_z \mathbf{e}_z$ verläuft völlig analog wie bei einem Skalarfeld. Also ist z. B.

$$\frac{Db_x}{Dt} = \frac{\partial b_x}{\partial t} + (\mathbf{v} \cdot \nabla) b_x \tag{1.5}$$

so dass zusammenfassend

$$\frac{D\mathbf{b}}{Dt} = \frac{\partial \mathbf{b}}{\partial t} + (\mathbf{v} \cdot \nabla) \mathbf{b} \tag{1.6}$$

1.1.3 Die materielle Ableitung von Volumenintegralen

Die materielle Ableitung eines Volumens
In verschiedenen Anwendungen wird auch ein finites materielles Volumenelement zu betrachten sein, das aus fest zugeordneten Fluidelementen besteht. Die Form des Volumenelements ändert sich, ebenso wie das Volumen selbst, mit der Bewegung der Flüssigkeitelemente (Abb. 1.4). Was ist die zeitliche Ableitung des Volumens?

Eine Volumenänderung kommt durch die Verschiebung der Fluidelemente an der Oberfläche zustande. Zur Berechnung zerlegen wir die Geschwindigkeit durch die entsprechenden infinitesimal kleinen Oberflächenelemente mit der Fläche dS in $\mathbf{v} = \mathbf{v}_n + \mathbf{v}_t$. Dabei ist $\mathbf{v}_n$ die Normalkomponente parallel zum Lot der Fläche, $\mathbf{v}_t$ die übrige Tangentialkomponente (Abb. 1.5). Letztere bewirkt eine Verschiebung des Flächenelements auf der Volumenoberfläche. Dies führt zu keiner Volumenänderung. Die Normalkomponente hingegen bewirkt eine Volumenänderung

Abb. 1.4 Zweidimensionale Illustration eines materiellen Volumens. Es ändert Form und Volumen mit der Bewegung der zugehörigen Fluidelemente.

Abb. 1.5 Veranschaulichung
der Volumenänderung eines
materiellen Volumens aufgrund
der Normalbewegung eines
infinitesimal kleinen
Oberflächenelements. Der
lokale Geschwindigkeitsvektor
am Ort des
Oberflächenelements wird in
Tangential- und
Normalkomponente zerlegt.
Nur die Normalkomponente
trägt zur Volumenänderung bei.

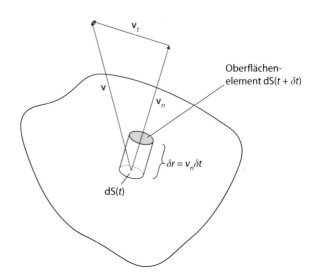

$$\delta\, dV = dS \delta r \tag{1.7}$$

wobei $\delta r = v_n \delta t$ die Strecke in oder gegen die Normalrichtung ist, um die das Oberflächenelement in der Zeit δt bewegt wird. Diese ist proportional zu der Geschwindigkeitsprojektion
$v_n = \mathbf{n} \cdot \mathbf{v}$ auf den nach außen gerichteten Normalvektor $\mathbf{n}$, die bei nach außen gerichteter
Bewegung positiv, sonst negativ ist. Mit $d\mathbf{S} = \mathbf{n}dS$ erhält man somit

$$\delta\, dV = d\mathbf{S} \cdot \mathbf{v}\delta t \tag{1.8}$$

Die gesamte Volumenänderung ergibt sich durch Summation, d.h. Integration, über alle
Oberflächenelemente

$$\delta V = \int_S \mathbf{v} \cdot d\mathbf{S}\delta t \tag{1.9}$$

Division durch das Zeitinkrement liefert im Grenzfall $\delta t \to 0$ die materielle Ableitung des
Volumens

$$\frac{D}{Dt} \int_V dV = \int_S \mathbf{v} \cdot d\mathbf{S} \tag{1.10}$$

Anwendung des Integralsatzes von Gauß (Anhang 11.1.2) ergibt schließlich

$$\frac{D}{Dt} \int_V dV = \int_V \nabla \cdot \mathbf{v}\, dV \tag{1.11}$$

Der Grenzwert $V \to \Delta V \to 0$ liefert die Volumenänderung für ein einzelnes Fluidelement

$$\frac{D}{Dt}\Delta V = \Delta V\, \nabla \cdot \mathbf{v} \tag{1.12}$$

Damit ist die Volumenänderungsrate für ein einzelnes Fluidelement:

$$\lim_{\Delta V \to 0} \frac{1}{\Delta V}\frac{D\Delta V}{Dt} = \nabla \cdot \mathbf{v} \tag{1.13}$$

Die materielle Ableitung des Integrals einer volumenspezifischen Größe

Für die materielle Ableitung des Produkts einer beliebigen skalaren Strömungseigenschaft ξ, z. B. einer volumenspezifischen Größe wie der relativen Feuchte, mit dem Volumen eines Fluidelements erhält man mittels (1.12)

$$\frac{D}{Dt}(\xi\,\Delta V) = \xi\frac{D\Delta V}{Dt} + \Delta V\frac{D\xi}{Dt} = \Delta V\left(\xi\nabla \cdot \mathbf{v} + \frac{D\xi}{Dt}\right) \tag{1.14}$$

Das Integral über ein finites materielles Volumen liefert

$$\frac{D}{Dt}\int_V dV\,\xi = \int_V dV\left(\xi\nabla \cdot \mathbf{v} + \frac{D\xi}{Dt}\right) \tag{1.15}$$

Zum Vergleich: Die *Euler'sche* Ableitung wäre eine Ableitung für ein ortsfestes Volumenelement mit variabler Zusammensetzung aus den beitragenden Fluidelementen, also

$$\frac{d}{dt}\int dV\,\xi = \int dV\frac{\partial\xi}{\partial t} \tag{1.16}$$

Die materielle Ableitung des Integrals einer massenspezifischen Größe

Betrachten wir schließlich das Produkt einer anderen skalaren Strömungseigenschaft q, z. B. einer massenspezifischen Größe wie der relativen Feuchte, mit Dichte und Volumen eines Fluidelements, so erhalten wir

$$\frac{D}{Dt}(\Delta V\rho q) = \rho\Delta V\frac{Dq}{Dt} + q\frac{D}{Dt}(\rho\Delta V) \tag{1.17}$$

$\Delta M = \rho\Delta V$ aber ist die zeitlich unveränderliche Masse des Fluidelements, so dass der zweite Term auf der rechten Seite verschwindet. Die Integration über alle Fluidelemente ergibt schließlich

$$\frac{D}{Dt}\int_V dV\,\rho q = \int_V dV\,\rho\frac{Dq}{Dt} \tag{1.18}$$

Die Zeitableitung nach Euler wäre zum Vergleich

$$\frac{d}{dt} \int_V dV \rho q = \int_V dV \frac{\partial}{\partial t} (\rho q) \tag{1.19}$$

1.1.4 Zusammenfassung

- In der Theorie von Strömungen stehen zwei Beschreibungsweisen komplementär nebeneinander: Im *Lagrange*-Bild werden die einzelnen *Fluidelemente* betrachtet. Sie werden charakterisiert durch ihren Ort, ihre Geschwindigkeit, ihre erhaltene Masse und ihre thermodynamischen Eigenschaften. Das *Euler*-Bild hat als Perspektive die des ortsfesten Betrachters, der an sich verschiedene Fluidelemente vorbeibewegen sieht und so eine Veränderung von Windgeschwindigkeit, Dichte und Druck oder Temperatur beobachtet.
- Die *materielle Ableitung* stellt das Bindeglied zwischen den beiden Betrachtungsweisen dar. Mit ihrer Hilfe lässt sich aus den orts- und zeitabhängigen Feldern des Euler-Bildes die Zeitableitung aller Größen aus der Sicht genau desjenigen Fluidelements berechnen, das zur vorgegebenen Zeit einen vorgegebenen Ort passiert.
- Ein *materielles Volumen* ist ein zeitabhängiges Volumen, das immer die gleichen Flüssigkeitselemente enthält. Die zeitliche Änderung der integralen Eigenschaften eines solchen Volumens, ebenfalls als materielle Ableitung bezeichnet, lässt sich mittels der oben definierten lokalen materiellen Ableitung bestimmen.

1.2   Die Kontinuitätsgleichung

Die erste der zentralen Bewegungsgleichungen, die wir ableiten wollen, ist die Kontinuitätsgleichung. Diese prognostische Gleichung für die Dichte ist eine direkte Konsequenz der Massenerhaltung für einzelne Fluidelemente. Zur weiteren Veranschaulichung der beiden Sichtweisen der Strömungsdynamik mit ihren Stärken und Schwächen soll eine Herleitung sowohl nach Euler als auch nach Lagrange gegeben werden.

1.2.1   Euler'sche Herleitung

In der Sichtweise nach Euler ist ein *raumfestes* Volumen in seiner Bilanz aus Massenzufluss oder Massenabfluss und Dichteänderung zu betrachten: Zur Bestimmung der Massenänderung muss die Masse der einzelnen Fluidelemente bestimmt werden, die in der inkrementellen Zeit δt durch die Volumenoberfläche treten. Das Volumen des Fluidelements, das (bei $v_n > 0$) das Volumen durch das infinitesimale Oberflächenelement dS verlässt (Abb. 1.6), ist ähnlich wie in (1.8)

Abb. 1.6 Veranschaulichung des Volumens eines Fluidelements, das in der infinitesimalen Zeit δt durch die Oberfläche dS eines raumfesten Volumens tritt.

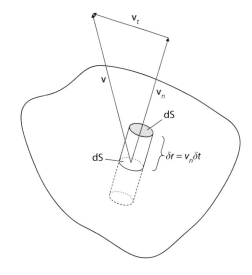

$$\delta\, dV = \delta r\, dS = \mathbf{v} \cdot d\mathbf{S}\, \delta t \tag{1.20}$$

Der damit verbundene Massenverlust ist

$$\delta\, dM = -\rho\, \delta\, dV = -\rho\mathbf{v} \cdot d\mathbf{S}\, \delta t \tag{1.21}$$

also pro Zeit das negative Skalarprodukt des Massenflusses $\rho\mathbf{v}$ mit dem Oberflächenvektor $d\mathbf{S}$. Bei Masseneintritt ($v_n < 0$) gilt die gleiche Beziehung. Integriert über die ganze Oberfläche erhält man die gesamte Massenänderung:

$$\delta M = -\int_S \rho\mathbf{v} \cdot d\mathbf{S}\, \delta t = -\int_V dV\, \nabla \cdot (\rho\mathbf{v})\, \delta t \tag{1.22}$$

Andererseits ist aber auch direkt

$$\delta M = \delta t\, \frac{d}{dt} \int dV\, \rho = \delta t \int_V dV\, \frac{\partial \rho}{\partial t} \tag{1.23}$$

Folglich gilt

$$\int_V dV \left[\frac{\partial \rho}{\partial t} + \nabla \cdot (\rho\mathbf{v}) \right] = 0 \tag{1.24}$$

Dies gilt aber für beliebige Volumina, auch für ein infinitesimal kleines Kontrollvolumen. Damit erhält man

$$\frac{\partial \rho}{\partial t} + \nabla \cdot (\rho \mathbf{v}) = 0 \qquad (1.25)$$

Dies ist die gesuchte Kontinuitätsgleichung.

1.2.2 Lagrange-Herleitung mittels der materiellen Zeitableitung

Die Ableitung der Kontinuitätsgleichung im Lagrange-Bild ist nach den entsprechenden Vorarbeiten wesentlich eleganter. Verwendung von $\xi = \rho$ in (1.15) liefert für ein *materielles Volumen*

$$\frac{D}{Dt} \int_V dV \rho = \int_V dV \left(\rho \nabla \cdot \mathbf{v} + \frac{D\rho}{Dt} \right) \qquad (1.26)$$

Die linke Seite aber verschwindet wegen der Massenerhaltung, also ist

$$\int_V dV \left(\rho \nabla \cdot \mathbf{v} + \frac{D\rho}{Dt} \right) = 0 \qquad (1.27)$$

Wiederum gilt dies für beliebige Kontrollvolumina, so dass

$$\frac{D\rho}{Dt} + \rho \nabla \cdot \mathbf{v} = 0 \qquad (1.28)$$

Es ist ein Leichtes zu zeigen, dass dies mit (1.25) identisch ist.

1.2.3 Zusammenfassung

Die Kontinuitätsgleichung folgt aus dem elementaren Prinzip der Massenerhaltung. Man kann sie auf zwei Arten herleiten:

- Im Euler-Bild wird ein ortsfestes Volumen betrachtet. Die Massenerhaltung fordert, dass die Veränderung der enthaltenen Masse mit den Massenflüssen durch die Oberfläche des Volumens konsistent ist.
- Im Lagrange-Bild betrachtet man ein materielles Volumen. Da seine Masse erhalten ist, folgt die Kontinuitätsgleichung direkt aus dem Verschwinden der entsprechenden materiellen Ableitung.

Die Kontinuitätsgleichung ist ein elementarer Baustein in der Prognose der Entwicklung der Strömung.

1.3   Die Impulsgleichung

Die zweite wesentliche Gleichung zur Prognose der Atmosphäre ist die Impulsgleichung. Für vorgegebene Felder von Druck, Dichte und Winden berechnet sie die Zeitableitung der Windfelder. Dazu ist die Beschleunigung der einzelnen Fluidelemente zu betrachten. Diese ergibt sich aus der Summe der wirkenden Kräfte. Dabei ist zu unterscheiden zwischen *Volumenkräften*, wie z. B. der Schwerkraft oder den rotationsbedingten Scheinkräften, und *Oberflächenkräften*. Zu Letzteren gehören die Druckgradientenkraft und die Reibungskräfte. Im Folgenden soll die mathematische Beschreibung der Wirkung dieser Kräfte auf das Wind-, d. h. Geschwindigkeitsfeld, der Atmosphäre gegeben werden.

1.3.1   Die Volumenkräfte

Volumenkräfte beeinflussen die Bewegung eines Fluidelements nicht über seine Oberfläche (mittels entsprechender Impulsflüsse), sondern wirken volumenimmanent. Die materielle Ableitung des Impulses $\int_V dV \rho \mathbf{v}$ eines materiellen Volumens ist gegeben durch das Volumenintegral einer entsprechenden Kraftdichte. Letztere ist z. B. im Fall der Schwerkraft $\mathbf{f} = \Delta M \mathbf{g}/\Delta V = \rho \mathbf{g}$, wobei $\mathbf{g}$ die örtlich wirkende Erdbeschleunigung ist. In anderen Worten: Die materielle Impulsableitung für ein einzelnes Fluidelement ist in Abwesenheit von anderen Kräften

$$\frac{D}{Dt}(\Delta M \mathbf{v}) = \mathbf{f} \Delta V \tag{1.29}$$

wobei $\mathbf{f}$ die Kraft pro Volumen ist. Wegen $\Delta M = \rho \Delta V$ wird dies zu

$$\frac{D}{Dt}(\Delta V \rho \mathbf{v}) = \mathbf{f} \Delta V \tag{1.30}$$

oder integriert über ein aus mehreren Fluidelementen bestehendes materielles Volumen

$$\frac{D}{Dt}\int_V dV \rho \mathbf{v} = \int_V \mathbf{f} dV \tag{1.31}$$

Zuhilfenahme von (1.18) liefert

$$\int_V dV \rho \frac{D\mathbf{v}}{Dt} = \int_V \mathbf{f} dV \tag{1.32}$$

Das betrachtete materielle Volumen aber ist beliebig, so dass gelten muss:

$$\rho \frac{D\mathbf{v}}{Dt} = \mathbf{f} \tag{1.33}$$

1.3.2 Oberflächenkräfte (1): Die Druckgradientenkraft

Im Gegensatz zu den Volumenkräften greifen die Oberflächenkräfte an der Oberfläche eines materiellen Volumens an. Die Gesamtkraft ergibt sich über Aufsummierung, d. h. Integration, der an den einzelnen Oberflächenelementen wirkenden Teilkräfte. Oberflächenkräfte sind das Ergebnis kinetischer Bewegungen der molekularen Komponenten der einzelnen Fluidelemente. Paradebeispiel dafür ist die Kraft, die durch die Einwirkung äußeren Drucks entsteht. Die thermische Bewegung der Luftmoleküle führt zu Stößen zwischen den Luftmolekülen benachbarter Fluidelemente und einem damit verbundenen Impulsübertrag. Im besonderen Fall des Drucks wird die Kraft normal zur jeweiligen Kontaktfläche berechnet. Betrachten wir die Teilkraft auf ein materielles Volumen, die in Abb. 1.7 durch Angreifen des Druck auf das Oberflächenelement $d\mathbf{S}$ entsteht. Sie ist

$$d\mathbf{f} = -p d\mathbf{S} \tag{1.34}$$

Die Gesamtkraft auf das Volumen ergibt sich als Integral über die ganze Oberfläche, d. h.

$$\frac{D}{Dt} \int_V dV \rho \mathbf{v} = - \int_S p d\mathbf{S} \tag{1.35}$$

Betrachten wir nun die Impulsänderung in x-Richtung. Sie ist gegeben durch

$$\frac{D}{Dt} \int_V dV \rho v_x = - \int_S p\, dS_x = - \int_S (p,0,0) \cdot d\mathbf{S} \tag{1.36}$$

Anwendung des Integralsatzes von Gauß liefert

$$\frac{D}{Dt} \int_V dV \rho v_x = - \int_V \nabla \cdot \begin{pmatrix} p \\ 0 \\ 0 \end{pmatrix} dV = - \int_V \frac{\partial p}{\partial x} dV \tag{1.37}$$

Nach analogen Rechnungen für die beiden anderen Raumrichtungen erhält man

Abb. 1.7 Die durch den äußeren Druck erzeugte Kraft $d\mathbf{f}$ auf ein Oberflächenelement $d\mathbf{S}$.

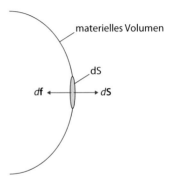

$$\frac{D}{Dt} \int_V dV \rho \mathbf{v} = - \int_V dV \, \nabla p \qquad (1.38)$$

Die Anwendung von (1.18) und die Berücksichtigung der Tatsache, dass das Ergebnis für beliebige Kontrollvolumina gelten muss, führt schließlich zu

$$\rho \frac{D\mathbf{v}}{Dt} = -\nabla p \qquad (1.39)$$

Die Kraft auf ein Fluidelement ergibt sich also aus dem Gradienten des Druckfelds.

1.3.3   Oberflächenkräfte (2): Die Reibungskraft

Die konzeptionell schwierigere, aber in wesentlichen Belangen nicht minder wichtige der beiden Oberflächenkräfte ist die Reibungskraft. Zur besseren Veranschaulichung seien in Abb. 1.8 zwei benachbarte Fluidelemente betrachtet, die sich in gleicher Richtung bewegen (hier der x-Richtung), aber mit verschiedener Geschwindigkeit. An der Grenzfläche tauschen Moleküle aufgrund ihrer kinetischen Bewegung Impuls aus, so dass auch zwischen den Fluidelementen ein solcher Impulsaustausch stattfindet. Die entstehende Reibungskraft F_x in x-Richtung ist über die Anzahl der stoßenden Teilchen proportional zur Kontaktfläche A. Über den im Mittel bei jedem Stoß ausgetauschten Impuls ist sie außerdem proportional zur Geschwindigkeitsdifferenz zwischen beiden Fluidelementen, also zum lokalen Geschwindigkeitsgradienten $\partial v_x / \partial z$ normal zur Kontaktfläche, hier in z-Richtung. Wir schreiben also

$$F_x = A \, \eta \, \frac{\partial v_x}{\partial z} \qquad (1.40)$$

Abb. 1.8 Die Relativbewegung ($v_{x1} \neq v_{x2}$) zweier benachbarter Fluidelemente erzeugt Reibung.

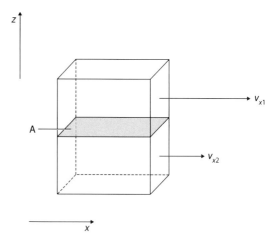

Der Proportionalitätskoeffizient η ist die *dynamische Viskosität*. Die *Schubspannung* $\eta \partial v_x / \partial z$ gibt den Impulsfluss (von Impuls in x-Richtung) durch die Kontaktfläche an (also in z-Richtung).

Betrachten wir nun in Anlehnung an das eben diskutierte Beispiel den allgemeinen Fall von Bewegungen in beliebigen Richtungen und beliebig ausgerichteten Kontaktflächen. Der allgemeinste Ansatz für eine aus Impulsflüssen resultierende Oberflächenkraft (einschließlich der resultierend aus dem Druck) ist

$$\frac{D}{Dt} \int_V dV \rho v_i = - \int_S \mathbf{\Pi}_i \cdot d\mathbf{S} \tag{1.41}$$

Hierbei bezeichnet der Index i eine der drei Raumrichtungen. $\mathbf{\Pi}_i$ ist der vektorielle Fluss der i-ten Impulskomponente in alle drei Raumrichtungen. Mit dem Satz von Gauß und der Differentiationsregel (1.18) ergibt sich

$$\int_V dV \rho \frac{Dv_i}{Dt} = - \int_V dV \nabla \cdot \mathbf{\Pi}_i \tag{1.42}$$

Führen wir nun noch den *Spannungstensor* $\Sigma_{ij} = -\Pi_{ij}$ ein, so erhalten wir

$$\rho \frac{Dv_i}{Dt} = \frac{\partial \Sigma_{ij}}{\partial x_j} \tag{1.43}$$

da die Impulsbilanz wiederum für beliebige Kontrollvolumina gelten muss. Hier soll wie im Rest des Textes die Einstein'sche Summenkonvention verwendet werden, derzufolge über doppelt auftretende Indizes summiert wird. Der Druckanteil im Spannungstensor lässt sich mittels

$$\Sigma_{ij} = -\delta_{ij} p + \sigma_{ij} \tag{1.44}$$

abseparieren, so dass

$$\rho \frac{Dv_i}{Dt} = -\frac{\partial p}{\partial x_i} + \frac{\partial \sigma_{ij}}{\partial x_j} \tag{1.45}$$

Hierbei ist σ der *viskose Spannungstensor.*

Die bisherige Formulierung ist sehr allgemein. Es stellt sich nun die Frage, wie σ_{ij} aussehen kann. Zunächst ist klar, dass der viskose Spannungstensor eine Funktion der Gradienten des Geschwindigkeitsfelds sein muss, die verschwindet, wenn alle Gradienten null sind. Darauf aufbauend verwenden wir den *Ansatz,* dass der viskose Spannungstensor eine *lineare* Funktion der Geschwindigkeitsgradienten sein soll, d. h.

$$\sigma_{ij} = s_{ijkl} \frac{\partial v_k}{\partial x_l} \tag{1.46}$$

Darin sind die s_{ijkl} Koeffizienten, die im Weiteren noch zu spezifizieren sind. Dabei sind uns Symmetrieüberlegungen von Nutzen.

Zunächst sei angenommen, dass die kinetischen Bewegungen und Stöße der Luftmoleküle nicht wesentlich durch die Schwerkraft beeinflusst werden und dass auch auf andere Weise dem Reibungsprozess, außer durch die vorherrschenden Geschwindigkeitsgradienten, keine ausgezeichnete Raumrichtung aufgeprägt wird. *Der funktionale Zusammenhang zwischen dem viskosen Spannungstensor und den Geschwindigkeitsgradienten sei damit invariant gegenüber Drehungen.* In anderen Worten, wenn σ'_{ij} die Komponenten des viskosen Spannungstensors in einem beliebig gedrehten Koordinatensystem sind, soll weiterhin gelten

$$\sigma'_{ij} = s_{ijkl} \frac{\partial v'_k}{\partial x'_l} \tag{1.47}$$

Dabei sind x'_i und v'_i die Komponenten des Orts- und Geschwindigkeitsvektors im gedrehten Koordinatensystem.

Die für uns wesentlichen Aspekte der Mathematik von Drehungen sind in Anhang B zusammengefasst. Die Abbildung zwischen den beiden Koordinatensystemen vor und nach der Drehung geschieht über

$$x'_i = R_{ij} x_j \tag{1.48}$$

$$v'_i = R_{ij} v_j \tag{1.49}$$

wobei die Drehmatrix R orthogonal ist, d. h. $(R^{-1})_{ij} = R_{ji}$. Die materielle Ableitung ändert unter Drehungen ihre Form natürlich nicht,

$$\frac{D}{Dt} = \frac{\partial}{\partial t} + v_i \frac{\partial}{\partial x_i} = \frac{\partial}{\partial t} + v'_i \frac{\partial}{\partial x'_i} \tag{1.50}$$

Mittels (1.48 und (1.49) kann man sich aber auch direkt überzeugen, dass

$$\frac{\partial}{\partial x'_i} = \frac{\partial x_j}{\partial x'_i} \frac{\partial}{\partial x_j} = (R^{-1})_{ji} \frac{\partial}{\partial x_j} \tag{1.51}$$

und deshalb, mit einer entsprechenden Umbenennung der Indizes,

$$v'_i \frac{\partial}{\partial x'_i} = R_{ik} (R^{-1})_{ij} v_k \frac{\partial}{\partial x_j} = v_i \frac{\partial}{\partial x_i} \tag{1.52}$$

Um (1.47) auszuwerten, benötigt man σ'_{ij}. Es ist

$$-\frac{\partial p}{\partial x'_i} + \frac{\partial \sigma'_{ij}}{\partial x'_j} = \rho \frac{Dv'_i}{Dt} = R_{ij} \rho \frac{Dv_i}{Dt} = R_{ij} \left(-\frac{\partial p}{\partial x_j} + \frac{\partial \sigma_{jk}}{\partial x_k} \right) \tag{1.53}$$

Analog zu (1.51) ist

$$\frac{\partial}{\partial x_i} = \frac{\partial x'_j}{\partial x_i} \frac{\partial}{\partial x'_j} = R_{ji} \frac{\partial}{\partial x'_j} \tag{1.54}$$

Unter gleichzeitiger Verwendung der Orthogonalität der Drehmatrix führt dies in (1.53) auf

$$-\frac{\partial p}{\partial x_i'} + \frac{\partial \sigma_{ij}'}{\partial x_j'} = -\frac{\partial p}{\partial x_i'} + R_{ij}R_{lk}\frac{\partial \sigma_{jk}}{\partial x_l'} = -\frac{\partial p}{\partial x_i'} + R_{im}R_{jn}\frac{\partial \sigma_{mn}}{\partial x_j'} \tag{1.55}$$

Der viskose Spannungstensor transformiert sich unter Drehungen also gemäß

$$\sigma_{ij}' = R_{im}R_{jn}\sigma_{mn} \tag{1.56}$$

Dies bedeutet mit (1.46) und (1.47), dass

$$s_{ijkl}\frac{\partial v_k'}{\partial x_l'} = R_{im}R_{jn}s_{mnpq}\frac{\partial v_p}{\partial x_q} \tag{1.57}$$

Um daraus eine Bedingung für die Koeffizienten von s ableiten zu können, benötigen wir auch auf der rechten Seite die Ableitung der gedrehten Geschwindigkeit im gedrehten Koordinatensystem. Wegen der Orthogonalität der Drehmatrix ist

$$v_p = R_{kp}v_k' \tag{1.58}$$

Außerdem verwenden wir nochmals (1.54) und erhalten schließlich

$$s_{ijkl}\frac{\partial v_k'}{\partial x_l'} = R_{im}R_{jn}R_{kp}R_{lq}s_{mnpq}\frac{\partial v_k'}{\partial x_l'} \tag{1.59}$$

Dies bedeutet, dass

$$s_{ijkl} = R_{im}R_{jn}R_{kp}R_{lq}s_{mnpq} \tag{1.60}$$

sein muss, d. h., s ist ein isotroper Tensor vierter Stufe, der unter Drehungen in sich selbst übergeht. In Anhang C wird jedoch gezeigt, dass die allgemeinste Form eines solchen Tensors durch

$$s_{ijkl} = \alpha\delta_{ij}\delta_{kl} + \beta(\delta_{ik}\delta_{jl} + \delta_{il}\delta_{jk}) + \gamma(\delta_{ik}\delta_{jl} - \delta_{il}\delta_{jk}) \tag{1.61}$$

gegeben ist, mit frei wählbaren Parametern α, β und γ. Dies setzen wir in (1.46) ein und erhalten

$$\sigma_{ij} = \alpha\delta_{ij}\frac{\partial v_k}{\partial x_k} + \beta\left(\frac{\partial v_i}{\partial x_j} + \frac{\partial v_j}{\partial x_i}\right) + \gamma\left(\frac{\partial v_i}{\partial x_j} - \frac{\partial v_j}{\partial x_i}\right) \tag{1.62}$$

Allein aus Symmetrieüberlegungen ist es gelungen, die Zahl der freien Parameter in σ von 81 auf drei zu reduzieren!

Eine weitere Überlegung eliminiert γ: Betrachten wir eine starre Rotation wie in Abb. 1.9, bei der

$$\mathbf{v}(\mathbf{x}) = \boldsymbol{\omega} \times \mathbf{x} \tag{1.63}$$

oder

$$v_i = \epsilon_{ijk}\omega_j x_k \tag{1.64}$$

mit konstanter Winkelgeschwindigkeit $\boldsymbol{\omega}$. ϵ_{ijk} ist der total antisymmetrische Tensor 3. Stufe, auch als Levi-Civita-Symbol bekannt, mit den Eigenschaften

$$\epsilon_{ijk} = \begin{cases} 0 \text{ wenn zwei Indizes identisch sind} \\ 1 \text{ wenn } ijk \text{ durch zyklische Vertauschung aus 123 hervorgehen} \\ -1 \text{ sonst} \end{cases} \tag{1.65}$$

Es ist klar, dass bei einer solchen Bewegung keine Reibungskräfte wirken dürfen. Andernfalls wäre die *Drehimpulserhaltung* verletzt. Dennoch haben wir hier einen Fall nichtverschwindender Geschwindigkeitsgradienten vorliegen. Einsetzen von (1.63) in (1.62) muss also einen verschwindenden viskosen Spannungstensor liefern. Wegen

$$\frac{\partial v_k}{\partial x_k} = \frac{\partial}{\partial x_k}(\epsilon_{klm}\omega_l x_m) = \epsilon_{klk}\omega_l = 0 \tag{1.66}$$

ist damit

$$\begin{aligned} 0 &= \beta\left[\frac{\partial}{\partial x_j}(\epsilon_{ikl}\omega_k x_l) + \frac{\partial}{\partial x_i}\left(\epsilon_{jkl}\omega_k x_l\right)\right] + \gamma\left[\frac{\partial}{\partial x_j}(\epsilon_{ikl}\omega_k x_l) - \frac{\partial}{\partial x_i}\left(\epsilon_{jkl}\omega_k x_l\right)\right] \\ &= \beta\left(\epsilon_{ikj}\omega_k + \epsilon_{jki}\omega_k\right) + \gamma\left(\epsilon_{ikj}\omega_k - \epsilon_{jki}\omega_k\right) = 2\gamma\epsilon_{ikj}\omega_k \end{aligned} \tag{1.67}$$

Dies ist nur dann für alle möglichen $\boldsymbol{\omega}$ der Fall, wenn $\gamma = 0$.

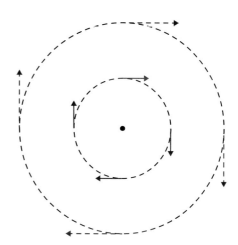

Abb. 1.9 Das Geschwindigkeitsfeld einer starren Rotation, das trotz seiner Gradienten keine Reibungskräfte verursacht.

Zu guter Letzt führen wir die übliche Schreibweise

$$\alpha = \zeta - \frac{2}{3}\eta \tag{1.68}$$

$$\beta = \eta \tag{1.69}$$

ein, so dass das endgültige Resultat für die allgemeinste Form des viskosen Spannungstensors

$$\sigma_{ij} = \eta\left(\frac{\partial v_i}{\partial x_j} + \frac{\partial v_j}{\partial x_i} - \frac{2}{3}\delta_{ij}\frac{\partial v_k}{\partial x_k}\right) + \zeta\delta_{ij}\frac{\partial v_k}{\partial x_k} \tag{1.70}$$

ist. η wird normalerweise als *dynamische Scherviskosität* bezeichnet, während ζ die *Volumenviskosität* ist.

1.3.4 Die gesamte Impulsgleichung

Wir fassen nun nochmals alle Kräfte, d. h. Volumen- und Oberflächenkräfte, zusammen und erhalten so die gesamte Impulsgleichung

$$\rho\frac{D\mathbf{v}}{Dt} = \mathbf{f} - \nabla p + \nabla \cdot \boldsymbol{\sigma} \tag{1.71}$$

wobei

$$(\nabla \cdot \boldsymbol{\sigma})_i = \frac{\partial \sigma_{ij}}{\partial x_j} \tag{1.72}$$

Häufig schreiben wir auch $\mathbf{f} = \rho\mathbf{g}$ mit der Erdbeschleunigung $\mathbf{g}$, die man wiederum ausdrücken kann als $\mathbf{g} = -\nabla\Phi$, wobei Φ das Geopotential ist.

1.3.5 Zusammenfassung

Das *zweite Newton'sche Gesetz* findet seinen Ausdruck in der Impulsgleichung. Zunächst wird im Lagrange-Bild die *Beschleunigung* eines materiellen Volumens durch die einwirkenden *Kräfte* betrachtet. Dann wird mittels der materiellen Ableitung daraus eine prognostische Gleichung für die Windfelder. Die Kräfte lassen sich in zwei Arten einteilen:

- *Volumenkräfte* wirken direkt auf die einzelnen Fluidelemente. Die Kraft, die auf ein materielles Volumen wirkt, ergibt sich als Summe dieser Kräfte auf die einzelnen Fluidelemente, also als entsprechendes Volumenintegral. Im Zusammenhang der elektrisch neutralen Luft ist die wirkende Volumenkraft die Schwerkraft.
- *Oberflächenkräfte* greifen nur an der Oberfläche eines materiellen Volumens an. Sie sind das Resultat kinetischer Molekülbewegungen, die in der makroskopischen Betrachtungsweise der Strömungsmechanik keine explizite Beschreibung finden.
  - Die *Druckkraft* entsteht aus Stößen normal zur Oberfläche. In der Impulsgleichung resultiert sie in einer Beschleunigung entgegengesetzt proportional zum Druckgradienten.
  - Die *Reibungskraft* entsteht aus Stößen, die auch eine zur Oberfläche tangentiale Komponente haben. Man verwendet den empirisch gut bestätigten Ansatz, dass der viskose Anteil des *Spannungstensors,* dem Negativen des Impulsflusstensors entsprechend, linear von den lokalen Geschwindigkeitsgradienten abhängt. Es wird weiter postuliert, dass die Reibung keine ausgezeichnete räumliche Richtung kennt, so dass der Reibungsprozess *invariant unter Drehungen* sein soll. Außerdem fordert die *Drehimpulserhaltung,* dass eine starre Rotation nicht durch Reibung beeinflusst sein soll. Diese beiden Forderungen helfen, den viskosen Spannungstensor auf einen Ausdruck zu vereinfachen, in den nur noch zwei physikalische Parameter eingehen: die Scherviskosität und die Volumenviskosität.

1.4 Die Bewegungsgleichungen im rotierenden Bezugssystem

Soweit wurden die Kontinuitäts- und Impulsgleichung für ein unbeschleunigtes Inertialsystem als Bezugssystem abgeleitet. Die Betrachterin auf der Erde aber hat eine geostationäre Perspektive, d. h., sie befindet sich in einem rotierenden Bezugssystem. Dies führt aus ihrer Sicht zum Auftreten zweier *Scheinkräfte,* der *Zentrifugalkraft* und der *Coriolis-Kraft.* Die Modifikation der Bewegungsgleichungen für diese Bedingungen und damit auch Ableitung der auftretenden Scheinkräfte ist das Ziel dieses Unterkapitels.

1.4.1 Die Zeitableitung im rotierenden Bezugssystem

Die Rotation eines beliebigen Vektors **A** mit der Winkelgeschwindigkeit $\boldsymbol{\Omega}$ erfüllt

$$\frac{d\mathbf{A}}{dt} = \boldsymbol{\Omega} \times \mathbf{A} \tag{1.73}$$

Für die Basisvektoren $\mathbf{e}_i$ eines mit der Erde rotierenden Bezugssystems gilt demnach auch

$$\frac{D\mathbf{e}_i}{Dt} = \boldsymbol{\Omega} \times \mathbf{e}_i \tag{1.74}$$

wobei hier und im Weiteren $\boldsymbol{\Omega}$ die Winkelgeschwindigkeit der Erdrotation sein soll. Betrachten wir nun einen beliebigen zeitabhängigen Vektor $\mathbf{b} = b_i \mathbf{e}_i$, wie z. B. den des Orts oder der Geschwindigkeit (Abb. 1.10). Wie unterscheidet sich seine zeitliche Entwicklung im unbeschleunigten und im rotierenden Bezugssystem? Der rotierende, d. h. geostationäre, Betrachter beobachtet die Zeitableitung

$$\left(\frac{D\mathbf{b}}{Dt}\right)_R = \frac{Db_i}{Dt}\mathbf{e}_i \tag{1.75}$$

da in seinem Bezugssystem die Achsen fest sind. Im nichtrotierenden Bezugssystem hingegen gilt

$$\left(\frac{D\mathbf{b}}{Dt}\right)_I = \frac{Db_i}{Dt}\mathbf{e}_i + b_i\frac{D\mathbf{e}_i}{Dt} = \left(\frac{D\mathbf{b}}{Dt}\right)_R + b_i\boldsymbol{\Omega} \times \mathbf{e}_i \tag{1.76}$$

Damit ist

$$\left(\frac{D\mathbf{b}}{Dt}\right)_I = \left(\frac{D\mathbf{b}}{Dt}\right)_R + \boldsymbol{\Omega} \times \mathbf{b} \tag{1.77}$$

1.4.2 Die Impulsgleichung im rotierenden Bezugssystem

Mittels (1.77) rechnen wir nun Geschwindigkeiten und Beschleunigungen vom nicht rotierenden Inertialsystem ins rotierende Bezugssystem um. Sei $\mathbf{x}$ der Ort eines Fluidelements. Es ist

$$\left(\frac{D\mathbf{x}}{Dt}\right)_I = \left(\frac{D\mathbf{x}}{Dt}\right)_R + \boldsymbol{\Omega} \times \mathbf{x} \tag{1.78}$$

also

$$\mathbf{v}_I = \mathbf{v}_R + \boldsymbol{\Omega} \times \mathbf{x} \tag{1.79}$$

Abb. 1.10 Ein Vektor $\mathbf{b}$ und die rotierenden Achsen (Basisvektoren) $\mathbf{e}_i$.

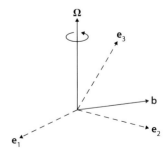

wobei $\mathbf{v}_I = (D\mathbf{x}/Dt)_I$ die Geschwindigkeit im Inertialsystem ist und $\mathbf{v}_R = (D\mathbf{x}/Dt)_R$ die Geschwindigkeit im rotierenden Bezugssystem.

Etwas mehr Aufwand muss betrieben werden, um die Beschleunigungen in beiden Bezugssystem ineinander umzurechnen. Es gilt wegen (1.77)

$$\left(\frac{D\mathbf{v}_I}{Dt}\right)_I = \left(\frac{D\mathbf{v}_I}{Dt}\right)_R + \boldsymbol{\Omega} \times \mathbf{v}_I \tag{1.80}$$

Aus (1.79) erhalten wir

$$\left(\frac{D\mathbf{v}_I}{Dt}\right)_R = \left(\frac{D\mathbf{v}_R}{Dt}\right)_R + \left(\frac{D\boldsymbol{\Omega}}{Dt}\right)_R \times \mathbf{x} + \boldsymbol{\Omega} \times \mathbf{v}_R \tag{1.81}$$

Schwankungen der Erdrotation werden nicht betrachtet. Also ist mit (1.77)

$$0 = \left(\frac{D\boldsymbol{\Omega}}{Dt}\right)_I = \left(\frac{D\boldsymbol{\Omega}}{Dt}\right)_R + \boldsymbol{\Omega} \times \boldsymbol{\Omega} \tag{1.82}$$

und somit

$$\left(\frac{D\boldsymbol{\Omega}}{Dt}\right)_R = 0 \tag{1.83}$$

Also wird (1.81) zu

$$\left(\frac{D\mathbf{v}_I}{Dt}\right)_R = \left(\frac{D\mathbf{v}_R}{Dt}\right)_R + \boldsymbol{\Omega} \times \mathbf{v}_R \tag{1.84}$$

Außerdem ist wegen (1.79)

$$\boldsymbol{\Omega} \times \mathbf{v}_I = \boldsymbol{\Omega} \times \mathbf{v}_R + \boldsymbol{\Omega} \times (\boldsymbol{\Omega} \times \mathbf{x}) \tag{1.85}$$

Einsetzen von (1.84) und (1.85) in (1.80) liefert schließlich

$$\left(\frac{D\mathbf{v}_I}{Dt}\right)_I = \left(\frac{D\mathbf{v}_R}{Dt}\right)_R + 2\boldsymbol{\Omega} \times \mathbf{v}_R + \boldsymbol{\Omega} \times (\boldsymbol{\Omega} \times \mathbf{x}) \tag{1.86}$$

Auf der rechten Seite der Gleichung finden wir, der Reihe nach, die Beschleunigung im rotierenden Bezugssystem, das Negative der Coriolis-Beschleunigung $-2\mathbf{v}_R \times \boldsymbol{\Omega}$ und das Negative der Zentrifugalbeschleunigung $-\boldsymbol{\Omega} \times (\boldsymbol{\Omega} \times \mathbf{x})$. Die Impulsgleichung im rotierenden Bezugssystem erhalten wir durch Einsetzen von $(D\mathbf{v}_I/Dt)_I$ aus (1.86) für $D\mathbf{v}/Dt$ in (1.71). Da im Weiteren des Textes alle Betrachtungen im rotierenden Bezugssystem gelten, lassen wir den Index R fallen und erhalten

$$\rho\left(\frac{D\mathbf{v}}{Dt} + 2\boldsymbol{\Omega} \times \mathbf{v}\right) = -\nabla p + \rho\mathbf{g}' + \nabla \cdot \boldsymbol{\sigma} \tag{1.87}$$

Abb. 1.11 Die Coriolis-Beschleunigung als Ausdruck der Drehimpulserhaltung, am Beispiel von Bewegungen in der Nähe des Nordpols.

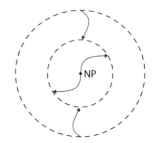

Dabei ist

$$\mathbf{g}' = \mathbf{g} - \mathbf{\Omega} \times (\mathbf{\Omega} \times \mathbf{x}) \tag{1.88}$$

eine um den Effekt der Zentrifugalbeschleunigung modifizierte effektive Erdbeschleunigung. Für die meisten Zwecke kann mit sehr guter Genauigkeit angenommen werden, dass $\mathbf{g}' \approx \mathbf{g}$.

Wegen ihrer Bedeutung sei noch kurz die Coriolis-Beschleunigung genauer erläutert. Sie ist ein Ausdruck der Drehimpulserhaltung und lässt sich am besten für den Fall von Bewegungen nahe an einem der Pole verstehen, wie dem Nordpol in Abb. 1.11. Bewegt sich ein Fluidelement von der Drehachse weg, wird es aufgrund seines, im Vergleich mit der Umgebung, geringeren Drehimpulses gegen die Rotation abgelenkt. Bewegung auf die Drehachse zu führt analog zu einer Ablenkung in die Rotation hinein, da der Drehimpuls des Fluidelements höher ist als der seiner Umgebung. Ähnliche Überlegungen folgen auch für Bewegungen in beliebigen Breiten.

1.4.3 Die Kontinuitätsgleichung im rotierenden Bezugssystem

Die Transformation der Kontinuitätsgleichung vom Inertialsystem ins rotierende Bezugssystem ist wesentlich einfacher als im Fall der Impulsgleichung. Zunächst ist die Dichte unabhängig vom Bezugssystem, also

$$\left(\frac{D\rho}{Dt}\right)_I = \left(\frac{D\rho}{Dt}\right)_R \tag{1.89}$$

Weiterhin ist wegen (1.79)

$$\nabla \cdot \mathbf{v}_I = \nabla \cdot \mathbf{v}_R + \nabla \cdot (\mathbf{\Omega} \times \mathbf{x}) = \nabla \cdot \mathbf{v}_R \tag{1.90}$$

da

$$\nabla \cdot (\mathbf{\Omega} \times \mathbf{x}) = \frac{\partial}{\partial x_i} \epsilon_{ijk} \Omega_j x_k = \epsilon_{iji} \Omega_j = 0 \tag{1.91}$$

Einsetzen von $(D\rho/Dt)_I$ aus (1.89) und $\nabla \cdot \mathbf{v}_I$ aus (1.90) für $D\rho/Dt$ und $\nabla \cdot \mathbf{v}$ in (1.28) liefert

$$\frac{D\rho}{Dt} + \rho\nabla \cdot \mathbf{v} = 0 \qquad (1.92)$$

wobei wiederum der Index R fallen gelassen wurde. Die Kontinuitätsgleichung im rotierenden Bezugssystem hat also dieselbe Form wie im Inertialsystem. Dasselbe gilt natürlich auch für die Schreibweise (1.25).

1.4.4 Zusammenfassung

Während die im vorigen Kapitel abgeleitete Impulsgleichung nur in einem nichtbeschleunigten Inertialsystem gilt, ist sie im *rotierenden Bezugssystem* auf der Erde durch zwei *Scheinkräfte* zu ergänzen.

- Die *Zentrifugalkraft* kann als Korrektur der gewöhnlichen Schwerkraft behandelt werden.
- Die *Coriolis-Kraft* ist direkt von der Geschwindigkeit abhängig und damit explizit zu betrachten.

Die Kontinuitätsgleichung ändert im rotierenden Bezugssystem ihre Form nicht.

1.5 Die Bewegungsgleichungen auf der Kugel

Die (näherungsweise) Kugelförmigkeit der Erde legt die Verwendung eines angepassten Koordinatensystems nahe. Kugelkoordinaten, in Abb. 1.12 dargestellt, sind dafür sehr gut geeignet. Die *geographische Länge* λ liegt im Intervall $0 \leq \lambda \leq 2\pi$. Die *geographische Breite* ist ϕ mit $-\pi/2 \leq \phi < \pi/2$. Hinzu kommt der *Radialabstand* r zum Erdmittelpunkt. Der Ortsvektor in kartesischen Koordinaten errechnet sich aus den Kugelkoordinaten mittels

$$\begin{pmatrix} x \\ y \\ z \end{pmatrix} = \begin{pmatrix} r\cos\phi\cos\lambda \\ r\cos\phi\sin\lambda \\ r\sin\phi \end{pmatrix} \qquad (1.93)$$

Das lokale Dreibein aus orthonormalen Basisvektoren $\mathbf{e}_\lambda$, $\mathbf{e}_\phi$ und $\mathbf{e}_r$ in Richtung der Änderung jeweils einer der (jeweils im Index bezeichneten) Koordinaten wird, ebenso wie die Darstellung der wichtigsten räumlichen Differentialoperatoren in Kugelkoordinaten, in Anhang D abgeleitet. Mithilfe dieser Ergebnisse werden im Folgenden zunächst Geschwindigkeit und materiale Ableitung in Kugelkoordinaten angegeben und schließlich die Bewegungsgleichungen entsprechend umgeschrieben.

Abb. 1.12 Kugelkoordinaten.

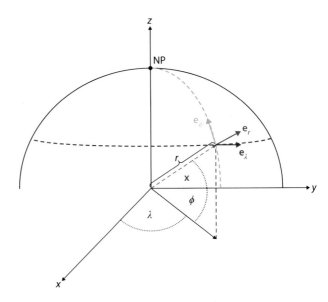

1.5.1 Geschwindigkeit und materielle Ableitung in Kugelkoordinaten

Die Geschwindigkeit
Zunächst soll die Geschwindigkeit auf der Basis des lokalen Dreibeins dargestellt werden. Es ist

$$\mathbf{v} = \frac{D\mathbf{x}}{Dt} = \frac{\partial \mathbf{x}}{\partial \lambda}\frac{D\lambda}{Dt} + \frac{\partial \mathbf{x}}{\partial \phi}\frac{D\phi}{Dt} + \frac{\partial \mathbf{x}}{\partial r}\frac{Dr}{Dt} \tag{1.94}$$

Mittels (11.62) erhält man

$$\mathbf{v} = h_\lambda \mathbf{e}_\lambda \frac{D\lambda}{Dt} + h_\phi \mathbf{e}_\phi \frac{D\phi}{Dt} + h_r \mathbf{e}_r \frac{Dr}{Dt} \tag{1.95}$$

wobei h_λ, h_ϕ und h_r metrische Faktoren sind. Einsetzen dieser Faktoren aus (11.66) führt schließlich zu

$$\mathbf{v} = u\mathbf{e}_\lambda + v\mathbf{e}_\phi + w\mathbf{e}_r \qquad (u, v, w) = \left(r\cos\phi \frac{D\lambda}{Dt}, r\frac{D\phi}{Dt}, \frac{Dr}{Dt} \right) \tag{1.96}$$

Die Windkomponenten sind der *Zonalwind* u in West-Ost-Ausrichtung, der *Meridionalwind* v in Süd-Nord-Ausrichtung und der radial nach außen gerichtete *Vertikalwind*.

Die materiellen Ableitungen

In der materiellen Ableitung eines Vektorfelds

$$\mathbf{b} = b_\lambda \mathbf{e}_\lambda + b_\phi \mathbf{e}_\phi + b_r \mathbf{e}_r \qquad (1.97)$$

muss berücksichtigt werden, dass die Basisvektoren $\mathbf{e}_\lambda$, $\mathbf{e}_\phi$ und $\mathbf{e}_r$ vom Ort abhängen und sich deshalb entlang der Bahn eines Fluidelements ändern. Es ist also

$$\frac{D\mathbf{b}}{Dt} = \frac{Db_\lambda}{Dt}\mathbf{e}_\lambda + b_\lambda \frac{D\mathbf{e}_\lambda}{Dt} + \frac{Db_\phi}{Dt}\mathbf{e}_\phi + b_\phi \frac{D\mathbf{e}_\phi}{Dt} + \frac{Db_r}{Dt}\mathbf{e}_r + b_r \frac{D\mathbf{e}_r}{Dt} \qquad (1.98)$$

Hierin ist z. B.

$$\frac{D\mathbf{e}_\lambda}{Dt} = \frac{D}{Dt}\begin{pmatrix} -\sin\lambda \\ \cos\lambda \\ 0 \end{pmatrix} = \begin{pmatrix} -\cos\lambda \\ -\sin\lambda \\ 0 \end{pmatrix} \frac{D\lambda}{Dt} \qquad (1.99)$$

Mittels Projektion auf das orthonormale Dreibein erhält man

$$\begin{pmatrix} -\cos\lambda \\ -\sin\lambda \\ 0 \end{pmatrix} = \sin\phi\,\mathbf{e}_\phi - \cos\phi\,\mathbf{e}_r \qquad (1.100)$$

Außerdem ist wegen (1.96)

$$\frac{D\lambda}{Dt} = \frac{u}{r\cos\phi} \qquad (1.101)$$

Einsetzen von (1.100) und (1.101) in (1.99) liefert schließlich

$$\frac{D\mathbf{e}_\lambda}{Dt} = \frac{u}{r}\tan\phi\,\mathbf{e}_\phi - \frac{u}{r}\,\mathbf{e}_r$$

Mit analogen Rechnungen für $\mathbf{e}_\phi$ und $\mathbf{e}_r$ erhält man insgesamt

$$\frac{D\mathbf{e}_\lambda}{Dt} = \frac{u}{r}\tan\phi\,\mathbf{e}_\phi - \frac{u}{r}\,\mathbf{e}_r \qquad (1.102)$$

$$\frac{D\mathbf{e}_\phi}{Dt} = -\frac{u}{r}\tan\phi\,\mathbf{e}_\lambda - \frac{v}{r}\,\mathbf{e}_r \qquad (1.103)$$

$$\frac{D\mathbf{e}_r}{Dt} = \frac{u}{r}\,\mathbf{e}_\lambda + \frac{v}{r}\,\mathbf{e}_\phi \qquad (1.104)$$

Einsetzen dieser drei Ergebnisse in (1.98) liefert schließlich

$$\frac{D\mathbf{b}}{Dt} = \left(\frac{Db_\lambda}{Dt} - \frac{u}{r}\tan\phi\, b_\phi + \frac{u}{r}b_r\right)\mathbf{e}_\lambda + \left(\frac{Db_\phi}{Dt} + \frac{u}{r}\tan\phi\, b_\lambda + \frac{v}{r}b_r\right)\mathbf{e}_\phi$$
$$+ \left(\frac{Db_r}{Dt} - \frac{u}{r}b_\lambda - \frac{v}{r}b_\phi\right)\mathbf{e}_r \tag{1.105}$$

Dabei ist die materielle Ableitung von b_λ, b_ϕ oder b_r, genauso wie die eines beliebigen Skalars,

$$\frac{D}{Dt} = \frac{\partial}{\partial t} + \frac{D\lambda}{Dt}\frac{\partial}{\partial\lambda} + \frac{D\phi}{Dt}\frac{\partial}{\partial\phi} + \frac{Dr}{Dt}\frac{\partial}{\partial r} \tag{1.106}$$

was wegen (1.96) gleichbedeutend ist mit

$$\frac{D}{Dt} = \frac{\partial}{\partial t} + \frac{u}{r\cos\phi}\frac{\partial}{\partial\lambda} + \frac{v}{r}\frac{\partial}{\partial\phi} + w\frac{\partial}{\partial r} \tag{1.107}$$

1.5.2 Die transformierten Bewegungsgleichungen

Mit den Vorbereitungen aus dem vorangegangenen Abschnitt und aus Anhang D sind wir nun in der Lage, die beiden bisher aufgeführten Bewegungsgleichungen auf Kugelkoordinaten zu transformieren.

Die Kontinuitätsgleichung
Für das Umschreiben der Kontinuitätsgleichung gehen wir aus von (1.25). Mit (1.96) und der Darstellung der Divergenz in Kugelkoordinaten gemäß (11.86) erhalten wir

$$\frac{\partial\rho}{\partial t} + \frac{1}{r\cos\phi}\frac{\partial}{\partial\lambda}(\rho u) + \frac{1}{r\cos\phi}\frac{\partial}{\partial\phi}(\cos\phi\,\rho v) + \frac{1}{r^2}\frac{\partial}{\partial r}(r^2\rho w) = 0 \tag{1.108}$$

Die alternative Formulierung (1.28) lautet analog

$$\frac{D\rho}{Dt} + \rho\left[\frac{1}{r\cos\phi}\frac{\partial u}{\partial\lambda} + \frac{1}{r\cos\phi}\frac{\partial}{\partial\phi}(\cos\phi\,v) + \frac{1}{r^2}\frac{\partial}{\partial r}(r^2 w)\right] = 0 \tag{1.109}$$

Die Impulsgleichung
Für die Impulsgleichung sei hier nur eine vereinfachte Variante von (1.87) betrachtet, ohne Zentrifugalkraft und Reibung:

$$\frac{D\mathbf{v}}{Dt} + 2\mathbf{\Omega} \times \mathbf{v} = \frac{1}{\rho}\nabla p - g\mathbf{e}_r \tag{1.110}$$

Abb. 1.13 Die Zerlegung der Erdwinkelgeschwindigkeit in Komponenten längs des lokalen Dreibeins von Basisvektoren für Kugelkoordinaten.

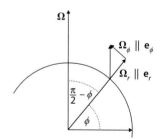

Wir benötigen noch die Darstellung der Coriolis-Beschleunigung in Kugelkoordinaten. Dazu beobachten wir, dass, wie in Abb. 1.13 ersichtlich,

$$\mathbf{\Omega} = \Omega \sin\phi\,\mathbf{e}_r + \Omega \cos\phi\,\mathbf{e}_\phi \tag{1.111}$$

Also ist

$$\mathbf{\Omega} \times \mathbf{v} = (\Omega \sin\phi\,\mathbf{e}_r + \Omega \cos\phi\,\mathbf{e}_\phi) \times (u\mathbf{e}_\lambda + v\mathbf{e}_\phi + w\mathbf{e}_r)$$
$$= (\Omega w \cos\phi - \Omega v \sin\phi)\mathbf{e}_\lambda + \Omega u \sin\phi\,\mathbf{e}_\phi - \Omega u \cos\phi\,\mathbf{e}_r \tag{1.112}$$

da

$$\mathbf{e}_\phi \times \mathbf{e}_r = \mathbf{e}_\lambda$$
$$\mathbf{e}_r \times \mathbf{e}_\lambda = \mathbf{e}_\phi$$
$$\mathbf{e}_\phi \times \mathbf{e}_\lambda = -\mathbf{e}_r \tag{1.113}$$

Außerdem liefert Einsetzen von $\mathbf{b} = \mathbf{v}$ mit (1.96) in (1.105)

$$\frac{D\mathbf{v}}{Dt} = \left(\frac{Du}{Dt} - \frac{uv}{r}\tan\phi + \frac{uw}{r}\right)\mathbf{e}_\lambda + \left(\frac{Dv}{Dt} + \frac{u^2}{r}\tan\phi + \frac{vw}{r}\right)\mathbf{e}_\phi$$
$$+ \left(\frac{Dw}{Dt} - \frac{u^2 + v^2}{r}\right)\mathbf{e}_r \tag{1.114}$$

während gemäß (11.76)

$$\nabla p = \frac{1}{r\cos\phi}\frac{\partial p}{\partial\lambda}\mathbf{e}_\lambda + \frac{1}{r}\frac{\partial p}{\partial\phi}\mathbf{e}_\phi + \frac{\partial p}{\partial r}\mathbf{e}_r \tag{1.115}$$

Einsetzen von (1.112), (1.114) und (1.115) in (1.110) und Sortierung nach den Anteilen in Richtung von $\mathbf{e}_\lambda$, $\mathbf{e}_\phi$ und $\mathbf{e}_r$ ergibt schließlich

$$\frac{Du}{Dt} - \frac{uv}{r}\tan\phi + \frac{uw}{r} + 2\Omega(w\cos\phi - v\sin\phi) = -\frac{1}{\rho r\cos\phi}\frac{\partial p}{\partial\lambda} \qquad (1.116)$$

$$\frac{Dv}{Dt} + \frac{u^2}{r}\tan\phi + \frac{vw}{r} + 2\Omega u\sin\phi = -\frac{1}{\rho r}\frac{\partial p}{\partial\phi} \qquad (1.117)$$

$$\frac{Dw}{Dt} - \frac{u^2 + v^2}{r} - 2\Omega u\cos\phi = -\frac{1}{\rho}\frac{\partial p}{\partial r} - \frac{\partial\Phi}{\partial r} \qquad (1.118)$$

Dies sind der Reihenfolge nach die zonale, meridionale und vertikale Komponente der Impulsgleichung.

1.5.3 Zusammenfassung

Der Geometrie auf der Erde ist eine Beschreibung in Kugelkoordinaten angepasst.

- Sie verwendet als Koordinaten die geographische Länge, die geographische Breite und den radialen Abstand vom Erdmittelpunkt. Die korrespondierenden Geschwindigkeitskomponenten sind der zonale, meridionale und vertikale Wind.
- Die materielle Ableitung in diesem Koordinatensystem berechnet man mittels (1.107).
- Die Kontinuitätsgleichung in Kugelkoordinaten ist durch (1.108) gegeben.
- Die drei Komponenten der Impulsgleichung in Kugelkoordinaten sind durch (1.116)–(1.118) gegeben.

1.6 Synoptische Skalenanalyse

Die soeben angegebenen Komponenten der Impulsgleichung sind äußerst komplex. In der Tat lassen sie eine Fülle von dynamischen Möglichkeiten zu. Andererseits stellt sich bei einem Vergleich der Größenordnungen der einzelnen beitragenden Terme heraus, dass einige wenige die anderen dominieren. Dies führt zur Herausbildung besonderer dynamischer Gleichgewichte. Zur Abschätzung der Größenordnungen verwenden wir folgende Beobachtungen für die uns besonders betreffenden mittleren geographischen Breiten:

- Die *horizontale Skala* typischer Wetterphänomene lässt sich abschätzen als der Radius typischer Hoch- und Tiefdruckgebiete. Wir verwenden dafür $L = 10^6\,\text{m}$.
- Die *vertikale Skala* typischer Wetterphänomene ist ungefähr $H = 10^4\,\text{m}$.
- Die Größenordnung typischer *Horizontalwindkomponenten u* und v ist etwa $U = 10\,\text{m/s}$.

- Die typischen beobachteten *Vertikalwinde* w sind wesentlich schwächer. Ein guter Richtwert für synoptische Wettersysteme ist $W = 10^{-2}$ m/s.
- Die damit verbundenen *Druckschwankungen,* normiert auf die Dichte, sind von der Größenordnung $\delta P/\rho$. Der zugehörige Zahlenwert wird unten abgeleitet.
- Die Zeit, innerhalb derer sich das Wetter ändert, lässt sich als die advektive Zeitskala abschätzen, innerhalb derer ein typisches Wettersystem am Beobachter vorbei transportiert wird. Dies ergibt als gute Abschätzung $T = L/U = 10^5$s, was in etwa einem Tag entspricht.
- Der radiale Abstand r vom Erdmittelpunkt ist näherungsweise der Erdradius, den wir hier größenordnungsmäßig nähern mit $a = 10^7$ m.
- Die Coriolis-Terme in mittleren Breiten (bei $\phi \approx 45°$) sind $2\Omega \sin \phi \approx 2\Omega \cos \phi \approx f_0 = 10^{-4}$s^{-1}.

1.6.1 Das geostrophische Gleichgewicht

Betrachten wir zunächst die Zonalkomponente der Impulsgleichung und wiederum die materielle Ableitung

$$\frac{Du}{Dt} = \frac{\partial u}{\partial t} + \frac{u}{r \cos \phi} \frac{\partial u}{\partial \lambda} + \frac{v}{r} \frac{\partial u}{\partial \phi} + w \frac{\partial u}{\partial r}$$

Der zweite und dritte Term enthalten jeweils horizontale Ableitungen, so dass man abschätzen kann:

Term	Größenordnung	Wert
$\dfrac{\partial u}{\partial t}$	$\dfrac{U}{T} = \dfrac{U^2}{L}$	10^{-4} m/s^2
$\dfrac{u}{r \cos \phi} \dfrac{\partial u}{\partial \lambda}$	$U\dfrac{U}{L} = \dfrac{U^2}{L}$	10^{-4} m/s^2
$\dfrac{v}{r} \dfrac{\partial u}{\partial \phi}$	$U\dfrac{U}{L} = \dfrac{U^2}{L}$	10^{-4} m/s^2
$w\dfrac{\partial u}{\partial r}$	$W\dfrac{U}{H} = \dfrac{WU}{H}$	10^{-5} m/s^2

In führender Ordnung ist die materielle Ableitung des Zonalwinds, die sogenannte Trägheitsbeschleunigung, also von der Größenordnung $U^2/L = 10^{-4}$ m/s^2. Damit erhalten wir zusammenfassend als Größenordnung aller Terme in der Zonalkomponente der Impulsgleichung, außer dem Druckgradiententerm,

Term	Größenordnung	Wert
$\dfrac{Du}{Dt}$	$\dfrac{U^2}{L}$	$10^{-4}\,\mathrm{m/s^2}$
$\dfrac{uv}{r}\tan\phi$	$\dfrac{U^2}{a}$	$10^{-5}\,\mathrm{m/s^2}$
$\dfrac{uw}{r}$	$\dfrac{UW}{a}$	$10^{-8}\,\mathrm{m/s^2}$
$2\Omega v\sin\phi$	$f_0 U$	$10^{-3}\,\mathrm{m/s^2}$
$2\Omega w\cos\phi$	$f_0 W$	$10^{-6}\,\mathrm{m/s^2}$

Man sieht, dass die auf die Meridionalkomponente v der Geschwindigkeit zurückgehende horizontale Coriolis-Beschleunigung bei Weitem am größten ist. Das Verhältnis zum nächstkleineren Trägheitsterm ist das Inverse der *Rossby-Zahl*

$$Ro = \frac{U}{f_0 L} \tag{1.119}$$

die nach unserer Schätzung etwa den Wert 0.1 hat. Wäre die horizontale Coriolis-Beschleunigung auch größer als die Druckgradientenbeschleunigung, ließe sich die Gleichung durch $2\Omega v\sin\phi \approx 0$ nähern, mit dem unsinnigen Ergebnis $v \approx 0$. Wäre andererseits die Druckgradientenbeschleunigung noch größer, würde dies analog auf $\partial p/\partial\lambda \approx 0$ führen, so dass zonale Druckschwankungen nicht existierten. Auch dies macht keinen Sinn, so dass wir folgern müssen, dass in guter Näherung die horizontale Coriolis-Beschleunigung und die Druckgradientenbeschleunigung im Gleichgewicht sind:

$$-fv = -\frac{1}{\rho r\cos\phi}\frac{\partial p}{\partial\lambda} \tag{1.120}$$

wobei die lokale Coriolis-Frequenz definiert ist als

$$f = 2\Omega\sin\phi \tag{1.121}$$

Aus dem abgeleiteten Gleichgewicht *ergibt* sich außerdem die Größenordnung der dichtenormierten Druckschwankungen zu

$$\frac{\delta P}{\rho} = \mathcal{O}(f_0 U L) \tag{1.122}$$

Die Größenordnungsabschätzung für die Meridionalkomponente der Impulsgleichung liefert in analoger Weise

$$f u = -\frac{1}{\rho r}\frac{\partial p}{\partial \phi} \tag{1.123}$$

also auch hier ein Gleichgewicht zwischen Coriolis-Kraft und Druckgradientenkraft. Dieses Gleichgewicht wird als *geostrophisches Gleichgewicht* bezeichnet. Es liefert die Möglichkeit, den Horizontalwind $\mathbf{u} = u\mathbf{e}_\lambda + v\mathbf{e}_\phi$ aus dem Druckgradienten abzuschätzen. Man erhält

$$\mathbf{u} \approx \mathbf{u}_g = \frac{1}{f\rho}\mathbf{e}_r \times \nabla p \tag{1.124}$$

oder komponentenweise

$$u \approx u_g = -\frac{1}{f\rho r}\frac{\partial p}{\partial \phi} \tag{1.125}$$

$$v \approx v_g = \frac{1}{f\rho r\cos\phi}\frac{\partial p}{\partial \lambda} \tag{1.126}$$

Der so berechnete Horizontalwind $\mathbf{u}_g$ wird als *geostrophischer Wind* bezeichnet. Auf der Nordhemisphäre ($f > 0$) ist er stets so gerichtet, dass Tiefdruckgebiete entgegen dem Uhrzeigersinn, Hochdruckgebiete aber im Uhrzeigersinn umströmt werden (Abb. 1.14). Eine Wetterkarte, die diese Verhältnisse zeigt, ist in Abb. 1.15 zu sehen.

Abb. 1.14 Schematische Darstellung der Umströmung von Hoch- und Tiefdruckgebieten durch den geostrophischen Wind.

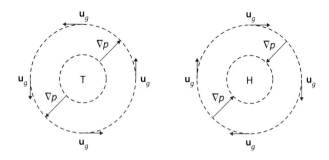

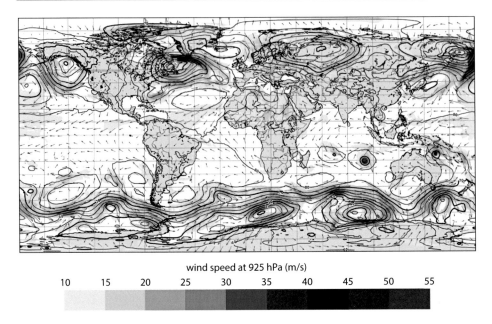

Abb. 1.15 Verteilung von geopotentieller Höhe (Konturlinien) und Horizontalwind (Pfeile und Farb-schattierung) zu einem festen Zeitpunkt auf dem 950-mb-Druckniveau. Wie in Kap. 3 erläutert, spielt das Geopotential auf Druckniveaus die gleiche Rolle wie der Druck bei fester Höhe. Man sieht, dass die Strömung zu großen Teilen tangential zu den Isolinien des Geopotentials liegt, ganz im Einklang mit dem geostrophischen Gleichgewicht. Copyright ©2021 European Centre for Medium-Range Weather Forecasts (ECMWF). Quelle https://www.ecmwf.int/ Diese Daten werden veröffentlicht unter den Creative Commons Attribution 4.0 International (CC BY 4.0). https://creativecommons. org/licenses/by/4.0/. Das ECMWF übernimmt keinerlei Verantwortung für Fehler oder Lücken in den Daten, ihrer Verfügbarkeit oder für Verluste oder Schäden, die aus ihrer Verwendung resultieren.

1.6.2 Das hydrostatische Gleichgewicht

Die primäre Herleitung

Wenden wir uns nun der Abschätzung der Terme in der Vertikalkomponente der Impulsglei-chung zu. Analog zum Fall der Horizontalkomponente findet man, dass die materielle Ablei-tung der Vertikalgeschwindigkeit in führender Ordnung von der Größenordnung $U W / L$ ist. Damit erhält man für alle Terme außer dem Druckgradiententerm die Abschätzungen:

Term	Größenordnung	Wert
$\dfrac{Dw}{Dt}$	$U\dfrac{W}{L}$	$10^{-7}\,\mathrm{m/s^2}$
$\dfrac{u^2 + v^2}{r}$	$\dfrac{U^2}{a}$	$10^{-5}\,\mathrm{m/s^2}$
$2\Omega u \cos\phi$	$f_0 U$	$10^{-3}\,\mathrm{m/s^2}$
$\dfrac{\partial \Phi}{\partial r}$	g	$10\,\mathrm{m/s^2}$

Der Gravitationsterm ist bei Weitem der größte. Der einzige Term, durch den er balanciert werden kann (und muss), kann nur der Druckgradiententerm sein. Dies führt auf das *hydrostatische Gleichgewicht*

$$\frac{1}{\rho}\frac{\partial p}{\partial r} \approx -g \tag{1.127}$$

Hydrostatik der längen- und breitenabhängigen Anteile des Drucks
Die obige Abschätzung besagt aber noch nicht, dass auch für den Druckanteil ein hydrostatisches Gleichgewicht angenommen werden kann, der von den horizontalen Koordinaten abhängt. Dies wäre aber notwendig, damit man auch für die Berechnung des Drucks in den Horizontalkomponenten der Impulsgleichung (und damit auch für den geostrophischen Wind) die Näherung des hydrostatischen Gleichgewichts verwenden kann. In der Tat zeigt sich, dass dies möglich ist. Dazu spalten wir Druck und Dichte auf in ihr (dominantes) horizontales Mittel und die Abweichung davon:

$$p = \overline{p}(r) + \delta p(\lambda, \phi, r) \tag{1.128}$$
$$\rho = \overline{\rho}(r) + \delta\rho(\lambda, \phi, r) \tag{1.129}$$

wobei gemäß Beobachtung

$$|\delta\rho| \ll \overline{\rho}$$
$$|\delta p| \ll \overline{p}$$

Damit ist klar, dass $\overline{p}$ und $\overline{\rho}$ in guter Näherung im hydrostatischen Gleichgewicht sind:

$$\frac{1}{\overline{\rho}}\frac{d\overline{p}}{dr} \approx -g \tag{1.130}$$

Einsetzen von (1.128) und (1.129) in die Summe der beiden Terme auf der rechten Seite der vertikalen Impulsgleichung liefert zunächst mittels Taylor-Entwicklung bis zum ersten Glied in den kleinen Größen

$$
\begin{aligned}
-\frac{1}{\rho}\frac{\partial p}{\partial r} - g &= -\frac{1}{\overline{\rho} + \delta\rho}\frac{\partial}{\partial r}(\overline{p} + \delta p) - g \\
&\approx -\frac{1}{\overline{\rho}}\frac{d\overline{p}}{dr} + \frac{\delta\rho}{\overline{\rho}}\frac{1}{\overline{\rho}}\frac{d\overline{p}}{dr} - \frac{1}{\overline{\rho}}\frac{\partial\delta p}{\partial r} - g
\end{aligned} \tag{1.131}
$$

Einsetzen des vertikalen Gradienten des horizontal gemittelten Drucks gemäß (1.130) liefert schließlich

$$
-\frac{1}{\rho}\frac{\partial p}{\partial r} - g \approx -\frac{\delta\rho}{\overline{\rho}}g - \frac{1}{\overline{\rho}}\frac{\partial\delta p}{\partial r} \tag{1.132}
$$

Darin ist die Größenordnung des Druckgradiententerms, mittels (1.122),

$$
\frac{1}{\overline{\rho}}\frac{\partial\delta p}{\partial r} = \mathcal{O}\left(f_0 U \frac{L}{H}\right) = 10^{-1}\text{m/s}^2 \tag{1.133}
$$

Dies ist immer noch um den Faktor

$$
\frac{L}{H} \gg 1 \tag{1.134}
$$

größer als der nächstkleinere Term auf der linken Seite der vertikalen Impulsgleichung, der Coriolis-Term. Man findet damit, dass auch nach Abzug der horizontalen Mittel in Dichte und Druck ein Gleichgewicht zwischen Druckgradiententerm und Erdbeschleunigung besteht. In guter Näherung ist

$$
0 \approx -\frac{\delta\rho}{\overline{\rho}}g - \frac{1}{\overline{\rho}}\frac{\partial\delta p}{\partial r} \tag{1.135}
$$

Addition von (1.130) liefert

$$
0 \approx -\frac{\rho}{\overline{\rho}}g - \frac{1}{\overline{\rho}}\frac{\partial p}{\partial r} \approx -\frac{1}{\rho}\frac{\partial p}{\partial r} - g \tag{1.136}
$$

womit wir wieder das hydrostatische Gleichgewicht zwischen Gesamtdruck und Gesamtdichte haben, nun aber mit der Gewissheit, dass dies auch unter Berücksichtigung der Anteile des Drucks gilt, die von den Horizontalkoordinaten abhängen.

Als Nebenergebnis fällt die Größenordnung der relativen Dichteschwankungen ab: (1.135) kann nur befriedigt werden, wenn

$$
\frac{\delta\rho}{\rho} = \mathcal{O}\left(\frac{f_0 U}{g}\frac{L}{H}\right) \tag{1.137}
$$

ist.

Hydrostatik und Flachheit

Für dynamische Phänomene in der Atmosphäre mit Skalen, wie hier bisher angenommen, scheint die Hydrostatik eine sehr gute Näherung sein. Man sollte sich aber darüber klar werden, dass *Prozesse mit kleinen horizontalen Skalen nicht dem hydrostatischen Gleichgewicht unterliegen,* denn in der Ableitung musste (1.134) angenommen werden. Bei Rechnungen, die kleine horizontale Skalen zulassen, sollte die Annahme der Hydrostatik fallen gelassen werden. Deshalb sind die räumlich hochauflösenden Modelle der Wetterdienste nichthydrostatisch formuliert, während Klimamodelle mit einer gröberen horizontalen Auflösung mit der Annahme der Hydrostatik arbeiten dürfen.

1.6.3 Zusammenfassung

Eine Abschätzung der Größenordnung der einzelnen Beiträge zur Impulsgleichung für Prozesse mit den typischen *synoptischen Skalen* des täglichen Wetters liefert die Dominanz zweier wesentlicher Gleichgewichte:

- In den beiden horizontalen Komponenten dominieren, bei *kleiner Rossby-Zahl,* die Coriolis-Kraft und die Druckgradientenkraft. Es stellt sich zwischen den beiden Termen das *geostrophische Gleichgewicht* ein. Diesem zufolge lässt sich direkt aus dem horizontalen Druckgradienten der horizontale Wind berechnen.
- In der vertikalen Impulsgleichung dominieren, bei *flachen* Prozessen, die Schwerkraft und die Druckgradientenkraft. Zwischen ihnen stellt sich das *hydrostatische Gleichgewicht* ein. Die lokale Dichte ergibt die vertikale Druckableitung.

1.7 Leseempfehlungen

Einführungen in die Impuls- und Kontinuitätsgleichung finden sich in allen Lehrbüchern zur Hydrodynamik. Ein Klassiker ist z. B. das Buch von Landau und Lifschitz (1987). Für die Diskussion der viskosen Effekte habe ich am meisten aus dem Text von Greiner und Stock (1991) gezogen. Ausgezeichnete Behandlungen der Auswirkungen von Rotation und Schwerkraft, die zur sogenannten geophysikalischen Strömungsmechanik führen, die Grundlage sowohl der Atmosphären- auch als der Ozeandynamik ist, finden sich bei Holton und Hakim (2013), Pedlosky (1987) und Vallis (2006).

Elementare Thermodynamik und Energetik der trockenen Luft

2

Im vorigen Kapitel wurden die Gleichungen zur Vorhersage von *Wind* (Impulsgleichung) und *Dichte* (Kontinuitätsgleichung) abgeleitet. Die noch offene Größe, mit der die Gleichungen erst gelöst werden können, ist der *Druck*. Die Prognostik des Drucks ist demnach die Zielsetzung dieses zweiten Kapitels. Zu diesem Zweck wird eine prognostische Gleichung für die *Temperatur* abgeleitet. Unter Verwendung der *Zustandsgleichung* der Luft kann dann aus Dichte und Temperatur der Druck ermittelt werden. Weitere wichtige Konzepte, die wir auf diesem Weg kennenlernen werden sind die der *Wärme* und der *Entropie*.

In allen Betrachtungen werden wir uns dabei im Bereich der *Thermodynamik* halten, d. h., wir beschränken uns auf makroskopische Eigenschaften makrospkopischer Systeme, die jeweils aus einer Vielzahl von Atomen oder Molekülen zusammengesetzt sind. Die eigentliche Begründung und Interpretation dieser Eigenschaften und verwandter Konzepte, wie z. B. Temperatur, Druck oder Wärme, geschieht hingegen mittels Mechanik und Quantenmechanik aus der mikroskopischen Perspektive erst in der *statistischen Physik*.

2.1 Grundbegriffe

2.1.1 Thermodynamische Systeme

Ein thermodynamisches System ist ein makroskopisches System bestehend aus sehr vielen Elementargebilden, wie z. B. Atomen oder Molekülen. Konkrete Beispiele im Bereich der dynamischen Meteorologie sind ein Fluidelement oder ein materielles Volumen. Eigenschaften eines thermodynamischen Systems werden wesentlich durch die Möglichkeiten des Austausches mit der Umgebung beeinflusst.

* *Wärmeaustausch* ist die Aufnahme oder Abgabe von thermischer Energie aus der oder an die Umgebung. Unter thermischer Energie verstehen wir hier die Energie, die in der

© Springer-Verlag GmbH Deutschland, ein Teil von Springer Nature 2022
U. Achatz, *Atmosphärendynamik*, https://doi.org/10.1007/978-3-662-63780-7_2

Abb. 2.1 Ein Gas in einem Behälter, das mittels eines Kolbens komprimiert werden kann. Dabei wird an dem Gas Arbeit verrichtet.

ungeordneten Bewegung, der Vibration und Rotation der Moleküle des Systems enthalten ist. Diese wiederum ist eng mit der Temperatur verbunden. Wärmeaustausch führt folglich auch zu einem Angleich der Temperaturen des thermodynamischen Systems und der Umgebung. Ist die Umgebung groß genug, sodass ihre Temperatur T quasi konstant bleibt, sprechen wir von einem *Wärmebad* WB(T).

- Energieaustausch mittels *Arbeit* ist möglich, wenn an dem thermodynamischen System Arbeit verrichtet wird oder wenn das thermodynamische System selbst Arbeit an der Umgebung verrichtet. Ein typisches Beispiel ist Gas unter einem Kolben (Abb. 2.1). Expansion des Gases gelingt nur unter Verrichtung von Arbeit an dem Kolben. Dabei wird Energie an die Umgebung verloren. Eine Kompression hingegen ist damit verbunden, dass der Kolben Arbeit an dem Gas verrichtet, sodass ihm Energie zugeführt wird.
- Eine weitere wichtige Möglichkeit ist die des *Materieaustauschs* mit der Umgebung.

In Bezug auf die Austauschmöglichkeiten gibt es verschiedene wichtige Klassen von thermodynamischen Systemen:

- Ein *isoliertes System* tauscht mit seiner Umgebung weder Materie noch Energie aus. Beispiele sind ein Gas in einem thermisch isolierten Behälter oder möglicherweise auch das Weltall.
- Ein *geschlossenes System* kann mit der Umgebung Energie austauschen, aber keine Materie. Dies ist der Standardfall hier: Ein Fluidelement hat ihm fest zugeordnete Materie. Sobald es aber z. B. Spurenstoffe enthält, die mit der Umgebung ausgetauscht werden, fällt es in die Kategorie eines offenen Systems.
- Ein *offenes System* tauscht also sowohl Energie als auch Masse mit der Umgebung aus.

2.1.2 Zustand und Gleichgewicht

Ein thermodynamisches System wird durch makroskopische Variable beschrieben, die *Zustandsvariablen* wie z. B. Dichte ρ, Druck p und Temperatur T. Der *Zustand* eines thermodynamischen Systems wird dann angegeben durch die Werte eines vollständigen Satzes von Zustandsvariablen, wie z. B. für trockene Luft p und ρ. Diese spannen damit den *Zustandsraum* auf.

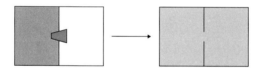

Abb. 2.2 Ein Gas ist anfangs in einer Kammer, die von einer benachbarten Kammer durch eine Wand mit einem Stöpsel getrennt ist. Wird der Stöpsel entfernt, entweicht ein Teil des Gases in die Nachbarkammer. Der umgekehrte Prozess des Rückzugs aus der zweiten Kammer wird in der Natur nie beobachtet. Der Entweichprozess ist somit irreversibel.

Ein Zustand eines thermodynamischen Systems, der sich in der Zeit nicht ändert, ist im *Gleichgewicht*. Gemäß Erfahrung streben isolierte Systeme häufig einem Gleichgewichtszustand zu. Dies geschieht auf einer Zeitskala, die als Relaxationszeit bezeichnet wird. Allgemein gibt es folgende wichtige Formen von Zustandsänderungen:

- Eine *quasistatische* Zustandsänderung ist so langsam, dass jeder Zustand als ein Gleichgewichtszustand betrachtet werden kann. Die Zeitskalen der betrachteten Prozesse sind somit deutlich länger als die charakteristischen Relaxationszeiten. In der Tat ist dies eine Grundannahme, die hier verfolgt wird. Zustandsänderungen, die nicht quasistatisch verlaufen, sind Gegenstand der wesentlich schwierigeren Nichtgleichgewichtsthermodynamik.
- Eine *reversible* Zustandsänderung ist immer auch umgekehrt möglich. Eine rückwärts laufende Filmaufnahme einer reversiblen Zustandsänderung erscheint dem Betrachter genauso realistisch.
- Eine *irreversible* Zustandsänderung hingegen ist nicht umkehrbar. Ein Paradebeispiel ist das freie Entweichen eines Gases aus einer Kammer (Abb. 2.2).
- Ein *Kreisprozess* schließlich ist eine Zustandsänderung, bei der alle Zustandsvariablen am Ende wieder den gleichen Wert einnehmen wie am Anfang.

2.1.3 Temperatur

Die Temperatur wird an dieser Stelle als makroskopische Größe schlichtweg postuliert. Letztendlich ist sie hier Ausdruck der Energie der Luftmoleküle, die nicht der systematischen Bewegung eines ganzen Fluidelements zugeordnet werden kann. Darunter fallen die Energie der ungeordneten kinetischen Bewegung der Moleküle sowie ihre Rotations- und Schwingungsenergie. Eine entsprechende solide Begründung des Temperaturbegriffs gelingt erst in der statistischen Physik.

2.1.4 Zustandsgleichungen

Sind $Z_1, Z_2, \ldots, Z_n$ die Zustandsvariablen eines thermodynamischen Systems, dann ist die *Zustandsgleichung* eine Beziehung

$$f(Z_1, Z_2, \ldots, Z_n) = 0 \qquad (2.1)$$

die sich nach jedem der Z_i auflösen lässt.

Die Zustandsgleichung der Luft, die an dieser Stelle verwendet wird, beruht auf der Annahme, dass Luft ein *ideales Gas* ist. Dies gilt unter folgenden Annahmen:

- Die Luftmoleküle haben gegenüber dem Volumen eines Fluidelements ein vernachlässigbares Eigenvolumen.
- Außer elastischen Stößen finden zwischen den Molekülen keine weiteren Wechselwirkungen statt.

Diese Annahmen gelten insbesondere nicht mehr in der Nähe von Phasenübergängen. Solange wir von diesem Regime weit genug entfernt bleiben, ist die Beschreibung der Luft als ideales Gas aber durchaus sinnvoll. Die Zustandsgleichung eines als ideales Gas aufgefassten Fluidelements ist

$$pV = Nk_B T \qquad (2.2)$$

Dabei ist V das Volumen eines Fluidelements, N die Anzahl seiner Moleküle und $k_B = 1{,}3805 \cdot 10^{-23}$ J/K die Boltzmann-Konstante. Division durch die Masse $M = Nm$, mit der Molekülmasse m, ergibt

$$p\alpha = RT \qquad (2.3)$$

wobei $\alpha = 1/\rho$ das spezifisches Volumen ist und

$$R = \frac{Nk_B}{M} = \frac{k_B}{m} \qquad (2.4)$$

die Gaskonstante. Für trockene Luft ist $R = 287$ J/kgK.

2.1.5 Energieänderungen eines thermodynamischen Systems

Wie bereits angesprochen, ist eine Möglichkeit des Austauschs eines thermodynamischen Systems mit der Umgebung der Austausch von Energie. Dies kann mittels Austausch von Wärme und durch Arbeit geschehen. Wir verwenden zur Bezeichnung dieser Vorgänge folgende Konvention:

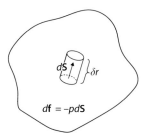

Abb. 2.3 Ein materielles Volumen mit einem Oberflächenelement $d\mathbf{S}$ und der entgegengesetzt gerichteten Kraft $d\mathbf{f} = -pd\mathbf{S}$, hervorgerufen durch den Außen- bzw. Innendruck. Eine Verschiebung um $\delta\mathbf{r}$ bewirkt eine Volumenänderung $d\delta V = d\mathbf{S} \cdot \delta\mathbf{r}$.

- Wärmeaustausch:

$$\delta Q > 0 \quad \leftrightarrow \quad \text{Dem thermodynamischen System wird eine}$$
$$\text{Wärmemenge } \delta Q \text{ zugeführt.}$$
$$\delta Q < 0 \quad \leftrightarrow \quad \text{Das thermodynamische System gibt die Wär-}$$
$$\text{memenge } -\delta Q \text{ an die Umgebung ab.}$$

- Arbeitsverrichtung:

$$\delta W > 0 \quad \leftrightarrow \quad \text{Am thermodynamischen System wird die}$$
$$\text{Arbeit } \delta W \text{ verrichtet, sodass seine Energie}$$
$$\text{zunimmt.}$$
$$\delta W < 0 \quad \leftrightarrow \quad \text{Das thermodynamische System verrichtet die}$$
$$\text{Arbeit } -\delta W, \text{ wobei es Energie abgibt.}$$

Die einzig mögliche Arbeit im Fall der trockenen Luft in Ruhe und ohne Reibung ist die *Volumenarbeit,* die bei einer Expansion oder Kompression verrichtet wird. Zur Berechnung dieser Größe für unsere Anwendungen betrachten wir ein materielles Volumen und darauf weiter ein einzelnes infinitesimales Oberflächenelement dS (Abb. 2.3). Bewegt sich das Oberflächenelement nach außen (Expansion), muss Arbeit gegen den Außendruck verrichtet werden, bezeichnet mit $d\delta W < 0$. Im umgekehrten Fall einer Bewegung nach innen (Kompression) verrichtet die Umgebung Arbeit $d\delta W > 0$ gegen den Innendruck[1]. Die relevante auf das Oberflächenelement wirkende Kraft ist $d\mathbf{f} = -pd\mathbf{S}$. Ist die von dem Oberflächenelement zurückgelegte Strecke $\delta\mathbf{r}$, so ergibt sich

$$d\delta W = d\mathbf{f} \cdot \delta\mathbf{r} = -pd\mathbf{S} \cdot \delta\mathbf{r} = -pd\delta V \tag{2.5}$$

---

[1] Es wird angenommen, dass alle Größen stetig sind, somit auch an der Oberfläche Innen- und Außendruck übereinstimmen.

Abb. 2.4 Die Darstellung eines
möglichen Kreisprozesses
eines Gases im Zustandsraum
mittels p-V-Diagramm. Die
Volumenarbeit ist das Negative
der von der Trajektorie
eingeschlossenen Fläche.

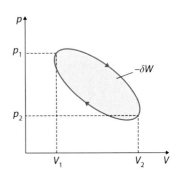

wobei $d\delta V = d\mathbf{S} \cdot \delta\mathbf{r}$ die Volumenänderung für das materielle Volumen ist, welche die Verschiebung des Oberflächenelements verursacht. Summation, also Integration, über alle Oberflächenelemente des materiellen Volumens ergibt schließlich

$$\delta W = -p\,dV \tag{2.6}$$

Die zugehörige massenspezifische Formulierung erhält man durch Division durch die Gesamtmasse M als

$$\delta w = -p\,d\alpha \tag{2.7}$$

wobei $\delta w = \delta W / M$ und $\alpha = V / M = 1/\rho$.

In der Bezeichnung von Austauschprozessen und Änderungen verwenden wir dabei konsequent die Konvention, dass die Änderung einer Zustandsvariable Z_i mit dZ_i bezeichnet wird, für inkrementelle Mengen aller anderen Größen G schreiben wir δG. Bei einem Kreisprozess gehen die Zustandsgrößen wieder in sich selbst über, d. h.

$$\oint dZ_i = 0 \tag{2.8}$$

Eine solche Identität gibt es aber nicht für die Volumenarbeit. In Abb. 2.4 ist der Kreisprozess eines Gases dargestellt. Die Arbeitsbilanz ist

$$\oint \delta W = -\int_{V_1}^{V_2} p(T, V)\,dV - \int_{V_2}^{V_1} p(V, T)\,dV \neq 0 \tag{2.9}$$

Da für die Übergänge zwischen den Zuständen (p_1, V_1) und (p_2, V_2) verschiedene Temperaturverläufe und damit auch verschiedene Trajektorien denkbar sind, ist die Arbeit als Negatives der eingeschlossenen Fläche nicht null. Damit kann Arbeit auch keine Zustandsvariable sein.

2.1.6 Zusammenfassung

Die zuvor abgeleiteten Bewegungsgleichungen bieten noch keine geschlossene Beschreibung der Dynamik der trockenen Atmosphäre, da der Druck nicht bestimmt ist. Hierzu wird eine Gleichung zur Prognose der Temperatur benötigt, die das vorherrschende Ziel des ganzen Kapitels ist.

- Wir betrachten zu diesem Zweck ein materielles Volumen als *thermodynamisches* System mit einer *thermischen Energie,* die der ungeordneten Bewegung, der Rotation und Vibration seiner molekularen Bestandteile zuzuordnen ist. Als solches tritt es mit seiner Umgebung mittels *Wärmeaustausch* und aktive oder passive *Arbeitsverrichtung* in Kontakt. Materieaustausch ist nur möglich, wenn es auch Spurenstoffe enthält, wie zum Beispiel Wasserdampf. Dies wird hier aber nicht weiter betrachtet. Man unterscheidet entsprechend *isolierte, geschlossene und offene* Systeme. Im Zusammenhang hier sind die materiellen Volumen entweder als isolierte Systeme zu betrachten (weder Wärmeaustausch noch Materieaustausch) oder als geschlossene Systeme (Wärmeaustausch, aber kein Massenaustausch).
- Ein thermodynamisches System wird durch *Zustandsgrößen* beschrieben. Die wichtigsten sind Druck, Dichte und Temperatur, wovon aufgrund der *Zustandsgleichung* immer nur zwei zu einer vollständigen Beschreibung des thermodynamischen Zustands notwendig sind. Eine wichtige Klasse von Zustandsänderungen sind *quasistatische Zustandsänderungen*, bei denen das System immer im thermodynamischen Gleichgewicht ist. Von Bedeutung ist auch der Begriff der *reversiblen Zustandsänderung*, die in der Zeit auch umgekehrt vorstellbar ist. *Kreisprozesse* haben den gleichen Anfangs- und Endzustand.
- Sofern ein thermodynamisches System in Ruhe ist und auch keinen externen Kräften wie Reibung oder Schwerkraft unterliegt, kann seine thermische Energie durch zwei Austauschprozesse verändert werden: Wärmeaustausch und Volumenarbeit.

2.2 Die Hauptsätze der Thermodynamik

Ein zentrales Element der Thermodynamik sind ihre Hauptsätze. Der erste Hauptsatz stellt die Energieerhaltung des Gesamtsystems aus thermodynamischem System und Umgebung fest. Der zweite Hauptsatz gibt der Erfahrungstatsache Ausdruck, dass die Natur sich nicht selbst ordnet. Im Rahmen der Diskussion dieser beiden zentralen Sätze werden zwei weitere Zustandsvariable eingeführt: die innere Energie und die Entropie.

2.2.1 Der erste Hauptsatz der Thermodynamik und die innere Energie

Die innere Energie

Die innere Energie U eines thermodynamischen Systems bezeichnet seinen gesamten Energieinhalt, abgesehen von der kinetischen Energie, die in der mittleren Bewegung des Systems enthalten ist, und abgesehen von seiner potentiellen Energie in einem externen Kraftfeld. Die innere Energie eines idealen Gases beinhaltet also die Energie in der ungeordneten kinetischen Bewegung der Atome oder Moleküle sowie die Energie in den Schwingungen und Rotationen der molekularen Bestandteile. Dabei nehmen wir hier wie immer an, dass die atomaren oder molekularen Bestandteile keine elektrischen oder magnetischen Dipolmomente haben, deren Ausrichtung in einem elektromagnetischen Feld ebenfalls einer Energiemenge zugeordnet werden müsste. Es ist klar, dass jedem Zustand eines thermodynamischen Systems eine eindeutige innere Energie zugeordnet werden kann. Sie ist also eine Zustandsvariable, sodass

$$\oint dU = 0 \tag{2.10}$$

Ein Ergebnis der statistischen Physik ist, dass die innere Energie eines *idealen Gases* ausschließlich von seiner Temperatur abhängt, also

$$U = U(T) \tag{2.11}$$

Für ein Gas aus monoatomeren Bestandteilen gilt

$$U = \frac{3}{2} N k_B T \tag{2.12}$$

$$u = \frac{3}{2} R T \tag{2.13}$$

Dabei ist $u = U/M$ die massenspezifische innere Energie. Die innere Energie eines Gases aus diatomigen Molekülen, wie der trockenen Luft, ist

$$U = \frac{5}{2} N k_B T \tag{2.14}$$

$$u = \frac{5}{2} R T \tag{2.15}$$

Der Unterschied zum monoatomigen Gas resultiert daraus, dass die Moleküle um zwei verschiedene Achsen rotieren können, mit einer entsprechenden Rotationsenergie. Die innere Energie pro Molekül ist $k_B T/2$ pro Freiheitsgrad, wobei der Bewegung in jede mögliche Raumrichtung (insgesamt drei) ein Freiheitsgrad zugeordnet wird und der Rotation um jede Achse ein weiterer.

Der erste Hauptsatz

Der erste Hauptsatz für ein thermodynamisches System in Ruhe, also ohne kinetische Energie in der mittleren Bewegung, besagt nun, dass die innere Energie eines thermodynamischen Systems nur geändert werden kann, indem eine entsprechende Energiemenge mit der Umgebung ausgetauscht wird. Sonst wäre das Prinzip der Energieerhaltung verletzt. Der Energieaustausch eines *geschlossenen* thermodynamischen Systems in Ruhe kann nur geschehen, indem entweder Wärme mit der Umgebung ausgetauscht oder Arbeit verrichtet wird. Der erste Hauptsatz für ein geschlossenes thermodynamisches Systeme in Ruhe lautet also

$$dU = \delta Q + \delta W \tag{2.16}$$

Die massenspezifische Variante erhalten wir durch Division durch die Gesamtmasse:

$$du = \delta q + \delta w \tag{2.17}$$

Dabei ist $q = Q/M$ die massenspezifische Variante der Wärmemenge.

2.2.2 Wärmekapazitäten eines idealen Gases

Unter Benutzung des ersten Hauptsatzes der Thermodynamik lassen sich die charakteristischen Wärmekapazitäten der Luft berechnen. Wärmekapazitäten geben generell an, mit welcher Temperaturänderung dT ein thermodynamisches System auf eine differenzielle Wärmezufuhr δQ reagiert. Die Wärmekapazität unter Festhalten eines Satzes x von Zustandsvariablen ist

$$C_x = \left(\frac{\delta Q}{dT}\right)_x \tag{2.18}$$

und die zugehörige spezifische Wärmekapazität

$$c_x = \left(\frac{\delta q}{dT}\right)_x \tag{2.19}$$

Aus dem ersten Hauptsatz folgt

$$\delta Q = dU - \delta W = dU + pdV \tag{2.20}$$

und massenspezifisch analog

$$\delta q = du + pd\alpha \tag{2.21}$$

Einsetzen von (2.20) in (2.18) ergibt *für ein ideales Gas*

$$C_x = \left(\frac{\partial U}{\partial T}\right)_x + p \left(\frac{\partial V}{\partial T}\right)_x \tag{2.22}$$

Analog liefern (2.19) und (2.21)

$$c_x = \left(\frac{\partial u}{\partial T}\right)_x + p \left(\frac{\partial \alpha}{\partial T}\right)_x \tag{2.23}$$

Der Fall $x = V$ ergibt die Wärmekapazität bei festem Volumen. Da trivialerweise $(\partial V/\partial T)_V = (\partial \alpha/\partial T)_V = 0$, sind

$$C_V = \left(\frac{\partial U}{\partial T}\right)_V \tag{2.24}$$

und

$$c_V = \left(\frac{\partial u}{\partial T}\right)_V \tag{2.25}$$

sodass mittels (2.14) und (2.15)

$$C_V = \frac{5}{2} N k_B \tag{2.26}$$

$$c_V = \frac{5}{2} R \tag{2.27}$$

Dies impliziert auch, dass

$$U = C_V T \tag{2.28}$$

$$u = c_V T \tag{2.29}$$

Der Fall $x = p$ liefert die Wärmekapazität bei festem Druck. Wegen der Zustandsgleichung sind $V = N k_B T / p$ und $\alpha = R T / p$, sodass

$$C_p = C_V + N k_B \tag{2.30}$$

$$c_p = c_V + R \tag{2.31}$$

und mit (2.26) und (2.27)

$$C_p = \frac{7}{2} N k_B \tag{2.32}$$

$$c_p = \frac{7}{2} R \tag{2.33}$$

2.2.3 Adiabatische und isotherme Zustandsänderungen eines idealen Gases

Der erste Hauptsatz lässt u. a. zwei spezielle Typen von Zustandsänderungen zu, bei denen Arbeit verrichtet wird: Bei einer *adiabatischen Zustandsänderung* wird keine Wärme mit der Umgebung ausgetauscht, d. h.

$$\delta Q = 0 \tag{2.34}$$

Den Verlauf einer solchen Zustandsänderung im Zustandsraum erhält man *für ein ideales Gas* mittels des ersten Hauptsatzes aus

$$\frac{dU}{dT} dT_{\text{ad}} = -p \, dV_{ad} \tag{2.35}$$

Dabei ist wegen der Zustandsgleichung und (2.30)

$$p = \frac{N k_B T}{V} = \frac{C_p - C_V}{V} T \tag{2.36}$$

Weiterhin ist wegen (2.28) $dU/dT = C_V$, sodass

$$\frac{dT_{\text{ad}}}{T} = -\frac{C_p - C_V}{C_V} \frac{dV_{\text{ad}}}{V} \tag{2.37}$$

oder

$$(d \ln T)_{\text{ad}} = -(\gamma - 1)(d \ln V)_{\text{ad}} \tag{2.38}$$

mit

$$\gamma = \frac{C_p}{C_V} = \frac{c_p}{c_V} \tag{2.39}$$

Für trockene Luft ist wegen (2.26), (2.27), (2.32) und (2.33) $\gamma = 7/5$. Man findet also

$$(d \ln T V^{\gamma-1})_{\text{ad}} = 0 \tag{2.40}$$

Also sind für eine adiabatische Zustandsänderung

$$d \left(T V^{\gamma-1} \right) = 0 \tag{2.41}$$
$$d \left(p V^{\gamma} \right) = 0 \tag{2.42}$$
$$d \left(T^{\gamma} p^{1-\gamma} \right) = 0 \tag{2.43}$$

Hierbei folgen die beiden letzten Identitäten aus der ersten mittels der Zustandsgleichung. Eine Kurve im Zustandsraum, die (2.41)–(2.43) befriedigt, wird auch als *Adiabate* bezeich-

Abb. 2.5 Eine Adiabate und
eine Isotherme im
p-V-Diagramm.

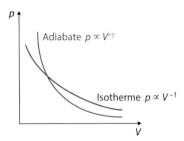

net. Division der beiden ersten Beziehungen durch $M^{\gamma-1}$ bzw. M^{γ} liefert die massenspezifischen Analoga

$$d\left(T\alpha^{\gamma-1}\right) = 0 \tag{2.44}$$

$$d\left(p\alpha^{\gamma}\right) = 0 \tag{2.45}$$

$$d\left(T^{\gamma}p^{1-\gamma}\right) = 0 \tag{2.46}$$

Eine *isotherme Zustandsänderung* erfolgt bei konstanter Temperatur, d. h.,

$$dT = 0 \tag{2.47}$$

Im Fall eines *idealen Gases* bedeutet dies, dass sich die innere Energie nicht ändert, d. h.,

$$dU = 0 \tag{2.48}$$

Aus der Zustandsgleichung folgt weiterhin wegen $dT = 0$

$$d\left(pV\right) = 0 \tag{2.49}$$

$$d\left(p\alpha\right) = 0 \tag{2.50}$$

Entsprechende Kurven im Zustandsraum werden auch als *Isotherme* bezeichnet. Der Verlauf jeweils einer Adiabate und einer Isotherme im p-V-Diagramm sind in Abb. 2.5 gezeigt. Die Adiabate ist steiler, weil $\gamma > 1$ ist.

2.2.4 Der zweite Hauptsatz der Thermodynamik

Der zweite Hauptsatz drückt die Erfahrung aus, dass manche thermodynamische Prozesse nie beobachtet werden, obwohl sie nicht im Gegensatz zum ersten Hauptsatz stehen. Dies hat damit zu tun, dass die innere Energie eines thermodynamischen Systems Ausdruck von ungeordneter Bewegung ist und dass thermodynamische Systeme sich nicht selbst ordnen.

- Selbst wenn es energetisch denkbar ist, dass alle Moleküle eines Fluidelements die Energie ihrer kinetischen Bewegung in geordnete Bewegung umsetzen, sodass das Fluidelement unter Abkühlung in Bewegung gesetzt wird (verbunden mit einer impulserhaltenden Bewegung der Umgebung), so wird dies doch nie beobachtet.
- Mittels Reibung kann ein Fluidelement seine kinetische Energie zwar in Wärme umsetzen, d. h., die innere Energie des Fluidelements und seiner Umgebung wird erhöht und entsprechend die Energie der geordneten Bewegung des Fluidelements in Energie in ungeordneter Bewegung umgewandelt. Der inverse Prozess wird aber nie beobachtet.

Aus ähnlichen Überlegungen scheint es auch unmöglich, ein *Perpetuum mobile zweiter Art* zu konstruieren. Ein Perpetuum mobile zweiter Art ist eine *zyklisch arbeitende Maschine, die nichts anderes tut, als Arbeit zu verrichten, wobei nur einem Wärmereservoir eine Wärmemenge* ΔQ *entnommen wird*. Eine solche Maschine würde, entgegen unserer Alltagserfahrung mit Motoren, nicht warm werden. Dies führt zur Formulierung des zweiten Hauptsatzes nach Kelvin:

Zweiter Hauptsatz nach Kelvin: Ein Perpetuum mobile zweiter Art gibt es nicht.

Betrachten wir außerdem auch zwei Wärmebäder bei verschiedenen Temperaturen. Ein Prozess, in dem das kältere der beiden Wärmebäder einen Teil Wärme an das heißere Wärmebad abgibt, ist zwar nach dem ersten Hauptsatz erlaubt, aber auch ein solcher Prozess wird nie beobachtet. Die Natur strebt stets eine Gleichverteilung ihrer Unordnung an. Dies führt zur Formulierung des zweiten Hauptsatzes nach Clausius:

Zweiter Hauptsatz nach Clausius: Es gibt keine periodisch arbeitende Maschine, die lediglich einem kälteren Wärmebad Wärme entzieht und diese einem wärmeren Wärmebad zuführt.

Wie gleich gezeigt wird, sind die beiden Formulierungen des zweiten Hauptsatzes äquivalent. Vorher definieren wir aber noch eine *Wärmekraftmaschine*. Dies ist eine Maschine, die an einer thermodynamischen Arbeitssubstanz (z. B. einem idealen Gas) einen Kreisprozess zwischen zwei Wärmebädern WB(T_1) und WB(T_2) mit $T_1 > T_2$ ausführt, wobei Folgendes geschieht:

- Dem Wärmebad WB(T_1) wird Wärme entnommen, d. h., der betreffende Wärmeaustausch ist $\Delta Q_1 > 0$.
- Die Arbeitssubstanz verrichtet Arbeit. Die Arbeitsbilanz ist also $\Delta W < 0$.
- Dem Wärmebad WB(T_2) wird Wärme zugeführt, d. h., der betreffende Wärmeaustausch ist $\Delta Q_2 < 0$.

Da wir einen Kreisprozess betrachten, ist $\Delta U = 0$. Das bedeutet nach dem ersten Hauptsatz, dass $0 = \Delta W + \Delta Q_1 + \Delta Q_2$. Deshalb ist zwangsläufig $|\Delta Q_2| < \Delta Q_1$. Der *Wirkungsgrad* der Wärmekraftmaschine ist

$$\eta = -\frac{\Delta W}{\Delta Q_1} \tag{2.51}$$

Er bezeichnet, wie viel Arbeit pro hineingesteckter Energie verrichtet wird. Das Inverse einer Wärmekraftmaschine, bei der alle Austauschprozesse ihr Vorzeichen ändern, wird als *Wärmepumpe* bezeichnet. Eine solche Maschine steckt in jedem Kühlschrank.

Die Äquivalenz der Formulierungen des zweiten Hauptsatzes nach Clausius und Kelvin
Im Folgenden soll gezeigt werden, dass die Formulierungen des zweiten Hauptsatzes nach Kelvin und Clausius äquivalent sind. Dabei wird jeweils angenommen, dass eine der beiden Formulierungen falsch ist und daraus ein Widerspruch zur anderen Formulierung abgeleitet. Damit können nur beide Formulierungen entweder gleichzeitig richtig oder falsch sein.

Annahme: Die Formulierung nach Clausius ist falsch, die nach Kelvin aber richtig In diesem Fall gäbe es eine Wärmepumpe, bezeichnet mit (a), die Folgendes tut:

- Dem heißeren Wärmebad WB (T_1) wird eine Wärmemenge $\Delta Q_1^a < 0$ zugeführt.
- Es wird keine Arbeit verrichtet, d. h., $\Delta W^a = 0$.
- Dem kälteren Wärmebad WB (T_2) wird eine Wärmemenge $\Delta Q_2^a > 0$ entnommen. Nach dem ersten Hauptsatz muss gelten $\Delta Q_2^a = -\Delta Q_1^a$.

Sonst geschieht nichts. Nun koppeln wir diese Wärmepumpe mit einer zweiten Wärmekraftmaschine, bezeichnet mit (b), die Folgendes tut:

- Dem heißeren Wärmebad WB (T_1) wird exakt die Wärmemenge $\Delta Q_1^b = -\Delta Q_1^a$ entnommen, die Maschine (a) ihm zugefügt hat.
- Es wird die Arbeit $\Delta W^b < 0$ verrichtet.
- Dem kälteren Wärmebad WB (T_2) wird eine Wärmemenge $\Delta Q_2^b < 0$ zugeführt. Nach dem ersten Hauptsatz muss gelten $\Delta Q_2^b = -\Delta Q_1^b - \Delta W^b$.

Betrachten wir nun den Nettoeffekt dieser gekoppelten Maschine:

- Der gesamte Wärmeaustausch mit dem heißeren Wärmebad WB (T_1) ist

$$\Delta Q_1 = \Delta Q_1^a + \Delta Q_1^b = 0$$

Dem Wärmebad wird also weder Wärme entnommen noch zugeführt.

- Es wird die Arbeit

$$\Delta W = \Delta W^a + \Delta W^b = \Delta W^b < 0$$

verrichtet.
- Der gesamte Wärmeaustausch mit dem kälteren Wärmebad WB (T_2) ist

$$\Delta Q_2 = \Delta Q_2^a + \Delta Q_2^b = -\Delta Q_1^a - \Delta Q_1^b - \Delta W^b = -\Delta W^b > 0$$

Dem Wärmebad wird also Wärme entzogen.

Insgesamt tut die gekoppelte Maschine also nichts anderes als WB(T_2) Wärme zu entziehen und diese in Arbeit umzuwandeln. Dies aber ist ein Widerspruch zu der Formulierung nach Kelvin. Somit muss die Formulierung nach Clausius gelten, wenn die nach Kelvin richtig ist.

Annahme: Die Formulierung nach Kelvin ist falsch, die nach Clausius aber richtig In diesem Fall gäbe es eine Wärmekraftmaschine, bezeichnet mit (a), die Folgendes tut:

- Dem heißeren Wärmebad WB (T_1) wird weder Wärme zugeführt noch entnommen. Also ist $\Delta Q_1^a = 0$.
- Es wird Arbeit verrichtet, d. h., $\Delta W^a < 0$.
- Dem kälteren Wärmebad WB (T_2) wird eine Wärmemenge $\Delta Q_2^a > 0$ entnommen. Nach dem ersten Hauptsatz muss gelten $\Delta Q_2^a = -\Delta W^a$.

Sonst geschieht nichts. Nun koppeln wir dieses Perpetuum mobile zweiter Art mit einer zweiten Maschine, bezeichnet mit (b), welche die von Maschine (a) gewonnene Arbeitsenergie in Wärme umwandelt, die dem heißeren Wärmebad zugeführt wird. Sie tut also Folgendes:

- Dem heißeren Wärmebad WB (T_1) wird die Wärmemenge $\Delta Q_1^b = \Delta W^a$ zugeführt.
- Es wird die Arbeit $\Delta W^b = -\Delta W^a < 0$ verrichtet.
- Dem kälteren Wärmebad WB (T_2) wird weder Wärme zugeführt noch entnommen. Also ist $\Delta Q_2^b = 0$.

Betrachten wir nun den Nettoeffekt dieser gekoppelten Maschine:

- Der gesamte Wärmeaustausch mit dem heißeren Wärmebad WB (T_1) ist

$$\Delta Q_1 = \Delta Q_1^a + \Delta Q_1^b = \Delta W^a < 0$$

Dem Wärmebad wird also Wärme zugeführt.

- Die verrichtete Arbeit ist

$$\Delta W = \Delta W^a + \Delta W^b = 0$$

  Es wird also keine Arbeit verrichtet.
- Der gesamte Wärmeaustausch mit dem kälteren Wärmebad WB (T_2) ist

$$\Delta Q_2 = \Delta Q_2^a + \Delta Q_2^b = -\Delta W^a > 0$$

  Dem Wärmebad wird also Wärme entzogen.

Insgesamt tut die gekoppelte Maschine nichts anderes, als WB(T_2) Wärme zu entziehen und diese WB(T_1) zuzuführen. Dies aber ist ein Widerspruch zu der Formulierung nach Clausius. Somit muss die Formulierung nach Kelvin gelten, wenn die nach Clausius richtig ist. Die Äquivalenz der beiden Formulierungen ist also bewiesen.

2.2.5 Der Carnot-Prozess

Für die Verwendung des zweiten Hauptsatzes in der Einführung der Entropie ist ein spezieller Typ von Wärmekraftmaschine äußerst nützlich. Dies ist die Carnot-Maschine, die einen reversiblen Kreisprozess ausführt, der aus zwei Isothermen, bei den Temperaturen T_1 und T_2 der beiden Wärmebäder, und zwei Adiabaten besteht. Dieser Carnot-Prozess ist in Abb. 2.6 im p-V-Diagramm dargestellt. Im Einzelnen hat er folgende Arbeitsschritte:

$a \to b$ Von a nach b findet eine adiabatische Kompression statt. Die zugehörige Temperaturänderung ist $\Delta T = T_1 - T_2 > 0$.
$b \to c$ Daran schließt sich eine isotherme Expansion von b nach c an. Dabei wird Wärme ΔQ_1 aus WB(T_1) aufgenommen.

Abb. 2.6 Ein Carnot-Prozess im p-V-Diagramm (links) mit zwei isothermen und zwei adiabatischen Zustandsänderung. Rechts ist die zugehörige symbolische Darstellung gezeigt. Weitere Details finden sich im Haupttext.

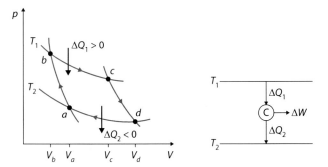

$c \rightarrow d$ Von c nach d folgt darauf eine adiabatische Expansion. Die Temperaturänderung ist nun $\Delta T = T_2 - T_1 < 0$.

$d \rightarrow a$ Der Zyklus wird beendet durch eine isotherme Kompression von d nach a. Dabei wird Wärme ΔQ_2 an WB(T_2) abgegeben.

Nach dem ersten Hauptsatz ist

$$0 = \oint dU = \Delta Q_1 + \Delta Q_2 + \Delta W \tag{2.52}$$

sodass

$$\Delta W = -\Delta Q_1 - \Delta Q_2 \tag{2.53}$$

Dies in (2.51) eingesetzt, ergibt den Wirkungsgrad

$$\eta = 1 + \frac{\Delta Q_2}{\Delta Q_1} \tag{2.54}$$

Es sind $\Delta Q_1 > 0$ und $\Delta Q_2 < 0$. Also ist $\eta < 1$. Weiterhin folgt aus $\Delta W < 0$ und (2.51), dass $|\Delta Q_2| < \Delta Q_1$ und somit $0 < \eta < 1$. Selbstverständlich gibt es auch die Umkehrung einer Carnot-Maschine als Wärmepumpe. Deren symbolische Darstellung ist in Abb. 2.7 gezeigt.

Schließlich sei der Wirkungsgrad einer Carnot-Maschine für den Fall berechnet, dass ihre Arbeitssubstanz ein reibungsfreies *ideales Gas* in Ruhe ist. Zunächst ist die Gesamtarbeit

$$\Delta W = \Delta W_{ab} + \Delta W_{bc} + \Delta W_{cd} + \Delta W_{da} \tag{2.55}$$

zu ermitteln. Für die einzelnen Teile erhält man folgende Ergebnisse:

$a \rightarrow b$ Längs der Adiabaten ist $\Delta Q_{ab} = 0$. Mit dem ersten Hauptsatz folgt also $\Delta W_{ab} = \Delta U_{ab}$ und somit für ein ideales Gas

$$\Delta W_{ab} = C_V (T_1 - T_2) \tag{2.56}$$

$b \rightarrow c$ Auf der Isothermen ist die Temperatur konstant. Unter Ausnutzung der Zustandsgleichung des idealen Gases ist die Volumenarbeit

Abb. 2.7 Die symbolische Darstellung einer inversen Carnot-Maschine (Wärmepumpe).

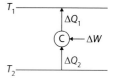

$$\Delta W_{bc} = -\int_{V_b}^{V_c} p\,dV = -Nk_BT_1 \int_{V_b}^{V_c} \frac{dV}{V} = -Nk_BT_1 \ln\left(\frac{V_c}{V_b}\right) \qquad (2.57)$$

$c \rightarrow d$ Längs dieser Adiabaten ist wiederum

$$\Delta W_{cd} = C_V(T_2 - T_1) \qquad (2.58)$$

$d \rightarrow a$ Analog zur anderen Isothermen hat man

$$\Delta W_{da} = -Nk_BT_2 \ln\left(\frac{V_a}{V_d}\right) \qquad (2.59)$$

Außerdem sind wegen (2.41)

$$T_2 V_a^{\gamma-1} = T_1 V_b^{\gamma-1} \qquad (2.60)$$
$$T_1 V_c^{\gamma-1} = T_2 V_d^{\gamma-1} \qquad (2.61)$$

sodass

$$\frac{V_a}{V_d} = \frac{V_b}{V_c} \qquad (2.62)$$

Verwendung von (2.56)–(2.59) und (2.62) in (2.55) liefert zusammen

$$\Delta W = -Nk_BT_1 \ln\left(\frac{V_c}{V_b}\right) - Nk_BT_2 \ln\left(\frac{V_a}{V_b}\right)$$
$$= -Nk_B(T_1 - T_2) \ln\left(\frac{V_c}{V_b}\right) < 0 \qquad (2.63)$$

Der Wärmeverbrauch ΔQ_1 der Maschine findet auf der Isothermen zwischen b und c statt. Längs der Isothermen ändert sich die innere Energie eines idealen Gases nicht, also ist

$$\Delta Q_1 = -\Delta W_{bc} = Nk_BT_1 \ln\left(\frac{V_c}{V_b}\right) \qquad (2.64)$$

Einsetzen von (2.63) und (2.64) in (2.51) liefert den gesuchten Wirkungsgrad

$$\eta = 1 - \frac{T_2}{T_1} \qquad (2.65)$$

2.2.6 Entropie als Zustandsgröße

Vergleicht man nun die beiden Ausdrücke (2.54) und (2.65) für den Wirkungsgrad einer Carnot-Maschine, so findet man, dass die Wärmebilanz eines Carnot-Prozesses geschrieben werden kann als

$$\frac{\Delta Q_1}{T_1} + \frac{\Delta Q_2}{T_2} = 0 \qquad (2.66)$$

Gibt es eine analoge Beziehung für jeden beliebigen quasistatischen Kreisprozess? In der Tat ist das der Fall. Dazu zerlegen wir einen solchen Prozess in infinitesimal kleine Teilstücke i, längs derer die Temperatur T_i als konstant betrachtet werden kann. Der zugehörige Wärmeaustausch δQ_i kann sowohl positiv als auch negativ sein. Die symbolische Darstellung dieser Zerlegung sieht man in Abb. 2.8. Die Gesamtarbeit des Kreisprozesses, bei dem sich die innere Energie ja nicht ändert, folgt direkt aus dem ersten Hauptsatz zu

$$\Delta W_K = - \sum_i \delta Q_i \qquad (2.67)$$

Nun sei jedes Teilstück mit jeweils einer Carnot-Maschine gekoppelt, sodass es für diese wie das kältere der beiden Wärmebäder wirkt. Das heißere Wärmebad bei der Temperatur $T_0 > T_i$ sei bei allen Maschinen dasselbe. Wichtig ist insbesondere, dass jede Maschine so ausgelegt sein soll, dass der Wärmeaustausch δQ_i direkt umgesetzt wird, d. h., für die Carnot-Maschine ist der Wärmeaustausch

$$\delta Q_{ci} = -\delta Q_i \qquad (2.68)$$

Dies ist symbolisch nochmals in Abb. 2.9 dargestellt. Da δQ_{ci} sowohl positiv als auch negativ sein kann, können die einzelnen Maschinen sowohl Wärmekraftmaschinen als auch Wärmepumpen sein. Für jede Carnot-Maschine gilt mit (2.66) weiterhin

$$\frac{\delta Q_{ci}^{(0)}}{T_0} + \frac{\delta Q_{ci}}{T_i} = 0 \qquad (2.69)$$

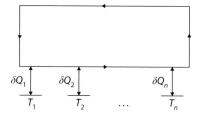

Abb. 2.8 Symbolische Darstellung der Zerlegung eines beliebigen quasistatischen Kreisprozesses in infinitesimale Teilstücke bei jeweils der Temperatur T_i mit zugehörigem Wärmeaustausch δQ_i.

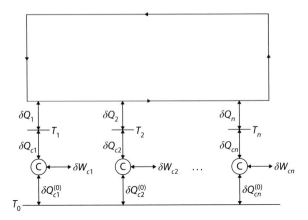

Abb. 2.9 Symbolische Darstellung der Zerlegung eines beliebigen quasistatischen Kreisprozesses in infinitesimale Teilstücke bei jeweils der Temperatur T_i mit zugehörigem Wärmeaustausch δQ_i und Kopplung jeweils mit einer Carnot-Maschine, die δQ_i direkt umsetzt. Das heißere Wärmebad der Carnot-Maschinen bei der Temperatur $T_0 > T_i$ ist überall dasselbe.

Damit und mit (2.68) ist

$$\delta Q_{ci}^{(0)} = -\frac{T_0}{T_i}\delta Q_{ci} = \frac{T_0}{T_i}\delta Q_i \tag{2.70}$$

Der Wirkungsgrad der Carnot-Maschine ist mit (2.65)

$$\eta_{ci} = 1 - \frac{T_i}{T_0} \tag{2.71}$$

Die Arbeit, die in dem Carnot-Prozess verrichtet wird, ist also mit (2.70)

$$\delta W_{ci} = -\eta_{ci}\delta Q_{ci}^{(0)} = -\left(1 - \frac{T_i}{T_0}\right)\frac{T_0}{T_i}\delta Q_i = \left(1 - \frac{T_0}{T_i}\right)\delta Q_i \tag{2.72}$$

sodass die Gesamtarbeit, die in allen Carnot-Maschinen verrichtet wird,

$$\Delta W_c = \sum_i \delta W_{ci} = \sum_i \left(1 - \frac{T_0}{T_i}\right)\delta Q_i \tag{2.73}$$

ist.

Nun sei die Arbeits- und Wärmebilanz des Gesamtsystems aus Kreisprozess und Carnot-Maschinen betrachtet. Mit dem Wärmebad WB(T_0) wurde wegen (2.70)

$$\Delta Q^{(0)} = \sum_i \delta Q_{ci}^{(0)} = T_0 \sum_i \frac{\delta Q_i}{T_i} \tag{2.74}$$

ausgetauscht. Die Arbeitsbilanz ist, unter Ausnutzung von (2.67) und (2.73),

$$\Delta W = \Delta W_K + \Delta W_c = -\sum_i \delta Q_i + \sum_i \left(1 - \frac{T_0}{T_i}\right) \delta Q_i = -T_0 \sum_i \frac{\delta Q_i}{T_i} \qquad (2.75)$$

Sonst ist nichts geschehen! Nach dem zweiten Hauptsatz muss also $\Delta W \geq 0$ sein, d.h.

$$\sum_i \frac{\delta Q_i}{T_i} \leq 0 \qquad (2.76)$$

Wenn K reversibel ist, kann die Richtung aller Energieflüsse umgedreht werden. Somit ist dann

$$\sum_i \frac{\delta Q_i}{T_i} = 0 \qquad (2.77)$$

Der infinitesimale Grenzwert liefert schließlich die *Clausius'sche Ungleichung*

$$\oint \frac{\delta Q}{T} \leq 0 \qquad (2.78)$$

in der das Gleichheitszeichen nur für einen reversiblen Kreisprozess gilt.

Dieser Befund ermöglicht es, eine neue Zustandsvariable einzuführen, die *Entropie*. Sei A ein betrachteter Zustand und A_0 ein Referenzzustand. Die Entropie $S(A)$ ist dann definiert als

$$S(A) = S(A_0) + \int_{A_0}^A \frac{\delta Q_{rev}}{T} \qquad (2.79)$$

wobei die Zustandsänderung, längs derer integriert wird, wie angezeigt reversibel sein muss. Wegen der Clausius-Gleichung für reversible Kreisprozesse ist dies eine eindeutige Definition. Um das zu erkennen, betrachten wir zwei verschiedene reversible Zustandsänderungen zwischen A und A_0 wie in Abb. 2.10. Da sie reversibel sind, kann die Richtung einer der beiden geändert werden. Dies ergibt einen reversiblen Kreisprozess. Nach der Clausius-Gleichung (2.78) gilt dann aber

$$0 = \int_{A_0}^A \frac{\delta Q_{rev}^1}{T} - \int_{A_0}^A \frac{\delta Q_{rev}^2}{T} \qquad (2.80)$$

Abb. 2.10 Zwei verschiedene reversible Zustandsänderungen zur Berechnung der Entropiedifferenz zwischen einem Zustand A und einem Referenzzustand A_0.

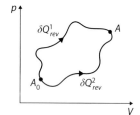

Also hat die Wahl der reversiblen Zustandsänderung zur Berechnung von $S(A)$ aus $S(A_0)$ mittels (2.79) keinen Einfluss auf das Ergebnis. Wegen der Freiheit des (einmal festzulegenden) Referenzzustands ist die Entropie keine absolute Größe. Üblicherweise wird sie daher differenziell definiert:

$$dS = \frac{\delta Q_{rev}}{T} \qquad (2.81)$$

Man kann weiterhin zeigen, dass eine beliebige (nicht notwendig reversible) Zustandsänderung Z zwischen den Zuständen A_1 und A_2 die Ungleichung

$$S(A_2) - S(A_1) \geq \int_{A_1}^{A_2} \frac{\delta Q}{T} \qquad (2.82)$$

erfüllt. Dazu betrachten wir einen Kreisprozess, bestehend aus Z und einer reversiblen Zustandsänderung R, die A_2 wieder in A_1 überführt (Abb. 2.11)

Aus der Clausius'schen Ungleichung folgt

$$\int_{A_2}^{A_1} \frac{\delta Q}{T} + \int_{A_1}^{A_2} \frac{\delta Q}{T} \leq 0 \qquad (2.83)$$

Das erste Integral aber ist die Entropiedifferenz $S(A_1) - S(A_2)$. Damit folgt (2.82). Die differenzielle Formulierung diese Eigenschaft ist die *mathematische Formulierung des zweiten Hauptsatzes:*

$$dS \geq \frac{\delta Q}{T} \qquad (2.84)$$

Das Gleichheitszeichen gilt nur für reversible Prozesse. Für *isolierte Systeme* folgt daraus direkt:

$$dS \geq 0 \qquad (2.85)$$

Dies bedeutet, dass in isolierten Systemen

- die Entropie durch irreversible Prozesse stets erhöht wird und
- die Entropie im Gleichgewicht maximal ist.

Verknüpfung des zweiten Hauptsatzes nach (2.84) mit dem ersten Hauptsatz (2.16) für geschlossene Systeme liefert schließlich noch die Grundrelation der Thermodynamik geschlossener Systeme

$$T \, dS \geq dU - \delta W \qquad (2.86)$$

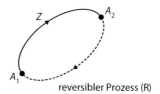

reversibler Prozess (R)

Abb. 2.11 Ein Kreisprozess, bestehend aus einer nicht notwendig reversiblen Zustandsänderung Z zwischen den Zuständen A_1 und A_2, und einer reversiblen Zustandsänderung R, die A_2 wieder in A_1 überführt.

2.2.7 Entropie und potentielle Temperatur der trockenen Luft

Adiabatische Zustandsänderungen wie z. B. in Abb. 2.1 können stets reversibel ausgeführt werden, wenn sie nur langsam genug vonstatten gehen. Da längs einer Adiabaten $\delta Q = 0$, sind Adiabaten Kurven konstanter Entropie. Zur Ermittlung der Entropiedifferenz zwischen zwei Zuständen kann man also die Adiabaten suchen, auf denen die Zustände liegen. Weiß man einen Weg, die Entropiedifferenz zwischen den beiden Adiabaten zu berechnen, kennt man somit auch die gesuchte Differenz.

Dies kann z. B. geschehen, indem eine isotherme Zustandsänderung zwischen den beiden Adiabaten betrachtet wird (Abb. 2.12). Auch isotherme Zustandsänderungen sind immer reversibel möglich, sodass mit dem ersten Hauptsatz

$$dS = \frac{\delta Q}{T} = \frac{p}{T}dV \tag{2.87}$$

ist. Unter Verwendung der Zustandsgleichung erhält man daraus

$$dS = Nk_B \frac{dV}{V} \tag{2.88}$$

Abb. 2.12 Eine isotherme Zustandsänderung zwischen zwei Adiabaten zur Bestimmung der Entropiedifferenz zwischen zwei Zuständen A_1 und A_2 auf den Adiabaten.

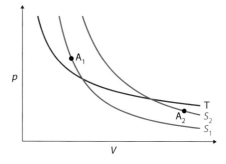

Da auf der Isothermen $d(pV) = 0$, gilt auch

$$dS = -Nk_B \frac{dp}{p} \tag{2.89}$$

Für die *spezifische Entropie* $s = S/M$ erhält man

$$ds = -R \frac{dp}{p} \tag{2.90}$$

Integration von (2.89) oder (2.90) liefert die gesuchte Entropiedifferenz. Allerdings muss noch Druck an den Integrationsgrenzen bestimmt werden.

Das Aufsuchen der Adiabaten wird einem durch die Verwendung der *potentiellen Temperatur* erspart. Die Definition dieser Zustandsvariable verwendet die Tatsache, dass längs einer Adiabate wegen (2.43) das Produkt

$$T p^{(1-\gamma)/\gamma} = T p^{-R/c_p}$$

konstant ist. Die potentielle Temperatur

$$\theta = T \left(\frac{p_{00}}{p} \right)^{R/c_p} \tag{2.91}$$

ist also ebenfalls überall auf der Adiabaten gleich. Dabei ist p_{00} ein frei wählbarer Referenzdruck. Die potentielle Temperatur lässt sich leicht interpretieren: Auf einer Adiabaten ist

$$T(p) = \theta \left(\frac{p}{p_{00}} \right)^{R/c_p} \tag{2.92}$$

Damit ist θ die Temperatur, die ein Element eines idealen Gases einnimmt, wenn es eine adiabatische Zustandsänderung erfährt, sodass sein Druck von p in p_{00} übergeht. Wichtig ist aber insbesondere auch, dass θ und s auf den Adiabaten konstant sind. Dies legt nahe anzunehmen, dass

$$\theta = \theta(s) \tag{2.93}$$

ist. In der Tat: Die Änderung der potentiellen Temperatur unter einer isothermen Zustandsänderung zwischen zwei Adiabaten ist nach Definition

$$d\theta = T \frac{R}{c_p} \left(\frac{p_{00}}{p} \right)^{\frac{R}{c_p} - 1} \left(-\frac{p_{00}}{p^2} \right) dp = -\frac{R}{c_p} \theta \frac{dp}{p} \tag{2.94}$$

Der Vergleich mit (2.90) liefert schließlich

$$ds = c_p \frac{d\theta}{\theta}$$
$$dS = C_p \frac{d\theta}{\theta} \tag{2.95}$$

wobei die zweite Beziehung aus der ersten durch Multiplikation mit der Masse M folgt. Es gibt also einen monotonen, und damit auch eindeutig umkehrbaren, Zusammenhang zwischen potentieller Temperatur und Entropie. Die Entropiedifferenz zwischen zwei Zuständen ist daraus leicht zu berechnen als

$$s_2 - s_1 = c_p \ln\left(\frac{\theta_2}{\theta_1}\right) \tag{2.96}$$

Man kann somit die potentielle Temperatur auch als die Entropie der Meteorologie bezeichnen.

2.2.8 Zusammenfassung

Ein zentrales Element der Thermodynamik sind ihre beiden Hauptsätze. Der erste Hauptsatz stellt die Energieerhaltung des Gesamtsystems aus thermodynamischem System und Umgebung fest. Der zweite Hauptsatz gibt der Erfahrungstatsache Ausdruck, dass die Natur sich nicht selbst ordnet. Im Rahmen der Diskussion dieser beiden zentralen Sätze werden zwei weitere Zustandsvariable eingeführt: die innere Energie und die Entropie.

- Die *innere Energie* eines thermodynamischen Systems bezeichnet seinen gesamten Energieinhalt, abgesehen von der kinetischen Energie, die in der mittleren Bewegung des Systems enthalten ist, und seiner potentiellen Energie in einem Schwerefeld. Die innere Energie eines idealen Gases beinhaltet also die Energie in der ungeordneten kinetischen Bewegung der Atome oder Moleküle sowie die Energie in den Schwingungen und Rotationen der molekularen Bestandteile. Sie ist eine *Zustandsvariable* und *nur von der Temperatur abhängig*.
- Der *erste Hauptsatz* für ein thermodynamisches System in Ruhe besagt, dass seine innere Energie nur geändert werden kann, indem eine entsprechende Energiemenge mit der Umgebung ausgetauscht wird. Für ein geschlossenes System bedeutet dies, dass entweder Wärme mit der Umgebung ausgetauscht oder Arbeit verrichtet werden muss.
- Mittels des ersten Hauptsatzes, der Zustandsgleichung, und der Temperaturabhängigkeit der inneren Energie lassen sich die *Wärmekapazitäten* bei festem Volumen oder festem Druck ermitteln. Auch die Kurven im Zustandsraum für *isotherme* oder *adiabatische Zustandsänderungen* folgen auf diesem Weg.

- Der *zweite Hauptsatz* drückt die Erfahrung aus, dass thermodynamische Systeme sich nicht selbst ordnen. Die beiden Formulierungen nach *Clausius* und *Kelvin* sind äquivalent.
- Die Eigenschaften des *Carnot'schen Kreisprozesses* sind ein wesentliches Werkzeug bei der Ableitung der *Ungleichung von Clausius,* derzufolge in einem beliebigen Kreisprozess die invers mit der Temperatur gewichtete Wärmezufuhr stets negativ ist. Nur im Fall eines reversiblen Prozesses verschwindet dieses Integral.
- Dies gestattet die Einführung der *Entropie* als weitere Zustandsgröße. Ihre Änderung ist als Integrand des o. g. Integrals definiert, vorausgesetzt, der Prozess ist reversibel. Der berühmte Satz, dass die Entropie stets zunimmt, gilt nur für isolierte Systeme, wie z. B. das Universum. In der trockenen Luft ist die Entropie eine direkte Funktion der *potenziellen Temperatur.* Entropieänderungen lassen sich aus Änderungen der potentiellen Temperatur berechnen.

2.3   Prognostische Gleichungen für Temperatur und Entropie in der trockenen Luft

Nach den umfangreichen Vorarbeiten dieses Kapitels soll nun die prognostische Gleichung für die Thermodynamik erarbeitet werden, um die Impulssatz und Kontinuitätsgleichung zu erweitern sind, damit zusammen mit der Zustandsgleichung ein geschlossenes System von Gleichungen vorliegt. Wir beginnen mit der Prognostik der Temperatur und wenden uns dann der Prognostik der Entropie zu.

2.3.1   Temperaturprognose

In der bisherigen Diskussion der Thermodynamik wurde die Bewegung eines materiellen Volumens oder eines Fluidelements außer Acht gelassen. Diese Annahme wird nun fallen gelassen. Die Gesamtenergie eines materiellen Volumens, abzüglich der mit den Volumenkräften verbundenen potentiellen Energie, ist damit

$$E = K + U \tag{2.97}$$

Dabei ist die *kinetische Energie* eines Fluidelements

$$dK = dM \frac{|\mathbf{v}|^2}{2} \tag{2.98}$$

wobei $dM = \rho dV$ die Masse des Fluidelements ist. Summation (Integration) über alle Fluidelemente ergibt

$$K = \int dV \rho \frac{|\mathbf{v}|^2}{2} \tag{2.99}$$

Die innere Energie eines Fluidelements ist

$$dU = dM\,u = dV\,\rho c_V T \tag{2.100}$$

also nach Integration

$$U = \int dV \rho c_V T \tag{2.101}$$

Demnach ist

$$E = \int dV \rho \left(\frac{|\mathbf{v}|^2}{2} + c_V T \right) \tag{2.102}$$

Die unter Berücksichtigung der kinetischen Energie zu verallgemeinernde Formulierung des ersten Hauptsatzes besagt nun, dass die Änderung der Gesamtenergie eines materiellen Volumens nur über Wärmeaustausch oder Arbeitsverrichtung, einschließlich der Arbeit der Volumenkräfte, möglich ist:

$$\frac{DE}{Dt} = \frac{\delta W}{dt} + \frac{\delta Q}{dt} \tag{2.103}$$

Betrachten wir zunächst die Wärmebilanz. Eine Möglichkeit, dem materiellen Volumen Wärme zuzuführen oder zu entnehmen, ist es, intern zu kühlen oder zu heizen. In der Atmosphäre kann dies geschehen mittels Strahlung (solar oder terrestrisch) oder latenter Wärme. Letztere wird freigesetzt, wenn Wasserdampf kondensiert, von Feuchte der Luft hingegen entzogen, wenn sie verdampft. Die entsprechende Heizung pro Masse wird mit einer spezifischen Wärmezufuhr q angegeben.

Die zweite Möglichkeit des Wärmeaustauschs ist Wärmeleitung. Typischerweise führen lokale Temperaturunterschiede zu einem Temperaturausgleich, der wie bei der Reibung durch Stöße zwischen den molekularen Bestandteilen der Luft bewerkstelligt wird. Damit einher geht ein Wärmefluss $\mathbf{F}_q$. Abb. 2.13 zeigt eine typische Situation. Es liegt nahe anzunehmen, dass Wärmefluss und Temperaturgradient entgegengesetzt gerichtet sind, also

Abb. 2.13 Ein molekularer Wärmefluss $\mathbf{F}_q$, der dem lokalen Temperaturgradienten entgegengesetzt ist.

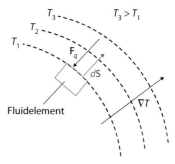

$$\mathbf{F}_q = -\kappa \nabla T \tag{2.104}$$

mit einem Proportionalitätskoeffizienten κ, der als *molekulare Wärmeleitfähigkeit* bezeichnet wird. In der Tat funktioniert dieser Ansatz sehr gut. Es ist klar, dass Wärmeleitung genauso ein irreversibler Prozess ist wie Reibung. Zusammenfassend ist also unter Ausnutzung des Integralsatzes von Gauß

$$\frac{\delta Q}{dt} = \int dV \rho q - \int d\mathbf{S} \cdot \mathbf{F}_q = \int dV \rho q - \int dV \nabla \cdot \mathbf{F}_q \tag{2.105}$$

Das Minuszeichen vor dem zweiten Anteil resultiert daraus, dass ein nach außen gerichteter Wärmefluss zu einem Wärmeverlust führt.

Wenden wir uns nun der Arbeit $\delta W / dt$ zu, die pro Zeit am oder vom Volumen verrichtet wird. Die dafür infrage kommenden Kräfte sind die Volumen- und Oberflächenkräfte. Die Arbeit, die innerhalb der Zeit dt durch die Volumenkräfte von oder an einem beteiligten Fluidelement verrichtet wird, entsteht durch eine Verschiebung um eine Strecke $d\mathbf{r}$ im Kraftfeld, das pro Volumen durch $\mathbf{f}$ gegeben ist. Für die Arbeit pro Zeit erhält man also

$$d\left(\frac{\delta W}{dt}\right)_V = \frac{1}{dt} dV \mathbf{f} \cdot d\mathbf{r} = dV \mathbf{f} \cdot \mathbf{v} \tag{2.106}$$

Summation, d. h. Integration, über alle Fluidelemente ergibt

$$\left(\frac{\delta W}{dt}\right)_V = \int dV \mathbf{f} \cdot \mathbf{v} \tag{2.107}$$

Die Arbeit der Oberflächenkräfte pro Zeit an einem einzelnen Fluidelement ist analog

$$d\left(\frac{\delta W}{dt}\right)_S = \frac{1}{dt}\left[\left(-\int p \, dS_i + \int \sigma_{ij} \, dS_j\right) \cdot dr_i\right]$$
$$= \left(-\int p \, dS_i + \int \sigma_{ij} \, dS_j\right) v_i \tag{2.108}$$

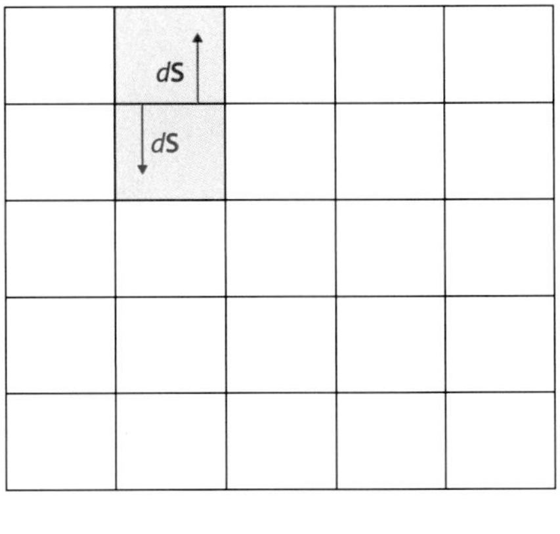

Abb. 2.14 In der Summe der Oberflächenintegrale über alle Fluidelemente heben sich die Beiträge zu Kontaktflächen benachbarter Fluidelemente gegenseitig auf, da die entsprechenden Flächennormalen entgegengesetzt gerichtet sind.

In der Summation über alle Fluidelemente des materiellen Volumens heben sich die Beiträge gegenseitig auf, die aus den Flächenstücken resultieren, die Kontaktflächen benachbarter Fluidelemente sind, da die zugehörigen Flächennormalen entgegengesetzt gerichtet sind (Abb. 2.14). Nur die Integrale über die Außenflächen bleiben also übrig, sodass

$$\left(\frac{\delta W}{dt}\right)_S = -\int v_i p \, dS_i + \int v_i \sigma_{ij} dS_j \qquad (2.109)$$

Summation von (2.107) und (2.109) ergibt

$$\frac{\delta W}{dt} = \int dV \mathbf{v} \cdot \mathbf{f} - \int p \mathbf{v} \cdot d\mathbf{S} + \int v_i \sigma_{ij} dS_j \qquad (2.110)$$

Die Beziehungen (2.102), (2.105), (2.107) und (2.110) zusammenfassend lautet der erweiterte erste Hauptsatz

$$\frac{D}{Dt} \int dV \rho \left(\frac{|\mathbf{v}|^2}{2} + c_V T\right) = \int dV \mathbf{v} \cdot \mathbf{f} - \int p \mathbf{v} \cdot d\mathbf{S} + \int v_i \sigma_{ij} dS_j$$

$$+ \int dV \rho q - \int dV \nabla \cdot \mathbf{F}_q \qquad (2.111)$$

Umformung der linken Seite ergibt

$$\frac{D}{Dt} \int dV \rho \left(\frac{|\mathbf{v}|^2}{2} + c_V T\right) = \int dV \rho \left(\frac{D}{Dt}\frac{|\mathbf{v}|^2}{2} + c_V \frac{DT}{Dt}\right) \qquad (2.112)$$

Die materielle Ableitung der kinetischen Energie darin ist unter Verwendung des Impulssatzes (1.71)

$$\int dV \rho \frac{D}{Dt}\frac{|\mathbf{v}|^2}{2} = \int dV \rho \mathbf{v} \cdot \frac{D\mathbf{v}}{Dt} = \int dV \mathbf{v} \cdot [-\nabla p + \mathbf{f} + \nabla \cdot \boldsymbol{\sigma}] \qquad (2.113)$$

Der Anteil des Druckgradienten ist unter Ausnutzung des Integrationssatzes von Gauß

$$-\int dV \mathbf{v} \cdot \nabla p = -\int dV \nabla \cdot (p\mathbf{v}) + \int dV p \nabla \cdot \mathbf{v}$$

$$= -\int d\mathbf{S} \cdot p\mathbf{v} + \int dV p \nabla \cdot \mathbf{v} \qquad (2.114)$$

Den Reibungsanteil schreiben wir, wieder unter Ausnutzung desselben Integralsatzes,

$$\int dV \mathbf{v} \cdot (\nabla \cdot \boldsymbol{\sigma}) = \int dV v_i \frac{\partial \sigma_{ij}}{\partial x_j} = \int dV \frac{\partial}{\partial x_j}(v_i \sigma_{ij}) - \int dV \sigma_{ij} \frac{\partial v_i}{\partial x_j}$$

$$= \int dS_j v_i \sigma_{ij} - \int dV \sigma_{ij} \frac{\partial v_i}{\partial x_j} \qquad (2.115)$$

(2.112) bis (2.115) ergeben zusammen

$$\frac{D}{Dt} \int dV \rho \left(\frac{|\mathbf{v}|^2}{2} + c_V T \right) = - \int p\mathbf{v} \cdot d\mathbf{S} + \int dV p \nabla \cdot \mathbf{v} + \int dV \mathbf{v} \cdot \mathbf{f}$$
$$+ \int v_i \sigma_{ij} dS_j - \int dV \sigma_{ij} \frac{\partial v_i}{\partial x_j}$$
$$+ \int dV \rho c_V \frac{DT}{Dt} \qquad (2.116)$$

Dies setzen wir in die Energiegleichung (2.111) ein und erhalten

$$\int dV \left(\rho c_V \frac{DT}{Dt} + p\nabla \cdot \mathbf{v} - \sigma_{ij} \frac{\partial v_i}{\partial x_j} - \rho q + \nabla \cdot \mathbf{F}_q \right) = 0 \qquad (2.117)$$

Das Ergebnis aber gilt für beliebige Kontrollvolumina. Also muss der Integrand verschwinden, sodass

$$\rho c_V \frac{DT}{Dt} + p\nabla \cdot \mathbf{v} = \sigma_{ij} \frac{\partial v_i}{\partial x_j} + \rho q - \nabla \cdot \mathbf{F}_q \qquad (2.118)$$

Zur weiteren Umformung liefert die Kontinuitätsgleichung (1.28)

$$\nabla \cdot \mathbf{v} = -\frac{1}{\rho} \frac{D\rho}{Dt} = \frac{1}{\alpha} \frac{D\alpha}{Dt} \qquad (2.119)$$

Damit erhalten wir schließlich die *thermodynamische Energiegleichung*

$$c_V \frac{DT}{Dt} + p \frac{D\alpha}{Dt} = \epsilon + q - \frac{1}{\rho} \nabla \cdot \mathbf{F}_q \qquad (2.120)$$

wobei wir noch die *Reibungswärme* definieren als

$$\epsilon = \frac{1}{\rho} \sigma_{ij} \frac{\partial v_i}{\partial x_j} \qquad (2.121)$$

In (2.120) bezeichnen auf der linken Seite die Terme der Reihe nach die Änderungsrate der inneren Energie und die negative Volumenarbeit. Auf der rechten Seite hat man neben der Reibungswärme den Effekt der Volumenheizung und den der Wärmeleitung. Die Reibungswärme schließlich ist mit (1.70) und nach einigen Umformungen

$$\epsilon = \frac{1}{\rho} \left[\frac{\eta}{2} \sum_{i,j} \left(\frac{\partial v_i}{\partial x_j} + \frac{\partial v_j}{\partial x_i} - \frac{2}{3} \delta_{ij} \frac{\partial v_k}{\partial x_k} \right)^2 + \zeta \left(\frac{\partial v_i}{\partial x_i} \right)^2 \right] \qquad (2.122)$$

Die Zähigkeitskoeffizienten sind positiv, somit auch die Reibungswärme.

Schließlich sei noch erwähnt, dass wegen der Zustandsgleichung des idealen Gases (2.3)

$$p\frac{D\alpha}{Dt} = R\frac{DT}{Dt} - \alpha\frac{Dp}{Dt} \tag{2.123}$$

sodass (2.120) auch geschrieben werden kann als

$$c_p\frac{DT}{Dt} - \alpha\frac{Dp}{Dt} = \epsilon + q - \frac{1}{\rho}\nabla\cdot\mathbf{F}_q \tag{2.124}$$

Diese Beziehung wird auch als *Enthalpiegleichung* bezeichnet, da $c_p T$ die spezifische Enthalpie eines idealen Gases ist.

2.3.2   Prognose von Entropie und potentieller Temperatur

Auf der Basis der Enthalpiegleichung lässt sich auch schnell die Gleichung zur Prognose der potentiellen Temperatur ableiten. Aus der Definition (2.91) der potentiellen Temperatur und der Zustandsgleichung (2.3) folgt

$$\frac{D\theta}{Dt} = \theta\left(\frac{1}{T}\frac{DT}{Dt} - \frac{R}{c_p}\frac{1}{p}\frac{Dp}{Dt}\right) = \frac{\theta}{c_p T}\left(c_p\frac{DT}{Dt} - \alpha\frac{Dp}{Dt}\right) \tag{2.125}$$

Also ist

$$\frac{D\theta}{Dt} = \frac{\theta}{c_p T}\left(\epsilon + q - \frac{1}{\rho}\nabla\cdot\mathbf{F}_q\right) \tag{2.126}$$

Wegen (2.95) ist außerdem

$$\frac{Ds}{Dt} = \frac{c_p}{\theta}\frac{D\theta}{Dt} \tag{2.127}$$

sodass die prognostische Gleichung für die Entropie lautet

$$\frac{Ds}{Dt} = \frac{1}{T}\left(\epsilon + q - \frac{1}{\rho}\nabla\cdot\mathbf{F}_q\right) \tag{2.128}$$

Potentielle Temperatur und spezifische Entropie sind somit erhalten, wenn:

- keine Reibung wirkt,
- es keine Volumenheizung gibt und
- auch keine Wärmeflüsse existieren.

Die Reibungswärme ist positiv, d. h. sie erzeugt immer Entropie.

2.3.3   Die Gleichungen im rotierenden Bezugssystem

Die Transformation in das rotierende Bezugssystem der Erde ist trivial. Die thermodynamischen Zustandsgrößen (p, ρ, T, S, θ) sind vom Bezugssystem unabhängig. Damit ändern sich auch die prognostischen Gleichungen im rotierenden Bezugssystem nicht.

2.3.4   Kugelkoordinaten

Auch die Darstellung der Gleichungen in Kugelkoordinaten ist einfach. Wie bereits in der Kontinuitätsgleichung ist

$$\frac{D}{Dt} = \frac{\partial}{\partial t} + \frac{u}{r\cos\phi}\frac{\partial}{\partial\lambda} + \frac{v}{r}\frac{\partial}{\partial\phi} + w\frac{\partial}{\partial r} \qquad (2.129)$$

zu verwenden. Sonst bleibt alles formal gleich.

2.3.5   Zusammenfassung

Eine *prognostische Gleichung für die Temperatur* erhält man durch die Betrachtung der Energiebilanz eines beliebigen materiellen Volumens:

- Der *verallgemeinerte erste Hauptsatz* verlangt, dass die Summe aus kinetischer und innerer Energie des materiellen Volumens nur durch Wärmeaustausch mit der Umgebung und durch Arbeitsverrichtung geändert werden kann.
- In die Wärmebilanz gehen *externe Wärmequellen oder Wärmesenken* ein, wie z. B. infolge von Strahlungsprozessen, und *Wärmeleitung*.
- Die verrichtete Arbeit setzt sich aus den Beiträgen der *Volumenarbeit* und der *Reibungsarbeit* zusammen.
- Die Auswertung des ersten Hauptsatzes mithilfe der Impulsgleichung und der Kontinuitätsgleichung führt auf die gesuchte Beziehung, die entweder als *thermodynamische Energiegleichung* oder als *Enthalpiegleichung* formuliert werden kann.
- Daraus lässt sich direkt eine prognostische Gleichung für potentielle Temperatur oder Entropie herleiten. Als nichtkonservative Prozesse tauchen darin die externen Wärmequellen und Wärmesenken, die Wärmeleitung und die *Reibungswärme* in Form der Dissipationsrate auf.

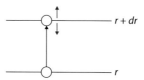

Abb. 2.15 Ein Fluidelement wird vertikal leicht verschoben. Reagiert es darauf mit einer Bewegung weiter von der Ursprungshöhe weg (instabile Schichtung), oder bewegt es sich zu seiner Ausgangsposition zurück (stabile Schichtung)?

2.4 Potentielle Temperatur und statistische Stabilität

Neben ihrem Bezug zur Entropie ist die potentielle Temperatur auch eine entscheidende Größe in der Diagnostik der Stabilität einer atmosphärischen Schichtung. Dies soll hier zusammen mit den korrespondierenden Auftriebsschwingungen besprochen werden.

2.4.1 Stabile und instabile Schichtung

Wir betrachten ein Fluidelement in einer ruhenden Atmosphäre, deren thermodynamischer Zustand, beschrieben z. B. durch $\overline{\theta}(r)$, $\overline{\rho}(r)$, $\overline{T}(r)$, $\overline{p}(r)$, nur vom Radialabstand abhängt. Das Fluidelement wird um ein infinitesimal kleines Stück vertikal nach oben verschoben (Abb. 2.15). Die Frage, die wir uns hier stellen, ist die nach seiner Reaktion auf die Verschiebung. Wirkt in der neuen Position eine Kraft, die es weiter nach oben bewegt, oder wird es wieder in seine Ausgangsposition zurückgeführt? Der erste Fall führt zu dem Schluss, dass die Atmosphäre instabil ist, da leichte Verschiebungen zu irreversiblen Veränderungen in Form von konvektiven Bewegungen führen. Im anderen Fall ist die Atmosphäre in Bezug auf vertikale Verschiebungen stabil: Leichte Veränderungen werden sofort rückgängig gemacht. Dies wird hier am Beispiel einer Verschiebung nach oben diskutiert, was aber keine Einschränkung ist. Der andere Fall liefert dieselben Ergebnisse.

In der Analyse verwenden wir zwei Annahmen:

- Der Druck des Fluidelements passt sich sofort dem Umgebungsdruck an. Wie man zeigen kann, bedeutet dies, dass der Abbau von Druckgradienten mittels Schallwellen so schnell abläuft, dass er nicht explizit beschrieben werden muss.
- Das Fluidelement verhält sich isentrop, d. h., seine potentielle Temperatur ändert sich nicht. Dies bedeutet, dass weder Reibung noch eine Volumenheizung wirkt, noch ein Wärmeaustausch mit der Umgebung mittels Wärmeleitung stattfindet.

Eine allgemeinere Behandlung zeigt aber, dass diese Annahmen für den hier besprochenen Sachverhalt ohne entscheidende Bedeutung sind.

Wir betrachten nun die Dichte des Fluidelements nach einer Verschiebung von r nach $r + dr$ mit $dr > 0$. Nach der Zustandsgleichung ist sie $\rho = p/RT$, wobei nach der ersten Annahme

$$p = \overline{p}(r + dr) \tag{2.130}$$

und nach der zweiten mit (2.91)

$$T = \overline{\theta}(r) \left[\frac{\overline{p}(r + dr)}{p_{00}} \right]^{R/c_p} \tag{2.131}$$

Damit ist die Dichte nach der Verschiebung

$$\rho = \frac{\overline{p}(r + dr)}{R\overline{\theta}(r)} \left[\frac{p_{00}}{\overline{p}(r + dr)} \right]^{R/c_p} \tag{2.132}$$

Dies ist zu vergleichen mit der Umgebungsdichte bei $r + dr$. Die potentielle Temperatur der Umgebung ist $\overline{\theta}(r + dr)$ und damit

$$\overline{\rho}(r + dr) = \frac{\overline{p}(r + dr)}{R\overline{\theta}(r + dr)} \left[\frac{p_{00}}{\overline{p}(r + dr)} \right]^{R/c_p} \tag{2.133}$$

Eine stabile Konfiguration liegt vor, wenn das Fluidelement schwerer ist als die Umgebung, d.h., wenn seine Dichte größer ist als die der Umgebung. Im entgegengesetzten Fall haben wir eine instabile Konfiguration. Der stabile (instabile) Fall impliziert mit (2.132) und (2.133) folgende Konfiguration:

$$\text{stabil} \Leftrightarrow \overline{\theta}(r) < \overline{\theta}(r + dr)$$
$$\text{instabil} \Leftrightarrow \overline{\theta}(r) > \overline{\theta}(r + dr)$$

Damit erhalten wir folgendes Ergebnis:

Die Atmosphäre ist stabil geschichtet, wenn $d\overline{\theta}/dr > 0$.
Im Fall $d\overline{\theta}/dr < 0$ liegt eine instabile Schichtung vor.

Im Fall einer hydrostatischen Schichtung lässt sich diese Aussage auch auf den vertikalen Temperaturgradienten umrechnen. Ganz allgemein folgt aus Definition der potentiellen Temperatur (2.91) und Zustandsgleichung des idealen Gases (2.3)

$$\frac{d\overline{\theta}}{dr} = \left(\frac{p_{00}}{\overline{p}} \right)^{R/c_p} \left[\frac{d\overline{T}}{dr} - \frac{1}{c_p} \frac{1}{\overline{\rho}} \frac{d\overline{p}}{dr} \right] \tag{2.134}$$

Im Fall einer hydrostatischen Schichtung ist

$$\frac{1}{\overline{\rho}}\frac{d\overline{p}}{dr} = -g \tag{2.135}$$

und somit

$$\frac{d\overline{\theta}}{dr} = \left(\frac{p_{00}}{\overline{p}}\right)^{R/c_p} \left[\frac{d\overline{T}}{dr} - \Gamma\right] \tag{2.136}$$

wobei

$$\Gamma = -\frac{g}{c_p} \approx -9,74\,\mathrm{K/km} \tag{2.137}$$

der *adiabatische Temperaturgradient* ist, der genau dann vorliegt, wenn $d\overline{\theta}/dr = 0$. Wir stellen also fest:

> Eine *hydrostatisch* geschichtete Atmosphäre ist stabil geschichtet, wenn $d\overline{T}/dr > \Gamma$. Im Fall $d\overline{T}/dr < \Gamma$ liegt eine instabile Schichtung vor.

2.4.2 Auftriebsschwingungen

Das zeitliche Verhalten des *infinitesimal gering* ausgelenkten Fluidelements kann noch weiter beschrieben werden. Seine Vertikalbeschleunigung ist durch die vertikale Impulsgleichung (1.118) gegeben, die ohne Horizontalbewegungen

$$\frac{Dw}{Dt} = -\frac{1}{\rho}\frac{\partial p}{\partial r} - g \tag{2.138}$$

lautet, wobei wir uns radial bei $r + dr$ befinden. Die Dichte ist gegeben durch (2.132), während der Druck gleich dem Umgebungsdruck ist. Man kann die Dichte auch schreiben als

$$\rho = \overline{\rho}(r + dr) + \delta\rho \tag{2.139}$$

mit $|\delta\rho| \ll \overline{\rho}(r + dr)$, sodass *bei hydrostatischer Schichtung*

$$\frac{Dw}{Dt} = -\frac{1}{\overline{\rho}(r+dr) + \delta\rho}\frac{\partial \overline{p}}{\partial r} - g \approx -\frac{1}{\overline{\rho}}\frac{\partial \overline{p}}{\partial r} + \frac{\delta\rho}{\overline{\rho}^2}\frac{\partial \overline{p}}{\partial r} - g = -g\frac{\delta\rho}{\overline{\rho}} \tag{2.140}$$

Andererseits ist wegen (2.132) und (2.133)

$$\frac{\delta\rho}{\overline{\rho}} = \left[\frac{\overline{p}}{R\overline{\rho}}\left(\frac{p_{00}}{\overline{p}}\right)^{R/c_p}\right]_{r+dr}\left[\frac{1}{\overline{\theta}(r)} - \frac{1}{\overline{\theta}(r+dr)}\right]$$

$$\approx \left[\overline{T}\left(\frac{p_{00}}{\overline{p}}\right)^{R/c_p}\frac{1}{\overline{\theta}^2}\frac{d\overline{\theta}}{dr}\right]_{r+dr} dr = \left(\frac{1}{\overline{\theta}}\frac{d\overline{\theta}}{dr}\right)_{r+dr} dr \qquad (2.141)$$

wobei wiederum (2.91) verwendet wurde.

Da gemäß Definition $w = Dr/Dt = Ddr/Dt$ ist, ergeben (2.140) und (2.141) zusammen

$$\frac{D^2 dr}{Dt^2} = -N^2 dr \qquad (2.142)$$

wobei

$$N^2 = \frac{g}{\overline{\theta}}\frac{d\overline{\theta}}{dr} \qquad (2.143)$$

die quadrierte *Brunt-Väisälä-Frequenz* ist. Es ist offensichtlich, dass im stabil geschichteten Fall $N^2 > 0$, sodass das Fluidelement mit der Brunt-Väisälä-Frequenz um seine Ruheposition oszilliert, d. h.

$$dr(t) = dr(0)\cos(Nt) + \frac{w(0)}{N}\sin(Nt) \qquad (2.144)$$

Im instabil geschichteten Fall ist $N^2 < 0$, und das Fluidelement bewegt sich exponentiell von seiner Ruheposition weg:

$$dr(t) = dr(0)\cosh(|N|t) + \frac{w(0)}{|N|}\sinh(|N|t) \qquad (2.145)$$

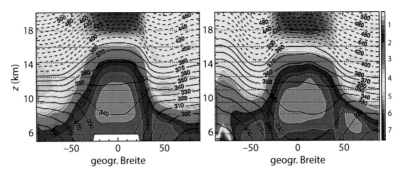

Abb. 2.16 Die potentielle Temperatur (Konturen in K) und die zugehörige quadrierte Brunt-Väisälä-Frequenz (Farbe in $10^{-4}\,\text{s}^{-2}$ für Januar (links) und Juli (rechts) nach Birner et al. (2006)).

Klimatologische Ergebnisse für die Schichtung und Brunt-Väisälä-Frequenz der zonal (d. h. bzgl. der geographischen Länge) gemittelten Atmosphäre sind in Abb. 2.16 zu sehen. Wie zu erwarten, ist die Atmosphäre im zeitlichen Mittel überall stabil geschichtet.

2.4.3 Zusammenfassung

Die vertikale Abhängigkeit der potentiellen Temperatur spielt in der Stabilität der Atmosphäre eine wichtige Rolle.

- Für eine entsprechende Analyse betrachtet man die Reaktion eines Fluidelements nach einer vertikalen infinitesimal kleinen Verschiebung. In der zugehörigen *Störungsrechnung* wird angenommen, dass das Fluidelement seinen Druck instantan jener der Umgebung anpasst, ein Prozess, der in der Realität durch schnelle Schallwellen zustandekommt, und dass kein Wärmeaustausch mit der Umgebung stattfindet, d. h., die betrachteten Zeitskalen sind wesentlich kürzer als die charakteristischen Zeitskalen für Wärmeleitung, Reibung und Heizung.
- Stabilität ist gegeben, wenn das Fluidelement nach der Störung zu seinem Ausgangspunkt zurückkehrt. Es stellt sich heraus, dass die Atmosphäre *stabil* ist, wenn der *vertikale Gradient der potentiellen Temperatur positiv* ist. Im anderen Fall ist sie *instabil*, und es setzen *konvektive Bewegungen* ein.
- In einer *hydrostatisch* geschichteten Atmosphäre bedeutet Stabilität, dass der vertikale Temperaturabfall nicht steiler ist als der *adiabatische Temperaturgradient*.
- Im stabilen Fall setzt nach der Störung eine Oszillation des Fluidelements mit der *Brunt-Väisälä-Frequenz* ein, deren Quadrat proportional zum Vertikalgradienten der potentiellen Temperatur ist.

2.5 Leseempfehlungen

Die Behandlung der Thermodynamik in diesem Kapitel ist recht elementar und würde als Grundlage eines Verständnisses von Strahlungs- und Wolkenprozessen nicht ausreichen. Lehrbücher der theoretischen Physik zur Thermodynamik und statistischen Physik bieten eine breitere Perspektive, z. B. Huang (1963) und Nolting (2012, 2014). Die Beziehung zur Hydrodynamik wird z. B. in Landau and Lifschitz (1987) diskutiert, und ein Blick in das Buch von Chandrasekhar (1981) ist auch der Mühe wert. Wiederum werden Leserinnen in Bezug auf die atmosphärischen Aspekte auf Holton and Hakim (2013), Pedlosky (1987) und Vallis (2006) verwiesen.

Elementare Eigenschaften und Anwendungen der Grundgleichungen

3

Nach der Herleitung der Grundgleichungen der Atmosphärendynamik (für trockene Luft) in den beiden vorhergehenden Kapiteln sollen nun erste Eigenschaften und Anwendungen diskutiert werden. Dazu werden zunächst grundlegende *Erhaltungssätze* diskutiert. Im Weiteren wird die sinnvolle Näherung in Form der *primitiven Gleichungen* eingeführt. In dieser Näherung werden abschließend *balancierte Strömungen* betrachtet.

3.1 Zusammenfassung der Grundgleichungen

Zunächst seien die allgemeinen Grundgleichungen nochmals zusammengefasst. Sie bestehen aus der vektoriellen Impulsgleichung

$$\frac{D\mathbf{v}}{Dt} + 2\mathbf{\Omega} \times \mathbf{v} = -\frac{1}{\rho}\nabla p - \nabla\Phi + \frac{1}{\rho}\nabla \cdot \boldsymbol{\sigma} \qquad (3.1)$$

der Kontinuitätsgleichung

$$\frac{D\rho}{Dt} + \rho\nabla \cdot \mathbf{v} = 0 \qquad (3.2)$$

der thermodynamischen Gleichung in einer ihrer drei Formen (Energiegleichung, Enthalpiegleichung oder Entropiegleichung)

© Springer-Verlag GmbH Deutschland, ein Teil von Springer Nature 2022
U. Achatz, *Atmosphärendynamik,* https://doi.org/10.1007/978-3-662-63780-7_3

$$c_V \frac{DT}{Dt} + p\frac{D\alpha}{Dt} = \epsilon + q - \frac{1}{\rho}\nabla \cdot \mathbf{F}_q \tag{3.3}$$

$$c_p \frac{DT}{Dt} - \alpha\frac{Dp}{Dt} = \epsilon + q - \frac{1}{\rho}\nabla \cdot \mathbf{F}_q \tag{3.4}$$

$$\frac{D\theta}{Dt} = \frac{\theta}{c_p T}\left(\epsilon + q - \frac{1}{\rho}\nabla \cdot \mathbf{F}_q\right) \tag{3.5}$$

und der Zustandsgleichung

$$p = \rho R T \tag{3.6}$$

Diese Gleichungen werden auch als *Navier-Stokes-Gleichungen bezeichnet*. Im Grenzfall verschwindender Reibung und Wärmeleitung spricht man von den *Euler-Gleichungen*.

3.2   Die Bedeutung der Grundgleichungen für die Wettervorhersage

Die oben zusammengefassten Grundgleichungen sind das zentrale Werkzeug zur Vorhersage der Entwicklung der trockenen Atmosphäre aus einem Anfangszustand. In anderen Worten: Sie bilden das Grundgerüst jeder numerischen Wettervorhersage. Die Fragestellung ist dabei folgende: *Zu einem Zeitpunkt $t = t_0$ sei der Zustand der Atmosphäre in Form der räumlichen Verteilung von Wind, Dichte und Temperatur bekannt. Wie entwickelt sie sich daraus zeitlich?* Unter Vernachlässigung aller numerischen Fragestellungen ist die *qualitative* Vorgehensweise in der Beantwortung dieser Frage so, dass das betrachtete Zeitintervall in ausreichend kleine Unterintervalle der Länge Δt aufgeteilt wird. Innerhalb eines solchen Unterintervalls wird die Entwicklung direkt aus der Euler'schen Zeitableitung bestimmt:

$$\begin{pmatrix} \mathbf{v} \\ \rho \\ T \end{pmatrix}(\mathbf{x}, t_0 + \Delta t) = \begin{pmatrix} \mathbf{v} \\ \rho \\ T \end{pmatrix}(\mathbf{x}, t_0) + \Delta t\frac{\partial}{\partial t}\begin{pmatrix} \mathbf{v} \\ \rho \\ T \end{pmatrix}(\mathbf{x}, t_0) \tag{3.7}$$

$$\begin{pmatrix} \mathbf{v} \\ \rho \\ T \end{pmatrix}(\mathbf{x}, t_0 + 2\Delta t) = \begin{pmatrix} \mathbf{v} \\ \rho \\ T \end{pmatrix}(\mathbf{x}, t_0 + \Delta t) + \Delta t\frac{\partial}{\partial t}\begin{pmatrix} \mathbf{v} \\ \rho \\ T \end{pmatrix}(\mathbf{x}, t_0 + \Delta t) \tag{3.8}$$

$$\ldots = \ldots$$

Die benötigten Euler'schen Zeitableitungen $(\partial\mathbf{v}/\partial t, \partial\rho/\partial t, \partial T/\partial t)\,(\mathbf{x}, t_0 + n\Delta t)$ lassen sich aus den Grundgleichungen auf dem Weg der materiellen Ableitungen bestimmen. So erhält man z.B. aus der Impulsgleichung (3.1) die materielle Ableitung $D\mathbf{v}/Dt$ und daraus mittels $\partial\mathbf{v}/\partial t = D\mathbf{v}/Dt - (\mathbf{v} \cdot \nabla)\,\mathbf{v}$

$$\frac{\partial \mathbf{v}}{\partial t} = -\frac{1}{\rho}\nabla p - \nabla \Phi + \frac{1}{\rho}\nabla \cdot \boldsymbol{\sigma} - 2\boldsymbol{\Omega} \times \mathbf{v} - (\mathbf{v} \cdot \nabla)\,\mathbf{v} \tag{3.9}$$

Hierbei wird der Druck mittels der idealen Gasgleichung (2.3) aus Dichte und Temperatur ermittelt. Analog ist die Vorgehensweise zur Berechnung der Euler'schen Zeitableitungen von Dichte (über die Kontinuitätsgleichung) und Temperatur (über die thermodynamische Energiegleichung oder die Enthalpiegleichung). Es muss natürlich betont werden, dass die exakte numerische Vorgehensweise in der zeitlichen Integration Gegenstand eigener Forschung ist. Dennoch ist wichtig festzustellen, dass ohne die oben abgeleiteten Gleichungen eine Wettervorhersage nicht möglich wäre.

3.3 Erhaltungssätze

Im Zentrum der atmosphärischen Dynamik stehen verschiedene Erhaltungssätze. Die Kontinuitätsgleichung ist Ausdruck der Massenerhaltung. Die Erhaltung der potentiellen Vorticity wird im folgenden Kapitel zur Wirbeldynamik vorgestellt. Die thermodynamisch-prognostischen Gleichungen sind Ausdruck der Erhaltung der Gesamtenergie der Atmosphäre, bestehend aus kinetischer, potentieller und thermischer innerer Energie. Eine weitere zentrale Eigenschaft ist die Erhaltung des Drehimpulses. Die beiden letzten Erhaltungseigenschaften sollen hier genauer betrachtet werden.

3.3.1 Die Energieerhaltung

Für eine nochmalige Betrachtung der Energieerhaltung, bereits bei der Herleitung der thermodynamischen Prognostik vorausgesetzt, wird zunächst die Impulsgleichung (3.1) skalar mit $\rho\mathbf{v}$ multipliziert:

$$\rho\mathbf{v} \cdot \left(\frac{D\mathbf{v}}{Dt} + 2\boldsymbol{\Omega} \times \mathbf{v}\right) = -\mathbf{v} \cdot \nabla p - \rho\mathbf{v} \cdot \nabla \Phi + \mathbf{v} \cdot \nabla \boldsymbol{\sigma} \tag{3.10}$$

Ausnutzung von

$$\mathbf{v} \cdot \frac{D\mathbf{v}}{Dt} = \frac{D}{Dt}\frac{\mathbf{v} \cdot \mathbf{v}}{2} = \frac{D}{Dt}\frac{|\mathbf{v}|^2}{2} \tag{3.11}$$

$$\mathbf{v} \cdot (\boldsymbol{\Omega} \times \mathbf{v}) = 0 \tag{3.12}$$

$$\mathbf{v} \cdot \nabla p = \nabla \cdot (p\mathbf{v}) - p\nabla \cdot \mathbf{v} \tag{3.13}$$

und, mittels (2.122),

$$\mathbf{v} \cdot \nabla \boldsymbol{\sigma} = v_i \frac{\partial \sigma_{ij}}{\partial x_j} = \frac{\partial}{\partial x_j}\left(v_i \sigma_{ij}\right) - \rho\varepsilon \tag{3.14}$$

liefert daraus eine *kinetische Energiegleichung*

$$\frac{\rho}{2}\frac{D}{Dt}|\mathbf{v}|^2 = -\nabla\cdot(p\mathbf{v}) + p\nabla\cdot\mathbf{v} - \rho\mathbf{v}\cdot\nabla\Phi + \nabla\cdot(\mathbf{v}\boldsymbol{\sigma}) - \rho\varepsilon \tag{3.15}$$

Des Weiteren erhält man durch Multiplikation der thermodynamischen Energiegleichung für die massenspezifische innere Energie $i = c_V T$ in (3.3) mit der Dichte ρ

$$\rho\frac{Di}{Dt} = -\rho p\frac{D\alpha}{Dt} + \rho\varepsilon + \rho q - \nabla\cdot\vec{F}_q \tag{3.16}$$

Hierin ist aufgrund der Kontinuitätsgleichung (3.2)

$$\frac{D\alpha}{Dt} = \frac{D}{Dt}\frac{1}{\rho} = -\frac{1}{\rho^2}\frac{D\rho}{Dt} = \frac{1}{\rho}\nabla\cdot\mathbf{v} \tag{3.17}$$

sodass man folgende *innere Energiegleichung* erhält:

$$\rho\frac{Di}{Dt} = -p\nabla\cdot\mathbf{v} + \rho\varepsilon + \rho q - \nabla\cdot F_q \tag{3.18}$$

Schließlich gilt aufgrund der Zeitunabhängigkeit des Geopotentials die *potentielle Energiegleichung*

$$\rho\frac{D\Phi}{Dt} = \rho\mathbf{v}\cdot\nabla\Phi \tag{3.19}$$

Die Summe von (3.15), (3.18) und (3.19) ergibt

$$\rho\frac{De}{Dt} + \nabla\cdot(p\mathbf{v}) - \nabla\cdot(\mathbf{v}\boldsymbol{\sigma}) + \nabla\cdot F_q = \rho q \tag{3.20}$$

oder

$$\rho\left(\frac{\partial}{\partial t} + \mathbf{v}\cdot\nabla\right)e + \nabla\cdot\left(p\mathbf{v} + F_q - \mathbf{v}\boldsymbol{\sigma}\right) = \rho q \tag{3.21}$$

wobei

$$e = \frac{\mathbf{v}\cdot\mathbf{v}}{2} + i + \Phi \tag{3.22}$$

die *massenspezifische Gesamtenergie* ist. Multiplikation der Kontinuitätsgleichung (3.2) mit e ergibt hingegen

$$e\left[\frac{\partial\rho}{\partial t} + \nabla\cdot(\rho\mathbf{v})\right] = 0 \tag{3.23}$$

Addition von (3.21) und (3.23) liefert schließlich den gewünschten *Energiesatz*

$$\frac{\partial}{\partial t}(\rho e) + \nabla\cdot\left[\rho\mathbf{v}\left(e + \frac{p}{\rho}\right) + F_q - \mathbf{v}\boldsymbol{\sigma}\right] = \rho q \tag{3.24}$$

Er drückt die Erhaltung der Gesamtenergie in folgender Weise aus: Integration über das Gesamtvolumen der Atmosphäre liefert unter Anwendung des Satzes von Gauß

$$\frac{d}{dt} \int_V dV \rho e + \oint_S d\mathbf{S} \cdot \left[\rho \mathbf{v} \left(e + \frac{p}{\rho} \right) + F_q - \mathbf{v}\sigma \right] = \int_V dV \rho q \qquad (3.25)$$

Wenn nun

- an den Rändern der kombinierte Energie- und Druckfluss keine Komponente hat, die durch den Rand geht, d.h. dort überall $d\mathbf{S} \cdot \mathbf{v}(e + p/\rho) = 0$ ist, was am Erdboden trivial erfüllt ist, außerdem
- der viskose Energiefluss $\mathbf{v}\sigma$ dort überall keine Normalkomponente hat, was an der Grenze zum Weltall typischerweise trivial erfüllt ist, und
- der Wärmefluss nirgends den Rand durchtritt, d.h. überall $d\mathbf{S} \cdot F_q = 0$ ist, und wenn außerdem
- keine Volumenheizung wirkt, d.h. überall $q = 0$,

dann ist die Gesamtenergie erhalten[1], d.h.

$$\frac{d}{dt} \int_V dV \rho e = 0 \qquad (3.26)$$

Zur Begriffsbildung sei bemerkt, dass die *volumenspezifische Gesamtenergie* ρe sich aufspaltet in die entsprechende kinetische Energie $\rho |\mathbf{v}|^2/2$, die volumenspezifische innere Energie ρi und die volumenspezifische potentielle Energie $\rho \Phi$. Dem Leser mag auffallen, dass in der Herleitung der thermodynamisch-prognostischen Gleichungen als Gesamtenergie nur die Summe aus kinetischer und innerer Energie betrachtet worden ist. Dies ist aber kein Widerspruch zu dem soeben Gezeigten, da dort in der Energiebilanz auch die Arbeit betrachtet worden ist, die der Bewegung im Schwerefeld entspricht.

3.3.2 Die Erhaltung des Drehimpulses

Die Drehimpulserhaltung ist eine zentrale Eigenschaft der Mechanik. In der Tat ist auch der Gesamtdrehimpuls der Atmosphäre erhalten, wenn keine Reibungskräfte wirken und kein Drehimpulsaustausch zwischen Atmosphäre und Erde über den Staudruck an Bergen, und analog zwischen Atmosphäre und Ozean über Wasserwellen, geschehen kann. Hier soll dieser Spezialfall betrachtet werden. Außerdem beschränken wir uns auf die Diskussion derjenigen Drehimpulskomponente, die parallel zur Erdachse gerichtet ist. Zur Berechnung des

---

[1] Im klimatologischen Mittel stellt sich ein Gleichgewicht zwischen den drei letztgenannten Prozessen ein.

Drehimpulses benötigen wir zunächst die Geschwindigkeit eines Fluidelements im nichtro-tierenden Inertialsystem, die wir in Kugelkoordinaten darstellen wollen. Sie ist

$$\mathbf{v}_I = \mathbf{v} + \mathbf{\Omega} \times \mathbf{r} \tag{3.27}$$

wobei

$$\mathbf{r} = r\mathbf{e}_r \tag{3.28}$$

der Ort des Fluidelements ist. Wie aus Abb. 1.13 abzulesen, ist die Darstellung der Winkel-geschwindigkeit in Kugelkoordinaten

$$\mathbf{\Omega} = \Omega \cos \phi \, \mathbf{e}_\phi + \Omega \sin \phi \, \mathbf{e}_r \tag{3.29}$$

sodass wegen $\mathbf{e}_\phi \times \mathbf{e}_r = \mathbf{e}_\lambda$

$$\mathbf{\Omega} \times \mathbf{r} = \left(\Omega \cos \phi \, \mathbf{e}_\phi + \Omega \sin \phi \, \mathbf{e}_r \right) \times r\mathbf{e}_r = \Omega r \cos \phi \, \mathbf{e}_\lambda \tag{3.30}$$

Dies in (3.27) liefert die gewünschte Darstellung

$$\mathbf{v}_I = (u + \Omega r \cos \phi) \, \mathbf{e}_\lambda + v\mathbf{e}_\phi + w\mathbf{e}_r \tag{3.31}$$

Der Drehimpuls pro Masse ergibt sich daraus zu

$$\mathbf{M} = \mathbf{r} \times \mathbf{v}_I = r\mathbf{e}_r \times \left[(u + \Omega r \cos \phi) \, \mathbf{e}_\lambda + v\mathbf{e}_\phi + w\mathbf{e}_r \right] = r \left(u + \Omega r \cos \phi \right) \mathbf{e}_\phi - rv\mathbf{e}_\lambda \tag{3.32}$$

wobei $\mathbf{e}_\lambda \times \mathbf{e}_r = -\mathbf{e}_\phi$ und $\mathbf{e}_\phi \times \mathbf{e}_r = \mathbf{e}_\lambda$ verwendet wurden. Die zugehörige Axialkomponente ist

$$m = \mathbf{e}_z \cdot \mathbf{M} \tag{3.33}$$

Man überlegt sich leicht, dass

$$\mathbf{e}_z \cdot \mathbf{e}_\phi = \cos \phi \tag{3.34}$$

und damit

$$m = r \cos \phi \, (u + \Omega r \cos \phi) \tag{3.35}$$

Die Axialkomponente des Drehimpulses eines Fluidelements ist $dV \rho m$. Drehimpulserhal-tung bedeutet die Erhaltung der Summe der Drehimpulse aller Fluidelemente, also

$$\frac{d}{dt} \int_V dV \rho m = 0 \tag{3.36}$$

In der Tat ist dies der Fall: Mit (1.107) und (3.35) findet man zunächst, dass

$$
\begin{aligned}
\frac{Dm}{Dt} &= \left(\frac{\partial}{\partial t} + \frac{u}{r \cos \phi} \frac{\partial}{\partial \lambda} + \frac{v}{r} \frac{\partial}{\partial \phi} + w \frac{\partial}{\partial r} \right) r \cos \phi \, (u + \Omega r \cos \phi) \\
&= (-v \sin \phi + w \cos \phi)(u + \Omega r \cos \phi) \\
&\quad + r \cos \phi \left(\frac{Du}{Dt} - v \Omega \sin \phi + w \Omega \cos \phi \right)
\end{aligned}
\tag{3.37}
$$

Einsetzen von Du/Dt aus der zonalen Impulsgleichung (1.116) ergibt schließlich die materielle Ableitung zu

$$
\frac{Dm}{Dt} = -\frac{1}{\rho} \frac{\partial p}{\partial \lambda}
\tag{3.38}
$$

was gleichbedeutend ist mit

$$
\frac{\partial m}{\partial t} + \mathbf{v} \cdot \nabla m = -\frac{1}{\rho} \frac{\partial p}{\partial \lambda}
\tag{3.39}
$$

Damit und mit der Kontinuitätsgleichung (3.2) erhält man

$$
\begin{aligned}
\frac{\partial}{\partial t}(\rho m) &= \rho \frac{\partial m}{\partial t} + m \frac{\partial \rho}{\partial t} = \rho \left(-\frac{1}{\rho} \frac{\partial p}{\partial \lambda} - \mathbf{v} \cdot \nabla m \right) - m \nabla \cdot (\rho \mathbf{v}) \\
&= -\frac{\partial p}{\partial \lambda} - \nabla \cdot (\rho m \mathbf{v})
\end{aligned}
\tag{3.40}
$$

also

$$
\frac{\partial}{\partial t}(\rho m) + \nabla \cdot (\rho m \mathbf{v}) = -\frac{\partial p}{\partial \lambda}
\tag{3.41}
$$

Integration dieser Gleichung über das Gesamtvolumen der Atmosphäre liefert unter der Annahme, dass ihr unterer Rand bei $r = a$ liegt, d.h. unter Vernachlässigung des Effekts von Gebirgen und Wasserwellen:

$$
\begin{aligned}
\frac{d}{dt} \int_V dV \rho m &= -\oint_S d\mathbf{S} \cdot \rho m \mathbf{v} - \int_V dV \frac{\partial p}{\partial \lambda} \\
&= -\oint_S d\mathbf{S} \cdot \rho m \mathbf{v} - \int_a^\infty dr \, r^2 \int_{-\pi/2}^{\pi/2} d\phi \int_0^{2\pi} d\lambda \frac{\partial p}{\partial \lambda}
\end{aligned}
\tag{3.42}
$$

Wenn also

- keine Reibung wirkt,
- keine Strömung durch den Erdboden erfolgt, also dort $d\mathbf{S} \cdot \mathbf{v} = 0$ ist,

- die Luftdichte im Weltall $r \to \infty$ verschwindet, d.h. $\rho \to 0$ ist, und
- der Erdboden flach ist, d.h. bei $r = a$, also keine Berge existieren,

dann ist aufgrund der Periodizität des Drucks über einen Breitenkreis in der Tat (3.36) erfüllt. In Wirklichkeit findet Drehimpulsaustausch mit der festen Erde über Reibung und Gebirge allerdings statt, sodass der Drehimpuls der Atmosphäre schwachen Fluktuationen unterworfen ist.

3.3.3 Zusammenfassung

Im Zentrum der atmosphärischen Dynamik stehen verschiedene Erhaltungssätze.

- Die Kontinuitätsgleichung ist Ausdruck der *Massenerhaltung*.
- Die thermodynamisch-prognostischen Gleichungen sind Ausdruck der *Erhaltung der Gesamtenergie* der Atmosphäre, bestehend aus kinetischer, potentieller und thermischer innerer Energie. Die Gesamtenergie ist erhalten, wenn
  – kein Energie- und Druckfluss zum Weltall (und auch nicht durch den Erdboden) existiert,
  – der viskose Energiefluss am Boden (und auch zum Weltall) verschwindet,
  – es keinen Wärmefluss durch den Boden oder zum Weltall gibt und
  – keine Volumenheizung wirkt.
  Im klimatologischen Mittel stellt sich ein Gleichgewicht zwischen den drei letztgenannten Prozessen ein.
- Auch der Gesamtdrehimpuls der Atmosphäre ist im konservativen Fall erhalten. Für die axiale Komponente erfordert dies, dass
  – kein viskoser Drehimpulsfluss durch den Boden stattfindet und
  – kein Drehimpulsaustausch mit der festen Erde über Gebirge stattfindet.
  In Wirklichkeit finden diese Prozesse allerdings statt, sodass der Drehimpuls der Atmosphäre schwachen Fluktuationen um sein klimatologisches Mittel unterworfen ist.
- Die Erhaltung der potentiellen Vorticity wird im folgenden Kapitel zur Wirbeldynamik vorgestellt.

3.4   Die primitiven Gleichungen

In Kap. 1.6.2 war gezeigt worden, dass dynamische Strukturen mit wesentlich größerer horizontaler als vertikaler Skala dem hydrostatischen Gleichgewicht unterliegen. Die Wetterdienste verwenden mittlerweile numerische Modelle, die auch sehr kleine horizontale Skalen auflösen. Auch wenn deshalb in solchen Modellen keine Hydrostatik mehr angenommen werden kann, bleiben die entsprechend vereinfachten primitiven Gleichungen von großem

Nutzen. Sie finden sowohl in der Klimamodellierung Verwendung als auch in konzeptionellen Untersuchungen zu den Mechanismen der Atmosphärendynamik. Sie lassen sich aus den allgemeinen Bewegungsgleichungen in Kugelkoordinaten mittels dreier Näherungen ableiten:

Hydrostatik: Die vertikale Impulsgleichung wird zu $1/\rho \; \partial p/\partial r = -g$

Näherung der flachen Atmosphäre: Man setzt $r = a + z$, wobei z der Vertikalabstand von der Erdoberfläche auf Meeresniveau ist, und ersetzt außer in $\partial/\partial r = \partial/\partial z$ überall r durch a. Dies entspricht einer Vernachlässigung der Abweichung des Vertikalabstands vom Erdmittelpunkt des Erdradius. Solange $|z| \ll a$, sollte dies eine gute Näherung sein. Es zeigt sich aber (hier nicht ausgeführt), dass damit und mit der Annahme der Hydrostatik die Erhaltung von Energie und Drehimpuls verletzt wird. Dies lässt sich retten mit der dritten Näherung.

Traditionelle Näherung: In der zonalen Impulsgleichung (1.116) wird das Produkt von Vertikalwind und Erdwinkelgeschwindigkeit vernachlässigt. Dies entspricht einer Vernachlässigung des Anteils der Erdwinkelgeschwindigkeit, der lokal tangential an die Erdoberfläche ist. Ebenso werden in den horizontalen Impulsgleichungen (1.116) und (1.117) die Terme uw/r und vw/r vernachlässigt.

Aus *Gründen der Einfachheit werden hier Reibung und Wärmeleitung vernachlässigt.* Das ist aber nicht zwingend. Mit den genannten Näherungen wird die Impulsgleichung zu

$$\frac{Du}{Dt} - fv - \frac{uv}{a}\tan\phi = -\frac{1}{a\rho\cos\phi}\frac{\partial p}{\partial\lambda} \tag{3.43}$$

$$\frac{Dv}{Dt} + fu + \frac{u^2}{a}\tan\phi = -\frac{1}{a\rho}\frac{\partial p}{\partial\phi} \tag{3.44}$$

$$0 = -\frac{1}{\rho}\frac{\partial p}{\partial z} - g \tag{3.45}$$

Darin ist der Coriolis-Parameter

$$f = 2\Omega\sin\phi \tag{3.46}$$

Die materielle Ableitung einer Vektorkomponente oder auch eines Skalars ist in der primitiven Näherung

$$\frac{D}{Dt} = \frac{\partial}{\partial t} + \frac{u}{a\cos\phi}\frac{\partial}{\partial\lambda} + \frac{v}{a}\frac{\partial}{\partial\phi} + w\frac{\partial}{\partial z} \tag{3.47}$$

Die horizontalen Impulsgleichungen für $\mathbf{u} = u\mathbf{e}_\lambda + v\mathbf{e}_\phi$ lassen sich auch schreiben:

$$\frac{D\mathbf{u}}{Dt} + \mathbf{f} \times \mathbf{u} = -\frac{1}{\rho}\nabla_z p \tag{3.48}$$

Dabei sind

$$\mathbf{f} = f\,\mathbf{e}_r \tag{3.49}$$

$$\nabla_z p = \frac{1}{a\cos\phi}\frac{\partial p}{\partial \lambda}\,\mathbf{e}_\lambda + \frac{1}{a}\frac{\partial p}{\partial \phi}\,\mathbf{e}_\phi \tag{3.50}$$

und wir *definieren*

$$\frac{D\mathbf{u}}{Dt} = \left(\frac{Du}{Dt} - \frac{uv}{a}\tan\phi\right)\mathbf{e}_\lambda + \left(\frac{Dv}{Dt} + \frac{u^2}{a}\tan\phi\right)\mathbf{e}_\phi \tag{3.51}$$

Die Kontinuitätsgleichung in ihren zwei Formulierungen

$$\frac{\partial \rho}{\partial t} + \nabla \cdot (\rho\mathbf{v}) = 0 \qquad \frac{D\rho}{Dt} + \rho\nabla \cdot \mathbf{v} = 0 \tag{3.52}$$

wird berechnet mit der allgemeinen Divergenz (für einen beliebigen Vektor **b**)

$$\nabla \cdot \mathbf{b} = \frac{1}{a\cos\phi}\frac{\partial b_\lambda}{\partial \lambda} + \frac{1}{a\cos\phi}\frac{\partial}{\partial \phi}\left(b_\phi\cos\phi\right) + \frac{\partial b_r}{\partial z} \tag{3.53}$$

Die Thermodynamik ist weiterhin alternativ zu berücksichtigen durch eine der drei Gleichungen aus

$$c_V\frac{DT}{Dt} + p\frac{D\alpha}{Dt} = q \tag{3.54}$$

$$c_p\frac{DT}{Dt} - \alpha\frac{Dp}{Dt} = q \tag{3.55}$$

$$\frac{D\theta}{Dt} = \frac{\theta q}{c_p T} \tag{3.56}$$

und die Zustandsgleichung verbleibt

$$p = \rho R T \tag{3.57}$$

3.5 Die primitiven Gleichungen in Druckkoordinaten

Das hydrostatische Gleichgewicht impliziert eine monotone Abhängigkeit des Drucks p von der Höhe z. Anstatt z kann demnach auch p als Vertikalkoordinate verwendet werden. Dies führt zu Vereinfachungen in den Gleichungen, die in mancher Hinsicht nützlich sind. Da verwandte Koordinatentransformationen auch in anderen Zusammenhängen hilfreich sind, sei zunächst die Transformation auf eine beliebige neue Vertikalkoordinate behandelt.

3.5.1 Beliebige Vertikalkoordinaten

Sei also ζ (wie z.B. p) eine beliebige neue Vertikalkoordinate, sodass umkehrbar eindeutige Beziehungen

$$\zeta = \zeta(\lambda, \phi, z, t) \tag{3.58}$$

$$z = z(\lambda, \phi, \zeta, t) \tag{3.59}$$

existieren. Dann gilt für eine beliebige Variable Ψ (z.B. u, v, w, ρ, T etc.)

$$\Psi(\lambda, \phi, \zeta, t) = \Psi[\lambda, \phi, z(\lambda, \Phi, \zeta, t), t] \tag{3.60}$$

Also lassen sich die Vertikalableitungen mittels

$$\frac{\partial \Psi}{\partial z} = \frac{\partial \Psi}{\partial \zeta}\frac{\partial \zeta}{\partial z} \tag{3.61}$$

$$\frac{\partial \Psi}{\partial \zeta} = \frac{\partial \Psi}{\partial z}\frac{\partial z}{\partial \zeta} \tag{3.62}$$

ineinander umrechnen. Außerdem sind

$$\left(\frac{\partial \Psi}{\partial \lambda}\right)_\zeta = \left(\frac{\partial \Psi}{\partial \lambda}\right)_z + \frac{\partial \Psi}{\partial z}\left(\frac{\partial z}{\partial \lambda}\right)_\zeta \tag{3.63}$$

$$\left(\frac{\partial \Psi}{\partial \phi}\right)_\zeta = \left(\frac{\partial \Psi}{\partial \phi}\right)_z + \frac{\partial \Psi}{\partial z}\left(\frac{\partial z}{\partial \phi}\right)_\zeta \tag{3.64}$$

sodass die Umrechnung der Horizontalgradienten sich zu

$$\nabla_z \Psi = \nabla_\zeta \Psi - \frac{\partial \Psi}{\partial z}\nabla_\zeta z \tag{3.65}$$

ergibt. Analog erhält man durch Vertauschung von z und ζ in (3.63) und (3.64) auch

$$\nabla_z \Psi = \nabla_\zeta \Psi + \frac{\partial \Psi}{\partial \zeta}\nabla_z \zeta \tag{3.66}$$

und für die Zeitableitung gilt

$$\left(\frac{\partial \Psi}{\partial t}\right)_z = \left(\frac{\partial \Psi}{\partial t}\right)_\zeta + \frac{\partial \Psi}{\partial \zeta}\left(\frac{\partial \zeta}{\partial t}\right)_z \tag{3.67}$$

Damit wird die materielle Ableitung zu

$$
\begin{aligned}
\frac{D\Psi}{Dt} &= \left(\frac{\partial\Psi}{\partial t}\right)_z + \mathbf{u}\cdot\nabla_z\Psi + w\frac{\partial\Psi}{\partial z} \\
&= \left(\frac{\partial\Psi}{\partial t}\right)_\zeta + \mathbf{u}\cdot\nabla_\zeta\Psi + \frac{\partial\Psi}{\partial\zeta}\left[\left(\frac{\partial\zeta}{\partial t}\right)_z + \mathbf{u}\cdot\nabla_z\zeta\right] + w\frac{\partial\zeta}{\partial z}\frac{\partial\Psi}{\partial\zeta}
\end{aligned}
\tag{3.68}
$$

sodass

$$
\frac{D\Psi}{Dt} = \left(\frac{\partial\Psi}{\partial t}\right)_\zeta + \mathbf{u}\cdot\nabla_\zeta\Psi + \dot\zeta\frac{\partial\Psi}{\partial\zeta}
\tag{3.69}
$$

Dabei ist

$$
\dot\zeta = \frac{D\zeta}{Dt} = \left(\frac{\partial\zeta}{\partial t}\right)_z + \mathbf{u}\cdot\nabla_z\zeta + w\frac{\partial\zeta}{\partial z}
\tag{3.70}
$$

die ζ-Geschwindigkeit, die w als Vertikalgeschwindigkeit ersetzt.

Die horizontale Impulsgleichung

Setzen wir nun in (3.65) $\Psi = p$, so erhalten wir unter Verwendung des hydrostatischen Gleichgewichts

$$
\nabla_z p = \nabla_\zeta p - \frac{\partial p}{\partial z}\nabla_\zeta z = \nabla_\zeta p + \rho\nabla_\zeta\Phi
\tag{3.71}
$$

wobei $\Phi = zg$ das Geopotential ist. Damit wird die horizontale Impulsgleichung (3.48) zu

$$
\frac{D\mathbf{u}}{Dt} + \mathbf{f}\times\mathbf{u} = -\nabla_\zeta\Phi - \frac{1}{\rho}\nabla_\zeta p
\tag{3.72}
$$

Hierbei sei an die Definition (3.51) erinnert.

Das hydrostatische Gleichgewicht

Mit $\Psi = p$ erhält man aus (3.62)

$$
\frac{\partial p}{\partial\zeta} = \frac{\partial p}{\partial z}\frac{\partial z}{\partial\zeta} = -\rho\frac{\partial\Phi}{\partial\zeta}
\tag{3.73}
$$

wobei wiederum das hydrostatische Gleichgewicht verwendet wurde. Also ist

$$
\frac{\partial\Phi}{\partial\zeta} = -\alpha\frac{\partial p}{\partial\zeta}
\tag{3.74}
$$

Die Kontinuitätsgleichung

Zur Umformung der Kontinuitätsgleichung (3.52) schreiben wir diese zunächst als

$$\frac{1}{\rho}\frac{D\rho}{Dt} + \nabla_z \cdot \mathbf{u} + \frac{\partial w}{\partial z} = 0 \tag{3.75}$$

Darin ist per definitionem

$$\nabla_z \cdot \mathbf{u} = \frac{1}{a\cos\phi}\left(\frac{\partial u}{\partial\lambda}\right)_z + \frac{1}{a\cos\phi}\frac{\partial}{\partial\phi}(\cos\phi v)_z \tag{3.76}$$

was unter Anwendung von (3.63) auf $\Psi = u$ und (3.64) auf $\Psi = \cos\phi v$ ergibt

$$\nabla_z \cdot \mathbf{u} = \frac{1}{a\cos\phi}\left[\left(\frac{\partial u}{\partial\lambda}\right)_\zeta - \frac{\partial u}{\partial z}\left(\frac{\partial z}{\partial\lambda}\right)_\zeta\right] + \frac{1}{a\cos\phi}\left[\frac{\partial}{\partial\phi}(\cos\phi v)_\zeta - \cos\phi\frac{\partial v}{\partial z}\left(\frac{\partial z}{\partial\phi}\right)_\zeta\right]$$

$$= \nabla_\zeta \cdot \mathbf{u} - \frac{\partial\mathbf{u}}{\partial z}\cdot\nabla_\zeta z = \nabla_\zeta \cdot \mathbf{u} - \frac{\partial\zeta}{\partial z}\frac{\partial\mathbf{u}}{\partial\zeta}\cdot\nabla_\zeta z \tag{3.77}$$

Damit ist

$$\nabla_z \cdot \mathbf{u} + \frac{\partial w}{\partial z} = \nabla_\zeta \cdot \mathbf{u} - \frac{\partial\zeta}{\partial z}\frac{\partial\mathbf{u}}{\partial\zeta}\cdot\nabla_\zeta z + \frac{\partial\zeta}{\partial z}\frac{\partial w}{\partial\zeta} \tag{3.78}$$

Außerdem ist

$$w = \frac{Dz}{Dt} = \left(\frac{\partial z}{\partial t}\right)_\zeta + \mathbf{u}\cdot\nabla_\zeta z + \dot\zeta\frac{\partial z}{\partial\zeta} \tag{3.79}$$

sodass

$$\frac{\partial w}{\partial\zeta} = \frac{\partial}{\partial t}\left(\frac{\partial z}{\partial\zeta}\right) + \mathbf{u}\cdot\nabla_\zeta\frac{\partial z}{\partial\zeta} + \frac{\partial\mathbf{u}}{\partial\zeta}\cdot\nabla_\zeta z + \frac{\partial\dot\zeta}{\partial\zeta}\frac{\partial z}{\partial\zeta} + \dot\zeta\frac{\partial^2 z}{\partial\zeta^2}$$

$$= \frac{D}{Dt}\left(\frac{\partial z}{\partial\zeta}\right) + \frac{\partial\mathbf{u}}{\partial\zeta}\cdot\nabla_\zeta z + \frac{\partial\dot\zeta}{\partial\zeta}\frac{\partial z}{\partial\zeta} \tag{3.80}$$

Dies in (3.78) ergibt

$$\nabla_z \cdot \mathbf{u} + \frac{\partial w}{\partial z} = \nabla_\zeta \cdot \mathbf{u} + \frac{\partial\zeta}{\partial z}\frac{D}{Dt}\left(\frac{\partial z}{\partial\zeta}\right) + \frac{\partial\dot\zeta}{\partial\zeta} \tag{3.81}$$

da $(\partial\zeta/\partial z)(\partial z/\partial\zeta) = 1$. Da aus dem gleichen Grund aber auch

$$\frac{\partial\zeta}{\partial z}\frac{D}{Dt}\left(\frac{\partial z}{\partial\zeta}\right) = \frac{1}{\partial z/\partial\zeta}\frac{D}{Dt}\left(\frac{\partial z}{\partial\zeta}\right) \tag{3.82}$$

ist, ergibt (3.81) in (3.75)

$$0 = \frac{1}{\rho}\frac{D\rho}{Dt} + \frac{1}{\partial z/\partial \zeta}\frac{D}{Dt}\frac{\partial z}{\partial \zeta} + \nabla_\zeta \cdot \mathbf{u} + \frac{\partial \dot{\zeta}}{\partial \zeta} = \frac{1}{\rho\partial z/\partial \zeta}\frac{D}{Dt}\left(\rho\frac{\partial z}{\partial \zeta}\right) + \nabla_\zeta \cdot \mathbf{u} + \frac{\partial \dot{\zeta}}{\partial \zeta} \quad (3.83)$$

Wegen der Hydrostatik ist aber auch

$$\rho\frac{\partial z}{\partial \zeta} = -\frac{1}{g}\frac{\partial p}{\partial \zeta} \quad (3.84)$$

sodass man schließlich erhält

$$\frac{1}{\partial p/\partial \zeta}\frac{D}{Dt}\frac{\partial p}{\partial \zeta} + \nabla_\zeta \cdot \mathbf{u} + \frac{\partial \dot{\zeta}}{\partial \zeta} = 0 \quad (3.85)$$

Thermodynamik
Die thermodynamischen Gleichungen behalten ihre Form (3.54)–(3.56). Es ist nur zu bedenken, dass die materielle Ableitung gemäß (3.69) zu berechnen ist.

3.5.2 Druckkoordinaten

Zur Umformung auf Druckkoordinaten setzen wir nun überall $\zeta = p$. So erhält man wegen $\nabla_p p = 0$ aus (3.72) die horizontale Impulsgleichung

$$\frac{D\mathbf{u}}{Dt} + \mathbf{f} \times \mathbf{u} = -\nabla_p \Phi \quad (3.86)$$

Komponentenweise ist sie wegen der Definition (3.51)

$$\frac{Du}{Dt} - fv - \frac{uv}{a}\tan\phi = -\frac{1}{a\cos\phi}\frac{\partial \Phi}{\partial \lambda} \quad (3.87)$$

$$\frac{Dv}{Dt} + fu + \frac{u^2}{a}\tan\phi = -\frac{1}{a}\frac{\partial \Phi}{\partial \phi} \quad (3.88)$$

wobei

$$\frac{D}{Dt} = \frac{\partial}{\partial t} + \frac{u}{a\cos\phi}\frac{\partial}{\partial \lambda} + \frac{v}{a}\frac{\partial}{\partial \phi} + \omega\frac{\partial}{\partial p} \quad (3.89)$$

ist, mit der Druckgeschwindigkeit

$$\omega = \dot{p} \quad (3.90)$$

Das hydrostatische Gleichgewicht ist mit (3.74)

$$\frac{\partial \Phi}{\partial p} = -\alpha \qquad (3.91)$$

Die Kontinuitätsgleichung lautet mittels (3.85)

$$\nabla_p \cdot \mathbf{u} + \frac{\partial \omega}{\partial p} = 0 \qquad (3.92)$$

Hier sehen wir eine wesentliche Stärke der Druckkoordinate: Die Kontinuitätsgleichung enthält keine Zeitableitungen mehr. Dies wird erkauft um den Preis eines zeitabhängigen unteren Rands, da der Druck am Boden variabel ist. Für viele Anwendungen wird die untere Randbedingung aber nicht benötigt, oder der Rand lässt sich näherungsweise auf $p = p_0$ legen mit einem festen Bodendruck p_0.

Die thermodynamischen Gleichungen lassen sich direkt aufschreiben. Mit $Dp/Dt = \dot{p} = \omega$ und der Zustandsgleichung wird die Enthalpiegleichung zu

$$c_p \frac{DT}{Dt} - \frac{RT}{p} \omega = q \qquad (3.93)$$

Alternativ wird die Entropiegleichung zu

$$\frac{D\theta}{Dt} = \frac{1}{c_p} \left(\frac{p_{00}}{p} \right)^{R/c_p} q \qquad (3.94)$$

wobei der Faktor $\theta/(c_p T)$ mittels der Definition der potentiellen Temperatur umgeformt wurde. Man sieht, dass er nur vom Druck, also der Vertikalkoordinate, abhängt.

3.5.3 Zusammenfassung

In der Meteorologie ist es häufig sinnvoll, anstatt der geometrischen Höhe eine alternative Vertikalkoordinate einzuführen.

- Im allgemeinen Fall nehmen dann die horizontalen Impulsgleichungen die Form (3.72) an, die zur Hydrostatik vereinfachte vertikale Impulsgleichung wird zu (3.74), und die Kontinuitätsgleichung zu (3.85). Die thermodynamische Energiegleichung behält ihre alte Form, wobei zu berücksichtigen ist, dass die materielle Ableitung nun über (3.69) zu berechnen ist.
- Ein wichtiges Beispiel ist die Druckkoordinate. Hydrostatik bedeutet, dass der Druck streng monoton mit der Höhe abnimmt, demnach alternativ als Vertikalkoordinate verwendbar ist. Horizontale Impulsgleichung, materielle Ableitung, Hydrostatik und Kontinuitätsgleichung nehmen dann jeweils die Form (3.87), (3.88), (3.89), (3.91) und

(3.92) an. Wesentliche Stärken gegenüber der geometrischen Höhenkoordinate sind, dass der sich der Druckgradiententerm vereinfacht und dass die Kontinuitätsgleichung zu einer rein diagnostischen Divergenzfreiheit des verallgemeinerten Geschwindigkeitsfelds wird.

● Es gilt auch zu beachten, dass in den neuen Formulierungen **u** immer noch der ursprüngliche Horizontalwind ist, der tangential zu Flächen konstanter geometrischer Höhe ist, und nicht z.B. tangential zu Flächen konstanten Drucks.

3.6   Balancierte Strömungen

Kommen wir nun zu einer ersten Anwendung der primitiven Gleichungen in Druckkoordinaten. Wir wollen die horizontalen Impulsgleichungen auf rein horizontale Strömungen hin untersuchen, in denen die einzelnen Fluidelemente sich mit konstantem Geschwindigkeitsbetrag auf Bahnen mit fester Krümmung bewegen. Dazu wird zunächst ein horizontales Koordinatensystem eingeführt, das dem Problem besser angepasst ist.

3.6.1   Die natürlichen Koordinaten

Wir definieren zunächst einen Einheitsvektor **t** in Richtung der instantanen Horizontalgeschwindigkeit **u** eines Fluidelements mit Betrag V, sodass

$$\mathbf{u} = V\mathbf{t} \tag{3.95}$$

Zusätzlich definieren wir einen zweiten horizontalen Einheitsvektor (Normalvektor) **n**, der senkrecht zu **t** steht und relativ zu diesem um $\pi/2$ nach *links* gedreht ist (Abb. 3.1). Also ist die horizontale Beschleunigung des Fluidelements

$$\frac{D\mathbf{u}}{Dt} = \mathbf{t}\frac{DV}{Dt} + V\frac{D\mathbf{t}}{Dt} \tag{3.96}$$

Zur Berechnung von $D\mathbf{t}/Dt$ betrachten wir zunächst den Fall, dass sich die Bahn des Flüssigkeitselements nach *links* dreht (ebenfalls Abb. 3.1). Für kleine Zeitinkremente kann die Bahn des Fluidelements als Stück eines Großkreises mit *per definitionem positivem* Krümmungsradius $R > 0$ betrachtet werden. Die Wegstrecke, es es in dieser Zeit zurücklegt, sei ds. Die Änderung von **t** nach dieser Strecke ist $d\mathbf{t}$. Der (positive) Bogenwinkel des Kreisstückes ist damit

$$d\psi = \frac{ds}{R} = \frac{|d\mathbf{t}|}{|\mathbf{t}|} = |d\mathbf{t}| \tag{3.97}$$

Im Fall einer *Rechtsdrehung* ist *definiert* $R < 0$ und klarerweise $d\psi < 0$, sodass (Abb. 3.2)

$$d\psi = \frac{ds}{R} = -\frac{|d\mathbf{t}|}{|\mathbf{t}|} = -|d\mathbf{t}| \tag{3.98}$$

Andererseits ist $|\mathbf{t}| = |\mathbf{t} + d\mathbf{t}| = 1$, sodass für $d\mathbf{t} \to 0$

$$1 = |\mathbf{t} + d\mathbf{t}|^2 = |\mathbf{t}|^2 + 2\mathbf{t} \cdot d\mathbf{t} + |d\mathbf{t}|^2 \to 1 + 2\mathbf{t} \cdot d\mathbf{t} \tag{3.99}$$

Also steht $d\mathbf{t}$ senkrecht auf $\mathbf{t}$ und ist somit für linksdrehende Bewegung parallel zu $\mathbf{n}$, sodass $d\mathbf{t} = |d\mathbf{t}|\mathbf{n}$. Im Fall rechtsdrehender Bewegung hat man Antiparallelität und damit $d\mathbf{t} = -|d\mathbf{t}|\mathbf{n}$. Beide Fälle liefern also mittels (3.97) oder (3.98)

$$d\mathbf{t} = \mathbf{n}\frac{ds}{R} \tag{3.100}$$

Damit ist

$$\frac{D\mathbf{t}}{Dt} = \frac{D\mathbf{t}}{Ds}\frac{Ds}{Dt} = \frac{V}{R}\mathbf{n} \tag{3.101}$$

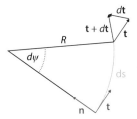

Abb. 3.1 Veranschaulichung der natürlichen Koordinaten für die Drehung des Geschwindigkeitsvektors nach links. Das Bogenwinkelinkrement $d\psi$ und der Krümmungsradius R sind beide positiv. Es ist $|\mathbf{t}| = |\mathbf{t} + d\mathbf{t}|$, und im Grenzfall $d\psi \to 0$ ist $d\mathbf{t} \perp \mathbf{t}$.

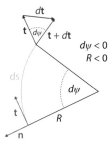

Abb. 3.2 Veranschaulichung der natürlichen Koordinaten für die Drehung des Geschwindigkeitsvektors nach rechts. Das Bogenwinkelinkrement $d\psi$ und der Krümmungsradius R sind beide negativ. Es ist $|\mathbf{t}| = |\mathbf{t} + d\mathbf{t}|$, und im Grenzfall $d\psi \to 0$ ist $d\mathbf{t} \perp \mathbf{t}$.

Dies in (3.96) ergibt

$$\frac{D\mathbf{u}}{Dt} = \mathbf{t}\frac{DV}{Dt} + \frac{V^2}{R}\mathbf{n} \tag{3.102}$$

Die Coriolis-Beschleunigung ist mittels (3.95) und $\mathbf{f} = f\mathbf{e}_r$

$$-\mathbf{f} \times \mathbf{u} = -fV\mathbf{n} \tag{3.103}$$

Außerdem zerlegen wir die horizontale Druckgradientenbeschleunigung in ihre Tangential- und Normalkomponente mittels

$$\nabla_p\Phi = \mathbf{t}\frac{\partial\Phi}{\partial s} + \mathbf{n}\frac{\partial\Phi}{\partial n} \tag{3.104}$$

Die Gl. (3.102)–(3.104) werden nun in die Impulsgleichung (3.86) eingesetzt und nach den Tangentialanteilen längs $\mathbf{t}$ und Normalanteilen längs $\mathbf{n}$ sortiert, mit dem Ergebnis

$$\frac{DV}{Dt} = -\frac{\partial\Phi}{\partial s} \tag{3.105}$$

$$\frac{V^2}{R} + fV = -\frac{\partial\Phi}{\partial n} \tag{3.106}$$

In der zweiten der beiden Gleichungen repräsentiert V^2/R die Zentrifugalbeschleunigung aufgrund der gekrümmten Bahn und fV die Coriolis-Beschleunigung. Im Folgenden soll der Fall von Bewegungen längs kreisförmiger Isolinien des Geopotentials betrachtet werden. In diesem speziellen Fall werden die Lösungen durch zwei Tatsachen vereinfacht:

- Da die *Bewegung längs der Isolinien des Geopotentials* erfolgt, ist $\partial\Phi/\partial s = 0$. Damit ist $DV/Dt = 0$. Also ändert sich V längs der Bewegung nicht.
- Da weiterhin die *Geopotentiallinien kreisförmig* sind, sind $\partial\Phi/\partial n$ und R längs der Trajektorien konstant.

Damit reduziert sich die Untersuchung der Lösungen von (3.105)–(3.106) auf das Finden der Lösungen einer quadratischen Gleichung für V. Diese ergibt sich aus einem Gleichgewicht zwischen der Druckgradientenbeschleunigung, der Coriolis-Beschleunigung und der Zentrifugalbeschleunigung. Zuvor seien aber zunächst die drei denkbaren Gleichgewichte zwischen jeweils zwei dieser Anteile diskutiert.

3.6.2 Geostrophische Strömung

Betrachten wir den Fall großer Krümmungsradien $|R| \rightarrow \infty$. Dies entspricht einer kleinen Rossby-Zahl

$$Ro = \frac{V}{f|R|} \to 0 \qquad (3.107)$$

sodass der Zentrifugalterm in (3.106) vernachlässigt werden kann. Die Strömung stellt also ein Gleichgewicht zwischen Druckgradientenkraft und Coriolis-Kraft dar:

$$fV = -\frac{\partial \Phi}{\partial n} \qquad (3.108)$$

Die Lösung ist der bereits bekannte geostrophische Wind, der näherungsweise die Strömung um reguläre Hoch- oder Tiefdruckgebiete in mittleren Breiten beschreibt. Da per definitionem $V > 0$, ist auf der Nordhemisphäre $\partial \Phi / \partial n < 0$, d.h., das Geopotentialminimum liegt links und das Maximum rechts vom bewegten Fluidelement (Abb. 3.3). Die Strömung bewegt sich also entweder linksherum um ein Geopotentialminimum oder rechtsherum um ein Maximum. Da der Geopotentialgradient wegen (3.71) parallel zum Druckgradienten liegt, d.h.,

$$\nabla_z p = \rho \nabla_p \Phi \qquad (3.109)$$

gilt dies auch für die Bewegung relativ zu den Druckextrema. Auf der Südhemisphäre hat man wegen $f < 0$ den umgekehrten Drehsinn.

3.6.3 Trägheitsströmung

Im Fall eines konstanten Geopotentials, d.h., $\partial \Phi / \partial n = 0$, hat man

$$\frac{V^2}{R} + fV = 0 \qquad (3.110)$$

Dies ist ein Gleichgewicht zwischen Zentrifugalkraft und Coriolis-Kraft. Der Krümmungsradius ist

$$R = -\frac{V}{f} \qquad (3.111)$$

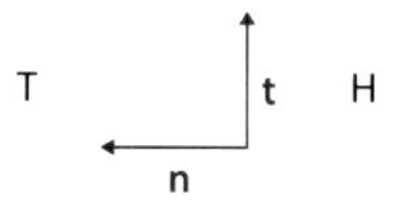

Abb. 3.3 Geostrophisches Gleichgewicht in der Nordhemisphäre: Der Gradient des Geopotentials zeigt gegen die Normalrichtung, sodass das Geopotential- oder Druckminimum links und das Maximum rechts liegen.

Auf der Nordhemisphäre ist die Drehrichtung also rechtsherum, auf der Südhemisphäre linksherum. Die Periode dieser kreisförmigen Bewegung ist

$$P = \frac{|2\pi R|}{V} = \frac{2\pi}{|f|} \qquad (3.112)$$

In der Atmosphäre findet man eine solche Trägheitsströmung typischerweise nicht, da der Geopotentialgradient immer einen Einfluss hat. Im Ozean jedoch lässt sich dieses Phänomen nachweisen.

3.6.4 Zyklostrophische Strömung

Der zur geostrophischen Strömung komplementäre Fall ist jener der zyklostrophischen Strömung mit sehr kleinen Krümmungsradien ($R \to 0$). Die sich ergebende Strömung hat eine große Rossby-Zahl

$$Ro = \frac{V}{|fR|} \to \infty \qquad (3.113)$$

sodass die Coriolis-Beschleunigung vernachlässigt werden kann:

$$\frac{V^2}{R} = -\frac{\partial\Phi}{\partial n} \qquad (3.114)$$

Man hat also ein Gleichgewicht zwischen Zentrifugalkraft und Druckgradientenkraft, sodass

$$V = \sqrt{-R\frac{\partial\Phi}{\partial n}} \qquad (3.115)$$

Das Vorzeichen von R muss dem von $\partial\Phi/\partial n$ entgegengesetzt sein. Dies bedeutet, dass die Zirkulation sowohl bei Linksdrehung als auch bei Rechtsdrehung um ein Geopotentialminimum, also Tiefdruckzentrum, herum erfolgt (Abb. 3.4). Wir haben hier die dynamische Situation in einem Staubteufel, einer Windhose oder einem Tornado vor uns liegen.

Abb. 3.4 Zyklostrophisches Gleichgewicht: Der Gradient des Geopotentials liegt immer so, dass die Zirkulation um ein Tiefdruckzentrum erfolgt.

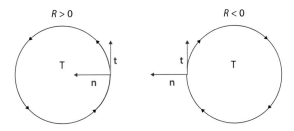

3.6.5 Der Gradientenwind

Betrachten wir nun die allgemeine Lösung, den *Gradientenwind*

$$V = -\frac{fR}{2} \pm \sqrt{\frac{f^2R^2}{4} - R\frac{\partial \Phi}{\partial n}} \qquad (3.116)$$

Er stellt eine Verallgemeinerung von geostrophischem oder zyklostrophischem Wind dar und liefert uns eine Möglichkeit, den Einfluss des oben jeweils vernachlässigten Beschleunigungsterms auf die ungenäherte Lösung zu berechnen. Nicht in allen Fällen erhält man eine reelle Lösung $V > 0$, was aber nach der Definition von V erfüllt sein muss. Es gilt also im Folgenden die physikalischen von den unphysikalischen Lösungen zu trennen. Die Diskussion hier beschränkt sich auf Strömungen auf der Nordhemisphäre mit $f > 0$. Eine entsprechende Erweiterung für die Südhemisphäre wird der Leserin zur Übung überlassen.

i) $R > 0$ und $\partial \Phi / \partial n > 0$
   In diesem Fall ist für reelle Lösungen

$$\sqrt{\frac{f^2R^2}{4} - R\frac{\partial \Phi}{\partial n}} < \frac{fR}{2} \qquad (3.117)$$

   Damit ist in beiden Lösungen (3.116) $V < 0$. Dieser Fall liefert also keine physikalische Lösung.

ii) $R > 0$ und $\partial \Phi / \partial n < 0$
    Nun ist

$$\sqrt{\frac{f^2R^2}{4} - R\frac{\partial \Phi}{\partial n}} > \frac{fR}{2} \qquad (3.118)$$

und damit

$$V = -\frac{fR}{2} + \sqrt{\frac{f^2R^2}{4} - R\frac{\partial \Phi}{\partial n}} \qquad (3.119)$$

Abb. 3.5 Ein reguläres Tief.

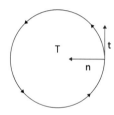

Abb. 3.6 Ein anormales Tief.

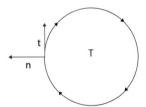

eine physikalische Lösung. Dies ist eine linkksdrehende *zyklonische* Strömung. Aus dem Vorzeichen des Geopotentialgradienten erkennt man, dass sie um ein Tiefdruckgebiet herum erfolgt. Dies ist ein *reguläres Tief*, das sich für große R näherungsweise im geostrophischen Gleichgewicht befindet (Abb. 3.5). Man kann sich auch leicht davon überzeugen, dass im Fall kleiner Krümmungsradien der zweite Term in der Wurzel überwiegt und damit eine zyklostrophische Umströmung des Tiefdruckgebiets vorliegt. Des Weiteren ist klar, dass die Lösung mit dem Minuszeichen vor der Wurzel zu $V < 0$ führt. Sie ist also unphysikalisch.

iii) $R < 0$ und $\partial \Phi / \partial n > 0$

Nun ist

$$V = -\frac{fR}{2} + \sqrt{\frac{f^2 R^2}{4} - R\frac{\partial \Phi}{\partial n}} \qquad (3.120)$$

immer eine physikalische Lösung mit $V > 0$. Sie ist rechtsdrehend. Aus dem Vorzeichen des Geopotentialgradienten sieht man, dass die Zirkulation um ein Tiefdruckzentrum herum erfolgt. Offensichtlich kann dies keine geostrophische Strömung sein. Es handelt sich hier um eine *antibarische Strömung* oder ein *anormales Tief* (Abb. 3.6). Im Grenzwert $R \to -\infty$ ist diese eine Trägheitsströmung, während im Fall kleiner Krümmungsradien wiederum eine zyklostrophische Umströmung eines Tiefdruckgebiets vorliegt. Des Weiteren ist

$$\sqrt{\frac{f^2 R^2}{4} - R\frac{\partial \Phi}{\partial n}} > -\frac{fR}{2} \qquad (3.121)$$

und damit klar, dass die Lösung mit dem Minuszeichen vor der Wurzel zu $V < 0$ führt. Sie ist also unphysikalisch.

iv) $R < 0$ und $\partial \Phi / \partial n < 0$

Nun ist, sofern reell, die Wurzel

$$\sqrt{\frac{f^2 R^2}{4} - R\frac{\partial \Phi}{\partial n}} < -\frac{fR}{2} \qquad (3.122)$$

Damit sind beide Lösungen (3.116) bei genügend großem Krümmungsradius auch physikalisch. Betrachten wir zunächst

$$V = -\frac{fR}{2} + \sqrt{\frac{f^2 R^2}{4} - R\frac{\partial \Phi}{\partial n}} \qquad (3.123)$$

Die Strömung zirkuliert rechtsherum. Sie ist *antizyklonisch*. Der Geopotentialgradient ist negativ, also liegt im Zentrum der Zirkulation ein Hochdruckgebiet. Es ist immer $V > |fR|/2$, und damit die Rossby-Zahl $Ro > 1/2$. Die Strömung kann also keine Näherung eines geostrophischen Gleichgewichts sein. Dies ist ein *anormales Hoch* (Abb. 3.7). Die andere Lösung ist

$$V = -\frac{fR}{2} - \sqrt{\frac{f^2 R^2}{4} - R\frac{\partial \Phi}{\partial n}} \qquad (3.124)$$

Auch sie ist *antizyklonisch*. Wiederum hat sie ein Hochdruckzentrum. Nun allerdings ist immer $V < |fR|/2$ und damit die Rossby-Zahl $Ro < 1/2$. Dies ist die Gradientenwindlösung zu einer Umströmung eines Hochdruckzentrums mit näherungsweise geostrophischem Gleichgewicht. Dies ist also ein *reguläres Hoch*, dessen Struktur ebenfalls durch Abb. 3.7 dargestellt wird.

3.6.6 Zusammenfassung

Betrachtet man im Rahmen der Druckkoordinaten horizontale zyklische Strömungen, in denen sich die Fluidelemente auf Kreisbahnen bewegen, ist es sinnvoll, ein natürliches gekrümmtes Koordinatensystem einzuführen, in dem die eine Koordinate die Strecke längs der kreisförmigen Bewegung misst, während die andere aus der Sicht der Bewegung dazu nach links in Normalrichtung weist. In diesem Bezugssystem kann man leicht erkennen, dass in der Normalrichtung ein Gleichgewicht zwischen Coriolis-Kraft, Zentrifugalkraft (bzw. Trägheitskraft) und Druckgradientenkraft vorliegen muss, falls die Bahnen der Fluidelemente längs der Isolinien des Geopotentials erfolgen. Es ergeben sich folgende mögliche Gleichgewichte:

Abb. 3.7 Ein reguläres oder anormales Hoch.

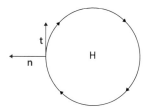

- Bei kleiner Rossby-Zahl herrscht ein Gleichgewicht zwischen Druckgradientenkraft und Coriolis-Kraft vor, das zu einer *geostrophischen Strömung* führt, wie typischerweise auf synoptischen Skalen beobachtet.
- Im Fall vernachlässigbarer Druckgradienten ergibt sich eine *Trägheitsströmung* aus dem Gleichgewicht zwischen Zentrifugalkraft und Coriolis-Kraft. Die zugehörige Periode ist die Trägheitsperiode.
- Bei großen Rossby-Zahlen stellt sich ein Gleichgewicht zwischen Druckgradientenkraft und Zentrifugalkraft ein. Man erhält eine *zyklostrophische Strömung* wie z.B. bei einem Tornado.
- Im allgemeinen Fall, wenn keiner der Terme vernachlässigbar ist, ergibt sich der *Gradientenwind*. Er liefert die Möglichkeit, Abweichungen von den o.g. Spezialfällen quantitativ genau zu beschreiben.

3.7   Der thermische Wind

Die Verknüpfung von Geostrophie und Hydrostatik ergibt eine wichtige Beziehung zwischen dem vertikalen Windgradienten und dem horizontalen Temperaturgradienten, die in vielen Anwendungen von Nutzen ist. Betrachten wir in Druckkoordinaten das geostrophische Gleichgewicht in (3.72) zwischen Coriolis-Kraft und Druckgradientenkraft

$$f\mathbf{e}_r \times \mathbf{u} = -\nabla_p \Phi \tag{3.125}$$

Die Lösung ist der geostrophische Wind

$$\mathbf{u}_g = \frac{1}{f}\mathbf{e}_r \times \nabla_p \Phi \tag{3.126}$$

mit seinen Komponenten

$$u_g = -\frac{1}{f}\frac{1}{a}\frac{\partial \Phi}{\partial \phi} \tag{3.127}$$

$$v_g = \frac{1}{f}\frac{1}{a\cos\phi}\frac{\partial \Phi}{\partial \lambda} \tag{3.128}$$

Die Ableitung nach dem Druck ist

$$\frac{\partial \mathbf{u}_g}{\partial p} = \frac{1}{f}\mathbf{e}_r \times \nabla_p \frac{\partial \Phi}{\partial p} \tag{3.129}$$

Das hydrostatische Gleichgewicht (3.91) andererseits lautet mit der Zustandsgleichung

$$\frac{\partial \Phi}{\partial p} = -\frac{RT}{p} \tag{3.130}$$

sodass (3.129) zur *thermischen Windrelation*

$$\frac{\partial \mathbf{u}_g}{\partial p} = -\frac{R}{fp}\mathbf{e}_r \times \nabla_p T \tag{3.131}$$

wird. Komponentenweise lautet sie

$$\frac{\partial u_g}{\partial p} = \frac{R}{fp}\frac{1}{a}\frac{\partial T}{\partial \phi} \tag{3.132}$$

$$\frac{\partial v_g}{\partial p} = -\frac{R}{fp}\frac{1}{a\cos\phi}\frac{\partial T}{\partial \lambda} \tag{3.133}$$

Ein vertikaler Gradient des Zonalwinds ist also mit einem eindeutigen Meridionalgradienten der Temperatur verknüpft, ein vertikaler Gradient im Meridionalwind mit einem entsprechenden Zonalgradienten der Temperatur.

Die thermische Windrelation ist in der Klimatologie von Wind und Temperatur klar zu erkennen. Mittelung des zonalen thermischen Winds über die Länge liefert

$$\frac{\partial \langle u_g \rangle}{\partial p} = \frac{R}{fp}\frac{1}{a}\frac{\partial \langle T \rangle}{\partial \phi} \tag{3.134}$$

Hierbei ist für eine beliebige längenabhängige Größe Ψ

$$\langle \Psi \rangle = \frac{1}{2\pi}\int_0^{2\pi} d\lambda \,\Psi \tag{3.135}$$

Da in der Troposphäre die Tropen warm sind, die Polarregionen aber kalt, bedeutet dies, dass auf beiden Hemisphären

$$\frac{1}{f}\frac{\partial \langle T \rangle}{\partial \phi} < 0$$

Also ist

$$\frac{\partial \langle u_g \rangle}{\partial p} < 0$$

sodass der Zonalwind nach oben zunimmt. Da der meridionale Temperaturgradient in mittleren Breiten am größten ist, ist auch dort ein besonders starker vertikaler Gradient im Zonalwind zu beobachten. Dies findet seinen Ausdruck in den prominenten Strahlströmen mit starken Westwinden in der oberen Troposphäre (Abb. 3.8).

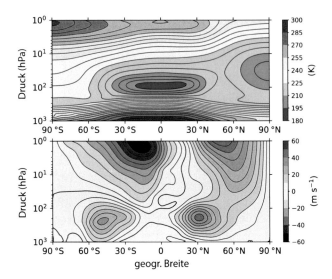

Abb. 3.8 Die zonalen Mittel von Temperatur (in K, oben) und Zonalwind (in m/s, unten) im Winter (Dezember–Januar) des ERA5-Datensatzes (Hersbach et al., 2020). Klar erkennbar sind die starken Strahlströme in mittleren Breiten, die mit den Regionen des stärksten Breitengradienten der Temperatur zusammenfallen.

3.8   Leseempfehlungen

Holton und Hakim (2013) diskutieren die primitiven Gleichungen, die Druckkoordinate und die balancierten Lösungen. In diesem Buch findet sich auch eine Einleitung zu numerischen Methoden und der numerischen Wettervorhersage. Es ist klar, dass diese ein weites Feld ist. Interessierte seien auf das Buch von Durran (2010) als eine ausgezeichnete Quelle zu numerischen Methoden verwiesen. Atmosphärische Modellierung im breiteren Sinne wird von Haltiner und Williams (1983) diskutiert, die auch ein nützliches Kapitel zur Druckkoordinate haben, sowie Beschreibungen zu Ansätzen zur Parametrisierung kleinskaliger Prozesse, die in Modellen unerlässlich sind. Stensrud (2007) gibt eine modernere Behandlung dieses Themas. Wichtige Aspekte der numerischen Wettervorhersage sind die Technik der Datenassimilation und die Frage der Vorhersagbarkeit. Kalnay (2002) und Daley (1991) geben gute Einführungen in diese Fragestellungen.

Die Wirbeldynamik

4

Wirbelartige Strukturen, wie sie jedem von der täglichen Wetterkarte bekannt sind, aber auch z.B. im vorherigen Kapitel diskutiert wurden, sind ein allgegenwärtiges Phänomen der Atmosphäre. Entstehung, Entwicklung und Vergehen atmosphärischer Wirbel werden durch einige zentrale Sätze beeinflusst, die für die ganze Atmosphärendynamik zentral sind. Im Studium wichtiger Eigenschaften wie *Vorticity, Wirbelstärke, Zirkulation* und *potentieller Vorticity* folgen sie direkt aus den zuvor abgeleiteten Grundgleichungen. Auch in der Näherung der primitiven Gleichungen gibt es äquivalente Eigenschaften.

4.1 Die Vorticity

4.1.1 Relative, absolute und planetare Vorticity

Wie im Weiteren noch gezeigt wird, lässt sich die Stärke und Drehrichtung von wirbelartigen Strukturen gut mittels der Rotation des Geschwindigkeitsfelds beschreiben. Zunächst sei die *absolute Vorticity* definiert als Rotation der Geschwindigkeit im nichtrotierenden Inertialsystem:

$$\boldsymbol{\omega}_a = \nabla \times \mathbf{v}_I \qquad (4.1)$$

Wenn $\mathbf{v}$ die Geschwindigkeit im rotierenden Bezugssystem ist, so definiert sich die *Relative Vorticity* als

$$\boldsymbol{\omega} = \nabla \times \mathbf{v} \qquad (4.2)$$

Mittels (1.79) erhält man

$$\boldsymbol{\omega}_a = \boldsymbol{\omega} + \nabla \times (\boldsymbol{\Omega} \times \mathbf{x}) = \boldsymbol{\omega} + \nabla \times (-\Omega y \mathbf{e}_x + \Omega x \mathbf{e}_y) = \boldsymbol{\omega} + 2\Omega \mathbf{e}_z \qquad (4.3)$$

© Springer-Verlag GmbH Deutschland, ein Teil von Springer Nature 2022
U. Achatz, *Atmosphärendynamik,* https://doi.org/10.1007/978-3-662-63780-7_4

oder

$$\boldsymbol{\omega}_a = \boldsymbol{\omega} + 2\boldsymbol{\Omega} \tag{4.4}$$

Die absolute Vorticity setzt sich also aus der relativen Vorticity und der *planetaren Vorticity* $2\boldsymbol{\Omega}$ zusammen. Letztere ist auf der synoptischen Skala der größte Anteil in der besonders wichtigen radialen Komponente. Gemäß (3.29) ist einerseits die radiale Komponente der planetaren Vorticity

$$2\Omega_r = \mathbf{e}_r \cdot 2\boldsymbol{\Omega} = 2\Omega \sin \phi = \mathcal{O}(f) \tag{4.5}$$

Andererseits ist, den Skalenabschätzungen in Kap. 1.6 für typische Wettersysteme folgend,

$$\omega_r = \mathbf{e}_r \cdot \boldsymbol{\omega} = \mathcal{O}\left(\frac{U}{L}\right) \tag{4.6}$$

sodass

$$\frac{\omega_r}{2\Omega_r} = \mathcal{O}(Ro) \tag{4.7}$$

Bei kleinen Rossby-Zahlen dominiert also die planetare Vorticity.

4.1.2 Wirbellinien, Wirbelröhren und Vorticity-Fluss

Wirbellinien können in Bezug sowohl auf die absolute als auch die relative Vorticity definiert werden. Sie sind überall parallel zu der jeweils lokalen Vorticity. Im Fall der absoluten Vorticity ist eine Wirbellinie also eine Kurve $\mathbf{x}(s)$ mit Kurvenparameter s, sodass

$$\frac{d\mathbf{x}}{ds} = \boldsymbol{\omega}_a[\mathbf{x}(s)] \tag{4.8}$$

Abb. 4.1 zeigt ein Beispiel.

Betrachten wir nun eine geschlossene Kurve C im Raum mit allen Wirbellinien, die durch diese Kurve laufen. Zusammen formen diese eine *Wirbelröhre* (Abb. 4.2). Eine wichtige

Abb. 4.1 Eine Wirbellinie, die der absoluten Vorticity folgt.

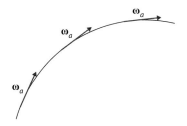

Abb. 4.2 Eine Wirbelröhre, definiert durch die Gesamtheit aller Wirbellinien, die durch die geschlossenen Kurven C und C' laufen.

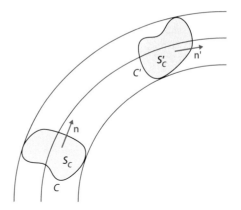

Eigenschaft einer Wirbelröhre folgt daraus, dass einerseits wegen der Divergenzfreiheit jeder Rotation gemäß (11.9)

$$\nabla \cdot \boldsymbol{\omega}_a = 0 \tag{4.9}$$

gilt und andererseits auf der Fläche der Wirbelröhre überall $\boldsymbol{\omega}_a$ senkrecht zur Flächennormalen ist. Betrachten wir nun ein Volumen, das wie in Abb. 4.2 durch die Wirbelröhre und zwei Schnitte S_C und S'_C dadurch so begrenzt wird, dass die Umrandung der Schnitte durch Kurven C und C' gegeben ist. Das Integral von $\nabla \cdot \boldsymbol{\omega}_a$ über dieses Volumen ist mit den eben erwähnten Eigenschaften

$$0 = \int dV \nabla \cdot \boldsymbol{\omega}_a = \oint d\mathbf{S} \cdot \boldsymbol{\omega}_a = \int_{S_C} d\mathbf{S} \cdot \boldsymbol{\omega}_a + \int_{S'_C} d\mathbf{S} \cdot \boldsymbol{\omega}_a$$

$$= -\int_{S_C} dS\,\mathbf{n} \cdot \boldsymbol{\omega}_a + \int_{S'_C} dS\,\mathbf{n}' \cdot \boldsymbol{\omega}_a \tag{4.10}$$

Dabei geht der Normalvektor $\mathbf{n}$ durch stetige Transformation in $\mathbf{n}'$ über, zeigt also bei S_C in das Volumen hinein und bei S'_C daraus heraus. Der entgegengesetzte Fall mit umgedrehtem Vorzeichen ist natürlich ebenfalls erlaubt. In beiden Fällen erhält man

$$\int_{S_C} dS\,\mathbf{n} \cdot \boldsymbol{\omega}_a = \int_{S'_C} dS\,\mathbf{n}' \cdot \boldsymbol{\omega}_a \tag{4.11}$$

Dies bedeutet, dass die *absolute Stärke* oder der *absolute Vorticity-Fluss* einer Wirbelröhre

$$\Gamma_a = \int dS\,\mathbf{n} \cdot \boldsymbol{\omega}_a \tag{4.12}$$

längs der Wirbelröhre konstant ist. Ähnlich definiert man auch die *relative Stärke* oder den *relativen Vorticity-Fluss*

Abb. 4.3 Projektion einer
Integrationsfläche auf die
Äquatorialebene.

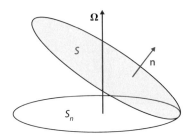

$$\Gamma = \int d\mathbf{S}\mathbf{n} \cdot \boldsymbol{\omega} \tag{4.13}$$

Mit (4.4) gilt weiterhin

$$\Gamma_a = \Gamma + \int d\mathbf{S}\mathbf{n} \cdot 2\boldsymbol{\Omega} = \Gamma + 2\Omega S_n \tag{4.14}$$

wobei S_n die Projektion der Integrationsfläche S auf die Äquatorialebene ist (Abb. 4.3).

4.1.3 Zusammenfassung

Wirbelartige Strukturen sind, wie jedem von der täglichen Wetterkarte bekannt, ein allgegenwärtiges Phänomen der Atmosphäre.

- Als ein Maß für die Wirbelhaftigkeit der Strömung bietet sich die Vorticity an. Sie ist die Rotation des Geschwindigkeitsfelds. Je nachdem, ob sie im Inertialsystem oder im Bezugssystem der rotierenden Erde berechnet wird, spricht man von *absoluter* oder *relativer Vorticity*. Die Differenz zwischen beiden ist die konstante *planetare Vorticity,* die der starren Rotation der Erde zuzuordnen ist. Das Verhältnis der Radialkomponenten der relativen und planetaren Vorticity ist durch die Rossby-Zahl gegeben, bei synoptischskaligen Wirbeln also klein.
- *Wirbellinien* sind stets tangential zur lokalen Vorticity. Wirbellinien durch eine geschlossene Kurve bilden zusammen eine *Wirbelröhre*. Aufgrund der Divergenzfreiheit der Vorticity ist der *Vorticity-Fluss* durch eine beliebige Querschnittsfläche einer Wirbelröhre, auch als *Stärke* der Wirbelröhre bezeichnet, völlig von der Wahl dieser Fläche unabhängig.
- Die Differenz zwischen absolutem und relativem Wirbelfluss durch eine beliebige Fläche ist proportional zur Projektion der Fläche auf die Äquatorialebene.

4.2 Die Zirkulation

4.2.1 Relative und absolute Zirkulation

Eine dynamische Bedeutung des absoluten Vorticity-Flusses wird mit dem Integralsatz von Stokes klar. Dazu definieren wir die *absolute Zirkulation* längs einer geschlossenen Kurve C wie in Abb. 4.4 als Kurvenintegral von $\mathbf{v}_I$ längs der Kurve, also

$$\gamma_a = \oint_C \mathbf{v}_I \cdot d\mathbf{x} \tag{4.15}$$

Wendet man den Integralsatz von Stokes (11.5) auf die Zirkulation an, unter Berücksichtigung von (4.1), so erhält man mit (4.12) $\gamma_a = \Gamma_a$ und somit

$$\Gamma_a = \oint_C \mathbf{v}_I \cdot d\mathbf{x} \tag{4.16}$$

Dabei sind die Flächennormalen $\mathbf{n}$ so zu wählen, dass von der Seite der Fläche aus betrachtet, in welche sie zeigen, der Drehsinn der Integrationsrichtung entgegen des Uhrzeigersinns gerichtet ist. Aufgrund der Identität (4.16) wird die absolute Zirkulation im Folgenden der Einfachheit halber auch mit Γ_a bezeichnet. Analog ist selbstverständlich auch Γ die *(relative) Zirkulation*, d. h. das entsprechende Kurvenintegral von $\mathbf{v}$,

$$\Gamma = \oint_C \mathbf{v} \cdot d\mathbf{x} \tag{4.17}$$

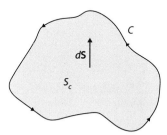

Abb. 4.4 Die Zirkulation eines Geschwindigkeitsfelds längs einer geschlossenen Kurve C ist das Kurvenintegral der Geschwindigkeit längs der Kurve. Mittels des Satzes von Stokes lässt es sich als Flächenintegral der Vorticity ausdrücken, projiziert auf die Flächennormalen. Diese sind so zu wählen, dass von der Seite der Fläche aus betrachtet, in welche sie zeigen, der Drehsinn der Integrationsrichtung entgegen dem Uhrzeigersinn gerichtet ist.

4.2.2 Der allgemeine Zirkulationssatz

Die Herleitung

Betrachten wir nun die Zirkulation längs einer *materiellen geschlossenen Kurve* in ihrer Entwicklung, wenn sich die materielle Kurve mit der Strömung bewegt. Es ist zunächst die entsprechende materielle Ableitung

$$\frac{D\Gamma}{Dt} = \frac{D}{Dt} \oint_C \mathbf{v} \cdot d\mathbf{x} = \oint_C \frac{D\mathbf{v}}{Dt} \cdot d\mathbf{x} + \oint_C \mathbf{v} \cdot \frac{D}{Dt} d\mathbf{x} \tag{4.18}$$

Zur Auswertung des zweiten der beiden Kurvenintegrale ist zu beachten, dass die Änderung des Orts eines Fluidelements über eine infinitesimal kurze Zeit δt gegeben ist durch

$$\mathbf{x}(t + \delta t) = \mathbf{x}(t) + \mathbf{v}\delta t \tag{4.19}$$

Damit ist die Änderung des Ortsunterschieds zwischen zwei infinitesimal nahen Flüssigkeitselementen

$$d\mathbf{x}(t + \delta t) = d\mathbf{x} + d\mathbf{v}\delta t \tag{4.20}$$

wobei $d\mathbf{v}$ der Geschwindigkeitsunterschied zwischen den beiden Fluidelementen ist. Also gilt

$$\frac{D}{Dt}d\mathbf{x} = d\mathbf{v} \tag{4.21}$$

Damit erhält man

$$\oint_C \mathbf{v} \cdot \frac{D}{Dt}d\mathbf{x} = \oint_C \mathbf{v} \cdot d\mathbf{v} = \frac{1}{2} \oint_C d|\mathbf{v}|^2 = 0 \tag{4.22}$$

weil die Integrationskurve geschlossen ist und damit $|\mathbf{v}|^2$ am Anfang und Ende des Integrationswegs identisch sind. In (4.18) bleibt also nur das erste Kurvenintegral übrig. Dieses werten wir mit dem Impulssatz (3.1) aus, beachten dabei, dass

$$\oint_C \nabla\Phi \cdot d\mathbf{x} = \oint_C d\Phi = 0 \tag{4.23}$$

und erhalten schließlich den *allgemeinen Zirkulationssatz*

$$\frac{D\Gamma}{Dt} = -\oint (2\mathbf{\Omega} \times \mathbf{v}) \cdot d\mathbf{x} - \oint \frac{1}{\rho}\nabla p \cdot d\mathbf{x} + \oint \frac{1}{\rho}(\nabla \cdot \boldsymbol{\sigma}) \cdot d\mathbf{x} \tag{4.24}$$

Zirkulation und Coriolis-Kraft

Unter den drei Beiträgen, welche die Zirkulation beeinflussen, ist der *Coriolis-Term* auf folgende Weise besser zu verstehen: Eine analoge Herleitung wie oben ergibt für die materielle Ableitung der absoluten Zirkulation

$$\frac{D\Gamma_a}{Dt} = -\oint_C \frac{1}{\rho}\nabla p \cdot d\mathbf{x} + \oint_C \frac{1}{\rho}(\nabla\boldsymbol{\sigma}) \cdot d\mathbf{x} \tag{4.25}$$

Andererseits folgt direkt aus (4.14)

$$\frac{D\Gamma_a}{Dt} = \frac{D\Gamma}{Dt} + 2\Omega\frac{DS_n}{Dt} \tag{4.26}$$

sodass

$$-\oint (2\boldsymbol{\Omega} \times \mathbf{v}) \cdot d\mathbf{x} = -2\Omega\frac{DS_n}{Dt} \tag{4.27}$$

Betrachten wir nun als Beispiel eine streng meridional nach Süden gerichtete Strömung wie in Abb. 4.5. Der dort gezeigte Integrationsweg ist aus der Perspektive des Betrachters als gegen den Uhrzeigersinn gerichtet zu verstehen. Die Coriolis-Beschleunigung wirkt auf der Nordhemisphäre so, dass die Strömung nach rechts abgelenkt wird. Somit wird eine Zirkulation im Uhrzeigersinn induziert, d. h., es ist $D\Gamma/Dt < 0$. Ein analoges Ergebnis erhält man mittels (4.27): Die Radialströmung mit der damit verbundenen Divergenz führt dazu, dass die Fläche S_n zunimmt. Die Zirkulation muss folglich abnehmen.

Zirkulation und Baroklinizität

Der zweite Term auf der rechten Seite von (4.24) ist der *barokline* Anteil oder *Solenoidterm*. Mittels des Integralsatzes von Stokes (11.5) kann er umgeformt werden in

$$-\oint_C \frac{\nabla p}{\rho} \cdot d\mathbf{x} = -\int_S \left[\nabla \times \left(\frac{\nabla p}{\rho}\right)\right] \cdot d\mathbf{S} = \int_S \frac{\nabla\rho \times \nabla p}{\rho^2} \cdot d\mathbf{S} \tag{4.28}$$

Dabei sind die Rechenregeln (11.7), (11.10) und (11.11) zu verwenden. Der Integrand $(\nabla\rho \times \nabla p)/\rho^2$ wird auch als *barokliner Vektor* bezeichnet. Im Fall einer *barotropen* Strömung mit $\rho = \rho(p)$ verschwindet er, da dann

$$\nabla\rho = \frac{d\rho}{dp}\nabla p \tag{4.29}$$

Die Wirkung der andernfalls vorliegenden Baroklinizität kann an dem Beispiel in Abb. 4.6 dargestellt werden. Der Druckgradient bewirkt unter Vernachlässigung von Coriolis-Kraft

Abb. 4.5 Die Coriolis-Beschleunigung induziert auf der Nordhemisphäre in einer radialen Strömung eine Rotation im Uhrzeigersinn.

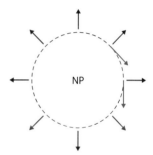

Abb. 4.6 Induktion einer
Zirkulation durch eine
barokline Schichtung. Isolinien
des Drucks sind blau und
Isolinien der Dichte rot
gekennzeichnet.

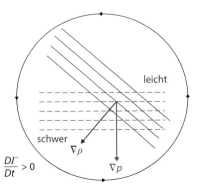

und Reibung eine Beschleunigung

$$\frac{D\mathbf{v}}{Dt} = -\frac{1}{\rho}\nabla p \tag{4.30}$$

Da die Isolinien der Dichte aber nicht mit denen des Drucks zusammenfallen, werden die
Fluidelemente auf einer Isolinie des Drucks verschieden stark beschleunigt. Schwere Fluidelemente mit hoher Dichte erfahren eine geringere Beschleunigung als leichte Luftmassen
mit niedriger Dichte. Dies führt dazu, dass eine Zirkulation gegen den Uhrzeigersinn induziert wird, die im Sinne einer Angleichung des Dichteprofils an das des Drucks wirkt.

Die Land-See-Zirkulation   Als ein Beispiel der Wirkung von Baroklinizität sei die Land-
See-Zirkulation erwähnt. Abb. 4.7 zeigt das typische Szenario, das an der Küste von größeren
Gewässern nachmittags zu beobachten ist: Feste Erde hat eine geringere Wärmekapazität als
Wasser. Entsprechend heizt sich der Erdboden tagsüber stärker auf als die Wasseroberfläche. Dies wiederum führt dazu, dass schließlich über Land eine höhere Temperatur herrscht
als über dem Wasser. Sofern die großräumigen Wetterverhältnisse nichts anderes bewirken,
sind die Isoflächen konstanten Drucks näherungsweise parallel zur Oberfläche. Aufgrund
der verschiedenen Temperaturen ist andererseits die Dichte direkt über der Wasseroberfläche
größer als über Land, sodass die entsprechenden Isoflächen gegenüber denen des Drucks

Abb. 4.7 Die
Land-See-Zirkulation am
Nachmittag als typischer
barokliner Effekt.

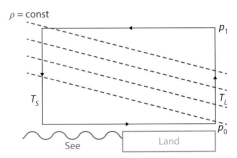

geneigt sind. Es sei nun ein geschlossener gegen den Uhrzeigersinn gerichteter Integrationsweg so gewählt, dass seine horizontalen Stücke wie in der Abbildung entlang Flächen konstanten Drucks gehen. Unter Vernachlässigung von Coriolis-Term und Viskosität liefert der Zirkulationssatz

$$\frac{D\Gamma}{Dt} = -\oint_C \frac{\nabla p}{\rho} \cdot d\mathbf{x} = -\oint_C \frac{dp}{\rho} = -\oint_C RT \frac{dp}{p} = -\oint_C RT\, d\ln p \qquad (4.31)$$

Da der Druck auf den Horizontalstücken konstant ist, tragen zum Gesamtintegral nur die Vertikalstücke bei. Bezeichnet man mit $\overline{T}_L$ und $\overline{T}_S$ die längs dieser Stücke gemittelten Temperaturen über Land und über Wasser, so erhält man

$$\frac{D\Gamma}{Dt} = -R\overline{T}_S \ln\left(\frac{p_0}{p_1}\right) - R\overline{T}_L \ln\left(\frac{p_1}{p_0}\right) = R \ln\left(\frac{p_0}{p_1}\right)(\overline{T}_L - \overline{T}_S) > 0 \qquad (4.32)$$

Es wird also eine Zirkulation induziert, die nachmittags am Boden vom Wasser zum Land gerichtet ist. Morgens, wenn sich die Luftmassen in der Nacht über Land schneller abgekühlt haben als über Wasser, zirkuliert diese Land-See-Zelle im entgegengesetzten Sinne.

4.2.3 Zusammenfassung

Eine zur Vorticity äquivalente Beschreibung der Wirbelhaftigkeit einer Strömung ist auf der Basis der *Zirkulation* möglich.

- Die Zirkulation längs einer geschlossenen Kurve ist das Kurvenintegral des Geschwindigkeitsfelds längs dieser Kurve. Durch den Satz von Stokes ist die Zirkulation mit dem Wirbelfluss durch eine Fläche identisch, die von der Kurve eingeschlossen wird.
- Der *Zirkulationssatz* gibt die materielle Ableitung der Zirkulation einer materiellen geschlossenen Kurve an, die durch immer die gleichen Fluidelemente gebildet wird. Man erhält ihn mithilfe des Impulssatzes.
- Die relative Zirkulation wird durch *Reibung* beeinflusst, insbesondere aber durch die *Coriolis-Kraft* und durch *barokline Druckgradienten*.

4.3 Der Satz von Kelvin

Wenn eine Strömung

- barotrop ist und
- keinen Reibungseinflüssen unterliegt,

dann folgt aus (4.25) der Zirkulationssatz von Kelvin

Abb. 4.8 Eine
Integrationsfläche, die wie eine
Decke um eine Wirbelröhre
gelegt ist. Der vertikal
ausgerichtete Spalt ist als
infinitesimal schmal zu
verstehen.

$$\frac{D\Gamma_a}{Dt} = 0 \qquad\qquad (4.33)$$

Die absolute Zirkulation längs einer geschlossenen materiellen Kurve ist somit eine Erhaltungsgröße. Dies hat zur Folge, dass die Wirbellinien der absoluten Vorticity in der Strömung eingefroren sind, d. h., sie bewegen sich mit der Strömung mit. Um dies zu erkennen, betrachten wir zunächst eine beliebige Wirbelröhre und darum herum eine materielle Integrationsfläche, die sie wie eine Decke einhüllt (Abb. 4.8). Die Zirkulation längs des Rands der Fläche ist

$$\Gamma_a = \oint_C \mathbf{v}_I \cdot d\mathbf{x} = \int \boldsymbol{\omega}_a \cdot d\mathbf{S} = 0 \qquad\qquad (4.34)$$

da die absolute Vorticity überall tangential zur Integrationsfläche ist. Wenn diese Fläche im Folgenden mit der Strömung mit bewegt wird, bleibt durch den Zirkulationssatz von Kelvin immer $\int \boldsymbol{\omega}_a \cdot d\mathbf{S} = 0$.

Diese Aussage aber gilt für beliebige Wirbelröhren, auch solche, die sich im Grenzfall nur um eine Wirbellinie legen (Abb. 4.9). Dies bedeutet, dass die Wirbellinien immer tangential zu der sich bewegenden materiellen Einhüllenden sind. Also bewegen sie sich mit der Strömung mit.

Abb. 4.9 Eine
Integrationsfläche, die eine
einzelne Wirbellinie einhüllt.

4.4   Die Vorticity-Gleichung

4.4.1   Die Herleitung

Eine prognostische Gleichung für die absolute oder relative Vorticity lässt sich folgendermaßen ableiten: Zunächst ist komponentenweise überprüfbar, dass

$$\boldsymbol{\omega} \times \mathbf{v} = (\mathbf{v} \cdot \nabla)\mathbf{v} - \nabla \frac{|\mathbf{v}|^2}{2} \tag{4.35}$$

sodass

$$\frac{D\mathbf{v}}{Dt} = \frac{\partial \mathbf{v}}{\partial t} + \boldsymbol{\omega} \times \mathbf{v} + \nabla \frac{|\mathbf{v}|^2}{2} \tag{4.36}$$

Dies in die Impulsgleichung (3.1) eingesetzt, ergibt mit (4.4)

$$\frac{\partial \mathbf{v}}{\partial t} + \boldsymbol{\omega}_a \times \mathbf{v} = -\frac{1}{\rho}\nabla p - \nabla\left(\Phi + \frac{|\mathbf{v}|^2}{2}\right) + \frac{1}{\rho}\nabla \cdot \boldsymbol{\sigma} \tag{4.37}$$

Anwendung der Rotation darauf liefert mit (4.2) und (11.10)

$$\frac{\partial \boldsymbol{\omega}}{\partial t} + \nabla \times (\boldsymbol{\omega}_a \times \mathbf{v}) = \frac{\nabla \rho \times \nabla p}{\rho^2} + \nabla \times \frac{\nabla \cdot \boldsymbol{\sigma}}{\rho} \tag{4.38}$$

Mit (11.12) gilt weiterhin

$$\nabla \times (\boldsymbol{\omega}_a \times \mathbf{v}) = \boldsymbol{\omega}_a \nabla \cdot \mathbf{v} + (\mathbf{v} \cdot \nabla)\boldsymbol{\omega}_a - (\boldsymbol{\omega}_a \cdot \nabla)\mathbf{v} \tag{4.39}$$

da wegen (4.4) und (11.10)

$$\nabla \cdot \boldsymbol{\omega}_a = 0 \tag{4.40}$$

Einsetzen von (4.39) in (4.38) liefert schließlich die Vorticity-Gleichung

$$\frac{D\boldsymbol{\omega}}{Dt} = \frac{D\boldsymbol{\omega}_a}{Dt} = (\boldsymbol{\omega}_a \cdot \nabla)\mathbf{v} - \boldsymbol{\omega}_a \nabla \cdot \mathbf{v} + \frac{\nabla \rho \times \nabla p}{\rho^2} + \nabla \times \frac{\nabla \cdot \boldsymbol{\sigma}}{\rho} \tag{4.41}$$

4.4.2   Wirbelröhrendehnung und Wirbelkippen

Der Einfluss des baroklinen Vektors ist oben schon diskutiert worden. Jener der Reibung ist weniger leicht systematisch zu fassen. Die ersten beiden Terme auf der rechten Seite von (4.41) lassen sich aber weiter erläutern. Dazu führen wir am jeweils zu untersuchenden Ort ein lokales Koordinatensystem so ein, dass die z-Achse parallel zur lokalen absoluten Vorticity ist (Abb. 4.10). In diesem Koordinatensystem ist

Abb. 4.10 Ein lokales Koordinatensystem am Ort P zur Interpretation der Anteile in der Vorticity-Gleichung, die nicht aus Baroklinizität oder Reibung resultieren. Die z-Achse ist parallel zur lokalen absoluten Vorticity.

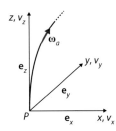

$$(\boldsymbol{\omega}_a \cdot \nabla)\,\mathbf{v} - \boldsymbol{\omega}_a \nabla \cdot \mathbf{v} = \omega_{az}\frac{\partial}{\partial z}\left(v_x\mathbf{e}_x + v_y\mathbf{e}_y + v_z\mathbf{e}_z\right) - \omega_{az}\mathbf{e}_z\left(\frac{\partial v_x}{\partial x} + \frac{\partial v_y}{\partial y} + \frac{\partial v_z}{\partial z}\right)$$

$$= \mathbf{e}_x\omega_{az}\frac{\partial v_x}{\partial z} + \mathbf{e}_y\omega_{az}\frac{\partial v_y}{\partial z} - \mathbf{e}_z\omega_{az}\left(\frac{\partial v_x}{\partial x} + \frac{\partial v_y}{\partial y}\right) \qquad (4.42)$$

In Abwesenheit von Baroklinizität und Reibung ist damit

$$\frac{D\omega_{az}}{Dt} = -\omega_{az}\left(\frac{\partial v_x}{\partial x} + \frac{\partial v_y}{\partial y}\right) \qquad (4.43)$$

Konvergenz in der Ebene normal zur absoluten Vorticity erhöht also ω_z und ω_{az}.

Da Reibung und Baroklinizität nicht wirken, kann dies mithilfe des Zirkulationssatzes von Kelvin verstanden werden. Diesem zufolge sind die Wirbellinien und somit auch die Wirbelröhren in der Strömung eingefroren. Also führt Konvergenz zur Kompression einer Röhre. Die Querschnittsfläche wird also kleiner (Abb. 4.11). Damit der Vorticity-Fluss erhalten bleibt, muss deshalb die Vorticity selbst zunehmen. Da die Kompression einer Wirbelröhre in einer inkompressiblen Strömung durch eine entsprechende Dehnung ausgeglichen werden muss, hat sich für diesen Prozess, auch im kompressiblen Fall, der Begriff der *Wirbelröhrendehnung (vortex-tube stretching)* eingebürgert.

Weiterhin erhält man aus (4.42)

$$\frac{D\omega_{ax}}{Dt} = \omega_{az}\frac{\partial v_x}{\partial z} \qquad (4.44)$$

Abb. 4.11 Die Dehnung einer Wirbelröhre bei Konvergenz in einer inkompressiblen Strömung.

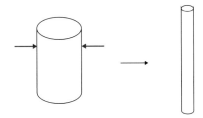

Abb. 4.12 Das Kippen einer Wirbelröhre durch ein geschertes Geschwindigkeitsfeld.

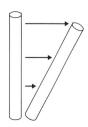

Ein in Richtung der absoluten Vorticity *geschertes Geschwindigkeitsfeld* erzeugt also Vorticity parallel zur Richtung des Geschwindigkeitsfelds. Wiederum lässt sich dies aus der Eingefrorenheit der Wirbellinien verstehen: Die Scherung führt zum Kippen der Wirbelröhre, sodass sie eine Komponente parallel zur gescherten Geschwindigkeitskomponente erhält (Abb. 4.12). Dies wird als *Wirbelkippen (vortex tilting)* bezeichnet.

4.4.3 Zusammenfassung der Einflüsse auf die relative Vorticity

Fassen wir nochmals alle Prozesse zusammen, mittels derer relative Vorticity erzeugt, verändert oder vernichtet werden kann. Diese sind:

Baroklinizität:
Die Neigung von Druck- gegen Dichteflächen ist ein allgemeiner Erzeugungsprozess.

Reibung:
Dieser Prozess führt zum Abbau von Geschwindigkeitsgradienten und damit tendenziell auch zur Vernichtung relativer Vorticity. Man muss aber im Gedächtnis behalten, dass eine starre Rotation mit entsprechender Zirkulation und Vorticity von Reibung nicht abgebaut wird.

Dehnung oder Stauchung von Wirbelröhren:
Dies geschieht durch Konvergenz oder Divergenz des Geschwindigkeitsfelds.

Kippen von Wirbelröhren:
Dies wird durch Scherung des Geschwindigkeitsfelds verursacht. Dieser Prozess und der vorhergehende sind in der Lage, auch ohne Baroklinizität relative Vorticity aus planetarer Vorticity zu erzeugen.

4.4.4 Eingefrorenheit der absoluten Vorticity

Unter den Bedingungen der Gültigkeit des Zirkulationssatzes von Kelvin kann die Eingefrorenheit der Wirbellinien in einer barotropen reibungsfreien Strömung auch direkt aus der
Vorticity-Gleichung abgeleitet werden. Dabei ist zu zeigen, dass jedes infinitesimal kurze
Stück einer materiellen Linie immer parallel zur lokalen absoluten Vorticity bleibt. Die
materielle Ableitung eines solchen materiellen Linienelements $\delta \mathbf{l}$ ist

$$\frac{D\delta \mathbf{l}}{Dt} = \lim_{\delta t \to 0} \frac{1}{\delta t} \left[\delta \mathbf{l} \left(t + \delta t \right) - \delta \mathbf{l} \left(t \right) \right] \tag{4.45}$$

Wie in Abb. 4.13 zu sehen, hat man

$$\delta \mathbf{l} \left(t + \delta t \right) = \mathbf{l} \left(t \right) + \delta \mathbf{l} \left(t \right) + (\mathbf{v} + \delta \mathbf{v}) \delta t - \left[\mathbf{l} \left(t \right) + \mathbf{v} \delta t \right] = \delta \mathbf{l} \left(t \right) + \delta \mathbf{v} \delta t \tag{4.46}$$

sodass

$$\frac{D\delta \mathbf{l}}{Dt} = (\delta \mathbf{l} \cdot \nabla) \, \mathbf{v} \tag{4.47}$$

Solange das Linienelement parallel zur lokalen absoluten Vorticity ist, gilt $\boldsymbol{\omega}_a \times \delta \mathbf{l} = 0$. Wenn
die Erhaltung dieses verschwindenden Kreuzprodukts gezeigt ist, ist auch die Eingefroren-
heit nachgewiesen. In der Tat folgt aus der Vorticity-Gleichung (4.41) in der Abwesenheit
von Reibung und Baroklinizität

$$\begin{aligned}
\frac{D}{Dt} \left(\boldsymbol{\omega}_a \times \delta \mathbf{l} \right) &= \frac{D\boldsymbol{\omega}_a}{Dt} \times \delta \mathbf{l} - \frac{D\delta \mathbf{l}}{Dt} \times \boldsymbol{\omega}_a \\
&= \left[(\boldsymbol{\omega}_a \cdot \nabla) \, \mathbf{v} - \boldsymbol{\omega}_a \nabla \cdot \mathbf{v} \right] \times \delta \mathbf{l} - (\delta \mathbf{l} \cdot \nabla) \, \mathbf{v} \times \boldsymbol{\omega}_a
\end{aligned} \tag{4.48}$$

Wenn $\boldsymbol{\omega}_a$ und $\delta \mathbf{l}$ überall parallel sind, ist $\boldsymbol{\omega}_a = \alpha \delta \mathbf{l}$, wobei der Faktor α sowohl orts- als
auch zeitabhängig sein kann. Dann aber ist

$$\frac{D}{Dt} \left(\boldsymbol{\omega}_a \times \delta \mathbf{l} \right) = \alpha \left(\delta \mathbf{l} \cdot \nabla \right) \mathbf{v} \times \delta \mathbf{l} - (\delta \mathbf{l} \cdot \nabla) \, \mathbf{v} \times \alpha \delta \mathbf{l} = 0 \tag{4.49}$$

womit gezeigt ist, dass $\boldsymbol{\omega}_a \times \delta \mathbf{l} = 0$ erhalten bleibt.

Abb. 4.13 Die Veränderung
eines infinitesimal kurzen
materiellen Linienelements
über eine infinitesimal kurze
Zeit δt.

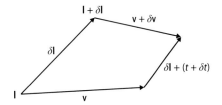

4.4.5   Zusammenfassung

Eine dem Zirkulationssatz äquivalente Prognose der Wirbelhaftigkeit der Strömung ist mit der *Vorticity-Gleichung* möglich.

- Man erhält die Vorticity-Gleichung durch Anwendung der Rotation auf die Impulsgleichung. Sie beschreibt die materielle Ableitung der lokalen Vorticity.
- Zusätzlich zu den bereits im Zirkulationssatz explizit erkennbaren Einflüssen findet man als weitere wichtige Prozesse die *Wirbelröhrendehnung*, die aus der Divergenz des Geschwindigkeitsfelds resultiert, und das *Wirbelröhrenkippen,* das durch Scherungen im Geschwindigkeitsfeld verursacht wird.
- Beide dieser Prozesse sind dadurch bedingt, dass in der Abwesenheit von Reibung und Baroklinizität die *absoluten Wirbellinien in der Strömung eingefroren* sind, d.h., sie werden von dieser wie ein passiver Spurenstoff transportiert.

4.5   Die potentielle Vorticity

Die Erhaltung der absoluten Zirkulation um eine materielle Fläche gilt nach dem Satz von Kelvin nur unter der Bedingung, dass die Strömung barotrop ist. Eine äußerst wichtige Erkenntnis ist, dass es auch im Fall einer baroklinen Strömung eine äquivalente Erhaltungsgröße gibt, die *potentielle Vorticity* (Ertel 1942). Im Fall einer barotropen Strömung fällt der Satz über die Erhaltung der potentiellen Vorticity auf den Zirkulationssatz von Kelvin zurück. Im Folgenden soll zunächst eine algebraische Herleitung des Entwicklungssatzes der potentiellen Vorticity gegeben werden. Darauf folgt eine zweite Herleitung des Erhaltungssatzes, welche den dynamischen Hintergrund beleuchtet.

4.5.1   Eine algebraische Herleitung des Entwicklungssatzes der potentiellen Vorticity

Die Entwicklungsgleichung der potentiellen Vorticity ist eine Synthese des Impulssatzes in Form der Vorticity-Gleichung, der Kontinuitätsgleichung und der Entropiegleichung. Sie greift also auf alle wichtigen Grundlagen der Atmosphärendynamik zurück. Zunächst folgt aus der Kontinuitätsgleichung (3.2)

$$\nabla \cdot \mathbf{v} = -\frac{1}{\rho}\frac{D\rho}{Dt} \tag{4.50}$$

Dies in die Vorticity-Gleichung (4.41) eingesetzt, liefert

$$\frac{D\boldsymbol{\omega}_a}{Dt} - \frac{\boldsymbol{\omega}_a}{\rho}\frac{D\rho}{Dt} = (\boldsymbol{\omega}_a \cdot \nabla)\,\mathbf{v} + \frac{\nabla\rho \times \nabla p}{\rho^2} + \nabla \times \frac{\nabla \cdot \boldsymbol{\sigma}}{\rho} \tag{4.51}$$

oder

$$\frac{D}{Dt}\left(\frac{\boldsymbol{\omega}_a}{\rho}\right) = \left(\frac{\boldsymbol{\omega}_a}{\rho}\cdot\nabla\right)\mathbf{v} + \frac{\nabla\rho\times\nabla p}{\rho^3} + \frac{1}{\rho}\nabla\times\frac{\nabla\cdot\boldsymbol{\sigma}}{\rho} \tag{4.52}$$

Sei nun eine beliebige skalare Größe λ betrachtet mit der Entwicklungsgleichung

$$\frac{D\lambda}{Dt} = \Psi \tag{4.53}$$

Das Beispiel, das uns im Folgenden interessieren wird, ist

$$\lambda = \theta \quad \text{und} \quad \Psi = \frac{\theta}{c_p T}\left(\epsilon + q - \frac{1}{\rho}\nabla\cdot\mathbf{F}_q\right) \tag{4.54}$$

Es ist allgemein

$$(\boldsymbol{\omega}_a\cdot\nabla)(\mathbf{v}\cdot\nabla\lambda) = \omega_{ai}\frac{\partial}{\partial x_i}\left(v_j\frac{\partial\lambda}{\partial x_j}\right) = \omega_{ai}\frac{\partial v_j}{\partial x_i}\frac{\partial\lambda}{\partial x_j} + \omega_{ai}v_j\frac{\partial^2\lambda}{\partial x_i\partial x_j}$$
$$= [(\boldsymbol{\omega}_a\cdot\nabla)\mathbf{v}]\cdot\nabla\lambda + \boldsymbol{\omega}_a\cdot[(\mathbf{v}\cdot\nabla)\nabla\lambda] \tag{4.55}$$

und damit

$$\frac{\boldsymbol{\omega}_a}{\rho}\cdot[(\mathbf{v}\cdot\nabla)\nabla\lambda] = \left(\frac{\boldsymbol{\omega}_a}{\rho}\cdot\nabla\right)(\mathbf{v}\cdot\nabla\lambda) - \left[\left(\frac{\boldsymbol{\omega}_a}{\rho}\cdot\nabla\right)\mathbf{v}\right]\cdot\nabla\lambda \tag{4.56}$$

Außerdem ist

$$\frac{\boldsymbol{\omega}_a}{\rho}\cdot\frac{\partial}{\partial t}\nabla\lambda = \left(\frac{\boldsymbol{\omega}_a}{\rho}\cdot\nabla\right)\frac{\partial\lambda}{\partial t} \tag{4.57}$$

Addition von (4.56) und (4.57) liefert zusammen mit (4.53)

$$\frac{\boldsymbol{\omega}_a}{\rho}\cdot\frac{D\nabla\lambda}{Dt} = \left(\frac{\boldsymbol{\omega}_a}{\rho}\cdot\nabla\right)\Psi - \left[\left(\frac{\boldsymbol{\omega}_a}{\rho}\cdot\nabla\right)\mathbf{v}\right]\cdot\nabla\lambda \tag{4.58}$$

Das Skalarprodukt von $\nabla\lambda$ mit der aus Vorticity-Gleichung und Kontinuitätsgleichung abgeleiteten Beziehung (4.52) ergibt andererseits

$$\nabla\lambda\cdot\frac{D}{Dt}\left(\frac{\boldsymbol{\omega}_a}{\rho}\right) = \left[\left(\frac{\boldsymbol{\omega}_a}{\rho}\cdot\nabla\right)\mathbf{v}\right]\cdot\nabla\lambda + \nabla\lambda\cdot\frac{\nabla\rho\times\nabla p}{\rho^3} + \frac{\nabla\lambda}{\rho}\cdot\nabla\times\frac{\nabla\cdot\boldsymbol{\sigma}}{\rho} \tag{4.59}$$

Addition von (4.58) und (4.59) ergibt schließlich die gewünschte Entwicklungsgleichung

$$\frac{D\Pi}{Dt} = \frac{\boldsymbol{\omega}_a}{\rho}\cdot\nabla\Psi + \nabla\lambda\cdot\frac{\nabla\rho\times\nabla p}{\rho^3} + \frac{\nabla\lambda}{\rho}\cdot\nabla\times\frac{\nabla\cdot\boldsymbol{\sigma}}{\rho} \tag{4.60}$$

wobei

$$\Pi = \frac{\boldsymbol{\omega} + 2\boldsymbol{\Omega}}{\rho}\cdot\nabla\lambda \tag{4.61}$$

die potentielle Vorticity ist. Die zugehörige Erhaltungseigenschaft lautet

> Es ist
> $$\frac{D\Pi}{Dt} = 0$$
> wenn
> - λ eine Erhaltungsgröße ist, d. h., $\Psi = D\lambda/Dt = 0$,
> - keine Reibung wirkt und
>   - *entweder* die Strömung barotrop ist, sodass $\nabla\rho \times \nabla p = 0$
>   - *oder* λ ausschließlich von Druck und Dichte abhängt, d. h., $\lambda = \lambda(\rho, p)$, sodass $\nabla\lambda \cdot (\nabla\rho \times \nabla p)/\rho^3 = 0$

Das Standardbeispiel ist:

> Es ist
> $$\Pi = \frac{\boldsymbol{\omega} + 2\boldsymbol{\Omega}}{\rho} \cdot \nabla\theta$$
> erhalten, wenn die Strömung reibungsfrei und isentrop ist, d. h., es gibt weder
> - Reibung, noch
> - Wärmeleitung, noch
> - Volumenheizung.

4.5.2   Die Herleitung der Erhaltung der potentiellen Vorticity aus dem allgemeinen Zirkulationssatz

Die Erhaltung der potentiellen Vorticity unter den o. g. Bedingungen lässt sich auch direkt aus dem Zirkulationssatz auf eine Weise herleiten, welche die dynamischen Zusammenhänge weiter verdeutlicht. Dazu betrachten wir den allgemeinen *Zirkulationssatz* in der Form (4.25), die sich im reibungsfreien Fall mittels (4.28) schreiben lässt als

$$\frac{D}{Dt}\int_S d\mathbf{S} \cdot \boldsymbol{\omega}_a = \int_S d\mathbf{S} \cdot \frac{\nabla\rho \times \nabla p}{\rho^3} \tag{4.62}$$

Sei nun die materielle Integrationsfläche S so gewählt, dass sie ganz in einer Isofläche zu λ liegt, auf der überall $\lambda = \lambda_0$ ist (Abb. 4.14). Da

$$\frac{D\lambda}{Dt} = 0 \tag{4.63}$$

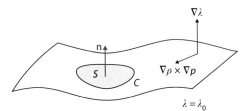

Abb. 4.14 Eine materielle Integrationsfläche S zur Auswertung des Zirkulationssatzes, die ganz in einer Isofläche der Erhaltungsgröße λ liegt. Es ist außerdem $\lambda = \lambda(\rho, p)$, sodass der barokline Vektor senkrecht zu $\nabla\lambda$ liegt und damit in der λ-Isofläche.

ist λ eine Erhaltungsgröße, und S liegt auch in der weiteren Zeit in der Isofläche zu $\lambda = \lambda_0$. *Außerdem ist wegen* $\lambda = \lambda(p, \rho)$

$$\nabla\lambda \cdot (\nabla\rho \times \nabla p) = 0 \tag{4.64}$$

Da bei der speziellen Wahl der Integrationsfläche $\nabla\lambda \parallel d\mathbf{S}$ ist, gilt damit auch

$$d\mathbf{S} \cdot (\nabla\rho \times \nabla p) = 0 \tag{4.65}$$

sodass (4.62)

$$\frac{D}{Dt} \int_S d\mathbf{S} \cdot \boldsymbol{\omega}_a = 0 \tag{4.66}$$

Wir wählen nun den Grenzfall einer infinitesimal kleinen Integrationsfläche. Dann ist

$$0 = \frac{D}{Dt}(\boldsymbol{\omega}_a \cdot d\mathbf{S}) = \frac{D}{Dt}(\boldsymbol{\omega}_a \cdot \mathbf{n} dS) \tag{4.67}$$

wobei $\mathbf{n}$ die zugehörige Flächennormale ist.

Wir betrachten des Weiteren ein Fluidelement, das genau so zwischen zwei λ-Isoflächen liegt, dass es oben durch dS abgeschlossen wird (Abb. 4.15). Wenn dl der lokale Abstand der beiden Isoflächen ist, kann man die *erhaltene Masse* des Fluidelements schreiben als

$$dm = \rho \, dl \, dS \tag{4.68}$$

Abb. 4.15 Ein Fluidelement zwischen den Isoflächen zu $\lambda = \lambda_0 - d\lambda$ und $\lambda = \lambda_0$, dessen oberer Rand mit dS identisch ist.

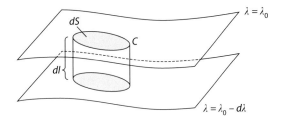

sodass

$$dS = \frac{1}{\rho}\frac{dm}{dl} \tag{4.69}$$

Außerdem ist wegen $\nabla\lambda \parallel \mathbf{n}$

$$d\lambda = dl\mathbf{n}\cdot\nabla\lambda \tag{4.70}$$

und damit

$$dl = \frac{d\lambda}{\mathbf{n}\cdot\nabla\lambda} \tag{4.71}$$

Dies führt in (4.69) zu

$$dS = \frac{\mathbf{n}\cdot\nabla\lambda}{\rho}\frac{dm}{d\lambda} \tag{4.72}$$

sodass (4.67) zu

$$\frac{D}{Dt}\left[\frac{\boldsymbol{\omega}_a\cdot\mathbf{n}(\mathbf{n}\cdot\nabla\lambda)}{\rho}\frac{dm}{d\lambda}\right] = 0 \tag{4.73}$$

wird. Da aber wegen der Erhaltung von Masse und λ

$$\frac{D}{Dt}dm = 0 \tag{4.74}$$

$$\frac{D}{Dt}d\lambda = 0 \tag{4.75}$$

und wegen $\nabla\lambda \parallel \mathbf{n}$ auch $\mathbf{n}(\mathbf{n}\cdot\nabla\lambda) = \nabla\lambda$, folgt schließlich

$$\frac{D}{Dt}\left(\frac{\boldsymbol{\omega}_a\cdot\nabla\lambda}{\rho}\right) = 0 \tag{4.76}$$

Damit ist die Erhaltung der potentiellen Vorticity gezeigt. Man kann die Erhaltung der potentiellen Vorticity also als eine Variante des Satzes von Kelvin für eine speziell gewählte Integrationsfläche betrachten. Ebenfalls zu beachten ist, wie auch hier der Impulssatz (in Form des Zirkulationssatzes), die Massenerhaltung, die Erhaltung von λ und die Abhängigkeit $\lambda = \lambda(p, \rho)$ ineinandergreifen.

4.5.3 Zusammenfassung

Für nicht-barotrope Strömungen gilt der Satz von Kelvin nicht mehr.

- In Verallgemeinerung lässt sich aber zeigen, dass selbst in baroklinen Strömungen die *potentielle Vorticity*

$$\Pi = \frac{\boldsymbol{\omega} + 2\boldsymbol{\Omega}}{\rho}\cdot\nabla\theta$$

erhalten ist, wenn keine Reibung und Wärmeleitung wirkt und keine Wärmequellen und -senken existieren.

- In der Herleitung dieses Erhaltungssatzes *greifen alle Grundgleichungen der Dynamik ineinander.* Erst im Zusammenspiel von Impulsgleichung, Massenerhaltung und Thermodynamik lässt er sich zeigen.

4.6   Wirbeldynamik und die primitiven Gleichungen

Die bisherige Diskussion bezog sich auf die ungenäherten Bewegungsgleichungen. Im Folgenden soll gezeigt werden, dass im Rahmen der primitiven Gleichungen ähnliche Ergebnisse gelten. Auch die primitiven Gleichungen haben eine potentielle Vorticity, die im reibungsfreien Fall ohne Heizung und Wärmeleitung erhalten ist. Insbesondere der Nachweis der letzten Tatsache wird durch die Darstellung der primitiven Gleichungen in isentropen Koordinaten erleichtert, die deshalb zunächst eingeführt werden soll. Danach werden die Vorticity-Gleichung und die prognostische Gleichung der potentiellen Vorticity in Kugelkoordinaten abgeleitet.

4.6.1   Die primitiven Gleichungen in isentropen Koordinaten

In einer *statisch stabilen* Atmosphäre ist

$$\frac{\partial \theta}{\partial z} > 0 \tag{4.77}$$

Es gibt damit eine monotone Abhängigkeit $\theta(z)$, sodass θ anstatt z als Vertikalkoordinate verwendet werden kann. Diese Vertikalkoordinate wird auch als *Entropiekoordinate* bezeichnet. Die Annahme der statischen Stabilität ist immer dann keine wesentliche Einschränkung, wenn die Atmosphäre auf räumlichen und zeitlichen Skalen betrachtet wird, die kurzzeitig und lokal auftretende Instabilitäten nicht auflösen. Auf den bisher betrachteten Skalen wie in Abschn. 1.6 ist das der Fall. Die Übertragung der primitiven Gleichungen auf ein isentropes Koordinatensystem geschieht mittels der Ergebnisse von Abschn. 3.5.1.

Die materielle Ableitung eines Skalars
Mit (3.69) hat man direkt

$$\frac{D}{Dt} = \frac{\partial}{\partial t} + \mathbf{u} \cdot \nabla_\theta + \dot{\theta}\frac{\partial}{\partial \theta} \tag{4.78}$$

Der letzte Anteil $\dot{\theta}\partial/\partial\theta$ entfällt im Fall isentroper Bewegungen, also immer dann, wenn weder Reibung, noch Heizung, noch Wärmeleitung wirken.

Die horizontale Impulsgleichung

Gemäß (3.72) lässt sich die horizontale Impulsgleichung in der primitiven Näherung schreiben als

$$\frac{D\mathbf{u}}{Dt} + \mathbf{f} \times \mathbf{u} = -\nabla_\theta \Phi - \frac{1}{\rho} \nabla_\theta p \tag{4.79}$$

wobei an die Definition (3.51) erinnert sei. Mittels

$$\nabla_\theta \theta = 0 \tag{4.80}$$

berechnen wir den Druckgradienten über

$$0 = \nabla_\theta \left[T \left(\frac{p_{00}}{p} \right)^{\frac{R}{c_p}} \right] = \left(\frac{p_{00}}{p} \right)^{\frac{R}{c_p}} \nabla_\theta T - T \frac{R}{c_p} \left(\frac{p_{00}}{p} \right)^{\frac{R}{c_p}-1} \frac{p_{00}}{p^2} \nabla_\theta p$$

$$= \left(\frac{p_{00}}{p} \right)^{\frac{R}{c_p}} \left(\nabla_\theta T - \frac{RT}{p} \frac{1}{c_p} \nabla_\theta p \right) \tag{4.81}$$

Es ist also mit der Zustandsgleichung (2.3)

$$\nabla_\theta p = \rho c_p \nabla_\theta T \tag{4.82}$$

und somit wird (4.79) zu

$$\frac{D\mathbf{u}}{Dt} + \mathbf{f} \times \mathbf{u} = -\nabla_\theta M \tag{4.83}$$

Hierbei ist $M = \Phi + c_p T$ das *Montgomery-Potential*. Komponentenweise erhält man aus (4.83)

$$\frac{Du}{Dt} - fv - \frac{uv}{a} \tan\phi = -\frac{1}{a\cos\phi} \frac{\partial M}{\partial \lambda} \tag{4.84}$$

$$\frac{Dv}{Dt} + fu + \frac{u^2}{a} \tan\phi = -\frac{1}{a} \frac{\partial M}{\partial \phi} \tag{4.85}$$

wobei die materielle Ableitung von u oder v mittels (4.78) zu berechnen ist.

Das hydrostatische Gleichgewicht

Das hydrostatische Gleichgewicht lautet in isentropen Koordinaten mittels (3.74)

$$\frac{\partial \Phi}{\partial \theta} = -\frac{1}{\rho} \frac{\partial p}{\partial \theta} \tag{4.86}$$

Die Druckableitung berechnen wir über $1 = \partial\theta/\partial\theta$, also

$$1 = \left(\frac{p_{00}}{p}\right)^{\frac{R}{c_p}} \frac{\partial T}{\partial \theta} - T \frac{R}{c_p} \left(\frac{p_{00}}{p}\right)^{\frac{R}{c_p}-1} \frac{p_{00}}{p^2} \frac{\partial p}{\partial \theta} = \left(\frac{p_{00}}{p}\right)^{\frac{R}{c_p}} \left(\frac{\partial T}{\partial \theta} - \frac{RT}{p} \frac{1}{c_p} \frac{\partial p}{\partial \theta}\right)$$

$$= \frac{\theta}{T} \left(\frac{\partial T}{\partial \theta} - \frac{1}{\rho} \frac{1}{c_p} \frac{\partial p}{\partial \theta}\right) \tag{4.87}$$

wobei im letzten Schritt die Definition der potentiellen Temperatur und wiederum die Zustandsgleichung verwendet wurde. Man hat also

$$-\frac{1}{\rho} \frac{\partial p}{\partial \theta} = c_p \left(\frac{T}{\theta} - \frac{\partial T}{\partial \theta}\right) \tag{4.88}$$

Dies in (4.86) ergibt

$$\frac{\partial M}{\partial \theta} = c_p \frac{T}{\theta} \tag{4.89}$$

Die Kontinuitätsgleichung

Die Kontinuitätsgleichung ist in isentropen Koordinaten zunächst mit (3.85)

$$\frac{1}{\partial p/\partial \theta} \frac{D}{Dt} \left(\frac{\partial p}{\partial \theta}\right) + \nabla_\theta \cdot \mathbf{u} + \frac{\partial \dot\theta}{\partial \theta} = 0 \tag{4.90}$$

Es ist üblich, die Schichtdicke oder isentrope Pseudodichte

$$\sigma = -\frac{1}{g} \frac{\partial p}{\partial \theta} \tag{4.91}$$

zu definieren, sodass (4.90) zu

$$\frac{D\sigma}{Dt} + \sigma \nabla_\theta \cdot \mathbf{u} + \sigma \frac{\partial \dot\theta}{\partial \theta} = 0 \tag{4.92}$$

wird oder auch

$$\frac{\partial \sigma}{\partial t} + \nabla_\theta \cdot (\sigma \mathbf{u}) + \frac{\partial}{\partial \theta} (\sigma \dot\theta) = 0 \tag{4.93}$$

Thermodynamik

Die Entropiegleichung bleibt

$$\dot\theta = \frac{\theta}{c_p T} q \tag{4.94}$$

Hierbei sind Reibungswärme und Wärmeleitung wie auch schon zuvor unterschlagen worden. Im konservativen Fall, d. h. ohne Reibung, Heizung und Wärmeleitung, ist die Strömung isentrop und somit

$$\dot{\theta} = 0 \qquad (4.95)$$

Die Strömung bewegt sich auf den isentropen Flächen, sodass die materiellen Ableitungen in allen Gleichungen nur noch Ableitungen nach Zeit, Länge und Breite beinhalten!

4.6.2 Die primitive Vorticity-Gleichung in isentropen Koordinaten

Zunächst sei festgehalten, dass die Anwendung der Rotation auf den dreidimensionalen Geschwindigkeitsvektor in gewöhnlichen Kugelkoordinaten, wie in Anhang 11.4.4 erläutert, die Darstellung der Vorticity in Kugelkoordinaten

$$\boldsymbol{\omega} = \omega_\lambda \mathbf{e}_\lambda + \omega_\phi \mathbf{e}_\phi + \omega_r \mathbf{e}_r \qquad (4.96)$$

liefert mit

$$\omega_\lambda = \frac{1}{r} \left[\frac{\partial w}{\partial \phi} - \frac{\partial}{\partial r} (rv) \right] \qquad (4.97)$$

$$\omega_\phi = \frac{1}{r \cos \phi} \left[\frac{\partial}{\partial r} (r \cos \phi\, u) - \frac{\partial w}{\partial \lambda} \right] \qquad (4.98)$$

$$\omega_r = \frac{1}{r \cos \phi} \left[\frac{\partial v}{\partial \lambda} - \frac{\partial}{\partial \phi} (\cos \phi\, u) \right] \qquad (4.99)$$

Im Folgenden soll für die Vertikalkomponente ω_r die üblichere Schreibweise ζ verwendet werden.

Nun zu den primitiven Gleichungen: Da sie keine prognostische Gleichung für den Vertikalwind beinhalten, liegt es nahe, sich auf die Vertikalkomponente der Vorticity zu konzentrieren, die als Einzige ausschließlich aus den Horizontalwindkomponenten zu berechnen ist. Hier soll aber nicht die prognostische Gleichung für ζ abgeleitet werden, sondern jene für die *isentrope Vorticity*

$$\zeta_\theta = \frac{1}{a \cos \phi} \left[\left(\frac{\partial v}{\partial \lambda} \right)_\theta - \frac{\partial}{\partial \phi} (\cos \phi\, u)_\theta \right] \qquad (4.100)$$

Wir halten auch fest, dass $\zeta_\theta = (\nabla_\theta \times \mathbf{u})_r$ wobei die Vertikalkomponente der isentropen Rotation eines beliebigen horizontalen Vektorfelds $\mathbf{b}$ definiert ist als

$$(\nabla_\theta \times \mathbf{b})_r = \mathbf{e}_r \cdot (\nabla_\theta \times \mathbf{b}) = \frac{1}{a \cos \phi} \left[\left(\frac{\partial b_\phi}{\partial \lambda} \right)_\theta - \frac{\partial}{\partial \phi} (\cos \phi\, b_\lambda)_\theta \right] \qquad (4.101)$$

Bei der Ableitung der prognostischen Gleichung geht man parallel zum Verfahren der Herleitung der allgemeinen Vorticity-Gleichung vor. Zunächst vermerken wir, dass

$$\frac{D\mathbf{u}}{Dt} = \left(\frac{\partial \mathbf{u}}{\partial t}\right)_\theta + \nabla_\theta \frac{\mathbf{u} \cdot \mathbf{u}}{2} + \zeta_\theta \left(\mathbf{e}_r \times \mathbf{u}\right) + \dot\theta \frac{\partial \mathbf{u}}{\partial \theta} \tag{4.102}$$

Dies folgt mittels der Definition (3.51) aus

$$\frac{\partial u}{\partial t} + \frac{1}{a\cos\phi}\frac{\partial}{\partial\lambda}\frac{u^2 + v^2}{2} - v\zeta_\theta$$

$$= \frac{\partial u}{\partial t} + \frac{1}{a\cos\phi}\frac{\partial}{\partial\lambda}\frac{u^2 + v^2}{2} - \frac{v}{a\cos\phi}\left[\frac{\partial v}{\partial\lambda} - \frac{\partial}{\partial\phi}(\cos\phi\, u)\right]$$

$$= \frac{\partial u}{\partial t} + \frac{u}{a\cos\phi}\frac{\partial u}{\partial\lambda} + \frac{v}{a\cos\phi}\frac{\partial v}{\partial\lambda} - \frac{v}{a\cos\phi}\frac{\partial v}{\partial\lambda} + \frac{v}{a\cos\phi}\left(\cos\phi\frac{\partial u}{\partial\phi} - \sin\phi\, u\right)$$

$$= \frac{\partial u}{\partial t} + \frac{u}{a\cos\phi}\frac{\partial u}{\partial\lambda} + \frac{v}{a}\frac{\partial u}{\partial\phi} - \frac{uv}{a}\tan\phi \tag{4.103}$$

und aus dem analogen Ergebnis

$$\frac{\partial v}{\partial t} + \frac{1}{a}\frac{\partial}{\partial\phi}\frac{u^2 + v^2}{2} + u\zeta_\theta = \frac{\partial v}{\partial t} + \frac{u}{a\cos\phi}\frac{\partial v}{\partial\lambda} + \frac{v}{a}\frac{\partial v}{\partial\phi} + \frac{u^2}{a}\tan\phi \tag{4.104}$$

wobei wir im Interesse einer besseren Lesbarkeit den Index θ zur Kennzeichnung der isentropen Ableitungen nach λ und ϕ haben fallen lassen. Die Impulsgleichung ist somit

$$\frac{\partial \mathbf{u}}{\partial t} + \nabla_\theta \frac{\mathbf{u} \cdot \mathbf{u}}{2} + (\zeta_\theta + f)\left(\mathbf{e}_r \times \mathbf{u}\right) + \dot\theta \frac{\partial \mathbf{u}}{\partial \theta} = -\nabla_\theta M \tag{4.105}$$

Auf diese Gleichung wenden wir nun den Operator zur Berechnung der Vertikalkomponente der isentropen Rotation wie in (4.101) an. Es ist leicht zu überprüfen, dass für ein beliebiges Skalarfeld Ψ

$$\left(\nabla_\theta \times \nabla_\theta \psi\right)_r = 0 \tag{4.106}$$

ist. Damit erhält man

$$\frac{\partial \zeta_\theta}{\partial t} + \left\{\nabla_\theta \times \left[(\zeta_\theta + f)\left(\mathbf{e}_r \times \mathbf{u}\right)\right]\right\}_r + \left[\nabla_\theta \times \left(\dot\theta \frac{\partial \mathbf{u}}{\partial \theta}\right)\right]_r = 0 \tag{4.107}$$

Darin ist

$$\left\{\nabla_\theta \times \left[(\zeta_\theta + f)\left(\mathbf{e}_r \times \mathbf{u}\right)\right]\right\}_r$$

$$= \frac{1}{a\cos\phi}\left\{\frac{\partial}{\partial\lambda}\left[(\zeta_\theta + f)\,u\right] + \frac{\partial}{\partial\phi}\left[\cos\phi\,(\zeta_\theta + f)\,v\right]\right\}$$

$$= (\zeta_\theta + f)\frac{1}{a\cos\phi}\left[\frac{\partial u}{\partial\lambda} + \frac{\partial}{\partial\phi}(\cos\phi\,v)\right] + \frac{u}{a\cos\phi}\frac{\partial}{\partial\lambda}(\zeta_\theta + f) + \frac{v}{a}\frac{\partial}{\partial\phi}(\zeta_\theta + f)$$

$$= (\zeta_\theta + f)\,\nabla_\theta \cdot \mathbf{u} + \mathbf{u} \cdot \nabla_\theta (\zeta_\theta + f)$$

Die gesuchte isentrope Vorticity-Gleichung ist somit

$$\left(\frac{\partial}{\partial t} + \mathbf{u} \cdot \nabla_\theta\right)(\zeta_\theta + f) + (\zeta_\theta + f)\,\nabla_\theta \cdot \mathbf{u} = -\left[\nabla_\theta \times \left(\dot{\theta}\frac{\partial \mathbf{u}}{\partial \theta}\right)\right]_r \tag{4.108}$$

Bei rein isentropen Bewegungen ($\dot{\theta} = 0$) wird die isentrope Vorticity ausschließlich durch den zweiten Term auf der linken Seite beeinflusst. Dies ist die bereits oben besprochene Wirbelröhrendehnung. Wirbelkippen spielt keine Rolle, da dies nur die Vorticity-Komponenten parallel zum Geschwindigkeitsfeld, d. h. in der Horizontalebene, beeinflussen kann. Diese werden in der isentropen Vorticity-Gleichung aber nicht betrachtet.

4.6.3 Die potentielle Vorticity der primitiven Gleichungen

Die prognostische Gleichung für die potentielle Vorticity der primitiven Gleichungen ist mit den oben abgeleiteten Ergebnissen schnell hergeleitet. Zunächst kann die Kontinuitätsgleichung (4.93) auch als

$$\frac{\partial \sigma}{\partial t} + (\mathbf{u} \cdot \nabla_\theta)\,\sigma + \sigma\,\nabla_\theta \cdot \mathbf{u} = -\frac{\partial}{\partial \theta}\left(\sigma\dot{\theta}\right) \tag{4.109}$$

geschrieben werden. Multiplikation dieser Gleichung mit $-1/\sigma^2$ ergibt

$$\left(\frac{\partial}{\partial t} + \mathbf{u} \cdot \nabla_\theta\right)\frac{1}{\sigma} - \frac{1}{\sigma}\nabla_\theta \cdot \mathbf{u} = \frac{1}{\sigma^2}\frac{\partial}{\partial \theta}\left(\sigma\dot{\theta}\right) \tag{4.110}$$

Nun multiplizieren wir die isentrope Vorticity-Gleichung (4.108) mit $1/\sigma$ und addieren dies zum Produkt aus $(\zeta_\theta + f)$ mit (4.110). Das Ergebnis ist die gesuchte prognostische Gleichung

$$\left(\frac{\partial}{\partial t} + \mathbf{u} \cdot \nabla_\theta\right)\Pi_\theta = \frac{\Pi_\theta}{\sigma}\frac{\partial}{\partial \theta}\left(\sigma\dot{\theta}\right) - \frac{1}{\sigma}\left[\nabla_\theta \times \left(\dot{\theta}\frac{\partial \mathbf{u}}{\partial \theta}\right)\right]_r \tag{4.111}$$

wobei

$$\Pi_\theta = \frac{\zeta_\theta + f}{\sigma} \tag{4.112}$$

die potentielle Vorticity der primitiven Gleichungen ist. Man sieht sofort, dass im Fall isentroper Bewegungen ($\dot{\theta} = 0$) die potentielle Vorticity eine Erhaltungsgröße ist.

4.6.4 Die Überströmung eines Bergrückens

Das Konzept der Erhaltung der potentiellen Vorticity spielt in vielen Prozessen in der Atmosphäre eine wichtige Rolle. Als Beispiel soll hier die zonale Anströmung eines Bergrückens mir Nord-Süd-Ausrichtung betrachtet werden. Betrachten wir zunächst den Fall, dass die *Anströmung von Westen* her erfolgt. Das zu beobachtende Verhalten der atmosphärischen Strömung wird durch folgende Faktoren bestimmt (Abb. 4.16).

- Die potentielle Vorticity $\Pi_\theta = -g(\zeta + f)\partial\theta/\partial p$ ist erhalten. Weit vor dem Bergrücken ist die Anströmung zonal, sodass dort die relative isentrope Vorticity $\zeta = 0$ ist. Die erhaltene potentielle Vorticity ist also $\Pi_\theta = gf_0$, wobei f_0 der zur geographischen Breite ϕ_0 der Anströmung korrespondierende Coriolis-Parameter ist.
- Die potentielle Temperatur ist erhalten, sodass u. a. die dem Boden folgende Strömung immer dieselbe potentielle Temperatur θ_0 hat. In größeren Höhen folgen die Schichten konstanter potentieller Temperatur zwar ebenfalls der Topographie, aber aufgrund der dort wirkenden Druckkräfte ist die Krümmung der isentropen Schichten weniger stark. Wenn γ der Wert des vertikalen Gradienten $-\partial\theta/\partial p$ der potentiellen Temperatur weit vor dem Bergrücken ist, so hat man
  - direkt vor dem Bergrücken $-\partial\theta/\partial p < \gamma$,
  - direkt über dem Bergrücken $-\partial\theta/\partial p > \gamma$,
  - direkt hinter dem Bergrücken $-\partial\theta/\partial p < \gamma$ und
  - sonst überall $-\partial\theta/\partial p = \gamma$.

Daraus resultierend verhalten sich die einzelnen Fluidelemente im Lauf der An- und Überströmung des Bergrückens auf der Nordhalbkugel ($f_0 > 0$) folgendermaßen:

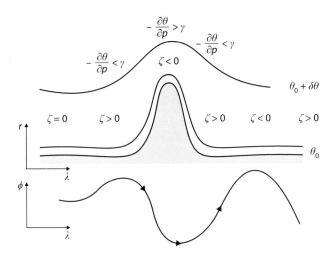

Abb. 4.16 Der Vertikalgradient der potentiellen Temperatur und die damit aus der Erhaltung der potentiellen Vorticity resultierende relative Vorticity bei einer ursprünglich zonalen Anströmung des Bergrückens von *Westen* her, wenn er sich auf der Nordhalbkugel befindet. Ebenso gezeigt ist die daraus resultierende *horizontale* Bahn eines Fluidelements.

Direkt vor dem Bergrücken	Da $-\partial\theta/\partial p < \gamma$ ist, muss $\zeta > 0$ sein. Die Strömung ist also zyklonal, d. h., sie dreht sich entgegen dem Uhrzeigersinn, wird also nach Norden abgelenkt. Sie bewegt sich dann in Regionen mit immer größerem Coriolis-Parameter f, sodass die Vorticity ζ wieder abnimmt, was die Ablenkung nach Norden abschwächt.
Direkt über dem Bergrücken	Da $-\partial\theta/\partial p > \gamma$ ist, muss $\zeta < 0$ sein. Die Strömung ist also antizyklonal, d. h., sie dreht sich im Uhrzeigersinn, wird also wieder nach Süden abgelenkt. Dabei bewegen sich die Luftmassen in Regionen mit geringerer planetarer Vorticity, sodass die Vorticity wieder zunimmt und so der südwärtigen Bewegung entgegengearbeitet wird.
Direkt hinter dem Bergrücken	Da $-\partial\theta/\partial p < \gamma$ ist, muss $\zeta > 0$ sein. Die Strömung ist wieder zyklonal und wird wieder nach Norden abgelenkt mit den bereits zuvor genannten Auswirkungen der Breitenabhängigkeit des Coriolis-Parameters.
Weit hinter dem Bergrücken	Nun ist wieder $-\partial\theta/\partial p = \gamma$. Es stellt sich aber keine zonale Strömung mehr ein. In dem Augenblick, in dem die Flüssigkeitselemente zum ersten Mal wieder die Ursprungsbreite ϕ_0 erreichen, bewegen sie sich weiter nach Norden. Aufgrund der Breitenabhängigkeit des Coriolis-Parameter wechselt die relative Vorticity dabei von $\zeta > 0$ zu $\zeta < 0$, sodass die sich entwickelnde Antizyklonalität die Luftmassen allmählich wieder nach Süden führt. Beim nächsten darauf folgenden Überschreiten der Breite ϕ_0 wechselt die Strömung von $\zeta < 0$ zu $\zeta > 0$, sodass sie wieder zyklonal wird und langsam eine allmähliche Rückbewegung nach Norden einsetzt. Dies wiederholt sich so immerfort, sodass eine wellenartige Bewegung entsteht. Durch die zonale Überströmung eines Bergrückens ist somit eine *Rossby-Welle* entstanden (ebenfalls Abb. 4.16). Eine entsprechende Wellenanregung bei der Überströmung eines einzelnen Berges ist in Abb. 4.17 zu sehen.

Anders stellt sich die Reaktion auf die Anströmung des Bergrückens von *Osten* her dar. Man beobachtet (Abb. 4.18):

Direkt vor dem Bergrücken	Da $-\partial\theta/\partial p < \gamma$ ist, muss $\zeta > 0$ sein. Die Strömung ist also zyklonal, d. h., sie dreht sich entgegen dem Uhrzeigersinn, wird also nach Süden abgelenkt. Die Bewegung

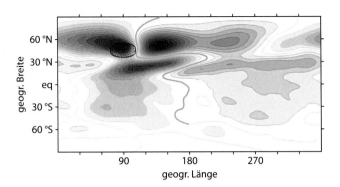

Abb. 4.17 Die Erzeugung einer Rossby-Welle durch die Überströmung eines einzelnen Berges (angedeutet durch die schwarzen Konturlinien). Die mäandernden Stromlinien sind entlang der Isolinien der gezeigten Stromfunktion zu verstehen. Für die Definition einer Stromfunktion sei auf Kap. 5 verwiesen. Abbildung aus Wills und Schneider (2016).

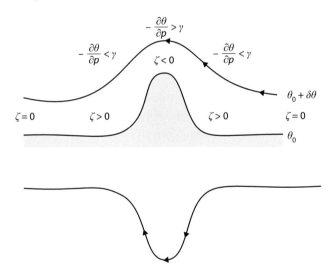

Abb. 4.18 Die Anströmung eines Bergrückens von Osten her führt nicht zur Erzeugung einer Rossby-Welle. Das dargestellte Verhalten entspricht dem auf der Nordhalbkugel.

	nach Süden führt in Regionen mit geringerer planetarer Vorticity, sodass die Vorticity weiter zunimmt.
Direkt über dem Bergrücken	Da $-\partial\theta/\partial p > \gamma$ ist, muss $\zeta < 0$ sein. Die Strömung ist also antizyklonal, d. h., sie dreht sich im Uhrzeigersinn, wird also wieder nach Norden abgelenkt.
Direkt hinter dem Bergrücken	Da $-\partial\theta/\partial p < \gamma$ ist, muss $\zeta > 0$ sein. Die Strömung ist wieder zyklonal und dreht sich unterstützt durch die Breitenabhängigkeit des Coriolis-Parameters langsam wieder

	in die zonale Richtung. Das Verhalten ist dem vor dem Bergrücken direkt entgegengesetzt.
Weit hinter dem Bergrücken	Die Strömung ist wieder rein zonal, wie vor dem Bergrücken. Eine Anströmung von Osten kann also nicht zu einer Erzeugung einer Rossby-Welle führen, da sich die Strömung vor und hinter dem Bergrücken, anders als bei Anströmung von Westen, spiegelsymmetrisch verhält.

Ein tieferes Verständnis des Unterschieds zwischen west- und ostwärtiger Anströmung eines Bergrückens lässt sich mittels der Dispersionsrelation von Rossby-Wellen in Abschn. 5.4.3 erlangen.

4.6.5 Zusammenfassung

Auch die *primitiven Gleichungen* erhalten eine Form der potentiellen Vorticity.

- Dies lässt sich am besten zeigen, wenn man die primitiven Gleichungen in *isentropen Koordinaten* darstellt, wobei die potentielle Temperatur als Höhenkoordinate verwendet wird. Im statisch stabilen Fall ist diese Ersetzung möglich.
- Unter denselben Bedingungen wie im allgemeinen Fall ist die potentielle Vorticity

$$\Pi_\theta = \frac{\zeta + f}{\sigma}$$

erhalten. Es dürfen also weder Reibung noch Wärmeleitung wirken, und es darf auch keine Wärmequellen und -senken geben.

4.7 Leseempfehlungen

Pedlosky (1987) gibt einen schönen Überblick über Wirbeldynamik, der in Bezug auf die primitiven Gleichungen gut durch Holton und Hakim (2013) ergänzt wird. Die Erhaltung der potentiellen Vorticity ist von Ertel (1942) entdeckt worden, und Hoskins et al. (1985) haben eine große Rolle bei der Popularisierung des Konzepts in den Atmosphärenwissenschaften gespielt. Salmon (1998) ist sehr lesenswert zum Bezug der Erhaltung der potentiellen Vorticity zu grundlegenden physikalischen Symmetrien.

Die Dynamik der Flachwassergleichungen 5

Eine einfache Näherung der dynamischen Gleichungen der Atmosphäre, anhand derer sich aber bereits wesentliche Fragestellungen und Methoden studieren lassen, sind die Flachwassergleichungen. In ihrem Rahmen soll zunächst das Konzept der *quasigeostrophischen Näherung* bearbeitet werden, und es sollen einige wichtige *allgemeine Wellentypen* eingeführt werden. Schließlich soll auch die Frage diskutiert werden, *wie sich die Atmosphäre dem geostrophischen Gleichgewicht anpasst.*

5.1 Die Herleitung der Gleichungen

Basis der Flachwassergleichungen sind folgende zentrale Annahmen:

- Wir beschränken uns auf den Gültigkeitsbereich der in Abschn. 3.4 eingeführten *primitiven Gleichungen:*
  - Das Aspektverhältnis zwischen horizontaler und vertikaler Skala ist groß, sodass die Atmosphäre als *hydrostatisch* angenommen werden kann, wie in Abschn. 1.6.2 gezeigt.
  - Wir beschränken uns auf Prozesse nahe genug an der Erdoberfläche, sodass der Abstand vom Erdboden wesentlich kleiner als der Erdradius ist, d. h., $z \ll a$.
  - Zur Sicherung der Erhaltung von Energie und Drehimpuls verwenden wir die *traditionelle Approximation.*
- Die Atmosphäre wird als *homogen* angenommen, d. h., die Dichte ist konstant. Dies ist sicher eine erhebliche Einschränkung, da die wirkliche Atmosphäre kompressibel ist. Die entsprechende Verallgemeinerung wird im folgenden Kapitel betrachtet.

Es zeigt sich, dass bereits diese grobe Näherung wesentliche dynamische Strukturen der weniger stark vereinfachten Atmosphäre zulässt.

© Springer-Verlag GmbH Deutschland, ein Teil von Springer Nature 2022
U. Achatz, *Atmosphärendynamik,* https://doi.org/10.1007/978-3-662-63780-7_5

5.1.1 Die Impulsgleichung

Die geometrische Situation ist in Abb. 5.1 gezeigt: Über einer Bodenorographie der längen- und breitenabhängigen Höhe $z_0 (\lambda, \phi)$ befindet sich die Atmosphäre mit der zeitlich variablen Höhe $h (\lambda, \phi, t)$. Für den Druck gilt das hydrostatische Gleichgewicht mit konstanter Dichte, d. h.

$$\frac{\partial p}{\partial z} = -\rho g = \text{const.} \tag{5.1}$$

Integration vom Boden bis zur Höhe z liefert

$$p (\lambda, \phi, z, t) - p_0 (\lambda, \phi, t) = -g\rho [z - z_0 (\lambda, \phi)] \tag{5.2}$$

wobei p_0 der Bodendruck ist. Die Auswertung dieser Gleichung am Oberrand, wo $p = 0$ ist und $z = z_0 + h$, ergibt

$$p_0 (\lambda, \phi, t) = g\rho h (\lambda, \phi, t) \tag{5.3}$$

Dies setzt man wiederum in (5.2) ein und erhält für den Druck das allgemeine Ergebnis

$$p (\lambda, \phi, z, t) = g\rho [\eta (\lambda, \phi, t) + H - z] \tag{5.4}$$

wobei

$$\eta (\lambda, \phi, t) = z_0 (\lambda, \phi) + h (\lambda, \phi, t) - H \tag{5.5}$$

die Abweichung der Vertikalposition des oberen Atmosphärenrands von seiner Gleichgewichtslage H ist. Einsetzen des Drucks aus (5.4) in die horizontale Impulsgleichung (3.48) ergibt ihr Flachwasser-Äquivalent

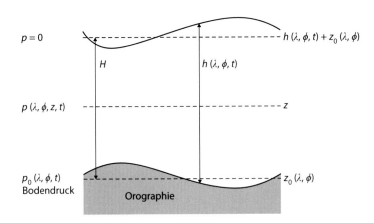

Abb. 5.1 Die geometrische Situation der Flachwassergleichungen: Auf einer Bodenorographie der Höhe $z_0 (\lambda, \phi)$ lagert eine Atmosphäre der Höhe $h (\lambda, \phi, t)$. Der Druck am Boden ist $p_0 (\lambda, \phi, t)$, in einer beliebigen Höhe z hat man $p (\lambda, \phi, z, t)$ und am oberen Rand $p = 0$. Die Abweichung der Höhe des oberen Rands bei $z = z_0 + h$ von seiner Gleichgewichtslage $z = H$ ist $\eta (\lambda, \phi, t)$.

$$\frac{D\mathbf{u}}{Dt} + \mathbf{f} \times \mathbf{u} = -g\nabla\eta \tag{5.6}$$

Die rechte Seite dieser Gleichung hängt nicht von der Höhe ab. Es ist also möglich anzunehmen, dass *der Horizontalwind* **u** *zu allen Zeiten höhenunabhängig ist,* mit dem Ergebnis der Flachwasserimpulsgleichung

$$\frac{D\mathbf{u}}{Dt} + \mathbf{f} \times \mathbf{u} = -g\nabla\eta \qquad \frac{\partial}{\partial z} = 0 \tag{5.7}$$

die sich komponentenweise

$$\frac{Du}{Dt} - \frac{uv}{a}\tan\phi - fv = -\frac{1}{a\cos\phi}\frac{\partial\eta}{\partial\lambda} \tag{5.8}$$

$$\frac{Dv}{Dt} + \frac{u^2}{a}\tan\phi + fu = -\frac{1}{a}\frac{\partial\eta}{\partial\phi} \tag{5.9}$$

schreibt, mit $D/Dt = \partial/\partial t + \mathbf{u}\cdot\nabla$.

5.1.2 Die Kontinuitätsgleichung

Da die Dichte konstant ist, vereinfacht sich die Kontinuitätsgleichung (3.52) zu $\nabla\cdot\mathbf{v} = 0$ oder

$$\frac{\partial w}{\partial z} + \nabla\cdot\mathbf{u} = 0 \tag{5.10}$$

Dies integriert man in der Höhe vom Unterrand bis zum Oberrand:

$$w\,(\lambda, \phi, z_0 + h, t) - w\,(\lambda, \phi, z_0, t) + h\nabla\cdot\mathbf{u} = 0 \tag{5.11}$$

Der Vertikalwind aber ist mit der materiellen Ableitung der Vertikalposition identisch, d.h.

$$w\,(\lambda, \phi, z_0 + h, t) = \frac{D}{Dt}(z_0 + h) \tag{5.12}$$

$$w\,(\lambda, \phi, z_0, t) = \frac{Dz_0}{Dt} \tag{5.13}$$

sodass die vertikal integrierte Kontinuitätsgleichung geschrieben werden kann als

$$\frac{Dh}{Dt} + h\nabla\cdot\mathbf{u} = 0 \tag{5.14}$$

Alternativ ist dies auch

$$\frac{\partial h}{\partial t} + \nabla\cdot(h\mathbf{u}) = 0 \tag{5.15}$$

Man hat somit ein geschlossenes Gleichungssystem (5.5), (5.7) und (5.14) oder (5.15) für die Variablen **u** und η. Gegenüber den allgemeinen primitiven Gleichungen treten der Vertikalwind und die thermodynamischen Größen nicht mehr explizit auf. Im Rest dieses Kapitels wird $\partial/\partial z = 0$ auch ohne explizite Erwähnung stets impliziert.

5.1.3 Zusammenfassung

Die Flachwassergleichungen sind ein vereinfachtes Modell der Atmosphäre, das wesentliche Aspekte der Atmosphärendynamik beinhaltet.

- Neben der eher unkritischen Annahme der *Hydrostatik* steht die der *Homogenität* der Atmosphäre. Auch wird angenommen, dass der *Horizontalwind keine Höhenabhängigkeit* aufweist.
- Prognostische Variable sind der *Horizontalwind* und die lokale *Höhe der atmosphärischen Säule*. Horizontale Impulsgleichung und Kontinuitätsgleichung reichen zur Prognose. Es gibt keine Thermodynamik.

5.2   Erhaltungseigenschaften

Trotz ihrer Vereinfachungen haben die Flachwassergleichungen ähnliche Erhaltungseigenschaften wie die allgemeinen Grundgleichungen. Hier sollen die Erhaltung von Energie und potentieller Vorticity gezeigt werden.

5.2.1   Die Energieerhaltung

Zum Nachweis der Energieerhaltung multiplizieren wir zunächst die Kontinuitätsgleichung (5.14) mit gh. Man erhält

$$\frac{D}{Dt}\left(g\frac{h^2}{2}\right) + gh^2\nabla\cdot\mathbf{u} = 0 \tag{5.16}$$

Ausführung der materiellen Ableitung liefert

$$\frac{\partial}{\partial t}\left(g\frac{h^2}{2}\right) + \nabla\cdot\left(g\frac{h^2}{2}\mathbf{u}\right) + g\frac{h^2}{2}\nabla\cdot\mathbf{u} = 0 \tag{5.17}$$

Gleichfalls ergibt das Skalarprodukt der Impulsgleichung (5.7) mit $h\mathbf{u}$

$$h\frac{D}{Dt}\frac{|\mathbf{u}|^2}{2} = -gh\mathbf{u}\cdot\nabla\left(z_0 + h\right) \tag{5.18}$$

da $\mathbf{u} \cdot \nabla \eta = \mathbf{u} \cdot \nabla (z_0 + h)$. Addition von (5.18) zum Produkt aus der Kontinuitätsgleichung (5.14) und $|\mathbf{u}|^2 / 2$ führt auf

$$\frac{D}{Dt} \left(h \frac{|\mathbf{u}|^2}{2} \right) + \frac{|\mathbf{u}|^2}{2} h \nabla \cdot \mathbf{u} = -gh\mathbf{u} \cdot \nabla (z_0 + h) \tag{5.19}$$

Darin ist

$$gh\mathbf{u} \cdot \nabla (z_0 + h) = g\mathbf{u} \cdot \nabla \frac{h^2}{2} + gh\mathbf{u} \cdot \nabla z_0 \tag{5.20}$$

und darin wieder, unter Ausnutzung der Zeitunabhängigkeit von z_0 und der Kontinuitätsgleichung (5.14),

$$gh\mathbf{u} \cdot \nabla z_0 = gh \frac{Dz_0}{Dt} = g \frac{D}{Dt} (hz_0) - gz_0 \frac{Dh}{Dt} = g \frac{\partial}{\partial t} (hz_0) + \nabla \cdot (\mathbf{u}ghz_0) \tag{5.21}$$

sodass

$$gh\mathbf{u} \cdot \nabla (z_0 + h) = g \frac{\partial}{\partial t} (hz_0) + \nabla \cdot (\mathbf{u}ghz_0) + g\mathbf{u} \cdot \nabla \frac{h^2}{2} \tag{5.22}$$

Dies in (5.19) eingesetzt liefert

$$\frac{\partial}{\partial t} \left(h \frac{|\mathbf{u}|^2}{2} \right) + \mathbf{u} \cdot \nabla \left(h \frac{|\mathbf{u}|^2}{2} \right) + \frac{|\mathbf{u}|^2}{2} h \nabla \cdot \mathbf{u}$$

$$= -\frac{\partial}{\partial t} (ghz_0) - \nabla \cdot (\mathbf{u}ghz_0) - g\mathbf{u} \cdot \nabla \frac{h^2}{2} \tag{5.23}$$

also

$$\frac{\partial}{\partial t} \left(h \frac{|\mathbf{u}|^2}{2} + ghz_0 \right) + \nabla \cdot \left(\mathbf{u} \left[h \frac{|\mathbf{u}|^2}{2} + ghz_0 \right] \right) = -g\mathbf{u} \cdot \nabla \frac{h^2}{2} \tag{5.24}$$

Addition von (5.17) und (5.24) ergibt schließlich die gewünschte Entwicklungsgleichung

$$\frac{\partial e}{\partial t} + \nabla \cdot \left[\mathbf{u} \left(e + g \frac{h^2}{2} \right) \right] = 0 \tag{5.25}$$

für die Energiedichte

$$e = h \frac{|\mathbf{u}|^2}{2} + gh \left(\frac{h}{2} + z_0 \right) \tag{5.26}$$

der Flachwassergleichungen. Wie auch zuvor im Fall der Energie der allgemeinen Grundgleichungen oder auch der primitiven Gleichungen folgt die Erhaltungseigenschaft

$$\frac{dE}{dt} = 0 \tag{5.27}$$

der Energie

$$E = a^2 \int_0^{2\pi} d\lambda \int_{-\pi/2}^{\pi/2} d\phi \cos\phi e \tag{5.28}$$

durch Integration über die gesamte Erdoberfläche, da das Integral über die Divergenz des Flusses über die Kugeloberfläche verschwindet.

5.2.2 Die potentielle Vorticity

Die Wirbeldynamik der Flachwassergleichungen ähnelt in vielem jener der primitiven Gleichungen in isentropen Koordinaten, wie sie in den Abschn. 4.6.2 und 4.6.3 diskutiert wird. Zunächst soll die Vorticity-Gleichung der Flachwasserdynamik abgeleitet werden. Ganz analog wie bei der Ableitung der Darstellung (4.105) der horizontalen Impulsgleichung in isentropen Koordinaten (4.83) finden wir auch hier, dass die Impulsgleichung (5.7) geschrieben werden kann als

$$\frac{\partial \mathbf{u}}{\partial t} + \nabla \frac{\mathbf{u} \cdot \mathbf{u}}{2} + (\zeta + f)\,\mathbf{e}_r \times \mathbf{u} = -g\nabla\eta \tag{5.29}$$

wobei

$$\zeta = (\nabla \times \mathbf{u})_r = \frac{1}{a\cos\phi}\left[\frac{\partial v}{\partial \lambda} - \frac{\partial}{\partial \phi}(\cos\phi\, u)\right] \tag{5.30}$$

die relative Vorticity der Flachwassergleichungen ist. Darauf wendet man nun die Vertikalkomponente der Rotation an und erhält, wiederum ganz parallel zur Herleitung der Vorticity-Gleichung (4.108) der primitiven Gleichungen in isentropen Koordinaten, die Vorticity-Gleichung der Flachwassergleichungen

$$\frac{D}{Dt}(\zeta + f) + (\zeta + f)\,\nabla \cdot \mathbf{u} = 0 \tag{5.31}$$

Die Kontinuitätsgleichung (5.14) schließlich liefert

$$\nabla \cdot \mathbf{u} = -\frac{1}{h}\frac{Dh}{Dt} = h\frac{D}{Dt}\left(\frac{1}{h}\right) \tag{5.32}$$

Dies in (5.31) eingesetzt, ergibt die gesuchte Erhaltungsgleichung

$$\frac{D\Pi_{FW}}{Dt} = 0 \tag{5.33}$$

für die potentielle Vorticity der Flachwassergleichungen

$$\Pi_{FW} = \frac{\zeta + f}{h} \tag{5.34}$$

die eine materielle Erhaltungsgröße ist. Die Verwandschaft mit der potentiellen Vorticity (4.112) der primitiven Gleichungen ist offensichtlich, in der anstatt der Höhe der Atmosphäre die Schichtdicke zu verwenden ist.

5.2.3 Zusammenfassung

Horizontale Impulsgleichung und Kontinuitätsgleichung ergeben zusammen folgende *Erhaltungseigenschaften:*

- Die *Energie* als Summe aus kinetischer und potentieller Energie ist erhalten.
- Es gibt eine erhaltene *potentielle Vorticity,* die strukturell mit jener der primitiven Gleichungen identisch ist.

5.3 Quasigeostrophische Dynamik

Anhand der Flachwassergleichungen lässt sich eine nützliche Vorgehensweise gut illustrieren, die uns später in allgemeinerem Zusammenhang wieder begegnen wird. Durch die Fokussierung auf Prozesse mit typischen Skalen lassen sich die Gleichungen weiter vereinfachen, sodass manches sich dann leichter untersuchen lässt. In der quasigeostrophischen Skalenabschätzung gilt das besondere Augenmerk den Skalen synoptischer Wettersysteme der mittleren Breiten. Zusätzlich wird an dieser Stelle auch die vielgenutzte Näherung einer β-Ebene eingeführt.

5.3.1 Die tangentiale β-Ebene

Da die horizontale Skala synoptischskaliger Wettersysteme $L = \mathcal{O}(10^3 \, \text{km})$ ist, und damit $L \ll a$, sollte die Krümmung der Erdoberfläche für die Dynamik der entsprechenden Strukturen keine beherrschende Rolle spielen. Es ist deshalb für die weiteren Betrachtungen nützlich und sinnvoll, eine Ebene wie in Abb. 5.2 einzuführen, die an einem Referenzpunkt in mittleren Breiten $(\lambda, \phi, r) = (\lambda_0, \phi_0, a)$ tangential an der Erdoberfläche anliegt. Die *kartesischen* Einheitsvektoren dieser Ebene sind

$$\mathbf{e}_x = \mathbf{e}_\lambda(\lambda_0, \phi_0, a) \tag{5.35}$$

$$\mathbf{e}_y = \mathbf{e}_\phi(\lambda_0, \phi_0, a) \tag{5.36}$$

Der darauf senkrecht stehende Einheitsvektor ist

$$\mathbf{e}_z = \mathbf{e}_r(\lambda_0, \phi_0, a) \tag{5.37}$$

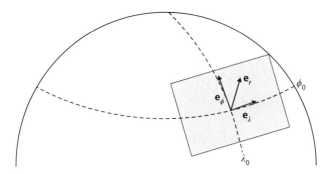

Abb. 5.2 Die bei der Länge λ_0 und der Breite ϕ_0 tangential an der Erdkugel anliegende β-Ebene. Sie wird von den Einheitsvektoren $\mathbf{e}_\lambda$ und $\mathbf{e}_\phi$ am Tangentialpunkt aufgespannt. Der radiale Einheitsvektor $\mathbf{e}_r$ steht dort senkrecht auf der Ebene.

Konsistent mit $L \ll a$ nehmen wir nun an, dass

$$\lambda - \lambda_0 = \mathcal{O}\left(\frac{L}{a}\right) \ll 1 \tag{5.38}$$

$$\phi - \phi_0 = \mathcal{O}\left(\frac{L}{a}\right) \ll 1 \tag{5.39}$$

sodass, wie in Abb. 5.3 zu sehen, die zugehörigen kartesischen Koordinaten

$$x = a \cos \phi_0 \tan(\lambda - \lambda_0) \approx a \cos \phi_0 (\lambda - \lambda_0) \tag{5.40}$$

$$y = a \tan (\phi - \phi_0) \approx a(\phi - \phi_0) \tag{5.41}$$

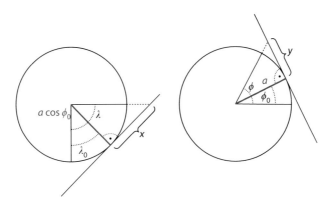

Abb. 5.3 Die kartesischen Koordinaten der β-Ebene und ihr Zusammenhang mit Länge und Breite. Das linke Bild ist als polare Aufsicht des Breitenkreises zur geographischen Breite ϕ_0 zu sehen, das rechte als entsprechende Seitenansicht des Meridians zur geographischen Länge λ_0.

sind. Wir vernachlässigen nun konsequent alle Krümmungseffekte und gehen von der Kugel-geometrie zur kartesischen Geometrie auf der Tangentialebene über. Eine genauere skalen-asymptotische Behandlung findet sich in Kap. 6.

Wir schreiben also den Wind als

$$\mathbf{v} = u\mathbf{e}_x + v\mathbf{e}_y + w\mathbf{e}_z \tag{5.42}$$

Der Gradient ist

$$\nabla = \mathbf{e}_x \frac{\partial}{\partial x} + \mathbf{e}_y \frac{\partial}{\partial y} + \mathbf{e}_z \frac{\partial}{\partial z} \tag{5.43}$$

und damit die materielle Ableitung

$$\frac{D}{Dt} = \frac{\partial}{\partial t} + \mathbf{v} \cdot \nabla = \frac{\partial}{\partial t} + u\frac{\partial}{\partial x} + v\frac{\partial}{\partial y} + w\frac{\partial}{\partial z} \tag{5.44}$$

wobei die vertikalen Ableitungen $\partial/\partial z$ näherungsweise mit den radialen Ableitungen gleich-gesetzt werden. Im speziellen Zusammenhang der Flachwassergleichungen hier werden sie also alle zu null gesetzt. In Vernachlässigung aller Krümmungseffekte vereinfacht sich die materielle Ableitung des Horizontalwinds zu

$$\frac{D\mathbf{u}}{Dt} = \frac{Du}{Dt}\mathbf{e}_x + \frac{Dv}{Dt}\mathbf{e}_y \tag{5.45}$$

Im selben Sinn wird überall

$$\mathbf{e}_r \approx \mathbf{e}_z \tag{5.46}$$

genähert und folglich auch

$$\mathbf{f} \approx f\mathbf{e}_z \tag{5.47}$$

wobei die Breitenabhängigkeit des Coriolis-Parameters, der sogenannte β-*Effekt* näherungs-weise berücksichtigt wird. In anderen Worten ist unter Zuhilfenahme von (5.39) und (5.41)

$$f = 2\Omega \sin \phi \approx 2\Omega \sin \phi_0 + 2\Omega \cos \phi_0 (\phi - \phi_0) \approx f_0 + \beta y \tag{5.48}$$

mit

$$f_0 = 2\Omega \sin \phi_0 \tag{5.49}$$

$$\beta = \frac{2\Omega}{a} \cos \phi_0 \tag{5.50}$$

Die Coriolis-Beschleunigung wird also genähert als

$$\mathbf{f} \times \mathbf{u} = -fv\mathbf{e}_x + fu\mathbf{e}_y \tag{5.51}$$

wobei f mittels (5.48) zu berechnen ist. Schließlich stellen wir noch fest, dass in den kartesischen Koordinaten der Druckgradiententerm in der Impulsgleichung der Flachwassergleichungen

$$g\nabla\eta = g\frac{\partial\eta}{\partial x}\mathbf{e}_x + g\frac{\partial\eta}{\partial y}\mathbf{e}_y \tag{5.52}$$

ist und die Divergenz des horizontalen Geschwindigkeitsfelds

$$\nabla\cdot\mathbf{u} = \frac{\partial u}{\partial x} + \frac{\partial v}{\partial y} \tag{5.53}$$

sodass die Flachwassergleichungen auch auf der β-Ebene

$$\frac{D\mathbf{u}}{Dt} + (f_0 + \beta y)\,\mathbf{e}_z\times\mathbf{u} = -\,g\nabla\eta \tag{5.54}$$

$$\frac{Dh}{Dt} + h\nabla\cdot\mathbf{u} = 0 \tag{5.55}$$

sind, wobei η weiterhin über

$$\eta = z_0 + h - H \tag{5.56}$$

definiert ist. Abschließend bemerken wir, dass auf der β-Ebene die Vertikalkomponente der relativen Vorticity, wie allgemein in kartesischen Koordinaten, durch

$$\zeta = \frac{\partial v}{\partial x} - \frac{\partial u}{\partial y} \tag{5.57}$$

gegeben ist.

5.3.2 Die Skalenabschätzung der Flachwassergleichungen auf der β-Ebene

Die quasigeostrophische Theorie ist ein typisches Beispiel einer aus Skalenabschätzungen abgeleiteten vereinfachten Theorie. Exemplarisch ist das Verfahren der Skalenabschätzung am Beispiel einer Cosinusfunktion in Abb. 5.4 dargestellt. Kennt man die Größenordnung F typischer Schwankungen der betrachteten Funktion $f(x)$ und die x-Skala L, innerhalb der sich typischerweise die Funktion um ihren Schwankungswert ändert, so ist die Größenordnungsabschätzung für ihre Ableitung

$$\frac{\partial f}{\partial x} = \mathcal{O}\left(\frac{F}{L}\right) \tag{5.58}$$

Entdimensionalisiert man nun die Funktion und ihre unabhängige Variable x mittels

$$f = F\hat{f} \tag{5.59}$$

$$x = L\hat{x} \tag{5.60}$$

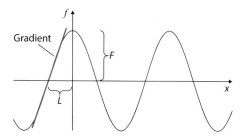

Abb. 5.4 Veranschaulichung der Skalenabschätzung anhand einer Cosinusfunktion. Die Größenordnung typischer Gradienten lässt sich bestimmen aus dem Quotienten aus der Größenordnung F typischer Schwankungen der Funktion und der typischen räumlichen Skala L dieser Schwankungen.

so ist

$$\frac{\partial f}{\partial x} = \frac{F}{L}\frac{\partial \hat{f}}{\partial \hat{x}} \qquad (5.61)$$

mit

$$\frac{\partial \hat{f}}{\partial \hat{x}} = \mathcal{O}(1) \qquad (5.62)$$

In diesem Sinn führen wir zur Abschätzung der Ableitungen in den Bewegungsgleichungen folgende Größenordnungsabschätzungen ein, die sich an der Betrachtung der beherrschenden Strukturen der täglichen Wetterkarte in mittleren Breiten orientieren: Wir nehmen an, dass die Größenordnung der Horizontalwindschwankungen U ist, wobei 10 m/s ein geeigneter Wert für U ist. Als horizontale Längenskala L wählen wir die typische Ausdehnung von Druck- und Geschwindigkeitsanomalien, die von der Größenordnung her mit 10^3 km gut geschätzt ist. Als Zeitskala für zeitliche Ableitungen wählen wir die advektive Zeitskala $T = L/U$. Sie entspricht der typischen Zeitspanne, innerhalb derer eine Druckanomalie an einem Betrachter vorbeiwandert. Einsetzen der obigen Zahlenwerte liefert dafür 10^5 s, was in etwa einem Tag entspricht. Dies führt zu den Entdimensionalisierungen

$$(x, y) = L(\hat{x}, \hat{y}) \qquad (5.63)$$

$$t = T\hat{i} = \frac{L}{U}\hat{i} \qquad (5.64)$$

$$\mathbf{u} = U\hat{\mathbf{u}} \qquad (5.65)$$

und damit auch für Zeitableitung und räumlichen Gradienten zu

$$\frac{\partial}{\partial t} = \frac{1}{T}\frac{\partial}{\partial \hat{i}} \qquad (5.66)$$

$$\nabla = \frac{1}{L}\hat{\nabla} \qquad \text{mit} \qquad \hat{\nabla} = \mathbf{e}_x\frac{\partial}{\partial \hat{x}} + \mathbf{e}_y\frac{\partial}{\partial \hat{y}} \qquad (5.67)$$

wobei $\partial/\partial z = 0$ verwendet wurde. Also ist die materielle Ableitung

$$\frac{D}{Dt} = \frac{U}{L} \frac{D}{D\hat{t}} \quad \text{mit} \quad \frac{D}{D\hat{t}} = \frac{\partial}{\partial \hat{t}} + \hat{\mathbf{u}} \cdot \hat{\nabla} \tag{5.68}$$

und somit auch

$$\frac{D\mathbf{u}}{Dt} = \frac{U^2}{L} \frac{D\hat{\mathbf{u}}}{D\hat{t}} \tag{5.69}$$

Für der Abschätzung des Coriolis-Terms stellen wir zunächst fest, dass $f_0 = \mathcal{O}(10^{-4} \mathrm{s}^{-1})$ ist, sodass bei der für U und L getroffenen Wahl die Rossby-Zahl

$$Ro = \frac{U}{f_0 L} \tag{5.70}$$

$Ro = \mathcal{O}(10^{-1})$ ist und somit auch

$$\frac{L}{a} = \mathcal{O}(Ro) \tag{5.71}$$

Mit dieser Vorarbeit erhalten wir für den Coriolis-Term

$$f = f_0 + \beta y = f_0 \hat{f} \tag{5.72}$$

wobei mittels (5.48)–(5.50)

$$\hat{f} = \hat{f}_0 + \frac{\beta L}{f_0} \hat{y} \tag{5.73}$$

$$\hat{f}_0 = 1 \tag{5.74}$$

$$\frac{\beta L}{f_0} = \frac{(2\Omega \cos \phi_0/a)\, L}{2\Omega \sin \phi_0} = \frac{L}{a} \cot \phi_0 = Ro\, \hat{\beta} \tag{5.75}$$

mit

$$\hat{\beta} = \frac{L/a}{Ro} \cot \phi_0 = \mathcal{O}(1) \tag{5.76}$$

da in mittleren Breiten

$$\cot \phi_0 = \mathcal{O}(1) \tag{5.77}$$

Also ist

$$f_0 + \beta y = f_0 \hat{f} \quad \text{mit} \quad \hat{f} = \hat{f}_0 + Ro\, \hat{\beta} \hat{y} = \mathcal{O}(1) \tag{5.78}$$

Für den Druckgradienten definieren wir eine zunächst nicht weiter spezifizierte Skala der Säulenhöhenschwankungen $\mathcal{H}$, sodass

$$\eta = \mathcal{H} \hat{\eta} \tag{5.79}$$

Damit ist der Druckgradiententerm in der horizontalen Impulsgleichung

$$g\nabla\eta = \frac{g\mathcal{H}}{L}\hat{\nabla}\hat{\eta} \tag{5.80}$$

Nun setzen wir (5.69), (5.78) und (5.80) in die Impulsgleichung (5.54) ein und dividieren dann durch $f_0 U$, mit dem Ergebnis

$$Ro\frac{D\hat{\mathbf{u}}}{D\hat{t}} + \hat{f}\mathbf{e}_z \times \hat{\mathbf{u}} = -\frac{g\mathcal{H}}{f_0 U L}\hat{\nabla}\hat{\eta} \tag{5.81}$$

Der Gewinn der Entdimensionalisierung ist nun eine klare Information der relativen Größenordnung der einzelnen Beiträge zur Impulsgleichung, die jeweils aus den Vorfaktoren abgelesen werden kann. Der Coriolis-Term ist in führender Ordnung $\mathcal{O}(1)$, die Windbeschleunigung $\mathcal{O}(Ro)$ und der Druckgradiententerm $\mathcal{O}(g\mathcal{H}/f_0 U L)$. Da

$$Ro \ll 1 \tag{5.82}$$

muss der Druckgradiententerm von gleicher Größenordnung wie der Coriolis-Term sein. Andernfalls hätte man in der abgeschätzten Größenordnung entweder verschwindende Winde oder verschwindende Druckgradienten. Somit ergibt sich für die Skala der Säulenhöhenschwankungen

$$\mathcal{H} = \frac{f_0 U L}{g} \tag{5.83}$$

oder

$$\mathcal{H} = H\,Ro\,\frac{L^2}{L_d^2} \tag{5.84}$$

wobei

$$L_d = \frac{\sqrt{gH}}{f_0} \tag{5.85}$$

der *externe Rossby-Deformationsradius* ist. Hierbei ist H die mittlere Höhe der Flachwasseratmosphäre, die mit der mittleren Höhe der Tropopause gleichgesetzt werden kann, sodass $H = 10\,\mathrm{km}$ eine vernünftige Wahl ist. Einsetzen der Zahlen führt auf $L_d = \mathcal{O}(10^3\,\mathrm{km})$[1]. Für die Impulsgleichung erhalten wir damit

$$Ro\frac{D\hat{\mathbf{u}}}{D\hat{t}} + \left(\hat{f}_0 + Ro\hat{\beta}\hat{y}\right)\mathbf{e}_z \times \hat{\mathbf{u}} = -\hat{\nabla}\hat{\eta} \tag{5.86}$$

Für eine entsprechende Umformung der Kontinuitätsgleichung benötigt man eine Abschätzung der Größenordnung $\mathcal{H}_0$ der Orographie z_0, sodass

---

[1] Ein kritischer Leser wird im Kapitel zur baroklinen Atmosphäre über diese Festlegung stolpern. Dort wird es von Belang sein, dass in einer genaueren Festlegung $L_d \approx 3 \cdot 10^3\,\mathrm{km}$ ist, sodass $L^2/L_d^2 = \mathcal{O}(Ro)$. Hier werden wir mit der Annahme $L^2/L_d^2 = \mathcal{O}(1)$ arbeiten, was konsistenter mit Skalierungen $L = 3 \cdot 10^3\,\mathrm{km}$ und $U = 30\,\mathrm{m/s}$ ist.

$$z_0 = \mathcal{H}_0 \hat{z}_0 \tag{5.87}$$

Eine sinnvolle Wahl ist $\mathcal{H}_0 = 1\,\mathrm{km}$, sodass

$$\frac{\mathcal{H}_0}{H} = \mathcal{O}(Ro) \tag{5.88}$$

und somit

$$\frac{\mathcal{H}_0}{H} = Ro\,\hat{h}_0 \quad \text{mit} \quad \hat{h}_0 = \frac{\mathcal{H}_0/H}{Ro} = \mathcal{O}(1) \tag{5.89}$$

Einsetzen von (5.79), (5.84) und (5.89) in (5.56) liefert nun für die lokale Atmosphärenhöhe

$$h = H\left(1 + Ro\frac{L^2}{L_d^2}\hat{\eta} - Ro\,\hat{h}_0\hat{z}_0\right) \tag{5.90}$$

Dies setzen wir zusammen mit (5.68), (5.65) und (5.67) in die Kontinuitätsgleichung (5.55) ein und dividieren dann durch UH/L, mit dem Ergebnis

$$\frac{D}{D\hat{t}}\left(Ro\frac{L^2}{L_d^2}\hat{\eta} - Ro\,\hat{h}_0\hat{z}_0\right) + \left(1 + Ro\frac{L^2}{L_d^2}\hat{\eta} - Ro\,\hat{h}_0\hat{z}_0\right)\hat{\nabla}\cdot\hat{\mathbf{u}} = 0 \tag{5.91}$$

5.3.3 Die quasigeostrophische Näherung: Herleitung mittels Skalenasymptotik

In der quasigeostrophischen Näherung der Flachwassergleichungen nehmen wir nun an, konsistent mit den Betrachtungen oben, dass

$$\frac{L}{L_d} \approx \mathcal{O}(1) \tag{5.92}$$

Dann sind in den beiden dimensionslosen Flachwassergleichungen (5.86) und (5.91) alle Faktoren $\mathcal{O}(1)$, bis auf den kleinen Parameter Ro. Man kann nun in erster Näherung die entsprechend multiplizierten Terme vernachlässigen. Die sich daraus ergebenden Gleichungen aber sind nicht geschlossen. Es werden also auch sinnvolle Abschätzungen der Residuen benötigt. Um dies zu erreichen, entwickeln wir die Lösung nach dem kleinen Parameter, d. h., wir setzen an:

$$\hat{\mathbf{u}} = \hat{\mathbf{u}}_0 + Ro\,\hat{\mathbf{u}}_1 + Ro^2\,\hat{\mathbf{u}}_2 + \dots \tag{5.93}$$

$$\hat{\eta} = \hat{\eta}_0 + Ro\,\hat{\eta}_1 + Ro^2\,\hat{\eta}_2 + \dots \tag{5.94}$$

Dies wird in Impuls- und Kontinuitätsgleichung eingesetzt und jeweils die Terme gleicher Potenz in dem kleinen Parameter gesammelt. Die Impulsgleichung (5.86) wird somit zu

$$Ro\frac{D_0\hat{\mathbf{u}}_0}{D\hat{t}} + \hat{f}_0\mathbf{e}_z \times \hat{\mathbf{u}}_0 + Ro\left(\hat{f}_0\mathbf{e}_z \times \hat{\mathbf{u}}_1 + \hat{\beta}\hat{y}\mathbf{e}_z \times \hat{\mathbf{u}}_0\right) = -\hat{\nabla}\hat{\eta}_0 - Ro\,\hat{\nabla}\hat{\eta}_1 + \mathcal{O}\left(Ro^2\right)$$

$$\tag{5.95}$$

mit

$$\frac{D_0}{D\hat{t}} = \frac{\partial}{\partial\hat{t}} + \hat{\mathbf{u}}_0 \cdot \hat{\nabla} \tag{5.96}$$

Zusammentragen aller Terme der führenden Ordnung $\mathcal{O}(1)$ ergibt das *geostrophische Gleichgewicht*

$$\hat{f}_0\mathbf{e}_z \times \hat{\mathbf{u}}_0 = -\hat{\nabla}\hat{\eta}_0 \tag{5.97}$$

also

$$\hat{u}_0 = -\frac{1}{\hat{f}_0}\frac{\partial\hat{\eta}_0}{\partial\hat{y}} \tag{5.98}$$

$$\hat{v}_0 = \frac{1}{\hat{f}_0}\frac{\partial\hat{\eta}_0}{\partial\hat{x}} \tag{5.99}$$

was auch als

$$\hat{\mathbf{u}}_0 = \frac{\mathbf{e}_z}{\hat{f}_0} \times \hat{\nabla}\hat{\eta}_0 \tag{5.100}$$

geschrieben werden kann. In führender Ordnung ist die Strömung damit divergenzfrei:

$$\hat{\nabla} \cdot \hat{\mathbf{u}}_0 = 0 \tag{5.101}$$

Eine analoge Auswertung der Kontinuitätsgleichung (5.91) ergibt

$$\frac{D_0}{D\hat{t}}\left(Ro\frac{L^2}{L_d^2}\hat{\eta}_0 - Ro\,\hat{h}_0\hat{z}_0\right) + Ro\,\hat{\nabla} \cdot \hat{\mathbf{u}}_1 = \mathcal{O}(Ro^2) \tag{5.102}$$

wobei gleich auch (5.101) verwendet wurde. Die führende Ordnung $\mathcal{O}(Ro)$ ist also

$$\frac{D_0}{D\hat{t}}\left(\frac{L^2}{L_d^2}\hat{\eta}_0 - \hat{h}_0\hat{z}_0\right) + \hat{\nabla} \cdot \hat{\mathbf{u}}_1 = 0 \tag{5.103}$$

Darin kann man $\nabla \cdot \hat{\mathbf{u}}_1$ auf folgende Weise erhalten. Die $\mathcal{O}(Ro)$ von (5.95) lautet komponentenweise

$$\frac{\partial\hat{u}_0}{\partial\hat{t}} + \hat{\mathbf{u}}_0 \cdot \hat{\nabla}\hat{u}_0 - \hat{f}_0\hat{v}_1 - \hat{\beta}\hat{y}\hat{v}_0 = -\frac{\partial\hat{\eta}_1}{\partial\hat{x}} \tag{5.104}$$

$$\frac{\partial\hat{v}_0}{\partial\hat{t}} + \hat{\mathbf{u}}_0 \cdot \hat{\nabla}\hat{v}_0 + \hat{f}_0\hat{u}_1 + \hat{\beta}\hat{y}\hat{u}_0 = -\frac{\partial\hat{\eta}_1}{\partial\hat{y}} \tag{5.105}$$

Mittels $\partial(5.105)/\partial\hat{x} - \partial(5.104)/\partial\hat{y}$ erhalten wir die *Vorticity-Gleichung*

$$\frac{\partial\hat{\zeta}_0}{\partial\hat{t}} + \hat{\mathbf{u}}_0 \cdot \hat{\nabla}\left(\hat{\zeta}_0 + \hat{\beta}\hat{y}\right) = -\hat{f}_0\hat{\nabla} \cdot \hat{\mathbf{u}}_1 \tag{5.106}$$

wobei

$$\hat{\zeta}_0 = \frac{\partial \hat{v}_0}{\partial \hat{x}} - \frac{\partial \hat{u}_0}{\partial \hat{y}} \tag{5.107}$$

die entdimensionalisierte relative Vorticity ist. Auf der rechten Seite von (5.106) erkennen wir wieder die Wirkung der Wirbelröhrendehnung. Elimination von $\hat{\nabla} \cdot \hat{\mathbf{u}}_1$ aus (5.103) und (5.106) liefert schließlich

$$\frac{D_0}{D\hat{t}}\left(\hat{\zeta}_0 + \hat{\beta}\hat{y}\right) = \frac{D_0}{D\hat{t}}\left(\hat{f}_0 \frac{L^2}{L_d^2} \hat{\eta}_0 - \hat{f}_0 \hat{h}_0 \hat{z}_0\right) \tag{5.108}$$

was sich auch schreiben lässt als die Erhaltungsgleichung

$$\frac{D_0 \hat{q}}{D\hat{t}} = 0 \tag{5.109}$$

für die entdimensionalisierte *quasigeostrophische potentielle Vorticity*

$$\hat{q} = \hat{\zeta}_0 + \hat{f}_0 + \hat{\beta}\hat{y} - \hat{f}_0 \frac{L^2}{L_d^2} \hat{\eta}_0 + \hat{f}_0 \hat{h}_0 \hat{z}_0 \tag{5.110}$$

Aufgrund der Geostrophie der Horizontalströmung in führender Ordnung, die in (5.98) und (5.99) ihren Ausdruck findet, ist es sinnvoll, eine *Stromfunktion*

$$\hat{\psi}_0 = \frac{\hat{\eta}_0}{\hat{f}_0} \tag{5.111}$$

dergestalt einzuführen, dass

$$\hat{u}_0 = -\frac{\partial \hat{\psi}_0}{\partial \hat{y}} \tag{5.112}$$

$$\hat{v}_0 = \frac{\partial \hat{\psi}_0}{\partial \hat{x}} \tag{5.113}$$

also

$$\hat{\mathbf{u}}_0 = \mathbf{e}_z \times \hat{\nabla}\hat{\psi}_0 \tag{5.114}$$

und folglich auch

$$\hat{\zeta}_0 = \hat{\nabla}^2 \hat{\psi}_0 \tag{5.115}$$

Unter Verwendung von (5.110)–(5.115) wird die Erhaltungsgleichung (5.109) schließlich zu

$$\left(\frac{\partial}{\partial \hat{t}} - \frac{\partial \hat{\psi}_0}{\partial \hat{y}} \frac{\partial}{\partial \hat{x}} + \frac{\partial \hat{\psi}_0}{\partial \hat{x}} \frac{\partial}{\partial \hat{y}}\right)\left(\hat{\nabla}^2 \hat{\psi}_0 + \hat{f}_0 + \hat{\beta}\hat{y} - \hat{f}_0^2 \frac{L^2}{L_d^2} \hat{\psi}_0 + \hat{f}_0 \hat{h}_0 \hat{z}_0\right) = 0 \tag{5.116}$$

Dies ist eine geschlossene prognostische Gleichung für die Stromfunktion.

Als letzter Schritt bleibt, die dimensionslosen Größen wieder in dimensionsbehaftete zurückzuführen: Wir lassen in allen prognostischen Größen ($\hat{\mathbf{u}}_0$, $\hat{\eta}_0$ und $\hat{\psi}_0$) den Index 0 fallen und verwenden

$$\hat{t} = \frac{U}{L}t \tag{5.117}$$

$$(\hat{x}, \hat{y}) = \frac{1}{L}(x, y) \tag{5.118}$$

$$\hat{\mathbf{u}} = \frac{\mathbf{u}}{U} \tag{5.119}$$

$$\hat{\nabla} = L\nabla \tag{5.120}$$

Außerdem ist wegen (5.114) der geostrophische Wind

$$\mathbf{u} = U\hat{\mathbf{u}} = U\mathbf{e}_z \times \hat{\nabla}\hat{\psi} = UL\mathbf{e}_z \times \nabla\hat{\psi} \tag{5.121}$$

oder

$$\mathbf{u} = \mathbf{u}_g = \mathbf{e}_z \times \nabla\psi \tag{5.122}$$

wobei die dimensionsbehaftete Stromfunktion

$$\psi = UL\hat{\psi} \tag{5.123}$$

ist, die sich mittels (5.74), (5.111), (5.79) und (5.83) in

$$\psi = UL\frac{\hat{\eta}}{\hat{f}_0} = UL\frac{\eta}{\mathcal{H}} \tag{5.124}$$

oder

$$\psi = \frac{g}{f_0}\eta \tag{5.125}$$

umformen lässt. Außerdem ist mittels (5.70), (5.118), (5.75) und (5.76)

$$\hat{\beta}\hat{y} = \frac{\beta y}{Ro\, f_0} = \frac{L}{U}\beta y \tag{5.126}$$

(5.74) und (5.123) führen zu

$$\hat{f}_0^2 \frac{L^2}{L_d^2}\hat{\psi} = \frac{L}{U}\frac{\psi}{L_d^2} \tag{5.127}$$

und schließlich auch (5.74), (5.87), (5.89) und (5.70) zu

$$\hat{f}_0\hat{h}_0\hat{z}_0 = \frac{\mathcal{H}_0}{H\, Ro}\frac{z_0}{\mathcal{H}_0} = \frac{f_0 L}{U}\frac{z_0}{H} \tag{5.128}$$

Nun setzen wir (5.117)–(5.120), (5.123), (5.127) und (5.128) in die dimensionslose Erhaltungsgleichung (5.116) ein, mit dem Ergebnis

$$\left(\frac{\partial}{\partial t} - \frac{\partial \psi}{\partial y} \frac{\partial}{\partial x} + \frac{\partial \psi}{\partial x} \frac{\partial}{\partial y} \right) \left(\nabla^2 \psi + f_0 + \beta y - \frac{\psi}{L_d^2} + f_0 \frac{z_0}{H} \right) = 0 \qquad (5.129)$$

Diese Erhaltungsgleichung lässt sich auch schreiben als

$$\frac{D_g \pi_{FW}}{Dt} = 0 \qquad (5.130)$$

wobei

$$\frac{D_g}{Dt} = \frac{\partial}{\partial t} + \mathbf{u}_g \cdot \nabla = \frac{\partial}{\partial t} - \frac{\partial \psi}{\partial y} \frac{\partial}{\partial x} + \frac{\partial \psi}{\partial x} \frac{\partial}{\partial y} \qquad (5.131)$$

die geostrophische materielle Ableitung ist und

$$\pi_{FW} = \nabla^2 \psi + f_0 + \beta y - \frac{\psi}{L_d^2} + f_0 \frac{z_0}{H} \qquad (5.132)$$

die quasigeostrophische potentielle Vorticity. Der immense Gewinn aus diesem Ergebnis ist, dass es nun nicht mehr nötig ist, separat den Wind $\mathbf{u}$ und die Säulenhöhenschwankungen η zu prognostizieren. Alles konzentriert sich auf eine Größe, die Stromfunktion ψ, die bis auf einen konstanten Faktor mit η identisch ist und aus der sich direkt über die Geostrophie die Winde ausrechnen lassen.

5.3.4 Die quasigeostrophische Näherung: Herleitung aus der Erhaltung der potentiellen Vorticity der Flachwassergleichungen

Eine alternative, etwas weniger formale, Herleitung der quasigeostrophischen Theorie geht direkt von einer Größenordnungsabschätzung der Terme in der Impulsgleichung und der Erhaltungsgleichung der potentiellen Vorticity im Rahmen der Flachwassergleichungen aus. Zunächst folgt aus der entdimensionalisierten Impulsgleichung (5.86) *bei kleinen Rossby-Zahlen* in erster Näherung das geostrophische Gleichgewicht

$$\hat{\mathbf{u}} = \mathbf{e}_z \times \hat{\nabla} \hat{\psi} \qquad (5.133)$$

wobei die dimensionslose Stromfunktion wiederum

$$\hat{\psi} = \frac{\hat{\eta}}{\hat{f}_0} \qquad (5.134)$$

ist. Ganz analog wie im vorigen Kapitel leitet man daraus (5.122) und (5.125) ab. Die relative Vorticity wird damit, und mittels (5.57), zu

$$\zeta = \nabla^2 \psi \qquad (5.135)$$

Dies setzen wir in die potentielle Vorticity gemäß (5.34) ein und erhalten, unter zusätzlicher Verwendung von (5.5) und (5.48),

$$\Pi_{FW} = \frac{\zeta + f}{h} = \frac{\nabla^2 \psi + f_0 + \beta y}{H + \eta - z_0} = \frac{f_0}{H} \frac{1 + \dfrac{\nabla^2 \psi}{f_0} + \dfrac{\beta y}{f_0}}{1 + \dfrac{\eta}{H} - \dfrac{z_0}{H}} \tag{5.136}$$

Darin schätzen wir die einzelnen Terme folgendermaßen ab: Es ist mittels $\nabla^2 = \hat{\nabla}^2/L^2$ und (5.123)

$$\frac{\zeta}{f_0} = Ro \, \hat{\nabla}^2 \hat{\psi} \ll 1 \tag{5.137}$$

Wegen (5.118) und (5.75) ist

$$\frac{\beta y}{f_0} = Ro \, \hat{\beta} \hat{y} \ll 1 \tag{5.138}$$

Aufgrund von (5.118), (5.84) und (5.92) ist

$$\frac{\eta}{H} = Ro \frac{L^2}{L_d^2} \hat{\eta} \ll 1 \tag{5.139}$$

und schließlich ergeben (5.87) und (5.89)

$$\frac{z_0}{H} = Ro \, \hat{h}_0 \hat{z}_0 \ll 1 \tag{5.140}$$

Entwicklung von (5.136) nach den kleinen Termen in (5.137)–(5.140) liefert

$$\Pi_{FW} \approx \frac{f_0}{H} \left(1 + \frac{\nabla^2 \psi}{f_0} + \frac{\beta y}{f_0} - \frac{\eta}{H} + \frac{z_0}{H} \right) = \frac{f_0}{H} + \frac{\pi_{FW}}{H} \tag{5.141}$$

wobei π_{FW} wiederum die quasigeostrophische potentielle Vorticity aus (5.132) ist. Dies in die allgemeine Erhaltungsgleichung (5.33) eingesetzt, ergibt, unter Verwendung der Geostrophie (5.122), wiederum die quasigeostrophische Erhaltungsgleichung (5.130).

5.3.5 Zusammenfassung

Durch die Fokussierung auf Prozesse mit typischen Skalen lassen sich die Gleichungen weiter vereinfachen, sodass manches sich dann leichter untersuchen lässt.

- In der *quasigeostrophischen Skalenabschätzung* gilt das besondere Augenmerk den Skalen *synoptischer Wettersysteme der mittleren Breiten*.
- Dabei wird sinnvollerweise die Näherung der *tangentialen β-Ebene* gemacht.

- Grundannahmen der quasigeostrophischen Theorie sind:
    - Die *Rossby-Zahl ist klein,* d. h., die Coriolis-Kraft wirkt stärker als die Trägheitskraft.
    - Die *horizontale Skala ist klein gegenüber dem Erdradius.* Das Verhältnis der beiden Skalen ist von der Größenordnung der Rossby-Zahl.
    - *Horizontale Skala und externer Rossby-Deformationsradius* sind von der *gleichen Größenordnung.*
    - Das *Verhältnis der Skala der orographischen Schwankungen zur mittleren Höhe des Atmosphäre* ist ebenfalls von der Größenordnung der Rossby-Zahl, also *klein.*
- Damit taucht als einziger Parameter in den entdimensionalisierten Gleichungen die Rossby-Zahl auf. Die Skala der Säulenhöhenschwankungen kann durch direkte Analyse der horizontalen Impulsgleichung bestimmt werden, wo der Druckgradient durch die Coriolis-Kraft balanciert werden muss.
- Eine *Entwicklung der dynamischen Variablen nach der Rossby-Zahl* liefert in erster Näherung das geostrophische Gleichgewicht, demzufolge der Horizontalwind direkt aus den *Säulenhöhenschwankungen* berechenbar ist, welche die Rolle einer *Stromfunktion* übernehmen. Aus der Stromfunktion lassen sich somit alle dynamischen Variablen berechnen.
- In nächster Näherung erhält man die *Erhaltungsgleichung der quasigeostrophischen potentiellen Vorticity.* Diese potentielle Vorticity lässt sich direkt aus der Stromfunktion berechnen. Eine Inversion ist aber ebenfalls möglich.
- Alternativ kann die Erhaltung der quasigeostrophischen potentiellen Vorticity auch direkt aus Erhaltung der allgemeinen potentiellen Vorticity abgeleitet werden, unter Verwendung der o. g. Größenordnungsabschätzungen.

5.4 Wellenlösungen der linearen Flachwassergleichungen

Eine nützliche Eigenschaft der Flachwassergleichungen ist, dass sie bereits in ihrer vergleichsweise einfachen Formulierung wesentliche Wellen zulassen, die zur Variabilität der Atmosphäre auf verschiedenen Zeitskalen beitragen. Sowohl *Rossby-Wellen* als auch *Schwerewellen* sind Lösungen der linearisierten Flachwassergleichungen. Diese sollen im Folgenden diskutiert werden. Dabei ist der Aspekt der *Linearisierung* wichtig, innerhalb dessen die Dynamik von kleinen Störungen einer zeitunabhängigen Lösung der Gleichungen betrachtet wird. Außerdem werden wir in diesem Rahmen eine erste Anwendung der quasigeostrophischen Theorie kennenlernen.

5.4.1 Störungsansatz

Wir untersuchen die Flachwassergleichungen auf der β-Ebene (5.54) und (5.55) ohne Orographie. Sie haben die ruhende stationäre Lösung

$$\mathbf{u} = 0 \tag{5.142}$$

$$\eta = 0 \tag{5.143}$$

Betrachten wir nun einen zeitabhängigen Zustand, der nur schwach von dieser Lösung abweicht. In anderen Worten: Wir untersuchen die Dynamik *infinitesimal kleiner Störungen* $\mathbf{u}'$ und η', sodass

$$\mathbf{u} = \mathbf{u}' \tag{5.144}$$

$$\eta = \eta' \tag{5.145}$$

Dies in die Gleichungen eingesetzt, liefert

$$\frac{\partial \mathbf{u}'}{\partial t} + \left(\mathbf{u}' \cdot \nabla\right)\mathbf{u}' + f\mathbf{e}_z \times \mathbf{u}' = -g\nabla\eta' \tag{5.146}$$

$$\frac{\partial \eta'}{\partial t} + \left(\mathbf{u}' \cdot \nabla\right)\eta' + H\nabla \cdot \mathbf{u}' + \eta'\nabla \cdot \mathbf{u}' = 0 \tag{5.147}$$

mit $f = f_0 + \beta y$, wobei auch $h = H + \eta$ berücksichtigt wurde. Im Linearisierungsschritt werden alle Terme vernachlässigt, die quadratischer Ordnung in den infinitesimal kleinen Störungsgrößen sind, mit dem Ergebnis

$$\frac{\partial \mathbf{u}'}{\partial t} + f\mathbf{e}_z \times \mathbf{u}' = -g\nabla\eta' \tag{5.148}$$

$$\frac{\partial \eta'}{\partial t} + H\nabla \cdot \mathbf{u}' = 0 \tag{5.149}$$

Aus später zu erläuternden Gründen wollen wir von der Komponentendarstellung des Winds mittels u und v zu einer Darstellung in relativer Vorticity und Divergenz wechseln. Zunächst sind die beiden Komponenten der Impulsgleichung:

$$\frac{\partial u'}{\partial t} - fv' = -g\frac{\partial \eta'}{\partial x} \tag{5.150}$$

$$\frac{\partial v'}{\partial t} + fu' = -g\frac{\partial \eta'}{\partial y} \tag{5.151}$$

Eine Gleichung für die relative Vorticity erhalten wir in altbekannter Weise mittels $\partial(5.151)/\partial x - \partial(5.150)/\partial y$. Das Ergebnis lautet

$$\frac{\partial \zeta'}{\partial t} + f\delta' + \beta v' = 0 \tag{5.152}$$

wobei

$$\zeta' = \frac{\partial v'}{\partial x} - \frac{\partial u'}{\partial y} \tag{5.153}$$

die lineare relative Vorticity ist und

$$\delta' = \frac{\partial u'}{\partial x} + \frac{\partial v'}{\partial y} \tag{5.154}$$

die lineare Divergenz des Winds. In analoger Weise ergibt $\partial(5.150)/\partial x + \partial(5.151)/\partial y$

$$\frac{\partial \delta'}{\partial t} - f\zeta' + \beta u' = -g\nabla^2\eta' \tag{5.155}$$

(5.152) und (5.155) werden als Gleichungssystem komplettiert durch die Kontinuitätsgleichung (5.147), die wir in diesem Zusammenhang als

$$\frac{\partial \eta'}{\partial t} + H\delta' = 0 \tag{5.156}$$

schreiben.

Im weiteren Vorgehen verwenden wir den *Satz von Helmholtz* für 2-dimensionale Vektorfelder: Unter regulären Bedingungen, z. B. wenn

- periodische Randbedingungen in allen Raumrichtungen vorliegen oder wenn
- ζ' und δ' im Unendlichen verschwinden,

gibt es immer ein Geschwindigkeitspotential ϕ und eine Stromfunktion ψ, sodass

$$\mathbf{u}' = \mathbf{e}_z \times \nabla\psi + \nabla\phi \tag{5.157}$$

also

$$u' = -\frac{\partial \psi}{\partial y} + \frac{\partial \phi}{\partial x} \tag{5.158}$$

$$v' = \frac{\partial \psi}{\partial x} + \frac{\partial \phi}{\partial y} \tag{5.159}$$

Dies impliziert per definitionem, dass

$$\zeta' = \left(\nabla \times \mathbf{u}'\right)_z = \nabla^2\psi \tag{5.160}$$

$$\delta' = \nabla \cdot \mathbf{u}' = \nabla^2\phi \tag{5.161}$$

Die Bedeutung von Stromfunktion und Geschwindigkeitspotential ist in Abb. 5.5 illustriert. Sie beschreiben jeweils den quellen- und senkenfreien Anteil und den wirbelfreien Anteil der Strömung. (5.157)–(5.161) in (5.152), (5.155) und (5.156) eingesetzt, ergibt

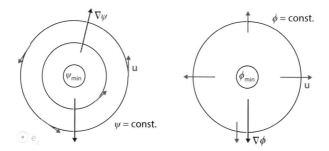

Abb. 5.5 Veranschaulichung der Bedeutung von Stromfunktion und Geschwindigkeitspotential. Eine Strömung nur mit Stromfunktionsanteil folgt den Isolinien der Stromfunktion (linkes Bild). Diese Strömung hat keine Quellen und Senken, ist also divergenzfrei. Eine Strömung nur mit Geschwindigkeitspotential steht überall senkrecht auf den Isolinien des Geschwindigkeitspotentials (rechts). Diese Strömung ist wirbelfrei, hat also keine relative Vorticity.

$$\frac{\partial \nabla^2 \psi}{\partial t} + f\nabla^2\phi + \beta\left(\frac{\partial \psi}{\partial x} + \frac{\partial \phi}{\partial y}\right) = 0 \tag{5.162}$$

$$\frac{\partial \nabla^2 \phi}{\partial t} - f\nabla^2\psi + \beta\left(-\frac{\partial \psi}{\partial y} + \frac{\partial \phi}{\partial x}\right) = -g\nabla^2\eta' \tag{5.163}$$

$$\frac{\partial \eta'}{\partial t} + H\nabla^2\phi = 0 \tag{5.164}$$

Diese Gleichungen sollen im Folgenden genauer ausgewertet werden.

5.4.2 Wellen auf der f-Ebene

Zunächst betrachten wir die Näherung der f-Ebene, in der die Breitenabhängigkeit des Coriolis-Parameters, also der β-Effekt, vernachlässigt wird. Man hat dann $\beta = 0$ und $f = f_0$, und (5.162)–(5.164) werden zu

$$\frac{\partial \nabla^2 \psi}{\partial t} + f_0\nabla^2\phi = 0 \tag{5.165}$$

$$\frac{\partial \nabla^2 \phi}{\partial t} - f_0\nabla^2\psi = -g\nabla^2\eta' \tag{5.166}$$

$$\frac{\partial \eta'}{\partial t} + H\nabla^2\phi = 0 \tag{5.167}$$

Der rotationsfreie Fall

Es ist instruktiv, darüber hinaus den Fall zu betrachten, in dem die Erdrotation überhaupt vernachlässigt wird, also $f_0 = 0$ ist. Dann ist ψ völlig von ϕ und η' entkoppelt. Man kann also sowohl Lösungen finden, zu denen nur ψ beiträgt (divergenzfreie Strömung), als auch solche, zu denen nur ϕ und η' beitragen (rotationsfreie Strömung). Das Erste ist der divergenzfreie Wirbelmode, während Letzteres die wirbelfreien Schwerewellen sind. Wir befassen uns zuerst mit diesen.

Externe Schwerewellen, Phasen- und Gruppengeschwindigkeit

Die Entwicklung von ϕ und η' wird durch (5.166) und (5.167) beschrieben, also

$$\frac{\partial \nabla^2 \phi}{\partial t} = -g \nabla^2 \eta' \tag{5.168}$$

$$\frac{\partial \eta'}{\partial t} + H \nabla^2 \phi = 0 \tag{5.169}$$

Zeitableitung von (5.169) und dann Verwendung von (5.168) führt auf

$$\frac{\partial^2 \eta'}{\partial t^2} - g H \nabla^2 \eta' = 0 \tag{5.170}$$

An dieser Stelle ist es sinnvoll, eine Darstellung von η' als Fourier-Integral

$$\eta' = \int_{-\infty}^{\infty} dk \int_{-\infty}^{\infty} dl \int_{-\infty}^{\infty} d\omega \, e^{i(\mathbf{k} \cdot \mathbf{x} - \omega t)} \tilde{\eta}(\mathbf{k}, \omega) \tag{5.171}$$

einzusetzen, in der $\mathbf{k} = k \mathbf{e}_x + l \mathbf{e}_y$ der zweidimensionale Wellenvektor ist, mit Komponenten k und l in x- und y-Richtung. Einige Eigenschaften von Fourier-Integralen sind in Anhang 11.5.1 zusammengefasst. Fourier-Transformation von (5.170) in Raum und Zeit, nach den Vorschriften für die Transformation von Ableitungen in Anhang 11.5.1, liefert

$$\left(-\omega^2 + g H K^2\right) \tilde{\eta}(\mathbf{k}, \omega) = 0 \tag{5.172}$$

wobei $K^2 = k^2 + l^2$ die quadrierte Norm des Wellenvektors ist. Man sieht, dass Beiträge $\tilde{\eta}(\mathbf{k}, \omega)$ nur dann nicht verschwinden müssen, wenn die Klammer gleich null ist. Dies liefert die *Dispersionsrelation externer Schwerewellen ohne Rotation*

$$\omega = \omega_\pm(\mathbf{k}) = \pm\sqrt{gH}\,K = \pm\sqrt{gH}\sqrt{k^2 + l^2} \tag{5.173}$$

Zu jedem Wellenvektor gibt es also zwei entsprechende Möglichkeiten. Die Tatsache, dass nur auf diesen beiden Ästen die Fourier-Transformierte nicht null ist, kann man auch über

$$\tilde{\eta}(\mathbf{k}, \omega) = a_+(\mathbf{k})\delta[\omega - \omega_+(\mathbf{k})] + a_-(\mathbf{k})\delta[\omega - \omega_-(\mathbf{k})] \tag{5.174}$$

ausdrücken, mit frei wählbaren Amplituden $a_+(\mathbf{k})$ und $a_-(\mathbf{k})$, sodass

$$\eta'(t, \mathbf{x}) = \int_{-\infty}^{\infty} dk \int_{-\infty}^{\infty} dl \left\{ a_+(\mathbf{k}) e^{i[\mathbf{k} \cdot \mathbf{x} - \omega_+(\mathbf{k})t]} + a_-(\mathbf{k}) e^{i[\mathbf{k} \cdot \mathbf{x} - \omega_-(\mathbf{k})t]} \right\} \tag{5.175}$$

Das η'-Feld ist also eine Überlagerung aus Schwerewellen mit den beiden möglichen Dispersionsrelationen (5.173).

Die stets parallel oder antiparallel zum Wellenvektor ausgerichtete *Phasengeschwindigkeit* jeder der beiden Wellen ist jeweils

$$\mathbf{c}_{\pm}(\mathbf{k}) = \frac{\omega_{\pm}}{K}\frac{\mathbf{k}}{K} \qquad (5.176)$$

sodass

$$\omega_{\pm} = \mathbf{c}_{\pm} \cdot \mathbf{k} \qquad (5.177)$$

Die Bedeutung der Phasengeschwindigkeit wird erkennbar, wenn man die zugehörige *Wellenphase*

$$\alpha_{\pm}(\mathbf{k}, \mathbf{x}, t) = \mathbf{k} \cdot \mathbf{x} - \omega_{\pm}(\mathbf{k})\,t = \mathbf{k} \cdot \left[\mathbf{x} - \mathbf{c}_{\pm}(\mathbf{k})\,t\right] \qquad (5.178)$$

betrachtet, sodass die beiden Beiträge im Fourier-Integral jeweils

$$a_{\pm}(\mathbf{k})\,e^{i(\mathbf{k}\cdot\mathbf{x}-\omega_{\pm}t)} = a_{\pm}(\mathbf{k})\,e^{i\alpha_{\pm}(\mathbf{k},\mathbf{x},t)} \qquad (5.179)$$

sind. Längs Linien konstanter Phase sind die jeweiligen Wellenanteile konstant. Sie verlaufen also parallel zu den Wellenbergen und Wellentälern. Fragt man sich nun nach einem zeitabhängigen Ort $\mathbf{x}(t)$, längs dessen die Wellenphase immer den gleichen Wert hat, also $\alpha(\mathbf{x}, t) = \text{const.}$, so führt dies über

$$\frac{d}{dt}\alpha_{\pm}\left[\mathbf{x}(t), t\right] = 0 \qquad (5.180)$$

zu

$$\frac{d\mathbf{x}}{dt} = \mathbf{c}_{\pm} \qquad (5.181)$$

Die Phasengeschwindigkeit bezeichnet also die Geschwindigkeit parallel oder antiparallel zum Wellenvektor, mit der sich Linien konstanter Phase bewegen. Dies ist in Abb. 5.6 veranschaulicht.

Schließlich sei an dieser Stelle auch das Konzept der *Gruppengeschwindigkeit* eingeführt. Dazu betrachten wir zu jeder der beiden Schwerewellen ein Wellenpaket, dessen wesentliche Beiträge alle von Wellenvektoren in der Nähe des zentralen Wellenvektors $\mathbf{k} = \mathbf{k}_0$ kommen:

$$\eta'(\mathbf{x}, t) = \sum_{\beta=\pm}\int_{k_0-\Delta k}^{k_0+\Delta k} dk \int_{l_0-\Delta l}^{l_0+\Delta l} dl\, a_{\beta}(\mathbf{k})e^{i[\mathbf{k}\cdot\mathbf{x}-\omega_{\beta}(\mathbf{k})t]} \qquad (5.182)$$

Hierbei soll $\Delta\mathbf{k}$ klein sein. Man kann die Summe der Pakete auch schreiben als

$$\eta'(\mathbf{x}, t) = \sum_{\beta=\pm} e^{i[\mathbf{k}_0\cdot\mathbf{x}-\omega_{\beta}(\mathbf{k}_0)t]} A_{\beta}(\mathbf{x}, t) \qquad (5.183)$$

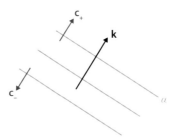

Abb. 5.6 Veranschaulichung der Bedeutung der Phasengeschwindigkeit am Beispiel von Schwerewellen ohne Rotation. Die Phasengeschwindigkeit $\mathbf{c}_{\pm}$ ist parallel oder antiparallel zum Wellenvektor $\mathbf{k}$, der wiederum senkrecht auf den Linien konstanter Phase α steht. Sie ist identisch mit der Geschwindigkeit, mit der sich die Linien konstanter Phase bewegen.

wobei

$$A_\beta(\mathbf{x}, t) = \int_{-\Delta k}^{+\Delta k} dk' \int_{-\Delta l}^{+\Delta l} dl' a_\beta(\mathbf{k}_0 + \mathbf{k}') e^{i\{\mathbf{k}'\cdot\mathbf{x} - [\omega_\beta(\mathbf{k}_0 + \mathbf{k}') - \omega_\beta(\mathbf{k}_0)]t\}} \tag{5.184}$$

die jeweils *Einhüllenden* sind. Da die einzig wichtigen Beiträge zum Integral von Wellenvektoren kommen, die sich von $\mathbf{k}_0$ nur wenig unterscheiden, kann man die Frequenz um diesen zentralen Wellenvektor entwickeln, d. h.

$$\omega_\beta(\mathbf{k}_0 + \mathbf{k}') \approx \omega_\beta(\mathbf{k}_0) + \mathbf{c}_{g,\beta}(\mathbf{k}_0) \cdot \mathbf{k}' \tag{5.185}$$

Dabei ist die *Gruppengeschwindigkeit*

$$\mathbf{c}_{g,\beta}(\mathbf{k}_0) = \nabla_{\mathbf{k}}\omega_\beta\big|_{\mathbf{k}_0} \tag{5.186}$$

der Gradient der Frequenz im Wellenvektorraum. Mit (5.185) wird (5.184) schließlich zu

$$\begin{aligned}
A_\beta(\mathbf{x}, t) &= \int_{-\Delta k}^{+\Delta k} dk' \int_{-\Delta l}^{+\Delta l} dl' a_\beta(\mathbf{k}_0 + \mathbf{k}') e^{i\mathbf{k}'\cdot[\mathbf{x} - \mathbf{c}_{g,\beta}(\mathbf{k}_0)t]} \\
&= A_\beta(\mathbf{x} - \mathbf{c}_{g,\beta}t, 0)
\end{aligned} \tag{5.187}$$

Man sieht also, dass sich die Einhüllenden mit ihrer jeweiligen Gruppengeschwindigkeit bewegen. Die generelle Situation ist in Abb. 5.7 gezeigt. Es ist wichtig festzustellen, dass im Allgemeinen Phasen- und Gruppengeschwindigkeiten nicht übereinstimmen müssen! Hier allerdings ist dies sehr wohl der Fall, denn aus der Dispersionsrelation (5.173) folgt

$$\begin{aligned}
\mathbf{c}_{g,\pm} &= \pm\nabla_{\mathbf{k}}\left(\sqrt{gH}\sqrt{k^2 + l^2}\right) = \pm\sqrt{gH}\,\frac{\mathbf{k}}{\sqrt{k^2 + l^2}} \\
&= \pm\frac{\sqrt{gH}\sqrt{k^2 + l^2}}{\sqrt{k^2 + l^2}}\,\frac{\mathbf{k}}{\sqrt{k^2 + l^2}} = \mathbf{c}_\pm
\end{aligned} \tag{5.188}$$

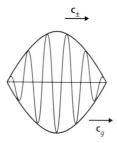

Abb. 5.7 Veranschaulichung des Konzepts der Gruppengeschwindigkeit. Ein Wellenpaket ist ein Wellenzug, der über seine Einhüllende amplitudenmoduliert ist. Während sich der Wellenzug, d. h. seine Phase mit der Phasengeschwindigkeit bewegt, bewegt sich die Einhüllende mit der Gruppengeschwindigkeit.

Im speziellen Fall hier sind die Schwerewellen *nicht-dispersiv*.

Der Wirbelmode Die Differentialgleichung (5.165) für den divergenzfreien Anteil ist einfach:

$$\frac{\partial \nabla^2 \psi}{\partial t} = 0 \tag{5.189}$$

Mittels eines Fourier-Ansatzes für ψ findet man $\omega K^2 = 0$, also die triviale Dispersionsrelation

$$\omega = 0 \tag{5.190}$$

Selbstredend hat dieser stationäre Mode verschwindende Phasen- und Gruppengeschwindigkeiten.

Mit Rotation

Wenn $f_0 \neq 0$, müssen die drei prognostischen Felder gleichzeitig betrachtet werden. Wiederum jedoch analysieren wir sie mittels Fourier-Transformation, d. h., wir schreiben sie zusammengefasst als

$$\begin{pmatrix} \psi \\ \phi \\ \eta' \end{pmatrix} (\mathbf{x}, t) = \int_{-\infty}^{\infty} dk \int_{-\infty}^{\infty} dl \int_{-\infty}^{\infty} d\omega e^{i(\mathbf{k} \cdot \mathbf{x} - \omega t)} \begin{pmatrix} \tilde{\psi} \\ \tilde{\phi} \\ \tilde{\eta} \end{pmatrix} (\mathbf{k}, \omega) \tag{5.191}$$

Fourier-Transformation von (5.165)–(5.167) ergibt

$$i\omega K^2 \tilde{\psi} - f_0 K^2 \tilde{\phi} = 0 \tag{5.192}$$

$$i\omega K^2 \tilde{\phi} + f_0 K^2 \tilde{\psi} - g K^2 \tilde{\eta} = 0 \tag{5.193}$$

$$-i\omega \tilde{\eta} - H K^2 \tilde{\phi} = 0 \tag{5.194}$$

oder

$$B \begin{pmatrix} \tilde{\psi} \\ \tilde{\phi} \\ \tilde{\eta} \end{pmatrix} = 0 \qquad (5.195)$$

wobei die Koeffizientenmatrix

$$B(\mathbf{k}, \omega) = \begin{pmatrix} i\omega K^2 & -f_0 K^2 & 0 \\ f_0 K^2 & i\omega K^2 & -gK^2 \\ 0 & -HK^2 & -i\omega \end{pmatrix} \qquad (5.196)$$

ist. Damit (5.195) auch nicht-triviale Lösungen $\left(\tilde{\psi}, \tilde{\phi}, \tilde{\eta}\right) \neq 0$ hat, muss die Matrix singulär sein, d. h., ihre Determinante verschwindet:

$$\det B = 0 \qquad (5.197)$$

Die Auswertung der Determinante liefert

$$\omega\left(\omega^2 - f_0^2 - gHK^2\right) = 0 \qquad (5.198)$$

Dies führt zu zwei verschiedenen Dispersionsrelationen, der externer Schwerewellen mit Rotation und der des geostrophischen Modes. Beide sollen im Folgenden diskutiert werden.

Die geostrophische Strömung Eine mögliche Lösung von (5.198) ist

$$\omega = 0 \qquad (5.199)$$

Die zugehörige Welle ist also *stationär*, d. h., sie hängt nicht von der Zeit ab. Ihre Struktur erkennt man am besten, indem man direkt zu den linearen Gleichungen (5.148) und (5.149) zurückgeht, mit $f = f_0$, und dort die Zeitableitungen zu null setzt. Man erhält

$$f_0 \mathbf{e}_z \times \mathbf{u}' = -g\nabla\eta' \qquad (5.200)$$
$$\nabla \cdot \mathbf{u}' = 0 \qquad (5.201)$$

Die Strömung ist also divergenzfrei und im geostrophischen Gleichgewicht.

Externe Trägheitsschwerewellen Die zwei weiteren möglichen Lösungen von (5.198) sind, unter weiterer Verwendung von (5.85),

$$\omega = \pm\sqrt{f_0^2 + gHK^2} = \pm f_0\sqrt{1 + K^2 L_d^2} \qquad (5.202)$$

Die Struktur der zugehörigen Welle erhält man aus (5.192) und (5.194):

$$\tilde{\eta} = i\frac{HK^2}{\omega}\tilde{\phi} \tag{5.203}$$

$$\tilde{\psi} = -i\frac{f_0}{\omega}\tilde{\phi} \tag{5.204}$$

Die Säulenhöhenschwankungen und die Stromfunktion laufen gegenphasig, während sie zum Geschwindigkeitspotential in Quadratur stehen. Letzteres bedeutet, dass Nulldurchgänge der einen Größe mit einem Extremwertdurchgang der anderen einhergehen, und umgekehrt. Die Dynamik der Schwerewellen lässt sich im Grenzfall sehr kleiner und sehr großer Wellenlängen noch weiter beleuchten:

Große Wellenlängen ($K^2L_d^2 \ll 1$): Externe Trägheitswellen In diesem Grenzfall ist

$$\omega \approx \pm f_0 \tag{5.205}$$

Mithilfe von (5.203) und (5.204) findet man, dass

$$gK^2\tilde{\eta} = \frac{igHK^4}{\omega}\tilde{\phi} = -\frac{gH}{f_0}K^4\tilde{\psi} = -f_0K^4L_d^2\tilde{\psi} \tag{5.206}$$

sodass

$$|gK^2\tilde{\eta}| \ll |f_0K^2\tilde{\psi}| \tag{5.207}$$

In der transformierten Divergenzgleichung (5.193) ist somit der Beitrag der Säulenhöhenschwankungen vernachlässigbar, und damit auch in der Divergenzgleichung (5.166). Das System der so genäherten Gleichung zusammen mit der Vorticity-Gleichung (5.165) ist

$$\frac{\partial}{\partial t}\nabla^2\psi + f_0\nabla^2\phi = 0 \tag{5.208}$$

$$\frac{\partial}{\partial t}\nabla^2\phi - f_0\nabla^2\Psi \approx 0 \tag{5.209}$$

Diese Gleichungen beschreiben Trägheitswellen, die durch die Impulsgleichung

$$\frac{\partial\mathbf{u}'}{\partial t} + f_0\mathbf{e}_z \times \mathbf{u}' = 0 \tag{5.210}$$

ohne Druckgradientenbeitrag beschrieben werden. Man kann sich leicht überzeugen, dass ihre Rotation und Divergenz zusammen das Gleichungssystem (5.208) und (5.209) erzeugen.

Kleine Wellenlängen ($K^2L_d^2 \gg 1$): Hochfrequente Schwerewellen Ganz analog zum obigen Gedankengang findet man in diesem Fall, dass in der Divergenzgleichung der Beitrag der Stromfunktion zu vernachlässigen ist. Sie ist dann mit der Kontinuitätsgleichung (5.167) gekoppelt. Zusammen ist das genäherte Gleichungssystem

$$\frac{\partial \nabla^2 \phi}{\partial t} \approx -g\nabla^2 \eta' \qquad (5.211)$$

$$\frac{\partial \eta'}{\partial t} + H\nabla^2 \phi = 0 \qquad (5.212)$$

Dies aber sind genau die Grundgleichungen der externen Schwerewellen im nicht-rotierenden System.

5.4.3 Wellen auf der β-Ebene: Quasigeostrophische Rossby-Wellen

Bei einem breitenabhängigen Coriolis-Parameter $f = f_0 + \beta y$ ist die Fourier-Analyse des obigen Kapitels nicht mehr direkt anwendbar. Eine Fourier-Transformation der Impulsgleichung in y-Richtung erzeugt nicht mehr nur Beiträge der Felder bei der jeweils betrachteten Wellenzahl l. Damit werden die transformierten Gleichungen zu einem komplizierten System, in dem alle Wellenzahlen in y-Richtung miteinander gekoppelt sind. Im Resultat erhalten die oszillierenden Lösungen in ihrer Breitenabhängigkeit eine wesentlich komplexere Struktur als die einer monochromatischen Welle. Eine entsprechende Behandlung ist mathematisch möglich, würde aber den Rahmen der Vorlesung sprengen. An dieser Stelle kommt nun aber zum ersten Mal die Stärke der quasigeostrophischen Näherung zum Tragen.

Rossby-Wellen: Dispersionsrelation, Phasen- und Gruppengeschwindigkeit

Im Rahmen der *synoptischen* Skalierung $Ro \ll 1$ sind die Strömungsstrukturen geostrophisch, damit näherungsweise quellenfrei, und ihre zeitliche Entwicklung wird durch die Erhaltungsgleichung (5.129) der quasigeostrophischen potentiellen Vorticity bestimmt. Da wir im gegenwärtigen Zusammenhang keine orographischen Effekte betrachten, lautet sie

$$\left(\frac{\partial}{\partial t} - \frac{\partial \psi}{\partial y}\frac{\partial}{\partial x} + \frac{\partial \psi}{\partial x}\frac{\partial}{\partial y} \right)\left(\nabla^2 \psi + \beta y - \frac{\psi}{L_d^2} \right) = 0 \qquad (5.213)$$

Wir wollen nun untersuchen, welche Wellenlösungen man in dieser Näherung erhält. Der Ruhezustand, um den auch im vorigen Kapitel linearisiert wurde, ist ohne Einschränkung der Allgemeinheit durch

$$\psi = 0 \qquad (5.214)$$

gegeben. Man überzeugt sich leicht, dass er (5.213) löst. Wir betrachten wiederum eine infinitesimal kleine Störung dieses Ruhezustands, setzen also

$$\psi = \psi' \qquad (5.215)$$

und vernachlässigen in (5.213) alle Terme, die nichtlinear in ψ' sind. Das Ergebnis ist

$$\frac{\partial}{\partial t}\nabla^2\psi' + \beta\frac{\partial\psi'}{\partial x} - \frac{1}{L_d^2}\frac{\partial\psi'}{\partial t} = 0 \qquad (5.216)$$

Da sowohl β als auch L_d konstant sind, lässt sich diese Gleichung sehr leicht einer Fourier-Transformation unterziehen. Man erhält

$$\left(i\omega K^2 + i\beta k + \frac{i\omega}{L_d^2}\right)\tilde{\psi} = 0 \qquad (5.217)$$

Die daraus folgende Dispersionsrelation ist

$$\omega = -\frac{\beta k}{K^2 + \dfrac{1}{L_d^2}} \qquad (5.218)$$

Sie beschreibt das raum-zeitliche Verhalten quasigeostrophischer *Rossby-Wellen*. Ihre Dynamik soll gleich diskutiert werden. Zunächst machen wir aber folgende wichtige Feststellungen:

- Rossby-Wellen sind die Grundstrukturen des täglichen Wetters. Sie beschreiben die typischen Ketten von Hoch- und Tiefdruckgebieten, die in mittleren Breiten über den Globus wandern. Beispiele sind in den Abb. 6.2 und 6.5 zu sehen.
- Die quasigeostrophische Dynamik liefert keine Schwerewellen. Sie ist eine *gefilterte* Dynamik. Dies erklärt sich daraus, dass die Annahme kleiner Rossby-Zahlen äquivalent ist mit $f_0 T \gg 1$, wobei T die Zeitskala der zu betrachtenden Phänomene bezeichnet. Da Schwerewellen aber eine Frequenz haben, die immer größer als f_0 ist, ihre Periode T somit $2\pi/T > f_0$ erfüllt, d. h. $f_0 T < 2\pi$, erfüllen sie die Grundannahme der quasigeostrophischen Näherung in der Regel nicht. Da Schwerewellen aufwendiger korrekt zu simulieren sind als die großskaligen Rossby-Wellen, insbesondere aber auch der weiter unten zu diskutierende Prozess der geostrophischen Anpassung eines Zustands an sein geostrophisches Gleichgewicht mittels Abstrahlung von Schwerewellen, haben sich Wettermodelle der ersten Generation dies zunutze gemacht und in ihrer Formulierung die quasigeostrophische Näherung verwendet.
- Die zonale Komponente der Phasengeschwindigkeit einer Rossby-Welle

$$c_x = \frac{\omega}{K}\frac{k}{K} = -\frac{\beta k^2}{K^2\left(K^2 + \dfrac{1}{L_d^2}\right)} \qquad (5.219)$$

ist negativ, und damit westwärts gerichtet. Die Phase einer Rossby-Welle läuft somit stets nach Westen. Das steht nicht im Gegensatz zu der typischen Bewegung der Wettersysteme in mittleren Breiten nach Osten. Diese kommt durch eine starke ostwärts ausgerichtete mittlere Strömung zustande, auf der sich die Druckanomalien bewegen. Linearisiert man (5.213) um die Stromfunktion

$$\psi = -Uy \tag{5.220}$$

einer Grundströmung mit Zonalgeschwindigkeit U, so erhält man als Dispersionsrelation

$$\omega = \frac{UK^2 - \beta}{K^2 + \dfrac{1}{L_d^2}} k \tag{5.221}$$

Für $U > \beta/K^2$ breiten sich die entsprechenden Wellen in der Tat nach Osten aus. Eine stehende Welle mit Frequenz $\omega = 0$ liegt vor, wenn

$$K = \sqrt{\beta/U} \tag{5.222}$$

Solche Wellen werden durch die Überströmung von Gebirgen oder den Land-See-Kontrast der Heizung der Atmosphäre erzeugt. Es ist klar, dass dies aber nur möglich ist, wenn $U > 0$. Dies erklärt den Unterschied im Resultat einer west- oder ostwärtigen Anströmung eines Gebirgsrückens, wie bereits in Abschn. 4.6.4 beschrieben.

- Rossby-Wellen sind hochgradig dispersiv. Zum Beispiel ist bei $U = 0$ die Zonalkomponente ihrer Gruppengeschwindigkeit

$$c_{g,x} = -\frac{\beta \left(K^2 + \dfrac{1}{L_d^2} - 2k^2 \right)}{\left(K^2 + \dfrac{1}{L_d^2} \right)^2} \tag{5.223}$$

Dies ist nicht einmal im Vorzeichen unbedingt mit (5.219) identisch.

- Auf der f-Ebene, d. h. bei $\beta = 0$, fallen die Rossby-Wellen auf die geostrophische Lösung mit $\omega = 0$ zurück.

- Zumindest für kleinskalige Schwerewellen sollte die Variation des Coriolis-Parameters mit der Breite keine große Rolle spielen. Eine allgemeinere Betrachtung zeigt, dass auch im Fall der β-Ebene Schwerewellen mit den oben diskutierten Eigenschaften existieren. Die Zusammenfassung aller wichtigen Dispersionsrelationen ist in Bild 5.8 gezeigt.

Interpretation der Rossby-Wellen

Im Folgenden soll die Dynamik der Rossby-Wellen eingehender diskutiert werden. Als Ausgangsbasis verwenden wir die lineare Erhaltungsgleichung (5.213) für die quasigeostrophische potentielle Vorticity. Wir schreiben sie hier zusammen mit der Erhaltungsgleichung

Abb. 5.8 Zusammenfassung
der Dispersionsrelationen der
grundlegenden Wellentypen
der Flachwasserdynamik:
Rossby-Wellen und externe
Trägheitsschwerewellen
(TSW), die bei großen
Wellenlängen in
Trägheitswellen übergehen und
bei kleinen Wellenlängen in
hochfrequente Schwerewellen.

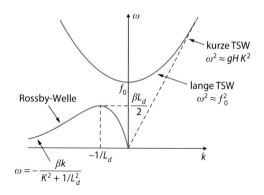

(5.33) der allgemeinen potentiellen Vorticity auf, um eine Zuordnung der einzelnen Terme
zu ermöglichen:

$$\frac{\partial \nabla^2 \psi'}{\partial t} + \beta \frac{\partial \psi'}{\partial x} - \frac{1}{L_d^2}\frac{\partial \psi'}{\partial t} = 0$$

$$\quad\ (1)\qquad\ (2)\qquad\quad (3)$$

$$\frac{D}{Dt}[(\quad \zeta\ +\ f\ )/(\quad \eta\ +H)] = 0$$

Die einzelnen Beiträge sind (1) die lokale Änderung der relativen Vorticity, (2) die Advektion
der planetaren Vorticity und (3) die Wirbelröhrendehnung.

Kurze Wellenlängen ($K^2 \gg 1/L_d^2$) In diesem Fall ist die Wirbelröhrendehnung (3) gegenüber der lokalen Änderung der relativen Vorticity (1) vernachlässigbar. Näherungsweise gilt
also

$$\frac{\partial \nabla^2 \psi'}{\partial t} + \beta \frac{\partial \psi'}{\partial x} \approx 0 \tag{5.224}$$

was der linearen Näherung von

$$\frac{D}{Dt}(\zeta + f) = 0 \tag{5.225}$$

entspricht. Dies bedeutet, dass bei solchen Wellen die absolute Vorticity, bestehend aus der
relativen und der planetaren Vorticity, erhalten ist. Eine Rossby-Welle kann man als Kette
von Stromfunktionsanomalien mit positivem und negativem Vorzeichen sehen. Betrachten
wir demnach nun eine solche Anomalie wie in Abb. 5.9. Dort ist in Aufsicht eine positive
Anomalie in der relativen Vorticity auf der Nordhalbkugel zu sehen. Dies entspricht einer
negativen Anomalie in der Stromfunktion, also einem Tiefdruckgebiet. An der östlichen
Seite der Anomalie bewegen sich die Luftmassen nach Norden. Ihre planetare Vorticity
nimmt somit aufgrund der Breitenabhängigkeit von f zu. Da aber die absolute Vorticity
erhalten ist, muss die relative Vorticity lokal abnehmen. Auf der Westseite sind die Ver-

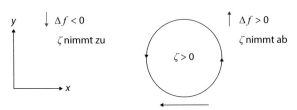

Abb. 5.9 Zur Erläuterung der Dynamik von kurzwelligen Rossby-Wellen die Aufsicht auf eine positive Vorticity-Anomalie (Tiefdruckgebiet) einer Welle auf der Nordhalbkugel. Die nordwärts gerichtete Bewegung an der Ostseite führt aufgrund der Erhaltung der absoluten Vorticity lokal zu einer Reduktion der relativen Vorticity, während die südwärts gerichtete Bewegung an der westlichen Seite die relative Vorticity erhöht. Das Resultat ist eine Westwärtsbewegung des Wirbels.

hältnisse genau umgekehrt: Die Südwärtsbewegung in Verknüpfung mit der Erhaltung der absoluten Vorticity führt dazu, dass die relative Vorticity lokal zunehmen muss. Im Resultat bewegt sich die Vorticityanomalie nach Westen. Man kann sich leicht überlegen, dass der Nettoeffekt auf eine negative Vorticityanomalie, ein Hochdruckgebiet, auch so ist, dass die Anomalie sich nach Westen bewegt. Damit bewegt sich die ganze Welle als Kette von Hoch- und Tiefdruckgebieten nach Westen genauso, wie wir es an der Phasengeschwindigkeit auch schon gesehen haben.

Lange Wellenlängen ($K^2 \ll 1/L_d^2$) In diesem Fall ist die lokale Änderung der relativen Vorticity (1) gegenüber der Wirbelröhrendehnung (3) vernachlässigbar. Näherungsweise gilt also

$$-\frac{1}{L_d^2}\frac{\partial \psi'}{\partial t} + \beta \frac{\partial \psi'}{\partial x} \approx 0 \tag{5.226}$$

was der linearen Näherung von

$$\frac{D}{Dt}\left(\frac{f}{h}\right) = 0 \tag{5.227}$$

entspricht. Dies bedeutet, dass bei solchen Wellen aufgrund der Wirbelröhrendehnung das Verhältnis zwischen Säulenhöhenschwankung und planetarer Vorticity erhalten ist. Betrachten wir zur Erläuterung eine positive Druckanomalie auf der Nordhalbkugel, also ein Hochdruckgebiet, mit positivem η' in Abb. 5.10. Dies ist gleichzeitig eine positive Anomalie in der Stromfunktion. An der Ostseite bewegen sich die Luftmassen nach Süden, d. h., die planetare Vorticity wird abgesenkt. Dies bedeutet, dass auch die Stromfunktionsanomalie abnehmen muss. An der Westseite liegen die Verhältnisse genau umgekehrt: Die nordwärts gerichtete Bewegung führt zu einer Zunahme der Stromfunktionsanomalie. Im Endresultat bewegt sich auch diese Anomalie nach Westen. Bei Tiefdruckgebieten ergibt sich derselbe Nettoeffekt, sodass auch hier eine Rossby-Welle als Kette von Hoch- und Tiefdruckgebieten nach Westen läuft.

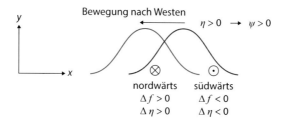

Abb. 5.10 Zur Erläuterung der Dynamik von langwelligen Rossby-Wellen die Seitenansicht einer positive Stromfunktionsanomalie (Hochdruckgebiet) einer Welle auf der Nordhalbkugel. Die südwärts gerichtete Bewegung an der Ostseite führt aufgrund der Wirbelröhrendehnung lokal zu einer Abnahme der Stromfunktionsanomalie, während die nordwärts gerichtete Bewegung an der westlichen Seite die Stromfunktionsanomalie erhöht. Das Resultat ist eine Westwärtsbewegung des Wirbels.

5.4.4 Zusammenfassung

Die Flachwassergleichungen lassen bereits in ihrer vergleichsweise einfachen Formulierung wesentliche Wellen zu, die zur Variabilität der Atmosphäre auf verschiedenen Zeitskalen beitragen.

- In einem *Störungsansatz* werden *infinitesimal kleine Abweichungen* von einer ruhenden Atmosphäre betrachtet, die sich im Gleichgewicht befindet.
- Auf der *f-Ebene* erhält man nach einer *Fourier-Transformation* in Raum und Zeit als einzige nicht-triviale Lösungen *stationäre geostrophische Strömungen* und *externe Trägheitsschwerewellen* mit entsprechenden *Dispersionsrelationen* und *Polarisationsbeziehungen*.
- Anhand dieses Beispiels wurden auch die Konzepte der *Phasengeschwindigkeit* und der *Gruppengeschwindigkeit* eingeführt.
- Auf der *β-Ebene* mit breitenabhängigem Coriolis-Parameter sind die einzelnen meridionalen Wellenzahlen nicht mehr entkoppelt, sodass räumliche Fourier-Transformation hier nicht mehr weiterführt. Hier hilft die quasigeostrophische Theorie, die für kleine Rossby-Zahlen, also im Vergleich zur Trägheitsperiode große Zeitskalen gilt. In der quasigeostrophischen Theorie ist eine Entkopplung der verschiedenen meridionalen Wellenzahlen möglich. Als Lösungen erhält man nun auf analogem Weg wie oben *Rossby-Wellen*.
- Die *Dynamik von Rossby-Wellen* lässt sich gut auf der Basis der *Erhaltung der potentiellen Vorticity* verstehen.

5.5 Geostrophische Anpassung

Auf der Wetterkarte ist das geostrophische Gleichgewicht ein allgegenwärtiges Phänomen. Jenseits der Diagnostik dieses Zustands stellt sich die Frage, was geschieht, wenn eine

Atmosphäre auf den synoptischen Skalen nicht in führender Ordnung im geostrophischen Gleichgewicht ist. In der Tat findet dann ein Anpassungsprozess statt, an dessen Ende dieser Gleichgewichtszustand steht. Dies hat damit zu tun, dass Schwerewellen wesentlich größere Gruppengeschwindigkeiten haben als Rossby-Wellen. Ein anfänglich nicht-geostrophischer Zustand, der aus geostrophischen Rossby-Wellen und Schwerewellen zusammengesetzt ist, wird demnach die Schwerewellen abstrahlen, sodass am Ende nur noch der geostrophisch balancierte Rossby-Wellenanteil übrig bleibt. Dieser Prozess, einschließlich der Ermittlung des geostrophisch balancierten Endzustands aus einem allgemeinen Anfangszustand, soll hier Thema sein. Der Einfachheit halber beschränken wir uns dabei auf die lineare Dynamik auf der f-Ebene.

5.5.1 Die allgemeine Lösung der linearen Flachwassergleichungen auf der f-Ebene

Wir betrachten wiederum die linearisierten Gleichungen (5.148) und (5.149) infinitesimal kleiner Störungen eines ruhenden Referenzzustands und vernachlässigen darin den β-Effekt:

$$\frac{\partial \mathbf{u}'}{\partial t} + \mathbf{f}_0 \times \mathbf{u}' = -g\nabla\eta' \tag{5.228}$$

$$\frac{\partial \eta'}{\partial t} + H\nabla \cdot \mathbf{u}' = 0 \tag{5.229}$$

Die Summe $H\mathbf{u}' \cdot$ (5.228) $+g\eta'$ (5.229) liefert den Erhaltungssatz

$$\frac{\partial e_P}{\partial t} + \nabla \cdot \left(gH\eta'\mathbf{u}'\right) = 0 \tag{5.230}$$

mit der *Pseudoenergiedichte*

$$e_P = \left(H\frac{|\mathbf{u}'|^2}{2} + g\frac{\eta'^2}{2}\right) \tag{5.231}$$

Integration von (5.230) mithilfe des Satzes von Gauß zeigt, dass unter typischen Randbedingungen (z. B. periodische Ränder oder keine Strömung durch den Rand) die *Pseudoenergie*

$$E_P = \int dx \int dy\, e_P \tag{5.232}$$

erhalten ist:

$$\frac{dE_P}{dt} = 0 \tag{5.233}$$

Dadurch motiviert, definieren wir nun ein Vektorfeld

$$\mathbf{\Psi}(\mathbf{x}, t) = \begin{pmatrix} \sqrt{H}u' \\ \sqrt{H}v' \\ \sqrt{g}\eta' \end{pmatrix}(\mathbf{x}, t) \tag{5.234}$$

dessen halbierte Norm mit der Pseudoenergie übereinstimmt, d. h.

$$E_P = \frac{1}{2} \int dx \int dy \, |\mathbf{\Psi}|^2 \tag{5.235}$$

Multiplikation der linearen Impulsgleichung (5.228) mit $\sqrt{H}$ und der linearen Kontinuitätsgleichung (5.229) mit $\sqrt{g}$ ergibt komponentenweise das System

$$\frac{\partial}{\partial t}\Psi_1 - f_0\Psi_2 = -c\frac{\partial \Psi_3}{\partial x} \tag{5.236}$$

$$\frac{\partial}{\partial t}\Psi_2 + f_0\Psi_1 = -c\frac{\partial \Psi_3}{\partial y} \tag{5.237}$$

$$\frac{\partial}{\partial t}\Psi_3 + c\left(\frac{\partial \Psi_1}{\partial x} + \frac{\partial \Psi_2}{\partial y}\right) = 0 \tag{5.238}$$

wobei

$$c = \sqrt{gH} \tag{5.239}$$

der Betrag der Phasengeschwindigkeit der hochfrequenten Schwerewellen ist.

Nun schreiben wir $\mathbf{\Psi}$ als Fourier-Integral im Raum

$$\mathbf{\Psi}(\mathbf{x}, t) = \int_{-\infty}^{\infty} dk \int_{-\infty}^{\infty} dl \, \hat{\mathbf{\Psi}}(\mathbf{k}, t) \, e^{i(kx+ly)} \tag{5.240}$$

Die räumliche Fourier-Transformation von (5.236)–(5.238) liefert

$$\frac{\partial \hat{\Psi}_1}{\partial t} - f_0\hat{\Psi}_2 = -ikc\hat{\Psi}_3 \tag{5.241}$$

$$\frac{\partial \hat{\Psi}_2}{\partial t} + f_0\hat{\Psi}_1 = -ilc\hat{\Psi}_3 \tag{5.242}$$

$$\frac{\partial \hat{\Psi}_3}{\partial t} + ic\left(k\hat{\Psi}_1 + l\hat{\Psi}_2\right) = 0 \tag{5.243}$$

oder

$$i\frac{\partial \hat{\mathbf{\Psi}}}{\partial t} = H\hat{\mathbf{\Psi}} \tag{5.244}$$

wobei

$$H = \begin{pmatrix} 0 & if_0 & kc \\ -if_0 & 0 & lc \\ kc & lc & 0 \end{pmatrix} \tag{5.245}$$

der Operator des linearen Gleichungssystems ist. Sein Hermetizität $H^\dagger = H$ korrespondiert direkt mit der Erhaltung der Pseudoenergie. Hierbei ist $H^\dagger$ das komplex Konjugierte und Transponierte von H.

Schließlich gehen wir auch zum Fourier-Integral in der Zeit über, d. h., wir setzen

$$\hat{\boldsymbol{\Psi}}(\mathbf{k}, t) = \int_{-\infty}^{\infty} d\omega \; \tilde{\boldsymbol{\Psi}}(\mathbf{k}, \omega) \, e^{-i\omega t} \tag{5.246}$$

Fourier-Transformation von (5.244) in der Zeit liefert

$$\omega \tilde{\boldsymbol{\Psi}} = H \tilde{\boldsymbol{\Psi}} \tag{5.247}$$

Man findet, dass die einzigen nichtverschwindenden Lösungen Eigenvektoren von H sein müssen. H hat als 3×3-Matrix bei gegebener Wellenzahl $\mathbf{k}$ drei Eigenwerte ω_α ($\alpha = 1, 2, 3$) und zugehörige Eigenvektoren $\mathbf{A}^\alpha$. Es ist also

$$\tilde{\boldsymbol{\Psi}}(\mathbf{k}, \omega) = \sum_{\alpha=1}^{3} \mathbf{A}^\alpha(\mathbf{k}) \, \delta[\omega - \omega_\alpha(\mathbf{k})] \tag{5.248}$$

wobei für jedes α

$$H \mathbf{A}^\alpha = \omega_\alpha \mathbf{A}^\alpha \tag{5.249}$$

Die Eigenwerte oder *Eigenfrequenzen* findet man als Nullstellen des charakteristischen Polynoms

$$0 = \det(H - \omega I) = \det \begin{pmatrix} -\omega & if_0 & kc \\ -if_0 & -\omega & lc \\ kc & lc & -\omega \end{pmatrix} = \omega \left[f_0^2 + c^2(k^2 + l^2) - \omega^2 \right] \tag{5.250}$$

Sie sind

$$\omega_1 = 0 \tag{5.251}$$

$$\omega_{2,3} = \pm \sqrt{f_0^2 + c^2 K^2} \tag{5.252}$$

Es ist klar, dass die erste Eigenfrequenz die des geostrophischen Modes ist, während die beiden anderen zu den Schwerewellen gehören.

Die Struktur der Lösungen erhält man durch Einsetzen der zugehörenden Eigenfrequenz in (5.249) und Auflösen nach zwei der Felder als Funktion des dritten. Beispielsweise liefert Einsetzen von $\omega_1 = 0$

$$if_0 A_2^1 + kc A_3^1 = 0 \tag{5.253}$$

$$-if_0 A_1^1 + lc A_3^1 = 0 \tag{5.254}$$

$$kc A_1^1 + lc A_2^1 = 0 \tag{5.255}$$

also

$$A_1^1 = -i \frac{lc}{f_0} A_3^1 \tag{5.256}$$

$$A_2^1 = i \frac{kc}{f_0} A_3^1 \tag{5.257}$$

oder

$$\mathbf{A}^1 = a_1 \begin{pmatrix} -ilc \\ ikc \\ f_0 \end{pmatrix} \tag{5.258}$$

wobei der Normierungsfaktor $a_1 (\mathbf{k})$ so gewählt wird, dass

$$\left| \mathbf{A}^1 \right|^2 = \langle \mathbf{A}^1, \mathbf{A}^1 \rangle = 1 \tag{5.259}$$

Hierbei definieren wir das euklidische Skalarprodukt zwischen zwei Vektoren $\mathbf{X}$ und $\mathbf{Y}$ als

$$\langle \mathbf{X}, \mathbf{Y} \rangle = \mathbf{X}^\dagger \mathbf{Y} = X_i^* Y_i \tag{5.260}$$

X_i^* ist das komplex konjugierte von X_i. Analog findet man, dass

$$\mathbf{A}^{2,3} = a_{2,3} \begin{bmatrix} \omega_{2,3} k + i f_0 l \\ \omega_{2,3} l - i f_0 k \\ c \left(k^2 + l^2 \right) \end{bmatrix} \tag{5.261}$$

Es ist leicht zu überprüfen, dass die Eigenvektoren bei geeigneter Wahl der Normierungsfaktoren orthonormal sind, d. h.

$$\langle \mathbf{A}^\alpha, \mathbf{A}^\beta \rangle = \delta_{\alpha\beta} \tag{5.262}$$

Für $\alpha = \beta$ ist dies bereits durch die geeignete Wahl der a_α gewährleistet. Außerdem folgt aus der Hermitizität von H

$$\omega_\beta \langle \mathbf{A}^\alpha, \mathbf{A}^\beta \rangle = \left(\mathbf{A}^\alpha \right)^\dagger H \mathbf{A}^\beta = \left(H \mathbf{A}^\alpha \right)^\dagger \mathbf{A}^\beta = \omega_\alpha \left(\mathbf{A}^\alpha \right)^\dagger \mathbf{A}^\beta = \omega_\alpha \langle \mathbf{A}^\alpha, \mathbf{A}^\beta \rangle \tag{5.263}$$

da alle ω_α reell sind. Wenn aber $\alpha \neq \beta$, dann ist $\omega_\alpha \neq \omega_\beta$, und damit auch $\langle \mathbf{A}^\alpha, \mathbf{A}^\beta \rangle = 0$, sodass (5.262) gezeigt ist.

Da die Eigenvektoren $\mathbf{A}^\alpha$ eine vollständige Basis sind, kann man die zeitabhängige Fourier-Transformierte $\tilde{\boldsymbol{\Psi}}$ zu jedem Zeitpunkt aus Beiträgen der einzelnen Vektoren zusammensetzen, d. h.

$$\tilde{\boldsymbol{\Psi}}(\mathbf{k}, t) = \sum_{\alpha=1}^{3} C_\alpha (\mathbf{k}, t) \mathbf{A}^\alpha (\mathbf{k}) \tag{5.264}$$

Die zugehörigen Koeffizienten erhält man durch Projektion von $\tilde{\boldsymbol{\Psi}}$ auf die Eigenvektoren als

$$C_\alpha = \left\langle \mathbf{A}^\alpha, \tilde{\boldsymbol{\Psi}} \right\rangle \tag{5.265}$$

(5.264) in die Entwicklungsgleichung (5.244) eingesetzt, ergibt unter Verwendung der Eigenwertgleichung (5.249)

$$i \sum_{\alpha=1}^{3} \frac{\partial C_\alpha}{\partial t} \mathbf{A}^\alpha = \sum_{\alpha=1}^{3} C_\alpha H \mathbf{A}^\alpha = \sum_{\alpha=1}^{3} \omega_\alpha C_\alpha \mathbf{A}^\alpha \qquad (5.266)$$

Damit ist

$$\frac{\partial C_\alpha}{\partial t} = -i \omega_\alpha C_\alpha \qquad (5.267)$$

Dies wird gelöst durch

$$C_\alpha(\mathbf{k}, t) = D_\alpha(\mathbf{k}) e^{-i\omega_\alpha(\mathbf{k})t} \qquad (5.268)$$

wobei sich

$$D_\alpha(\mathbf{k}) = C_\alpha(\mathbf{k}, 0) \qquad (5.269)$$

über die Anfangsbedingung bestimmt, also

$$D_\alpha(\mathbf{k}) = \left\langle \mathbf{A}^\alpha(\mathbf{k}), \tilde{\mathbf{\Psi}}(\mathbf{k}, 0) \right\rangle \qquad (5.270)$$

Die allgemeine Lösung der linearen Gleichungen ist demnach

$$\tilde{\mathbf{\Psi}}(\mathbf{k}, t) = \sum_{\alpha=1}^{3} D_\alpha(\mathbf{k}) \mathbf{A}^\alpha(\mathbf{k}) e^{-i\omega_\alpha(\mathbf{k})t} \qquad (5.271)$$

oder

$$\mathbf{\Psi}(\mathbf{x}, t) = \sum_{\alpha=1}^{3} \int_{-\infty}^{\infty} dk \int_{-\infty}^{\infty} dl \, D_\alpha(\mathbf{k}) \mathbf{A}^\alpha(\mathbf{k}) e^{i[\mathbf{k}\cdot\mathbf{x} - \omega_\alpha(\mathbf{k})t]} \qquad (5.272)$$

Sie ist also stets eine Überlagerung aus dem geostrophischen Mode und den Schwerewellen. Letztere sind nicht geostrophisch balanciert.

5.5.2 Der Anpassungsprozess

Der Prozess im Allgemeinen

Wir betrachten nun einen Anfangszustand unseres Problems, der nur auf einem begrenzten Gebiet von dem trivialen Gleichgewicht ohne Bewegung und mit konstantem η' abweicht. Die meisten denkbaren Zustände dieser Art sind nicht im geostrophischen Gleichgewicht, tragen also auch Anteile von Trägheitsschwerewellen. Diese aber haben eine nicht verschwindende Gruppengeschwindigkeit $\mathbf{c}_{2,3,g} \neq 0$. Der geostrophische Anteil hingegen bewegt sich nicht, da $\mathbf{c}_{1,g} = 0$. Die Schwerewellen werden sich also aus dem betrachteten Gebiet ins Unendliche fortbewegen. Nur der geostrophische Anteil bleibt zurück, sodass der

Endzustand (bei $t \to \infty$)

$$\tilde{\Psi}\,(\mathbf{k}, t \to \infty) = C_1\,(\mathbf{k}, t \to \infty)\,\mathbf{A}^1\,(\mathbf{k}) \tag{5.273}$$

ist, und damit im geostrophischen Gleichgewicht. Aufgrund der Orthogonalität der $\mathbf{A}^\alpha$ ist damit für $\alpha = 2, 3$

$$\left\langle \mathbf{A}^\alpha\,(\mathbf{k})\,, \tilde{\Psi}\,(\mathbf{k}, t \to \infty) \right\rangle = 0 \tag{5.274}$$

Die Ausführung der beiden Skalarprodukte liefert

$$(\omega_2 k - i f_0 l)\,\tilde{\Psi}_1 + (\omega_2 l + i f_0 k)\,\tilde{\Psi}_2 + c\,\left(k^2 + l^2\right)\tilde{\Psi}_3 = 0 \tag{5.275}$$

$$(\omega_3 k - i f_0 l)\,\tilde{\Psi}_1 + (\omega_3 l + i f_0 k)\,\tilde{\Psi}_2 + c\,\left(k^2 + l^2\right)\tilde{\Psi}_3 = 0 \tag{5.276}$$

Nach Elimination von $\hat{\Psi}_1$ aus diesen beiden Gleichungen, durch Bildung der Differenz $(\omega_3 k - i f_0 l)$ (5.275)–$(\omega_2 k - i f_0 l)$ (5.276), erhält man

$$i f_0\left(k^2 + l^2\right)(\omega_3 - \omega_2)\,\tilde{\Psi}_2 + c k\left(k^2 + l^2\right)(\omega_3 - \omega_2)\,\tilde{\Psi}_3 = 0 \tag{5.277}$$

oder

$$i f_0 \tilde{\Psi}_2 = -c k \tilde{\Psi}_3 \tag{5.278}$$

Die Umrechnung der Fourier-Transformierten von Ψ in die von $\mathbf{u}$ und η mittels (5.234) und die Verwendung der Definition von c gemäß (5.239) liefert

$$f_0 \tilde{v} = i g k \tilde{\eta} \tag{5.279}$$

Die inverse Fourier-Transformierte dieser Gleichung ist

$$f_0 v' = g \frac{\partial \eta'}{\partial x} \tag{5.280}$$

Dies ist nichts anderes als die Bestätigung, dass der Meridionalwind im geostrophischen Gleichgewicht ist. In gleicher Weise ergibt die Elimination von $\hat{\Psi}_2$ aus (5.275) und (5.276)

$$- f_0 u' = g \frac{\partial \eta'}{\partial y} \tag{5.281}$$

was uns bestätigt, dass auch der Zonalwind geostrophisch balanciert ist. Natürlich hätte man dieses Ergebnis auch direkt aus der Struktur (5.258) des geostrophischen Eigenvektors ablesen können.

Für die Ermittlung der genauen Struktur des Endzustands benötigt man $C_1\,(\mathbf{k}, t \to \infty)$ in (5.273). Da aber $\omega_1 = 0$, ist mit (5.268)

$$C_1(\mathbf{k}, t \to \infty) = C_1(\mathbf{k}, 0) \tag{5.282}$$

oder

$$\left\langle \mathbf{A}^1\left(\mathbf{k}\right), \tilde{\mathbf{\Psi}}\left(\mathbf{k}, t \to \infty\right)\right\rangle = \left\langle \mathbf{A}^1\left(\mathbf{k}\right), \tilde{\mathbf{\Psi}}\left(\mathbf{k}, 0\right)\right\rangle \tag{5.283}$$

Die entsprechende Erhaltungsgröße ist

$$\left\langle \mathbf{A}^1\left(\mathbf{k}\right), \tilde{\mathbf{\Psi}}\left(\mathbf{k}, t\right)\right\rangle = a_1^*\left(\mathbf{k}\right)\left(ilc\tilde{\Psi}_1 - ikc\tilde{\Psi}_2 + f_0\tilde{\Psi}_3\right) = a_1^*\left(\mathbf{k}\right)\sqrt{g}H\left(il\tilde{u} - ik\tilde{v} + \frac{f_0}{H}\tilde{\eta}\right) \tag{5.284}$$

wobei im ersten Schritt die Definition von $\mathbf{A}^1$ gemäß (5.258) verwendet wurde und im zweiten einerseits die Fourier-Transformierten der Ψ_i mittels (5.234) in die von $\mathbf{u}$ und η umgerechnet wurden und andererseits die Definition (5.239) von c verwendet wurde. Also ist $-\left[il\tilde{u} - ik\tilde{v} + (f_0/H)\tilde{\eta}\right]$ erhalten. Deren inverse Fourier-Transformierte ist aber die quasigeostrophische potentielle Vorticity

$$\left(\frac{\partial v'}{\partial x} - \frac{\partial u'}{\partial y} - \frac{f_0}{H}\eta'\right) = \left(\zeta' - \frac{f_0}{H}\eta'\right) \tag{5.285}$$

Der geostrophische Endzustand lässt sich also aus der Erhaltung der quasigeostrophischen potentiellen Vorticity ermitteln[2]:

$$\left(\zeta' - \frac{f_0}{H}\eta'\right)(t \to \infty) = \left(\zeta' - \frac{f_0}{H}\eta'\right)(t = 0) \tag{5.286}$$

Hierbei ist zu beachten, dass für den Endzustand aufgrund seiner Geostrophie

$$u' = -\frac{g}{f_0}\frac{\partial \eta'}{\partial y} \tag{5.287}$$

$$v' = \frac{g}{f_0}\frac{\partial \eta'}{\partial x} \tag{5.288}$$

ist, und damit

$$\zeta' = \frac{g}{f_0}\nabla^2\eta' \tag{5.289}$$

Also bestimmt sich für $t \to \infty$ die Säulenhöhenschwankung aus

$$\left(\nabla^2\eta' - \frac{\eta'}{L_d^2}\right)(t \to \infty) = \left(\frac{f_0}{g}\zeta' - \frac{\eta'}{L_d^2}\right)(t = 0) \tag{5.290}$$

Der Rossby-Krümmungsradius darin ist weiterhin über (5.85) definiert. Nach Lösung von (5.290) mit den passenden Randbedingungen erhält man den zugehörigen Wind aus (5.287) und (5.288).

---

[2] Der interessierten Leserin bleibt es überlassen, sich davon zu überzeugen, dass Trägheitsschwerewellen in der Tat keine quasigeostrophische potentielle Vorticity haben. Die Berechnung der quasigeostrophischen potentiellen Vorticity entspricht damit immer einer Projektion auf den geostrophisch balancierten Teil der Strömung.

Die geostrophische Anpassung eines Drucksprungs

Zur weiteren Verdeutlichung sei im Folgenden ein klassisches Beispiel betrachtet. Der Anfangszustand sei in Ruhe, habe aber, wie in Abb. 5.11 gezeigt, bei $x = 0$ einen Sprung in der Säulenhöhe oder im Druck:

$$\mathbf{u}'(\mathbf{x}, 0) = 0 \tag{5.291}$$

$$\eta'(\mathbf{x}, 0) = -\eta_0 \, \mathrm{sgn}(x) \tag{5.292}$$

Da der Anfangszustand nur von x abhängt, wird der sich daraus entwickelnde Zustand zu allen Zeiten nicht von y abhängen. Außerdem ist der Anfangszustand in Ruhe, sodass auf der rechten Seite von (5.290) für die relative Vorticity $\zeta' = 0$ einzusetzen ist. Sie wird also zu

$$\frac{d^2\eta'}{dx^2} - \frac{\eta'}{L_d^2} = \frac{\eta_0}{L_d^2} \, \mathrm{sgn}(x) \tag{5.293}$$

Diese gewöhnliche Differentialgleichung lösen wir mit dem bekannten Standardverfahren. Es ist eine spezielle Lösung η'_s der Gleichung zu bestimmen und die allgemeine Lösung η'_h der zugehörigen homogenen Gleichung

$$\frac{d^2\eta'_h}{dx^2} - \frac{\eta'_h}{L_d^2} = 0 \tag{5.294}$$

Die komplette Lösung ergibt sich als Summe von η'_s und η'_h, wobei die freien Koeffizienten im zweiten Anteil aus den Randbedingungen bestimmt werden. Diese sind im vorliegenden Fall die Forderung, dass η' für $x \to \pm\infty$ nicht divergieren soll. Außerdem verlangen wir, dass η' und $d\eta'/dx$ bei $x = 0$ stetig sind, damit $d^2\eta'/dx^2$ dort wohldefiniert ist. Dies sind auch die Minimalbedingungen für die Existenz von ζ' bei $x = 0$.

Als spezielle Lösung der allgemeinen Gleichung versuchen wir den Ansatz, dass η'_s außer bei $x = 0$ konstant ist. Dies bedeutet $d^2\eta'/dx^2 = 0$. Wir erhalten

$$\eta'_s = -\eta_0 \, \mathrm{sgn}(x) \tag{5.295}$$

Abb. 5.11 Ein nur von der zonalen Richtung x abhängiger Drucksprung, der zusammen mit einer ruhenden Atmosphäre nicht im geostrophischen Gleichgewicht ist.

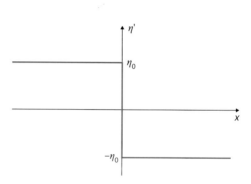

Dies ist in der Tat eine Lösung von (5.293).

Die homogene Gleichung hat nur konstante Koeffizienten. Man kann also den Ansatz $\eta'_h = \exp(mx)$ verwenden und erhält $m = \pm 1/L_d$. Die allgemeine Lösung der homogenen Gleichung ist also

$$\eta'_h = a_+ \, e^{x/L_d} + a_- \, e^{-x/L_d} \tag{5.296}$$

Für positive und negative x sind nun zunächst jeweils die Koeffizienten $a_\pm$ in der vollständigen Lösung

$$\eta' = \eta'_s + \eta'_h \tag{5.297}$$

so zu bestimmen, dass sie für $x \to \pm\infty$ nicht divergiert. Man erhält

$$\eta' = -\eta_0 \, \mathrm{sgn}(x) + \begin{cases} a_+ \, e^{x/L_d} & \text{bei } x < 0 \\ a_- \, e^{-x/L_d} & \text{bei } x > 0 \end{cases} \tag{5.298}$$

Schließlich wenden wir uns der Forderung der Stetigkeit von η' und $d\eta'/dx$ bei $x = 0$ zu. Aus (5.298) folgt

$$\frac{d\eta'}{dx} = \begin{cases} \dfrac{a_+}{L_d} \, e^{x/L_d} & \text{bei } x < 0 \\ -\dfrac{a_-}{L_d} \, e^{-x/L_d} & \text{bei } x > 0 \end{cases} \tag{5.299}$$

Also sind

$$\lim_{x \to 0} \eta' = \begin{cases} \eta_0 + a_+ & \text{bei } x < 0 \\ -\eta_0 + a_- & \text{bei } x > 0 \end{cases} \tag{5.300}$$

$$\lim_{x \to 0} \frac{d\eta'}{dx} = \begin{cases} \dfrac{a_+}{L_d} & \text{bei } x < 0 \\ -\dfrac{a_-}{L_d} & \text{bei } x > 0 \end{cases} \tag{5.301}$$

Abb. 5.12 Verteilung von η' und v', die sich nach der geostrophischen Anpassung des ruhenden Drucksprungs aus Abb. 5.11 ergibt.

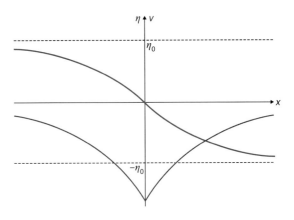

Damit impliziert die Stetigkeit von $d\eta'/dx$

$$a_+ = -a_- \tag{5.302}$$

Stetigkeit von η' andererseits erfordert

$$\eta_0 + a_+ = -\eta_0 + a_- \tag{5.303}$$

Dies zusammen mit (5.302) führt auf

$$a_+ = -\eta_0 \tag{5.304}$$
$$a_- = \eta_0 \tag{5.305}$$

sodass schließlich

$$\eta'(\mathbf{x}, t \to \infty) = \eta_0 \begin{cases} \left(1 - e^{x/L_d}\right) & \text{bei } x < 0 \\ \left(e^{-x/L_d} - 1\right) & \text{bei } x > 0 \end{cases} \tag{5.306}$$

Der geostrophische Wind, der sich daraus mit (5.287) und (5.288) ergibt, ist rein meridional ausgerichtet, d. h., $u' = 0$ und

$$v'(\mathbf{x}, t \to \infty) = -\frac{\eta_0 g}{f_0 L_d} \begin{cases} e^{x/L_d} & \text{bei } x < 0 \\ e^{-x/L_d} & \text{bei } x > 0 \end{cases} \tag{5.307}$$

Man erhält also einen meridionalen Strahlstrom mit maximaler Intensität bei $x = 0$. Die Verteilung von η' und v' ist in Abb. 5.12 gezeigt, während man den zeitlichen Verlauf der Anpassung des Druckfelds in Abb. 5.13 sehen kann. Zur qualitativen Veranschaulichung der Abstrahlung von Schwerewellen an starken Druckgradienten ist in Abb. 5.14 eine Momentaufnahme von Geopotential und horizontaler Divergenz auf der 200-mbar-Fläche über Europa gezeigt.

5.5.3 Zusammenfassung

Ein anfänglich nicht-geostrophischer Zustand, der aus geostrophischen Rossby-Wellen und Schwerewellen zusammengesetzt ist, wird die Schwerewellen abstrahlen, sodass am Ende nur noch der geostrophisch balancierte Rossby-Wellenanteil übrig bleibt.

- Zur Analyse dieses Prozesses beschränken wir uns dabei auf die *lineare Dynamik auf der f-Ebene.*
- In einer allgemeinen Lösung des *Anfangswertproblems* wird gezeigt, dass sich der Zustand zu jeder Zeit aus einem stationären geostrophischen Anteil und propagierenden Trägheitsschwerewellen zusammensetzt. Die jeweiligen Anteile ergeben sich durch Projektion des Anfangszustands auf diese Eigenmoden.

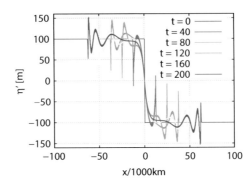

Abb. 5.13 Der zeitliche Verlauf (Zeit in Einheiten von 1000 s) der geostrophischen Anpassung eines Drucksprungs. Man beachte die Schwerewellenfronten, die sich mit fortschreitender Zeit nach außen bewegen, während im Zentrum ein geostrophisch balancierter Zustand verbleibt.

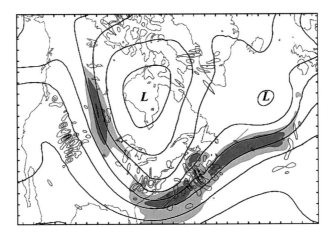

Abb. 5.14 Eine Momentaufnahme von horizontaler Divergenz (rot und blau) auf der 80-mb-Fläche und Geopotential (schwarz) auf der 300-mbar-Fläche über Nordamerika und dem nördlichen Atlantik, zur qualitativen Demonstration der Relevanz des geostrophischen Anpassungsprozesses. Die Grauschattierung zeigt die Windstärke an. Das Geopotential ist in Druckkoordinaten das dynamische Äquivalent zum Druck, der im Rahmen der geostrophischen Skalierung die Rolle einer Stromfunktion erfüllt. Da die geostrophische Strömung keine horizontale Divergenz hat, kann Letztere gut verwendet werden, um die Schwerewellenaktivität zu kennzeichnen. Man beachte die erhöhte Schwerewellenintensität in der Nähe starker Gradienten des Geopotentials, wo die Dynamik von der geostrophischen Skalierung abzuweichen neigt. Abbildung von Wu und Zhang (2004).

- Der letztendlich übrig bleibende geostrophische Anteil kann aus der *Erhaltung der potenziellen Vorticity* ermittelt werden, die für den Endzustand mittels der quasigeostrophischen Theorie zur Stromfunktion in Beziehung zu setzen ist.

5.6 Leseempfehlungen

Ausgezeichnete Texte zur Flachwasserdynamik sind die Bücher von Pedlosky (1987), Salmon (1998), Vallis (2006) und Zeitlin (2018).

Die quasigeostrophische Dynamik der geschichteten Atmosphäre

6

Die Flachwassergleichungen gelten streng genommen nur unter Bedingungen, die mit der Atmosphäre schlecht in Einklang zu bringen sind. Sowohl die Annahme einer konstanten Dichte als auch die verschwindender Vertikalgradienten im Horizontalwind sind nicht realistisch. In diesem Kapitel werden sie nun fallen gelassen. Anstatt aber die barokline Atmosphäre in voller Allgemeinheit zu behandeln, konzentrieren wir uns weiterhin auf die *synoptischen Skalen* und leiten die entsprechende quasigeostrophische Theorie ab. Diese wird uns in die Lage versetzen, die *vertikale Struktur und vertikale Ausbreitung von Rossby-Wellen* zu beschreiben und darüber hinaus auch die Entstehung des extratropischen synoptischskaligen Wetters aus der *baroklinen Instabilität*.

6.1 Die quasigeostrophische Theorie und ihre potentielle Vorticity

6.1.1 Analyse von Impuls- und Kontinuitätsgleichung

Skalenanalyse

Vieles ist in der Entwicklung der quasigeostrophischen Theorie der baroklinen Atmosphäre ähnlich zur der parallelen Theorie für die Flachwassergleichungen. Zusätzlich werden von den thermodynamischen Feldern die einer hydrostatischen, nur von der vertikalen Richtung abhängigen, Referenzatmosphäre abgespalten. Mit $z = r - a$ schreiben wir also

$$\rho = \overline{\rho}\,(z) + \tilde{\rho}\,(\lambda, \phi, z, t) \tag{6.1}$$

und

$$p = \overline{p}\,(z) + \tilde{p}\,(\lambda, \phi, z, t) \tag{6.2}$$

wobei der Anteil der Referenzatmosphäre

© Springer-Verlag GmbH Deutschland, ein Teil von Springer Nature 2022
U. Achatz, *Atmosphärendynamik,* https://doi.org/10.1007/978-3-662-63780-7_6

$$\frac{d\overline{p}}{dz} = -g\overline{\rho} \tag{6.3}$$

befriedigt. Außerdem sollen, konsistent mit der Beobachtung, die Abweichungen der Dichte von jener der Referenzatmosphäre klein sein:

$$|\tilde{\rho}| \ll \overline{\rho} \tag{6.4}$$

Die Skalierung der Druck- und Dichteschwankungen wird aus weiter unten offensichtlichen Gründen höhenabhängig gewählt:

$$\tilde{p} = \mathcal{P}(z)\,\hat{p} \tag{6.5}$$

$$\tilde{\rho} = \mathcal{R}(z)\,\hat{\rho} \tag{6.6}$$

Gemäß (6.4) ist $\mathcal{R} \ll \overline{\rho}$.

Wie auch bereits in der quasigeostrophischen Flachwassertheorie führen wir zusätzlich zu einer Referenzlänge λ_0 und Referenzbreite ϕ_0 eine horizontale Längenskala $L = 10^3$km und eine Horizontalwindskala $U = 10$m/s ein, sodass konsistent mit den Abschätzungen (5.38) und (5.39)

$$\begin{pmatrix} \lambda \\ \phi \end{pmatrix} = \begin{pmatrix} \lambda_0 \\ \phi_0 \end{pmatrix} + \frac{L}{a}\begin{pmatrix} \hat{\lambda} \\ \hat{\phi} \end{pmatrix} \tag{6.7}$$

und

$$\mathbf{u} = U\hat{\mathbf{u}} \tag{6.8}$$

Die Skalierung der Zeit erfolgt wieder über

$$t = \frac{L}{U}\hat{t} \tag{6.9}$$

Außerdem führen wir eine vertikale Längenskala $H = 10$km und eine Skala W des Vertikalwinds ein, sodass

$$z = H\hat{z} \tag{6.10}$$

$$w = W\hat{w} \tag{6.11}$$

Die vertikale Längenskala entspricht in etwa der Höhe typischer Wetterstrukturen auf der synoptischen Skala. Sie entspricht in der Größenordnung aber auch der Höhe der Troposphäre und ihrer hydrostatischen Skalenhöhe. Die Vertikalwindskala kann mittels der Kontinuitätsgleichung

$$\frac{D\rho}{Dt} + \rho\nabla \cdot \mathbf{v} = 0 \tag{6.12}$$

zur Horizontalwindskala in Bezug gesetzt werden. Wegen (6.4) ist diese näherungsweise

$$w \frac{d\overline{\rho}}{dz} + \overline{\rho} \nabla \cdot \mathbf{v} = 0 \tag{6.13}$$

oder, in lokalen kartesischen Koordinaten,

$$\nabla \cdot \mathbf{u} + \frac{1}{\overline{\rho}} \frac{\partial}{\partial z} \left(\overline{\rho} w \right) = 0 \tag{6.14}$$

Die Entdimensionalisierung dieser Gleichung liefert

$$\frac{U}{L} \hat{\nabla} \cdot \hat{\mathbf{u}} + \frac{W}{H} \frac{1}{\overline{\rho}} \frac{\partial}{\partial \hat{z}} \left(\overline{\rho} \hat{w} \right) = 0 \tag{6.15}$$

Damit die beiden Terme ins Gleichgewicht gebracht werden können, muss folglich

$$W = \frac{H}{L} U \tag{6.16}$$

sein. Die Vertikalwinde müssen also um mindestens zwei Größenordnungen schwächer sein als die Horizontalwinde. Wir werden weiter unten sehen, dass dies in der Tat nur die Abschätzung einer oberen Grenze ist.

Nun wenden wir uns den beiden horizontalen Impulsgleichungen zu. Es ist wegen $r = a + z$ und (6.10)

$$r = a \left(1 + \frac{H}{a} \hat{z} \right) \tag{6.17}$$

wobei $H/a = \mathcal{O}(10^{-3}) \ll 1$. Dies zusammen mit (6.7) – (6.11) und (6.16) in die materielle Ableitung (1.107) eingesetzt, liefert

$$\frac{D}{Dt} = \frac{U}{L} \frac{\tilde{D}}{D\hat{t}} \tag{6.18}$$

mit der dimensionslosen materiellen Ableitung

$$\frac{\tilde{D}}{D\hat{t}} = \frac{\partial}{\partial \hat{t}} + \frac{\hat{u}}{\left(1 + \frac{H}{a} \hat{z} \right) \cos \phi} \frac{\partial}{\partial \hat{\lambda}} + \frac{\hat{v}}{1 + \frac{H}{a} \hat{z}} \frac{\partial}{\partial \hat{\phi}} + \hat{w} \frac{\partial}{\partial \hat{z}} \tag{6.19}$$

Außerdem sind

$$2\Omega \sin \phi = f = f_0 \hat{f} \tag{6.20}$$

mit

$$f_0 = 2\Omega \sin \phi_0 \tag{6.21}$$

$$\hat{f} = \frac{\sin \phi}{\sin \phi_0} \tag{6.22}$$

und

$$2\Omega \cos\phi = a\beta \frac{\cos\phi}{\cos\phi_0} \tag{6.23}$$

mit

$$\beta = \frac{2\Omega \cos\phi_0}{a} = \frac{f_0}{L} Ro\hat{\beta} \tag{6.24}$$

$$\hat{\beta} = \frac{1}{Ro}\frac{L}{a}\cot\phi_0 = \mathcal{O}(1) \tag{6.25}$$

Die Entdimensionalisierung der horizontalen Impulsgleichungen (1.116) und (1.117) mittels (6.1), (6.2), (6.5) – (6.11) und (6.16) liefert dann, unter Verwendung von (6.17) und (6.18),

$$Ro\frac{\tilde{D}\hat{u}}{D\hat{t}} - \frac{L}{a}Ro\frac{\hat{u}\hat{v}}{1+\frac{H}{a}\hat{z}}\tan\phi + \frac{H}{L}\frac{L}{a}Ro\frac{\hat{u}\hat{w}}{1+\frac{H}{a}\hat{z}} - \hat{f}\hat{v} + \frac{H}{L}\frac{a}{L}Ro\hat{\beta}\frac{\cos\phi}{\cos\phi_0}\hat{w}$$

$$= -\frac{\mathcal{P}}{\overline{\rho}Lf_0 U}\frac{1}{\left(1+\frac{\mathcal{R}}{\overline{\rho}}\hat{\rho}\right)}\frac{1}{\left(1+\frac{H}{a}\hat{z}\right)}\frac{1}{\cos\phi}\frac{\partial\hat{p}}{\partial\hat{\lambda}} \tag{6.26}$$

$$Ro\frac{\tilde{D}\hat{v}}{D\hat{t}} + \frac{L}{a}Ro\frac{\hat{u}^2}{1+\frac{H}{a}\hat{z}}\tan\phi + \frac{H}{L}\frac{L}{a}Ro\frac{\hat{u}\hat{w}}{1+\frac{H}{a}\hat{z}} + \hat{f}\hat{u}$$

$$= -\frac{\mathcal{P}}{\overline{\rho}Lf_0 U}\frac{1}{\left(1+\frac{\mathcal{R}}{\overline{\rho}}\hat{\rho}\right)}\frac{1}{\left(1+\frac{H}{a}\hat{z}\right)}\frac{\partial\hat{p}}{\partial\hat{\phi}} \tag{6.27}$$

Da bei der gewählten Skalierung die Rossby-Zahl $Ro = \mathcal{O}(10^{-1})$ ist, sind auf der linken Seite der so entdimensionalisierten horizontalen Impulsgleichungen alle Terme bis auf den Coriolis-Term klein. Dieser kann jeweils durch die Druckgradientenkraft auf der rechten Seite nur dann ausgeglichen werden, wenn

$$\mathcal{P} = \overline{\rho}Lf_0 U \tag{6.28}$$

Wir erhalten also in der Tat eine höhenabhängige Druckskala, sodass

$$p = \overline{p}(z) + \overline{\rho}Lf_0 U\hat{p} \tag{6.29}$$

In der Behandlung der vertikalen Impulsgleichung in (1.105) formen wir zunächst die rechte Seite mittels (6.1) und (6.2) um:

$$\frac{Dw}{Dt} - \frac{u^2+v^2}{r} - 2\Omega\cos\phi u = -\left[\frac{1}{\overline{\rho}+\tilde{\rho}}\left(\frac{d\overline{p}}{dz} + \frac{\partial\tilde{p}}{\partial z}\right) + g\right] \tag{6.30}$$

Wir verwenden weiter die Hydrostatik (6.3) der Referenzatmosphäre und erhalten

$$\frac{Dw}{Dt} - \frac{u^2 + v^2}{r} - 2\Omega \cos\phi u = -\left[\frac{g\tilde{\rho}}{\overline{\rho} + \tilde{\rho}} + \frac{1}{\overline{\rho} + \tilde{\rho}}\frac{\partial \tilde{p}}{\partial z}\right] \tag{6.31}$$

Nun gehen wir vor wie bei der Entdimensionalisierung der horizontalen Impulsgleichungen, verwenden dabei auch (6.6) und erhalten

$$\frac{H}{L}Ro\frac{\tilde{D}\hat{w}}{D\hat{t}} - \frac{L}{a}Ro\frac{\hat{u}^2 + \hat{v}^2}{1 + \frac{H}{a}\hat{z}} - \frac{a}{L}Ro\hat{\beta}\frac{\cos\phi}{\cos\phi_0}\hat{u}$$

$$= -\frac{L}{H}\left[\frac{\hat{\rho}}{1 + \frac{\mathcal{R}}{\overline{\rho}}\hat{\rho}}\frac{\mathcal{R}gH}{\overline{\rho}f_0UL} + \frac{1}{1 + \frac{\mathcal{R}}{\overline{\rho}}\hat{\rho}}\frac{1}{\overline{\rho}}\frac{\partial}{\partial\hat{z}}(\overline{\rho}\hat{p})\right] \tag{6.32}$$

Unter den Termen auf der linken Seite ist der letzte der größte. Er ist $\mathcal{O}(1)$ und damit immer noch klein gegen den Vorfaktor $L/H \gg 1$ der rechten Seite. Dies bedeutet, dass sich die Terme in der Klammer auf der rechten Seite zumindest in führender Ordnung gegenseitig aufheben müssen, was wiederum nur möglich ist, wenn

$$\mathcal{R} = \frac{Lf_0U\overline{\rho}}{gH} = \overline{\rho}Ro\frac{L^2}{L_d^2} \tag{6.33}$$

Man sieht damit auch, dass $\mathcal{R} \ll \overline{\rho}$, was konsistent mit den Grundannahmen ist. Außerdem ist

$$\rho = \overline{\rho}\left(1 + \overline{\rho}Ro\frac{L^2}{L_d^2}\hat{\rho}\right) \tag{6.34}$$

Mit dieser Wahl wird die vertikale Impulsgleichung schließlich zu

$$\frac{H}{L}Ro\frac{\tilde{D}\hat{w}}{D\hat{t}} - \frac{L}{a}Ro\frac{\hat{u}^2 + \hat{v}^2}{1 + \frac{H}{a}\hat{z}} - \frac{a}{L}Ro\hat{\beta}\frac{\cos\phi}{\cos\phi_0}\hat{u}$$

$$= -\frac{L}{H}\left[\frac{\hat{\rho}}{1 + Ro\frac{L^2}{L_d^2}\hat{\rho}} + \frac{1}{1 + Ro\frac{L^2}{L_d^2}\hat{\rho}}\frac{1}{\overline{\rho}}\frac{\partial}{\partial\hat{z}}(\overline{\rho}\hat{p})\right] \tag{6.35}$$

In der Entdimensionalisierung der Kontinuitätsgleichung gehen wir analog vor. Die Entdimensionalisierung der Divergenz in (1.109) liefert zunächst

$$
\nabla \cdot \mathbf{v} = \frac{U}{L} \left\{ \tilde{\nabla} \cdot \hat{\mathbf{u}} + \frac{1}{\left(1 + \dfrac{H}{a}\hat{z}\right)^2} \frac{\partial}{\partial \hat{z}} \left[\left(1 + \frac{H}{a}\hat{z}\right)^2 \hat{w} \right] \right\}
$$

$$
= \frac{U}{L} \left[\tilde{\nabla} \cdot \hat{\mathbf{u}} + \frac{\partial \hat{w}}{\partial \hat{z}} + \mathcal{O}\left(\frac{H}{a}\right) \right] \tag{6.36}
$$

mit der dimensionslosen Horizontaldivergenz

$$
\tilde{\nabla} \cdot \hat{\mathbf{u}} = \frac{1}{1 + \dfrac{H}{a}\hat{z}} \left[\frac{1}{\cos\phi} \frac{\partial \hat{u}}{\partial \hat{\lambda}} + \frac{1}{\cos\phi} \frac{\partial}{\partial \hat{\phi}} \left(\cos\phi\, \hat{v} \right) \right] \tag{6.37}
$$

Dies und (6.34) führen im Rahmen einer Entdimensionalisierung analog zu dem oben Vorgeführten auf

$$
Ro \frac{L^2}{L_d^2} \frac{\tilde{D}\hat{\rho}}{D\hat{t}} + \left(1 + Ro \frac{L^2}{L_d^2} \hat{\rho}\right) \left[\tilde{\nabla} \cdot \hat{\mathbf{u}} + \frac{1}{\bar{\rho}} \frac{\partial}{\partial \hat{z}} (\bar{\rho}\hat{w}) + \mathcal{O}\left(\frac{H}{a}\right) \right] = 0 \tag{6.38}
$$

Lokale Geometrie und Charakterisierung in Potenzen der Rossby-Zahl

Aus der Definition (5.85) des äußeren Rossby-Deformationsradius folgt bei $H = 10\,\mathrm{km}$ und $f_0 = 10^{-4}\mathrm{s}^{-1}$, dass

$$
L_d \approx 3 \cdot 10^3 \mathrm{km} \tag{6.39}
$$

Andererseits ist $L = 10^3$ km, sodass wir die zentrale Annahme machen, dass

$$
\frac{L^2}{L_d^2} = \mathcal{O}(Ro) \tag{6.40}
$$

wobei bei der gegebenen Skalierung $Ro = \mathcal{O}(10^{-1})$ ist. Es sollte beachtet werden, dass dies von der Annahme $L^2/L_d^2 = \mathcal{O}(1)$ in der Quasigeostrophie der Flachwassergleichungen abweicht. Mit der angegebenen Wahl der Längenskalen ergibt sich weiterhin

$$
\frac{H}{L} = \mathcal{O}(Ro^2) \qquad \frac{L}{a} = \mathcal{O}(Ro) \qquad \frac{H}{a} = \mathcal{O}(Ro^3) \tag{6.41}
$$

Da $L/a = \mathcal{O}(Ro) \ll 1$, entwickeln wir weiterhin die verschiedenen trigonometrischen Funktionen der geographischen Breite um die Referenzbreite und gelangen so zu einer lokalen Geometrie der β-Ebene. So wird, unter Verwendung von (6.7),

$$\frac{1}{\cos\phi}\frac{\partial}{\partial\hat\lambda} = \left\{1 + \tan\phi_0\frac{L}{a}\hat\phi + \mathcal{O}\left[\left(\frac{L}{a}\right)^2\right]\right\}\frac{1}{\cos\phi_0}\frac{\partial}{\partial\hat\lambda}$$

$$= \left(1 + \frac{L}{a}\tan\phi_0\,\hat y\right)\frac{\partial}{\partial\hat x} + \mathcal{O}\left(Ro^2\right) \tag{6.42}$$

wobei

$$(\hat x, \hat y) = \left(\cos\phi_0\,\hat\lambda, \hat\phi\right) \tag{6.43}$$

die entdimensionalisierten Horizontalkoordinaten der an (λ_0, ϕ_0) tangentialen β-Ebene sind, wie sich mittels (5.40), (5.41) und $(x, y) = L(\hat x, \hat y)$ aus (6.7) ablesen lässt. Entsprechend ist auch

$$\frac{\partial}{\partial\hat\phi} = \frac{\partial}{\partial\hat y} \tag{6.44}$$

sodass die materielle Ableitung unter zusätzlicher Entwicklung von

$$\frac{1}{1 + \dfrac{H}{a}\hat z} = 1 + \mathcal{O}\left(\frac{H}{a}\right) = 1 + \mathcal{O}\left(Ro^3\right) \tag{6.45}$$

zu

$$\frac{\tilde D}{D\hat t} = \frac{\hat D}{D\hat t} + Ro\frac{L/a}{Ro}\tan\phi_0\frac{\partial}{\partial\hat x} + \mathcal{O}\left(Ro^2\right) \tag{6.46}$$

wird, mit der Definition

$$\frac{\hat D}{D\hat t} = \frac{\partial}{\partial\hat t} + \hat u\frac{\partial}{\partial\hat x} + \hat v\frac{\partial}{\partial\hat y} + \hat w\frac{\partial}{\partial\hat z} \tag{6.47}$$

Des Weiteren sind

$$\tan\phi = \mathcal{O}(1) \tag{6.48}$$

$$\frac{\cos\phi}{\cos\phi_0} - \mathcal{O}(1) \tag{6.49}$$

und, mit (6.22) und $\hat f_0 = 1$,

$$\hat f = \hat f_0 + \cot\phi_0\frac{L}{a}\hat\phi + \mathcal{O}\left[\left(\frac{L}{a}\right)^2\right]$$

$$= \hat f_0 + Ro\hat\beta\,\hat y + \mathcal{O}\left(Ro^2\right) \tag{6.50}$$

sowie

$$\frac{1}{1 + \dfrac{\mathcal{R}}{\rho}\hat\rho} = \frac{1}{1 + Ro\dfrac{L^2}{L_d^2}\hat\rho} = 1 + \mathcal{O}\left(Ro\frac{L^2}{L_d^2}\right) = 1 + \mathcal{O}\left(Ro^2\right) \tag{6.51}$$

Unter Berücksichtigung all dieser Abschätzungen schreiben wir nun die beiden horizontalen Impulsgleichungen (6.26) und (6.27) in eine Form um, in der nur die größten Terme explizit ausgedrückt bleiben, die in der späteren Behandlung Verwendung finden werden. Man erhält

$$
Ro\left[\frac{\hat{D}\hat{u}}{D\hat{t}} + \mathcal{O}\left(Ro\right)\right] - \left[\hat{f}_0 + Ro\hat{\beta}\hat{y} + \mathcal{O}\left(Ro^2\right)\right]\hat{v} + \mathcal{O}\left(Ro^2\right)
$$

$$
= -\left(1 + \frac{L}{a}\tan\phi_0\,\hat{y}\right)\frac{\partial\hat{p}}{\partial\hat{x}} + \mathcal{O}\left(Ro^2\right) \tag{6.52}
$$

$$
Ro\left[\frac{\hat{D}\hat{v}}{D\hat{t}} + \mathcal{O}\left(Ro\right)\right] + \left[\hat{f}_0 + Ro\hat{\beta}\hat{y} + \mathcal{O}\left(Ro^2\right)\right]\hat{u} + \mathcal{O}\left(Ro^2\right)
$$

$$
= -\frac{\partial\hat{p}}{\partial\hat{y}} + \mathcal{O}\left(Ro^2\right) \tag{6.53}
$$

Analog wird die vertikale Impulsgleichung (6.35) zu

$$
\mathcal{O}\left(1\right) = -\frac{L}{H}\left[\hat{\rho} + \frac{1}{\overline{\rho}}\frac{\partial}{\partial\hat{z}}\left(\overline{\rho}\hat{p}\right) + \mathcal{O}\left(Ro^2\right)\right] \qquad \frac{L}{H} = \mathcal{O}\left(Ro^{-2}\right) \tag{6.54}
$$

Für die Kontinuitätsgleichung (6.38) schreiben wir zunächst $\tilde{\nabla}\cdot\hat{\mathbf{u}}$ in (6.37) um. Entwicklung um die Referenzbreite ϕ_0 ergibt zunächst, mit $\hat{\phi} = \hat{y}$,

$$
\frac{1}{\cos\phi}\frac{\partial}{\partial\hat{\phi}}\left(\cos\phi\,\hat{v}\right) = \frac{\partial\hat{v}}{\partial\hat{y}} - \frac{L}{a}\tan\phi_0\,\hat{v} + \mathcal{O}\left(Ro^2\right) \tag{6.55}
$$

Dies liefert zusammen mit (6.42)

$$
\tilde{\nabla}\cdot\hat{\mathbf{u}} = \left[1 + \mathcal{O}\left(Ro^3\right)\right]\left[\hat{\nabla}\cdot\hat{\mathbf{u}} + \frac{L}{a}\tan\phi_0\left(\hat{y}\frac{\partial\hat{u}}{\partial\hat{x}} - \hat{v}\right) + \mathcal{O}\left(Ro^2\right)\right] \tag{6.56}
$$

wobei

$$
\hat{\nabla}\cdot\hat{\mathbf{u}} = \frac{\partial\hat{u}}{\partial\hat{x}} + \frac{\partial\hat{v}}{\partial\hat{y}} \tag{6.57}
$$

Damit wird (6.38) zu

$$
0 = \mathcal{O}\left(Ro^2\right)
$$

$$
+ \left(1 + Ro\frac{L^2}{L_d^2}\right)\left\{\left[1 + \mathcal{O}\left(Ro^3\right)\right]\left[\hat{\nabla}\cdot\hat{\mathbf{u}} + \frac{L}{a}\tan\phi_0\left(\hat{y}\frac{\partial\hat{u}}{\partial\hat{x}} - \hat{v}\right) + \mathcal{O}\left(Ro^2\right)\right]\right.
$$

$$
\left. + \frac{1}{\overline{\rho}}\frac{\partial}{\partial\hat{z}}\left(\overline{\rho}\hat{w}\right) + \mathcal{O}\left(Ro^3\right)\right\} \tag{6.58}
$$

Skalenasymptotische Behandlung

Wie auch im Fall der Flachwassergleichungen werden alle Felder nun nach der Rossby-Zahl entwickelt:

$$\begin{pmatrix} \hat{\mathbf{v}} \\ \hat{\rho} \\ \hat{p} \end{pmatrix} = \sum_{i=0}^{\infty} Ro^i \begin{pmatrix} \hat{\mathbf{v}}_i \\ \hat{\rho}_i \\ \hat{p}_i \end{pmatrix} \tag{6.59}$$

Dies setzen wir in (6.52) – (6.54) und (6.58) ein und sortieren nach den Beiträgen gleicher Potenz in Ro.

Die führende Ordnung in den horizontalen Impulsgleichungen ist $\mathcal{O}(1)$. Man erhält daraus

$$\hat{v}_0 = \frac{1}{\hat{f}_0} \frac{\partial \hat{p}_0}{\partial \hat{x}} \tag{6.60}$$

$$\hat{u}_0 = -\frac{1}{\hat{f}_0} \frac{\partial \hat{p}_0}{\partial \hat{y}} \tag{6.61}$$

Dies ist natürlich das geostrophische Gleichgewicht des Horizontalwinds in führender Ordnung. Eine Konsequenz ist auch seine Divergenzfreiheit:

$$\hat{\nabla} \cdot \hat{\mathbf{u}}_0 = 0 \tag{6.62}$$

Die führende Ordnung der vertikalen Impulsgleichung ist $\mathcal{O}(Ro^{-2})$. Sie liefert

$$\hat{\rho}_0 + \frac{1}{\overline{\rho}} \frac{\partial}{\partial \hat{z}} (\overline{\rho}\hat{p}_0) = 0 \tag{6.63}$$

Dies bedeutet, dass die Abweichung von Dichte und Druck von der Referenzatmosphäre ebenfalls in führender Ordnung im hydrostatischen Gleichgewicht ist. Die führende Ordnung der Kontinuitätsgleichung schließlich ist $\mathcal{O}(1)$. Sie ergibt

$$\hat{\nabla} \cdot \hat{\mathbf{u}}_0 + \frac{1}{\overline{\rho}} \frac{\partial}{\partial \hat{z}} (\overline{\rho}\hat{w}_0) = 0 \tag{6.64}$$

was wegen (6.62)

$$\frac{1}{\overline{\rho}} \frac{\partial}{\partial \hat{z}} (\overline{\rho}\hat{w}_0) = 0 \tag{6.65}$$

bedeutet. Da $\overline{\rho} \to 0$ für $z \to \infty$, kann ein divergierender Vertikalwind im Unendlichen nur vermieden werden, wenn überall

$$\hat{w}_0 = 0 \tag{6.66}$$

ist. Der Vertikalwind ist also größenordnungsmäßig nicht nur um den Faktor H/L schwächer als der Horizontalwind, sondern sogar um um den Faktor $Ro\, H/L$.

Gehen wir in den horizontalen Impulsgleichungen zur nächsten Ordnung $\mathcal{O}(Ro)$, so erhalten wir weiter

$$\frac{D_0}{D\hat{t}} \hat{u}_0 - \hat{f}_0 \hat{v}_1 - \hat{\beta} \hat{y} \hat{v}_0 = -\frac{\partial \hat{p}_1}{\partial \hat{x}} - \frac{L/a}{Ro} \tan \phi_0 \, \hat{y} \frac{\partial \hat{p}_0}{\partial \hat{x}} \qquad (6.67)$$

$$\frac{D_0}{D\hat{t}} \hat{v}_0 + \hat{f}_0 \hat{u}_1 + \hat{\beta} \hat{y} \hat{u}_0 = -\frac{\partial \hat{p}_1}{\partial \hat{y}} \qquad (6.68)$$

wobei

$$\frac{D_0}{D\hat{t}} = \frac{\partial}{\partial \hat{t}} + \hat{u}_0 \frac{\partial}{\partial \hat{x}} + \hat{v}_0 \frac{\partial}{\partial \hat{y}} \qquad (6.69)$$

die entdimensionalisierte Form der quasigeostrophischen materiellen Ableitung ist. Mittels $\partial(6.68)/\partial x - \partial(6.67)\partial y$ finden wir dann zunächst die Gleichung

$$\frac{D_0 \hat{\zeta}_0}{D\hat{t}} + \hat{v}_0 \frac{\partial}{\partial \hat{y}} \hat{\beta} \hat{y} = -\hat{f}_0 \left[\hat{\nabla} \cdot \mathbf{\hat{u}}_1 + \frac{L/a}{Ro} \tan \phi_0 \left(\hat{y} \frac{\partial \hat{u}_0}{\partial \hat{x}} - \hat{v}_0 \right) \right] \qquad (6.70)$$

für die entdimensionalisierte quasigeostrophische Vorticity

$$\hat{\zeta}_0 = \frac{\partial \hat{v}_0}{\partial \hat{x}} - \frac{\partial \hat{u}_0}{\partial \hat{y}} = \frac{1}{\hat{f}_0} \left(\frac{\partial^2 \hat{p}_0}{\partial \hat{x}^2} + \frac{\partial^2 \hat{p}_0}{\partial \hat{y}^2} \right) \qquad (6.71)$$

wobei wiederum (6.62) verwendet wurde und daraus folgend auch

$$\frac{\partial \mathbf{\hat{u}}_0}{\partial \hat{x}} \cdot \hat{\nabla} \hat{v}_0 = 0 \qquad (6.72)$$

$$\frac{\partial \mathbf{\hat{u}}_0}{\partial \hat{y}} \cdot \hat{\nabla} \hat{u}_0 = 0 \qquad (6.73)$$

Die $\mathcal{O}(Ro)$ der Kontinuitätsgleichung andererseits liefert

$$0 = \hat{\nabla} \cdot \mathbf{\hat{u}}_1 + \frac{L/a}{Ro} \tan \phi_0 \left(\hat{y} \frac{\partial \hat{u}_0}{\partial \hat{x}} - \hat{v}_0 \right) + \frac{1}{\overline{\rho}} \frac{\partial}{\partial \hat{z}} (\overline{\rho} \hat{w}_1) \qquad (6.74)$$

womit wir die quasigeostrophische Vorticity-Gleichung

$$\frac{D_0}{D\hat{t}} \left(\hat{\zeta}_0 + \hat{\beta} \hat{y} \right) = \frac{1}{\overline{\rho}} \frac{\partial}{\partial \hat{z}} (\overline{\rho} \hat{w}_1) \qquad (6.75)$$

erhalten. Diese Gleichung ist noch nicht geschlossen. Zwar lassen sich alle Terme der linken Seite aus $\hat{p}_0$ und seinen Ableitungen berechnen, ein Bezug zu $\hat{w}_1$ ist aber nicht direkt erkennbar. Um hier weiter zu kommen, wenden wir uns nun der Thermodynamik in Form der Entropiegleichung zu.

6.1.2 Auswertung der Entropiegleichung

Wir betrachten zunächst die potentielle Temperatur. Mithilfe von (6.28), (5.70) und (5.85) lässt sich der Druck schreiben als

$$p = \overline{p}\left(1 + \frac{gH\overline{\rho}}{\overline{p}} Ro \frac{L^2}{L_d^2}\hat{p}\right) \tag{6.76}$$

Da die Referenzatmosphäre hydrostatisch ist und H in etwa der hydrostatischen Skalenhöhe entspricht, ist $gH\overline{\rho}/\overline{p} = \mathcal{O}(1)$ und damit der zweite Term in (6.76) klein. Drücken wir die Temperatur in der Definition (2.91) der potentiellen Temperatur mittels der idealen Gasgleichung (2.3) über Druck und Dichte aus, erhalten wir

$$\theta = \frac{p_{00}}{R\rho}\left(\frac{p_{00}}{p}\right)^{R/c_p - 1} \tag{6.77}$$

was mittels (6.1), (6.6), (6.33) und (6.76)

$$\theta = \overline{\theta}\frac{\left(1 + \frac{\overline{\rho}}{\overline{p}}gH Ro\frac{L^2}{L_d^2}\hat{p}\right)^{1 - R/c_p}}{\left(1 + Ro\frac{L^2}{L_d^2}\hat{\rho}\right)} \tag{6.78}$$

ergibt, wobei

$$\overline{\theta} = \frac{p_{00}}{R\overline{\rho}}\left(\frac{p_{00}}{\overline{p}}\right)^{R/c_p - 1} \tag{6.79}$$

die potentielle Temperatur der Referenzatmosphäre ist. Wegen (6.40) ist also

$$\frac{\theta}{\overline{\theta}} = 1 - Ro\frac{L^2}{L_d^2}\hat{\rho} + \left(1 - \frac{R}{c_p}\right)\frac{gH\overline{\rho}}{\overline{p}} Ro\frac{L^2}{L_d^2}\hat{p} + \mathcal{O}\left(Ro^4\right) \tag{6.80}$$

Die Größenordnung des vorletzten Terms bedarf einer genaueren Betrachtung. Zunächst ist wegen der Hydrostatik (6.3) der Referenzatmosphäre und (6.10)

$$\frac{1}{H}\frac{d\overline{p}}{d\hat{z}} = -g\overline{\rho} \tag{6.81}$$

sodass

$$\left(1 - \frac{R}{c_p}\right)\frac{gH\overline{\rho}}{\overline{p}} = \left(\frac{R}{c_p} - 1\right)\frac{1}{\overline{p}}\frac{d\overline{p}}{d\hat{z}} \tag{6.82}$$

Außerdem folgt aus (6.79)

$$\frac{1}{\overline{\theta}}\frac{d\overline{\theta}}{d\hat{z}} = -\frac{1}{\overline{\rho}}\frac{d\overline{\rho}}{d\hat{z}} - \left(\frac{R}{c_p} - 1\right)\frac{1}{\overline{p}}\frac{d\overline{p}}{d\hat{z}} \tag{6.83}$$

sodass (6.82) zu

$$\left(1 - \frac{R}{c_p}\right)\frac{\overline{\rho}gH}{\overline{p}} = -\frac{1}{\overline{\theta}}\frac{d\overline{\theta}}{d\hat{z}} - \frac{1}{\overline{\rho}}\frac{d\overline{\rho}}{d\hat{z}} \tag{6.84}$$

wird. Da H der atmosphärischen Skalenhöhe entspricht, ist

$$\frac{1}{\overline{\rho}}\frac{d\overline{\rho}}{d\hat{z}} = \mathcal{O}(1) \tag{6.85}$$

Andererseits ist mit (2.143) und (6.10)

$$\frac{1}{\overline{\theta}}\frac{d\overline{\theta}}{d\hat{z}} = \frac{HN^2}{g} \tag{6.86}$$

Typischerweise ist in der Troposphäre $N^2 = \mathcal{O}(10^{-4}s^{-2})$, sodass

$$\frac{HN^2}{g} = \mathcal{O}\left(\frac{10^4 \cdot 10^{-4}}{10}\right) = \mathcal{O}(Ro) \tag{6.87}$$

Also kann man schreiben

$$\frac{1}{\overline{\theta}}\frac{d\overline{\theta}}{d\hat{z}} = Ro\hat{N}^2 \tag{6.88}$$

wobei

$$\hat{N}^2 = \frac{HN^2}{gRo} = \mathcal{O}(1) \tag{6.89}$$

ist. Unter Verwendung von (6.84) und (6.88) kann man (6.80) schließlich umformen in

$$\theta = \overline{\theta}\left[1 - Ro\frac{L^2}{L_d^2}\left(\hat{\rho} + \frac{\hat{p}}{\overline{p}}\frac{d\overline{\rho}}{d\hat{z}}\right) + \mathcal{O}(Ro^3)\right] \tag{6.90}$$

Wir schreiben somit

$$\theta = \overline{\theta}\left(1 + Ro\frac{L^2}{L_d^2}\hat{\theta}\right) \tag{6.91}$$

und entwickeln $\hat{\theta}$ nach Ro:

$$\hat{\theta} = \sum_{i=0}^{\infty} Ro^i\hat{\theta}_i \tag{6.92}$$

Der Vergleich mit (6.90) liefert

$$\hat{\theta}_0 = -\hat{\rho}_0 - \frac{\hat{p}_0}{\overline{p}}\frac{d\overline{\rho}}{d\hat{z}} \tag{6.93}$$

was zusammen mit (6.63)

$$\hat{\theta}_0 = \frac{\partial\hat{p}_0}{\partial\hat{z}} \tag{6.94}$$

ergibt. In führender Ordnung ist die Abweichung der potentiellen Temperatur von jener der Referenzatmosphäre also durch $\hat{p}_0$ bestimmt. Dies hat auch die *thermische Windrelation* zur Folge, denn die Vertikalableitungen von (6.60) und (6.61) liefern, unter Verwendung von (6.94) und $\hat{f}_0 = 1$,

$$\frac{\partial \hat{u}_0}{\partial \hat{z}} = -\frac{\partial \hat{\theta}_0}{\partial \hat{y}} \tag{6.95}$$

$$\frac{\partial \hat{v}_0}{\partial \hat{z}} = \frac{\partial \hat{\theta}_0}{\partial \hat{x}} \tag{6.96}$$

Die horizontalen Gradienten der potentiellen Temperatur sind demnach, als Folge des hydrostatischen Gleichgewichts und des geostrophischen Gleichgewichts, mit vertikalen Gradienten des Horizontalwinds äquivalent.

Wir betrachten nun die Entropiegleichung (2.126) *ohne Reibung und Wärmeleitung*. In analoger Vorgehensweise zur Behandlung der Impuls- und Kontinuitätsgleichungen kann man, unter zusätzlicher Verwendung von (6.91), zunächst die linke Seite entdimensionalisieren. Das Ergebnis ist

$$\frac{U}{L} \frac{\tilde{D}}{D\hat{t}} \left[\overline{\theta} \left(1 + Ro \frac{L^2}{L_d^2} \hat{\theta} \right) \right] = \frac{q\theta}{c_p T} \tag{6.97}$$

Da $\overline{\theta}$ nur von der Höhe abhängt, erhält man daraus unter weiterer Verwendung von (6.88)

$$Ro \frac{\tilde{D}\hat{\theta}}{D\hat{t}} + \left(1 + Ro \frac{L^2}{L_d^2} \hat{\theta} \right) \frac{Ro\hat{N}^2}{L^2/L_d^2} \hat{w} = \frac{q}{c_p T} \frac{L_d^2}{UL} \frac{\theta}{\overline{\theta}} \tag{6.98}$$

Wegen (6.46) und (6.47) wird die materielle Ableitung in führender Ordnung zur quasigeostrophischen materiellen Ableitung (6.69). Außerdem ist der Vertikalwind in führender Ordnung $Ro\hat{w}_1$. Unter weiterer Berücksichtigung von (6.40) erkennt man, dass die führende Ordnung der linken Seite dieser Gleichung $\mathcal{O}(Ro)$ ist, sodass wir aus Konsistenzgründen

$$\frac{q}{c_p T} \frac{L_d^2}{UL} \frac{\theta}{\overline{\theta}} = Ro \hat{Q} \tag{6.99}$$

schreiben. Die führende Ordnung $\mathcal{O}(Ro)$ der gesamten Gleichung ist damit

$$\frac{D_0 \hat{\theta}_0}{D\hat{t}} + S\hat{w}_1 = \hat{Q} \tag{6.100}$$

wobei

$$S = Ro \frac{L_d^2}{L^2} \hat{N}^2 = \mathcal{O}(1) \tag{6.101}$$

ein Stabilitätsparameter ist. Nun sind wir am Ziel, denn die Auflösung von (6.100) nach $\hat{w}_1$ ergibt

$$\hat{w}_1 = \frac{1}{S} \left(\hat{Q} - \frac{D_0 \hat{\theta}_0}{D\hat{t}} \right) \tag{6.102}$$

6.1.3 Die quasigeostrophische potentielle Vorticity in der geschichteten Atmosphäre

Der Vertikalwind aus der obigen Abschätzung (6.102) wird jetzt in der Vorticity-Gleichung (6.75) verwendet. Es ist

$$\frac{1}{\overline{\rho}} \frac{\partial}{\partial \hat{z}} (\overline{\rho} \hat{w}_1) = \frac{1}{\overline{\rho}} \frac{\partial}{\partial \hat{z}} \left(\overline{\rho} \frac{\hat{Q}}{S} \right) - \frac{1}{\overline{\rho}} \frac{\partial}{\partial \hat{z}} \left(\frac{\overline{\rho}}{S} \frac{D_0 \hat{\theta}_0}{D\hat{t}} \right) \tag{6.103}$$

Da $\overline{\rho}/S$ nur von $\hat{z}$ abhängt, ist der zweite Term, mit der Definition (6.69) der quasigeostrophischen materiellen Ableitung,

$$\begin{aligned}
\frac{1}{\overline{\rho}} \frac{\partial}{\partial \hat{z}} \left(\frac{\overline{\rho}}{S} \frac{D_0 \hat{\theta}_0}{D\hat{t}} \right) &= \frac{1}{\overline{\rho}} \frac{\partial}{\partial \hat{z}} \left[\frac{D_0}{D\hat{t}} \left(\frac{\overline{\rho}}{S} \hat{\theta}_0 \right) \right] \\
&= \frac{D_0}{D\hat{t}} \left[\frac{1}{\overline{\rho}} \frac{\partial}{\partial \hat{z}} \left(\frac{\overline{\rho}}{S} \hat{\theta}_0 \right) \right] + \frac{1}{S} \left(\frac{\partial \hat{u}_0}{\partial \hat{z}} \frac{\partial \hat{\theta}_0}{\partial \hat{x}} + \frac{\partial \hat{v}_0}{\partial \hat{z}} \frac{\partial \hat{\theta}_0}{\partial \hat{y}} \right) \\
&= \frac{D_0}{D\hat{t}} \left[\frac{1}{\overline{\rho}} \frac{\partial}{\partial \hat{z}} \left(\frac{\overline{\rho}}{S} \hat{\theta}_0 \right) \right]
\end{aligned} \tag{6.104}$$

Im letzten Schritt wurden die thermischen Windrelationen (6.95) und (6.95) verwendet. Also ist

$$\frac{1}{\overline{\rho}} \frac{\partial}{\partial \hat{z}} (\overline{\rho} \hat{w}_1) = \frac{1}{\overline{\rho}} \frac{\partial}{\partial \hat{z}} \left(\frac{\overline{\rho}}{S} \hat{Q} \right) - \frac{D_0}{D\hat{t}} \left[\frac{1}{\overline{\rho}} \frac{\partial}{\partial \hat{z}} \left(\frac{\overline{\rho}}{S} \hat{\theta}_0 \right) \right] \tag{6.105}$$

Dies in (6.75) eingesetzt, liefert schließlich die gesuchte dimensionslose Erhaltungsgleichung

$$\frac{D_0}{D\hat{t}} \left[\hat{\zeta}_0 + \hat{\beta} \hat{y} + \frac{1}{\overline{\rho}} \frac{\partial}{\partial \hat{z}} \left(\frac{\overline{\rho}}{S} \hat{\theta}_0 \right) \right] = \frac{1}{\overline{\rho}} \frac{\partial}{\partial \hat{z}} \left(\frac{\overline{\rho}}{S} \hat{Q} \right) \tag{6.106}$$

Definieren wir noch die entdimensionalisierte Stromfunktion

$$\hat{\psi} = \hat{p}_0 \tag{6.107}$$

sodass wegen (6.94)

$$\hat{\theta}_0 = \frac{\partial \hat{\psi}}{\partial \hat{z}} \tag{6.108}$$

und aufgrund der Geostrophie (6.60) – (6.61) des Horizontalwinds und $\hat{f}_0 = 1$

$$\hat{u}_0 = -\frac{\partial \hat{\psi}}{\partial \hat{y}} \tag{6.109}$$

$$\hat{v}_0 = \frac{\partial \hat{\psi}}{\partial \hat{x}} \tag{6.110}$$

sind, so wird die Erhaltungsgleichung zu

$$\left(\frac{\partial}{\partial \hat{t}} - \frac{\partial \hat{\psi}}{\partial \hat{y}}\frac{\partial}{\partial \hat{x}} + \frac{\partial \hat{\psi}}{\partial \hat{x}}\frac{\partial}{\partial \hat{y}}\right)\left[\frac{\partial^2 \hat{\psi}}{\partial \hat{x}^2} + \frac{\partial^2 \hat{\psi}}{\partial \hat{y}^2} + \hat{\beta}\hat{y} + \frac{1}{\overline{\rho}}\frac{\partial}{\partial \hat{z}}\left(\frac{\overline{\rho}}{S}\frac{\partial \hat{\psi}}{\partial \hat{z}}\right)\right] = \frac{1}{\overline{\rho}}\frac{\partial}{\partial \hat{z}}\left(\frac{\overline{\rho}}{S}\hat{Q}\right) \tag{6.111}$$

Zum praktischen Gebrauch seien nun die Dimensionen wieder eingeführt. Zunächst definieren wir die Stromfunktion

$$\psi = UL\hat{\psi} \tag{6.112}$$

sodass der geostrophische Wind

$$\mathbf{u}_g = \begin{pmatrix} u_g \\ v_g \end{pmatrix} = U\begin{pmatrix} \hat{u}_0 \\ \hat{v}_0 \end{pmatrix} \tag{6.113}$$

sich daraus, unter Ausnutzung von (6.109) und (6.110), zu

$$u_g = -\frac{\partial \psi}{\partial y} \tag{6.114}$$

$$v_g = \frac{\partial \psi}{\partial x} \tag{6.115}$$

berechnet. Außerdem sind auf der β-Ebene

$$\begin{pmatrix} x \\ y \end{pmatrix} = L\begin{pmatrix} \hat{x} \\ \hat{y} \end{pmatrix} \tag{6.116}$$

Mittels der Definition (5.85) für den externen Rossby-Deformationsradius und (6.89) findet man auch, dass

$$S = \frac{L_{di}^2}{L^2} \tag{6.117}$$

wobei

$$L_{di} = \frac{HN}{f_0} \tag{6.118}$$

der *interne Rossby-Deformationsradius* ist. Nutzt man nun schließlich noch (6.9) zur Re-Dimensionalisierung der Zeit, (6.10) zu der von $\hat{z}$, und berücksichtigt (6.24) und (6.25), so erhält man schließlich die Erhaltungsgleichung

$$\frac{D_g \pi}{Dt} = \frac{1}{\overline{\rho}} \frac{\partial}{\partial z} \left(\overline{\rho} \frac{f_0 g}{N^2} \frac{q}{c_p \overline{T}} \right) \tag{6.119}$$

für die quasigeostrophische potentielle Vorticity

$$\pi = \nabla_h^2 \psi + f_0 + \beta y + \frac{1}{\overline{\rho}} \frac{\partial}{\partial z} \left(\overline{\rho} \frac{f_0^2}{N^2} \frac{\partial \psi}{\partial z} \right) \tag{6.120}$$

wobei

$$\frac{D_g}{Dt} = \frac{\partial}{\partial t} + u_g \frac{\partial}{\partial x} + v_g \frac{\partial}{\partial y} = \frac{\partial}{\partial t} - \frac{\partial \psi}{\partial y} \frac{\partial}{\partial x} + \frac{\partial \psi}{\partial x} \frac{\partial}{\partial y} \tag{6.121}$$

die quasigeostrophische materielle Ableitung ist. Dabei wurde auf der rechten Seite in guter Näherung $\theta / \overline{\theta} T = \overline{T}$ angenommen. Außerdem ist

$$\nabla_h^2 \psi = \left(\frac{\partial^2}{\partial x^2} + \frac{\partial^2}{\partial y^2} \right) \psi \tag{6.122}$$

Ohne Wärmequelle (und auch Reibung und Wärmeleitung) ist die *quasigeostrophische potentielle Vorticity* π damit erhalten. Wichtig ist insbesondere auch, dass die Erhaltungsgleichung eine prognostische Gleichung für die Stromfunktion ist, aus der sich alle anderen Größen berechnen lassen. Die horizontalen Winde folgen aus der Geostrophie. Der Vertikalwind ist mittels (6.102), (6.94) und (6.107)

$$w = W Ro \, \hat{w}_1 = Ro \frac{W}{S} \left(\hat{Q} - \frac{D_0 \hat{\theta}_0}{D\hat{t}} \right) = Ro \frac{W}{S} \left(\hat{Q} - \frac{D_0}{D\hat{t}} \frac{\partial \hat{\psi}}{\partial \hat{z}} \right) \tag{6.123}$$

Mithilfe von (6.99), (6.16), (6.117), (6.118), (5.85) und all der Re-Dimensionalisierungsschritte, die auf (6.119) geführt haben, erhält man daraus

$$w = \frac{g}{N^2} \frac{q}{c_p \overline{T}} - \frac{f_0}{N^2} \frac{D_g}{Dt} \frac{\partial \psi}{\partial z} \tag{6.124}$$

Der Druck ergibt sich über (6.29), (6.107) und (6.112) zu

$$p = \overline{p} + f_0 \overline{\rho} \psi \tag{6.125}$$

Schließlich ist die potentielle Temperatur über (6.91), (5.85), (6.107), (6.112) und (6.10)

$$\theta = \overline{\theta} \left(1 + \frac{f_0}{g} \frac{\partial \psi}{\partial z} \right) \tag{6.126}$$

während es dem interessierten Leser zur Übung überlassen bleibt zu zeigen, dass

$$\rho = \overline{\rho} \left[1 - \frac{f_0}{g} \frac{1}{\overline{\rho}} \frac{\partial}{\partial z} \left(\overline{\rho} \psi \right) \right] \tag{6.127}$$

Zusammenfassend berechnen sich alle Größen also aus der Stromfunktion zu

$$u = -\frac{\partial \psi}{\partial y} \tag{6.128}$$

$$v = \frac{\partial \psi}{\partial x} \tag{6.129}$$

$$w = \frac{g}{N^2} \frac{q}{c_p \overline{T}} - \frac{f_0}{N^2} \frac{D_g}{Dt} \frac{\partial \psi}{\partial z} \tag{6.130}$$

$$p = \overline{p} + f_0 \overline{\rho} \psi \tag{6.131}$$

$$\rho = \overline{\rho} \left[1 - \frac{f_0}{g} \frac{1}{\overline{\rho}} \frac{\partial}{\partial z} \left(\overline{\rho} \psi \right) \right] \tag{6.132}$$

$$\theta = \overline{\theta} \left(1 + \frac{f_0}{g} \frac{\partial \psi}{\partial z} \right) \tag{6.133}$$

Auf analoge Weise findet man schließlich auch, dass die dimensionsbehaftete Form der thermischen Windrelationen (6.95) und (6.96) durch

$$\frac{\partial u}{\partial z} = -\frac{g}{f_0} \frac{\partial}{\partial y} \left(\frac{\theta'}{\overline{\theta}} \right) \tag{6.134}$$

$$\frac{\partial v}{\partial z} = \frac{g}{f_0} \frac{\partial}{\partial x} \left(\frac{\theta'}{\overline{\theta}} \right) \tag{6.135}$$

gegeben ist, wobei $\theta' = \theta - \overline{\theta}$ die Abweichung der potentiellen Temperatur von jener der Referenzatmosphäre ist.

6.1.4 Der Bezug zur allgemeinen potentiellen Vorticity

Bei genauerer Betrachtung sieht man, dass die quasigeostrophische potentielle Vorticity *nicht* einfach eine Näherung der allgemeinen Ertel'schen potentiellen Vorticity

$$\Pi = \frac{\boldsymbol{\omega}_a}{\rho} \cdot \nabla \theta \tag{6.136}$$

im Grenzfall synoptischer Skalen ist. Vielmehr ergibt sich ihre Erhaltung (in Abwesenheit von Heizung, Reibung und Wärmeleitung) aus der skalenasymptotischen Auswertung der Erhaltungsgleichungen für die allgemeine potentielle Vorticity und die potentielle Temperatur zusammen. Darüber hinaus wird auch das Ergebnis aus der Kontinuitätsgleichung verwendet, dass die quasigeostrophische Strömung in führender Ordnung horizontal ist, was wiederum eine Konsequenz der Tatsache ist, dass sie in führender Ordnung keine horizontale Divergenz hat. Dies soll hier gezeigt werden.

Zunächst zerlegen wir die absolute Vorticity

$$\boldsymbol{\omega}_a = \boldsymbol{\omega} + 2\boldsymbol{\Omega} \tag{6.137}$$

mittels (3.29) und (4.97) – (4.99) in ihre Komponenten in Kugelkoordinaten, sodass

$$\Pi = \frac{\omega_{a\lambda}}{\rho} \frac{1}{r\cos\phi} \frac{\partial\theta}{\partial\lambda} + \frac{\omega_{a\phi}}{\rho} \frac{1}{r} \frac{\partial\theta}{\partial\phi} + \frac{\omega_{ar}}{\rho} \frac{\partial\theta}{\partial r} \tag{6.138}$$

mit

$$\omega_{a\lambda} = \frac{1}{r} \frac{\partial w}{\partial\phi} - \frac{1}{r} \frac{\partial}{\partial r} (rv) \tag{6.139}$$

$$\omega_{a\phi} = 2\Omega\cos\phi + \frac{1}{r} \frac{\partial}{\partial r} (ru) - \frac{1}{r\cos\phi} \frac{\partial w}{\partial\lambda} \tag{6.140}$$

$$\omega_{ar} = 2\Omega\sin\phi + \frac{1}{r\cos\phi} \frac{\partial v}{\partial\lambda} - \frac{1}{r\cos\phi} \frac{\partial}{\partial\phi} (\cos\phi\, u) \tag{6.141}$$

Mittels der Skalierungsschritte und -ergebnisse aus den Abschn. 6.1.1 und 6.1.2 analysieren wir nun die beitragenden drei Summanden. Sie sind

$$\frac{\omega_{a\lambda}}{\rho} \frac{1}{r\cos\phi} \frac{\partial\theta}{\partial\lambda} = \frac{Ro^2 \dfrac{L^2}{L_d^2} \dfrac{\overline{\theta}}{\overline{\rho}} \dfrac{f_0}{H}}{1 + Ro\dfrac{L^2}{L_d^2}\hat{\rho} \left(1 + \dfrac{H}{a}\hat{z}\right)} \frac{\partial\hat{\theta}/\partial\hat{\lambda}}{\cos\phi}$$

$$\times \left\{ \frac{H^2}{L^2} \frac{\partial\hat{w}/\partial\hat{\phi}}{1 + \dfrac{H}{a}\hat{z}} - \frac{1}{1 + \dfrac{H}{a}\hat{z}} \frac{\partial}{\partial\hat{z}}\left[\left(1 + \frac{H}{a}\hat{z}\right)\hat{v}\right] \right\}$$

$$= \mathcal{O}\left(Ro^2 \frac{L^2}{L_d^2} \frac{\overline{\theta}}{\overline{\rho}} \frac{f_0}{H}\right) = \mathcal{O}\left(Ro^3 \frac{\overline{\theta}}{\overline{\rho}} \frac{f_0}{H}\right) \tag{6.142}$$

$$\frac{\omega_{a\phi}}{\rho} \frac{1}{r} \frac{\partial\theta}{\partial\phi} = \frac{Ro^2 \dfrac{L^2}{L_d^2} \dfrac{\overline{\theta}}{\overline{\rho}} \dfrac{f_0}{H}}{1 + Ro\dfrac{L^2}{L_d^2}\hat{\rho} \left(1 + \dfrac{H}{a}\hat{z}\right)} \partial\hat{\theta}/\partial\hat{\phi}$$

$$\times \left\{ \frac{Ha}{L^2}\hat{\beta} + \frac{1}{1 + \dfrac{H}{a}\hat{z}} \frac{\partial}{\partial\hat{z}}\left[\left(1 + \frac{H}{a}\hat{z}\right)\hat{u}\right] - \frac{H^2}{L^2} \frac{\partial\hat{w}/\partial\hat{\lambda}}{\left(1 + \dfrac{H}{a}\hat{z}\right)\cos\phi} \right\}$$

$$= \mathcal{O}\left(Ro^2 \frac{L^2}{L_d^2} \frac{\overline{\theta}}{\overline{\rho}} \frac{f_0}{H}\right) = \mathcal{O}\left(Ro^3 \frac{\overline{\theta}}{\overline{\rho}} \frac{f_0}{H}\right) \tag{6.143}$$

$$\frac{\omega_{ar}}{\rho} \frac{\partial \theta}{\partial r} = \frac{\frac{\overline{\theta}}{\overline{\rho}} \frac{f_0}{H}}{1 + Ro \frac{L^2}{L_d^2} \hat{\rho}} \left[\left(1 + Ro \frac{L^2}{L_d^2} \hat{\rho}\right) Ro \hat{N}^2 + Ro \frac{L^2}{L_d^2} \frac{\partial \hat{\theta}}{\partial \hat{z}}\right]$$

$$\times \left\{\hat{f} + \frac{Ro}{1 + \frac{H}{a}\hat{z}} \left[\frac{1}{\cos\phi} \frac{\partial \hat{v}}{\partial \hat{\lambda}} - \frac{1}{\cos\phi} \frac{\partial}{\partial \hat{\phi}} (\cos\phi \hat{u})\right]\right\}$$

$$= \frac{\overline{\theta}}{\overline{\rho}} \frac{f_0}{H} \left[1 + \mathcal{O}\left(Ro^2\right)\right]$$

$$\times \left\{Ro \hat{f}_0 \hat{N}^2 + Ro^2 \left[\hat{N}^2 \left(\hat{\beta}\hat{y} + \frac{\partial \hat{v}}{\partial \hat{x}} - \frac{\partial \hat{u}}{\partial \hat{y}}\right) + \frac{L^2/L_d^2}{Ro} \hat{f}_0 \frac{\partial \hat{\theta}}{\partial \hat{z}}\right]\right.$$

$$\left. + \mathcal{O}\left(Ro^3\right)\right\} \tag{6.144}$$

sodass sich für die potentielle Vorticity die asympotische Form

$$\Pi = \frac{\overline{\theta}}{\overline{\rho}} \frac{f_0}{H} \left\{Ro \hat{f}_0 \hat{N}^2 + Ro^2 \left[\hat{N}^2 \left(\hat{\beta}\hat{y} + \frac{\partial \hat{v}}{\partial \hat{x}} - \frac{\partial \hat{u}}{\partial \hat{y}}\right) + \frac{L^2/L_d^2}{Ro} \hat{f}_0 \frac{\partial \hat{\theta}}{\partial \hat{z}}\right]\right.$$

$$\left. + \mathcal{O}\left(Ro^3\right)\right\} \tag{6.145}$$

ergibt. In der Anwendung der materiellen Ableitung darauf nutzen wir (6.46) und $\hat{w}_0 = 0$, sodass

$$\frac{D}{Dt} = \frac{U}{L} \left\{\frac{D_0}{D\hat{t}} + Ro \left[\left(\frac{L/a}{Ro} \tan\phi_0 \, \hat{y} \hat{u}_0 + \hat{u}_1\right) \frac{\partial}{\partial \hat{x}} + \hat{v}_1 \frac{\partial}{\partial \hat{y}} + \hat{w}_1 \frac{\partial}{\partial \hat{z}}\right] + \mathcal{O}\left(Ro^2\right)\right\} \tag{6.146}$$

und damit

$$0 = \frac{D\Pi}{Dt}$$

$$= \frac{U}{L} \frac{\overline{\theta}}{\overline{\rho}} \frac{f_0}{H} \hat{N}^2$$

$$\times \left\{Ro^2 \left[\frac{D_0}{D\hat{t}} \left(\frac{\partial \hat{v}_0}{\partial \hat{x}} - \frac{\partial \hat{u}_0}{\partial y} + \hat{\beta}\hat{y} + \frac{\hat{f}_0}{S} \frac{\partial \hat{\theta}_0}{\partial \hat{z}}\right) + \frac{\overline{\rho}}{\overline{\theta}} \frac{\hat{w}_1}{\hat{N}^2} \frac{d}{d\hat{z}} \left(\hat{f}_0 \frac{\overline{\theta}}{\overline{\rho}} \hat{N}^2\right)\right]\right.$$

$$\left. + \mathcal{O}\left(Ro^3\right)\right\} \tag{6.147}$$

Darin ist wegen (6.88) und (6.101)

$$\frac{\overline{\rho}}{\overline{\theta}}\frac{\hat{w}_1}{\hat{N}^2}\frac{d}{d\hat{z}}\left(\hat{f}_0\frac{\overline{\theta}}{\overline{\rho}}\hat{N}^2\right) = \frac{\overline{\rho}}{\overline{\theta}}\frac{\hat{w}_1}{S}\frac{d}{d\hat{z}}\left(\hat{f}_0\frac{\overline{\theta}}{\overline{\rho}}S\right) = \hat{f}_0\frac{\hat{w}_1}{S}\left[\overline{\rho}\frac{d}{d\hat{z}}\left(\frac{S}{\overline{\rho}}\right) + \mathcal{O}\left(Ro\right)\right] \qquad (6.148)$$

sodass man in führender Ordnung

$$0 = \frac{D_0}{D\hat{t}}\left(\hat{\zeta}_0 + \hat{\beta}\hat{y} + \frac{\hat{f}_0}{S}\frac{\partial\hat{\theta}_0}{\partial\hat{z}}\right) + \hat{f}_0\hat{w}_1\frac{\overline{\rho}}{S}\frac{d}{d\hat{z}}\left(\frac{S}{\overline{\rho}}\right) \qquad (6.149)$$

erhält. Nun wird die Erhaltung der potentiellen Temperatur im adiabatischen Fall $\hat{Q} = 0$ herangezogen. Das Ergebnis (6.102) daraus für $\hat{w}_1$ eingesetzt, führt auf die gesuchte Erhaltungsgleichung

$$0 = \frac{D_0}{D\hat{t}}\left[\hat{\zeta}_0 + \hat{\beta}\hat{y} + \frac{1}{\overline{\rho}}\frac{\partial}{\partial\hat{z}}\left(\frac{\overline{\rho}}{S}\hat{\theta}_0\right)\right] \qquad (6.150)$$

die (6.106) im Fall $\hat{Q} = 0$ entspricht.

6.1.5   Die quasigeostrophische Theorie in Druckkoordinaten

Ausgehend von den primitiven Gleichungen lässt sich mit einer analogen Skalenasymptotik wie oben vorgeführt auch in Druckkoordinaten eine quasigeostrophische potentielle Vorticity und ihre Erhaltungsgleichung ableiten. Anstatt dieses formalen Weges wählen wir hier aber eine heuristische Vorgehensweise. Diese hat den Vorteil, dass sie das Ineinandergreifen der wichtigsten Grundannahmen der quasigeostrophischen Theorie klarer verdeutlicht. Der Einfachheit halber beginnen wir gleich mit den primitiven Gleichungen auf der β-Ebene.

Die beiden Impulsgleichungen sind

$$\frac{Du}{Dt} - (f_0 + \beta y)v = -\frac{\partial\Phi}{\partial x} \qquad (6.151)$$

$$\frac{Dv}{Dt} + (f_0 + \beta y)u = -\frac{\partial\Phi}{\partial y} \qquad (6.152)$$

In führender Ordnung dominieren darin die Coriolis-Beschleunigung ohne β-Effekt und die Druckgradientenbeschleunigung, sodass der horizontale Wind näherungsweise im geostrophischen Gleichgewicht ist:

$$u \approx u_g = -\frac{1}{f_0}\frac{\partial\Phi_g}{\partial y} \qquad (6.153)$$

$$v \approx v_g = \frac{1}{f_0}\frac{\partial\Phi_g}{\partial x} \qquad (6.154)$$

Hierbei haben wir das gesamte Geopotential $\Phi = \overline{\Phi}(p) + \Phi_g + \Phi_a$ in den Anteil $\overline{\Phi}$ der Referenzatmosphäre zerlegt, einen in den davon abweichenden Fluktuationen dominanten Anteil Φ_g, der am geostrophischen Gleichgewicht teilhat, und einen ageostrophischen Rest Φ_a. Der geostrophische Wind ist divergenzfrei, also

$$\nabla \cdot \mathbf{u}_g = 0 \tag{6.155}$$

Wir zerlegen nun auch den Wind in seinen dominanten geostrophischen Anteil und den ageostrophischen Rest:

$$\begin{pmatrix} u \\ v \\ w \end{pmatrix} = \begin{pmatrix} u \\ v \\ w \end{pmatrix}_g + \begin{pmatrix} u \\ v \\ w \end{pmatrix}_a \tag{6.156}$$

Die Kontinuitätsgleichung (3.92) lautet in führender Ordnung:

$$\nabla \cdot \mathbf{u}_g + \frac{\partial \omega_g}{\partial p} = 0 \tag{6.157}$$

Aufgrund der Divergenzfreiheit des geostrophischen Winds ist somit

$$\frac{\partial \omega_g}{\partial p} = 0 \tag{6.158}$$

Andererseits ist die obere Randbedingung $\omega(p \to 0) = 0$, also in führender Ordnung auch $\omega_g(p \to 0) = 0$, und somit

$$\omega_g = 0 \tag{6.159}$$

Mit diesen Abschätzungen wird die materielle Ableitung in führender Ordnung

$$\frac{D}{Dt} = \frac{\partial}{\partial t} + \mathbf{u} \cdot \nabla + \omega \frac{\partial}{\partial p} \approx \frac{D_g}{Dt} = \frac{\partial}{\partial t} + \mathbf{u}_g \cdot \nabla \tag{6.160}$$

Nun wenden wir uns wieder den Impulsgleichungen (6.151) und (6.152) zu und verwenden darin die Zerlegung (6.156) des Horizontalwinds und die Näherung (6.160) der materiellen Ableitung. Unter zusätzlicher Berücksichtigung des geostrophischen Gleichgewichts (6.153) – (6.154) und unter Vernachlässigung von $\beta y \mathbf{u}_a$ gegenüber $\beta y \mathbf{u}_g$ erhalten wir

$$\frac{D_g u_g}{Dt} - f_0 v_a - \beta y v_g = -\frac{\partial \Phi_a}{\partial x} \tag{6.161}$$

$$\frac{D_g v_g}{Dt} + f_0 u_a + \beta y u_g = -\frac{\partial \Phi_a}{\partial y} \tag{6.162}$$

$\partial (6.162) / \partial x - \partial (6.161) / \partial y$ liefert die Gleichung

$$\frac{D_g}{Dt}(\zeta_g + f) = -f_0 \nabla \cdot \mathbf{u}_a \tag{6.163}$$

für die quasigeostrophische Vorticity

$$\zeta_g = \frac{\partial v_g}{\partial x} - \frac{\partial u_g}{\partial y} = \frac{1}{f_0} \nabla_h^2 \Phi_g \qquad (6.164)$$

Die Divergenz des ageostrophischen Horizontalwinds erhalten wir aus der Kontinuitätsgleichung. Diese ist aufgrund der Divergenzfreiheit des geostrophischen Horizontalwinds und der verschwindenden geostrophischen Druckgeschwindigkeit

$$\nabla \cdot \mathbf{u}_a + \frac{\partial \omega_a}{\partial p} = 0 \qquad (6.165)$$

sodass die Vorticity-Gleichung zu

$$\frac{D_g}{Dt}(\zeta_g + f) = f_0 \frac{\partial \omega_a}{\partial p} \qquad (6.166)$$

wird.

Ganz analog zum obigen Vorgehen in Abschn. 6.1.2 verwenden wir nun die Entropiegleichung (hier ohne Heizung, Reibung und Wärmeleitung), um den Beitrag der Wirbelröhrendehnung auf der rechten Seite der Vorticity-Gleichung abzuschätzen. Wie dort zerlegen wir die potentielle Temperatur in den Anteil der Referenzatmosphäre und einen Rest, d. h.

$$\theta = \overline{\theta}(p) + \theta' \qquad (6.167)$$

und nähern somit die Entropiegleichung zu

$$\frac{D_g \theta'}{Dt} + \omega_a \frac{d\overline{\theta}}{dp} = 0 \qquad (6.168)$$

Damit ist

$$\omega_a = -\frac{1}{d\overline{\theta}/dp} \frac{D_g \theta'}{Dt} \qquad (6.169)$$

Aufgrund der Hydrostatik (3.91), der Zustandsgleichung (2.3) und der Definition (2.91) der potentiellen Temperatur aber ist

$$\theta = -\frac{p}{R}\left(\frac{p_{00}}{p}\right)^{\frac{R}{c_p}} \frac{\partial \Phi}{\partial p} \qquad (6.170)$$

Auch das Geopotential zerlegen wir nun gemäß

$$\Phi = \overline{\Phi}(p) + \Phi_g + \Phi_a \qquad (6.171)$$

sodass man findet

$$\overline{\theta} = -\frac{p}{R}\left(\frac{p_{00}}{p}\right)^{\frac{R}{c_p}}\frac{\partial\overline{\Phi}}{\partial p} \tag{6.172}$$

$$\theta' \approx -\frac{p}{R}\left(\frac{p_{00}}{p}\right)^{\frac{R}{c_p}}\frac{\partial\Phi_g}{\partial p} \tag{6.173}$$

Da aber andererseits $(p_{00}/p)^{R/c_p} = \overline{\theta}/\overline{T}$, wobei $\overline{T}(p)$ die Temperatur der Referenzatmosphäre ist, erhält man unter nochmaliger Verwendung der Zustandsgleichung

$$\theta' = -\overline{\rho}\overline{\theta}\frac{\partial\Phi_g}{\partial p} \tag{6.174}$$

Hierin ist $\overline{\rho}(p)$ die Dichteverteilung der Referenzatmosphäre. Letztendlich ergibt sich die Druckgeschwindigkeit (6.169) zu

$$\omega = \omega_a = \frac{D_g}{Dt}\left(\frac{\overline{\rho}\overline{\theta}}{d\overline{\theta}/dp}\frac{\partial\Phi_g}{\partial p}\right) \tag{6.175}$$

Dies setzen wir nun in die Vorticity-Gleichung (6.166) ein, um zur Erhaltungsgleichung für die quasigeostrophische potentielle Vorticity zu gelangen. Zunächst erhält man

$$\frac{D_g}{Dt}(\zeta_g + f) = \frac{\partial}{\partial p}\frac{D_g}{Dt}\left(f_0\frac{\overline{\rho}\overline{\theta}}{d\overline{\theta}/dp}\frac{\partial\Phi_g}{\partial p}\right) \tag{6.176}$$

Die Druckableitung des geostrophischen Winds (6.153) – (6.154) aber führt uns auf die thermischen Windrelationen

$$\frac{\partial u_g}{\partial p} = -\frac{1}{f_0}\frac{\partial^2\Phi_g}{\partial p\partial y} \tag{6.177}$$

$$\frac{\partial v_g}{\partial p} = \frac{1}{f_0}\frac{\partial^2\Phi_g}{\partial p\partial x} \tag{6.178}$$

mit deren Hilfe sich (6.176) zu

$$\frac{D_g}{Dt}(\zeta_g + f) = \frac{D_g}{Dt}\frac{\partial}{\partial p}\left(f_0\frac{\overline{\rho}\overline{\theta}}{d\overline{\theta}/dp}\frac{\partial\Phi_g}{\partial p}\right) \tag{6.179}$$

vereinfacht. Wir definieren nun die Stromfunktion

$$\psi = \frac{\Phi_g}{f_0} \tag{6.180}$$

und den Stabilitätsparameter

$$\sigma = -\frac{1}{\overline{\rho}\overline{\theta}}\frac{d\overline{\theta}}{dp} \tag{6.181}$$

und erhalten schließlich die gewünschte Erhaltungsgleichung

$$\frac{D_g \pi}{Dt} = 0 \qquad \pi = \nabla_h^2 \psi + f + \frac{\partial}{\partial p}\left(\frac{f_0^2}{\sigma}\frac{\partial \psi}{\partial p}\right) \tag{6.182}$$

mit

$$\frac{D_g}{Dt} = \frac{\partial}{\partial t} - \frac{\partial \psi}{\partial y}\frac{\partial}{\partial x} + \frac{\partial \psi}{\partial x}\frac{\partial}{\partial y} \tag{6.183}$$

Wohlgemerkt gilt sie im Fall der Abwesenheit von Reibung, Heizung und Wärmeleitung. Eine entsprechende Erweiterung ist aber möglich. Ein charakteristischer Wert des Stabilitätsparameters in mittleren Breiten ist $\sigma = 2 \cdot 10^{-6} \mathrm{m}^2/\mathrm{Pa}^2 \mathrm{s}^2$. Abschließend sei auch bemerkt, dass (6.177) und (6.178) als Beziehungen

$$\frac{\partial u_g}{\partial p} = \frac{1}{f_0 \overline{\rho}}\frac{\partial}{\partial y}\left(\frac{\theta'}{\overline{\theta}}\right) \tag{6.184}$$

$$\frac{\partial v_g}{\partial p} = -\frac{1}{f_0 \overline{\rho}}\frac{\partial}{\partial x}\left(\frac{\theta'}{\overline{\theta}}\right) \tag{6.185}$$

für den thermischen Wind geschrieben werden können.

6.1.6 Ein quasigeostrophisches Zweischichtenmodell

Die vertikale Struktur wichtiger synoptischskaliger Prozesse ist hinreichend einfach, sodass es häufig ausreicht, die Atmosphäre in der Näherung zweier übereinanderliegender Schichten zu betrachten. Die entsprechenden Gleichungen sollen hier abgeleitet werden, wobei wir uns wieder auf die Geometrie der β-Ebene beschränken. Ausgangspunkt sind die Vorticity-Gleichung (6.166), die wir hier

$$\frac{D_g}{Dt}(\zeta_g + f) = f_0 \frac{\partial \omega}{\partial p} \tag{6.186}$$

schreiben, und die Entropiegleichung (6.168), der wir mittels (6.174) und (6.180) die Form

$$\frac{D_g}{Dt}\frac{\partial \psi}{\partial p} + \frac{\sigma}{f_0}\omega = 0 \tag{6.187}$$

geben.

Zur Repräsentation der Dynamik werden nun zwei Druckschichten wie in Abb. 6.1 gewählt. Auf den beiden Hauptniveaus 1 und 2 sind jeweils die Stromfunktion und die

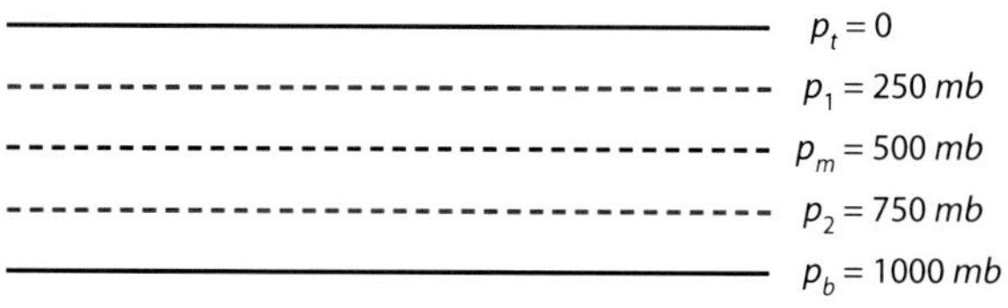

Abb. 6.1 Die vertikale Diskretisierung eines Zweischichtenmodells.

$$p_t = 0$$
$$p_1 = 250 \, mb$$
$$p_m = 500 \, mb$$
$$p_2 = 750 \, mb$$
$$p_b = 1000 \, mb$$

horizontalen Winde definiert, während auf den Nebenniveaus am oberen (t) und unteren (b) Rand sowie zwischen den beiden Schichten (m) die Druckgeschwindigkeit definiert ist. Auf Letzterer lässt sich auch eine potentielle Temperatur berechnen. Die Diskretisierung verläuft nun so, dass vertikale Ableitungen durch finite Differenzen genähert werden. Demnach hat man auf dem oberen Hauptniveau bei $p = p_1$ für (6.186)

$$\frac{D_g}{Dt} \left(\nabla_h^2 \psi_1 + f \right) = f_0 \frac{\omega_m - \omega_t}{p_m - p_t} \tag{6.188}$$

Dabei ist die quasigeostrophische materielle Ableitung eines beliebigen Felds A in dieser Schicht

$$\frac{D_g A}{Dt} = \frac{\partial A}{\partial t} + J(\psi_1, A) \tag{6.189}$$

Der Jacobi-Operator, angewendet auf beliebige Felder B und C, ist darin

$$J(B, C) = \frac{\partial B}{\partial x} \frac{\partial C}{\partial y} - \frac{\partial B}{\partial y} \frac{\partial C}{\partial x} \tag{6.190}$$

Er hat folgende nützliche Eigenschaften:

$$J(A + B, C) = J(A, C) + J(B, C) \tag{6.191}$$

$$J(\alpha A, \beta B) = \alpha \beta J(A, B) \tag{6.192}$$

$$J(A, B) = -J(B, A) \tag{6.193}$$

$$J(A, A) = 0 \tag{6.194}$$

wobei α und β konstante Faktoren sind. Außerdem ist wie bisher die obere Randbedingung für die Druckgeschwindigkeit $\omega_t = 0$, und wir definieren

$$p_m - p_t = p_b - p_m = \Delta p \tag{6.195}$$

sodass (6.188) sich auch

$$\frac{\partial \nabla_h^2 \psi_1}{\partial t} + J\left(\psi_1, \nabla_h^2 \psi_1 + f \right) = \frac{f_0}{\Delta p} \omega_m \tag{6.196}$$

schreiben lässt. Ähnlich gehen wir ebenfalls auf dem unteren Hauptniveau bei $p = p_2$ vor. Wir vernachlässigen dort Effekte von Reibung und Orographie, sodass $\omega_b = 0$, und erhalten so

$$\frac{\partial \nabla_h^2 \psi_2}{\partial t} + J\left(\psi_2, \nabla_h^2 \psi_2 + f\right) = -\frac{f_0}{\Delta p}\omega_m \qquad (6.197)$$

Schließlich diskretisieren wir zur Elimination der Druckgeschwindigkeit ω_m auch die quasigeostrophische Entropiegleichung (6.187) auf dem Zwischenniveau bei $p = p_m$. Dabei nähern wir die geostrophischen Horizontalwinde und die Stromfunktion dort über die betreffenden arithmetischen Mittel zwischen den beiden Hauptniveaus. Man erhält

$$\frac{\partial}{\partial t}\left(\frac{\psi_2 - \psi_1}{\Delta p}\right) + J\left(\frac{\psi_1 + \psi_2}{2}, \frac{\psi_2 - \psi_1}{\Delta p}\right) + \frac{\sigma}{f_0}\omega_m = 0 \qquad (6.198)$$

Nun ist aber

$$\frac{\psi_1 + \psi_2}{2} = \psi_1 + \frac{\psi_2 - \psi_1}{2} = \psi_2 - \frac{\psi_2 - \psi_1}{2} \qquad (6.199)$$

sodass wir mittels (6.191) – (6.194) aus (6.198) die beiden Identitäten

$$\omega_m = -\frac{\partial}{\partial t}\left[\frac{f_0}{\sigma \Delta p}(\psi_2 - \psi_1)\right] - J\left[\psi_1, \frac{f_0}{\sigma \Delta p}(\psi_2 - \psi_1)\right] \qquad (6.200)$$

$$\omega_m = -\frac{\partial}{\partial t}\left[\frac{f_0}{\sigma \Delta p}(\psi_2 - \psi_1)\right] - J\left[\psi_2, \frac{f_0}{\sigma \Delta p}(\psi_2 - \psi_1)\right] \qquad (6.201)$$

ableiten können. (6.200) in (6.196) und (6.201) in (6.197) eingesetzt, ergeben schließlich die beiden Erhaltungsgleichungen

$$0 = \frac{\partial \pi_i}{\partial t} + J(\psi_i, \pi_i) \qquad \pi_{1,2} = \nabla_h^2 \psi_1 + f \pm F(\psi_2 - \psi_1) \qquad (6.202)$$

wobei

$$F = \frac{f_0^2}{\sigma \Delta p^2} \qquad (6.203)$$

ist. π_1 und π_2 sind jeweils die potentielle Vorticity in der oberen oder der unteren Schicht. Für spätere Bezüge soll auch vermerkt werden, dass der Beitrag $\pm F(\psi_1 - \psi_2)$ aus der Elimination von ω_m resultiert, letztlich also den Effekt der Wirbelröhrendehnung repräsentiert.

6.1.7 Zusammenfassung

In der geschichteten Atmosphäre mit variabler Dichte und höhenabhängigen Horizontalwinden ist eine vergleichsweise geschlossene Behandlung dynamischer Phänomene auf *synoptischen* Skalen im Rahmen der *quasigeostrophischen Theorie* möglich.

- Dazu werden *Druck und Dichte* in einen *hydrostatischen Referenzanteil* und *kleine Abweichungen* davon aufgespalten.

- Eine Analyse der Kontinuitätsgleichung zeigt, dass das *Verhältnis der Größenordnungen von Vertikal- und Horizontalwind* höchstens von der Größenordnung des *Verhältnisses zwischen vertikaler und horizontaler Skala* ist.

- Die *Skala der Druckschwankungen* folgt, unter der *Annahme kleiner Rossby-Zahl*, direkt aus der horizontalen Impulsgleichung, wo der Druckgradient den Coriolis-Term balancieren muss.

- Da die *horizontalen Skalen um einen Faktor von der Größenordnung der Rossby-Zahl kleiner als der Erdradius* sind, kann wiederum die Näherung der *tangentialen β-Ebene* verwendet werden.

- Die *Verhältnisse der vertikalen Skala zu horizontaler Skala und zum Erdradius* werden ebenfalls als *klein* angenommen, und zwar jeweils von der Ordnung Ro^2 und Ro^3. Schließlich wird auch angenommen, dass die *Quadrate der horizontalen Skala und des externen Rossby-Deformationsradius sich zueinander wie die Rossby-Zahl* verhalten. Die letzte Annahme unterscheidet sich von der quasigeostrophischen Flachwassertheorie.

- Die Skala der *Dichtefluktuationen* folgt unter denselben Annahmen direkt aus der vertikalen Impulsgleichung, wo der vertikale Druckgradient die Schwerkraft balancieren muss.

- Eine *Entwicklung aller dynamischen Felder nach der Rossby-Zahl* führt zu folgenden Ergebnissen in *führender* Ordnung:
  - Der *Horizontalwind* ist *geostrophisch balanciert*. Die *Druckfluktuationen* übernehmen die Rolle der *Stromfunktion*.
  - Die *Fluktuationen von Druck und Dichte* stehen zueinander im *hydrostatischen Gleichgewicht*.
  - Der *Vertikalwind verschwindet in führender Ordnung*. Dies bedeutet, dass die obige Skalenabschätzung des Vertikalwinds um eine Rossby-Zahl nach unten korrigiert werden muss.

- Die resultierende quasigeostrophische *Vorticity-Gleichung* beinhaltet Wirbelröhrendehnung. Der Vertikalwind darin muss aus der *Entropiegleichung* ermittelt werden. Deren Analyse und die der potentiellen Temperatur liefert:
  - Der *vertikale Gradient der potentiellen Temperatur der Referenzatmosphäre ist ausreichend schwach*, sodass die *Fluktuationen der potentiellen Temperatur* von der Größenordnung Ro^2 sind.
  - Sie lassen sich in Folge direkt aus dem *vertikalen Gradienten der Druckschwankungen* berechnen, was auch auf den *thermischen Wind* führt.
  - Der Vertikalwind lässt sich mittels der Entropiegleichung aus Stabilität, Wärmequellen und geostrophischer materieller Ableitung der Schwankungen der potentiellen Temperatur berechnen.

- Einsetzen des so ermittelten Vertikalwinds liefert die *Erhaltungsgleichung* für die *quasigeostrophische potentielle Vorticity der geschichteten Atmosphäre*. Letztere lässt sich, *wie alle anderen wichtigen dynamischen Felder*, aus der *Stromfunktion*, also den Druckfluktuationen ermitteln!

- Die Stabilität lässt sich auch als $S = L_{di}^2 / L^2$ schreiben, wobei L_{di} der wichtige *interne Rossby-Deformationsradius* ist.

- Ähnlich wie in der Flachwassertheorie lässt sich die Erhaltungsgleichung der quasigeostrophischen potentiellen Vorticity auch direkt aus der korrespondierenden allgemeinen Erhaltungsgleichung ableiten, nun allerdings unter zusätzlicher Zuhilfenahme der Entropieerhaltung. Die quasigeostrophische potentielle Vorticity ist nicht einfach eine Näherung der allgemeinen potentiellen Vorticity unter synoptischer Skalierung.

- Eine heuristische Ableitung der *quasigeostrophischen Theorie in Druckkoordinaten* verdeutlicht diese Schritte zusätzlich.

- Insbesondere bildet die Formulierung in Druckkoordinaten aber den Ausgangspunkt für die Ableitung eines quasigeostrophischen *Zweischichtenmodells,* das die Dynamik in der Vertikalen per Diskretisierung auf zwei Druckschichten reduziert.

6.2   Die quasigeostrophische Energetik der geschichteten Atmosphäre

Energieerhaltung ist eine grundlegende Eigenschaft sowohl der allgemeinen Bewegungsgleichungen als auch der primitiven Gleichungen. Offensichtlich sollte auch die quasigeostrophische Dynamik in Abwesenheit von Reibung, Heizung und Wärmeleitung eine Gesamtenergie erhalten. Hier soll gezeigt werden, dass dies in der Tat der Fall ist und dass Energie zwischen den beiden Reservoirs der kinetischen und der verfügbaren potentiellen Energie ausgetauscht werden kann. Letztere wird im Weiteren zu definieren sein. Ferner soll beleuchtet werden, wie dieser Austausch stattfindet. Dazu betrachten wir zunächst die Dynamik der kontinuierlich geschichteten Atmosphäre und dann die des Zweischichtenmodells. In beiden Fällen werden Effekte von Reibung, Heizung und Wärmeleitung nicht berücksichtigt. Exemplarisch verwenden wir die Randbedingungen des β-Kanals. Die Resultate gelten aber ebenfalls im Fall periodischer Randbedingungen in beiden horizontalen Richtungen oder für feste horizontale Ränder.

6.2.1   Die kontinuierlich geschichtete Atmosphäre

Eine gebräuchliche Handhabung der Dynamik auf der β-Ebene zur Approximation von extratropischen Prozessen auf der Erde ist die Betrachtung eines zonal ausgerichteten Kanals *(β-Kanal),* der die Erdkugel parallel zu den Breitenkreisen umspannt. Das Modellgebiet sei also

$$0 \leq x \leq L_x$$
$$0 \leq y \leq L_y$$
$$0 \leq z < \infty$$

Hierbei ist sinnvollerweise $L_x = 2\pi a \cos\phi_0$. Die meridionale Erstreckung ist weniger klar präzisiert. Man kann aber z. B. $L_y = a\pi/2$ annehmen.

Die Randbedingungen

Die Randbedingungen seien zu diesem Bild passend die folgenden:

- In x wird Periodizität angenommen, d. h.

$$\psi(x) = \psi(x + L_x) \tag{6.204}$$

- Die meridionalen Ränder seien fest und undurchdringbar. Der Meridionalwind verschwindet dort, d. h.

$$v(y = 0) = v(y = L_y) = 0 \tag{6.205}$$

Dies muss separat auch für den geostrophischen Anteil gelten, sodass

$$\left.\frac{\partial\psi}{\partial x}\right|_{y=0,L_y} = 0 \tag{6.206}$$

Also ist die Stromfunktion längs der meridionalen Ränder längenunabhängig.

- Auch der untere Rand ist fest, sodass der Vertikalwind dort verschwindet, d. h., $w(z = 0) = 0$. Da keine Heizung wirkt, bedeutet dies aufgrund von (6.130) auch, dass dort die quasigeostrophische materielle Ableitung des Vertikalgradienten der Stromfunktion verschwindet, also

$$\left.\frac{D_g}{Dt}\frac{\partial\psi}{\partial z}\right|_{z=0} = 0 \tag{6.207}$$

- Die Dichte geht im Unendlichen gegen null:

$$\rho(z \to \infty) = 0 \tag{6.208}$$

- Eine weitere Beziehung an den meridionalen Rändern ($y = 0, L_y$) ergibt sich aus den zonalen und meridionalen Randbedingungen mittels der zonalen Impulsgleichung. Unter Abzug des geostrophischen Gleichgewichts lautet diese in β-Ebenen-Geometrie

$$\frac{\partial u_g}{\partial t} + u_g\frac{\partial u_g}{\partial x} + v_g\frac{\partial u_g}{\partial y} - f_0 v_a - \beta y v_g = -\frac{1}{\rho}\frac{\partial p_a}{\partial x} \tag{6.209}$$

Hierbei ist p_a der (ageostrophische) Druckanteil zu $\mathcal{O}(Ro)$, der nicht in führender Ordnung mit dem horizontalen Wind im geostrophischen Gleichgewicht ist. Alternativ lässt sich diese Beziehung auch aus der Re-Dimensionalisierung von (6.67) erhalten, mit einem entsprechenden verallgemeinerten ageostrophischen Druck. An den meridionalen Rändern jedenfalls sind $v_g = v_a = 0$, sodass

$$\frac{\partial u_g}{\partial t} + \frac{\partial}{\partial x}\left(\frac{u_g^2}{2}\right) = -\frac{1}{\rho}\frac{\partial p_a}{\partial x} \tag{6.210}$$

Integration in x liefert dann aufgrund der entsprechenden Periodizität von Stromfunktion und ageostrophischem Druck

$$\frac{\partial}{\partial t}\int_0^{L_x} dx\, u_g = -\frac{\partial}{\partial t}\int_0^{L_x} dx\, \frac{\partial \psi}{\partial y} = 0 \quad \left(y = 0, L_y\right) \tag{6.211}$$

Der Erhaltungssatz

Mit den oben aufgeführten Randbedingungen erhält man den Erhaltungssatz für die Energie wie folgt. Wir multiplizieren die Erhaltungsgleichung (6.119) für die quasigeostrophische potentielle Vorticity (ohne Heizung) mit $-\overline{\rho}\psi$ und integrieren über das gesamte Volumen des β-Kanals:

$$-\int_0^\infty dz \int_0^{L_y} dy \int_0^{L_x} dx\, \overline{\rho}\psi\left(\frac{\partial}{\partial t} + \mathbf{u}_g \cdot \nabla\right)\left[\nabla_h^2 \psi + f + \frac{1}{\rho}\frac{\partial}{\partial z}\left(\overline{\rho}\frac{f_0^2}{N^2}\frac{\partial \psi}{\partial z}\right)\right] = 0 \tag{6.212}$$

Zur weiteren Auswertung betrachten wir für beliebige Felder F

$$\int_0^{L_y} dy \int_0^{L_x} dx\, \psi \mathbf{u}_g \cdot \nabla F = \int_0^{L_y} dy \int_0^{L_x} dx\, \psi J(\psi, F)$$

$$= \int_0^{L_y} dy \int_0^{L_x} dx\left(-\psi\frac{\partial \psi}{\partial y}\frac{\partial F}{\partial x} + \psi\frac{\partial \psi}{\partial x}\frac{\partial F}{\partial y}\right)$$

$$= \int_0^{L_y} dy\left[-\psi\frac{\partial \psi}{\partial y}F\right]_0^{L_x} + \int_0^{L_x} dx\left[\psi\frac{\partial \psi}{\partial x}F\right]_0^{L_y} \tag{6.213}$$

Hierbei wurde im letzten Schritt zweimal partiell integriert. Nun aber verschwindet aufgrund der Periodizität in x der erste Term und aufgrund der Undurchdringlichkeit der meridionalen Ränder auch der zweite, sodass

$$\int_0^{L_y} dy \int_0^{L_x} dx\, \psi \mathbf{u}_g \cdot \nabla F = 0 \tag{6.214}$$

und sich also (6.212), mit $\partial f/\partial t = 0$, zu

$$0 = -\int\limits_0^\infty dz\,\overline{\rho}\int\limits_0^{L_y} dy \int\limits_0^{L_x} dx\,\psi\frac{\partial}{\partial t}\left[\nabla_h^2\psi + \frac{1}{\overline{\rho}}\frac{\partial}{\partial z}\left(\overline{\rho}\frac{f_0^2}{N^2}\frac{\partial\psi}{\partial z}\right)\right] \tag{6.215}$$

vereinfacht. Darin ist, wiederum mittels partieller Integration,

$$-\int\limits_0^{L_y} dy\int\limits_0^{L_x} dx\,\psi\frac{\partial}{\partial t}\nabla_h^2\psi = -\int\limits_0^{L_y} dy\left[\psi\frac{\partial}{\partial t}\frac{\partial\psi}{\partial x}\right]_0^{L_x} + \int\limits_0^{L_y} dy\int\limits_0^{L_x} dx\frac{\partial\psi}{\partial x}\frac{\partial}{\partial t}\frac{\partial\psi}{\partial x}$$
$$-\int\limits_0^{L_x} dx\left[\psi\frac{\partial}{\partial t}\frac{\partial\psi}{\partial y}\right]_0^{L_y} + \int\limits_0^{L_y} dy\int\limits_0^{L_x} dx\frac{\partial\psi}{\partial y}\frac{\partial}{\partial t}\frac{\partial\psi}{\partial y} \tag{6.216}$$

Der erste Term verschwindet aufgrund der Periodizität in x, ebenso wie der dritte, unter Berücksichtigung von (6.206) und (6.211). Also hat man

$$-\int\limits_0^{L_y} dy\int\limits_0^{L_x} dx\,\psi\frac{\partial}{\partial t}\nabla_h^2\psi = \int\limits_0^{L_y} dy\int\limits_0^{L_x} dx\frac{\partial}{\partial t}\left[\frac{1}{2}\left(\frac{\partial\psi}{\partial x}\right)^2 + \frac{1}{2}\left(\frac{\partial\psi}{\partial y}\right)^2\right] \tag{6.217}$$

Durch partielle Integration in z erhält man schließlich

$$-\int\limits_0^\infty dz\int\limits_0^{L_y} dy\int\limits_0^{L_x} dx\,\overline{\rho}\psi\frac{\partial}{\partial t}\left[\frac{1}{\overline{\rho}}\frac{\partial}{\partial z}\left(\overline{\rho}\frac{f_0^2}{N^2}\frac{\partial\psi}{\partial z}\right)\right]$$
$$= -\int\limits_0^{L_y} dy\int\limits_0^{L_x} dx\left[\psi\frac{\partial}{\partial t}\left(\overline{\rho}\frac{f_0^2}{N^2}\frac{\partial\psi}{\partial z}\right)\right]_0^\infty + \int\limits_0^\infty dz\int\limits_0^{L_y} dy\int\limits_0^{L_x} dx\frac{\partial\psi}{\partial z}\frac{\partial}{\partial t}\left(\overline{\rho}\frac{f_0^2}{N^2}\frac{\partial\psi}{\partial z}\right)$$

Darin ist der erste Term

$$-\int\limits_0^{L_y} dy\int\limits_0^{L_x} dx\left[\psi\frac{\partial}{\partial t}\left(\overline{\rho}\frac{f_0^2}{N^2}\frac{\partial\psi}{\partial z}\right)\right]_0^\infty = -\int\limits_0^{L_y} dy\int\limits_0^{L_x} dx\,\overline{\rho}\frac{f_0^2}{N^2}\psi\frac{\partial}{\partial t}\frac{\partial\psi}{\partial z}\bigg|_{z=0}$$
$$= -\overline{\rho}\frac{f_0^2}{N^2}\int\limits_0^{L_y} dy\int\limits_0^{L_x} dx\,\psi\left(\frac{\partial}{\partial t} + \mathbf{u}_g\cdot\nabla\right)\frac{\partial\psi}{\partial z}\bigg|_{z=0}$$
$$= 0 \tag{6.218}$$

wobei $\overline{\rho}(z\to\infty) = 0$ verwendet wurde, (6.214), und schließlich auch (6.207). Also ist

$$-\int_0^\infty dz \int_0^{L_y} dy \int_0^{L_x} dx \, \overline{\rho} \psi \frac{\partial}{\partial t} \left[\frac{1}{\overline{\rho}} \frac{\partial}{\partial z} \left(\overline{\rho} \frac{f_0^2}{N^2} \frac{\partial \psi}{\partial z} \right) \right] = \int_0^\infty dz \int_0^{L_y} dy \int_0^{L_x} dx \, \overline{\rho} \frac{f_0^2}{N^2} \frac{\partial}{\partial t} \left[\frac{1}{2} \left(\frac{\partial \psi}{\partial z} \right)^2 \right]$$

(6.219)

Zusammenfassend erhält man aus (6.215) den Erhaltungssatz

$$0 = \frac{dE}{dt} \qquad E = K + A$$

(6.220)

mit

$$K = \int_0^\infty dz \int_0^{L_y} dy \int_0^{L_x} dx \, \overline{\rho} \frac{1}{2} \left[\left(\frac{\partial \psi}{\partial x} \right)^2 + \left(\frac{\partial \psi}{\partial y} \right)^2 \right]$$

$$= \int_0^\infty dz \int_0^{L_y} dy \int_0^{L_x} dx \, \overline{\rho} \frac{1}{2} \left[u_g^2 + v_g^2 \right]$$

(6.221)

$$A = \int_0^\infty dz \int_0^{L_y} dy \int_0^{L_x} dx \, \overline{\rho} \frac{f_0^2}{N^2} \frac{1}{2} \left(\frac{\partial \psi}{\partial z} \right)^2$$

$$= \int_0^\infty dz \int_0^{L_y} dy \int_0^{L_x} dx \, \overline{\rho} \frac{g^2}{N^2} \frac{1}{2} \left(\frac{\theta'}{\overline{\theta}} \right)^2$$

(6.222)

Dabei besteht die erhaltene Gesamtenergie E aus der *kinetischen Energie K* und der *verfügbaren potentiellen Energie A*. Letztere ruht in den Fluktuationen der potentiellen Temperatur. Da wegen (6.112)

$$K = \int_0^\infty dz \int_0^{L_y} dy \int_0^{L_x} dx \, \overline{\rho} \frac{U^2 L^2}{L^2} \frac{1}{2} \left[\left(\frac{\partial \hat{\psi}}{\partial \hat{x}} \right)^2 + \left(\frac{\partial \hat{\psi}}{\partial \hat{y}} \right)^2 \right]$$

(6.223)

und aufgrund von (6.118)

$$A = \int_0^\infty dz \int_0^{L_y} dy \int_0^{L_x} dx \, \overline{\rho} \frac{H^2}{L_{di}^2} \frac{1}{2} \left(\frac{\partial \psi}{\partial z} \right)^2 = \int_0^\infty dz \int_0^{L_y} dy \int_0^{L_x} dx \, \overline{\rho} \frac{U^2 L^2}{L_{di}^2} \frac{1}{2} \left(\frac{\partial \hat{\psi}}{\partial \hat{z}} \right)^2$$

(6.224)

stehen die Energiedichten von Strukturen mit einer horizontalen Skala L zueinander im Verhältnis

$$\frac{K}{A} = \mathcal{O} \left(\frac{L_{di}^2}{L^2} \right) = \mathcal{O}(1)$$

(6.225)

Großskalige Strukturen haben demnach mehr verfügbare potentielle Energie als kinetische Energie.

Die Umwandlungsrate zwischen verfügbarer potentieller Energie und kinetischer Energie

Es ist wesentlich zu verstehen, wie bei erhaltener Gesamtenergie kinetische und verfügbare potentielle Energie ineinander umgewandelt werden können. Zur Ermittlung der entsprechenden Umwandlungsrate benötigt man einerseits die quasigeostrophische Vorticity-Gleichung, die man durch Re-Dimensionalisierung von (6.75) mittels mittlerweile mehrfach vorgeführter Schritte erhält:

$$\frac{D_g}{Dt}\left(\nabla_h^2\psi + f\right) = \frac{f_0}{\overline{\rho}}\frac{\partial}{\partial z}(\overline{\rho}w) \tag{6.226}$$

Außerdem ist die adiabatische Variante der quasigeostrophischen Entropiegleichung zu verwenden, die sich durch Redimensionalisierung von (6.100) mit $\hat{Q} = 0$ ergibt:

$$\frac{D_g}{Dt}\left(f_0\frac{\partial\psi}{\partial z}\right) + wN^2 = 0 \tag{6.227}$$

Multiplikation von (6.226) mit $-\psi\overline{\rho}$, von (6.227) mit $\overline{\rho}(f_0/N^2)\partial\psi/\partial z$, und jeweils Integration über das Gesamtvolumen des β-Kanals liefern

$$\frac{dK}{dt} = \int_V dV\,\overline{\rho}f_0w\frac{\partial\psi}{\partial z} \tag{6.228}$$

$$\frac{dA}{dt} = -\int_V dV\,\overline{\rho}f_0w\frac{\partial\psi}{\partial z} \tag{6.229}$$

Da $\theta' \propto \partial\psi/\partial z$, bedeutet dies, dass verfügbare potentielle Energie in kinetische Energie umgewandelt wird, wenn im Mittel $w\theta' > 0$. Also *wird verfügbare potentielle Energie in kinetische Energie umgewandelt, wenn entweder kalte Luft absinkt oder warme Luft aufsteigt.*

6.2.2   Das Zweischichtenmodell

Das quasigeostrophische Zweischichtenmodell befriedigt die Energieerhaltung in sehr ähnlicher Weise, wie soeben für die kontinuierlich geschichtete Atmosphäre gezeigt. Darüber hinaus aber kann man in diesem System auch eine Umwandlung von barokliner in barotrope kinetische Energie sehen, die im Lebenszyklus extratropischer Wettersysteme zu beobachten ist. Wiederum nehmen wir in der Horizontalen die Randbedingungen des β-Kanals an.

Bereits in der Herleitung der Gleichungen des Zweischichtenmodells wurde darüber hinaus angenommen, dass $\omega_b = \omega_t = 0$.

Der Erhaltungssatz

Zur Herleitung der Energieerhaltung multiplizieren wir jede der beiden Gleichungen in (6.202) mit dem Negativen der zugehörigen Stromfunktion, bilden die Summe und integrieren das Ganze über die gesamte Fläche des β-Kanals, d. h., wir bilden

$$-\sum_{i=1}^{2} \int_0^{L_y} dy \int_0^{L_x} dx \, \psi_i \left[\frac{\partial \pi_i}{\partial t} + J(\psi_i, \pi_i) \right] = 0 \qquad (6.230)$$

Nach völlig analogen Umformungen wie denen im vorigen Kapitel erhalten wir die Erhaltungsgleichung

$$\frac{dE}{dt} = 0 \qquad (6.231)$$

für die Gesamtenergie

$$E = K + A \qquad (6.232)$$

die sich aus der kinetischen Energie

$$K = \frac{1}{2} \int_0^{L_y} dy \int_0^{L_x} dx \, (\nabla_h \psi_1 \cdot \nabla_h \psi_1 + \nabla_h \psi_2 \cdot \nabla_h \psi_2) \qquad (6.233)$$

mit dem horizontalen Gradienten

$$\nabla_h \psi_i = \frac{\partial \psi_i}{\partial x} \mathbf{e}_x + \frac{\partial \psi_i}{\partial y} \mathbf{e}_y \qquad (6.234)$$

und der verfügbaren potentiellen Energie

$$A = \frac{1}{2} \int_0^{L_y} dy \int_0^{L_x} dx \, \frac{\kappa^2}{2} (\psi_1 - \psi_2)^2 \qquad (6.235)$$

zusammensetzt. Darin ist

$$\kappa = \sqrt{2F} \qquad (6.236)$$

Es hat die Dimension einer Wellenzahl, und die zugehörige Wellenlänge in mittleren Breiten ist charakteristischerweise $2\pi/\kappa \approx 3000\,\text{km}$. Nach Einführung der barotropen Stromfunktion

$$\psi = \frac{\psi_1 + \psi_2}{2} \qquad (6.237)$$

und der baroklinen Stromfunktion

$$\tau = \frac{\psi_1 - \psi_2}{2} \qquad (6.238)$$

sodass

$$\psi_{1,2} = \psi \pm \tau \tag{6.239}$$

erhält man schließlich

$$\frac{dE}{dt} = 0 \qquad E = K + A \tag{6.240}$$

mit

$$K = \int_0^{L_y} dy \int_0^{L_x} dx \, (\nabla_h \psi \cdot \nabla_h \psi + \nabla_h \tau \cdot \nabla_h \tau) \tag{6.241}$$

$$A = \int_0^{L_y} dy \int_0^{L_x} dx \, \kappa^2 \tau^2 \tag{6.242}$$

Die Umwandlungsraten

Die kinetische Energie hat barotrope und barokline Anteile. Im Folgenden soll der Austausch zwischen diesen untereinander und mit der verfügbaren potentiellen Energie betrachtet werden. Dazu schreiben wir die Grundgleichungen etwas um. Das Mittel [(6.196) + (6.197)]/2 der beiden Vorticity-Gleichungen ergibt

$$\frac{\partial}{\partial t} \nabla_h^2 \psi + J(\psi, \nabla_h^2 \psi + f) = -J(\tau, \nabla_h^2 \tau) \tag{6.243}$$

während man aus der Differenz [(6.196) − (6.197)]/2

$$\frac{\partial}{\partial t} \nabla_h^2 \tau + J(\tau, f) = -J(\tau, \nabla_h^2 \psi) - J(\psi, \nabla_h^2 \tau) + \frac{f_0}{\Delta p} \omega_m \tag{6.244}$$

erhält. Außerdem lässt sich die Entropiegleichung (6.198) als

$$\frac{\partial \tau}{\partial t} + J(\psi, \tau) = \frac{\sigma \Delta p}{2 f_0} \omega_m \tag{6.245}$$

schreiben.

Die Umwandlungsprozesse erhalten wir nun folgendermaßen: Multiplikation von (6.243) mit -2ψ und Integration über die Grundfläche des β-Kanals liefert

$$\frac{d}{dt} \int_0^{L_y} dy \int_0^{L_x} dx \, \nabla_h \psi \cdot \nabla_h \psi = 2 \int_0^{L_y} dy \int_0^{L_x} dx \, \psi J(\tau, \nabla_h^2 \tau) \tag{6.246}$$

während die Multiplikation von (6.244) mit -2τ und eine entsprechende Integration

$$\frac{d}{dt} \int_0^{L_y} dy \int_0^{L_x} dx \, \nabla_h \tau \cdot \nabla_h \tau = -2 \int_0^{L_y} dy \int_0^{L_x} dx \, \psi J(\tau, \nabla_h^2 \tau)$$
$$-\frac{2f_0}{\Delta p} \int_0^{L_y} dy \int_0^{L_x} dx \, \tau \omega_m \qquad (6.247)$$

liefert. Dabei wurde

$$\int_0^{L_y} dy \int_0^{L_x} dx \, \tau J(\psi, \nabla_h^2 \tau) = -\int_0^{L_y} dy \int_0^{L_x} dx \, \psi J(\tau, \nabla_h^2 \tau) \qquad (6.248)$$

verwendet, was sich unter den gültigen Randbedingungen leicht überprüfen lässt. Schließlich erhält man aus der Integration von -2κ (6.245)

$$\frac{d}{dt} \int_0^{L_y} dy \int_0^{L_x} dx \, \kappa^2 \tau^2 = \frac{2f_0}{\Delta p} \int_0^{L_y} dy \int_0^{L_x} dx \, \tau \omega_m \qquad (6.249)$$

Insgesamt findet man also, dass

$$C_{\psi \tau}^K = 2 \int_0^{L_y} dy \int_0^{L_x} dx \, \psi J(\tau, \nabla_h^2 \tau) \qquad (6.250)$$

die Umwandlung von barokliner kinetischer Energie in barotrope kinetische Energie beschreibt, während

$$C_{AK} = -\frac{2f_0}{\Delta p} \int_0^{L_y} dy \int_0^{L_x} dx \, \tau \omega_m \qquad (6.251)$$

die Umwandlung von verfügbarer potentieller Energie in barokline kinetische Energie beschreibt. Dieser letzte Prozess ist uns schon im kontinuierlich geschichteten Fall begegnet. Da aufgrund von (6.174), (6.180) und (6.238) die potentielle Temperatur der Zwischenschicht bei $p = p_m$

$$\theta_m' = 2f_0 \left(\overline{\rho\theta}\right)_{p=p_m} \tau \qquad (6.252)$$

ist, erhält man $C_{AK} > 0$, wenn $\theta_m' \omega_m < 0$, also wiederum, wenn Kaltluft absinkt und Warmluft aufsteigt.

6.2.3 Zusammenfassung

Eine fundamentale Eigenschaft der quasigeostrophischen Theorie ist, dass sie zusätzlich zur materiellen Erhaltung ihrer potentiellen Vorticity auch die ihr eigene Gesamtenergie erhält.

- In Abwesenheit von Reibung, Wärmeleitung und externer Wärmequellen oder -senken ist die *Summe aus kinetischer und verfügbarer potentieller Energie* erhalten. Letztere ist in Fluktuationen der potentiellen Temperatur enthalten.

- *Verfügbare potentielle Energie wird in kinetische Energie umgewandelt,* wenn *warme Luftmassen aufsteigen oder kalte Luftmassen absinken.*
- Das *Zweischichtenmodell* beleuchtet zusätzlich den Prozess der *Umwandlung barokliner kinetische Energie in barotrope kinetische Energie.*
- Dies wurde hier in der Geometrie des β-*Kanals* abgeleitet, gilt aber auch in anderen Geometrien.

6.3   Rossby-Wellen in der geschichteten Atmosphäre

So wie die linearisierte quasigeostrophische Dynamik der Flachwassergleichungen liefert auch die der geschichteten Atmosphäre freie Wellenlösungen. Wie z. B. in Abb. 6.2 sind solche Wellenstrukturen in atmosphärischen Daten allzeit prominent. Diese Rossby-Wellen sollen hier zunächst in der Näherung des Zweischichtenmodells diskutiert werden. Der kontinuierlich geschichtete Fall wird im Anschluss behandelt. Effekte von Reibung und Orographie werden dabei konsequent vernachlässigt. Als Randbedingungen verwenden wir die des β-Kanals.

6.3.1   Rossby-Wellen im Zweischichtenmodell

Man überzeugt sich leicht, dass die Gleichungen (6.202) des Zweischichtenmodells durch eine höhenunabhängige zonale Strömung

$$\psi_1 = \psi_2 = -Uy \tag{6.253}$$

gelöst werden. Der Störungsansatz

$$\psi_i = -Uy + \psi_i' \tag{6.254}$$

liefert nach Vernachlässigung aller in den infinitesimal kleinen ψ_i' nichtlinearen Termen

$$\left(\frac{\partial}{\partial t} + U\frac{\partial}{\partial x}\right)\left[\nabla_h^2\psi_1' + F(\psi_2' - \psi_1')\right] + \beta\frac{\partial\psi_1'}{\partial x} = 0 \tag{6.255}$$

$$\left(\frac{\partial}{\partial t} + U\frac{\partial}{\partial x}\right)\left[\nabla_h^2\psi_2' + F(\psi_1' - \psi_2')\right] + \beta\frac{\partial\psi_2'}{\partial x} = 0 \tag{6.256}$$

Wiederum zerlegen wir in

$$\psi' = \frac{1}{2}(\psi_1' + \psi_2') \tag{6.257}$$

$$\tau' = \frac{1}{2}(\psi_1' - \psi_2') \tag{6.258}$$

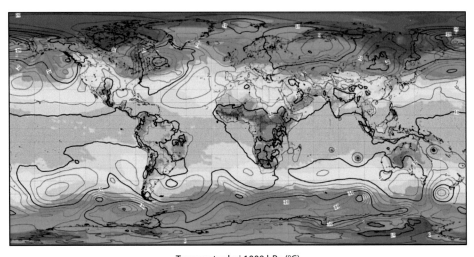

Temperatur bei 1000 hPa (°C)

−72 −68 −64 −60 −56 −52 −48 −44 −40 −36 −32 −28 −24 −20 −16 −12 −8 −4 0 4 8 12 16 20 24 28 32 36 40 44 48 50

Abb. 6.2 Momentaufnahme von Geopotential (Konturen) und Temperatur (Farbe) bei 1000mb. Man beachte die klaren Wellenstrukturen im Geopotential. Copyright ©2021 European Centre for Medium-Range Weather Forecasts (ECMWF). Quelle www.ecmwf.int. Diese Daten werden veröffentlicht unter den Creative Commons Attribution 4.0 International (CC BY 4.0). https://creativecommons.org/licenses/by/4.0/. Das ECMWF übernimmt keinerlei Verantwortung für Fehler oder Lücken in den Daten, ihrer Verfügbarkeit oder für Verluste oder Schäden, die aus ihrer Verwendung resultieren.

sodass

$$\psi'_{1,2} = \psi' \pm \tau' \tag{6.259}$$

und bilden [(6.255)+(6.256)]/2 mit dem Ergebnis

$$\left(\frac{\partial}{\partial t} + U\frac{\partial}{\partial x}\right)\nabla_h^2\psi' + \beta\frac{\partial\psi'}{\partial x} = 0 \tag{6.260}$$

Dies ist die Gleichung des *barotropen Modes*. Die des *baroklinen Modes* erhalten wir über [(6.255)−(6.256)]/2 als

$$\left(\frac{\partial}{\partial t} + U\frac{\partial}{\partial x}\right)\left(\nabla_h^2\tau' - \kappa^2\tau'\right) + \beta\frac{\partial\tau'}{\partial x} = 0 \tag{6.261}$$

Offensichtlich sind im linearen Grenzfall die beiden Moden völlig voneinander entkoppelt.

Da die Koeffizienten ihrer jeweiligen prognostischen Gleichungen keine räumliche oder zeitliche Abhängigkeit haben, bietet sich eine Behandlung mit einem Fourier-Ansatz an. Wie in Anhang 11.5.2 skizziert, lässt sich die jede der beiden Stromfunktionen aufgrund ihrer Periodizität in x als Fourier-Reihe

$$\psi_i'(x, y, t) = \sum_{n=-\infty}^{\infty} \psi_i^n(y, t)\, e^{ik_n x}; \quad k_n = n\frac{2\pi}{L_x} \tag{6.262}$$

schreiben. Die meridionalen Randbedingungen sind

$$v_i' = \frac{\partial \psi_i'}{\partial x} = 0 \quad \left(y = 0, L_y\right) \tag{6.263}$$

Also ist für alle n

$$ik_n \psi_i^n = 0 \quad \left(y = 0, L_y\right) \tag{6.264}$$

Daraus folgt für $n \neq 0$

$$\psi_i^n = 0 \quad \left(y = 0, L_y\right) \quad (n \neq 0) \tag{6.265}$$

Laut Anhang 11.5.2 lässt sich dann

$$\psi_i^n(y, t) = \sum_{m=1}^{\infty} \psi_i^{nm}(t) \sin(l_m y) \quad l_m = m\frac{\pi}{L_y} \quad (n \neq 0) \tag{6.266}$$

schreiben. Wie in Anhang F gezeigt, folgt außerdem für den zonalsymmetrischen Anteil $n = 0$ mittels (6.211)

$$\psi_i^0(y, t) = D_i^0(y) + \sum_{m=1}^{\infty} \psi_i^{0m}(t) \cos(l_m y) \tag{6.267}$$

wobei D_i^0 ein Polynom zweiter Ordnung in y ist, das den meridionalen Randbedingungen Rechnung trägt. Also ist

$$\psi_i'(x, y, t) = D_i^0(y)$$
$$+ \sum_{n=-\infty}^{\infty} \sum_{m=1}^{\infty} \psi_i^{nm}(t) \left[\delta_{n0} \cos(l_m y) + (1 - \delta_{n0}) \sin(l_m y)\right] e^{ik_n x} \tag{6.268}$$

Damit sind

$$\psi'(x, y, t) = D_\psi^0(y)$$
$$+ \sum_{n=-\infty}^{\infty} \sum_{m=1}^{\infty} \psi^{nm}(t) \left[\delta_{n0} \cos(l_m y) + (1 - \delta_{n0}) \sin(l_m y)\right] e^{ik_n x} \tag{6.269}$$

$$\tau'(x, y, t) = D_\tau^0(y)$$
$$+ \sum_{n=-\infty}^{\infty} \sum_{m=1}^{\infty} \tau^{nm}(t) \left[\delta_{n0} \cos(l_m y) + (1 - \delta_{n0}) \sin(l_m y)\right] e^{ik_n x} \tag{6.270}$$

mit

$$\psi^{nm} = \left(\psi_1^{nm} + \psi_2^{nm}\right)/2 \qquad (6.271)$$

$$\tau^{nm} = \left(\psi_1^{nm} - \psi_2^{nm}\right)/2 \qquad (6.272)$$

$$D_\psi^0 = \left(D_1^0 + D_2^0\right)/2 \qquad (6.273)$$

$$D_\tau^0 = \left(D_1^0 - D_2^0\right)/2 \qquad (6.274)$$

Schließlich drücken wir noch alle ψ^{nm} und τ^{nm} als Fourier-Integrale in der Zeit aus, sodass

$$\psi'(x, y, t) = D_\psi^0(y)$$
$$+ \sum_{n=-\infty}^{\infty} \sum_{m=1}^{\infty} \int_{-\infty}^{\infty} d\omega \, \psi^{nm\omega} \left[\delta_{n0} \cos(l_m y) + (1 - \delta_{n0}) \sin(l_m y)\right] e^{i(k_n x - \omega t)} \qquad (6.275)$$

$$\tau'(x, y, t) = D_\tau^0(y)$$
$$+ \sum_{n=-\infty}^{\infty} \sum_{m=1}^{\infty} \int_{-\infty}^{\infty} d\omega \, \tau^{nm\omega} \left[\delta_{n0} \cos(l_m y) + (1 - \delta_{n0}) \sin(l_m y)\right] e^{i(k_n x - \omega t)} \qquad (6.276)$$

Zunächst wenden wir uns dem barotropen Mode zu. (6.275) in (6.260) eingesetzt, liefert

$$0 = \sum_{n=-\infty}^{\infty} \sum_{m=1}^{\infty} \int_{-\infty}^{\infty} d\omega \, e^{i(k_n x - \omega t)} \psi^{nm\omega}$$
$$\times \left\{\delta_{n0} \omega \cos(l_m y) - (1 - \delta_{n0}) \left[(\omega - k_n U)\left(k_n^2 + l_n^2\right) + k_n \beta\right] \sin(l_m y)\right\} \qquad (6.277)$$

Deshalb, und da $k_0 = 0$, müssen nicht-triviale Lösungen $\psi^{nm\omega} \neq 0$ die Dispersionsrelation

$$\omega = \omega_\psi(k_n, l_m) = k_n U - \frac{\beta k_n}{k_n^2 + l_m^2} \qquad (6.278)$$

für *barotrope Rossby-Wellen* befriedigen. Entsprechend muss

$$\psi^{nm\omega} = \Psi^{nm} \delta\left[\omega - \omega_\psi(k_n, l_m)\right] \qquad (6.279)$$

gelten, mit (nahezu) frei wählbaren komplexen Ψ^{nm}. Einsetzen dieser Ergebnisse in (6.275) führt auf

$$\psi'(x, y, t) = \left[D_1^0(y) + D_2^0(y)\right]/2$$
$$+ \sum_{n=-\infty}^{\infty} \sum_{m=1}^{\infty} \Psi^{nm} e^{i[k_n x - \omega_\psi(k_n, l_m)t]} \left[\delta_{n0} \cos(l_m y) + (1 - \delta_{n0}) \sin(l_m y)\right] \qquad (6.280)$$

Da ψ' reell ist und $\omega_\psi(-k_n, l_m) = -\omega_\psi(k_n, l_m)$ ist, muss das komplex Konjugierte $\Psi^{nm*} = \Psi^{-nm}$ sein und folglich, mit der Zerlegung $\Psi^{nm} = |\Psi^{nm}|e^{i\alpha_{nm}}$ in Amplitude und Phase, und $\Psi^{0m} \in \mathbb{R}$,

$$\psi'(x, y, t) = \left[D_1^0(y) + D_2^0(y)\right]/2 + \sum_{m=1}^{\infty} \Psi^{0m} \cos(l_m y)$$

$$+ 2\sum_{n=1}^{\infty}\sum_{m=1}^{\infty} |\Psi^{nm}| \sin(l_m y) \cos[k_n x - \omega_\psi(k_n, l_m)t + \alpha_{nm}] \qquad (6.281)$$

Hierin ist der zonalsymmetrische Anteil stationär, während der längenabhängige Anteil aus Rossby-Wellen besteht, die sich jeweils mit der Phasengeschwindigkeit

$$c_{nm} = \frac{\omega_\psi(k_n, l_m)}{k_n} = U - \frac{\beta}{k_n^2 + l_m^2} \qquad (6.282)$$

in zonaler Richtung bewegen. Relativ zur Grundströmung bewegen sie sich westwärts. Ihre räumliche Struktur ist ebenfalls von Interesse. Zu der Zeit t, bei der $\omega_\psi(k_n, l_m)t - \alpha_{nm} = \pi/2$, ist sie von der Form $\sin(l_m y)\sin(k_n x)$, die für einige Beispiele in Abb. 6.3 gezeigt wird. Man erkennt die Abfolge von und Hoch- und Tiefdruckgebieten, wie sie für Wettersysteme in den Extratropen charakteristisch ist.

Die der Westwärtsbewegung der barotropen Rossby-Wellen zugrundeliegende *Dynamik* lässt sich verstehen, wenn man sich klarmacht, dass aufgrund der verschwindenden

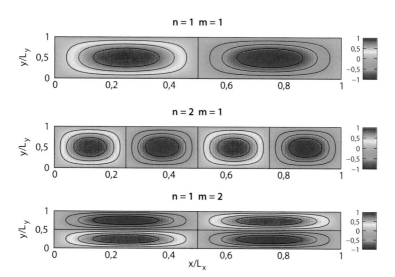

Abb. 6.3 Längen- und Breitenstruktur der Stromfunktion verschiedener barotroper Rossby-Wellen, mit zonaler Wellenzahl k_n und meridionaler Wellenzahl l_m, zum Zeitpunkt $t = (\pi/2 + \alpha_{nm})/\omega_\psi(k_n, l_m)$.

Scherstromfunktion $\tau' = 0$ die Stromfunktion in beiden Schichten mit der barotropen Stromfunktion identisch ist, d. h.

$$\psi_1' = \psi_2' = \psi' \tag{6.283}$$

Damit entspricht (6.260) schichtweise

$$\left(\frac{\partial}{\partial t} + U\frac{\partial}{\partial x}\right)\nabla_h^2\psi_i' + \beta\frac{\partial\psi_i'}{\partial x} = 0 \quad (i = 1, 2) \tag{6.284}$$

was wiederum die Linearisierung von

$$\frac{D}{Dt}(\zeta_i + f) = 0 \tag{6.285}$$

ist. Barotrope Rossby-Wellen erhalten somit ihre absolute Vorticity, was wie bei kurzwelligen Rossby-Wellen in der Dynamik der Flachwassergleichungen zu der zu beobachtenden Westwärtsbewegung führt.

In den Berechnungen für den baroklinen Mode geht man entsprechend vor. Verwendung von (6.276) in (6.261) führt zur Dispersionsrelation

$$\omega = \omega_\tau(k_n, l_m) = k_n U - \frac{\beta k_n}{k_n{}^2 + l_m{}^2 + \kappa^2} \tag{6.286}$$

barokliner Rossby-Wellen. Auch diese haben relativ zur Grundströmung eine nach Westen gerichtete Phasengeschwindigkeit. Ihre Struktur ist durch

$$\tau'(x, y, t) = \left[D_1^0(y) - D_2^0(y)\right]/2 + \sum_{m=1}^{\infty} T^{0m}\cos(l_m y)$$

$$+ 2\sum_{n=1}^{\infty}\sum_{m=1}^{\infty} |T^{nm}|\sin(l_m y)\cos[k_n x - \omega_\tau(k_n, l_m)t + \beta_{nm}] \tag{6.287}$$

gegeben, mit reellen T^{0m} und ansonsten frei wählbaren T^{nm} mit zugehöriger Phase β_{nm}.

Ihre barotrope Stromfunktion ist $\psi' = 0$, sodass die Stromfunktionen der beiden Schichten gegenphasig sind, also

$$\psi_1' = -\psi_2' = \tau' \tag{6.288}$$

Im Fall *kurzwelliger barokliner Rossby-Wellen,* für die $K_{nm}{}^2 = k_n{}^2 + l_m{}^2 >> \kappa^2$, kann in (6.261) $\kappa^2\tau'$ gegenüber $\nabla_h^2\tau'$ vernachlässigt werden, sodass näherungsweise

$$\left(\frac{\partial}{\partial t} + U\frac{\partial}{\partial x}\right)\nabla_h^2\tau' + \beta\frac{\partial\tau'}{\partial x} = 0 \tag{6.289}$$

befriedigt wird. Damit gilt wieder schichtweise (6.284), sodass die Westwärtsbewegung dieser Wellen ebenfalls in der Erhaltung der absoluten Vorticity ihren Ursprung hat.

Abb. 6.4 Die Dynamik einer positiven Temperaturanomalie in einer langwelligen baroklinen Rossby-Welle.

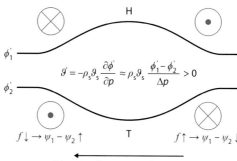

$$\vartheta' = -\rho_s \vartheta_s \frac{\partial \phi'}{\partial p} \approx \rho_s \vartheta_s \frac{\phi_1' - \phi_2'}{\Delta p} > 0$$

Westwärtsbewegung der Anomalie

Im Fall *langwelliger barokliner Rossby-Wellen* mit $K_{nm}^2 \ll \kappa^2$ ist die entsprechende Näherung

$$-\left(\frac{\partial}{\partial t} + U \frac{\partial}{\partial x}\right) \kappa^2 \tau' + \beta \frac{\partial \tau'}{\partial x} = 0 \qquad (6.290)$$

Wegen (6.288) sind die korrespondierenden Entwicklungsgleichungen in den beiden Schichten

$$\left(\frac{\partial}{\partial t} + U \frac{\partial}{\partial x}\right) F \left(\psi_2' - \psi_1'\right) + \beta \frac{\partial \psi_1'}{\partial x} = 0 \qquad (6.291)$$

$$\left(\frac{\partial}{\partial t} + U \frac{\partial}{\partial x}\right) F \left(\psi_1' - \psi_2'\right) + \beta \frac{\partial \psi_2'}{\partial x} = 0 \qquad (6.292)$$

Dies ist die lineare Näherung von

$$\frac{D}{Dt} \left[F \left(\psi_2' - \psi_1'\right) + f \right] = 0 \qquad (6.293)$$

$$\frac{D}{Dt} \left[F \left(\psi_1' - \psi_2'\right) + f \right] = 0 \qquad (6.294)$$

Diese Wellen werden also durch ein Gleichgewicht zwischen Wirbelröhrendehnung und der Advektion planetarer Vorticity kontrolliert. Zur Illustration betrachten wir die Situation in Abb. 6.4. Dargestellt ist eine positive Anomalie der Scherstromfunktion, gleichbedeutend mit einer positiven Anomalie der potentiellen Temperatur. Die Anomalie von Geopotential und Stromfunktion in der oberen Schicht ist also positiv (Hochdruckanomalie), während die in der unteren Schicht negativ ist (Tiefdruckanomalie). Der geostrophische Wind strömt entsprechend in der oberen Schicht auf der westlichen Seite nach Norden und auf der östlichen nach Süden. Dies entspricht einer Zunahme (Abnahme) der planetaren Vorticity auf der westlichen (östlichen) Seite. Die Geopotentialanomalie auf der westlichen (östlichen) Seite muss in Reaktion darauf zunehmen (abnehmen). In der unteren Schicht sind die Verhältnisse genau umgekehrt. Die Anomalie der potentiellen Temperatur wandert also nach Westen, ganz wie von der Dispersionsrelation beschrieben.

6.3.2   Rossby-Wellen in einer isothermen kontinuierlich geschichteten Atmosphäre

Ein Fall der kontinuierlich geschichteten Atmosphäre, in dem Rossby-Wellen einer vergleichsweise einfachen Behandlung zugänglich sind, ist jener einer Referenzatmosphäre mit fester Temperatur $\overline{T}$. Diese hat eine konstante Skalenhöhe $H = R\overline{T}/g$, sodass Druck und Dichte die exponentiellen Profile

$$\overline{p}(z) = p_0 e^{-z/H} \tag{6.295}$$

$$\overline{\rho}(z) = \frac{\overline{p}}{R\overline{T}} \tag{6.296}$$

haben, mit festem Referenzbodendruck p_0. Die potentielle Temperatur ist dann

$$\overline{\theta}(z) = \overline{T} \left(\frac{p_{00}}{p_0} \right)^{R/c_p} e^{\frac{R}{c_p} \frac{z}{H}} \tag{6.297}$$

sodass

$$N^2 = \frac{g}{\overline{\theta}} \frac{d\overline{\theta}}{dz} = \frac{R}{c_p} \frac{g}{H} \tag{6.298}$$

ebenfalls eine Konstante ist.

Man überzeugt sich leicht, dass ohne Heizung die quasigeostrophische Grundgleichung (6.119) durch eine konstante Zonalströmung

$$\psi = -Uy \tag{6.299}$$

gelöst wird. Der Störungsansatz

$$\psi = -Uy + \psi' \tag{6.300}$$

liefert, unter Vernachlässigung aller in ψ' nichtlinearen Terme,

$$0 = \left(\frac{\partial}{\partial t} + U \frac{\partial}{\partial x} \right) \left[\nabla_h^2 \psi' + \frac{1}{\overline{\rho}} \frac{\partial}{\partial z} \left(\overline{\rho} \frac{f_0^2}{N^2} \frac{\partial \psi'}{\partial z} \right) \right] + \beta \frac{\partial \psi'}{\partial x} \tag{6.301}$$

Hier kann man die Höhenabhängigkeit der Koeffizienten durch die Substitution

$$\psi' = e^{z/2H} \psi_r \tag{6.302}$$

beseitigen, mit dem Ergebnis

$$0 = \left(\frac{\partial}{\partial t} + U \frac{\partial}{\partial x} \right) \left[\nabla_h^2 \psi_r + \frac{f_0^2}{N^2} \left(\frac{\partial^2 \psi_r}{\partial z^2} - \frac{\psi_r}{4H^2} \right) \right] + \beta \frac{\partial \psi_r}{\partial x} \tag{6.303}$$

Der Rest ist Routine. Passend zu den Randbedingungen des β-Kanals ist

$$\psi_r\,(x,\,y,\,z,\,t) = D^0(y,\,z)$$

$$+ \sum_{n=-\infty}^{\infty} \sum_{p=1}^{\infty} \int_{-\infty}^{\infty} dm \int_{-\infty}^{\infty} d\omega \; \psi^{npm\omega} \left[\delta_{n0}\cos(l_p y) + (1 - \delta_{n0})\sin(l_p y)\right]$$

$$\times e^{i(k_n x + mz - \omega t)} \tag{6.304}$$

was

$$\psi'\,(x,\,y,\,z,\,t) = e^{z/2H} D^0(y,\,z)$$

$$+ \sum_{n=-\infty}^{\infty} \sum_{p=1}^{\infty} \int_{-\infty}^{\infty} dm \int_{-\infty}^{\infty} d\omega \; \psi^{npm\omega} \left[\delta_{n0}\cos(l_p y) + (1 - \delta_{n0})\sin(l_p y)\right] \tag{6.305}$$

$$\times e^{z/2H + i(k_n x + mz - \omega t)}$$

entspricht. Als Dispersionsrelation erhalten wir

$$\omega = k_n U - \frac{\beta k_n}{K^2 + \dfrac{f_0^2}{N^2} m^2 + \dfrac{1}{4 L_{di}^2}} \tag{6.306}$$

wobei $K^2 = k_n^2 + l_p^2$ die quadrierte totale horizontale Wellenzahl ist. Man erkennt, dass κ^2 im Zweischichtenmodell hier $m^2 f_0^2 / N^2 + 1/4 L_{di}^2$ entspricht. Die spezielle Behandlung des zonalsymmetrischen Anteils $n = 0$ ist wie im Zweischichtenmodell (Anhang 11.6).

6.3.3   Zusammenfassung

Wie auch in den Flachwassergleichungen, wird die synoptischskalige Variabilität der geschichteten Atmosphäre durch Rossby-Wellen getragen.

- Sie lassen sich als Lösungen der *linearen* Gleichungen ermitteln, die man erhält, wenn die Dynamik um einen Zustand mit konstanter zonaler Strömung entwickelt wird.
- Im Zweischichtenmodell findet man einen barotropen und einen baroklinen Mode.
  - Die Dynamik des *barotropen Modes* entspricht jener der kurzwelligen Rossby-Wellen der Flachwassergleichungen. Die Advektion planetarer Vorticity wird durch jene relativer Vorticity ausgeglichen, sodass die absolute Vorticity erhalten bleibt.
  - Im *baroklinen Mode* laufen die Stromfunktionen der beiden Schichten gegenphasig, sodass sie mit einer Fluktuation der potentiellen Temperatur einhergehen. Im Fall kurzer Wellenlängen entspricht die Dynamik auf jeder Schicht jener der barotropen Rossby-Wellen, d. h., sie erhalten die absolute Vorticity. Bei kurzen Wellenlängen wird die Advektion planetarer Vorticity durch Wirbelröhrendehnung balanciert.

- In der *kontinuierlich geschichteten Atmosphäre* ist der isotherme Grenzfall analytisch handhabbar. Anstatt zweier Moden wie im Zweischichtenmodell erhält man nun *separate Lösungen für jede vertikale Wellenlänge.*
- Generell führen die Randbedingungen des β-Kanals dazu, dass die horizontale Struktur der Rossby-Wellen durch eine Abfolge von Zyklonen und Antizyklonen gekennzeichnet ist, wie auch in mittleren Breiten beobachtbar.

6.4   Die barokline Instabilität

Das tägliche extratropische Wetter auf der synoptischen Skala wird im Wesentlichen von baroklinen Wellen getragen, wie sie auch in den geopotentiellen Höhen in Abb. 6.5 erkennbar sind. Der grundlegende Prozess bei der Entstehung dieser Wellen ist die barokline Instabilität der zonal gemittelten Atmosphäre. Die differenzielle Erwärmung der Atmosphäre durch die Sonne erzeugt warme Tropen und kalte Polarregionen. Die zugehörige Verteilung der potentiellen Temperatur hat Meridionalgradienten $\partial\theta/\partial y$ auf der Nordhemisphäre (Südhemisphäre), die negativ (positiv) sind. Aufgrund der thermischen Windrelation impliziert dies $\partial u/\partial z > 0$, was in den ausgeprägten Strahlströmen in mittleren Breiten seinen Ausdruck findet (Abb. 3.8). Diese Gradienten aber sind baroklin instabil. Die Atmosphäre reagiert darauf mit der Entwicklung barokliner Wellen, die Wärme von den Tropen in die Polarregionen

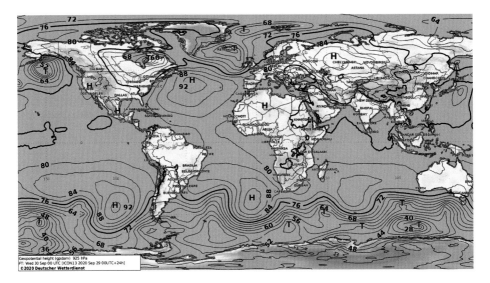

Abb. 6.5 Das 950mb-Geopotential, wie es vom DWD für den 30. September 2020 vorhergesagt wurde. Man beachte die Ketten von Tiefdruck- und Hochdruckgebieten in den Extratropen, die großteils durch die barokline Instabilität erzeugt wurden. Quelle: Deutscher Wetterdienst.

transportieren und so der Ursache der Instabilität entgegenarbeiten. Diese Instabilität, der primäre Generator des synoptischskaligen Wetters in mittleren Breiten, soll hier diskutiert werden. Dazu betrachten wir den Prozess zunächst in der Näherung des Zweischichtenmodells, um dann zum kontinuierlich geschichteten Bild überzugehen. Ohne Einschränkung der Allgemeinheit beschränken wir uns dabei auf die Nordhemisphäre.

6.4.1 Die barokline Instabilität im Zweischichtenmodell

Die linearen Gleichungen

Als Ausgangspunkt nehmen wir die reibungsfreien Gleichungen des quasigeostrophischen Zweischichtenmodells im β-Kanal ohne Orographie. Dies ist einerseits die prognostische Gl. (6.243) für die barotrope Stromfunktion, die wir hier aus Gründen der Übersichtlichkeit nochmals wiederholen:

$$\frac{\partial}{\partial t} \nabla_h^2 \psi + J\left(\psi, \nabla_h^2 \psi + f\right) = -J\left(\tau, \nabla_h^2 \tau\right) \tag{6.307}$$

Die andere Gleichung gewinnen wir durch Elimination von ω_m aus (6.244) und (6.245):

$$\frac{\partial}{\partial t}\left(\nabla_h^2 \tau - \kappa^2 \tau\right) + J(\tau, f) = -J\left(\tau, \nabla_h^2 \psi\right) - J\left(\psi, \nabla_h^2 \tau - \kappa^2 \tau\right) \tag{6.308}$$

Man überzeugt sich leicht, dass diese Gleichungen gelöst werden durch

$$\psi = -Uy \tag{6.309}$$

$$\tau = -\Delta U y \tag{6.310}$$

sodass

$$\psi_{1,2} = -(U \pm \Delta U)\, y \tag{6.311}$$

$$u_{1,2} = U \pm \Delta U \tag{6.312}$$

$$v_{1,2} = 0 \tag{6.313}$$

Dabei ist U der barotrope Anteil der zonalen Windgeschwindigkeit und ΔU der barokline. Letzterer entspricht einem meridionalen Gradienten der potentiellen Temperatur dergestalt, dass bei $\Delta U > 0$ die potentielle Temperatur von Süden nach Norden abnimmt. Außerdem findet man durch Einsetzen z. B. in (6.245), dass die Lösung keine Vertikalbewegungen beinhaltet:

$$\omega_m = 0 \tag{6.314}$$

Wir untersuchen nun die Dynamik von infinitesimal kleinen Störungen dieser Lösung. Wir setzen also an

$$\begin{pmatrix} \psi \\ \tau \end{pmatrix} = \begin{pmatrix} -Uy \\ -\Delta Uy \end{pmatrix} + \begin{pmatrix} \psi' \\ \tau' \end{pmatrix} \tag{6.315}$$

mit infinitesimal kleinen ψ' und τ'. Einsetzen in (6.307) und (6.308) liefert nach Vernachlässigung aller Terme, die nichtlinear in den Störungsfeldern sind,

$$\left(\frac{\partial}{\partial t} + U \frac{\partial}{\partial x} \right) \nabla_h^2 \psi' + \beta \frac{\partial \psi'}{\partial x} = -\Delta U \frac{\partial}{\partial x} \nabla_h^2 \tau' \tag{6.316}$$

$$\left(\frac{\partial}{\partial t} + U \frac{\partial}{\partial x} \right) (\nabla_h^2 \tau' - \kappa^2 \tau') + \beta \frac{\partial \tau'}{\partial x} = -\Delta U \frac{\partial}{\partial x} \left(\nabla_h^2 \psi' + \kappa^2 \psi' \right) \tag{6.317}$$

Diese Gleichungen sollen im Folgenden für beliebige Anfangsfelder von ψ' und τ' gelöst werden.

Die Lösung des Anfangswertproblems

Wie in Abschn. 6.3.1 gezeigt lassen sich die barotrope und barokline Stromfunktion aufgrund der Randbedingungen des β-Kanals gemäß (6.269) und 6.270) zerlegen. Einsetzen in (6.316) und (6.317) eliminiert D_ψ^0 und D_τ^0, da sie weder von t noch von x abhängen. Man erhält

$$0 = \sum_{n=-\infty}^{\infty} e^{ik_n x} \sum_{m=1}^{\infty} \left\{ \delta_{n0} \cos(l_m y) l_m^2 \frac{d\psi^{nm}}{dt} \right.$$

$$+ (1 - \delta_{n0}) \sin(l_m y) \left[\left(\frac{d}{dt} + ik_n U \right) K_{nm}^2 \psi^{nm} \right.$$

$$\left. \left. - ik_n \beta \psi^{nm} + ik_n \Delta U K_{nm}^2 \tau^{nm} \right] \right\} \tag{6.318}$$

$$0 = \sum_{n=-\infty}^{\infty} e^{ik_n x} \sum_{m=1}^{\infty} \left\{ \delta_{n0} \cos(l_m y) \left(l_m^2 + \kappa^2 \right) \frac{d\tau^{nm}}{dt} \right.$$

$$+ (1 - \delta_{n0}) \sin(l_m y) \left[\left(\frac{d}{dt} + ik_n U \right) \left(K_{nm}^2 + \kappa^2 \right) \tau^{nm} - ik_n \beta \tau^{nm} \right.$$

$$\left. \left. + ik_n \Delta U \left(K_{nm}^2 - \kappa^2 \right) \psi^{nm} \right] \right\} \tag{6.319}$$

was für die zonalsymmetrischen Anteile mit $n = 0$ und beliebigen m

$$\frac{d\psi^{0m}}{dt} = \frac{d\tau^{0m}}{dt} = 0 \tag{6.320}$$

liefert, d. h., der zonalsymmetrische Anteil einer infinitesimal kleinen Störung verändert sich nicht. Dies gilt nicht für den längenabhängigen Anteil, denn im Unterraum zu jedem $n \neq 0$ und m müssen

$$\left(i\frac{\partial}{\partial t} - k_n U\right) K_{nm}^2 \psi^{nm} + k_n \beta \psi^{nm} = k_n \Delta U K_{nm}^2 \tau^{nm} \tag{6.321}$$

$$\left(i\frac{\partial}{\partial t} - k_n U\right)(K_{nm}^2 + \kappa^2)\tau^{nm} + k_n \beta \tau^{nm} = k_n \Delta U (K_{nm}^2 - \kappa^2)\psi^{nm} \tag{6.322}$$

sein. Hierbei ist wiederum $K_{nm}^2 = k_n^2 + l_m^2$. Nun bilden wir den doppelten Imaginärteil von ψ^{nm*} (6.321) $+\tau^{nm*}$ (6.322). Das Ergebnis lautet[1]

$$\frac{\partial}{\partial t}\left[K_{nm}^2 |\psi^{nm}|^2 + \left(K_{nm}^2 + \kappa^2\right)|\tau^{nm}|^2\right] = 2k_n \Delta U \kappa^2 \mathrm{Im}(\psi^{nm*}\tau^{nm}) \tag{6.323}$$

Wenn also $\Delta U = 0$, d. h. in der Abwesenheit der Geschwindigkeitsscherung, ist die *Pseudoenergie*

$$E' = K_{nm}^2 |\psi^{nm}|^2 + \left(K_{nm}^2 + \kappa^2\right)|\tau^{nm}|^2 \tag{6.324}$$

im Rahmen der linearen Dynamik erhalten. Dadurch motiviert, definieren wir einen Vektor

$$\boldsymbol{\Psi}^{nm}(t) = \begin{pmatrix} K_{nm}\psi^{nm} \\ \sqrt{K_{nm}^2 + \kappa^2}\,\tau^{nm} \end{pmatrix} \tag{6.325}$$

dessen Norm

$$|\boldsymbol{\Psi}|^2 = E' \tag{6.326}$$

mit der Pseudoenergie übereinstimmt. Die transformierten Gleichungen (6.321) und (6.322) lassen sich dann kompakt als

$$\left(i\frac{\partial}{\partial t} - k_n U\right) \boldsymbol{\Psi}^{nm} = H_{nm}\boldsymbol{\Psi}^{nm} \tag{6.327}$$

schreiben, mit

$$H_{nm} = \begin{pmatrix} \omega_\psi & \alpha \\ \alpha - \gamma & \omega_\tau \end{pmatrix} \tag{6.328}$$

Dabei sind

$$\omega_\psi = -\frac{\beta k_n}{K_{nm}^2} \tag{6.329}$$

$$\omega_\tau = -\frac{\beta k_n}{K_{nm}^2 + \kappa^2} \tag{6.330}$$

die intrinsischen Frequenzen der barotropen und der baroklinen Rossby-Welle in einem Referenzsystem, das sich zonal mit der Geschwindigkeit U bewegt, und

---

[1] Der Stern bezeichnet das komplex Konjugierte.

$$\alpha = \frac{k_n \Delta U K_{nm}}{\sqrt{K_{nm}^2 + \kappa^2}} \tag{6.331}$$

$$\gamma = \frac{\kappa^2}{K_{nm}^2} \alpha \tag{6.332}$$

Beiträge zu H_{nm}, die nur dann nicht verschwinden, wenn eine Zonalwindscherung $\Delta U \neq 0$ existiert.

Fourier-Transformation von (6.327) in der Zeit, sodass

$$\Psi^{nm}(t) = \int_{-\infty}^{\infty} d\omega \Psi^{nm\omega} e^{-i\omega t} \tag{6.333}$$

liefert die Eigenwertgleichung

$$\hat{\omega} \Psi^{nm\omega} = H_{nm} \Psi^{nm\omega} \tag{6.334}$$

wobei

$$\hat{\omega} = \omega - k_n U \tag{6.335}$$

die intrinsische Frequenz ist, die man in dem System beobachten würde, das sich mit der Geschwindigkeit U in Zonalrichtung bewegt. Nicht-triviale Lösungen $\Psi^{nm\omega}$ müssen also Eigenvektoren von H_{nm} sein. Die beiden Eigenwerte $\hat{\omega}_{1,2}$ bestimmt man über

$$\det\left(H_{nm} - \hat{\omega}_i I\right) = 0 \tag{6.336}$$

Sie lösen

$$(\hat{\omega}_i - \omega_\psi)(\hat{\omega}_i - \omega_\tau) = \alpha \left(\alpha - \gamma\right) \tag{6.337}$$

Da die Koeffizienten von H_{nm} alle reell sind, sind die beiden Eigenwerte entweder reell oder zueinander komplex konjugiert, d.h., $\hat{\omega}_1 = \hat{\omega}_2$. Die zugehörigen Eigenvektoren $\Psi_{1,2}^{nm}$ sind bis auf einen konstanten Normierungsfaktor durch

$$\hat{\omega}_i \Psi_i^{nm} = H_{nm} \Psi_i^{nm} \tag{6.338}$$

bestimmt. Die allgemeine Lösung von (6.327) ergibt sich somit zu

$$\Psi^{nm}(t) = \sum_{j=1}^{2} \Psi_j^{nm} A_j^{nm} e^{-i\omega_j t} \tag{6.339}$$

oder

$$\Psi^{nm}(t) = \sum_{j=1}^{2} \Psi_j^{nm} A_j^{nm} e^{-i(k_n U + \hat{\omega}_j)t} \tag{6.340}$$

Zur Bestimmung der A_j^{nm} aus dem Anfangszustand betrachten wir zusätzlich das adjungierte Problem

$$\hat{\alpha}_i \Phi_i^{nm} = H_{nm}^t \Phi_i^{nm} \tag{6.341}$$

Wie man sich leicht überzeugt, sind die Eigenwerte dieselben wie zuvor. Da sie entweder reell oder ein komplex konjugiertes Paar sind, können wir die Zuordnung

$$\hat{\alpha}_i = \hat{\omega}_i^* \tag{6.342}$$

wählen. Da

$$\hat{\omega}_j \left(\Phi_i^{nm}\right)^\dagger \Psi_j^{nm} = \left(\Phi_i^{nm}\right)^\dagger H_{nm} \Psi_j^{nm} = \left(H_{nm}^t \Phi_i^{nm}\right)^\dagger \Psi_j^{nm} = \hat{\omega}_i \left(\Phi_i^{nm}\right)^\dagger \Psi_j^{nm} \tag{6.343}$$

ist

$$\left(\hat{\omega}_j - \hat{\omega}_i\right) \left(\Phi_i^{nm}\right)^\dagger \Psi_j^{nm} = 0 \tag{6.344}$$

und damit für $i \neq j$

$$\left(\Phi_i^{nm}\right)^\dagger \Psi_j^{nm} = 0 \tag{6.345}$$

Die Eigenvektoren zu verschiedenen Eigenwerten sind also orthogonal zueinander. Ohne Einschränkung der Allgemeinheit nehmen wir nun weiter an, dass die Normierungsfaktoren in den Eigenvektoren so gewählt sind, dass

$$\left(\Phi_i^{nm}\right)^\dagger \Psi_j^{nm} = \delta_{ij} \tag{6.346}$$

Man kann dann die anfängliche Störung

$$\Psi^{nm}(0) = \sum_{j=1}^2 \Psi_j^{nm} A_j^{nm} \tag{6.347}$$

direkt auf die Eigenvektoren projizieren, mit dem Ergebnis

$$A_j^{nm} = \left(\Phi_j^{nm}\right)^\dagger \Psi^{nm}(0) \tag{6.348}$$

Zur Rekonstruktion der Lösung im Raum bestimmt man gemäß (6.325) zum j-ten Eigenvektor ψ_j^{nm} und τ_j^{nm}, sodass

$$\Psi_j^{nm} = \begin{pmatrix} K_{nm} \psi_j^{nm} \\ \sqrt{K_{nm}^2 + \kappa^2} \tau_j^{nm} \end{pmatrix} \tag{6.349}$$

wobei der Index j hier wohlgemerkt *nicht* für die Schicht steht! Dann ist die allgemeine Lösung

$$
\begin{pmatrix} \psi' \\ \tau' \end{pmatrix}(x, y, t) = \begin{pmatrix} D_\psi^0 \\ D_\tau^0 \end{pmatrix}(y)
$$

$$
+ \Re \sum_{n=-\infty}^{\infty} e^{ik_n x} \sum_{m=1}^{\infty} \left[\delta_{n0} \begin{pmatrix} \psi^{0m} \\ \tau^{0m} \end{pmatrix} \cos(l_m y) \right. \tag{6.350}
$$

$$
\left. + (1 - \delta_{n0}) \sin(l_m y) \sum_{j=1}^{2} A_j^{nm} \begin{pmatrix} \psi_j^{nm} \\ \tau_j^{nm} \end{pmatrix} e^{-i(k_n U + \hat\omega_j)t} \right]
$$

wobei auch der Tatsache Ausdruck gegeben wird, dass bei reellen Anfangsbedingungen die Störungen zu jeder Zeit reell sind. Diese Lösung wird in Anhang G in eine explizite Form gebracht.

Die baroklinen Wellen und ihre Struktur

Wir betrachten im Folgenden drei Fälle. Im Interesse einer übersichtlicheren Notation lassen wir dabei an vielen Stellen die Indizes n und m unter den Tisch fallen.

Keine Zonalwindscherung ($\Delta U = 0$) In Abwesenheit einer Zonalwindscherung ist $\alpha(\alpha - \gamma) = 0$. Man erhält somit als Lösung eine Überlagerung der wohlbekannten *freien Rossby-Wellen* mit

$$
\hat\omega_{1,2} = \omega_{\psi, \tau} \tag{6.351}
$$

Zonalwindscherung, aber kein β-Effekt ($\Delta U \neq 0$, $\beta = 0$) In diesem Fall sind

$$
\omega_\psi = \omega_\tau = 0 \tag{6.352}
$$

Die intrinsischen Frequenzen befriedigen somit

$$
\hat\omega_i^2 = \alpha(\alpha - \gamma) \tag{6.353}
$$

oder

$$
\hat\omega_i^2 = k^2 \Delta U^2 \frac{K_{nm}^2 - \kappa^2}{K_{nm}^2 + \kappa^2} \tag{6.354}
$$

Der interessante Fall ist nun der *langer* Wellen mit $K_{nm}^2 < \kappa^2$. Dann nämlich sind

$$
\hat\omega_{1,2} = \pm i\,\Gamma \tag{6.355}
$$

mit einer *Anwachsrate*

$$
\Gamma = k\Delta U \sqrt{\frac{\kappa^2 - K_{nm}^2}{\kappa^2 + K_{nm}^2}} \tag{6.356}
$$

Das zeitliche Verhalten der Störung ist

$$\sum_{j=1}^{2} A_j^{nm} \begin{pmatrix} \psi_j^{nm} \\ \tau_j^{nm} \end{pmatrix} e^{-i(k_n U + \hat{\omega}_j)t}$$

$$= A_1^{nm} \begin{pmatrix} \psi_1^{nm} \\ \tau_1^{nm} \end{pmatrix} e^{-ik_n U t} e^{\Gamma t} + A_2^{nm} \begin{pmatrix} \psi_2^{nm} \\ \tau_2^{nm} \end{pmatrix} e^{-ik_n U t} e^{-\Gamma t} \qquad (6.357)$$

Der erste Anteil der Störung wächst also exponentiell an! Dies ist die *barokline Instabilität*. Aus einer nahezu beliebigen Anfangsstörung heraus, die eine nicht verschwindende Projektion auf eine solche barokline Welle hat, wird diese sich mit zunehmender Zeit immer stärker herausschälen. Dieser Anwachs kann erst im Rahmen der nichtlinearen Dynamik gebremst werden. Da zu der Anfangsstörung verschiedene n und m beitragen, beobachtet man in der Regel eine Überlagerung aus mehreren anwachsenden Wellen, unter denen am Ende die am schnellsten anwachsende dominiert. Folgende Eigenschaften sind u. a. wichtig:

- Ohne β-Effekt findet man eine Instabilität für alle ΔU.
- Diese erfordert $K < \kappa$. Die zugehörige Wellenlänge ist in mittleren Breiten

$$\lambda = \frac{2\pi}{K} > \frac{2\pi}{\kappa} \approx 3000 \text{km} \qquad (6.358)$$

Die barokline Instabilität ist also durch verhältnismäßig große Wellenlängen gekennzeichnet. Die Ausdehnung korrespondierender Hoch- oder Tiefdruckanomalien ist etwa $\lambda/2$. Dies ist konsistent mit der synoptischen Skalenabschätzung $L = 1000$ km.
- Die Anwachsrate ist maximal bei

$$\frac{\partial \Gamma}{\partial k} = \frac{\partial \Gamma}{\partial l} = 0 \qquad (6.359)$$

Dies führt auf $l = 0$ und $K_{nm}^2 = \left(\sqrt{2} - 1 \right) \kappa^2$ und damit

$$(k, l)_{\max} = \left(\sqrt{\sqrt{2} - 1} \, \kappa, 0 \right) \qquad (6.360)$$

Da die kleinstmögliche Wellenzahl in meridionaler Richtung aber $l = \pi/L_y$ ist, ist eine genauere Angabe

$$(k, l)_{\max} = \left\{ \kappa \sqrt{\left[\sqrt{2 \left(1 + \frac{\pi^2}{\kappa^2 L_y^2} \right)} - 1 \right] - \frac{\pi^2}{\kappa^2 L_y^2}}, \frac{\pi}{L_y} \right\} \qquad (6.361)$$

Für $L_y \gg \pi/\kappa \approx 1500$ km allerdings fällt der Unterschied kaum ins Gewicht. Die zonale Wellenlänge des maximalen Anwachses liegt dann in mittleren Breiten bei

$$\lambda = \frac{2\pi}{k_{\max}} \approx \frac{2\pi}{\sqrt{\sqrt{2} - 1} \kappa} \approx 5000 \text{ km} \qquad (6.362)$$

Zur Ermittlung der *Struktur* einer baroklin instabilen Welle unterziehen wir (6.321) einer Fourier-Transformation in der Zeit, mit dem Ergebnis

$$\hat{\omega} K_{nm}^2 \psi^{nm\omega} + k_n \beta \psi^{nm\omega} = k_n \Delta U K_{nm}^2 \tau^{nm\omega} \tag{6.363}$$

Mit $\beta = 0$, (6.355) und (6.356) führt dies für die anwachsende barokline Welle auf

$$\tau_1^{nm} = i \frac{\Gamma}{k_n \Delta U} \psi_1^{nm} = \sqrt{\frac{\kappa^2 - K_{nm}^2}{\kappa^2 + K_{nm}^2}} e^{i\frac{\pi}{2}} \psi_1^{nm} \tag{6.364}$$

Damit sind die zugehörigen Stromfunktionen in den beiden Schichten

$$(\psi_{1,2}^{nm})_1 = \psi_1^{nm} \pm \tau_1^{nm} = \psi_1^{nm} \left(1 \pm i \sqrt{\frac{\kappa^2 - K_{nm}^2}{\kappa^2 + K_{nm}^2}} \right)$$

$$= \frac{\sqrt{2}\kappa}{\sqrt{\kappa^2 + K_{nm}^2}} e^{\pm i\epsilon} \psi_1^{nm} \tag{6.365}$$

wobei

$$\epsilon = \arctan \sqrt{\frac{\kappa^2 - K_{nm}^2}{\kappa^2 + K_{nm}^2}} \tag{6.366}$$

die halbe Phasenverschiebung zwischen der oberen und der unteren Schicht ist. Im Unterraum der Wellenzahlkombination mit dem stärksten Anwachs zerlegen wir nun $A_1^{nm} \psi_1^{nm} = A_\psi e^{i\alpha}$, sodass die barotrope Stromfunktion des anwachsenden Teils gemäß (6.350)

$$\psi'(x, y, t) = \Re \left[A_1^{nm} \psi_1^{nm} \sin(l_m y) \, e^{i(k_n x - k_n U t)} e^{\Gamma t} \right]$$

$$= A_\psi \sin(l_m y) \cos(k_n x - k_n U t + \alpha) \, e^{\Gamma t} \tag{6.367}$$

ist, und damit die barokline Stromfunktion mithilfe von (6.364)

$$\tau'(x, y, t) = \Re \left[A_1^{nm} \tau_1^{nm} \sin(l_m y) \, e^{i(k_n x - k_n U t)} e^{\Gamma t} \right]$$

$$= \sqrt{\frac{\kappa^2 - K_{nm}^2}{\kappa^2 + K_{nm}^2}} A_\psi \sin(l_m y) \cos(k_n x - k_n U t + \alpha + \frac{\pi}{2}) e^{\Gamma t} \tag{6.368}$$

Sie führt demnach die barotrope Stromfunktion in der Phase um $\pi/2$, in x entsprechend um $\Delta x = \lambda/4$ an, wobei $\lambda = 2\pi/k_n$ die zonale Wellenlänge der Welle ist. Die Stromfunktionen in den beiden Schichten ergeben sich daraus zu

$$\psi_{1,2}'(x, y, t) = \psi \pm \tau$$

$$= \frac{\sqrt{2}\kappa}{\sqrt{\kappa^2 + K_{nm}^2}} A_\psi \sin(l_m y) \cos(k_n x - k_n U t + \alpha \pm \epsilon) e^{\Gamma t} \tag{6.369}$$

Die Stromfunktion in der oberen Schicht führt also die barotrope Stromfunktion in der Phase um ϵ an, entsprechend in x um $\Delta x = \lambda\epsilon/2\pi$. Im selben Abstand folgt die Stromfunktion der unteren Schicht der barotropen Stromfunktion. Die resultierende *Westwärtsneigung* der Phase mit zunehmender Höhe ist in Abb. 6.6 skizziert. Wichtig ist, dass in der mittleren Zwischenschicht bis auf konstante Faktoren gemäß (6.252) die potentielle Temperatur θ'_m durch die barokline Stromfunktion gegeben ist. Die meridionale Windgeschwindigkeit dort ist aber $v' = \partial\psi'/\partial x$, führt also ψ' in der Phase um $\pi/2$ an. Also ist v' mit θ' in Phase. Die Westwärtsneigung impliziert also, dass *warme Luft nach Norden transportiert wird und kalte Luft nach Süden*. Die barokline Welle arbeitet demnach der Ursache ihrer Instabilität entgegen.

Abb. 6.6 Längen-Höhen-Struktur einer anwachsenden baroklinen Welle. Man beachte die Westwärtsneigung der Phase. Die potentielle Temperatur in der mittleren Schicht, proportional zu τ, ist mit der dortigen Meridionalgeschwindigkeit $v = \partial\psi/\partial x$ in Phase.

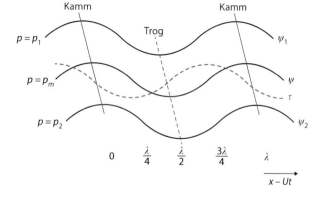

Abb. 6.7 Der baroklin instabile Bereich eines quasigeostrophischen Zweischichtenmodells im $K^2 - \Delta U^2$-Diagramm.

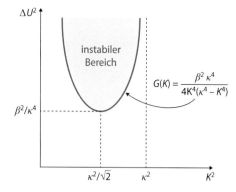

Zonalwindscherung und β-Effekt $(\Delta U \neq 0, \beta \neq 0)$

Im allgemeinen Fall ist die Lösung von (6.337)

$$\hat{\omega}_{1,2} = \frac{\omega_\psi + \omega_\tau}{2} \pm \sqrt{\left(\frac{\omega_\psi - \omega_\tau}{2}\right)^2 + \alpha(\alpha - \gamma)} \qquad (6.370)$$

Für eine Instabilität muss das Argument der Wurzel negativ sein. Dies impliziert

$$\alpha(\alpha - \gamma) < 0 \quad \text{und} \quad \left(\frac{\omega_\psi - \omega_\tau}{2}\right)^2 < \alpha(\gamma - \alpha)$$

was auf

$$K_{nm}^2 < \kappa^2 \quad \text{und} \quad \beta^2 \kappa^4 < 4\Delta U^2 K_{nm}^4 (\kappa^4 - K_{nm}^4) \qquad (6.371)$$

führt. Der β-Effekt stabilisiert die Strömung demnach. Eine Instabilität bei einer vorgegebenen totalen Wellenzahl K_{nm} ist nur möglich, wenn

$$\Delta U^2 > G(K_{nm}) = \frac{\beta^2 \kappa^4}{4 K_{nm}^4 (\kappa^4 - K_{nm}^4)} \qquad (6.372)$$

Dies ist auch in Abb. 6.7 skizziert. Keine Instabilität ist möglich, wenn ΔU^2 unter dem Minimum von G liegt. Dieses ergibt die Analyse zu

$$\min G(K_{nm}) = \frac{\beta^2}{\kappa^4} \quad \text{bei} \quad K_{nm}^2 = \frac{\kappa^2}{\sqrt{2}}$$

Die Strömung ist damit nur instabil, wenn

$$\Delta U^2 > \frac{\beta^2}{\kappa^4} \qquad (6.373)$$

Von Bedeutung ist auch:

- Im instabilen Bereich ist die Anwachsrate

$$\Gamma = \sqrt{\alpha(\gamma - \alpha) - \left(\frac{\omega_\psi - \omega_\tau}{2}\right)^2} \qquad (6.374)$$

wiederum bei $l = \pi/L_y$ maximal. Die zonale Wellenzahl maximaler Instabilität liegt nahe bei

$$k_{\max} \approx \frac{\kappa}{2^{1/4}} \qquad (6.375)$$

was einer Wellenlänge $\lambda = 2^{1/4} 2\pi/\kappa \approx 3000\,\text{km}$ entspricht.

Abb. 6.8 Die
Breitenabhängigkeit der
minimalen zonalen
Windscherung, die für eine
barokline Instabilität vorliegen
muss. Die Tropen sind
wesentlich stabiler als die
mittleren Breiten.

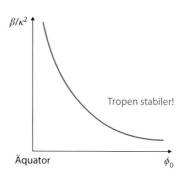

- Interessant ist auch die *Breitenabhängigkeit* des Potentials zur baroklinen Instabilität. Aus den Definitionen von κ und β folgt, dass

$$\frac{\beta}{\kappa^2} = \frac{\sigma \Delta p^2}{4\Omega a} \frac{\cos \phi_0}{\sin^2 \phi_0} \tag{6.376}$$

Die minimale zonale Windscherung, die für eine Instabilität überschritten werden muss, ist also von der Referenzbreite ϕ_0 abhängig. Auf der synoptischen Skala, die hier Gegenstand der Untersuchung ist, sind die Tropen wesentlich stabiler als die mittleren Breiten (Abb. 6.8). Bei $\phi_0 = 45°$ findet man, dass $\Delta U > 3\,\mathrm{m/s}$ sein muss, entsprechend einer Zonalwindscherung zwischen den beiden Schichten von 6 m/s.

Mechanismen und Energetik

Zur weiteren Analyse der Mechanismen und der Energetik der baroklinen Instabilität linearisieren wir (6.243), 6.244) und (6.245) direkt um

$$\begin{pmatrix} \psi \\ \tau \\ \omega_m \end{pmatrix} = \begin{pmatrix} -Uy \\ -\Delta U y \\ 0 \end{pmatrix} \tag{6.377}$$

Das Ergebnis ist

$$\left(\frac{\partial}{\partial t} + U \frac{\partial}{\partial x} \right) \nabla_h^2 \psi' + \beta \frac{\partial \psi'}{\partial x} = -\Delta U \frac{\partial}{\partial x} \nabla_h^2 \tau' \tag{6.378}$$

$$\left(\frac{\partial}{\partial t} + U \frac{\partial}{\partial x} \right) \nabla_h^2 \tau' + \beta \frac{\partial \tau'}{\partial x} = -\Delta U \frac{\partial}{\partial x} \nabla_h^2 \psi' + \frac{f_0}{\Delta p} \omega_m' \tag{6.379}$$

$$\left(\frac{\partial}{\partial t} + U \frac{\partial}{\partial x} \right) \tau' - \Delta U \frac{\partial \psi'}{\partial x} = \frac{\sigma \Delta p}{2 f_0} \omega_m' \tag{6.380}$$

Mit den Randbedingungen des β-Kanals ergibt die Auswertung von $-2 \int d^2 x \left[\psi' \right.$
(6.378)$+\tau'$ (6.379)$\left. \right]$

$$\frac{dK'}{dt} = -\frac{2f_0}{\Delta p} \int_0^{L_y} dy \int_0^{Lx} dx \ \tau' \omega_m' \tag{6.381}$$

$$K' = \int_0^{L_y} dy \int_0^{Lx} dx \ \left(\nabla_h \psi' \cdot \nabla_h \psi' + \nabla_h \tau' \cdot \nabla_h \tau'\right) \tag{6.382}$$

während $2\kappa^2 \int d^2 x \tau'$ (6.380)

$$\frac{dA'}{dt} = \frac{2f_0}{\Delta p} \int_0^{L_y} dy \int_0^{Lx} dx \ \tau' \omega_m' + 2\Delta U \kappa^2 \int_0^{L_y} dy \int_0^{Lx} dx \ \tau' \frac{\partial \psi'}{\partial x} \tag{6.383}$$

$$A' = \int_0^{L_y} dy \int_0^{Lx} dx \ \kappa^2 \tau'^2 \tag{6.384}$$

liefert. Eine Störung wächst an, wenn

$$\frac{d}{dt}(K + A) > 0 \tag{6.385}$$

was gleichbedeutend ist mit

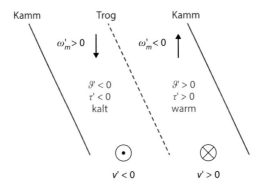

Abb. 6.9 Ein Längen-Höhen-Schnitt der Austauschprozesse, welche die Energetik einer anwachsenden baroklinen Welle auf der Nordhemisphäre bestimmen: Der meridionale Wärmetransport führt warme (kalte) Luft nach Norden (Süden). Der vertikale Transport beschreibt die Aufwärtsbewegung (Abwärtsbewegung) warmer (kalter) Luftmassen.

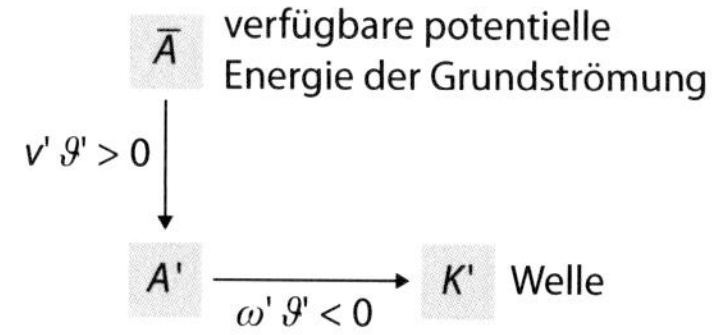

$$\overline{A} \quad \begin{array}{l} \text{verfügbare potentielle} \\ \text{Energie der Grundströmung} \end{array}$$

$$v'\,\vartheta' > 0 \quad \Big\downarrow$$

$$A' \xrightarrow[\omega'\,\vartheta' < 0]{} K' \quad \text{Welle}$$

Abb. 6.10 Schematische Darstellung der Energieaustauschprozesse in einer baroklinen Instabilität. Der meridionale Wärmetransport wandelt verfügbare potentielle Energie in der Grundströmung in verfügbare potentielle Energie der anwachsenden Welle um, während der vertikale Wärmetransport Letztere in kinetische Energie der Welle umwandelt.

$$2\Delta U \kappa^2 \int_0^{L_y} dy \int_0^{Lx} dx \;\; \tau' \frac{\partial \psi'}{\partial x} > 0 \tag{6.386}$$

Im Integral muss also mehrheitlich $\tau' \partial \psi'/\partial x > 0$ sein, was $f_0 \theta'_m v' > 0$ entspricht, sodass Warmluft polwärts und Kaltluft Richtung Äquator transportiert wird. Dies bedeutet, dass verfügbare potentielle Energie $\overline{A}$ der Grundströmung abgebaut und in verfügbare potentielle Energie A' der Störungen umgewandelt wird. Wie wir uns bereits oben überzeugt haben, ist dies für anwachsende barokline Wellen der Fall. Andersherum impliziert ein entgegengesetzt gerichteter mittlerer Transport $f_0 \theta'_m v' < 0$ auch, dass eine Störung gedämpft ist.

Dem anderen Teilprozess sind wir bereits bei der Diskussion der allgemeinen Energetik des Zweischichtenmodells begegnet: Wenn

$$-\frac{2f_0}{\Delta p} \int_0^{L_y} dy \int_0^{Lx} dx \;\; \tau' \omega'_m > 0 \tag{6.387}$$

wird verfügbare potentielle Energie A' der Störung in kinetische Energie K' der Störung umgewandelt. Da bis auf einen zu f_0 proportionalen Vorfaktor τ' mit θ'_m äquivalent ist, ist die Bedingung dafür, dass Warmluft nach oben steigt und Kaltluft absinkt. Auch dies kann für anwachsende barokline Wellen direkt überprüft werden. Wir beschränken uns dazu aus Gründen der Einfachheit auf den Fall $\beta = 0$: Die Fourier-Transformation von (6.380) liefert zunächst

$$\omega_m^{nm\omega} = -\frac{2if_0}{\sigma \Delta p} (\hat{\omega} \tau^{nm\omega} + k_n \Delta U \psi^{nm\omega}) \tag{6.388}$$

Zusammen mit $\hat{\omega} = \hat{\omega}_1 = i\Gamma$, (6.356) und (6.364) erhält man daraus für die anwachsende barokline Welle

$$(\omega_m)_1^{nm} = -\frac{4f_0}{\sigma \Delta p} \Gamma \frac{K_{nm}^2}{\kappa^2 - K_{nm}^2} \tau_1^{nm} \tag{6.389}$$

Man sieht also, dass in der anwachsenden baroklinen Welle ω'_m und τ' gegenphasig sind, wie auch zu zeigen war. Die Abb. 6.9 und 6.10 fassen die Erkenntnisse nochmals graphisch zusammen.

6.4.2 Die barokline Instabilität in der kontinuierlichen geschichteten Atmosphäre

Die linearen Gleichungen
Ausgangspunkt der Analyse für die kontinuierlich geschichtete Atmosphäre ist die Erhaltungsgleichung für die quasigeostrophische potentielle Vorticity (6.119) ohne Heizung. Als Randbedingungen verwenden wir in der Horizontalen die des β-Kanals, also (6.204)–(6.206). Orographie und Reibung seien nicht berücksichtigt, sodass die vertikale Randbedingung am Boden durch (6.207) gegeben ist. Als obere Randbedingung steht (6.208) zur Verfügung. Im Fall einer Näherung, in der ein fester oberer Rand der Atmosphäre bei einer Höhe H angenommen wird, ist alternativ in Analogie zu (6.207)

$$\frac{D_g}{Dt} \frac{\partial \psi}{\partial z}\bigg|_{z=H} = 0 \tag{6.390}$$

zu verwenden. Man überzeugt sich leicht, dass diese Gleichungen durch eine zonalsymmetrische und zeitunabhängige Stromfunktion

$$\psi = \bar{\psi}(y, z) \tag{6.391}$$

gelöst werden, mit zugehörigen horizontalen Windfeldern

$$\bar{u} = -\frac{\partial \bar{\psi}}{\partial y} \tag{6.392}$$

$$\bar{v} = 0 \tag{6.393}$$

Bei einem ausreichend starken vertikalen Gradienten von $\bar{u}$ ist wiederum eine barokline Instabilität zu erwarten.

Mit dem Ziel einer entsprechenden Analyse linearisieren wir die Gleichungen um diese Grundströmung, d. h., wir verwenden den Störungsansatz

$$\psi = \bar{\psi}(y, z) + \psi'(x, y, z, t) \tag{6.394}$$

mit infinitesimal kleinem ψ', setzen dies in die Gleichungen ein und vernachlässigen dann alle Beiträge, die in ψ' nichtlinear sind. Einsetzen in (6.119) führt so auf

$$\left(\frac{\partial}{\partial t} + \bar{u}\frac{\partial}{\partial x}\right)\pi' + \frac{\partial \psi'}{\partial x}\frac{\partial \bar{\pi}}{\partial y} = 0 \tag{6.395}$$

wobei

$$\pi' = \nabla_h^2 \psi' + \frac{1}{\overline{\rho}} \frac{\partial}{\partial z} \left(\frac{\overline{\rho} f_0^2}{N^2} \frac{\partial \psi'}{\partial z} \right) \tag{6.396}$$

die quasigeostrophische potentielle Vorticity der Störung ist und

$$\overline{\pi} = \frac{\partial^2 \overline{\psi}}{\partial y^2} + f + \frac{1}{\overline{\rho}} \frac{\partial}{\partial z} \left(\frac{\overline{\rho} f_0^2}{N^2} \frac{\partial \overline{\psi}}{\partial z} \right) \tag{6.397}$$

die der Grundströmung, mit Meridionalgradient

$$\frac{\partial \overline{\pi}}{\partial y} = -\frac{\partial^2 \overline{u}}{\partial y^2} + \beta - \frac{1}{\overline{\rho}} \frac{\partial}{\partial z} \left(\frac{\overline{\rho} f_0^2}{N^2} \frac{\partial \overline{u}}{\partial z} \right) \tag{6.398}$$

Die Linearisierung der meridionalen Randbedingungen (6.206) ist

$$\frac{\partial \psi'}{\partial x} = 0 \quad (y = 0, L_y) \tag{6.399}$$

während die vertikale Randbedingung (6.207)

$$0 = \left(\frac{\partial}{\partial t} + \overline{u} \frac{\partial}{\partial x} \right) \frac{\partial \psi'}{\partial z} + \frac{\partial \psi'}{\partial x} \frac{\partial}{\partial y} \frac{\partial \overline{\psi}}{\partial z} \quad (z = 0) \tag{6.400}$$

liefert oder

$$0 = \left(\frac{\partial}{\partial t} + \overline{u} \frac{\partial}{\partial x} \right) \frac{\partial \psi'}{\partial z} - \frac{\partial \psi'}{\partial x} \frac{\partial \overline{u}}{\partial z} \quad (z = 0) \tag{6.401}$$

Im Bedarfsfall ist eine solche Randbedingung auch an einem festen oberen Rand $z = H$ zu verwenden.

Wie im Fall des Zweischichtenmodells können wir nun ohne Einschränkung der Allgemeinheit annehmen, dass die Störung sich darstellen lässt als

$$\psi' = \sum_k \int_{-\infty}^{\infty} d\omega e^{i(kx - \omega t)} \hat{\psi}(k, y, z, \omega) \tag{6.402}$$

wobei die beitragenden zonalen Wellenzahlen

$$k = n \frac{2\pi}{L_x} \quad (n \in \mathbb{Z}) \tag{6.403}$$

sind. Einsetzen in (6.395) liefert

$$(\omega - k\overline{u}) \left[-k^2 \hat{\psi} + \frac{\partial^2 \hat{\psi}}{\partial y^2} + \frac{1}{\overline{\rho}} \frac{\partial}{\partial z} \left(\overline{\rho} \frac{f_0^2}{N^2} \frac{\partial \hat{\psi}}{\partial z} \right) \right] - k\hat{\psi} \frac{\partial \overline{\pi}}{\partial y} = 0 \tag{6.404}$$

während die Randbedingungen (6.399) und (6.401)

$$\hat{\psi} = 0 \quad \left(y = 0, L_y \quad k \neq 0 \right) \tag{6.405}$$

und

$$(\omega - k\bar{u}) \frac{\partial \hat{\psi}}{\partial z} + k\hat{\psi} \frac{\partial \bar{u}}{\partial z} = 0 \quad (z = 0) \tag{6.406}$$

ergeben. Ähnlich wie im Zweischichtenmodell erwarten wir im zonalsymmetrischen Fall $k = 0$ keinen Wellenanwachs, sodass wir uns im Folgenden auf längenabhängige Störungen mit $k \neq 0$ beschränken.

Der Satz von Rayleigh

Eine geschlossene analytische Behandlung der linearen Gleichungen ist nur in ausgewählten Fällen möglich. Darüber hinaus gibt es aber ein allgemeines Theorem, das eine Aussage darüber trifft, unter welchen Bedingungen eine zonalsymmetrische Strömung im Rahmen der quasigeostrophischen Theorie überhaupt instabil sein kann. Dazu wird von vornherein angenommen, dass

$$\omega = \omega_r + i\Gamma \quad (\Gamma > 0) \tag{6.407}$$

und untersucht, unter welchen Bedingungen dies zu keinem Widerspruch führt.

Wir bilden zunächst Real- und Imaginärteil von (6.404)/$(\omega - k\bar{u})$:

$$\frac{\partial^2 \hat{\psi}_r}{\partial y^2} + \frac{1}{\bar{\rho}} \frac{\partial}{\partial z} \left(\bar{\rho} \frac{f_0^2}{N^2} \frac{\partial \hat{\psi}_r}{\partial z} \right) - \left(k^2 + k\delta_r \frac{\partial \bar{\pi}}{\partial y} \right) \hat{\psi}_r - k\delta_i \frac{\partial \bar{\pi}}{\partial y} \hat{\psi}_i = 0 \tag{6.408}$$

$$\frac{\partial^2 \hat{\psi}_i}{\partial y^2} + \frac{1}{\bar{\rho}} \frac{\partial}{\partial z} \left(\bar{\rho} \frac{f_0^2}{N^2} \frac{\partial \hat{\psi}_i}{\partial z} \right) - \left(k^2 + k\delta_r \frac{\partial \bar{\pi}}{\partial y} \right) \hat{\psi}_i + k\delta_i \frac{\partial \bar{\pi}}{\partial y} \hat{\psi}_r = 0 \tag{6.409}$$

wobei die Fourier-Transformierte der Stromfunktion aufgespalten wurde in

$$\hat{\psi} = \hat{\psi}_r + i\hat{\psi}_i \tag{6.410}$$

und

$$\delta_r = \frac{\omega_r - k\bar{u}}{(\omega_r - k\bar{u})^2 + \Gamma^2} \tag{6.411}$$

$$\delta_i = \frac{\Gamma}{(\omega_r - k\bar{u})^2 + \Gamma^2} \tag{6.412}$$

sind. Des Weiteren sind Real- und Imaginärteil von (6.406)/$(\omega - k\bar{u})$

$$\frac{\partial \hat{\psi}_r}{\partial z} + k \frac{\partial \bar{u}}{\partial z} \left(\delta_r \hat{\psi}_r + \delta_i \hat{\psi}_i \right) = 0 \tag{6.413}$$

$$\frac{\partial \hat{\psi}_i}{\partial z} + k \frac{\partial \bar{u}}{\partial z}\left(\delta_r \hat{\psi}_i - \delta_i \hat{\psi}_r\right) = 0 \tag{6.414}$$

Nun bilden wir $\hat{\psi}_i$ (6.408) $-\hat{\psi}_r$ (6.409) und multiplizieren dies mit $\bar{\rho}$, mit dem Ergebnis

$$\bar{\rho}\frac{\partial}{\partial y}\left(\hat{\psi}_i \frac{\partial \hat{\psi}_r}{\partial y} - \hat{\psi}_r \frac{\partial \hat{\psi}_i}{\partial y}\right) + \frac{\partial}{\partial z}\left[\bar{\rho}\frac{f_0^2}{N^2}\left(\hat{\psi}_i \frac{\partial \hat{\psi}_r}{\partial z} - \hat{\psi}_r \frac{\partial \hat{\psi}_i}{\partial z}\right)\right] - \bar{\rho}k\delta_i \frac{\partial \bar{\pi}}{\partial y}\left|\hat{\psi}\right|^2 = 0 \tag{6.415}$$

Dies integrieren wir in y und z und erhalten

$$\int_0^\infty dz\bar{\rho}\left[\hat{\psi}_i \frac{\partial \hat{\psi}_r}{\partial y} - \hat{\psi}_r \frac{\partial \hat{\psi}_i}{\partial y}\right]_0^{L_y} + \int_0^{L_y} dy\left[\bar{\rho}\frac{f_0^2}{N^2}\left(\hat{\psi}_i \frac{\partial \hat{\psi}_r}{\partial z} - \hat{\psi}_r \frac{\partial \hat{\psi}_i}{\partial z}\right)\right]_0^\infty$$

$$= \int_0^\infty dz \int_0^{L_y} dy\bar{\rho}k\delta_i \frac{\partial \bar{\pi}}{\partial y}\left|\hat{\psi}\right|^2 \tag{6.416}$$

Ausnutzung der Randbedingungen (6.405) und (6.208) liefert

$$\int_0^\infty dz \int_0^{L_y} dy\bar{\rho}k\delta_i \frac{\partial \bar{\pi}}{\partial y}\left|\hat{\psi}\right|^2 + \int_0^{L_y} dy\left[\bar{\rho}\frac{f_0^2}{N^2}\left(\hat{\psi}_i \frac{\partial \hat{\psi}_r}{\partial z} - \hat{\psi}_r \frac{\partial \hat{\psi}_i}{\partial z}\right)\right]_{z=0} = 0 \tag{6.417}$$

Aus (6.413) und (6.414) andererseits erhält man

$$\hat{\psi}_i \frac{\partial \hat{\psi}_r}{\partial z} - \hat{\psi}_r \frac{\partial \hat{\psi}_i}{\partial z} = -k\frac{\partial \bar{u}}{\partial z}\delta_i \left|\hat{\psi}\right|^2 \tag{6.418}$$

sodass (6.417) unter weiterer Verwendung von (6.412) zu

$$\Gamma k\left[\int_0^\infty dz\bar{\rho} \int_0^{L_y} dy\frac{\partial \bar{\pi}}{\partial y}\frac{\left|\hat{\psi}\right|^2}{|\omega - k\bar{u}|^2} - \int_0^{L_y} dy\left(\bar{\rho}\frac{f_0^2}{N^2}\frac{\partial \bar{u}}{\partial z}\frac{\left|\hat{\psi}\right|^2}{|\omega - k\bar{u}|^2}\right)_{z=0}\right] = 0 \tag{6.419}$$

wird. Im Fall einer Instabilität aber ist $\Gamma > 0$, sodass als Bedingung dafür

$$\int_0^\infty dz\bar{\rho} \int_0^{L_y} dy\frac{\partial \bar{\pi}}{\partial y}\frac{\left|\hat{\psi}\right|^2}{|\omega - k\bar{u}|^2} - \int_0^{L_y} dy\left(\bar{\rho}\frac{f_0^2}{N^2}\frac{\partial \bar{u}}{\partial z}\frac{\left|\hat{\psi}\right|^2}{|\omega - k\bar{u}|^2}\right)_{z=0} = 0 \tag{6.420}$$

resultiert. In der Auswertung dieser Bedingung sind drei interessante Fälle zu betrachten:

Keine Windscherung am Boden ($\partial \bar{u}/\partial z|_{z=0} = 0$): In diesem Fall verschwindet das zweite Integral. Damit das Erste zu null wird, muss $\partial \bar{\pi}/\partial y$ innerhalb des Modellvolumens sein Vorzeichen wechseln. Dies ist die *Rayleigh-Bedingung,* die auch und insbesondere als Bedingung einer *barotropen Instabilität* zu verwenden ist.

Positiver Meridionalgradient der potentiellen Vorticity der Grundströmung ($\partial \bar{\pi}/\partial y \geq 0$): Dies ist der typische Fall, da gewöhnlich die planetare Vorticity die absolute Vorticity so dominiert, dass

$$\frac{\partial \bar{\pi}}{\partial y} \approx \beta > 0 \tag{6.421}$$

In diesem Fall muss klarerweise zumindest lokal

$$\left.\frac{\partial \bar{u}}{\partial z}\right|_{z=0} > 0 \tag{6.422}$$

sein. Dies ist das Szenario einer baroklinen Instabilität.

Überall am Boden negative Windscherung ($\partial \bar{u}/\partial z|_{z=0} < 0$): Dies erfordert, dass zumindest lokal

$$\frac{\partial \bar{\pi}}{\partial y} < 0 \tag{6.423}$$

ist. Aus den o. g. Gründen ist das eher selten.

Das Eady-Problem

Abschließend soll eine Näherung betrachtet werden, zurückgehend auf Eady (1949), in der eine analytische Berechnung der baroklinen Wellen und ihrer Anwachsraten möglich ist. Wesentliche Aspekte der baroklinen Instabilität in der kontinuierlich geschichteten Atmosphäre werden dadurch erfasst. Im Einzelnen wird angenommen:

- Dichte und Stabilität der Referenzatmosphäre sind konstant, d. h.

$$\overline{\rho} = \text{const.} \tag{6.424}$$

$$N^2 = \text{const.} \tag{6.425}$$

- Wir sind auf der f-Ebene, d. h.

$$\beta = 0 \tag{6.426}$$

Die Konsequenzen dieser Näherung konnten wir bereits im Rahmen des Zweischichten-modells diskutieren.

- Der Zonalwind nimmt mit konstanter Rate vom Boden an zu, d. h.

$$\bar{u} = \Lambda z \tag{6.427}$$

sodass

$$\frac{\partial \bar{u}}{\partial z} = \Lambda = \text{const.} \tag{6.428}$$

- Die Atmosphäre hat bei $z = 0$ und $z = H$ einen festen Rand. Dies bedeutet, dass (6.406) auch bei $z = H$ gilt.

Unter den genannten Bedingungen ist

$$\frac{\partial \bar{\pi}}{\partial y} = 0 \tag{6.429}$$

sodass (6.404) zu

$$- k^2 \hat{\psi} + \frac{\partial^2 \hat{\psi}}{\partial y^2} + \frac{f_0^2}{N^2} \frac{\partial^2 \hat{\psi}}{\partial z^2} = 0 \tag{6.430}$$

wird. Die Randbedingung (6.406) lautet zusammen mit ihrem Analogon für $z = H$

$$(\omega - k\Lambda z) \frac{\partial \hat{\psi}}{\partial z} + k\Lambda \hat{\psi} = 0 \qquad (z = 0, H) \tag{6.431}$$

Die meridionalen Randbedingungen (6.405) implizieren aber auch, dass

$$\hat{\psi}(k, y, z, \omega) = \sum_l \sin(ly) \, \tilde{\psi}(k, l, z, \omega) \tag{6.432}$$

$$l = m \frac{\pi}{L_y} \qquad (m \geq 1) \tag{6.433}$$

sodass aus (6.430)

$$\frac{\partial^2 \tilde{\psi}}{\partial z^2} - \alpha^2 \tilde{\psi} = 0 \tag{6.434}$$

resultiert, mit

$$\alpha^2 = \frac{N^2}{f_0^2} \left(k^2 + l^2 \right) \tag{6.435}$$

Die allgemeine Lösung dieser Gleichung ist

$$\tilde{\psi} = A \sinh \alpha z + B \cosh \alpha z \tag{6.436}$$

Dispersionsrelation und Struktur der entsprechenden baroklinen Wellen erhalten wir aus den beiden vertikalen Randbedingungen (6.431). Einsetzen ergibt

$$M \begin{pmatrix} A \\ B \end{pmatrix} = 0 \tag{6.437}$$

mit

Abb. 6.11 Abhängigkeit der Anwachsrate Γ einer baroklinen Welle im Rahmen des Eady-Problems von der zonalen Wellenzahl k und der meridionalen Wellenzahl l. Γ ist mit $\Lambda H/L_{di}$ normiert und die Wellenzahlen mit $1/L_{di}$.

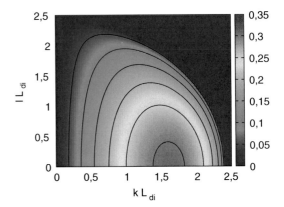

$$M = \begin{pmatrix} \omega\alpha & k\Lambda \\ \alpha\,(\omega - k\Lambda H)\cosh\alpha H + k\Lambda\sinh\alpha H & \alpha\,(\omega - k\Lambda H)\sinh\alpha H + k\Lambda\cosh\alpha H \end{pmatrix} \tag{6.438}$$

Nicht-triviale Lösungen existieren nur, falls

$$\det(M) = 0 \tag{6.439}$$

Dies führt uns zur Dispersionsrelation

$$\omega_{1,2} = k\frac{\Lambda H}{2} \pm k\frac{\Lambda H}{2}\sqrt{1 - \frac{4\cosh\alpha H}{\alpha H\sinh\alpha H} + \frac{4}{\alpha^2 H^2}} \tag{6.440}$$

Eine Instabilität liegt dann vor, wenn das Argument der Wurzel negativ ist. Mithilfe von

$$\tanh\alpha H = \frac{2\tanh\dfrac{\alpha H}{2}}{1 + \tanh^2\dfrac{\alpha H}{2}} \tag{6.441}$$

finden wir, dass dies

$$0 > \frac{4}{\alpha^2 H^2}\left(\frac{\alpha^2 H^2}{4} - \frac{\alpha H\cosh\alpha H}{\sinh\alpha H} + 1\right)$$

$$= \frac{4}{\alpha^2 H^2}\left[\frac{\alpha^2 H^2}{4} - \frac{\alpha H}{2}\left(\coth\frac{\alpha H}{2} + \tanh\frac{\alpha H}{2}\right) + 1\right]$$

$$= \frac{4}{\alpha^2 H^2}\left(\frac{\alpha H}{2} - \coth\frac{\alpha H}{2}\right)\left(\frac{\alpha H}{2} - \tanh\frac{\alpha H}{2}\right) \tag{6.442}$$

bedeutet. Der letzte Faktor ist immer positiv, sodass die Instabilitätsbedingung

$$\frac{\alpha H}{2} < \coth \frac{\alpha H}{2} \tag{6.443}$$

lautet. Numerisch führt dies auf

$$\alpha H < 2{,}399 \tag{6.444}$$

oder

$$\sqrt{k^2 + l^2} < \frac{2{,}399}{L_{di}} \tag{6.445}$$

Die korrespondierende Wellenlänge muss also

$$\lambda = \frac{2\pi}{\sqrt{k^2 + l^2}} > \frac{2\pi}{2{,}399} L_{di} \approx 3000 \, \text{km} \tag{6.446}$$

erfüllen, da in mittleren Breiten $L_{di} \approx 1000 \, \text{km}$ ist. Eine weitere numerische Analyse zeigt, dass die Anwachsrate

$$\Gamma = k \frac{\Lambda H}{2} \sqrt{\frac{4 \cosh \alpha H}{\alpha H \sinh \alpha H} - 1 - \frac{4}{\alpha^2 H^2}} \tag{6.447}$$

maximal ist, wenn

$$l = 0 \tag{6.448}$$

$$\alpha H = 1{,}6 \tag{6.449}$$

Dies führt auf

$$(k, l) = (1{,}6/L_{di}, 0) \tag{6.450}$$

Die korrespondierende zonale Wellenlänge ist

$$\lambda = \frac{2\pi}{1{,}6} L_{di} \approx 4000 \, \text{km} \tag{6.451}$$

Dort ist

$$\Gamma \approx 0{,}3 \frac{\Lambda H}{L_{di}} \tag{6.452}$$

Mit $\Lambda H = \bar{u}(z = H) \approx 20 \, \text{m/s}$ und $L_{di} \approx 1000 \, \text{km}$ führt dies auf $\Gamma \approx 0{,}52 \text{d}^{-1}$. Abb. 6.11 zeigt die gesamte Abhängigkeit der Anwachsrate von den beiden horizontalen Wellenzahlen.

Die *vertikale Struktur* erhalten wir durch nochmalige Betrachtung der vertikalen Randbedingungen. (6.437) und (6.438) liefern

$$A = -\frac{k\Lambda}{\alpha\omega} B = -\frac{k\Lambda}{\alpha} \left(\frac{\omega_r}{|\omega|^2} - i \frac{\Gamma}{|\omega|^2} \right) B \tag{6.453}$$

Einsetzen in (6.436) ergibt, mit $B = A_\psi$,

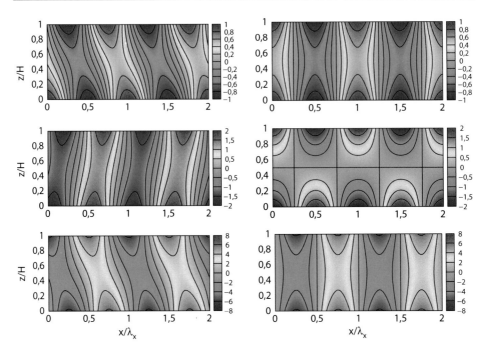

Abb. 6.12 Die Längen-Höhen-Struktur der am schnellsten anwachsenden baroklinen Welle (linke Spalte) und einer marginal stabilen Welle mit $\Gamma \approx 0$. Gezeigt sind, in normierten Größen, die Stromfunktion ψ' (obere Reihe), ihr vertikaler Gradient $\partial \psi / \partial z$, der wiederum proportional zur potentiellen Temperatur ist (Mitte) und die meridionale Windgeschwindigkeit $v' = \partial \psi' / \partial x$ (unten).

$$\tilde{\psi} = A_\psi \left(\cosh \alpha z - \frac{k \Lambda \omega_r}{\alpha |\omega|^2} \sinh \alpha z + i \frac{k \Lambda \Gamma}{\alpha |\omega|^2} \sinh \alpha z \right) \qquad (6.454)$$

Der Tangens der Phase in $\tilde{\psi} = |\tilde{\psi}| e^{i\epsilon}$ ist damit

$$\tan \epsilon = \frac{k \Lambda \Gamma}{\alpha |\omega|^2} \frac{\sinh \alpha z}{\cosh \alpha z - \frac{k \Lambda \omega_r}{\alpha |\omega|^2} \sinh \alpha z} \qquad (6.455)$$

und dessen Vertikalableitung

$$\frac{\partial}{\partial z} \tan \epsilon = \frac{k \Lambda \Gamma}{\alpha |\omega|^2} \frac{1}{\left(\cosh \alpha z - \frac{k \Lambda \omega_r}{\alpha |\omega|^2} \sinh \alpha z \right)^2} \qquad (6.456)$$

Für $\Gamma > 0$ nimmt die Phase der Welle nach oben zu, und wir erhalten wieder die bereits im Zweischichtenmodell gefundene Westwärtsneigung der anwachsenden Welle mit zunehmender Höhe. Eine gedämpfte Welle hat ganz analog eine nach Osten geneigte Phase.

Abb. 6.12 zeigt die Längen-Höhen-Struktur der Welle. Man erkennt klar die Westwärtsneigung der Phase und die Gleichphasigkeit von potentieller Temperatur und Meridionalwind im mittleren Höhenbereich. Ebenfalls auffällig ist die relativ einfache Vertikalabhängigkeit. Diese ist der Grund dafür, dass das Zweischichtenmodell die barokline Instabilität so gut beschreiben kann.

6.4.3   Zusammenfassung

Der Motor des täglichen Wetters in mittleren Breiten ist die barokline Instabilität. Durch die solare Einstrahlung wird ein *meridionaler Gradient potentieller Temperatur* zwischen den Tropen und Polarregionen aufgebaut, der gemäß der thermischen Windgleichung mit ausgeprägten *Strahlströmen* starker Westwinde in der oberen Troposphäre mittlerer Breiten einhergeht. Auf diese Gradienten reagiert die Atmosphäre durch die Herausbildung *barokliner Wellen, die durch Wärmetransport von den Tropen zu den Polarregionen der Ursache der Instabilität entgegenarbeiten.*

Wesentliche Aspekte lassen sich bereits im Rahmen des *Zweischichtenmodells* erkennen:

- Weiterhin wird die *lineare Dynamik* infinitesimal kleiner Störungen der zonalsymmetrischen Lösung betrachtet. Mittels Fourier-Transformation in zonaler und meridionaler Richtung wird die *Dynamik der einzelnen Wellenzahlkombinationen voneinander entkoppelt.*

- Bei der Lösung des *Anfangswertproblems* sind nun die einzelnen *Eigenmoden,* aus denen die allgemeine Lösung zusammengesetzt werden kann, nicht mehr orthogonal zueinander, wie in der zuvor diskutierten geostrophischen Anpassung im Rahmen der Flachwasserdynamik. Mittels gleichzeitiger Lösung des *adjungierten Problems* aber ist eine Zerlegung eines beliebigen Anfangszustands in die Anteile der einzelnen Eigenmoden problemlos möglich.

- Die Eigenfrequenzen ergeben sich aus der *Dispersionsrelation,* die alle Kombinationen von Frequenz und Wellenzahl identifiziert, unter denen der lineare Operator des Problems singulär ist. Die *Polarisationsbeziehungen* liefern die Struktur der zugehörigen Eigenmoden.

- Die *Vernachlässigung des β-Effekts* liefert folgende Ergebnisse:
  - Bei jeder noch so geringen Zonalwindscherung ist die Atmosphäre *instabil,* d. h., es gibt Eigenfrequenzen mit positivem Imaginärteil, die auch als *Anwachsrate* bezeichnet wird.
  - Diese Instabilität tritt aber nur bei *horizontalen Wellenlängen auf, die oberhalb einer unteren Grenze liegt, die mittels κ durch Schichtung und Rotation bestimmt wird.* Bei typischen atmosphärischen Verhältnissen liegt sie bei etwa 3000 km.
  - Die am *stärksten anwachsende barokline Welle* hat eine rein *zonale Ausbreitungsrichtung.*

- Die vertikale Struktur ist durch eine charakteristische vertikale *Westwärtsneigung* der Phase gekennzeichnet. Diese impliziert, dass die anwachsenden baroklinen Wellen potentielle Temperatur von den Tropen zu den Polen transportieren.
- Eine verallgemeinerte Analyse zeigt, dass der *β-Effekt die Strömung stabilisiert*. Damit eine Instabilität möglich ist, muss die Zonalwindscherung oberhalb einer Grenze liegen, die mit dem Meridionalgradienten der planetaren Vorticity ansteigt. Andere Bestimmungsfaktoren sind wiederum Rotation und Schichtung. Dies führt dazu, dass in den Tropen keine barokline Instabilität auftreten kann.
- In der Analyse der *Energetik* des Anwachsprozesses wird bestätigt, dass der *polwärtige Wärmetransport* für den Wellenanwachs verantwortlich ist. Mittels dieses Prozesses wird verfügbare potentielle Energie der zonalen Grundströmung in verfügbare potentielle Energie der Wellen umgewandelt. Durch das *Aufsteigen warmer Luftmassen und das Absinken kalter Luftmassen* wird verfügbare potentielle Energie der Wellen in kinetische Energie der Wellen umgewandelt.

Die allgemeinere Betrachtung im Rahmen der *kontinuierlich geschichteten Atmosphäre* liefert folgende Zusatzaspekte:

- Zusätzlich zur *linearisierten Erhaltungsgleichung der quasigeostrophischen potentiellen Vorticity* ist nun auch die *Linearisierung der vertikalen Randbedingungen* zu betrachten, die in die Gleichungen des Zweischichtenmodells bereits eingebaut sind. Am Boden verschwindet der Vertikalwind. Oben müssen entweder Dichte oder Vertikalwind verschwinden.
- Der *Satz von Rayleigh* liefert uns notwendige Bedingungen für die Instabilität von allgemeinen breiten- und höhenabhängigen Profilen von Zonalwind und potentieller Temperatur im thermischen Windgleichgewicht. Als wichtigste Fälle erhält man:
  - Falls die Scherung des Zonalwinds am Boden verschwindet, muss der Meridionalgradient der potentiellen Vorticity in der Atmosphäre sein Vorzeichen wechseln.
  - Falls Letzterer aber überall positiv ist, was typischerweise der Fall ist, muss es am Boden zumindest Bereiche geben, in denen der Zonalwind nach oben zunimmt.
- In der Näherung des *Eady-Problems* ist eine analytische Lösung des Stabilitätsproblems möglich. Dabei wird angenommen, dass die Atmosphäre homogen ist und auch der *β*-Effekt vernachlässigt.
  - Man erkennt, dass die kleinstmögliche horizontale Wellenlänge für eine Instabilität mit dem *internen Rossby-Deformationsradius* skaliert. Gleiches gilt auch für die Wellenlänge, bei der die Instabilität maximal ist. Auch hier haben also Rotation und Schichtung den entscheidenden Einfluss auf die Skalen.
  - Ähnlich wie auch im Zweischichtenmodell skaliert die *maximale Anwachsrate* mit dem *Verhältnis zwischen Zonalwind in der oberen Troposphäre und internem Rossby-Deformationsradius*.

– Auch die Westwärtsneigung der Phase ergibt sich ganz analog. Allgemein ist die vertikale Struktur einfach genug, um die Verwendung des Zweischichtenmodells zu rechtfertigen.

6.5   Leseempfehlungen

Empfehlenswerte Lehrbücher, jedes mit einer eigenen Behandlung der quasigeostrophischen Theorie und der baroklinen Instabilität, sind Holton und Hakim (2013), Pedlosky (1987), Salmon (1998) und Vallis (2006). Die Entwicklung der quasigeostrophischen Theorie geht wohl auf Charney (1948) zurück, während die Theorie des Zweischichtenmodells von Phillips (1954) eingeführt worden ist. Obwohl die quasigeostrophische Theorie auch gerne in Untersuchungen zu planetaren Wellen verwendet wird, gilt sie für diese streng genommen nicht, da ihre horizontale Skala nicht kleiner als der Erdradius ist. Phillips (1963) hat für diesen Fall die planetargeostrophischen Gleichungen vorgeschlagen. Die Leserin mag zu diesem Thema Dolaptchiev und Klein (2013), Dolaptchiev et al. (2019) und die Quellen darin konsultieren. Klassische Bücher zu allen möglichen hydrodynamischen Instabilitäten sind Chandrasekhar (1981) und Drazin und Reid (2004). Die ursprüngliche Quelle für das Eady-Modell ist Eady (1949). Eine Behandlung der baroklinen Instabilität mit weniger einschränkenden Annahmen zur Atmosphäre wurde von Charney (1947) veröffentlicht. Eine klassische Arbeit zur nichtlinearen Entwicklung der baroklinen Instabilität ist Simmons und Hoskins (1978), und eine gründliche Diskussion des Themas aus der Perspektive der potentiellen Vorticity findet sich in Hoskins et al. (1985). Originalzitate zum Satz von Rayleigh in Anwendung auf die Atmosphäre sind Charney und Stern (1962) und Pedlosky (1964).

Die planetare Grenzschicht 7

Während bisher die Dynamik der freien Atmosphäre im Zentrum stand, in der Reibungsprozesse keine zentrale Rolle spielen, wenden wir uns nun der planetaren Grenzschicht zu, in der dies grundlegend anders ist. Dies ist der Bereich der Atmosphäre, in dem mittels molekularer und turbulenter Reibung ein Übergang von der Randbedingung $\mathbf{v} = 0$ zu den zuvor diskutierten Lösungen der freien Atmosphäre stattfindet. Wie in Abb. 7.1 skizziert, wird die planetare Grenzschicht in drei Unterbereiche unterteilt: In der *viskosen Unterschicht* wirkt die molekulare Reibung unmittelbar auf die Strömung, die dort laminar ist, also weitgehend nicht turbulent. Dies ändert sich in der *Prandtl-Schicht.* Sowohl der durch den Erdboden aufgezwungene Geschwindigkeitsgradient als auch die thermische Schichtung mit nach oben abnehmender Temperatur sind typischerweise instabil und führen zur Ausbildung von Turbulenz. Der vertikale Verlauf von Horizontalgeschwindigkeit und Temperatur wird durch die erzeugte Turbulenz umgekehrt maßgeblich beeinflusst. Im Gegensatz dazu sind die Winde aber noch zu schwach für einen signifikanten Beitrag der Coriolis-Kraft im Vergleich zur Druckgradientenkraft und den turbulenten Flüssen. Dies ändert sich in der *Ekman-Schicht.* Hier wirken Turbulenz und Erdrotation gleichzeitig. Die Dicke der drei Schichten hängt stark von den thermischen Verhältnissen ab. Richtwerte sind 1 cm für die viskose Unterschicht, 100 m für die Prandtl-Schicht und 1 km für die Ekman-Schicht. Im vorliegenden Kapitel soll die trockene Dynamik der Grenzschicht genauer beleuchtet werden. Dazu werden zunächst die notwendigen Grundgleichungen entwickelt, dann turbulenzanfachende Prozesse diskutiert, ebenso Prozesse, die den weiteren Anwachs oder Zerfall von Turbulenz bestimmen, und schließlich die Dynamik der Prandtl-Schicht und der Ekman-Schicht besprochen. Es sei darauf hingewiesen, dass Feuchteprozesse die Dynamik der Grenzschicht ebenfalls stark beeinflussen, diese hier aber nicht behandelt werden.

© Springer-Verlag GmbH Deutschland, ein Teil von Springer Nature 2022
U. Achatz, *Atmosphärendynamik,* https://doi.org/10.1007/978-3-662-63780-7_7

Abb. 7.1 Der Aufbau der
planetaren Grenzschicht. Die
Längenangaben sind qualitativ
zu verstehen. Je nach
thermischer Schichtung sind
starke Abweichungen möglich.

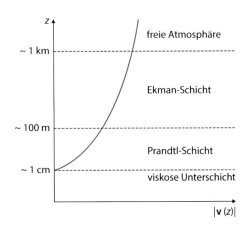

7.1 Anelastik und Boussinesq-Theorie

7.1.1 Die anelastischen Gleichungen

In der Dynamik der planetaren Grenzschicht sind die horizontalen Skalen der relevanten
Prozesse nicht immer deutlich größer als ihre vertikalen Skalen, sodass die hydrostatische
Näherung der primitiven Gleichungen nicht sinnvoll ist. Unter den gegebenen Umständen
ist aber eine hilfreiche Vereinfachung der allgemeinen Bewegungsgleichungen durch die
anelastische Näherung möglich, die hier diskutiert werden soll. In dieser Näherung werden
Schallwellen und die damit verbundenen schnellen Druckfluktuationen herausgefiltert, ver-
gleichbar der Filterung von Schwerewellen durch die quasigeostrophische Theorie. Dem
Effekt der Schallwellen wird durch die Vorgabe einer entsprechenden Gleichgewichtsbedingung an das Geschwindigkeitsfeld Rechnung getragen. Da alle untersuchten Prozesse
deutlich unterhalb der planetaren Skala liegen, konzentriert sich die Darstellung hier auf
kartesische Koordinaten. Dies ist aber keine notwendige Bedingung für die Entwicklung
der Dynamik im Rahmen der anelastischen Gleichungen.

Zunächst werden Druck p und Dichte ρ in ein hydrostatisches Referenzprofil $(\overline{p}, \overline{\rho})$ und
ihre Abweichungen davon zerlegt. Ersteres hängt nur von der Höhe ab. Die Abweichungen
davon sollen klein sein:

$$\rho = \overline{\rho}(z) + \tilde{\rho}(x, y, z, t) \qquad |\tilde{\rho}| \ll \overline{\rho} \qquad (7.1)$$

$$p = \overline{p}(z) + \tilde{p}(x, y, z, t) \qquad |\tilde{p}| \ll \overline{p} \qquad (7.2)$$

$$\frac{d\overline{p}}{dz} = -\overline{\rho}g \qquad (7.3)$$

Analog zerlegt man die potentielle Temperatur

$$\theta = \overline{\theta} + \tilde{\theta} \tag{7.4}$$

Unter Verwendung der Zustandsgleichung ist

$$\theta = T \left(\frac{p_{00}}{p} \right)^{\frac{R}{c_p}} = \frac{p_{00}}{R\rho} \left(\frac{p_{00}}{p} \right)^{\frac{R}{c_p} - 1} \tag{7.5}$$

und damit auch

$$\overline{\theta} = \frac{p_{00}}{R\overline{\rho}} \left(\frac{p_{00}}{\overline{p}} \right)^{\frac{R}{c_p} - 1} \tag{7.6}$$

Eine Taylor-Entwicklung von (7.5) bis zum ersten Glied in den Störgrößen $\tilde{p}$ und $\tilde{\rho}$ liefert

$$\theta = \frac{p_{00}}{R\overline{\rho}} \left(\frac{p_{00}}{\overline{p}} \right)^{\frac{R}{c_p} - 1} - \frac{p_{00}}{R\overline{\rho}} \left(\frac{p_{00}}{\overline{p}} \right)^{\frac{R}{c_p} - 1} \frac{\tilde{\rho}}{\overline{\rho}} - \left(\frac{R}{c_p} - 1 \right) \frac{p_{00}}{R\overline{\rho}} \left(\frac{p_{00}}{\overline{p}} \right)^{\frac{R}{c_p} - 1} \frac{\tilde{p}}{\overline{p}} \tag{7.7}$$

sodass sich mithilfe von (7.4) und (7.6)

$$\frac{\tilde{\theta}}{\overline{\theta}} = -\frac{\tilde{\rho}}{\overline{\rho}} - \left(\frac{R}{c_p} - 1 \right) \frac{\tilde{p}}{\overline{p}} = -\frac{\tilde{\rho}}{\overline{\rho}} + \frac{\tilde{p}}{\gamma \overline{p}} \tag{7.8}$$

ergibt, wobei $\gamma = c_p/c_V$ ist.

Die Impulsgleichung schreiben wir mit der Zerlegung von Druck und Dichte

$$(\overline{\rho} + \tilde{\rho}) \left(\frac{D\mathbf{v}}{Dt} + 2\mathbf{\Omega} \times \mathbf{v} \right) = -\nabla (\overline{p} + \tilde{p}) - (\overline{\rho} + \tilde{\rho}) g\mathbf{e}_z + \nabla \cdot \boldsymbol{\sigma} \tag{7.9}$$

Auf der linken Seite kann man die Dichteschwankungen gegenüber der Referenzdichte vernachlässigen. Zusätzliche Berücksichtigung der Hydrostatik der Referenzatmosphäre auf der rechten Seite liefert schließlich

$$\frac{D\mathbf{v}}{Dt} + 2\mathbf{\Omega} \times \mathbf{v} \approx -\frac{1}{\overline{\rho}} \nabla \tilde{p} - \frac{\tilde{\rho}}{\overline{\rho}} g\mathbf{e}_z + \frac{1}{\overline{\rho}} \nabla \cdot \boldsymbol{\sigma} \tag{7.10}$$

Mit der Definition

$$\phi = \frac{\tilde{p}}{\overline{\rho}} \tag{7.11}$$

erhält man

$$\nabla \phi = \frac{1}{\overline{\rho}} \nabla \tilde{p} - \frac{\tilde{p}}{\overline{\rho}^2} \frac{d\overline{\rho}}{dz} \mathbf{e}_z \tag{7.12}$$

sodass (7.10) zu

$$\frac{D\mathbf{v}}{Dt} + 2\mathbf{\Omega} \times \mathbf{v} \approx -\nabla \phi + \frac{1}{\overline{\rho}} \nabla \cdot \boldsymbol{\sigma} + A\mathbf{e}_z \tag{7.13}$$

wird, wobei

$$A = \left(-\frac{\tilde{p}}{\overline{\rho}^2} \frac{d\overline{\rho}}{dz} - \frac{\tilde{\rho}}{\overline{\rho}} g \right) \tag{7.14}$$

ist. Zur Umformung dieses Terms stellen wir zunächst fest, dass aufgrund von (7.8)

$$g\frac{\tilde{\rho}}{\overline{\rho}} = -g\frac{\tilde{\theta}}{\overline{\theta}} + g\frac{\tilde{p}}{\gamma\overline{p}} \tag{7.15}$$

ist. Analog zur Gewinnung von (7.8) lässt sich ebenfalls zeigen, dass

$$\frac{1}{\overline{\theta}}\frac{d\overline{\theta}}{dz} = -\frac{1}{\overline{\rho}}\frac{d\overline{\rho}}{dz} + \frac{1}{\gamma\overline{p}}\frac{d\overline{p}}{dz} \tag{7.16}$$

gilt, sodass

$$\frac{\tilde{p}}{\overline{\rho}}\frac{1}{\overline{\rho}}\frac{d\overline{\rho}}{dz} = \frac{\tilde{p}}{\overline{\rho}}\left(-\frac{1}{\overline{\theta}}\frac{d\overline{\theta}}{dz} + \frac{1}{\gamma\overline{p}}\frac{d\overline{p}}{dz}\right) = \frac{\tilde{p}}{\overline{\rho}}\left(-\frac{1}{\overline{\theta}}\frac{d\overline{\theta}}{dz} - \frac{g\overline{\rho}}{\gamma\overline{p}}\right) \tag{7.17}$$

ist, wobei im letzten Schritt wiederum die Hydrostatik von $\overline{p}$ ausgenutzt wurde. Damit erhält man

$$A = \frac{\phi}{\overline{\theta}}\frac{d\overline{\theta}}{dz} + b \tag{7.18}$$

wobei

$$b = g\frac{\tilde{\theta}}{\overline{\theta}} \tag{7.19}$$

der *Auftrieb* ist. Da aber die Dicke der planetaren Grenzschicht deutlich geringer ist als die vertikale Skala $H_\theta > 10\,\mathrm{km}$, auf der sich die großräumig horizontal gemittelte potentielle Temperatur ändert, ist innerhalb dieser Schicht stets eine Zerlegung (7.4) möglich, bei der $\overline{\theta}$ isentrop ist, d. h.,

$$\overline{\theta} = \theta_0 = \mathrm{const.} \tag{7.20}$$

und alle vertikalen Änderungen der potentiellen Temperatur den Fluktuationen $\tilde{\theta}$ zugeschlagen werden, ohne dass $|\tilde{\theta}| \ll \overline{\theta}$ verletzt wird. Damit ist $A = b$, und die Impulsgleichung (7.13) wird zu

$$\frac{D\mathbf{v}}{Dt} + 2\mathbf{\Omega} \times \mathbf{v} = -\nabla\phi + b\mathbf{e}_z + \frac{1}{\rho}\nabla\cdot\boldsymbol{\sigma} \tag{7.21}$$

Einsetzen der Zerlegung der Dichte in die Kontinuitätsgleichung ergibt darüber hinaus

$$\frac{\partial\tilde{\rho}}{\partial t} + \nabla\cdot\left[(\overline{\rho} + \tilde{\rho})\mathbf{v}\right] = 0 \tag{7.22}$$

Im zweiten Term kann wiederum $\tilde{\rho}$ gegenüber $\overline{\rho}$ vernachlässigt werden. Unter Verwendung der advektiven Zeitskala $T = L/U = H/W$ mit horizontalen und vertikalen Längenskalen L und H und Geschwindikeitsskalen U und W ergibt eine Größenabschätzung aber auch, dass $\partial\tilde{\rho}/\partial t$ klein ist im Vergleich zu $\nabla\cdot(\overline{\rho}\mathbf{v})$. Damit ist eine sinnvolle Näherung der Kontinuitätsgleichung

$$\nabla\cdot(\overline{\rho}\mathbf{v}) = 0 \tag{7.23}$$

Dies ist die bereits oben erwähnte Gleichgewichtsbedingung für das Geschwindigkeitsfeld, mithilfe derer Schallwellen aus der Dynamik herausgefiltert werden.

Schließlich folgt noch aus der Entropiegleichung ohne Heizung, und auch ohne Reibungswärme (nicht immer gut begründbar),

$$\frac{D\theta}{Dt} = 0 \qquad (7.24)$$

der Definition (7.19) des Auftriebs und der Isentropieannahme (7.20) die Erhaltungsgleichung

$$\frac{Db}{Dt} = 0 \qquad (7.25)$$

Zusammenfassend lauten die *anelastischen Gleichungen* ohne Heizung

$$\frac{D\mathbf{v}}{Dt} + 2\boldsymbol{\Omega} \times \mathbf{v} = -\nabla\phi + b\mathbf{e}_z + \frac{1}{\rho}\nabla \cdot \boldsymbol{\sigma} \qquad (7.26)$$

$$\frac{Db}{Dt} = 0 \qquad (7.27)$$

$$\nabla \cdot (\overline{\rho}\mathbf{v}) = 0 \qquad (7.28)$$

$$\phi = \frac{\tilde{p}}{\overline{\rho}} \qquad (7.29)$$

$$b = g\frac{\tilde{\theta}}{\overline{\theta}} \qquad (7.30)$$

Man beachte, dass die Reibungswärme vernachlässigt worden ist. Für die Anwendungen in diesem Kapitel ist dies möglich, aber man sollte sich dieser Beschränkung der Gültigkeit bewusst sein.

7.1.2 Die Boussinesq-Gleichungen

Beschränkt man sich in den Untersuchungen auf Prozesse mit einer vertikalen Skala

$$H \ll H_\rho \qquad (7.31)$$

wobei

$$\frac{1}{H_\rho} = -\frac{1}{\overline{\rho}}\frac{d\overline{\rho}}{dz} \qquad (7.32)$$

die inverse Skalenhöhe der hydrostatischen Referenzatmosphäre definiert, kann man die Höhenabhängigkeit von $\overline{\rho}$ vernachlässigen. Da $H_\rho = \mathcal{O}(10\,\text{km})$, ist (7.31) für alle Prozesse in der Grenzschicht erfüllt. Man nähert also

$$\overline{\rho} = \rho_0 = \text{const.} \qquad (7.33)$$

Die dann gültigen *Boussinesq-Gleichungen* ohne Heizung lauten

$$\frac{D\mathbf{v}}{Dt} + 2\boldsymbol{\Omega} \times \mathbf{v} = -\nabla\phi + b\mathbf{e}_z + \frac{1}{\rho_0}\nabla \cdot \boldsymbol{\sigma} \qquad (7.34)$$

$$\frac{Db}{Dt} = 0 \qquad (7.35)$$

$$\nabla \cdot \mathbf{v} = 0 \qquad (7.36)$$

$$\phi = \frac{\tilde{p}}{\rho_0} \qquad (7.37)$$

$$b = g\frac{\tilde{\theta}}{\theta_0} \qquad (7.38)$$

Es ist häufig üblich, vom Auftrieb einen geeignet gewählten, nur höhenabhängigen Referenzauftrieb $\overline{b}(z)$ und vom Druck den zugehörigen hydrostatischen Druck $\overline{\phi}(z)$ abzuspalten, sodass

$$b = \overline{b}(z) + \tilde{b}(\mathbf{x}, t) \qquad (7.39)$$

$$\phi = \overline{\phi}(z) + \tilde{\phi}(\mathbf{x}, t) \qquad (7.40)$$

$$\frac{d\overline{\phi}}{dz} = \overline{b} \qquad (7.41)$$

sind. Im Fall der planetaren Grenzschicht wäre $\overline{b}$ ein thermodynamisches Auftriebsfeld, das aus der solaren Aufheizung des Erdbodens und dem Wärmetransport vom Erdboden zur freien Atmosphäre resultiert. In dieser Darstellung lauten die Boussinesq-Gleichungen

$$\frac{D\mathbf{v}}{Dt} + 2\boldsymbol{\Omega} \times \mathbf{v} = -\nabla\tilde{\phi} + \tilde{b}\mathbf{e}_z + \frac{1}{\rho_0}\nabla \cdot \boldsymbol{\sigma} \qquad (7.42)$$

$$\frac{D\tilde{b}}{Dt} + N^2 w = 0 \qquad (7.43)$$

$$\nabla \cdot \mathbf{v} = 0 \qquad (7.44)$$

$$\tilde{\phi} = \frac{\tilde{p}}{\rho_0} \qquad (7.45)$$

$$\tilde{b} = g\frac{\tilde{\theta}}{\theta_0} \qquad (7.46)$$

wobei

$$N^2 = \frac{d\overline{b}}{dz} \qquad (7.47)$$

die zum Referenzauftrieb gehörende Schichtung ist.

7.1.3 Zusammenfassung

Kompressibilitätseffekte sind in der Dynamik der Grenzschicht von untergeordneter Bedeutung. Solange *Dichte- und Druckfluktuationen klein* sind gegenüber Druck und Dichte einer hydrostatisch geschichteten Referenzatmosphäre, lassen sich vereinfachte dynamische Gleichungen für die Grenzschicht ableiten. In der Herleitung macht man sich auch die *geringe vertikale Ausdehnung der Grenzschicht* zunutze:

- Die geringe Dicke der Grenzschicht führt dazu, dass eine isentrope Referenzatmosphäre gewählt werden kann. In der sich damit ergebenden *anelastischen Dynamik* ist der Massenfluss divergenzfrei, der sich aus der Dichte der Referenzatmosphäre und dem Geschwindigkeitsfeld ergibt.
- Aufgrund ihrer begrenzten vertikalen Ausdehnung finden in der Grenzschicht nur Prozesse statt, deren *vertikale Skala deutlich unter der Skalenhöhe der Dichte* liegt. Damit lässt sich in der Divergenzbedingung der anelastischen Theorie auch die Referenzdichte als in führender Ordnung konstant annehmen. Dies führt auf die nochmals einfacheren *Boussinesq-Gleichungen.*
- In beiden Näherungen kann der Druck nicht mehr prognostiziert werden, sondern muss diagnostisch so gewählt, dass die Divergenzfreiheit erhalten bleibt. Dies führt dazu, dass es keine Schallwellen mehr gibt. Eine genauere Betrachtung zeigt, dass Schallwellen in der ungenäherten Dynamik sehr schnell dazu führen, dass diese Divergenzfreiheit hergestellt wird. Anelastische und Boussinesq-Dynamik sind Näherungen, in denen *Schallwellen herausgefiltert* ist. Das ähnelt der Filterung von Schwerewellen durch die quasi-geostrophische Theorie.

7.2 Instabilitäten in der Grenzschicht

Ein wesentliches Merkmal der planetaren Grenzschicht ist das Auftreten von Turbulenz. Diese entsteht aus hydrodynamischen Instabilitäten, die in der vorherrschenden Windscherung oder einer instabilen Schichtung ihre Ursache haben. Zur Erläuterung sollen hier einige wesentliche Instabilitäten untersucht werden. Dabei werden die Einflüsse von Rotation und Reibung konsequent vernachlässigt.

7.2.1 Die Taylor-Goldstein-Gleichung

Als Basis werden die Boussinesq-Gleichungen (7.42)–(7.44) verwendet. Diese werden gelöst durch den rein horizontalen Wind, der nur von der Höhe abhängt, und Auftriebs- und Druckfelder, die mit den hydrostatischen Referenzprofilen übereinstimmen:

$$\mathbf{u} = \overline{\mathbf{u}}(z) \tag{7.48}$$

$$w = 0 \tag{7.49}$$

$$\tilde{\phi} = 0 \tag{7.50}$$

$$\tilde{b} = 0 \tag{7.51}$$

Dabei ist $\overline{\mathbf{u}}$ z. B. ein nach oben zunehmender Horizontalwind, der sich im Übergang zwischen Boden und freier Atmosphäre einstellt. Zur Untersuchung der Stabilität einer solchen Konfiguration addieren wir zu allen Feldern infinitesimal kleine Störungen, sodass

$$\mathbf{u} = \overline{\mathbf{u}}(z) + \mathbf{u}'(\mathbf{x}, t) \tag{7.52}$$

$$w = w'(\mathbf{x}, t) \tag{7.53}$$

$$\tilde{\phi} = \phi'(\mathbf{x}, t) \tag{7.54}$$

$$\tilde{b} = b'(\mathbf{x}, t) \tag{7.55}$$

sind. Einsetzen in die Boussinesq-Gleichungen in Darstellung (7.42)–(7.44) und Vernachlässigung der nichtlinearen Terme in den Störungen liefert

$$\left(\frac{\partial}{\partial t} + \overline{\mathbf{u}} \cdot \nabla \right) u' + w' \frac{d\overline{u}}{dz} + \frac{\partial \phi'}{\partial x} = 0 \tag{7.56}$$

$$\left(\frac{\partial}{\partial t} + \overline{\mathbf{u}} \cdot \nabla \right) v' + w' \frac{d\overline{v}}{dz} + \frac{\partial \phi'}{\partial y} = 0 \tag{7.57}$$

$$\left(\frac{\partial}{\partial t} + \overline{\mathbf{u}} \cdot \nabla \right) w' + \frac{\partial \phi'}{\partial z} - b' = 0 \tag{7.58}$$

$$\left(\frac{\partial}{\partial t} + \overline{\mathbf{u}} \cdot \nabla \right) b' + N^2 w' = 0 \tag{7.59}$$

$$\frac{\partial u'}{\partial x} + \frac{\partial v'}{\partial y} + \frac{\partial w'}{\partial z} = 0 \tag{7.60}$$

Da die Koeffizienten dieser Gleichungen nicht von den horizontalen Koordinaten und der Zeit abhängen, bietet sich eine entsprechende Fourier-Transformation der Störungen an:

$$\begin{pmatrix} \mathbf{u}' \\ w' \\ b' \\ \phi' \end{pmatrix} (\mathbf{x}, t) = \int_{-\infty}^{\infty} d\omega \int_{-\infty}^{\infty} dk \int_{-\infty}^{\infty} dl \begin{bmatrix} \hat{\mathbf{u}}(k, l, z, \omega) \\ \hat{w}(k, l, z, \omega) \\ \hat{b}(k, l, z, \omega) \\ \hat{\phi}(k, l, z, \omega) \end{bmatrix} e^{i(kx + ly - \omega t)} \tag{7.61}$$

Einsetzen ergibt

$$-i\hat{\omega}\hat{u} + \hat{w}\frac{d\overline{u}}{dz} + ik\hat{\phi} = 0 \tag{7.62}$$

$$-i\hat{\omega}\hat{v} + \hat{w}\frac{d\overline{v}}{dz} + il\hat{\phi} = 0 \tag{7.63}$$

$$-i\hat{\omega}\hat{w} + \frac{\partial\hat{\phi}}{\partial z} - \hat{b} = 0 \tag{7.64}$$

$$-i\hat{\omega}\hat{b} + N^2\hat{w} = 0 \tag{7.65}$$

$$i\mathbf{k}_h \cdot \hat{\mathbf{u}} + \frac{\partial\hat{w}}{\partial z} = 0 \tag{7.66}$$

wobei

$$\hat{\omega} = \omega - \mathbf{k}_h \cdot \overline{\mathbf{u}} \tag{7.67}$$

die intrinsische Frequenz ist, die der Störung mit der horizontalen Wellenzahl $\mathbf{k}_h = k\mathbf{e}_x + l\mathbf{e}_y$ im Ruhesystem des Winds zuzuordnen ist. Nun bildet man $ik(7.62) + il(7.63)$, mit dem Ergebnis

$$\hat{\omega}\mathbf{k}_h \cdot \hat{\mathbf{u}} + i\hat{w}\mathbf{k}_h \cdot \frac{d\overline{\mathbf{u}}}{dz} - k_h^2\hat{\phi} = 0 \tag{7.68}$$

wobei $k_h^2 = k^2 + l^2$. Unter Verwendung von (7.66) erhält man daraus

$$i\hat{\omega}\frac{\partial\hat{w}}{\partial z} + i\hat{w}\mathbf{k}_h \cdot \frac{d\overline{\mathbf{u}}}{dz} - k_h^2\hat{\phi} = 0 \tag{7.69}$$

oder nach Ableitung nach z, mit Berücksichtigung von (7.67),

$$i\hat{\omega}\frac{\partial^2\hat{w}}{\partial z^2} + i\hat{w}\mathbf{k}_h \cdot \frac{d^2\overline{\mathbf{u}}}{dz^2} - k_h^2\frac{\partial\hat{\phi}}{\partial z} = 0 \tag{7.70}$$

Andererseits liefert $i\hat{\omega}(7.64)$ unter zusätzlicher Verwendung von (7.65)

$$\hat{\omega}^2\hat{w} + i\hat{\omega}\frac{\partial\hat{\phi}}{\partial z} - N^2\hat{w} = 0 \tag{7.71}$$

oder

$$\left(\hat{\omega}^2 - N^2\right)k_h^2\hat{w} + i\hat{\omega}k_h^2\frac{\partial\hat{\phi}}{\partial z} = 0 \tag{7.72}$$

Wegen (7.70) ist

$$k_h^2\frac{\partial\hat{\phi}}{\partial z} = i\hat{\omega}\frac{\partial^2\hat{w}}{\partial z^2} + i\hat{w}\mathbf{k}_h \cdot \frac{d^2\overline{\mathbf{u}}}{dz^2} \tag{7.73}$$

was in (7.72) eingesetzt auf

$$\left(\hat{\omega}^2 - N^2\right)k_h^2\hat{w} - \hat{\omega}^2\frac{\partial^2\hat{w}}{\partial z^2} - \hat{\omega}\hat{w}\mathbf{k}_h \cdot \frac{d^2\overline{\mathbf{u}}}{dz^2} = 0 \tag{7.74}$$

führt oder

$$\frac{\partial^2 \hat{w}}{\partial z^2} + \left[\frac{N^2 k_h^2}{\hat{\omega}^2} + \mathbf{k}_h \cdot \frac{d^2 \overline{u}/dz^2}{\hat{\omega}} - k_h^2 \right] \hat{w} = 0 \tag{7.75}$$

Ohne Einschränkung der Allgemeinheit *definieren wir schließlich unser horizontales Koordinatensystem so, dass die x-Achse in Richtung von* $\mathbf{k}_h$ *zeigt.* In diesem *ist* $\overline{u}$ *die Projektion des Horizontalwinds auf den horizontalen Wellenvektor der Störung.* Man erhält die *Taylor-Goldstein-Gleichung*

$$\frac{\partial^2 \hat{w}}{\partial z^2} + \left[\frac{N^2}{(\overline{u} - c)^2} - \frac{d^2 \overline{u}/dz^2}{\overline{u} - c} - k^2 \right] \hat{w} = 0 \tag{7.76}$$

Dabei ist

$$\frac{\omega}{k} = c \tag{7.77}$$

die horizontale Phasengeschwindigkeit in Richtung des Wellenvektors.

7.2.2 Neutrale Schichtung ($N^2 = 0$)

Zur Untersuchung der Lösungen der Taylor-Goldstein-Gleichung betrachten wir zunächst den isentropen Fall, in dem $\overline{b}$ nicht von der Höhe abhängt, d. h., wir setzen $N^2 = 0$. Damit wird die Taylor-Goldstein-Gleichung zur *Rayleigh-Gleichung*

$$(\overline{u} - c) \left(\frac{\partial^2 \hat{w}}{\partial z^2} - k^2 \hat{w} \right) - \frac{d^2 \overline{u}}{dz^2} \hat{w} = 0 \tag{7.78}$$

Es soll zunächst der Spezialfall der Kelvin-Helmholtz-Instabilität diskutiert werden. Dem schließt sich eine Ableitung von Bedingungen an, unter denen im Allgemeinen eine Instabilität auftreten kann.

Die Kelvin-Helmholtz-Instabilität
Wir betrachten zunächst die Stabilität eines stufenförmigen Geschwindigkeitsprofils (Abb. 7.2)

$$\overline{u}(z) = \begin{cases} U, & z > 0 \\ -U, & z < 0 \end{cases} \tag{7.79}$$

Die Störung der Strömung führt aufgrund ihrer Vertikalbewegungen zu einer Deformation der anfangs bei $z = 0$ liegenden Grenzfläche zwischen den beiden materiellen Strömungsbereichen ober- und unterhalb des Geschwindigkeitssprungs, sodass ihre vertikale Position bei $\eta(x, t)$ liegt. Der Vertikalwind dort ist

$$w = \frac{D\eta}{Dt} = \frac{\partial \eta}{\partial t} + u \frac{\partial \eta}{\partial x} \tag{7.80}$$

Abb. 7.2 Das Stufenprofil des
Horizontalwinds, das zu einer
Kelvin-Helmholtz-Instabilität
führt. Ebenfalls gezeigt ist die
aufgrund der Instabilität
verformte Grenzfläche η
zwischen den materiellen
Strömungsbereichen oberhalb
und unterhalb des
Geschwindigkeitssprungs.

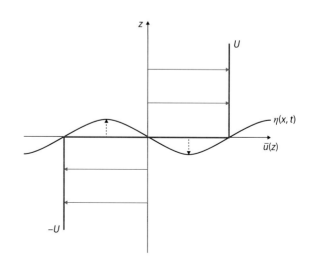

Eine mit der bisherigen Behandlung konsistente Linearisierung dieser Beziehung liefert

$$w' = \left(\frac{\partial}{\partial t} + \overline{u} \frac{\partial}{\partial x} \right) \eta' \tag{7.81}$$

Mittels Fourier-Transformation erhält man daraus

$$\hat{w} = -i\hat{\omega}\hat{\eta} \tag{7.82}$$

oder

$$\hat{\eta} = i\frac{\hat{w}}{\hat{\omega}} = i\frac{\hat{w}}{k(c - \overline{u})} \tag{7.83}$$

Da die Grenzfläche eine eindeutige Position hat, liefert uns diese Beziehung eine wichtige
Information in Bezug auf den Sprung des Vertikalwinds direkt an der Grenzfläche. Dies ist
zu ergänzen durch die Betrachtung des Drucks. Wie jeder andere Fluss muss auch der aus
den molekularen Bewegungen resultierende Anteil des Impulsflusses an jedem Punkt stetig
sein. Da hier Reibungsfreiheit angenommen wird, bedeutet dies, dass der Druck bei $z = \eta$
stetig ist. Da außer am Sprung $d\overline{u}/dz = 0$ ist, erhalten wir für dessen fluktuierenden Anteil
aus (7.62)

$$\hat{\phi} = (c - \overline{u})\hat{u} \tag{7.84}$$

Stetigkeit aber muss gelten für die Summe aus Referenzdruck und fluktuierendem Druck,
d. h. in linearer Näherung

$$\phi\,[x, \eta(x, t), t] = \overline{\phi}\,[\eta(x, t)] + \phi'\,[x, \eta(x, t), t]$$

$$\approx \overline{\phi}(0) + \left. \frac{d\overline{\phi}}{dz} \right|_{z=0} \eta(x, t) + \phi'(x, 0, t) \tag{7.85}$$

Nach Fourier-Transformation und anschließender Zuhilfenahme von (7.66), (7.41) und $l = 0$ führt dies darauf, dass

$$\overline{\phi}(0) + \frac{i}{k}(c - \overline{u}) \left. \frac{\partial \hat{w}}{\partial z} \right|_{z=0} + \overline{b}(0)\hat{\eta} \tag{7.86}$$

bei $z = 0$ stetig sein muss. Da aber $\overline{b}$ konstant ist, und $\overline{\phi}$ ebenfalls stetig bei $z = 0$, reduziert sich dies auf eine Stetigkeitsbedingung für

$$\frac{i}{k}(c - \overline{u}) \left. \frac{\partial \hat{w}}{\partial z} \right|_{z=0} \tag{7.87}$$

und damit einer Sprungbedingung für den Vertikalgradienten des Vertikalwinds bei $z = 0$.

Damit sind wir für eine geschlossene Lösung des Problems gerüstet. In den beiden Bereichen oberhalb oder unterhalb des Sprungs vereinfacht sich die Rayleigh-Gleichung zu

$$\frac{\partial^2 \hat{w}}{\partial z^2} = k^2 \hat{w} \tag{7.88}$$

Dies hat die allgemeine Lösung

$$\hat{w} = A_+ e^{kz} + A_- e^{-kz} \tag{7.89}$$

Da die Lösungen für $|z| \to \infty$ nicht divergieren dürfen, bedeutet dies, dass

$$\hat{w} = \begin{cases} A_- e^{-kz} & z > 0 \\ A_+ e^{kz} & z < 0 \end{cases} \tag{7.90}$$

ist. Die Stetigkeitsbedingung für η gemäß (7.83) führt auf

$$\frac{A_+}{c + U} - \frac{A_-}{c - U} = 0 \tag{7.91}$$

Die Stetigkeit des Drucks gemäß (7.87) hingegen liefert

$$(c + U)A_+ + (c - U)A_- = 0 \tag{7.92}$$

Zusammenfassend gilt

$$\begin{pmatrix} \dfrac{1}{c + U} & -\dfrac{1}{c - U} \\ c + U & c - U \end{pmatrix} \begin{pmatrix} A_+ \\ A_- \end{pmatrix} = 0 \tag{7.93}$$

Eine nicht triviale Lösung ist nur möglich, wenn

$$\det \begin{pmatrix} \dfrac{1}{c + U} & -\dfrac{1}{c - U} \\ c + U & c - U \end{pmatrix} = 0 \tag{7.94}$$

ist, also

$$\frac{c-U}{c+U} + \frac{c+U}{c-U} = 0 \tag{7.95}$$

oder

$$c = \pm iU \tag{7.96}$$

Mittels (7.77) führt dies auf

$$\omega = \pm ikU \tag{7.97}$$

Das Geschwindigkeitsprofil ist demnach immer instabil. Je größer U, desto stärker die Instabilität. Die Lösung besagt auch, dass Instabilitäten umso stärker anwachsen, je kürzer ihre Wellenlänge ist. In der Realität wird bei kleinen Wellenlängen die Instabilität aber durch viskose Effekte begrenzt. Ein typisches Wellenmuster einer Kelvin-Helmholtz-Instabilität (in der nichtlinearen Phase) ist in Abb. 7.3 zu sehen.

Notwendige Instabilitätsbedingung

Das oben analysierte Geschwindigkeitsprofil ist einfach genug für eine analytische Berechnung der von der Wellenlänge abhängigen Anwachsraten. Im Allgemeinen ist dies nicht möglich. Dennoch gibt es zwei Sätze, die es zumindest erlauben, gegebenenfalls eine Instabilität nur durch Betrachtung des Windprofils auszuschließen. Zur Ableitung dieser Kriterien betrachten wir nochmals die Rayleigh-Gleichung (7.78). Man erhält daraus

Abb. 7.3 Die Signatur einer Kelvin-Helmholtz-Instabilität in einer Wolke. Der Geschwindigkeitsgradient liegt etwa auf Höhe des Oberrands der Wolke. Die durch die Welle transportierte Feuchte macht diese sichtbar. Bild von P. Hoor bereitgestellt.

$$\frac{\partial^2 \hat{w}}{\partial z^2} - k^2 \hat{w} - \frac{d^2\bar{u}}{dz^2} \frac{\hat{w}}{\bar{u} - c} = 0 \tag{7.98}$$

Multiplikation mit $\hat{w}$ und Integration über den gesamten Höhenbereich, hier als von z_b nach z_t gehend angenommen, liefert zunächst

$$\int\limits_{z_b}^{z_t} dz\, \hat{w} \frac{\partial^2 \hat{w}}{\partial z^2} - \int\limits_{z_b}^{z_t} dz \left(k^2 |\hat{w}|^2 + \frac{d^2\bar{u}}{dz^2} \frac{|\hat{w}|^2}{\bar{u} - c} \right) = 0 \tag{7.99}$$

Am oberen und unteren Rand des Modellgebiets sollen feste Ränder vorliegen, sodass der Vertikalwind dort verschwindet, d. h.,

$$\hat{w}(z_b) = \hat{w}(z_t) = 0 \tag{7.100}$$

Damit erhält man

$$\int\limits_{z_b}^{z_t} dz\, \hat{w} \frac{\partial^2 \hat{w}}{\partial z^2} = \left[\hat{w} \frac{\partial \hat{w}}{\partial z} \right]_{z_b}^{z_t} - \int\limits_{z_b}^{z_t} dz \left| \frac{\partial \hat{w}}{\partial z} \right|^2 = - \int\limits_{z_b}^{z_t} dz \left| \frac{\partial \hat{w}}{\partial z} \right|^2 \tag{7.101}$$

und somit aus (7.99)

$$- \int\limits_{z_b}^{z_t} dz \left(\left| \frac{\partial \hat{w}}{\partial z} \right|^2 + k^2 |\hat{w}|^2 \right) - \int\limits_{z_b}^{z_t} dz \frac{d^2\bar{u}}{dz^2} \frac{|\hat{w}|^2}{\bar{u} - c} = 0 \tag{7.102}$$

Bei Vorliegen einer Instabilität ist $c = c_r + i c_i$ komplex, und der Imaginärteil dieser Gleichung ist

$$- c_i \int\limits_{z_b}^{z_t} dz \frac{d^2\bar{u}}{dz^2} \frac{|\hat{w}|^2}{|\bar{u} - c|^2} = 0 \tag{7.103}$$

Da $c_i \neq 0$, muss

$$\int\limits_{z_b}^{z_t} dz \frac{d^2\bar{u}}{dz^2} \frac{|\hat{w}|^2}{|\bar{u} - c|^2} = 0 \tag{7.104}$$

gelten. Eine Instabilität ist ausgeschlossen, wenn diese Bedingung nicht zu befriedigen ist. Dies liefert uns den

Satz von Rayleigh:
Eine Instabilität kann nur auftreten, wenn $d^2\bar{u}/dz^2$ im Modellgebiet sein Vorzeichen wechselt.

Abb. 7.4 Das rote Windprofil ist nach dem Satz von Rayleigh definitiv stabil, da es keinen Wendepunkt hat. Das blaue Profil hat zwei Wendepunkte, ist also potentiell instabil.

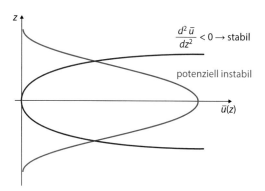

Daraus kann man z. B. erkennen, dass zwar das blaue Windprofil in Abb. 7.4 potentiell instabil ist, nicht aber das rote. Letzteres hat überall eine positive Krümmung. Betrachtet man zusätzlich den Realteil von (7.102), so erhält man

$$\int_{z_b}^{z_t} dz \, \frac{d^2\overline{u}}{dz^2}(\overline{u} - c_r)\frac{|\hat{w}|^2}{|\overline{u} - c|^2} = -\int_{z_b}^{z_t} dz \left(\left|\frac{\partial \hat{w}}{\partial z}\right|^2 + k^2|\hat{w}|^2\right) < 0 \qquad (7.105)$$

Aufgrund von (7.104) aber kann die Konstante c_r in der rechten Seite der Ungleichung durch jeden anderen Wert ersetzt werden, sodass man z. B. zu

$$\int_{z_b}^{z_t} dz \, \frac{d^2\overline{u}}{dz^2}[\overline{u} - \overline{u}(z_0)]\frac{|\hat{w}|^2}{|\overline{u} - c|^2} < 0 \qquad (7.106)$$

kommt, wobei z_0 eine Höhe ist, an der $d^2\overline{u}/dz^2$ sein Vorzeichen wechselt. Dies ergibt den

Satz von Fjørtoft:
Eine Instabilität kann nur auftreten, wenn irgendwo im Modellgebiet

$$\frac{d^2\overline{u}}{dz^2}[\overline{u} - \overline{u}(z_0)] < 0$$

ist, wobei z_0 eine Höhe ist, an der $d^2\overline{u}/dz^2$ sein Vorzeichen wechselt.

Man erkennt so, dass das rote Profil in Abb. 7.5 stabil ist, während das blaue Profil potentiell instabil ist.

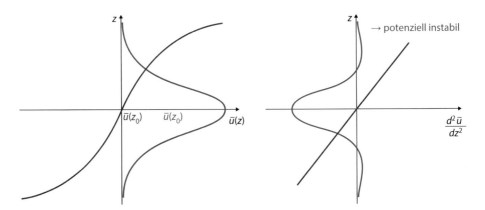

Abb. 7.5 Zwei Windprofile zur Einteilung nach dem Satz von Fjørtoft: Das rote Profil ist stabil. Das blaue Profil jedoch könnte instabil sein.

7.2.3 Keine Scherung ($d\overline{u}/dz = 0$) und konstante Schichtung N^2

Als zweiten Spezialfall betrachten wir Strömungen ohne Scherung $d\overline{u}/dz$ und mit konstanter Schichtung N^2. Die Taylor-Goldstein-Gleichung (7.76) ist dann

$$\frac{\partial^2 \hat{w}}{\partial z^2} + \left[\frac{N^2}{(\overline{u} - c)^2} - k^2 \right] \hat{w} = 0 \tag{7.107}$$

Die Koeffizienten der Gleichung hängen nicht von der Höhe ab. Deshalb bietet sich im Grenzfall $z_t = -z_b \to \infty$ der Fourier-Ansatz

$$\hat{w}(k, z, \omega) = \int\limits_{-\infty}^{\infty} dm \, e^{imz} \hat{\hat{w}}(k, m, \omega) \tag{7.108}$$

an. Einsetzen liefert

$$\left[\frac{N^2}{(\overline{u} - c)^2} - (k^2 + m^2) \right] \hat{\hat{w}} = 0 \tag{7.109}$$

und somit

$$c = \overline{u} \pm \frac{\sqrt{N^2}}{\sqrt{k^2 + m^2}} \tag{7.110}$$

Die Frequenz ergibt sich damit zu

$$\omega = kc = \overline{u}k \pm \frac{\sqrt{N^2}k}{\sqrt{k^2 + m^2}} \tag{7.111}$$

Zwei Fälle sind nun zu unterscheiden:

Stabile Schichtung: Wenn $N^2 > 0$, ist die Frequenz reell. Man erhält oszillierende Wellenlösungen. Dies sind *interne Schwerewellen*.

Instabile Schichtung: Wenn $N^2 < 0$, ist die Frequenz imaginär. Man erhält $\omega = \overline{u}k \pm i\Gamma$ wobei

$$\Gamma = \frac{|Nk|}{\sqrt{k^2 + m^2}} \tag{7.112}$$

die Anwachsrate der *statischen Instabilität* ist. Sie führt zu konvektiven Bewegungen, die der instabilen Schichtung entgegenwirken.

7.2.4 Der allgemeine Fall: Das Richardson-Kriterium von Howard und Miles

Auch ohne die o.g Einschränkungen lässt sich ein wichtiges Kriterium dafür ableiten, unter welchen Bedingungen eine geschichtete Scherströmung stabil ist. Zur Ableitung definiert man zunächst eine Funktion $h(k, z, \omega)$, sodass der Vertikalwind

$$\hat{w} = \sqrt{\overline{u} - c}\, h \tag{7.113}$$

ist. Damit sind

$$\frac{\partial \hat{w}}{\partial z} = \frac{1}{2\sqrt{\overline{u} - c}} \frac{d\overline{u}}{dz} h + \sqrt{\overline{u} - c}\, \frac{\partial h}{\partial z} \tag{7.114}$$

und

$$\frac{\partial^2 \hat{w}}{\partial z^2} = \left[-\frac{1}{4(\overline{u} - c)^{3/2}} \left(\frac{d\overline{u}}{dz} \right)^2 + \frac{1}{2\sqrt{\overline{u} - c}} \frac{d^2\overline{u}}{dz^2} \right] h$$
$$+ \frac{1}{\sqrt{\overline{u} - c}} \frac{d\overline{u}}{dz} \frac{\partial h}{\partial z} + \sqrt{\overline{u} - c}\, \frac{\partial^2 h}{\partial z^2} \tag{7.115}$$

Dies in die Taylor-Goldstein-Gleichung (7.76) eingesetzt, liefert

$$Ah + \frac{d\overline{u}}{dz} \frac{\partial h}{\partial z} + (\overline{u} - c) \frac{\partial^2 h}{\partial z^2} = 0 \tag{7.116}$$

mit

$$A = \left[N^2 - \frac{1}{4} \left(\frac{d\overline{u}}{dz} \right)^2 \right] \frac{1}{\overline{u} - c} - \frac{1}{2} \frac{d^2\overline{u}}{dz^2} - (\overline{u} - c)k^2 \tag{7.117}$$

Das Produkt von (7.116) mit $\hat{h}$ führt auf

$$A|h|^2 + B = 0 \tag{7.118}$$

wobei

$$B = \frac{d\overline{u}}{dz}\hat{h}\frac{\partial h}{\partial z} + (\overline{u} - c)\hat{h}\frac{\partial^2 h}{\partial z^2}$$

$$= \frac{d\overline{u}}{dz}\hat{h}\frac{\partial h}{\partial z} + \frac{\partial}{\partial z}\left[(\overline{u} - c)\hat{h}\frac{\partial h}{\partial z}\right] - \frac{\partial}{\partial z}\left[(\overline{u} - c)\hat{h}\right]\frac{\partial h}{\partial z}$$

$$= \frac{\partial}{\partial z}\left[(\overline{u} - c)\hat{h}\frac{\partial h}{\partial z}\right] - (\overline{u} - c)\left|\frac{\partial h}{\partial z}\right|^2 \tag{7.119}$$

ist, sodass (7.118) zu

$$A\,|h|^2 - (\overline{u} - c)\left|\frac{\partial h}{\partial z}\right|^2 + \frac{\partial}{\partial z}\left[(\overline{u} - c)\hat{h}\frac{\partial h}{\partial z}\right] = 0 \tag{7.120}$$

wird. Vertikale Integration mit den Randbedingungen (7.100) liefert nach Einsetzen von (7.117)

$$0 = \int_{z_b}^{z_t} dz \left\{\left[N^2 - \frac{1}{4}\left(\frac{d\overline{u}}{dz}\right)^2\right]\frac{1}{\overline{u} - c} - \frac{1}{2}\frac{d^2\overline{u}}{dz^2} - (\overline{u} - c)k^2\right\}|h|^2$$

$$- \int_{z_b}^{z_t} dz(\overline{u} - c)\left|\frac{\partial h}{\partial z}\right|^2 \tag{7.121}$$

Der zugehörige Imaginärteil ist

$$c_i \int_{z_b}^{z_t} dz \left\{\left[N^2 - \frac{1}{4}\left(\frac{d\overline{u}}{dz}\right)^2\right]\frac{|h|^2}{|\overline{u} - c|^2} + k^2\,|h|^2 + \left|\frac{\partial h}{\partial z}\right|^2\right\} = 0 \tag{7.122}$$

Im Fall einer Instabilität ist $c_i \neq 0$, sodass dann das Integral verschwinden muss. Da die letzten beiden Summanden im Integranden positiv sind, muss der erste Summand zumindest lokal negativ sein. Dies bedeutet, dass im Fall einer Instabilität die *Richardson-Zahl*

$$Ri = \frac{N^2}{(d\overline{u}/dz)^2} < \frac{1}{4} \tag{7.123}$$

ist. Zu diesem Instabilitätskriterium ist zu vermerken:

- Das Kriterium liefert eine *notwendige* Bedingung, keine ausreichende Bedingung. $Ri > 1/4$ schließt eine Instabilität aus. $Ri < 1/4$ bedeutet aber nicht zwangsläufig, dass eine Instabilität existiert.
- Je größer die Schichtung N^2, desto stabiler ist die Strömung.
- Je größer die Scherung $|d\overline{u}/dz|^2$, desto instabiler ist die Strömung.

7.2.5 Zusammenfassung

Turbulenz mit ihren vielfältigen Auswirkungen ist ein wesentlicher Faktor der Dynamik der Grenzschicht. Die Frage, welche Prozesse zur *Anfachung von Turbulenz* beitragen, führt u. a. auf folgende Ergebnisse:

- In einer Vielzahl von Fällen sind die *vertikalen Gradienten von Referenzauftrieb und Horinzontalwind* für Turbulenzanfachung verantwortlich. Entsprechende Prozesse lassen sich mit einer Störungstheorie behandeln, die auf die *Taylor-Goldstein-Gleichung* führt. Lösung dieser Gleichung mit Randbedingungen sind möglicherweise komplexe Eigenfrequenzen und zugehörige Vertikalprofile von Vertikalwind, aber auch allen anderen dynamischen Feldern, einer Störung mit einer vorgegebenen horizontalen Wellenzahl. Die allgemeine Lösung des Störungsproblems ist die Überlagerung aller Lösungen bei allen Wellenzahlen. Eigenfrequenzen mit einem positiven Imaginärteil beschreiben eine *Instabilität*, die zum Anwachs von Turbulenz führt.
- Die Betrachtung einer *neutral geschichteten* Grenzschicht beleuchtet den *Einfluss gescherter Geschwindigkeitsfelder* auf Turbulenzanfachung besonders deutlich. In diesem Fall reduziert sich die Taylor-Goldstein-Gleichung auf die *Rayleigh-Gleichung:*
  - Scherinstabilitäten werden unter dem Begriff der *Kelvin-Helmholtz-Instabilität* zusammengefasst. Im Spezialfall eines Geschwindigkeitssprungs ist eine analytische Lösung möglich. Unter Verwendung geeigneter Sprungbedingungen, die aus der Position der Trennfläche zwischen den beiden Strömungsbereichen und aus der Stetigkeit des Drucks folgen, lässt sich eine analytische Anwachsrate ableiten, die linear mit der Wellenzahl zunimmt. Viskose Effekte führen dazu, dass diese Zunahme bei sehr kleinen Wellenlängen ein Ende findet.
  - Für allgemeine gescherte Geschwindigkeitsfelder lassen sich *notwendige Bedingungen* für das Auftreten einer Instabilität ableiten. Nach dem *Satz von Rayleigh* können Geschwindigkeitsprofile nur dann instabil sein, wenn ihre Krümmung im Modellgebiet ihr Vorzeichen wechselt. Der *Satz von Fjørtoft* fordert zusätzlich, dass irgendwo im Modellgebiet das Produkt aus Krümmung und der Geschwindigkeitsanomalie im Vergleich zur Geschwindigkeit am Punkt verschwindender Krümmung negativ sein muss.
- Im *ungescherten Spezialfall* lässt sich der Einfluss der Schichtung beleuchten. Bei stabiler Schichtung mit reeller Brunt-Väisälä-Frequenz findet man *interne Schwerewellen* als Lösungen der Dynamik. Bei instabiler Schichtung mit imaginärer Brunt-Väisälä-Frequenz werden *konvektive Bewegungen* angefacht, die der Ursache der Instabilität entgegenarbeiten.
- Für den nicht neutralen und gescherten Fall liefert das *Richardson-Kriterium* von Howard und Miles die wichtige Aussage, dass Turbulenzanfachung nur möglich ist, wenn die (Gradienten-)Richardson-Zahl irgendwo unter dem kritischen Wert von 1/4 liegt. Die

Richardson-Zahl nimmt mit abnehmender statischer Stabilität und zunehmender Scherung ab.

7.3 Die gemittelten Bewegungsgleichungen

Kommt einer der oben andiskutierten Instabilitätsmechanismen in Gang, entsteht in der Grenzschicht Turbulenz. Turbulenztheorie ist ein äußerst anspruchsvolles Gebiet der theoretischen Physik. Wichtige Fragen sind bis heute nicht gelöst. An dieser Stelle soll darauf nicht weiter eingegangen werden. Wir beschränken uns auf die Diskussion von einigen Grundeigenschaften der Turbulenz, die für ein Verständnis der Dynamik der planetaren Grenzschicht von Bedeutung sind.

7.3.1 Turbulenz und mittlere Strömung

Ein wichtiges Merkmal von Turbulenz ist, dass sie hochgradig irregulär ist:

- Turbulenz ist nicht im Detail vorhersagbar. Die Atmosphäre als nichtlineares dynamisches System weist eine starke Sensitivität in Bezug auf die Anfangsbedingungen auf. Dies macht sich insbesondere auf der turbulenten Skala bemerkbar. Bereits kleine Änderungen in den Anfangsbedingungen zu einem Zeitpunkt t_0, z. B. im Wind $\mathbf{v}(t_0)$, führen bereits nach einer endlichen Zeit Δt zu völlig verschiedenen Resultaten $\mathbf{v}(t + \Delta t)$.
- Aufgrund ihrer kleinen räumlichen Skalen und ihrer starken zeitlichen Veränderlichkeit ist Turbulenz in der Praxis nicht im Detail messbar. Selbst ein Messnetz mit einer räumlichen Auflösung von 1 m wäre z. B. nicht in der Lage, die Strukturen der Turbulenz wirklich aufzulösen.

Andererseits ist häufig auch gar nicht die Information über die kleinsten Details der Turbulenz notwendig. Eher sind mittlere Größen von Interesse, welche die zeitliche oder räumliche Kleinskaligkeit nicht beinhalten. Dies ist der laminare Strömungsanteil. Da die o. g. Sensitivität vom Anfangswert meistens von kleinen zu großen Skalen propagiert, kann man sich ein sinnvolles Mittel aus einem hypothetischen Ensemble konstruieren, dessen Mitglieder sich zu einem Anfangszeitpunkt t_0 in den kleinskaligen Fluktuationen unterscheiden, nicht aber im großskaligen Zustand. Der Ensemblemittelwert $\langle X \rangle(t)$ einer Messgröße X, z. B. einer Windkomponente, bestimmt sich dann aus entsprechenden Messungen $X_i(t)$ der Einzelmitglieder ($1 \leq i \leq N$) mittels

$$\langle X \rangle(t) = \frac{1}{N} \sum_{i=1}^{N} X_i(t) \qquad (7.124)$$

Abb. 7.6 Die Zeitreihe einer turbulenten Messgröße X. Die Trennung zwischen Turbulenz und laminarem Anteil geschieht durch ein gleitendes zeitliches Mittel.

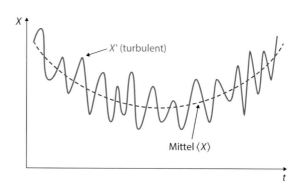

Aus dem oben Gesagten ergibt sich auch, dass eine gute Abschätzung des Ensemblemittels auch durch ein gleitendes Zeitmittel eines einzelnen Ensemblemitglieds erhalten werden kann, gemäß

$$\langle X \rangle(t) \approx \frac{1}{T} \int\limits_{t-\frac{T}{2}}^{t+\frac{T}{2}} dt' X_i(t') \tag{7.125}$$

Dabei wird angenommen, dass T deutlich größer als die Zeitskalen der Turbulenz ist. Gleitende Zeitmittel wie in Abb. 7.6 oder auch gleitende räumliche Mittel sind der praktische Zugang zur Trennung von kleinskaliger Turbulenz und großskaligem laminarem Anteil.

Im Folgenden werden einige Rechenregeln von Nutzen sein. Wenn

$$X' = X - \langle X \rangle \tag{7.126}$$

den turbulenten Anteil einer Messgröße kennzeichnet, so ist per definitionem

$$\langle X' \rangle = 0 \tag{7.127}$$

Außerdem ergibt die Mittelung des Mittels wieder das Mittel, d. h.,

$$\langle \langle X \rangle \rangle = \langle X \rangle \tag{7.128}$$

Die Mittelwertbildung ist linear, d. h.,

$$\langle X + Y \rangle = \langle X \rangle + \langle Y \rangle \tag{7.129}$$

$$\langle \alpha X \rangle = \alpha \langle X \rangle \tag{7.130}$$

Hierbei ist Y ebenfalls eine Messgröße und α eine Konstante. Mit den o. g. Rechenregeln ergibt sich auch

$$\langle XY \rangle = \langle \langle X \rangle \langle Y \rangle + \langle X \rangle Y' + \langle Y \rangle X' + X'Y' \rangle = \langle \langle X \rangle \langle Y \rangle \rangle + \langle X'Y' \rangle$$
$$= \langle X \rangle \langle Y \rangle + \langle X'Y' \rangle \tag{7.131}$$

und auf ähnlichem Weg

$$\langle XYZ \rangle = \langle X \rangle \langle Y \rangle \langle Z \rangle + \langle X \rangle \langle Y'Z' \rangle + \langle Y \rangle \langle X'Z' \rangle + \langle Z \rangle \langle X'Y' \rangle + \langle X'Y'Z' \rangle \tag{7.132}$$

Schließlich kann man sich leicht klarmachen, dass

$$\left\langle \frac{\partial X}{\partial t} \right\rangle = \frac{\partial}{\partial t} \langle X \rangle \tag{7.133}$$

$$\left\langle \frac{\partial X}{\partial x_i} \right\rangle = \frac{\partial}{\partial x_i} \langle X \rangle \tag{7.134}$$

7.3.2 Die Reynolds-Gleichungen

Die Bewegungsgleichungen für die mittlere Strömung lassen sich am besten aus der Fluss-form der Boussinesq-Gleichungen ableiten. Diese Darstellung folgt direkt aus der Divergenzfreiheit

$$\nabla \cdot \mathbf{v} = 0 \tag{7.135}$$

der Strömung. Damit ist die materielle Ableitung einer Größe X

$$\frac{DX}{Dt} = \frac{\partial X}{\partial t} + \mathbf{v} \cdot \nabla X = \frac{\partial X}{\partial t} + \nabla \cdot (\mathbf{v}X) \tag{7.136}$$

Die Boussinesq-Gleichungen lassen sich also schreiben

$$\frac{\partial \mathbf{v}}{\partial t} + \nabla \cdot (\mathbf{vv}) + 2\boldsymbol{\Omega} \times \mathbf{v} = -\nabla \tilde{\phi} + \tilde{b}\mathbf{e}_z + \frac{\nabla \cdot \boldsymbol{\sigma}}{\rho_0} \tag{7.137}$$

$$\frac{\partial \tilde{b}}{\partial t} + N^2 w + \nabla \cdot (\mathbf{v}\tilde{b}) = 0 \tag{7.138}$$

$$\nabla \cdot \mathbf{v} = 0 \tag{7.139}$$

Dabei ist

$$[\nabla \cdot (\mathbf{vv})]_i = \nabla \cdot (\mathbf{v}v_i) \tag{7.140}$$

die Divergenz des Flusses der i-ten kartesischen Geschwindigkeitskomponente. Die Auftriebsgleichung lässt sich auch schreiben als

$$\frac{\partial b}{\partial t} + \nabla \cdot (\mathbf{v}b) = 0 \tag{7.141}$$

Für die Mittelung der Gleichungen benötigt man das Mittel der Flussdivergenzen. Diese sind

$$\langle \nabla \cdot (\mathbf{vv}) \rangle = \nabla \cdot (\langle \mathbf{v} \rangle \langle \mathbf{v} \rangle) + \nabla \cdot \langle \mathbf{v'v'} \rangle \tag{7.142}$$

$$\langle \nabla \cdot (\mathbf{v}b) \rangle = \nabla \cdot (\langle \mathbf{v} \rangle \langle b \rangle) + \nabla \cdot \langle \mathbf{v'}b' \rangle \tag{7.143}$$

Man beachte auch, dass der Referenzauftrieb $\bar{b}$ keine fluktuierende Größe ist, und damit

$$b' = \tilde{b}' \tag{7.144}$$

gilt. Die Mittelung der Kontinuitätsgleichung ergibt

$$\nabla \cdot \langle \mathbf{v} \rangle = 0 \tag{7.145}$$

Dies alles zusammen liefert folgende *Reynolds-Gleichungen* für die gemittelte Strömung

$$\frac{\langle D \rangle}{Dt} \langle \mathbf{v} \rangle + 2\mathbf{\Omega} \times \langle \mathbf{v} \rangle = -\nabla \langle \tilde{\phi} \rangle + \langle \tilde{b} \rangle \mathbf{e}_z + \frac{1}{\rho_0} \nabla \cdot (\langle \boldsymbol{\sigma} \rangle - \rho_0 \langle \mathbf{v'v'} \rangle) \tag{7.146}$$

$$\frac{\langle D \rangle}{Dt} \langle \tilde{b} \rangle + N^2 \langle w \rangle = -\nabla \cdot \langle \mathbf{v'}b' \rangle \tag{7.147}$$

$$\nabla \cdot \langle \mathbf{v} \rangle = 0 \tag{7.148}$$

Hierin ist

$$\frac{\langle D \rangle}{Dt} = \frac{\partial}{\partial t} + \langle \mathbf{v} \rangle \cdot \nabla \tag{7.149}$$

die materielle Ableitung gemäß der mittleren Strömung. Die Ergänzung $-\rho_0 \langle \mathbf{v'v'} \rangle$ des viskosen Spannungstensors ist der *turbulente Spannungstensor*. Außerdem bezeichnet man $\langle \mathbf{v'}b' \rangle$ als den *turbulenten Auftriebsfluss*. Eine befriedigende Theorie für die Berechnung dieser beiden Tensoren aus den mittleren Strömungsfeldern $\langle \mathbf{v} \rangle$ und $\langle b \rangle$ ist das zentrale – bis dato ungelöste – Schließungsproblem der Turbulenztheorie. Schließlich sei angemerkt, dass sich die gemittelte Auftriebsgleichung alternativ auch

$$\frac{\langle D \rangle}{Dt} \langle b \rangle = -\nabla \cdot \langle \mathbf{v'}b' \rangle \tag{7.150}$$

schreiben lässt.

7.3.3 Zusammenfassung

Im Fall des Auftretens von Turbulenz werden geeignete Wege der Beschreibung dieses Phänomens mit seinen Auswirkungen benötigt.

- Die *Trennung von Turbulenz und großskaliger Strömung* geschieht konzeptionell durch die Betrachtung eines *Ensembles* von Strömungen mit der gleichen großskaligen Strömung, aber verschiedenen Realisierungen der turbulenten Schwankungen. Das Ensemblemittel filtert die turbulenten Anteile heraus. *Näherungsweise kann dies über zeitliche und räumliche Filter erfolgen*, wenn nur ein Ensemblemitglied vorliegt, wie z. B. bei einer Messung.
- Die Mittelung der Bewegungsgleichungen führt auf die *Reynolds-Gleichungen*. Diese sind prognostische Gleichungen für die mittlere Strömung. Der Einfluss der Turbulenz kommt in turbulenten Flüssen zum Ausdruck, die in der Impulsgleichung über die Divergenz des *turbulenten Spannungstensors* und in der Auftriebsgleichung über die Konvergenz der *turbulenten Auftriebsflüsse* beitragen.

7.4   Gradientenansatz und Mischungsweg

Ein wichtiger Ansatz zur näherungsweisen Lösung des Schließungsproblems soll an dieser Stelle vorgestellt werden. Wir betrachten dazu den turbulenten Auftriebsfluss $\langle w'b' \rangle$ in einem höhenabhängigen Profil des mittleren Auftriebs wie in Abb. 7.7. Der dort ebenfalls angedeutete Wirbel transportiert Auftrieb von z_0 nach z_1. Solange die turbulenten Fluktuationen klein sind gegenüber dem Mittel, ist an der Ausgangsposition bei $z = z_0$ näherungsweise

$$b = \langle b \rangle (z_0) \qquad\qquad (7.151)$$

Da der Auftrieb eines Fluidelements erhalten ist, hat man als Folge des Transports bei $z = z_1$ ebenfalls

Abb. 7.7 Ein turbulenter Wirbel in einem höhenabhängigen Profil des mittleren Auftriebs.

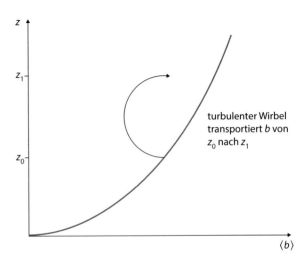

turbulenter Wirbel transportiert b von z_0 nach z_1

$$b = \langle b \rangle (z_0) \tag{7.152}$$

Eine Taylor-Entwicklung liefert somit bei $z = z_1$

$$b = \langle b \rangle (z_1) + b'(z_1) \tag{7.153}$$

wobei

$$b'(z_1) \approx -(z_1 - z_0) \left. \frac{\partial \langle b \rangle}{\partial z} \right|_{z_1} \tag{7.154}$$

ist. Der über alle Wirbel gemittelte Auftriebsfluss ist also

$$\langle b'w' \rangle \approx -\langle w'(z_1 - z_0) \rangle \frac{\partial \langle b \rangle}{\partial z} \tag{7.155}$$

Der Gradienten- und Mischungswegansatz von Prandtl nimmt nun an, dass der Auftriebsfluss den Gradienten des mittleren Auftriebs auszugleichen bestrebt ist und dass man folglich $\langle w'(z_1 - z_0) \rangle$ als das Produkt aus einer typischen Wirbelausdehnung

$$\ell = \sqrt{\langle (z_1 - z_0)^2 \rangle} \tag{7.156}$$

dem sogenannten *Mischungsweg,* und einer charakteristischen mittleren Geschwindigkeit

$$v_* = \sqrt{\langle |\mathbf{v}'|^2 \rangle} \tag{7.157}$$

ausdrücken kann, die auch als Schubspannungsgeschwindigkeit bezeichnet wird, sodass sich

$$\langle b'w' \rangle \approx -v_* \ell \frac{\partial \langle b \rangle}{\partial z} \tag{7.158}$$

ergibt. In anderen Worten erhält man

$$\langle b'w' \rangle = -K \frac{\partial \langle b \rangle}{\partial z} = -K \left(N^2 + \frac{\partial \langle \tilde{b} \rangle}{\partial z} \right) \qquad K = v_* \ell \tag{7.159}$$

wobei K der *turbulente Diffusionskoeffizient* ist. Die entsprechende Verallgemeinerung für den Fall eines nicht nur höhenabhängigen mittleren Auftriebsprofils liefert

$$\langle \mathbf{v}'b' \rangle \approx -K \, \nabla \langle b \rangle \tag{7.160}$$

So bestechend die Einfachheit des Mischungswegansatzes auch immer ist, sollte man sich auch darüber im Klaren sein, dass er intuitiv und ad hoc ist. Eine Analyse von Turbulenzdaten bestätigt ihn meist bestenfalls auf der qualitativen Ebene. In Ermangelung einer befriedigenden Theorie wird er allerdings gerne auch auf den turbulenten Spannungstensor erweitert.

Zusammenfassung

Die *Berechnung der turbulenten Flüsse aus den Eigenschaften der mittleren Strömung* ist ein soweit ungelöstes Problem der Turbulenztheorie. Ein empirisch nur unbefriedigend verifizierter Ansatz ist der *Gradientenansatz*, demzufolge sich der turbulente Fluss einer Größe aus dem Produkt des *Gradienten dieser Größe in der mittleren Strömung* und einem *turbulenten Diffusions- oder Viskositätskoeffizienten* ergibt. Letztere berechnen sich aus dem Produkt des *Mischungswegs*, d. h. einer charakteristischen räumlichen Ausdehnung der turbulenten Wirbel, und einer charakeristischen mittleren Geschwindigkeit in den turbulenten Fluktuationen, der *Schubspannungsgeschwindigkeit*.

7.5 Die turbulente kinetische Energie

Der turbulente Diffusionskoeffizient wird außer durch den Mischungsweg auch durch die charakteristische Geschwindigkeit bestimmt. Diese ergibt sich aus der turbulenten kinetischen Energie. An dieser Stelle soll die Dynamik dieser Größe untersucht werden.

7.5.1 Die Entwicklungsgleichung

Zunächst soll eine prognostische Gleichung für die turbulente kinetische Energie abgeleitet werden. Dazu bilden wir das Skalarprodukt der Impulsgleichung (7.34) mit $\mathbf{v}$ und erhalten

$$\frac{D}{Dt}\frac{|\mathbf{v}|^2}{2} = -\mathbf{v}\cdot\nabla\tilde{\phi} + w\tilde{b} + \frac{1}{\rho_0}\mathbf{v}\cdot(\nabla\cdot\boldsymbol{\sigma}) \tag{7.161}$$

Da das Geschwindigkeitsfeld divergenzfrei ist, sind weiterhin

$$\frac{D}{Dt}\frac{|\mathbf{v}|^2}{2} = \frac{\partial}{\partial t}\frac{|\mathbf{v}|^2}{2} + \mathbf{v}\cdot\nabla\frac{|\mathbf{v}|^2}{2} = \frac{\partial}{\partial t}\frac{|\mathbf{v}|^2}{2} + \nabla\cdot\left(\mathbf{v}\frac{|\mathbf{v}|^2}{2}\right) \tag{7.162}$$

$$\mathbf{v}\cdot\nabla\tilde{\phi} = \nabla\cdot(\mathbf{v}\tilde{\phi}) \tag{7.163}$$

Außerdem erhält man

$$\frac{1}{\rho_0}\mathbf{v}\cdot(\nabla\cdot\boldsymbol{\sigma}) = \frac{1}{\rho_0}v_i\frac{\partial}{\partial x_j}\sigma_{ij} = \frac{1}{\rho_0}\frac{\partial}{\partial x_j}\left(v_i\sigma_{ij}\right) - \frac{1}{\rho_0}\sigma_{ij}\frac{\partial v_i}{\partial x_j}$$

$$= \frac{1}{\rho_0}\nabla\cdot(\mathbf{v}\boldsymbol{\sigma}) - \epsilon \tag{7.164}$$

wobei per definitionem

$$\frac{1}{\rho_0}\nabla\cdot(\mathbf{v}\boldsymbol{\sigma}) = \frac{1}{\rho_0}\frac{\partial}{\partial x_j}\left(v_i\sigma_{ij}\right) \tag{7.165}$$

ist und außerdem

$$\epsilon = \frac{1}{\rho_0}\sigma_{ij}\frac{\partial v_i}{\partial x_j} \tag{7.166}$$

die Reibungswärme oder Dissipationsrate. Wie bereits in Abschn. 2.3 diskutiert, ist sie positiv definit. Sie ist die Rate, mit der kinetische Energie mittels Reibung in Wärme umgewandelt wird. Zusammenfassend wird (7.161) also zu

$$\frac{\partial}{\partial t}\frac{|\mathbf{v}|^2}{2} + \nabla\cdot\left(\mathbf{v}\frac{|\mathbf{v}|^2}{2}\right) = -\nabla\cdot\left(\mathbf{v}\tilde{\phi}\right) + w\tilde{b} + \frac{1}{\rho_0}\nabla\cdot(\mathbf{v}\sigma) - \epsilon \tag{7.167}$$

Diese Gleichung soll nun gemittelt werden. Dabei ist aufgrund von (7.131)

$$\left\langle\frac{\partial}{\partial t}\frac{|\mathbf{v}|^2}{2}\right\rangle = \left\langle\frac{\partial}{\partial t}\frac{v_i v_i}{2}\right\rangle = \frac{\partial}{\partial t}\frac{\langle v_i\rangle\langle v_i\rangle}{2} + \frac{\partial}{\partial t}\frac{\langle v_i' v_i'\rangle}{2}$$

$$= \frac{\partial}{\partial t}\frac{|\langle\mathbf{v}\rangle|^2}{2} + \frac{\partial}{\partial t}\frac{\langle|\mathbf{v}'|^2\rangle}{2} \tag{7.168}$$

und außerdem wegen (7.132)

$$\left\langle\nabla\cdot\left(\mathbf{v}\frac{|\mathbf{v}|^2}{2}\right)\right\rangle = \left\langle\frac{\partial}{\partial x_i}\left(v_i\frac{v_j v_j}{2}\right)\right\rangle$$

$$= \frac{\partial}{\partial x_i}\left(\langle v_i\rangle\frac{\langle v_j\rangle\langle v_j\rangle}{2}\right) + \frac{\partial}{\partial x_i}\left(\langle v_i\rangle\frac{\langle v_j' \rangle\langle v_j'\rangle}{2}\right)$$

$$+ \frac{\partial}{\partial x_i}\left(\langle v_j\rangle\langle v_i' v_j'\rangle\right) + \frac{\partial}{\partial x_i}\left\langle v_i'\frac{v_j' v_j'}{2}\right\rangle$$

$$= \nabla\cdot\left(\langle\mathbf{v}\rangle\frac{|\langle\mathbf{v}\rangle|^2}{2}\right) + \nabla\cdot\left(\langle\mathbf{v}\rangle\frac{|\langle\mathbf{v}'\rangle|^2}{2}\right)$$

$$+ \frac{\partial}{\partial x_i}\left(\langle v_j\rangle\langle v_i' v_j'\rangle\right) + \nabla\cdot\left\langle\mathbf{v}'\frac{|\mathbf{v}'|^2}{2}\right\rangle \tag{7.169}$$

Das Mittel von (7.167) ergibt somit

$$\frac{\partial}{\partial t}\frac{|\langle\mathbf{v}\rangle|^2}{2} + \frac{\partial}{\partial t}\frac{\langle|\mathbf{v}'|^2\rangle}{2} + \nabla\cdot\left(\langle\mathbf{v}\rangle\frac{|\langle\mathbf{v}\rangle|^2}{2}\right) + \nabla\cdot\left(\langle\mathbf{v}\rangle\frac{\langle|\mathbf{v}'|^2\rangle}{2}\right)$$

$$+ \frac{\partial}{\partial x_i}\left(\langle v_j\rangle\langle v_i' v_j'\rangle\right) + \nabla\cdot\left\langle\mathbf{v}'\frac{|\mathbf{v}'|^2}{2}\right\rangle$$

$$= -\nabla\cdot\left(\langle\mathbf{v}\rangle\langle\tilde{\phi}\rangle\right) - \nabla\cdot\langle\mathbf{v}'\phi'\rangle + \langle w\rangle\langle\tilde{b}\rangle + \langle w'b'\rangle + \frac{1}{\rho_0}\nabla\cdot(\langle\mathbf{v}\rangle\langle\sigma\rangle)$$

$$+ \frac{1}{\rho_0}\nabla\cdot\langle\mathbf{v}'\sigma'\rangle - \frac{1}{\rho_0}\langle\sigma_{ij}\rangle\frac{\partial\langle v_i\rangle}{\partial x_j} - \frac{1}{\rho_0}\left\langle\sigma_{ij}'\frac{\partial v_i'}{\partial x_j'}\right\rangle \tag{7.170}$$

Diese Gleichung enthält nicht nur die Zeitableitung der massenspezifischen turbulenten kinetischen Energie

$$k_t = \frac{\langle |\mathbf{v}'|^2 \rangle}{2} \tag{7.171}$$

sondern auch die der massenspezifischen kinetischen Energie $|\langle \mathbf{v} \rangle|^2 / 2$ der mittleren Strömung. Um für Letztere eine separate Gleichung zu erhalten, bilden wir das Skalarprodukt der Reynolds-Impulsgleichung (7.146) mit der mittleren Geschwindigkeit $\langle \mathbf{v} \rangle$, und erhalten

$$\frac{\partial}{\partial t} \frac{|\langle \mathbf{v} \rangle|^2}{2} + \langle \mathbf{v} \rangle \cdot \nabla \frac{|\langle \mathbf{v} \rangle|^2}{2} = -\langle \mathbf{v} \rangle \cdot \nabla \langle \tilde{\phi} \rangle + \langle w \rangle \langle \tilde{b} \rangle + \frac{1}{\rho_0} \langle \mathbf{v} \rangle \cdot (\nabla \cdot \langle \boldsymbol{\sigma} \rangle)$$
$$- \langle \mathbf{v} \rangle \cdot \left(\nabla \cdot \langle \mathbf{v}' \mathbf{v}' \rangle \right) \tag{7.172}$$

Ganz analog wie oben sind, diesmal aufgrund der Divergenzfreiheit der mittleren Strömung,

$$\langle \mathbf{v} \rangle \cdot \nabla \frac{|\langle \mathbf{v} \rangle|^2}{2} = \nabla \cdot \left(\langle \mathbf{v} \rangle \frac{|\langle \mathbf{v} \rangle|^2}{2} \right) \tag{7.173}$$

$$\langle \mathbf{v} \rangle \cdot \nabla \langle \tilde{\phi} \rangle = \nabla \cdot \left(\langle \mathbf{v} \rangle \langle \tilde{\phi} \rangle \right) \tag{7.174}$$

und außerdem auch

$$\frac{1}{\rho_0} \langle \mathbf{v} \rangle \cdot (\nabla \cdot \langle \boldsymbol{\sigma} \rangle) = \frac{1}{\rho_0} \nabla \cdot (\langle \mathbf{v} \rangle \langle \boldsymbol{\sigma} \rangle) - \frac{1}{\rho_0} \langle \sigma_{ij} \rangle \frac{\partial \langle v_i \rangle}{\partial x_j} \tag{7.175}$$

$$\langle \mathbf{v} \rangle \cdot \nabla \cdot \langle \mathbf{v}' \mathbf{v}' \rangle = \nabla \cdot \left(\langle \mathbf{v} \rangle \langle \mathbf{v}' \mathbf{v}' \rangle \right) - \langle v_i' v_j' \rangle \frac{\partial \langle v_i \rangle}{\partial x_j} \tag{7.176}$$

sodass man schließlich als prognostische Gleichung für die massenspezifische kinetische Energie der mittleren Strömung

$$\frac{\partial}{\partial t} \frac{|\langle \mathbf{v} \rangle|^2}{2} + \nabla \cdot \left(\langle \mathbf{v} \rangle \frac{|\langle \mathbf{v} \rangle|^2}{2} \right) = -\nabla \cdot \left(\langle \mathbf{v} \rangle \langle \tilde{\phi} \rangle \right) + \langle w \rangle \langle \tilde{b} \rangle + \frac{1}{\rho_0} \nabla \cdot (\langle \mathbf{v} \rangle \langle \boldsymbol{\sigma} \rangle)$$
$$- \frac{1}{\rho_0} \langle \sigma_{ij} \rangle \frac{\partial \langle v_i \rangle}{\partial x_j} - \nabla \cdot \left(\langle \mathbf{v} \rangle \langle \mathbf{v}' \mathbf{v}' \rangle \right)$$
$$+ \langle v_i' v_j' \rangle \frac{\partial \langle v_i \rangle}{\partial x_j} \tag{7.177}$$

erhält. Eine prognostische Gleichung für die Dichte der massenspezifische turbulente kinetische Energie erhält man, indem man (7.177) von (7.170) subtrahiert. Das Ergebnis lautet

$$\frac{\partial k_t}{\partial t} + \nabla \cdot \left(\langle \mathbf{v} \rangle k_t + \left\langle \mathbf{v}' \frac{|\mathbf{v}'|^2}{2} \right\rangle + \langle \mathbf{v}' \phi' \rangle - \frac{1}{\rho_0} \langle \mathbf{v}' \boldsymbol{\sigma}' \rangle \right)$$

$$= \langle w' b' \rangle - \langle v_i' v_j' \rangle \frac{\partial \langle v_i \rangle}{\partial x_j} - \frac{1}{\rho_0} \left\langle \sigma_{ij}' \frac{\partial v_i'}{\partial x_j} \right\rangle \tag{7.178}$$

Betrachtet man nun die gesamte turbulente kinetische Energie, d. h. das Integral von $\rho_0 k_t$ über das gesamte Volumen

$$K_t = \oint_V dV \, \rho_0 k_t \tag{7.179}$$

so leistet der Divergenzterm auf der linken Seite üblicherweise keinen Beitrag. Dies folgt aus dem Integralsatz von Gauß und daraus, dass typischerweise entweder an den Rändern die Normalkomponente der Geschwindigkeit verschwindet oder periodische Randbedingungen vorliegen. Die Flüsse unter der Divergenz tragen also nur zu einer räumlichen Umverteilung von k_t bei. Damit bleiben als interessantere Terme die Quellen und Senken auf der rechten Seite von (7.178). Diese sollen im Folgenden genauer betrachtet werden.

7.5.2   Quellen und Senken

Der Auftriebsterm
Der erste Term drückt aus, dass die turbulenten Fluktuationen kinetische Energie gewinnen (verlieren), wenn der *vertikale Auftriebsfluss* $\langle w' b' \rangle$ positiv (negativ) ist. Im ersten Fall steigt entweder warme und leichte Luft auf, oder schwere und kalte Luft sinkt ab. Es ist anschaulich klar, dass dies zu einer Verstärkung konvektiver Bewegungen führt.

Die Scherproduktion
Betrachtet man nur den zweiten Term auf der rechten Seite von (7.178), so findet man, dass die turbulente kinetische Energie zunimmt (abnimmt), wenn die *Scherproduktion*

$$P = -\langle v_i' v_j' \rangle \frac{\partial \langle v_i \rangle}{\partial x_j} \tag{7.180}$$

positiv (negativ) ist. Im ersten Fall wird turbulenter Impuls gegen den Gradienten des mittleren Impulses transportiert.

Die turbulente Dissipation
Der letzte Term ist das Negative der *turbulenten Dissipationsrate*

$$\epsilon_t = \frac{1}{\rho_0} \left\langle \sigma_{ij}' \frac{\partial v_i'}{\partial x_j} \right\rangle > 0 \tag{7.181}$$

Er beschreibt den Verlust an turbulenter kinetischer Energie durch die Umwandlung mittels Reibung in Wärme.

Die Fluss-Richardson-Zahl

Eine Bilanzierung der Quellen und Senken in der Grenzschicht wird dadurch erleichtert, dass dort im Allgemeinen die vertikalen Gradienten der mittleren Strömung wesentlich größer und wichtiger als die horizontale Gradienten sind. Auch ist in der Regel der Horizontalwind wesentlich stärker als die vertikale Strömungsgeschwindigkeit. Damit vereinfacht sich (7.178) zu

$$\frac{\partial k_t}{\partial t} + \nabla \cdot (\ldots) \approx \langle w'b' \rangle - \langle \mathbf{u}'w' \rangle \cdot \frac{\partial \langle \mathbf{u} \rangle}{\partial z} - \epsilon_t \tag{7.182}$$

Da die Dissipation eine reine Senke ist, entscheiden über Wachstum oder Abnahme der turbulenten kinetischen Energie ausschließlich das Größenverhältnis und die Vorzeichen von Auftriebsfluss und Scherproduktion. Dies kann man über die *Fluss-Richardson-Zahl*

$$Rif = \frac{\langle w'b' \rangle}{\langle \mathbf{u}'w' \rangle \cdot \partial \langle \mathbf{u} \rangle / \partial z} \tag{7.183}$$

ausdrücken. Nähert man die Flüsse mittels eines Gradientenansatzes, also als

$$\langle w'b' \rangle \approx -K_b \frac{\partial \langle b \rangle}{\partial z} \tag{7.184}$$

$$\langle \mathbf{u}'w' \rangle \approx -K_u \frac{\partial \langle \mathbf{u} \rangle}{\partial z} \tag{7.185}$$

so ist der Auftriebsfluss in stabiler (instabiler) Schichtung negativ (positiv), d. h., er wirkt bei stabiler Schichtung der Ausbildung von turbulenter kinetischer Energie entgegen, während er sie bei instabiler Schichtung befördert. Darüber hinaus ist die Scherproduktion

$$-\langle \mathbf{u}'w' \rangle \cdot \frac{\partial \langle \mathbf{u} \rangle}{\partial z} = K_u \left| \frac{\partial \langle \mathbf{u} \rangle}{\partial z} \right|^2 \tag{7.186}$$

stets positiv, befördert also den Anwachs turbulenter kinetischer Energie. Im Fall stabiler Schichtung ist die Fluss-Richardson-Zahl somit das Verhältnis zwischen dem die turbulente kinetische Energie dämpfenden Auftriebsfluss und der sie befördernden Scherproduktion. Im Fall beliebiger Schichtung ist

$$Rif = \frac{Ri}{Pr} \tag{7.187}$$

wobei

$$Ri = \frac{\partial \langle b \rangle / \partial z}{|\partial \langle \mathbf{u} \rangle / \partial z|^2} \tag{7.188}$$

die bereits in Abschn. 7.2.4 vorgestellte Richardson-Zahl des Problems ist, zur besseren Unterscheidbarkeit von der Fluss-Richardson-Zahl auch gerne als Gradienten-Richardson-Zahl bezeichnet, und

$$Pr = \frac{K_u}{K_b} \tag{7.189}$$

die *turbulente Prandtl-Zahl*. Letztere gibt das Verhältnis zwischen (turbulenter) Viskosität und Diffusivität an. Aus der Definition der Fluss-Richardson-Zahl folgt, dass sie im Fall stabiler (instabiler) Schichtung positiv (negativ) ist. Weiterhin folgt aus (7.182)–(7.189)

$$\frac{\partial k_t}{\partial t} + \nabla \cdot \left(\langle \mathbf{v} \rangle k_t + \left\langle \mathbf{v}' \frac{|\mathbf{v}'|^2}{2} \right\rangle + \langle \mathbf{v}' \phi' \rangle - \frac{1}{\rho_0} \langle \mathbf{v}' \boldsymbol{\sigma}' \rangle \right)$$

$$= K_u \left| \frac{\partial \langle \mathbf{u} \rangle}{\partial z} \right|^2 (1 - Rif) - \epsilon_t \tag{7.190}$$

Vernachlässigt man also den Einfluss von räumlicher Umverteilung und turbulenter Dissipation, so ist

$$\frac{\partial k_t}{\partial t} > 0 \quad \text{wenn} \quad Rif < 1 \tag{7.191}$$

$$\frac{\partial k_t}{\partial t} < 0 \quad \text{wenn} \quad Rif > 1 \tag{7.192}$$

Man sollte den Unterschied zwischen der Bedeutung der Gradienten-Richardson-Zahl und der Fluss-Richardson-Zahl beachten. Die Gradienten-Richardson-Zahl liefert eine Aussage, ob ein nicht turbulentes Vertikalprofil von Auftrieb und Horizontalgeschwindigkeit instabil sein kann, sodass Turbulenz entstehen kann. Die Fluss-Richardson-Zahl hingegen hilft bei der Einschätzung, ob sich in einer bereits turbulenten Grenzschicht turbulente kinetische Energie verstärken kann. Keine Aussage wird dabei über das Verhalten der turbulenten Auftriebsschwankungen gemacht. Der Austausch zwischen diesen und der turbulenten kinetischen Energie wird durch den vertikalen Auftriebsfluss beschrieben. Allerdings ist es das turbulente Geschwindigkeitsfeld, das für den turbulenten Transport verantwortlich ist. Wegen (7.157) und (7.171) kann man bei bekannter massenspezifischer turbulenter kinetischer Energie die Schubspannungsgeschwindigkeit über

$$v_* = \sqrt{2k_t} \tag{7.193}$$

abschätzen. Für die Bestimmung der turbulenten Viskositäts- und Diffusionskoeffizienten K_u und K_b wird neben der Prandtl-Zahl jedoch auch der Mischungsweg benötigt. Entsprechende Abschätzungen für die Prandtl-Schicht sollen im Folgenden diskutiert werden.

7.5.3 Zusammenfassung

Die (massenspezifische) *turbulente kinetische Energie* liefert eine Abschätzung der im Mischungswegansatz benötigten Schubspannungsgeschwindigkeit.

- Ihre *prognostische Gleichung* erhält man durch Subtraktion der prognostischen Gleichung für die massenspezifische kinetische Energie der mittleren Strömung von der prognostischen Gleichung für die massenspezifische kinetische Energie der gesamten Strömung.
- Neben *umverteilenden Flüssen* und der stets als Senke agierenden *turbulenten Dissipation* treten als mögliche Quellen und Senken der *vertikale Auftriebsfluss* und die *Scherproduktion* auf. In einer statisch stabil geschichteten Grenzschicht ist der Auftriebsfluss, dem Gradientenansatz folgend, eine Senke der turbulenten kinetischen Energie. In der Näherung des Gradientenansatzes ist die Scherproduktion andererseits eine Quelle. Das Verhältnis der beiden Terme ist die *Fluss-Richardson-Zahl*. Je größer sie ist, desto stärker fällt die Bilanz zugunsten der dämpfenden Auftriebsflüsse aus. Erst unterhalb der Grenze von 1 überwiegt der turbulenzanregende Anteil der Scherproduktion, sodass die Turbulenz weiter anwächst. Die Fluss-Richardson-Zahl liefert eine brauchbare Abschätzung der Entwicklung der Turbulenz im entwickelten Stadium, während die Gradienten-Richardson-Zahl eine Aussage darüber trifft, ob Turbulenz überhaupt angefacht werden kann.

7.6 Die Prandtl-Schicht

Der *viskosen Unterschicht* direkt über dem Boden schließt sich nach oben die *Prandtl-Schicht* an. Sie ist der untere Bereich des turbulenten Teils der Grenzschicht. Dort ist der von unten her zunehmende Horizontalwind noch zu schwach, um zu einem nennenswerten Effekt der Coriolis-Kraft zu führen. Einige wesentlichen Eigenschaften der Prandtl-Schicht sollen hier diskutiert werden. Aus Gründen der Einfachheit, aber ohne Einschränkung der Allgemeinheit, beschränkt sich die Diskussion dabei auf die Dynamik auf der f-Ebene.

7.6.1 Der Impulsfluss

Die gemittelte horizontale Impulsgleichung auf der f-Ebene lautet gemäß (7.146)

$$\frac{\partial \langle \mathbf{u} \rangle}{\partial t} + (\langle \mathbf{v} \rangle \cdot \nabla) \langle \mathbf{u} \rangle + f_0 \mathbf{e}_z \times \langle \mathbf{u} \rangle = -\nabla_h \langle \tilde{\phi} \rangle + \frac{1}{\rho_0} \nabla \cdot \langle \boldsymbol{\sigma} \rangle - \nabla \cdot \langle \mathbf{v}' \mathbf{u}' \rangle \qquad (7.194)$$

Ein wichtiges Merkmal der Prandtl-Schicht im Gegensatz zur viskosen Unterschicht ist, dass dort die molekulare Reibung im Vergleich zu den turbulenten Impulsflüssen vernachlässigt werden kann, d. h.,

$$\left| \frac{1}{\rho_0} \nabla \cdot \langle \boldsymbol{\sigma} \rangle \right| \ll \left| \nabla \cdot \langle \mathbf{v}'\mathbf{u}' \rangle \right| \tag{7.195}$$

Die Größenordnungen der anderen Terme schätzen wir folgendermaßen ab: Wenn U und W jeweils die Größenordnungen der horizontale und vertikalen Winde sind, sodass

$$\langle \mathbf{u} \rangle = \mathcal{O}(U) \tag{7.196}$$

$$\langle w \rangle = \mathcal{O}(W) \tag{7.197}$$

so folgt aus der mittleren Kontinuitätsgleichung (7.148), dass

$$W = \frac{H}{L} U \tag{7.198}$$

wobei H die vertikale Skala der mittleren Strömung und der turbulenten Flüsse ist, also in etwa die Dicke der Prandtl-Schicht, und L die korrespondierende horizontale Skala. Wie üblich nehmen wir als Zeitskala T die der Advektion, also

$$T = \frac{L}{U} \tag{7.199}$$

Damit erhalten wir für die materielle Ableitung des mittleren Horizontalwinds

$$\left(\frac{\partial}{\partial t} + \langle \mathbf{v} \rangle \cdot \nabla \right) \langle \mathbf{u} \rangle = \mathcal{O}\left(\frac{U^2}{L} \right) \tag{7.200}$$

Auf dieselbe Weise ergeben sich auch

$$f_0 \mathbf{e}_z \times \mathbf{u} = \mathcal{O}(f_0 U) \tag{7.201}$$

$$\nabla_h \tilde{\phi} = \mathcal{O}\left(\frac{P}{L} \right) \tag{7.202}$$

wobei P die Skala der Schwankungen des mittleren Drucks ist. Für die Turbulenz nehmen wir Isotropie an, d. h., die Stärke der turbulenten Windschwankungen sollte nicht von der Windrichtung abhängen. Damit ist

$$\langle \mathbf{v}'\mathbf{v}' \rangle = \mathcal{O}\left(v_*^2 \right) \tag{7.203}$$

wobei v_* die bereits in (7.157) eingeführte Schubspannungsgeschwindigkeit ist. Für die Divergenz des turbulenten Impulsflusses erhalten wir also

$$\nabla_h \cdot \langle \mathbf{u}'\mathbf{u}' \rangle = \mathcal{O}\left(\frac{v_*^2}{L} \right) \tag{7.204}$$

$$\frac{\partial}{\partial z} \langle w'\mathbf{u}' \rangle = \mathcal{O}\left(\frac{v_*^2}{H} \right) \tag{7.205}$$

Die obigen Größenordnungsabschätzungen zusammengenommen ergeben, dass (7.194) sich näherungsweise zu

$$0 = \frac{\partial}{\partial z} \langle w' \mathbf{u}' \rangle \tag{7.206}$$

vereinfacht, falls U klein genug ist und $H \ll L$. In der Prandtl-Schicht ist damit der vertikale Fluss des horizontalen Impulses näherungsweise höhenunabhängig.

7.6.2 Das Windprofil

Zur Berechnung des vertikalen Verlaufs des mittleren horizontalen Winds verwenden wir den Mischungswegansatz, d. h. (7.185) zusammen mit (7.203) und $K_u = v_* \ell$. Dies führt auf

$$v_* = \ell \left| \frac{\partial \langle \mathbf{u} \rangle}{\partial z} \right| \tag{7.207}$$

Da der turbulente Impulsfluss höhenunabhängig ist, gilt dies auch für die Schubspannungsgeschwindigkeit v_*. Andererseits können die turbulenten Wirbel den Boden nicht durchdringen. Die für den turbulenten Transport maßgeblichen Wirbel müssen also umso kleiner sein, je näher man dem Boden ist. Der Mischungsweg als Maß für die Ausdehnung dieser Wirbel muss damit nahe genug am Boden wie

$$\ell = \kappa z \tag{7.208}$$

mit der Höhe zunehmen. Zahlreiche Messungen isotroper, ungeschichteter Turbulenz an Rändern haben gezeigt, dass κ eine universelle Konstante ist. Sie trägt den Namen *Van-Karman-Konstante* und ist näherungsweise

$$\kappa \approx 0,41 \tag{7.209}$$

Aus (7.207) und (7.208) folgt schließlich

$$\frac{\partial |\langle \mathbf{u} \rangle|}{\partial z} = \frac{v_*}{\kappa z} \tag{7.210}$$

was nach Integration das *logarithmische Windprofil*

$$|\langle \mathbf{u} \rangle| = \frac{v_*}{\kappa} \ln \left(\frac{z}{z_0} \right) \tag{7.211}$$

liefert. Darin ist z_0 die *Rauigkeitslänge*. Sie hängt von der Bodenbeschaffenheit ab. Einige empirische Werte sind unten zusammengetragen[1].

---

[1] Quelle: Etling (2008)

Bodentyp	z_0
Glattes Eis	10^{-3} cm
Sand	10^{-2}–10^{-1} cm
Schnee	0,1–0,6 cm
Gras (bis 10 cm hoch)	0,6–4 cm
Gras (bis 50 cm hoch)	4– 10 cm

Für die turbulente Viskosität ergibt sich schließlich mittels (7.159) und (7.208)

$$K_u = \ell v_* = \kappa z v_* \tag{7.212}$$

Sie nimmt also mit der Höhe zu.

7.6.3 Der Einfluss der Schichtung

Die bisherigen Betrachtungen haben den Einfluss der Auftriebsflüsse und des Auftriebsgradienten, also der Schichtung, völlig außer Acht gelassen. In Wirklichkeit aber wird die turbulente kinetische Energie, und damit auch die Schubspannungsgeschwindigkeit, gemäß (7.182) umso mehr unterdrückt, je negativer der vertikale Auftriebsfluss $\langle b'w' \rangle$ ist. Folgt man dem Gradientenansatz, so ist dieser aber

$$\langle b'w' \rangle \approx -K_b \frac{\partial \langle b \rangle}{\partial z} \tag{7.213}$$

Eine verstärkte Schichtung $\partial \langle b \rangle / \partial z$ hat somit eine reduzierte Schubspannungsgeschwindigkeit zur Folge. Gleichzeitig werden Luftmassen bei stabiler Schichtung am Aufstieg gehindert, so dass die turbulenten Wirbel kleiner sind, und somit auch der Mischungsweg. Als Maß für die Stärke dieses Effekts wird üblicherweise die *Monin-Obukhov-Länge* verwenden. Zur Ableitung dieser Größe stellen wir fest, dass sich die negative Scherproduktion im oben diskutierten isentropen Fall über (7.203), (7.207) und (7.208) zu

$$\langle \mathbf{u}'w' \rangle \cdot \frac{\partial \langle \mathbf{u} \rangle}{\partial z} = -v_*^2 \frac{v_*}{\ell} = -\frac{v_*^3}{\kappa z} \tag{7.214}$$

abschätzen lässt. Die Fluss-Richardson-Zahl (7.183) ist somit

$$Rif = \frac{z}{L_{MO}} \tag{7.215}$$

wobei die Monin-Obukhov-Länge

$$L_{MO} = -\frac{v_*^3}{\kappa \langle b'w' \rangle} \tag{7.216}$$

ist. Man kann sich mittels einer Skalenanalyse der Auftriebsgleichung (7.147) leicht überzeugen, ganz analog zur Analyse der Impulsgleichung, dass innerhalb der Prandtl-Schicht auch der vertikale Auftriebsfluss $\langle b'w' \rangle$ ebenfalls höhenunabhängig ist, sodass das Gleiche auch für L_{MO} gilt. Diese Größe hängt wegen (7.213) so von der Schichtung ab, dass

$$L_{MO} > 0 \qquad \text{für stabile Schichtung}$$
$$L_{MO} \to \infty \qquad \text{für neutrale Schichtung}$$
$$L_{MO} < 0 \qquad \text{für instabile Schichtung}$$

Um auf der Basis dieses Parameters den Einfluss der Schichtung auf den Mischungsweg zu beschreiben, bleibt man beim Mischungswegansatz (7.207), modifiziert aber den Mischungsweg, sodass

$$\ell < \kappa z \quad \text{für } L_{MO} > \quad 0 \quad \text{(stabile Schichtung)}$$
$$\ell = \kappa z \quad \text{für } L_{MO} \to \infty \quad \text{(neutrale Schichtung)}$$
$$\ell > \kappa z \quad \text{für } L_{MO} < \quad 0 \quad \text{(instabile Schichtung)}$$

Man setzt also

$$\ell = \frac{\kappa z}{\Phi(z/L_{MO})} \tag{7.217}$$

wobei die empirisch bestimmte *Dyer-Businger-Funktion*

$$\Phi = \begin{cases} 1 + 5\dfrac{z}{L_{MO}} & \text{für } L_{MO} > 0 \quad \text{(stabil)} \\ 1 & \text{für } L_{MO} \to \infty \quad \text{(neutral)} \\ \left(1 - 15\dfrac{z}{L_{MO}}\right)^{-\frac{1}{4}} & \text{für } L_{MO} < 0 \quad \text{(instabil)} \end{cases} \tag{7.218}$$

ist. Die Scherung bestimmt sich dann, analog zu (7.210), über

$$\frac{\partial |\langle \mathbf{u} \rangle|}{\partial z} = \frac{v_*}{\kappa z} \Phi \tag{7.219}$$

und die turbulente Viskosität, analog zu (7.212), über

$$K_u = v_* \frac{\kappa z}{\Phi} \tag{7.220}$$

Die resultierenden Vertikalprofile des Horizontalwinds und der turbulenten Viskosität sind in den Abb. 7.8 und 7.9 gezeigt.

7.6.4 Zusammenfassung

Die Prandtl-Schicht ist der untere Teil des turbulenten Bereichs der planetaren Grenzschicht. Durch seine Nähe zum Erdboden weist er einige charakteristische Eigenschaften auf.

Abb. 7.8 Die qualitative Höhenabhängigkeit des Horizontalwinds in einer Prandtl-Schicht mit stabiler, neutraler oder instabiler Schichtung. In allen drei Fällen ist die Schubspannungsgeschwindigkeit vorgegeben.

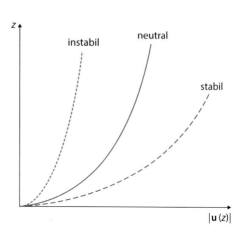

Abb. 7.9 Wie Abb. 7.8, nun aber für die turbulente Viskosität.

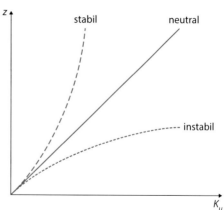

- Die Horizontalwinde sind noch ausreichend schwach und die vertikalen Gradienten stark genug, sodass die vertikale Konvergenz des turbulenten Impulsflusses in führender Ordnung verschwindet. Damit ist der *turbulente vertikale Impulsfluss und damit auch die Schubspannungsgeschwindigkeit höhenunabhängig.*
- Da die turbulenten Wirbel den Boden nicht durchdringen dürfen, nimmt ihre vertikale Ausdehnung, und damit auch der Mischungsweg, mit zunehmender Nähe zum Erdboden ab. Die zugehörige Proportionalitätskonstante ist die *Van-Karman-Konstante*. Aus der Höhenunabhängigkeit der Schubspannungsgeschwindigkeit folgt damit das *logarithmische Wandgesetz*, das die vertikale Zunahme des Horizontalwinds beschreibt. Die materialabhängige *Rauigkeitslänge* gibt an, bei welcher Höhe über dem Boden diese Zunahme beginnt.
- Der *Einfluss der Schichtung* auf diese Zunahme kann mithilfe der *Monin-Obukhov-Länge* beschrieben werden. Ähnlich wie beim Impulsfluss sind auch die vertikalen Auftriebsflüsse höhenunabhängig. Negative Auftriebsflüsse bei stabiler Schichtung reduzieren die Stärke der Turbulenz und damit auch den Mischungsweg. Positive Auftriebsflüsse bei

instabiler Schichtung erhöhen den Mischungsweg. Die Quantifizierung dieser Effekte auf turbulente Viskosität und Diffusion und auf das logarithmische Wandgesetz geschieht mittels der empirisch bestimmten *Dyer-Businger-Funktion*.

7.7 Die Ekman-Schicht

Die *Ekman-Schicht* ist der Übergangsbereich zwischen der Prandtl-Schicht und der freien Atmosphäre. Sie hat darum folgende wesentliche Grundeigenschaften:

- Der Horizontalwind ist so groß, dass die Coriolis-Kraft nicht mehr vernachlässigt werden kann.
- Die Windscherung $\partial \langle \mathbf{u} \rangle / \partial z$ ist noch hinreichend groß, dass die turbulente Reibung weiterhin eine Rolle spielt. Aus Gründen der mathematischen Handhabbarkeit verwendet man für ihre Beschreibung einen einfachen Gradientenansatz mit konstantem Reibungskoeffizienten K. Weiterhin nehmen wir an, dass die horizontale Skala des mittleren Winds und der turbulenten Flüsse wesentlich größer als die entsprechende vertikale Skala ist, sodass der entscheidende Beitrag der Turbulenz zur gemittelten horizontalen Impulsgleichung

$$-\frac{\partial}{\partial z} \langle w' \mathbf{u}' \rangle = K \frac{\partial^2 \langle \mathbf{u} \rangle}{\partial z^2} \tag{7.221}$$

ist.
- Da in der freien Atmosphäre das geostrophische Gleichgewicht zwischen Druckgradientenkraft und Coriolis-Kraft dominiert, beginnt bereits in der Ekman-Schicht der Einfluss der Druckgradientenkraft zu wirken.

Zusammengefasst sind damit die dominanten Terme in der horizontalen Impulsgleichung

$$f_0 \mathbf{e}_z \times \langle \mathbf{u} \rangle = -\nabla_h \langle \tilde{\phi} \rangle + K \frac{\partial^2 \langle \mathbf{u} \rangle}{\partial z^2} \tag{7.222}$$

wobei wir uns ohne Einschränkung der Allgemeinheit mit der Betrachtung der Dynamik der f-Ebene begnügen. Das qualitative Verhalten der Lösung dieser Gleichung sieht folgendermaßen aus: Der Grenzfall $z \to \infty$ entspricht dem Übergang zur freien Atmosphäre. Dort spielt die turbulente Reibung eine zunehmend geringere Rolle, also

$$K \frac{\partial^2 \langle \mathbf{u} \rangle}{\partial z^2} \xrightarrow[z \to \infty]{} 0 \tag{7.223}$$

sodass der horizontale Wind sich dem geostrophischen Wind nähert,

$$\langle \mathbf{u} \rangle \xrightarrow[z \to \infty]{} \langle \mathbf{u}_g \rangle \tag{7.224}$$

Abb. 7.10 Das Kräftegleichgewicht eines geostrophischen Winds, das sich auf der Nordhemisphäre ohne Reibung zwischen einem Hochdruckgebiet und einem Tiefdruckgebiet einstellt. Coriolis-Kraft und Druckgradientenkraft gleichen sich exakt aus.

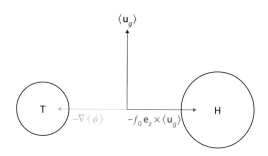

für den

$$f_0 \mathbf{e}_z \times \langle \mathbf{u}_g \rangle = -\nabla \langle \tilde{\phi} \rangle \tag{7.225}$$

gilt. Das Kräftegleichgewicht ist in Abb. 7.10 dargestellt. Zum unteren Rand der Ekman-Schicht hin, also für $z \to 0$ wird das geostrophische Gleichgewicht zunehmend durch die Reibungskraft gestört. Unter der Annahme, dass die Reibungskraft der Windrichtung genau entgegengesetzt gerichtet ist, kann man sich leicht überlegen, dass sich das gesamte Gleichgewicht in (7.222) nur befriedigen lässt, wenn der Wind gegenüber dem geostrophischen Wind auf der Nordhalbkugel (Südhalbkugel) nach links (rechts) abgelenkt ist. Diese Verhältnisse sind für die Nordhalbkugel in Abb. 7.11 gezeigt. Im Folgenden soll dieser Übergang mathematisch genauer beschrieben werden.

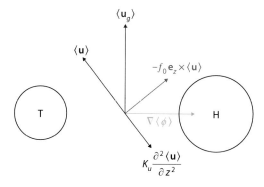

Abb. 7.11 Das Gesamtgleichgewicht zwischen Coriolis-Kraft, Druckgradientenkraft und Reibungskraft, das sich in der Ekman-Schicht auf der Nordhemisphäre einstellt. Es wird angenommen, dass die Reibungskraft der Windrichtung genau entgegengesetzt gerichtet ist. Das Gleichgewicht lässt sich auf der Nordhalbkugel nur befriedigen, falls der Wind gegenüber dem geostrophischen Wind nach links abgelenkt ist.

7.7.1   Die Ekman-Spirale

Es soll angenommen werden, dass die horizontale Längenskala der turbulenten Flüsse wesentlich größer als ihre vertikale Skala ist. Unter diesen Umständen sind die vertikalen turbulenten Flüsse die entscheidenden. Mit dem Gradientansatz und der Annahme $dN^2/dz = 0$ werden die Reynolds-Gleichungen (7.146)–(7.148) damit zu

$$\frac{\langle D \rangle}{Dt} \langle \mathbf{v} \rangle + f_0 \mathbf{e}_z \times \langle \mathbf{v} \rangle = -\nabla \langle \tilde{\phi} \rangle + \langle \tilde{b} \rangle \mathbf{e}_z + K \frac{\partial^2 \langle \mathbf{v} \rangle}{\partial z^2} \tag{7.226}$$

$$\frac{\langle D \rangle}{Dt} \langle \tilde{b} \rangle + N^2 \langle w \rangle = K \frac{\partial^2 \langle \tilde{b} \rangle}{\partial z^2} \tag{7.227}$$

$$\nabla \cdot \langle \mathbf{v} \rangle = 0 \tag{7.228}$$

Im Interesse einer klareren Darstellung wird zunächst noch einmal die quasigeostrophische Skalenasymptotik dieser Gleichung für die freie Atmosphäre entwickelt. Diese wird daraufhin den Verhältnissen der Ekman-Schicht angepasst.

Die Skalenasymptotik für die Boussinesq-Näherung der freien Atmosphäre auf der f-Ebene
Die Entwicklung ist an dieser Stelle völlig jener der Ableitung der quasigeostrophischen Dynamik der kompressiblen Atmosphäre in Kap. 6 analog. Wie dort führen wir für den mittleren Horizontalwind die Skala U an und für den mittleren Vertikalwind die Skala W, d. h.,

$$\langle \mathbf{u} \rangle = U \hat{\mathbf{u}} \tag{7.229}$$

$$\langle w \rangle = W \hat{w} \tag{7.230}$$

Analog seien die horizontale und vertikale Längenskala der Bewegung L und H. Die Zeitskala sei die advektive Skala, sodass

$$(x, y) = L \left(\hat{x}, \hat{y} \right) \tag{7.231}$$

$$z = H \hat{z} \tag{7.232}$$

$$t = \frac{L}{U} \hat{t} \tag{7.233}$$

sind. Dies in die Kontinuitätsgleichung (7.228) eingesetzt, liefert

$$\frac{U}{L} \hat{\nabla} \cdot \hat{\mathbf{u}} + \frac{W}{H} \frac{\partial \hat{w}}{\partial \hat{z}} = 0 \tag{7.234}$$

Daraus ergibt sich, dass

$$W = \frac{H}{L} U \tag{7.235}$$

sein muss.

Außerdem sei P die Skala der Druckfluktuationen, sodass

$$\langle \tilde{\phi} \rangle = P\hat{\phi} \tag{7.236}$$

ist. Unter Zuhilfenahme der Notation

$$\frac{\hat{D}}{D\hat{t}} = \frac{\partial}{\partial \hat{t}} + \hat{u}\frac{\partial}{\partial \hat{x}} + \hat{v}\frac{\partial}{\partial \hat{y}} + \hat{w}\frac{\partial}{\partial \hat{z}} \tag{7.237}$$

wird die horizontale Impulsgleichung in (7.226) damit zu

$$\frac{U^2}{L}\frac{\hat{D}\hat{\mathbf{u}}}{D\hat{t}} + f_0 U \mathbf{e}_z \times \hat{\mathbf{u}} = -\frac{P}{L}\hat{\nabla}_h\hat{\phi} + \frac{KU}{H^2}\frac{\partial^2\hat{\mathbf{u}}}{\partial \hat{z}^2} \tag{7.238}$$

oder

$$Ro\frac{\hat{D}\hat{\mathbf{u}}}{D\hat{t}} + \mathbf{e}_z \times \hat{\mathbf{u}} = -\frac{P}{f_0 U L}\hat{\nabla}_h\hat{\phi} + \frac{E_v}{2}\frac{\partial^2\hat{\mathbf{u}}}{\partial \hat{z}^2} \tag{7.239}$$

wobei

$$Ro = \frac{U}{f_0 L} \tag{7.240}$$

die wohlbekannte Rossby-Zahl ist und

$$E_v = \frac{2K}{f_0 H^2} \tag{7.241}$$

die *Ekman-Zahl*. Diese misst die Stärke des Beitrags der turbulenten Reibung zur Impulsbilanz. Typische Werte der beitragenden Faktoren sind in der freien Atmosphäre $K = 5\,\mathrm{m^2/s}$, $f_0 = 10^{-4}\,\mathrm{s^{-1}}$ und $H = 10^4\,\mathrm{m}$. Damit ist in der freien Atmosphäre

$$E_v = \mathcal{O}(10^{-3}) \ll Ro \tag{7.242}$$

sodass der Beitrag der turbulenten Reibung vernachlässigbar ist. Unter diesen Umständen lässt sich (7.239) nur sinnvoll befriedigen, wenn

$$P = f_0 L U \tag{7.243}$$

ist. In führender Ordnung wird die entdimensionalisierte horizontale Impulsgleichung damit zu

$$\mathbf{e}_z \times \hat{\mathbf{u}} = -\hat{\nabla}_h\hat{\phi} \tag{7.244}$$

Der Horizontalwind ist in führender Ordnung also durch den geostrophischen Wind gegeben:

$$\hat{\mathbf{u}} = \hat{\mathbf{u}}_g \tag{7.245}$$

$$\hat{u}_g = -\frac{\partial \hat{\phi}}{\partial \hat{y}} \tag{7.246}$$

$$\hat{v}_g = \frac{\partial \hat{\phi}}{\partial \hat{x}} \tag{7.247}$$

Da dieser ohne horizontale Divergenz ist, führt eine nochmalige Betrachtung der Kontinuitätsgleichung zu dem Ergebnis, dass der mittlere Vertikalwind um eine Rossby-Zahl kleiner ist, als in (7.235) abgeschätzt. Man findet, ganz analog zur Behandlung der quasigeostrophischen Dynamik der kompressiblen Atmosphäre, dass

$$\langle w \rangle = Ro\, W \hat{w}_1 \tag{7.248}$$

Nun zum Auftrieb. Als Skala der Fluktuationen des mittleren Auftriebs wird B eingeführt, sodass

$$\langle \tilde{b} \rangle = B\hat{b} \tag{7.249}$$

ist. Aus der quasigeostrophischen Theorie der geschichteten Atmosphäre kann man sich aber auch erinnern, dass die Abweichung der potentiellen Temperatur von jener der Referenzatmosphäre

$$\langle \tilde{\theta} \rangle = \overline{\theta}\, Ro \frac{L^2}{L_d^2} \hat{\theta} \tag{7.250}$$

ist. Dabei ist

$$L_d = \frac{\sqrt{gH}}{f_0} \tag{7.251}$$

der externe Rossby-Deformationsradius. Da in der Boussinesq-Theorie $\theta_0 \approx \overline{\theta}$ gesetzt werden kann, erhält man

$$\langle \tilde{b} \rangle = g\frac{\langle \tilde{\theta} \rangle}{\theta_0} = g\, Ro \frac{L^2}{L_d^2} \hat{b} \tag{7.252}$$

wobei $\hat{\theta}$ mit $\hat{b}$ gleichgesetzt wurde. Folglich ist

$$B = g\, Ro \frac{L^2}{L_d^2} = \frac{f_0 U L}{H} \tag{7.253}$$

Auch wenn es für die Ekman-Theorie nicht von Belang ist, sei kurz erwähnt, dass eine Entdimensionalisierung der Entropiegleichung (7.227)

$$\frac{\hat{D}\hat{b}}{\hat{D}\hat{t}} + Ro \frac{N^2 H}{B} \hat{w}_1 = \frac{E_v}{2Ro} \frac{\partial^2 \hat{b}}{\partial \hat{z}^2} \tag{7.254}$$

liefert, wobei u. a. (7.235), (7.240) und (7.241) verwendet wurden. Die weitere Hinzuziehung von (7.253) ergibt schließlich

$$\frac{\hat{D}\hat{b}}{D\hat{t}} + \frac{L_{di}^2}{L^2}\hat{w}_1 = \frac{E_v}{2Ro}\frac{\partial^2\hat{b}}{\partial\hat{z}^2} \tag{7.255}$$

wobei

$$L_{di} = \frac{NH}{f_0} \tag{7.256}$$

der interne Rossby-Deformationsradius ist. Man hat für synoptische Skalen

$$\frac{L_{di}^2}{L^2} = \mathcal{O}(1) \tag{7.257}$$

Da $|E_v|/2Ro \ll 1$ ist, findet man, dass die turbulente Diffusion zur führenden Ordnung der Entropiegleichung keinen Beitrag leistet.

Die Entdimensionalisierung der Vertikalkomponente der Impulsgleichung (7.226) schließlich liefert

$$\frac{U}{L}RoW\frac{\hat{D}\hat{w}_1}{D\hat{t}} = -\frac{P}{H}\frac{\partial\hat{\phi}}{\partial\hat{z}} + B\hat{b} + \frac{K}{H^2}RoW\frac{\partial^2\hat{w}_1}{\partial\hat{z}^2} \tag{7.258}$$

oder

$$\frac{H^2}{L^2}Ro^2\frac{\hat{D}\hat{w}_1}{D\hat{t}} = -\frac{\partial\hat{\phi}}{\partial\hat{z}} + \hat{b} + \frac{E_v}{2}\frac{H^2}{L^2}Ro\frac{\partial^2\hat{w}}{\partial\hat{z}^2} \tag{7.259}$$

wobei (7.240), (7.241), (7.243), (7.235) und (7.253) verwendet wurden. Die vertikale Impulsgleichung ergibt somit in führender Ordnung

$$\frac{\partial\hat{\phi}}{\partial\hat{z}} = \hat{b} \tag{7.260}$$

Dieses hydrostatische Gleichgewicht führt zusammen mit (7.244) auf die thermische Windgleichung.

Skalenasymptotik der Ekman-Schicht

Die Skalenasymptotik für die freie Atmosphäre liefert keinen Beitrag der turbulenten Reibung. Oben war aber bereits ihre Bedeutung für die Dynamik der Ekman-Schicht betont worden. Was ist in der Skalenasymptotik zu ändern, sodass die Verhältnisse in der Ekman-Schicht richtig wiedergegeben werden? Der entscheidende Punkt ist die vertikale Skala. In der freien Atmosphäre ist $H \approx 10\,\mathrm{km}$. Dies ist für die Ekman-Schicht ein viel zu großer Wert! Berücksichtigt man, dass sich der Wind in der Ekman-Schicht auf einer viel kürzeren vertikalen Skala ändert, ist der Beitrag der turbulenten Reibung nicht mehr vernachlässigbar. Dies muss auch so sein, da sonst die untere Randbedingung, derzufolge

$$\mathbf{u}(z = 0) = 0 \tag{7.261}$$

sein muss, nicht zu befriedigen ist. Nur die Reibung ist in der Lage, den Horizontalwind zwischen freier Atmosphäre und unterem Rand auf diesen Grenzwert abzubremsen.

Betrachtet man nun noch einmal die entdimensionalisierte horizontale Impulsgleichung
(7.239), so erkennt man, dass der Reibungsterm nur dann von der gleichen Größenordnung
wie der Druckgradiententerm und der Coriolis-Term sein kann, wenn der Horizontalwind
sich vertikal bereits über eine Länge $\sqrt{|E_v|}H$ maßgeblich ändert. Wir führen also die neue
Entdimensionalisierung

$$z = \sqrt{|E_v|}H\eta \tag{7.262}$$

ein, sodass die dimensionslose Vertikalkoordinate η

$$\hat{z} = \sqrt{|E_v|}\eta \tag{7.263}$$

befriedigt. Dies in (7.239) eingesetzt, liefert

$$Ro\frac{\hat{D}\hat{\mathbf{u}}}{D\hat{t}} + \mathbf{e}_z \times \hat{\mathbf{u}} = -\frac{P}{f_0 U L}\hat{\nabla}_h\hat{\phi} + \frac{1}{2}\frac{f_0}{|f_0|}\frac{\partial^2\hat{\mathbf{u}}}{\partial\eta^2} \tag{7.264}$$

sodass die führenden Terme nun

$$\mathbf{e}_z \times \hat{\mathbf{u}} = -\nabla_h\hat{\phi} + \frac{1}{2}\frac{f_0}{|f_0|}\frac{\partial^2\hat{\mathbf{u}}}{\partial\eta^2} \tag{7.265}$$

sind. Komponentenweise kann man dies auch

$$-\hat{v} = -\frac{\partial\hat{\phi}}{\partial\hat{x}} + \frac{1}{2}\frac{f_0}{|f_0|}\frac{\partial^2\hat{u}}{\partial\eta^2} \tag{7.266}$$

$$\hat{u} = -\frac{\partial\hat{\phi}}{\partial\hat{y}} + \frac{1}{2}\frac{f_0}{|f_0|}\frac{\partial^2\hat{v}}{\partial\eta^2} \tag{7.267}$$

schreiben.

Eine Umskalierung der Kontinuitätsgleichung (7.234) mittels (7.262) liefert

$$\frac{U}{L}\hat{\nabla}_h\cdot\hat{\mathbf{u}} + \frac{W}{\sqrt{|E_v|}H}\frac{\partial\hat{w}}{\partial\eta} = 0 \tag{7.268}$$

Offensichtlich ist die korrekte Skala für den Vertikalwind nun

$$W = \sqrt{|E_v|}\frac{H}{L}U \tag{7.269}$$

sodass

$$\frac{\partial\hat{w}}{\partial\eta} = -\left(\frac{\partial\hat{u}}{\partial\hat{x}} + \frac{\partial\hat{v}}{\partial\hat{y}}\right) \tag{7.270}$$

gilt, mit

$$w = W\hat{w} = \sqrt{|E_v|}\frac{H}{L}U\hat{w} \tag{7.271}$$

Verwendet man schließlich auch (7.262), (7.269) und (7.253) für eine Umskalierung der vertikalen Impulsgleichung (7.259), so erhält man

$$\sqrt{|E_v|}\frac{H^2}{L^2}Ro\frac{D\hat{w}}{D\hat{t}} = -\frac{1}{\sqrt{|E_v|}}\frac{\partial\hat{\phi}}{\partial\eta} + \frac{L_{di}^2}{L^2}\hat{b} + \frac{H^2}{L^2}\frac{\sqrt{|E_v|}}{2}\frac{\partial^2\hat{w}}{\partial\eta^2} \tag{7.272}$$

In führender Ordnung liefert dies

$$\frac{1}{\sqrt{|E_v|}}\frac{\partial\hat{\phi}}{\partial\eta} = 0 \tag{7.273}$$

Damit hat man das wichtige Resultat, dass der Druck in der Ekman-Schicht in führender Ordnung höhenunabhängig ist. Der Druck der freien Atmosphäre ist also dem Druck der Ekman-Schicht aufgeprägt.

Wir sind nun in der Lage, den Vertikalverlauf des Winds in der Ekman-Schicht zu berechnen. Zunächst ergibt (7.266)

$$\hat{v} = \hat{v}_g - \frac{1}{2}\frac{f_0}{|f_0|}\frac{\partial^2\hat{u}}{\partial\eta^2} \tag{7.274}$$

Dies in (7.267) eingesetzt, liefert zusammen mit (7.273)

$$\hat{u} + \frac{1}{4}\frac{\partial^4\hat{u}}{\partial\eta^4} = \hat{u}_g \tag{7.275}$$

Für die Lösung dieser Gleichung benötigen wir eine spezielle Lösung der inhomogenen Gleichung und die allgemeine Lösung des homogenen Anteils. Da aufgrund von (7.273)

$$\frac{\partial\hat{u}_g}{\partial\eta} = 0 \tag{7.276}$$

gilt, ist $\hat{u}_g$ eine Lösung der inhomogenen Gleichung. Für die Lösung des homogenen Anteils verwenden wir den Ansatz

$$\hat{u} = Ce^{m\eta} \tag{7.277}$$

Man findet

$$m^4 = -4 \tag{7.278}$$

oder

$$m = \pm(1 \pm i) \tag{7.279}$$

Damit ist die allgemeine Lösung von (7.275)

$$\hat{u} = \hat{u}_g + Ae^{-(1+i)\eta} + Be^{-(1-i)\eta} + Ce^{(1+i)\eta} + De^{(1-i)\eta} \tag{7.280}$$

Die Koeffizienten bestimmen sich aus den Randbedingungen:

- Am unteren Rand der Ekman-Schicht verschwindet der Horizontalwind. Aus Gründen der mathematischen Einfachheit unterschlagen wir dabei die Existenz der Prandtl-Schicht.

- Am oberen Rand der Ekman-Schicht stimmt der Horizontalwind mit dem geostrophischen Wind überein.

Mathematisch übersetzt, bedeutet dies für den Zonalwind, dass

$$\hat{u} \xrightarrow[\eta \to 0]{} 0 \qquad (7.281)$$

$$\hat{u} \xrightarrow[\eta \to \infty]{} \hat{u}_g \qquad (7.282)$$

gelten. Die obere Randbedingung (7.282) liefert

$$C = D = 0 \qquad (7.283)$$

oder

$$\hat{u} = \hat{u}_g + A e^{-(1+i)\eta} + B e^{-(1-i)\eta} \qquad (7.284)$$

Aus der unteren Randbedingung (7.281) erhält man damit

$$0 = \hat{u}_g + A + B \qquad (7.285)$$

Weiterhin ergibt sich aus (7.274) und (7.280) für den Meridionalwind

$$\hat{v} = \hat{v}_g - i \frac{f_0}{|f_0|} A e^{-i(1+i)\eta} + i \frac{f_0}{|f_0|} B e^{-i(1-i)\eta} \qquad (7.286)$$

Die zugehörigen Randbedingungen sind

$$\hat{v} \xrightarrow[\eta \to 0]{} 0 \qquad (7.287)$$

$$\hat{v} \xrightarrow[\eta \to \infty]{} \hat{v}_g \qquad (7.288)$$

Die obere Randbedingung (7.288) ist trivial befriedigt, während die untere (7.287)

$$0 = \hat{v}_g - i \frac{f_0}{|f_0|} A + i \frac{f_0}{|f_0|} B \qquad (7.289)$$

liefert. Zusammen ergeben (7.285) und (7.289)

$$A = -\frac{i}{2} \frac{f_0}{|f_0|} \hat{v}_g - \frac{1}{2} \hat{u}_g \qquad (7.290)$$

$$B = \frac{i}{2} \frac{f_0}{|f_0|} \hat{v}_g - \frac{1}{2} \hat{u}_g \qquad (7.291)$$

Dies in (7.284) und (7.286) eingesetzt, liefert

$$\hat{u} = \hat{u}_g \left(1 - e^{-\eta}\cos\eta\right) - \frac{f_0}{|f_0|}\hat{v}_g e^{-\eta}\sin\eta \tag{7.292}$$

$$\hat{v} = \hat{v}_g \left(1 - e^{-\eta}\cos\eta\right) + \frac{f_0}{|f_0|}\hat{u}_g e^{-\eta}\sin\eta \tag{7.293}$$

Für die dimensionsbehaftete Entsprechung ist zu berücksichtigen, dass aufgrund von (7.262) und (7.241)

$$\eta = \frac{z}{\sqrt{|E_v|}H} = \frac{z}{D_E} \tag{7.294}$$

ist, wobei

$$D_E = \sqrt{\frac{2K}{|f_0|}} \tag{7.295}$$

die Dicke der Ekman-Schicht ist, die über K mit der Stärke der Turbulenz zunimmt. Mittels (7.229), (7.231), (7.243), (7.246) und (7.247) erhält man damit aus (7.292) und (7.293)

$$\langle u\rangle = -\frac{1}{f_0}\frac{\partial\langle\tilde{\phi}\rangle}{\partial y}\left(1 - e^{-z/D_E}\cos\frac{z}{D_E}\right) - \frac{1}{|f_0|}\frac{\partial\langle\tilde{\phi}\rangle}{\partial x}e^{-z/D_E}\sin\frac{z}{D_E} \tag{7.296}$$

$$\langle v\rangle = \frac{1}{f_0}\frac{\partial\langle\tilde{\phi}\rangle}{\partial x}\left(1 - e^{-z/D_E}\cos\frac{z}{D_E}\right) - \frac{1}{|f_0|}\frac{\partial\langle\tilde{\phi}\rangle}{\partial y}e^{-z/D_E}\sin\frac{z}{D_E} \tag{7.297}$$

Die Eigenschaften dieser Lösung lassen sich besser diskutieren, wenn man das horizontale Koordinatensystem so dreht, dass

$$\langle v_g\rangle = \frac{1}{f_0}\frac{\partial\langle\phi\rangle}{\partial x} = 0 \tag{7.298}$$

ist. Dann sind

$$\langle u\rangle = \langle u_g\rangle\left(1 - e^{-z/D_E}\cos\frac{z}{D_E}\right) \tag{7.299}$$

$$\langle v\rangle = \langle u_g\rangle\frac{f_0}{|f_0|}e^{-z/D_E}\sin\frac{z}{D_E} \tag{7.300}$$

Am unteren Rand verhält sich dieser Wind wie

$$\langle u\rangle \xrightarrow[z\to 0]{} \langle u_g\rangle\frac{z}{D_E} \tag{7.301}$$

$$\langle v\rangle \xrightarrow[z\to 0]{} \langle u_g\rangle\frac{f_0}{|f_0|}\frac{z}{D_E} \tag{7.302}$$

d.h., auf der Nordhemisphäre (Südhemisphäre) ist er um $45°$ gegenüber dem geostrophischen Wind nach links (rechts) gedreht und somit in Tiefdruckgebiete hinein und aus

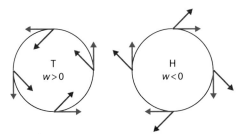

Abb. 7.12 Innerhalb der Ekman-Schicht dreht sich der Horizontalwind aus der Richtung des geostrophischen Winds (blau) heraus, sodass er am unteren Rand um $45°$ gegenüber Letzterem nach links gedreht ist (rot). Auf der Südhalbkugel ist die Drehung andersherum, sodass auf beiden Hemisphären der Wind in ein Tiefdruckzentrum herein- und aus einem Hochdruckzentrum herausgedreht ist. Die Konvergenz (Divergenz) der Bodenwinde in einem Tiefdruckgebiet (Hochdruckgebiet) führt zum Aufsteigen (Absinken) der Luftmassen über der Druckanomalie.

Abb. 7.13 Die Ekman-Spirale, auf der die Spitze des horizontalen Windvektors in der Ekman-Schicht liegt. Am Boden ist der Wind auf der Nordhalbkugel gegenüber dem geostrophischen Wind um $45°$ nach links gedreht.

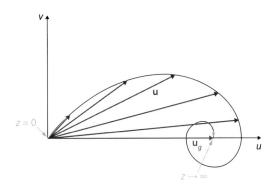

Hochdruckgebieten heraus. Dies ist in Abb. 7.12 dargestellt. Mit zunehmender Höhe folgt die Spitze des horizontalen Windvektors einer Spirale (Abb. 7.13), auf der er sich asymptotisch dem geostrophischen Wind nähert.

7.7.2 Das Ekman-Pumpen

Man sieht bereits in Abb. 7.12, dass der Horizontalwind in der Ekman-Schicht über einem Tiefdruckgebiet (Hochdruckgebiet) konvergent (divergent) ist. Aus Gründen der Massenerhaltung muss dies eine korrespondierende Vertikalbewegung der Luftmassen zur Folge haben. In der Tat liefert Einsetzen von (7.292) und (7.293) in (7.270)

$$\frac{\partial \hat{w}}{\partial \eta} = \frac{f_0}{|f_0|} \left(\frac{\partial \hat{v}_g}{\partial x} - \frac{\partial \hat{u}_g}{\partial y} \right) e^{-\eta} \sin \eta \qquad (7.303)$$

wobei berücksichtigt wurde, dass in der Ekman-Schicht aufgrund von (7.273) der geostrophische Wind höhenunabhängig ist. Vertikale Integration dieser Gleichung liefert mit der Randbedingung

$$\hat{w} \xrightarrow[\eta \to 0]{} 0 \tag{7.304}$$

das Ergebnis

$$\hat{w} = \frac{1}{2} \frac{f_0}{|f_0|} \hat{\zeta}_g \left[1 - e^{-\eta} \left(\cos \eta + \sin \eta \right) \right] \tag{7.305}$$

wobei

$$\hat{\zeta}_g = \frac{\partial \hat{v}_g}{\partial x} - \frac{\partial \hat{u}_g}{\partial y} \tag{7.306}$$

die entdimensionalisierte quasigeostrophische relative Vorticity ist. Die Re-Dimensionalisierung dieses Ergebnisses lautet, mittels (7.271), (7.294), (7.229), (7.231), (7.243), (7.246) und (7.247)

$$w = \frac{1}{2} \sqrt{\frac{2K}{|f_0|}} \frac{f_0}{|f_0|} \langle \zeta_g \rangle \left[1 - e^{-z/D_E} \left(\cos \frac{z}{D_E} + \sin \frac{z}{D_E} \right) \right] \tag{7.307}$$

wobei

$$\langle \zeta_g \rangle = \frac{\partial \langle v_g \rangle}{\partial x} - \frac{\partial \langle u_g \rangle}{\partial y} \tag{7.308}$$

die quasigeostrophische relative Vorticity ist. Der Vertikalwind am oberen Rand der Ekman-Schicht ergibt sich aus

$$w \xrightarrow[z \to \infty]{} \frac{1}{2} \sqrt{\frac{2K}{|f_0|}} \frac{f_0}{|f_0|} \langle \zeta_g \rangle \tag{7.309}$$

Dies ist die *untere* Randbedingung, die (unter Vernachlässigung von orographischen Effekten) für die quasigeostrophische Theorie der *freien* Atmosphäre zu verwenden ist:

$$w = \frac{g}{N^2} \frac{q}{c_p \overline{T}} - \frac{f_0}{N^2} \frac{D_g}{Dt} \frac{\partial \psi}{\partial z} \xrightarrow[z \to 0]{} \sqrt{\frac{K}{2|f_0|}} \frac{f_0}{|f_0|} \nabla_h^2 \psi \tag{7.310}$$

In der Tat ist der Vertikalwind über einem Tiefdruckgebiet ($\langle \zeta_g \rangle f_0 / |f_0| > 0$) positiv, während man über einem Hochdruckgebiet ($\langle \zeta_g \rangle f_0 / |f_0| < 0$) die umgekehrten Verhältnisse antrifft. Dies ist auch in Abb. 7.13 dargestellt.

7.7.3 Zusammenfassung

Die Ekman-Schicht ist der *Bereich des Übergangs zwischen Grenzschicht und freier Atmosphäre*.

- Die bestimmenden Größen für den vertikalen Verlauf des Horizontalwinds sind die Coriolis-Kraft, der von der freien Atmosphäre aufgeprägte horizontale Druckgradient und die turbulente Impulsflusskonvergenz. Die entsprechende Bilanz kann nur ausgeglichen werden, wenn die *Winde in der Grenzschicht auf der Nordhalbkugel (Südhalbkugel) relativ zum geostrophischen Wind nach links (rechts) gedreht* sind.
- Nähert man Letztere über einen Gradientenansatz mit konstanter turbulenter Viskosität, dann ist eine analytische Behandlung möglich. Die sehr kleine *Ekman-Zahl* gibt an, wie stark die turbulente Reibung in der freien Atmosphäre zur horizontalen Impulsbilanz beiträgt. Eine Skalenanalyse zeigt, dass der Einfluss des Turbulenz auf die Winde in der Grenzschicht erfordert, dass die vertikale Skala dort proportional zur Wurzel der Ekman-Zahl gegenüber der vertikalen Skala in der freien Atmosphäre reduziert sein muss. Dies liefert eine Abschätzung der *Dicke der Ekman-Schicht, die sich direkt aus turbulenter Viskosität und Coriolis-Parameter berechnen lässt.* Mit der so veränderten Skalierung findet man aus der vertikalen Impulsgleichung, dass der *Druck in führender Ordnung höhenunabhängig* ist, d. h., er wird der Grenzschicht von der freien Atmosphäre aufgeprägt. Die Lösung der horizontalen Impulsgleichung liefert die *Ekman-Spirale*, welche die Abnahme des Horizontalwinds zum Boden hin zusammen mit einer Änderung seiner Ausrichtung beschreibt. Direkt am Boden findet man wiederum die oben bereits erwähnte Drehung relativ zum geostrophischen Wind, sodass die *Winde in Tiefdruckgebiete hinein konvergieren und aus Hochdruckgebieten heraus divergieren.*
- Diese Divergenz und Konvergenz führt über das *Ekman-Pumpen* zu entsprechenden Aufwinden oder Abwinden über den Druckanomalien.

7.8   Leseempfehlungen

Ein klassisches Lehrbuch zur Grenzschichtmeteorologie ist Stull (1988), und eine nützliche knappere Behandlung kann bei Etling (2008) und Holton und Hakim (2013) gefunden werden. Die anelastischen Gleichungen sind von Ogura und Phillips (1962), Lipps und Hemler (1982) und Lipps (1990) eingeführt und weiterentwickelt worden. Eine verwandte Formulierung sind die pseudoinkompressiblen Gleichungen (Durran 1989). Untersuchungen zur Anwendbarkeit dieser Gleichungen finden sich in Durran und Arakawa (2007), Klein et al. (2010) und Achatz et al. (2010). Das Originalzitat zu den Boussinesq-Gleichungen ist Boussinesq (1903). Ausgezeichnete Bücher über Instabilitäten sind Chandrasekhar (1981) und Drazin und Reid (2004), und Lindzen (1990) und Nappo (2002) diskutieren Analysen und Anwendungen der Taylor-Goldstein-Gleichung. Turbulenztheorie füllt viele Regale. Hilfreiche Texte zu dieser Thematik sind Batchelor (1982), Pope (2000), Frisch (2010) und Wyngaard (2011). Pedlosky (1987) und Vallis (2006) können in Bezug auf die Ekman-Schicht konsultiert werden.

Die Wechselwirkung zwischen Rossby-Wellen und mittlerer Strömung

8

Zentrale Fragen im Studium der globalen Zirkulation sind die folgenden:

- Ob und ggf. wie wird die mittlere Strömung durch atmosphärische Wellen beeinflusst, wie z. B. Schwerewellen oder Rossby-Wellen.
- Wie andererseits beeinflusst die mittlere Strömung wiederum die Wellen?

Dabei soll im Folgenden mit *mittlerer Strömung* oder *Grundstrom* das zonale Mittel gemeint sein, das für eine beliebige Größe X als

$$\langle X \rangle = \frac{1}{2\pi} \int_0^{2\pi} d\lambda \, X \tag{8.1}$$

definiert ist. Häufig reichen Betrachtungen auf dem β-Kanal. Dort würde man entsprechend

$$\langle X \rangle = \frac{1}{L_x} \int_0^{L_x} dx \, X \tag{8.2}$$

verwenden, wobei L_x die Distanz in x ist, über die alle Größen periodisch sind, sodass $X(x) = X(x + L_x)$. Als *Wirbel* werden die Abweichungen

$$X' = X - \langle X \rangle \tag{8.3}$$

von der mittleren Strömung bezeichnet. Eine *Welle* schließlich ist ein Wirbel, der eine Dispersionsrelation befriedigt. Da Dispersionsrelationen ein Ergebnis der linearen Theorie sind, setzt dies voraus, dass die Amplitude der Wellen hinreichend klein ist. Klassische Turbulenz setzt sich nicht aus Wellen zusammen, aber atmosphärische Variabilität lässt sich häufig als aus Wellen zusammengesetzt denken. Dabei ist keinesfalls ausgeschlossen, dass es nichtli-

© Springer-Verlag GmbH Deutschland, ein Teil von Springer Nature 2022
U. Achatz, *Atmosphärendynamik*, https://doi.org/10.1007/978-3-662-63780-7_8

neare Wechselwirkungen zwischen einzelnen Wellen gibt. In den beiden folgenden Kapiteln sollen zunächst die Grundlagen der Welle-Grundstrom-Wechselwirkung diskutiert und dann auf das Problem der meridionalen Zirkulation angewandt werden. Dabei werden Schwerewellen an dieser Stelle nicht betrachtet. In vielen Fällen ist es nützlich, zur Untersuchung die quasigeostrophische Theorie zu verwenden, der deshalb viel Raum gegeben wird.

8.1 Grundlagen der quasigeostrophischen Theorie

Aus Gründen der besseren Lesbarkeit sollen hier noch einmal die wichtigsten Elemente der quasigeostrophischen Theorie zusammengefasst werden. Erste Anwendungen und Erweiterungen bereiten dann den Boden für die weiteren Diskussionen. Aus Gründen der Einfachheit, aber ohne Beschränkung der Allgemeinheit, werden wir uns dabei weitgehend auf die Geometrie der β-Ebene beschränken.

8.1.1 Die Grundgleichungen

In der quasigeostrophischen Theorie werden die variablen Anteile aller Größen durch die Stromfunktion

$$\psi = \frac{p - \overline{p}}{f_0 \overline{\rho}} \tag{8.4}$$

beschrieben, wobei p der Druck ist sowie $\overline{p}$ und $\overline{\rho}$ Druck und Dichte der nur von der Höhe abhängenden Referenzatmosphäre. Insbesondere berechnet sich der geostrophische horizontale Wind zu

$$u_g = -\frac{\partial \psi}{\partial y} \tag{8.5}$$

$$v_g = \frac{\partial \psi}{\partial x} \tag{8.6}$$

Die potentielle Temperatur ist

$$\theta = \overline{\theta} \left(1 + \frac{f_0}{g} \frac{\partial \psi}{\partial z} \right) \tag{8.7}$$

Hier ist $\overline{\theta}$ die potentielle Temperatur der Referenzatmosphäre. Definiert man noch $\tilde{\theta} = \theta - \overline{\theta}$ als Abweichung der potentiellen Temperatur von $\overline{\theta}$, so ist der Auftrieb

$$b = g \frac{\tilde{\theta}}{\overline{\theta}} \tag{8.8}$$

oder auch

$$b = f_0 \frac{\partial \psi}{\partial z} \tag{8.9}$$

Die quasigeostrophische potentielle Vorticity

$$\pi = \zeta + f + \frac{1}{\bar{\rho}} \frac{\partial}{\partial z} \left(\bar{\rho} \frac{f_0^2}{N^2} \frac{\partial \psi}{\partial z} \right) \tag{8.10}$$

lässt sich damit auch schreiben

$$\pi = \zeta + f + \frac{1}{\bar{\rho}} \frac{\partial}{\partial z} \left(\bar{\rho} \frac{f_0}{N^2} b \right) \tag{8.11}$$

Dabei ist

$$\zeta = \frac{\partial v_g}{\partial x} - \frac{\partial u_g}{\partial y} = \nabla_h^2 \psi \tag{8.12}$$

die relative Vorticity und

$$f = f_0 + \beta y \tag{8.13}$$

die breitenabhängige planetare Vorticity. $\nabla_h^2 = \partial^2/\partial x^2 + \partial^2/\partial y^2$ bezeichnet den horizontalen Anteil des Laplace-Operators. Die potentielle Vorticity befriedigt die Erhaltungsgleichung

$$\frac{\partial \pi}{\partial t} + \mathbf{u}_g \cdot \nabla \pi = D \tag{8.14}$$

wobei D den Einfluss aller nicht-konservativen Prozesse beschreibt, also Reibung, Heizung und Wärmeleitung. Mittels (8.5) und (8.6) kann die Erhaltungsgleichung auch als

$$\frac{\partial \pi}{\partial t} + J(\psi, \pi) = D \tag{8.15}$$

geschrieben werden. Hier ist für beliebige Felder A und B

$$J(A, B) = \frac{\partial A}{\partial x} \frac{\partial B}{\partial y} - \frac{\partial A}{\partial y} \frac{\partial B}{\partial x} \tag{8.16}$$

der Jacobi-Operator. Analog lautet die quasigeostrophische Entropiegleichung

$$\frac{\partial \tilde{\theta}}{\partial t} + J(\psi, \tilde{\theta}) + w \frac{d\bar{\theta}}{dz} = q_\theta \tag{8.17}$$

wobei die nicht-konservativen Terme unter q_θ zusammengefasst wurden. Mithilfe von (8.8) lässt sich die Entropiegleichung auch schreiben als

$$\frac{\partial b}{\partial t} + J(\psi, b) + w N^2 = Q \tag{8.18}$$

Hier ist

$$N^2 = \frac{g}{\bar{\theta}} \frac{d\bar{\theta}}{dz} \tag{8.19}$$

die quadrierte Brunt-Väisälä-Frequenz, und $Q = g q_\theta / \overline{\theta}$. Die untere Randbedingung laut Ekman-Theorie ist

$$z = 0: \qquad w = \sqrt{\frac{K}{2 f_0}} \nabla_h^2 \psi \tag{8.20}$$

oder mittels (8.18)

$$z = 0: \qquad \frac{\partial b}{\partial t} + J(\psi, b) = -N^2 \sqrt{\frac{K}{2 f_0}} \nabla_h^2 \psi + Q \tag{8.21}$$

8.1.2 Erhaltungseigenschaften

Die quasigeostrophische Dynamik hat verschiedene Erhaltungsgrößen, wenn

$$D = Q = K = 0 \tag{8.22}$$

sind. Eine davon ist die *Gesamtenergie*

$$E = \frac{1}{2} \int_V dV \overline{\rho} \left(|\nabla_h \psi|^2 + \frac{b^2}{N^2} \right) \tag{8.23}$$

in der das Integral über das Volumen der gesamten Atmosphäre auszuführen ist. Es ist

$$\frac{dE}{dt} = 0 \tag{8.24}$$

Außerdem gilt aufgrund von (8.14) für jede differenzierbare Funktion $F(\pi)$

$$\frac{\partial F}{\partial t} + \mathbf{u}_g \cdot \nabla F = 0 \tag{8.25}$$

Da der geostrophische Wind aber keine horizontale Divergenz hat,

$$\nabla \cdot \mathbf{u}_g = 0 \tag{8.26}$$

ist auch

$$\frac{\partial F}{\partial t} + \nabla \cdot \left(\mathbf{u}_g F \right) = 0 \tag{8.27}$$

Unter regulären Randbedingungen, wie z. B. denen eines β-Kanals, verschwindet unter Verwendung des Integralsatzes von Gauß das Integral des Divergenzterms über die gesamte Grundfläche S der Atmosphäre bei einer festen Höhe z, sodass für jede Höhe gilt

$$\frac{d}{dt} \int_S dS \, F = 0 \tag{8.28}$$

Insbesondere ist auch die *Enstrophie*

$$Z = \int_S dS \frac{\pi^2}{2} \tag{8.29}$$

eine Erhaltungsgröße.

8.1.3   Die quasigeostrophische Enstrophiegleichung im Rahmen der linearen Dynamik

An dieser Stelle soll begonnen werden, zwischen zonalem Mittel und Wirbeln (oder Wellen) zu trennen. Wir zerlegen also Stromfunktion und potentielle Vorticity gemäß

$$\psi = \langle \psi \rangle + \psi' \tag{8.30}$$

$$\pi = \langle \pi \rangle + \pi' \tag{8.31}$$

wobei angenommen wird, dass der Wellenanteil klein ist. Dies in die Erhaltungsgleichung (8.14) eingesetzt, liefert zunächst

$$\frac{\partial \langle \pi \rangle}{\partial t} + \frac{\partial \pi'}{\partial t} + \langle u_g \rangle \frac{\partial \pi'}{\partial x} + u'_g \frac{\partial \pi'}{\partial x} + \langle v_g \rangle \frac{\partial \langle \pi \rangle}{\partial y} + \langle v_g \rangle \frac{\partial \pi'}{\partial y} + v'_g \frac{\partial \langle \pi \rangle}{\partial y} + v'_g \frac{\partial \pi'}{\partial y} = \langle D \rangle + D' \tag{8.32}$$

Da aber wegen (8.6) und der periodischen Randbedingungen in x

$$\langle v_g \rangle = 0 \tag{8.33}$$

ist, vereinfacht sich dies zu

$$\frac{\partial \langle \pi \rangle}{\partial t} + \frac{\partial \pi'}{\partial t} + \langle u_g \rangle \frac{\partial \pi'}{\partial x} + v'_g \frac{\partial \langle \pi \rangle}{\partial y} + u'_g \frac{\partial \pi'}{\partial x} + v'_g \frac{\partial \pi'}{\partial y} = \langle D \rangle + D' \tag{8.34}$$

Die Mittelung dieser Gleichung ergibt

$$\frac{\partial \langle \pi \rangle}{\partial t} + \left\langle u'_g \frac{\partial \pi'}{\partial x} + v'_g \frac{\partial \pi'}{\partial y} \right\rangle = \langle D \rangle \tag{8.35}$$

Die Differenz (8.34)–(8.35) liefert schließlich, unter Vernachlässigung aller nichtlinearen Terme in den Wellengrößen,

$$\frac{\partial \pi'}{\partial t} + \langle u_g \rangle \frac{\partial \pi'}{\partial x} + v'_g \frac{\partial \langle \pi \rangle}{\partial y} = D' \tag{8.36}$$

Dies multiplizieren wir mit π' und mitteln das Ergebnis, was schließlich auf die Enstrophiegleichung

$$\frac{\partial}{\partial t} \left\langle \frac{\pi'^2}{2} \right\rangle = -\langle v'_g \pi' \rangle \frac{\partial \langle \pi \rangle}{\partial y} + \langle \pi' D' \rangle \tag{8.37}$$

führt. Dabei wurde verwendet, dass

$$\left\langle \pi' \frac{\partial \pi'}{\partial x} \right\rangle = \left\langle \frac{\partial}{\partial x} \frac{\pi'^2}{2} \right\rangle = 0 \tag{8.38}$$

Es ist einsichtig, dass die Enstrophiedichte $\pi'^2/2$ ein Maß für die Stärke der Wellenaktivität ist. Die Enstrophiegleichung hat damit zwei wichtige Konsequenzen:

- Es ist zu erwarten, dass der nicht-konservative Anteil $\langle \pi' D' \rangle$ dämpfend wirkt. Wellenanwachs ist deshalb nur möglich, wenn

$$\langle v'_g \pi' \rangle \frac{\partial \langle \pi \rangle}{\partial y} < 0 \tag{8.39}$$

ist. Dies bedeutet, dass der meridionale Fluss der potentiellen Vorticity *gegen* den Gradienten der mittleren potentiellen Vorticity gerichtet sein muss.
- In Abwesenheit nicht-konservativer Prozesse, also bei $D' = 0$, ist die Wellenamplitude nur dann stationär, wenn

$$\langle v'_g \pi' \rangle = 0 \tag{8.40}$$

Der Fluss der potentiellen Vorticity muss also verschwinden. Nur wenn die mittlere potentielle Vorticity keine Breitenabhängigkeit hat, ist dies nicht notwendig. Durch den β-Term im Breitengradienten der potentiellen Vorticity ist dieser Fall jedoch nahezu ausgeschlossen.

8.1.4   Zusammenfassung

In der quasigeostrophischen Theorie sind nicht nur die Energie und das Integral der quasigeostrophischen potentiellen Vorticity π Erhaltungsgrößen, sondern auch das Integral einer beliebigen Funktion von π. Ein wichtiges Beispiel ist die *Enstrophie,* deren Dichte $\pi^2/2$ ist. Die Enstrophie von *Wirbeln,* d. h. Abweichungen vom zonalen Mitteln, ist ein Maß für deren Amplitude. Im Rahmen der linearen Näherung, also bei schwachen Amplituden, *ändert die Wirbelenstrophie sich nur, wenn nicht-konservative Prozesse wirken oder wenn es einen meridionalen Fluss von potentieller Vorticity gibt.* Er erhöht (senkt) die Wirbelenstrophie, wenn er gegen (in) Richtung des meridionalen Gradienten der zonal gemittelten potentiellen Vorticity zeigt.

8.2   Die Ausbreitung von Rossby-Wellen

Ein sehr hilfreiches Werkzeug zum konzeptionellen Verständnis der Dynamik von Wellen ist die WKB-Theorie, die zunächst heuristisch hergeleitet wird. Sie findet dann ihre erste

Anwendung in der Diskussion der Ausbreitung von Rossby-Wellen in die mittlere Atmosphäre.

8.2.1 Wellenausbreitung im Rahmen der WKB-Theorie

Wenn

- die Wellenamplitude klein genug ist und außerdem
- die mittleren Felder nur langsam in Raum und Zeit veränderlich sind,

ermöglicht die Strahltheorie von Wentzel, Kramers und Brillouin eine Lösung der linearen Gl. (8.36) mit $D' = 0$, also

$$\frac{\partial \pi'}{\partial t} + \langle u_g \rangle \frac{\partial \pi'}{\partial x} + v_g' \frac{\partial \langle \pi \rangle}{\partial y} = 0 \qquad (8.41)$$

die weitreichende Konsequenzen für die Interpretation der Wellendynamik hat. Es ist

$$\pi' = \nabla_h^2 \psi' + \frac{1}{\overline{\rho}} \frac{\partial}{\partial z} \left(\frac{\overline{\rho} f_0^2}{N^2} \frac{\partial \psi'}{\partial z} \right) \qquad (8.42)$$

die potentielle Vorticity der Wellen und

$$\langle \pi \rangle = \frac{\partial^2 \langle \psi \rangle}{\partial y^2} + f + \frac{1}{\overline{\rho}} \frac{\partial}{\partial z} \left(\frac{\overline{\rho} f_0^2}{N^2} \frac{\partial \langle \psi \rangle}{\partial z} \right) \qquad (8.43)$$

die des zonalen Mittels. Eine Lösung von (8.41) unter allgemeinen Bedingungen ist schwierig, da $\overline{\rho}$ und N^2, insbesondere aber auch $\langle \psi \rangle$ komplizierte raumzeitliche Abhängigkeiten aufweisen können. Zur Motivation der Lösung im Rahmen der WKB-Theorie sei an die Eigenschaften einer Rossby-Welle in einer isothermen hydrostatischen Atmosphäre mit konstantem Grundstrom $\langle u_g \rangle$ erinnert. Man erhält in diesem Fall die Stromfunktion

$$\psi' = \hat{\psi}\, e^{z/2H + i(kx + ly + mz - \omega t)} \qquad (8.44)$$

mit der Dispersionsrelation

$$\omega = k \langle u_g \rangle - \frac{\beta k}{k^2 + l^2 + \dfrac{f_0^2}{N^2} m^2 + \dfrac{1}{4 L_{di}^2}} \qquad (8.45)$$

Dabei ist

$$H = \frac{R \overline{T}}{g} \qquad (8.46)$$

die konstante Skalenhöhe der Referenzatmosphäre. Die zugehörigen Profile von Dichte und Druck sind

$$\overline{\rho} = \rho_0 e^{-z/H} \tag{8.47}$$

$$\overline{p} = p_0 e^{-z/H} \tag{8.48}$$

mit festen Bodenwerten ρ_0 und p_0. Alle Parameter in der Dispersionsrelation sind Konstanten: Aus

$$\overline{\theta} = \overline{T} \left(\frac{p_{00}}{\overline{p}} \right)^{R/c_p} \tag{8.49}$$

folgt mit (8.19) und (8.48)

$$N^2 = \frac{g}{H_\theta} \tag{8.50}$$

wobei

$$\frac{1}{H_\theta} = \frac{R}{c_p} \frac{1}{H} \tag{8.51}$$

die inverse Skalenhöhe der potentiellen Temperatur ist. Außerdem ist

$$L_{di} = \frac{NH}{f_0} \tag{8.52}$$

der ebenfalls konstante interne Rossby-Deformationsradius und

$$\beta = \frac{\partial \langle \pi \rangle}{\partial y} \tag{8.53}$$

der konstante Gradient der mittleren potentiellen Vorticity. Wesentlich ist an diesen Ergebnissen insbesondere, dass $\langle u_g \rangle$, β, H und N^2 als Parameter konstant sind und dass die Stromfunktion

$$\psi' \propto \frac{1}{\sqrt{\overline{\rho}}} \tag{8.54}$$

ist, also invers proportional zur Wurzel der Referenzdichte.

Motiviert durch die letzte Erkenntnis verwenden wir nun den Ansatz

$$\psi' = \frac{\tilde{\psi}}{\sqrt{\overline{\rho}}} \tag{8.55}$$

Dies ist zunächst keine Einschränkung, da zu dem so definierten $\tilde{\psi}$ keine einschränkenden Aussagen gemacht werden. Man findet damit

$$\frac{\partial \psi'}{\partial z} = \frac{1}{\sqrt{\overline{\rho}}} \left(\frac{\partial \tilde{\psi}}{\partial z} + \frac{\tilde{\psi}}{2H} \right) \tag{8.56}$$

Dabei ist

$$\frac{1}{H} = -\frac{1}{\overline{\rho}}\frac{d\overline{\rho}}{dz} \qquad (8.57)$$

die inverse Skalenhöhe der Referenzdichte, die im isothermen Fall durch (8.46) gegeben ist. Man erhält weiter

$$\frac{1}{\overline{\rho}}\frac{\partial}{\partial z}\left(\frac{\overline{\rho}f_0^2}{N^2}\frac{\partial\psi'}{\partial z}\right)$$
$$= \frac{1}{\sqrt{\overline{\rho}}}\left\{\frac{d}{dz}\left(\frac{f_0^2}{N^2}\right)\left(\frac{\partial\tilde{\psi}}{\partial z}+\frac{\tilde{\psi}}{2H}\right)+\frac{f_0^2}{N^2}\left[\frac{\partial^2\tilde{\psi}}{\partial z^2}-\frac{\tilde{\psi}}{4H^2}+\frac{\partial}{\partial z}\left(\frac{1}{2H}\right)\tilde{\psi}\right]\right\} \qquad (8.58)$$

Bei Isothermie fallen die Ableitungen von H und N^2 weg. Wir wollen nun annehmen, dass sie weiterhin klein genug sind, sodass sie vernachlässigt werden können. Genauer soll angenommen werden, dass H und N^2 so schwach veränderlich sind, dass

$$\left|N^2\frac{d}{dz}\left(\frac{1}{N^2}\right)\frac{\partial\tilde{\psi}}{\partial z}\right| = \left|\frac{1}{N^2}\frac{dN^2}{dz}\frac{\partial\tilde{\psi}}{\partial z}\right| \ll \left|\frac{\partial^2\tilde{\psi}}{\partial z^2}\right| \qquad (8.59)$$

$$\left|N^2\frac{d}{dz}\left(\frac{1}{N^2}\right)\right| = \left|\frac{1}{N^2}\frac{dN^2}{dz}\right| \ll \frac{1}{2H} \qquad (8.60)$$

$$\left|H\frac{d}{dz}\left(\frac{1}{H}\right)\right| = \left|\frac{1}{H}\frac{dH}{dz}\right| \ll \frac{1}{2H} \qquad (8.61)$$

erfüllt sind. Die erste Bedingung bedeutet, dass die vertikale Skala, auf der sich N^2 merklich ändert, wesentlich länger ist als die vertikale Skala, auf der sich die Stromfunktion der linearen Lösung ändert. Im Folgenden wird zu zeigen sein, dass

$$\tilde{\psi} \propto e^{imz} \qquad (8.62)$$

ist, sodass (8.59) gleichbedeutend ist mit

$$\left|\frac{1}{N^2}\frac{dN^2}{dz}\right| \ll |m| \qquad (8.63)$$

Außerdem bedeuten (8.60) und (8.61), dass sich N^2 und H lediglich auf einer vertikalen Skala ändern, die wesentlich größer als $2H$ ist. Wenn (8.59)–(8.61) erfüllt sind, wird (8.58) zu

$$\frac{1}{\overline{\rho}}\frac{\partial}{\partial z}\left(\frac{\overline{\rho}f_0^2}{N^2}\frac{\partial\psi'}{\partial z}\right) \approx \frac{1}{\sqrt{\overline{\rho}}}\frac{f_0^2}{N^2}\left(\frac{\partial^2\tilde{\psi}}{\partial z^2}-\frac{\tilde{\psi}}{4H^2}\right) \qquad (8.64)$$

und weiter

$$\pi' \approx \frac{\tilde{\pi}}{\sqrt{\overline{\rho}}} \qquad (8.65)$$

mit

$$\tilde{\pi} = \nabla_h^2 \tilde{\psi} + \frac{f_0^2}{N^2} \left(\frac{\partial^2 \tilde{\psi}}{\partial z^2} - \frac{\tilde{\psi}}{4\,H^2} \right) \tag{8.66}$$

Dies zusammen mit (8.55) in (8.41) eingesetzt, liefert

$$\left(\frac{\partial}{\partial t} + \langle u_g \rangle \right) \frac{\partial \tilde{\pi}}{\partial x} + \frac{\partial \tilde{\psi}}{\partial x} \frac{\partial \langle \pi \rangle}{\partial y} = 0 \tag{8.67}$$

Was man bis zu diesem Punkt gewonnen hat, ist die Elimination der Höhenabhängigkeit von $\overline{\rho}$ und N^2 aus der Gleichung. Diese wird aber nicht vernachlässigt! Es wird einzig angenommen, dass sie genügend glatt ist.

Die verbleibende Gleichung enthält aber immer noch den mittleren Zonalwind und den Breitengradienten der mittleren potentiellen Vorticity. Im oben diskutierten Referenzfall waren diese Konstanten, sodass man ebene Wellen als Lösungen erhält. Im Folgenden soll nun angenommen werden, dass sich *die Felder der mittleren Strömung über eine Wellenlänge und über eine Periode der Wellenlösungen nur vernachlässigbar ändern*. Die WKB-Theorie macht unter diesen Voraussetzungen den Ansatz

$$\tilde{\psi} = A(\mathbf{x}, t) e^{i\alpha(\mathbf{x}, t)} \tag{8.68}$$

Dabei ist A eine komplexe Amplitude und α eine (reelle) Phase[1]. Im Fall einer ebenen Welle ist $A = \hat{\psi}$ und $\alpha = kx + ly + mz - \omega t$. Entsprechend seien auch ganz allgemein die *lokale Wellenzahl*

$$\mathbf{k}(\mathbf{x}, t) = \nabla \alpha \tag{8.69}$$

und die *lokale Frequenz*

$$\omega(\mathbf{x}, t) = -\frac{\partial \alpha}{\partial t} \tag{8.70}$$

definiert. Eine weitere wichtige Annahme der WKB-Theorie ist nun auch, dass sich A, $\mathbf{k}$ *und ω nur schwach über eine Wellenlänge oder eine Periode der Wellenlösung ändern*. Dies bedeutet, dass

---

[1] Es wird an dieser Stelle nicht gefordert, dass $\tilde{\psi}$ reell ist. Wie weiter unten gezeigt, erhält man reelle Felder durch die Überlagerung von WKB-Lösungen mit entgegengesetzten Wellenzahlen und zueinander komplex konjugierten Amplituden.

$$|\nabla A| \ll |\mathbf{k}A| \tag{8.71}$$

$$\left|\frac{\partial A}{\partial t}\right| \ll |\omega A| \tag{8.72}$$

$$|\nabla k_i| \ll |\mathbf{k}k_i| \tag{8.73}$$

$$\left|\frac{\partial k_i}{\partial t}\right| \ll |k_i\omega| \tag{8.74}$$

$$|\nabla \omega| \ll |\mathbf{k}\omega| \tag{8.75}$$

$$\left|\frac{\partial \omega}{\partial t}\right| \ll |\omega^2| \tag{8.76}$$

sind. Damit ist z. B.

$$\nabla \tilde{\psi} = (\nabla A + i\mathbf{k}A)\, e^{i\alpha} \approx i\mathbf{k}Ae^{i\alpha} = i\mathbf{k}\tilde{\psi} \tag{8.77}$$

und somit

$$\nabla_h^2 \tilde{\psi} \approx \nabla_h \cdot \left(i\mathbf{k}_h Ae^{i\alpha}\right) = \left[i\left(\nabla_h \cdot \mathbf{k}_h + \mathbf{k}_h \cdot \nabla_h\right)A - |\mathbf{k}_h|^2 A\right]e^{i\alpha} \approx -|\mathbf{k}_h|^2 Ae^{i\alpha}$$
$$= -|\mathbf{k}_h|^2 \tilde{\psi} \tag{8.78}$$

sowie auch

$$\frac{\partial^2 \tilde{\psi}}{\partial z^2} \approx -m^2 \tilde{\psi} \tag{8.79}$$

Hierin ist $\mathbf{k}_h = k\mathbf{e}_x + l\mathbf{e}_y$ der horizontale Anteil des Wellenvektors. Auf diese Weise erhält man

$$\tilde{\pi} \approx -\left(k^2 + l^2 + \frac{f_0^2}{N^2}m^2 + \frac{1}{4L_{di}^2}\right)\tilde{\psi} \tag{8.80}$$

Nochmalige Anwendung der WKB-Regeln liefert

$$\frac{\partial \tilde{\pi}}{\partial t} \approx -i\omega\tilde{\pi} \tag{8.81}$$

$$\frac{\partial \tilde{\pi}}{\partial x} \approx ik\tilde{\pi} \tag{8.82}$$

$$\frac{\partial \tilde{\psi}}{\partial x} \approx ik\tilde{\psi} \tag{8.83}$$

(8.80)–(8.83) in (8.67) eingesetzt, ergibt schließlich

$$i\left(\omega - k\langle u_g\rangle\right)\left(k^2 + l^2 + \frac{f_0^2}{N^2}m^2 + \frac{1}{4L_{di}^2}\right)\tilde{\psi} + ik\tilde{\psi}\frac{\partial \langle \pi\rangle}{\partial y} = 0 \tag{8.84}$$

und damit die Dispersionsrelation für Rossby-Wellen:

$$\omega = k\langle u_g \rangle - \frac{k \frac{\partial \langle \pi \rangle}{\partial y}}{k^2 + l^2 + \frac{f_0^2}{N^2} m^2 + \frac{1}{4L_{di}^2}} \tag{8.85}$$

Es ist zu betonen, dass dies eine Beziehung zwischen der raumzeitlich *lokalen* Frequenz und der *lokalen* Wellenzahl ist. Da sowohl die mittlere Strömung als auch die Referenzatmosphäre ortsabhängig sind und die mittlere Strömung sogar zeitabhängig sein kann, ist diese Beziehung auch von Raum und Zeit abhängig. Abstrakt schreiben wir sie

$$\omega = \Omega\,(\mathbf{k}, \mathbf{x}, t) \tag{8.86}$$

Dabei steckt die *explizite* Abhängigkeit von Raum und Zeit ausschließlich in den Parametern $\langle u_g \rangle$, $\partial\langle\pi\rangle/\partial y$, N^2 und L_{di}^2, nicht aber in der Wellenzahl!

Wir führen nun zunächst rein formal die *Gruppengeschwindigkeit*

$$\mathbf{c}_g = \nabla_k \Omega \tag{8.87}$$

ein oder komponentenweise

$$c_{gi} = \frac{\partial \Omega}{\partial k_i} \tag{8.88}$$

Aus der Dispersionsrelation und (8.69) und (8.70) folgt

$$\frac{\partial k_i}{\partial t} = \frac{\partial^2 \alpha}{\partial t \partial x_i} = -\frac{\partial \omega}{\partial x_i} = -\frac{\partial \Omega}{\partial k_j}\frac{\partial k_j}{\partial x_i} - \frac{\partial \Omega}{\partial x_i} \tag{8.89}$$

Mit der Definition der Gruppengeschwindigkeit liefert dies eine prognostische Gleichung für die Wellenzahl

$$\left(\frac{\partial}{\partial t} + \mathbf{c}_g \cdot \nabla \right) k_i = -\frac{\partial \Omega}{\partial x_i} \tag{8.90}$$

Außerdem ist analog

$$\frac{\partial \omega}{\partial t} = \frac{\partial \Omega}{\partial k_i}\frac{\partial k_i}{\partial t} + \frac{\partial \Omega}{\partial t} = -c_{gi}\frac{\partial \omega}{\partial x_i} + \frac{\partial \Omega}{\partial t} \tag{8.91}$$

was auf

$$\left(\frac{\partial}{\partial t} + \mathbf{c}_g \cdot \nabla \right) \omega = \frac{\partial \Omega}{\partial t} \tag{8.92}$$

führt. Die *Eikonal- oder Strahlgleichungen* (8.90) und (8.92) beschreiben die Veränderung der Wellenzahl und der Frequenz längs eines Strahls, der sich mit der lokalen Gruppengeschwindigkeit $\mathbf{c}_g$ bewegt. Diese Gleichungen haben interessante Symmetrieeigenschaften:

- Ist die Grundströmung in der i-ten Richtung invariant, so hat dies zur Folge, dass die entsprechende Wellenzahl k_i sich längs des Strahls nicht ändert. Im vorliegenden Fall bedeutet dies vor allem, dass die zonale Wellenzahl k konstant ist.
- Ist die Grundströmung zeitlich konstant, führt dies dazu, dass sich die Frequenz längs eines Strahls nicht ändert.

Schließlich sollte auch festgehalten werden, dass (8.41) eine lineare Gleichung ist. Einzelne Lösungen können linear überlagert werden und ergeben wieder eine Lösung. Man kann also ein komplexes Wellenfeld aus einzelnen WKB-Lösungen zusammensetzen, das (8.41) wiederum löst . Da im zonalsymmetrischen Grundstrom die zonale Wellenzahl k einer einzelnen Lösung konstant ist, kann man recht allgemein

$$\psi' = \frac{1}{\sqrt{\bar{\rho}}} \sum_k \tilde{\psi}_k = \frac{1}{\sqrt{\bar{\rho}}} \sum_k A_k(\mathbf{x}, t) e^{i\alpha_k(\mathbf{x}, t)} \tag{8.93}$$

schreiben, wobei

$$k = n \frac{2\pi}{L_x} \qquad n \in \mathbb{Z} \tag{8.94}$$

sein muss, damit die Periodizität in x befriedigt ist. Weiterhin sind

$$\mathbf{k}_k = \nabla \alpha_k = k\mathbf{e}_x + l_k\mathbf{e}_y + m_k\mathbf{e}_z \tag{8.95}$$

$$\omega_k = -\frac{\alpha_k}{\partial t} \tag{8.96}$$

die zugehörigen Wellenvektoren und Frequenzen, die sich gemäß (8.90) und (8.92) in Raum und Zeit verändern.

8.2.2 Rossby-Wellenausbreitung in die Stratosphäre

Die Dispersionsrelation (8.85) und die zugehörigen Strahlgleichungen (8.90) und (8.92) haben wichtige Konsequenzen für die Fähigkeit von Rossby-Wellen, sich vertikal auszubreiten. Wählt man ein zonales und klimatologisches Mittel $\langle u \rangle(y, z)$ für den Zonalwind, den wir hier mit dem geostrophischen Zonalwind $\langle u_g \rangle(y, z)$ identifizieren, so implizieren die Strahlgleichungen für die Änderung von Frequenz und zonaler Wellenzahl längs eines Strahls

$$\left(\frac{\partial}{\partial t} + \mathbf{c}_g \cdot \nabla \right) \omega = 0 \tag{8.97}$$

$$\left(\frac{\partial}{\partial t} + \mathbf{c}_g \cdot \nabla \right) k = 0 \tag{8.98}$$

d. h., sie sind längs des Strahls konstant, und somit auch die zonale Phasengeschwindigkeit $c = \omega/k$. Die meridionale und vertikale Wellenzahl jedoch verändern sich jeweils, gemäß

$$\left(\frac{\partial}{\partial t} + \mathbf{c}_g \cdot \nabla\right) l = -k \left[\frac{\partial \langle u \rangle}{\partial y} - \frac{\dfrac{\partial^2 \langle \pi \rangle}{\partial y^2}}{k^2 + l^2 + \dfrac{f_0^2}{N^2}\left(m^2 + \dfrac{1}{4\,H^2}\right)}\right] \qquad (8.99)$$

$$\left(\frac{\partial}{\partial t} + \mathbf{c}_g \cdot \nabla\right) m = -k \Bigg\{ \frac{\partial \langle u \rangle}{\partial z} - \frac{\dfrac{\partial^2 \langle \pi \rangle}{\partial y \partial z}}{k^2 + l^2 + \dfrac{f_0^2}{N^2}\left(m^2 + \dfrac{1}{4\,H^2}\right)}$$

$$-\frac{\partial \langle \pi \rangle}{\partial y} \frac{f_0^2}{N^2} \frac{\dfrac{1}{N^2}\dfrac{dN^2}{dz}\left(m^2 + \dfrac{1}{4\,H^2}\right) + \dfrac{1}{2\,H^3}\dfrac{dH}{dz}}{\left[k^2 + l^2 + \dfrac{f_0^2}{N^2}\left(m^2 + \dfrac{1}{4\,H^2}\right)\right]^2} \Bigg\} \qquad (8.100)$$

wobei wir $L_{di} = N H / f_0$ ersetzt haben. Man kann diese Gleichungen für typische Klimatologien für den Zonalwind integrieren und daraus viel über die allgemeine Wellenausbreitung lernen. Hoskins und Karoly (1981) und Karoly und Hoskins (1982) zeigen entsprechende Rechnungen. Sie finden, dass die meridionale Ausbreitung maßgeblich durch die Kugelgeometrie der Atmosphäre beeinflusst wird.

Die wesentlichen Ergebnisse für die vertikale Ausbreitung aber lassen sich am besten verstehen, wenn man direkt die Dispersionsrelation verwendet und sich zusätzlich klarmacht, dass wegen $0 < m^2 < \infty$ die Frequenz bei gegebener meridionaler Wellenzahl untere und obere Grenzen gemäß

$$k\left(\langle u \rangle - u_c\right) < \omega = ck < k\langle u \rangle \qquad (8.101)$$

hat, mit

$$u_c = \frac{\dfrac{\partial \langle \pi \rangle}{\partial y}}{k^2 + l^2 + \dfrac{1}{4 L_{di}^2}} \qquad (8.102)$$

Hierbei wird $\partial \langle \pi \rangle / \partial y > 0$ angenommen, was wegen der Dominanz des β-Terms im meridionalen Gradienten der quasigeostrophischen potentiellen Vorticity keine wesentliche Einschränkung ist. Abb. 8.1 zeigt die Abhängigkeit der Rossby-Wellenfrequenz von der vertikalen Wellenzahl für $k > 0$ (was wir ohne Einschränkung der Allgemeinheit annehmen können), zusammen mit den Grenzen gemäß (8.101). Die Steigung der Kurve ist die vertikale Gruppengeschwindigkeit, d. h., ein Strahl bewegt sich bei positiver (negativer) Wellenzahl nach oben (unten). Es ist wichtig zu verstehen, dass die Strahlausbreitung in dieser Grafik so stattfindet, dass die Frequenz $\omega = \omega_0$ sich nicht ändert, durch die Strahlausbreitung zu veränderten (y, z) aber sehr wohl die oberen und unteren Grenzen $k\langle u \rangle$ und $k(\langle u \rangle - u_c)$. Der Strahl wandert demnach auf der Kurve für ω, sodass stets $\omega = \omega_0$. Dabei ändert er auch seine Gruppengeschwindigkeit, was wiederum die Variation der genannten Grenzen beeinflusst. Zwei interessante Fälle treten auf:

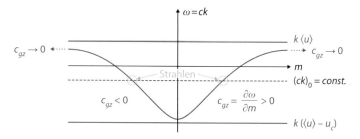

Abb. 8.1 Die Abhängigkeit der Frequenz von Rossby-Wellen von der vertikalen Wellenzahl, zusammen mit ihren Maxima und Minima gemäß (8.101). Es wird $k > 0$ angenommen.

Wellenreflexion

Bewegt sich ein Strahl nach oben, d. h., es ist $m > 0$, und nimmt der Zonalwind nach oben zu, d. h., es ist wie z. B. in der winterlichen Stratosphäre $\partial \langle u \rangle / \partial z > 0$, so wird typischerweise die untere Grenze $k(\langle u \rangle - u_c)$ stetig größere Werte annehmen, sodass m abnehmen muss. Überschreitet die Wellenzahl dadurch den Wert $m = 0$, so ändert sich die vertikale Gruppengeschwindigkeit ihr Vorzeichen, und der Strahl dreht seine vertikale Ausbreitungsrichtung um, sodass $k(\langle u \rangle - u_c)$ wieder kleinere Werte annimmt. Ein analoges Szenario wäre die Bewegung einer Rossby-Welle nach unten, d. h. mit $m < 0$, in Regionen mit zunehmendem Zonalwind, d. h. wenn $\partial \langle u \rangle / \partial z < 0$, die an einem Reflexionspunkt genauso zu einer Änderung der vertikalen Ausbreitungsrichtung führt, wenn dort $m = 0$ durchschritten wird.

Kritische Linien

Bewegt sich ein Strahl nach oben, d. h., es ist $m > 0$, und nimmt der Zonalwind nach oben ab, d. h., es ist wie z. B. in der sommerlichen Stratosphäre $\partial \langle u \rangle / \partial z < 0$, so nimmt die obere Grenze $k \langle u \rangle$ immer kleinere Werte an, sodass m zunehmen muss. Bewegt sich die Rossby-Welle dabei auf eine Linie zu, bei der $\langle u \rangle = c$ ist, so wächst die vertikale Wellenzahl ohne Grenzen an. Typischerweise führen die damit verbundenen starken Gradienten im Wellenfeld zu nichtlinearer Dissipation. Eine kritische Linie wirkt meist wie eine Wellensenke. Natürlich gibt es auch hier den analogen Fall der Bewegung einer Rossby-Welle nach unten in Regionen mit abnehmendem Wind, d. h., $\partial \langle u \rangle / \partial z > 0$, durch die ebenfalls eine kritische Linie mit $\langle u \rangle = c$ erreicht werden kann.

Konsequenzen für die Klimatologie von Rossby-Wellen in der Stratosphäre

Die kritische Leserin mag bemerken, dass die Annahmen der WKB-Theorie bei Wellenreflexion nicht mehr gelten, da dort die vertikale Wellenlänge divergiert. Auch in der Nähe einer kritischen Linie muss man vorsichtig sein. Es zeigt sich jedoch, dass zumindest qualitativ die Theorie auch dort ihre Gültigkeit behält. Wir nutzen deshalb die oben beschriebenen Ergebnisse und stellen zunächst fest, dass synoptischskalige Rossby-Wellen, z. B. aus barokliner Instabilität entstanden, kaum in die Stratosphäre vordringen können. Dies liegt daran, dass

u_c für große zonale Wellenzahlen k verschwindend gering ist. Ein Zahlenbeispiel möge dies verdeutlichen. In mittleren Breiten ist der Breitengradient der potentiellen Vorticity gut durch den der planetaren Vorticity genähert, d. h., $\partial \langle \pi \rangle / \partial y \approx \beta = (2\Omega/a) \cos \phi_0 \approx 1{,}6 \cdot 10^{-11}\,\mathrm{m^{-1}\,s^{-1}}$. Nehmen wir außerdem $L_{di} \approx 1000\,\mathrm{km}$ an, so erhält man für eine typische synoptischskalige Wellenzahl $k = 2\pi/(1000\,\mathrm{km})$ bei $l = 0$ die Abschätzung $u_c \approx 0{,}4\,\mathrm{m/s}$. Dies bedeutet, dass sich eine synoptischskalige Rossby-Welle, die anfangs im erlaubten, sehr engen, Band $\langle u \rangle - u_c < c < \langle u \rangle$ liegt, in ihrer Vertikalbewegung nahezu unweigerlich auf Relexionspunkte und kritische Linien zubewegen wird.

Anders ist die Situation bei planetaren Rossby-Wellen. $k = 2\pi/(10.000\,\mathrm{km})$ führt z.B zu $u_c = 25\,\mathrm{m/s}$, und im Grenzfall $k \to 0$ erhält man $u_c \to 64\,\mathrm{m/s}$. Das erlaubte Frequenzband langer planetarer Rossby-Wellen ist also wesentlich breiter, sodass ihre vertikale Ausbreitung in die Stratosphäre möglich ist. Dies ist insbesondere im Winter der Fall, während planetare Rossby-Wellen im Sommer typischerweise an kritischen Linien absorbiert werden. Diese Wellen sind zum Großteil stationär mit $c \approx 0$, da sie zu großen Teilen durch den Land-See-Kontrast oder durch Orographie angetrieben werden. Wann immer sie auf eine kritische Linie $\langle u \rangle \approx 0$ treffen, werden sie absorbiert. Dies ist im Sommer nahezu unvermeidlich, da der Zonalwind in der unteren Stratosphäre seine Richtung umkehrt (Abb. 8.2). Die saisonale Abhängigkeit der planetaren Wellen in der Stratosphäre wird durch Abb. 8.3 veranschaulicht, wo das Tagesmittel des Wirbelanteils der geopotentiellen Höhe auf dem 1-mb-Druckniveau gezeigt ist, jeweils für einen typischen Winter- oder Sommertag der Nordhemisphäre. Man sieht sehr deutlich, dass es auf der Sommerseite der Stratosphäre nahezu keine planetaren Wellen gibt.

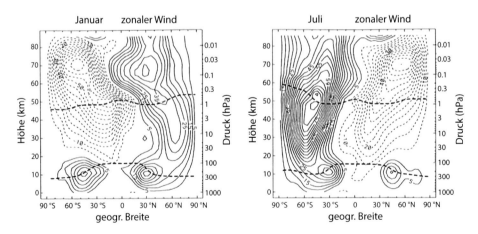

Abb. 8.2 Die Klimatologie der Zonalwinde in der unteren und mittleren Atmosphäre (Randel et al. 2004).

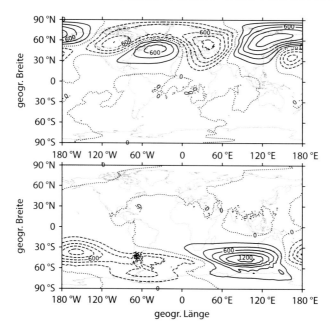

Abb. 8.3 Das Tagesmittel, auf dem 1-mb-Druckniveau in ERA5-Daten (Hersbach et al. 2020), des Wirbelanteils der geopotentiellen Höhe (Konturintervall 200 m, gestrichelte Linien zeigen negative Werte an) am 1. Januar 2010 (oberes Bild) und 1. Juli 2010 (unten).

8.2.3 Zusammenfassung

Die Ausbreitung von Rossby-Wellen durch eine raum- und zeitabhängige zonal gemittelte Atmosphäre lässt sich zumindest qualitativ gut durch die *WKB-Theorie* erfassen:

- Dabei wird angenommen, dass die *räumlichen und Zeitskalen der Veränderlichkeit der Atmosphäre groß gegenüber den entsprechenden Wellenlängen und Perioden* sind. Die gleiche Annahme wird bezüglich der Skalen der Veränderlichkeit von Frequenz und Wellenzahlen selbst verwendet. Zudem werden *kleine Wellenamplituden* angenommen. Man erhält damit eine allgemeine *Dispersionsrelation* der Wellen, die an jedem Ort in Zeit und Raum erfüllt sein muss. Daraus folgen die *Strahlgleichungen,* mithilfe derer die Variation der Wellenzahlen und Frequenz ermittelt werden kann, entlang von Strahlen parallel zur instantanen Gruppengeschwindigkeit. In einer zonalsymmetrischen Atmosphäre ist die zonale Wellenzahl unveränderlich. Ist sie zeitlich invariant, ändert sich auch die Frequenz nicht.
- Die vertikale Wellenausbreitung wird maßgeblich durch *kritische Linien und Reflexionslinien* beeinflusst. An kritischen Linien divergiert die vertikale Wellenzahl und die Wellen dissipieren im Allgemeinen durch Wellenbrechen. Reflexionslinien führen zur Umkehrung der vertikalen Ausbreitungsrichtung. Ähnliches gilt auch für die meridionale Ausbreitung. Wellenreflexion und kritische Linien erklären, warum *synoptischska-*

lige Wellen kaum von der Troposphäre in die Stratosphäre vordringen können und warum *auch planetare Wellen das typischerweise nur im Winter* tun.

8.3   Der Eliassen-Palm-Fluss

Nach der Behandlung der Entwicklung von Wellenzahl und Frequenz der Rossby-Wellen im vorigen Kapitel wenden wir uns nun der Prognose der Amplituden zu. Der Schlüssel dazu ist der Eliassen-Palm-Fluss. Dieser soll hier zunächst definiert werden. Dabei wird seine Beziehung zum meridionalen Fluss der potentiellen Vorticity aufgezeigt. Schließlich wird seine Relevanz für die Wellenamplituden der WKB-Theorie erläutert.

8.3.1   Definition

Es soll zunächst der wellenbedingte meridionale Fluss der potentiellen Vorticity eingehender untersucht werden. Mit (8.42) und (8.12) ist dieser ohne zonale Mittelung

$$v_g' \pi' = v_g' \zeta' + \frac{v_g'}{\overline{\rho}} \frac{\partial}{\partial z} \left(\overline{\rho} \frac{f_0}{N^2} b' \right) \tag{8.103}$$

Für weitere Umformungen ist zunächst festzustellen, dass

$$\frac{v_g'}{\overline{\rho}} \frac{\partial}{\partial z} \left(\overline{\rho} \frac{f_0}{N^2} b' \right) = \frac{f_0}{\overline{\rho}} \frac{\partial}{\partial z} \left(\overline{\rho} \frac{v_g' b'}{N^2} \right) - f_0 \frac{\partial v_g'}{\partial z} \frac{b'}{N^2} \tag{8.104}$$

ist. Wegen (8.6) und (8.9) ist die thermische Windrelation für den Meridionalwind

$$f_0 \frac{\partial v_g'}{\partial z} = \frac{\partial b'}{\partial x} \tag{8.105}$$

sodass man

$$\frac{v_g'}{\overline{\rho}} \frac{\partial}{\partial z} \left(\overline{\rho} \frac{f_0}{N^2} b' \right) = \frac{1}{\overline{\rho}} \frac{\partial}{\partial z} \left(\overline{\rho} f_0 \frac{v_g' b'}{N^2} \right) - \frac{\partial}{\partial x} \left(\frac{b'^2}{2N^2} \right) \tag{8.106}$$

erhält. Außerdem folgt aus der Definition (8.12) der relativen Vorticity auch, dass

$$v_g' \zeta' = v_g' \left(\frac{\partial v_g'}{\partial x} - \frac{\partial u_g'}{\partial y} \right) = -\frac{\partial}{\partial y} \left(u_g' v_g' \right) + u_g' \frac{\partial v_g'}{\partial y} + \frac{\partial}{\partial x} \frac{v_g'^2}{2} \tag{8.107}$$

Da der geostrophische Wind divergenzfrei ist,

$$\frac{\partial u_g'}{\partial x} + \frac{\partial v_g'}{\partial y} = 0 \tag{8.108}$$

findet man aber auch

$$u'_g \frac{\partial v'_g}{\partial y} = -\frac{\partial}{\partial x} \frac{u'^2_g}{2} \tag{8.109}$$

sodass schließlich

$$v'_g \zeta' = -\frac{\partial}{\partial y} \left(u'_g v'_g \right) + \frac{\partial}{\partial x} \frac{v'^2_g - u'^2_g}{2} \tag{8.110}$$

resultiert, und damit

$$v'_g \pi' = \frac{\partial}{\partial x} \left(\frac{v'^2_g - u'^2_g}{2} - \frac{1}{2} \frac{b'^2}{N^2} \right) - \frac{\partial}{\partial y} \left(u'_g v'_g \right) + \frac{1}{\overline{\rho}} \frac{\partial}{\partial z} \left(\overline{\rho} f_0 \frac{v'_g b'}{N^2} \right) \tag{8.111}$$

Das zonale Mittel liefert

$$\langle v'_g \pi' \rangle = \frac{1}{\overline{\rho}} \nabla \cdot \boldsymbol{\mathcal{F}} \tag{8.112}$$

wobei

$$\boldsymbol{\mathcal{F}} = -\overline{\rho} \langle u'_g v'_g \rangle \mathbf{e}_y + \frac{\overline{\rho} f_0}{N^2} \langle v'_g b' \rangle \mathbf{e}_z \tag{8.113}$$

der Eliassen-Palm-Fluss ist, als dessen Divergenz der meridionale Fluss der potentiellen Vorticity geschrieben werden kann. Die Meridionalkomponente dieses Flusses entspricht dem negativen wellenbedingten Meridionalfluss von zonalem Impuls, die Vertikalkomponente dem Meridionalfluss von Auftrieb oder potentieller Temperatur.

8.3.2 Die Eliassen-Palm-Beziehung

Die oben abgeleitete Beziehung zwischen Meridionalfluss von potentieller Vorticity und Eliassen-Palm-Fluss kann verwendet werden, um die Enstrophiegleichung (8.37) auf eine Weise zu schreiben, die in der Prognose der Wellenamplituden hilfreich sein wird. Dabei soll angenommen werden, dass *der meridionale Gradient der mittleren potentiellen Vorticity sich nur auf Zeitskalen ändert, die länger sind als jene, auf denen sich die Wellenamplituden ändern,* d. h.,

$$\left| \frac{\partial}{\partial t} \frac{\partial \langle \pi \rangle}{\partial y} \middle/ \frac{\partial \langle \pi \rangle}{\partial y} \right| \ll \left| \frac{\partial}{\partial t} \frac{\langle \pi'^2 \rangle}{2} \middle/ \frac{\langle \pi'^2 \rangle}{2} \right| \tag{8.114}$$

Solange der stationäre β-Term den meridionalen Gradienten der mittleren potentiellen Vorticity dominiert, ist dies keine schlechte Annahme. Dividiert man (8.37) durch $\partial \langle \pi \rangle / \partial y$, berücksichtigt (8.114) und auch (8.112), so erhält man

$$\frac{\partial \mathcal{A}}{\partial t} + \nabla \cdot \boldsymbol{\mathcal{F}} = \mathcal{D} \tag{8.115}$$

wobei

$$\mathcal{A} = \frac{\overline{\rho}\langle \pi'^2/2\rangle}{\partial\langle\pi\rangle/\partial y} \tag{8.116}$$

die *Wellenwirkungsdichte* ist und

$$\mathcal{D} = \frac{\overline{\rho}\langle D'\pi'\rangle}{\partial\langle\pi\rangle/\partial y} \tag{8.117}$$

ihre nicht-konservative Dämpfung oder Anregung. Das Integral der Wellenwirkungsdichte, die Wellenwirkung, ist erhalten, d. h.,

$$\frac{d}{dt}\int dy dz\mathcal{A} = 0 \tag{8.118}$$

wenn $\mathcal{D} = 0$ ist und außerdem die Normalkomponenten des Eliassen-Palm-Flusses an den Integrationsrändern verschwinden, also im Fall des β-Kanals

$$y = 0, L_y: \qquad \overline{\rho}\langle u_g' v_g'\rangle = 0 \tag{8.119}$$

$$z = 0, \infty: \qquad \frac{\overline{\rho} f_0}{N^2}\langle v_g' b'\rangle = 0 \tag{8.120}$$

Die meridionalen Randbedingungen folgen aus der Tatsache, dass keine Strömung die Wände durchdringt, die obere Randbedimgung aus dem Verschwinden der Dichte der Referenzatmosphäre und die untere Randbedingung aus dem zonalen Mittel von (8.21) ohne Heizung und Reibung, wenn $\partial\langle b\rangle/\partial t|_{z=0} = 0$. Man sollte sich klarmachen, dass es einen vergleichbaren Erhaltungssatz weder für die Energiedichte noch für die Enstrophiedichte der Wellen gibt, d. h.,

$$\frac{d}{dt}\int dy dz\frac{1}{2}\left\langle |\nabla_h\psi'|^2 + \frac{b'^2}{N^2}\right\rangle \neq 0 \tag{8.121}$$

$$\frac{d}{dt}\int dy dz\frac{1}{2}\langle\pi'^2\rangle \neq 0 \tag{8.122}$$

und zwar auch im konservativen Fall! Dies liegt daran, dass Wellen und Grundstrom Energie und Enstrophie austauschen können. Der Einfluss des Grundstroms auf die Wellenenstrophie ist direkt aus der Enstrophiegleichung abzulesen. Ein Energieaustausch findet z. B. im Rahmen einer baroklinen Instabilität statt.

8.3.3 Wellenwirkung und Eliassen-Palm-Fluss im Rahmen der WKB-Theorie

Der oben abgeleitete Zusammenhang zwischen Wellenwirkungsdichte und Eliassen-Palm-Fluss setzt kleine Wellenamplituden voraus. Geht man einen Schritt weiter und verlangt

Skalenseparation im Sinne der WKB-Theorie, so ergeben sich weitere Vereinfachungen, welche die Bedeutung beider Größen weiter erhellen.

Ausgangspunkt soll die Darstellung (8.93) der Stromfunktion der Wellen im Rahmen der WKB-Theorie sein. Da jede zonale Wellenzahl

$$k = \frac{\partial \alpha_k}{\partial x} \tag{8.123}$$

unveränderlich in Raum und Zeit ist, kann man die Phase auch schreiben

$$\alpha_k(\mathbf{x}, t) = kx + \beta_k(y, z, t) \tag{8.124}$$

Damit wird die Stromfunktion

$$\psi' = \frac{1}{\sqrt{\overline{\rho}}} \sum_k A_k e^{i(kx+\beta_k)} \tag{8.125}$$

Sie ist reell, sodass

$$\frac{1}{\sqrt{\overline{\rho}}} \sum_k A_k e^{i(kx+\beta_k)} = \psi' = \psi'^* = \frac{1}{\sqrt{\overline{\rho}}} \sum_k A_k^* e^{-i(kx+\beta_k)} = \frac{1}{\sqrt{\overline{\rho}}} \sum_k A_{-k}^* e^{i(kx-\beta_{-k})}$$
$$\tag{8.126}$$

erfüllt sein muss. Daraus folgen die Identitäten

$$A_{-k} = A_k^* \tag{8.127}$$

$$\beta_{-k} = -\beta_k \tag{8.128}$$

und weiterhin

$$l_{-k} = \frac{\partial \beta_{-k}}{\partial y} = -\frac{\partial \beta_k}{\partial y} = -l_k \tag{8.129}$$

sowie völlig analog

$$m_{-k} = -m_k \tag{8.130}$$

$$\omega_{-k} = -\omega_k \tag{8.131}$$

Damit sollen die Wellenwirkungsdichte und dann der Eliassen-Palm-Fluss berechnet werden.

Betrachtung der Beziehungen (8.65) und (8.80), wobei Letztere für jedes k separat gilt, zeigt zunächst, dass die potentielle Vorticity der Wellen

$$\pi' = -\frac{1}{\sqrt{\overline{\rho}}} \sum_k \pi_k e^{i(kx+\beta_k)} \tag{8.132}$$

ist, mit

$$\pi_k = \left[(k^2 + l_k^2) + \frac{f_0^2}{N^2} m_k^2 + \frac{1}{4L_{di}^2} \right] A_k \qquad (8.133)$$

Damit wird

$$\langle \pi'^2 \rangle = \frac{1}{\rho} \sum_k \sum_{k'} \left\langle \pi_k e^{i(kx+\beta_k)} \pi_{k'} e^{i(k'x+\beta_{k'})} \right\rangle \qquad (8.134)$$

Es soll nun aus Gründen der Einfachheit angenommen werden, dass die Amplituden A_k nicht von x abhängen[2]. Man erhält dann

$$\langle \pi'^2 \rangle = \frac{1}{\rho} \sum_k \sum_{k'} \pi_k e^{i\beta_k} \pi_{k'} e^{i\beta_{k'}} \left\langle e^{i(k+k')x} \right\rangle \qquad (8.135)$$

Aufgrund von (8.94) aber ist

$$\left\langle e^{i(k+k')x} \right\rangle = \delta_{k',-k} \qquad (8.136)$$

sodass

$$\langle \pi'^2 \rangle = \frac{1}{\rho} \sum_k \pi_k e^{i\beta_k} \pi_{-k} e^{i\beta_{-k}} \qquad (8.137)$$

resultiert, oder mit (8.127)–(8.130), was auch

$$\pi_{-k} = \pi_k^* \qquad (8.138)$$

bedeutet:

$$\langle \pi'^2 \rangle = \frac{1}{\rho} \sum_k |\pi_k|^2 = \frac{1}{\rho} \sum_k \left(k^2 + l_k^2 + \frac{f_0^2}{N^2} m_k^2 + \frac{1}{4L_{di}^2} \right)^2 |A_k|^2 \qquad (8.139)$$

Dies in die Definition (8.116) eingesetzt, liefert schließlich

$$\mathcal{A} = \sum_k \mathcal{A}_k \qquad (8.140)$$

$$\mathcal{A}_k = \frac{1}{2\partial \langle \pi \rangle / \partial y} \left(k^2 + l_k^2 + \frac{f_0^2}{N^2} m^2 + \frac{1}{4L_{di}^2} \right)^2 |A_k|^2 \qquad (8.141)$$

d. h., die Wellenwirkungsdichte lässt sich als Summe aus Beiträgen der einzelnen WKB-Lösungen schreiben.

Es liegt nahe, anzunehmen, dass die zugehörige prognostische Gl. (8.115) für eine Vorhersage der Wellenamplituden verwendet werden kann. Dazu muss aber der Eliassen-Palm-Fluss noch passend umformuliert werden. Wir wenden uns zunächst der Meridionalkomponente zu. Für den darin zu verwendenden meridionalen Impulsfluss benötigt man die Komponenten des geostrophischen Windes, die mithilfe von (8.125)

---

[2] Eine entsprechende Verallgemeinerung ist möglich.

$$u'_g = -\frac{\partial \psi'}{\partial y} = -\frac{1}{\sqrt{\overline{\rho}}} \sum_k A_k i l_k e^{i(kx+\beta_k)} \tag{8.142}$$

$$v'_g = \frac{\partial \psi'}{\partial x} = \frac{1}{\sqrt{\overline{\rho}}} \sum_k A_k i k e^{i(kx+\beta_k)} \tag{8.143}$$

sind, wobei die langsamen räumlichen Veränderungen der Amplituden vernachlässigt wurden. Völlig analog zum Rechenweg für (8.139) findet man daraus

$$\langle u'_g v'_g \rangle = -\frac{1}{\overline{\rho}} \sum_k |A_k|^2 k l_k \tag{8.144}$$

und somit aus (8.113)

$$\mathcal{F}_y = \sum_k |A_k|^2 k l_k \tag{8.145}$$

Wichtig ist nun aber auch, dass sich aus (8.85) und (8.88) die Meridionalkomponente der Gruppengeschwindigkeit zu

$$c_{gy,k} = \frac{\partial \omega_k}{\partial l} = \frac{2 l k \partial \langle \pi \rangle / \partial y}{\left(k^2 + l^2 + \frac{f_0^2}{N^2} m^2 + \frac{1}{4L_{di}^2} \right)^2} \tag{8.146}$$

ergibt. Ein Vergleich mit (8.140) liefert schließlich

$$\mathcal{F}_y = \sum_k \mathcal{F}_{y,k} \tag{8.147}$$

mit

$$\mathcal{F}_{k,y} = c_{gy,k} \mathcal{A}_k \tag{8.148}$$

d. h., der meridionale Eliassen-Palm-Fluss ist die Summe der meridionalen Flüsse der Wellenwirkungsdichte der beitragenden WKB-Komponenten, die sich ihrerseits aus dem Produkt der meridionalen Gruppengeschwindigkeit mit der Wellenwirkungsdichte ergeben.

Ein ganz ähnliches Ergebnis erhält man auch für den vertikalen Fluss. Für diesen benötigt man zunächst den meridionalen Auftriebsfluss und darin die Auftriebsschwankungen. Aufgrund von (8.9) sind diese

$$b' = f_0 \frac{\partial \psi'}{\partial z} = \frac{i f_0}{\sqrt{\overline{\rho}}} \sum_k A_k m_k e^{i(kx+\beta_k)} \tag{8.149}$$

Dies ergibt zusammen mit (8.143), wiederum auf völlig analogem Wege zur Ableitung von (8.139):

$$\langle v'_g b' \rangle = \frac{f_0}{\overline{\rho}} \sum_k |A_k|^2 k m_k \tag{8.150}$$

Mit (8.113) leitet man daraus ab, dass

$$\mathcal{F}_z = \frac{f_0^2}{N^2} \sum_k k m_k \left| A_k \right|^2 \tag{8.151}$$

ist. Andererseits liefern (8.85) und (8.88) für die Vertikalkomponente der Gruppengeschwindigkeit

$$c_{gz,k} = \frac{\partial \omega_k}{\partial m} = \frac{f_0^2}{N^2} \frac{2 k m \partial \langle \pi \rangle / \partial y}{\left(k^2 + l_k^2 + \dfrac{f_0^2}{N^2} m^2 + \dfrac{1}{4 L_{di}^2} \right)^2} \tag{8.152}$$

sodass

$$\mathcal{F}_z = \sum_k \mathcal{F}_{k,z} \tag{8.153}$$

resultiert, mit

$$\mathcal{F}_{k,z} = c_{gz,k} \mathcal{A}_k \tag{8.154}$$

Auch die Vertikalkomponente des Eliassen-Palm-Flusses ist die Summe der entsprechenden Flüsse der Wellenwirkungsdichte der beitragenden WKB-Komponenten, die sich ihrerseits aus dem Produkt der meridionalen Gruppengeschwindigkeit mit der Wellenwirkungsdichte ergeben. Die Wellenwirkungsdichte wird also mit der Gruppengeschwindigkeit transportiert, und der zugehörige Fluss ist der Eliassen-Palm-Fluss. Zusammenfassend findet man im Rahmen der WKB-Theorie

$$\frac{\partial \mathcal{A}}{\partial t} + \nabla \cdot \boldsymbol{\mathcal{F}} = \mathcal{D} \quad \mathcal{A} = \sum_k \mathcal{A}_k \quad \boldsymbol{\mathcal{F}} = \sum_k \boldsymbol{\mathcal{F}}_k \tag{8.155}$$

$$\mathcal{A}_k = \frac{1}{2 \partial \langle \pi \rangle / \partial y} \left(k^2 + l_k^2 + \frac{f_0^2}{N^2} m^2 + \frac{1}{4 L_{di}^2} \right)^2 \left| A_k \right|^2 \tag{8.156}$$

$$\boldsymbol{\mathcal{F}}_k = \sum_k \mathbf{c}_{g,k} \mathcal{A}_k \tag{8.157}$$

Zu beachten ist auch, dass die einzelnen WKB-Komponenten aufgrund der Linearität der Dynamik nicht gekoppelt sind. Man kann also die Amplitude jeder Komponente unabhängig von den Amplituden der anderen berechnen, indem in den obigen Beziehungen nur sie berücksichtigt wird, d. h., man löst

$$\frac{\partial \mathcal{A}_k}{\partial t} + \nabla \cdot \boldsymbol{\mathcal{F}}_k = \mathcal{D}_k \tag{8.158}$$

wobei $\mathcal{D}_k$ der Beitrag der zonalen Wellenzahl k zu $\mathcal{D}$ ist.

8.3.4   Zusammenfassung

Der Schlüssel zum Verständnis der Entwicklung der Amplituden der Rossby-Wellen ist im Rahmen der linearen Näherung der *Eliassen-Palm-Fluss*.

- Der *meridionale Fluss der potentiellen Vorticity stimmt mit der Divergenz des Eliassen-Palm-Flusses überein*.
- Eine *Änderung der Wellenwirkungsdichte kommt im konservativen Fall durch Konvergenz und Divergenz des Eliassen-Palm-Flusses* zustande. Entsprechend ist ihr Volumenintegral unter regulären Bedingungen erhalten. Entsprechende Erhaltungssätze für Wellenenergie oder Wellenenstrophie gibt es nicht, da Wellen und zonaler Grundstrom Energie und Enstrophie austauschen.
- Im Rahmen der WKB-Theorie ist der *Eliassen-Palm-Fluss* jeder einzelnen spektralen Komponente das *Produkt aus Gruppengeschwindigkeit und Wellenwirkungsdichte*.

8.4   Das transformierte Euler-Mittel (TEM)

Bisher stand die Dynamik der Wellen im Mittelpunkt, verbunden mit der Frage, wie die zonale Grundströmung die Wellen beeinflusst. Hier soll die Blickrichtung nun umgedreht und dem *Einfluss der Wellen auf den Grundstrom* nachgegangen werden. Daneben soll auch auf den gemeinsamen Einfluss von Grundstrom und Wellen auf den mittleren *Massentransport* eingegangen werden .

8.4.1   Das TEM im Rahmen der Quasigeostrophie

Auch wenn sich die Thematik allgemeiner behandeln lässt, beschränkt sich die vorliegende Diskussion der Einfachheit halber auf die synoptischskalige Dynamik auf der β-Ebene. Gesucht sind die Entwicklungsgleichungen für die zonal gemittelte Strömung. Die zonal gemittelte Stromfunktion hat Gradienten in meridionaler und in vertikaler Richtung, die jeweils das zonale Mittel von Zonalwind und Auftrieb ergeben. Für diese beiden Größen soll demnach im Folgenden die zeitliche Entwicklung untersucht werden. Außerdem interessieren wir uns auch für die zonal gemittelte Zirkulation in $\langle v \rangle$ und $\langle w \rangle$.

Vorneweg sei daran erinnert, dass die Kontinuitätsgleichung in führender Ordnung

$$\nabla \cdot (\overline{\rho}\mathbf{v}) = 0 \tag{8.159}$$

ist, was man z.B aus den Beiträgen der $\mathcal{O}(1)$ und $\mathcal{O}(Ro)$ von (6.58) ablesen kann. Ihr zonales Mittel ist damit

$$\nabla \cdot (\overline{\rho}\langle \mathbf{v} \rangle) = 0 \tag{8.160}$$

worin sowohl $\langle v \rangle$ als auch $\langle w \rangle$ in führender Ordnung ageostrophisch sind! Dies von (8.159) abgezogen, liefert zusätzlich

$$\nabla \cdot \left(\overline{\rho} \mathbf{v}' \right) = 0 \tag{8.161}$$

Dann sei die zonale Impulsgleichung

$$\frac{\partial u}{\partial t} + (\mathbf{v} \cdot \nabla) u - f v = -\frac{1}{\rho} \frac{\partial p}{\partial x} + F \tag{8.162}$$

betrachtet, in der F alle nicht-konservativen Kräfte zusammenfasst, insbesondere also die Reibungskraft. Das zugehörige zonale Mittel ist

$$\frac{\partial \langle u \rangle}{\partial t} + \langle (\mathbf{v} \cdot \nabla) u \rangle - f \langle v \rangle = \langle F \rangle \tag{8.163}$$

Dabei ist

$$\langle (\mathbf{v} \cdot \nabla) u \rangle = (\langle \mathbf{v} \rangle \cdot \nabla) \langle u \rangle + \left\langle \left(\mathbf{v}' \cdot \nabla \right) u' \right\rangle \tag{8.164}$$

Der erste Term darin lautet ausgeschrieben

$$(\langle \mathbf{v} \rangle \cdot \nabla) \langle u \rangle = \langle v \rangle \frac{\partial \langle u \rangle}{\partial y} + \langle w \rangle \frac{\partial \langle u \rangle}{\partial z} \tag{8.165}$$

Dies lässt sich mithilfe des zonalen Mittels der relativen Vorticity

$$\langle \zeta \rangle = \left\langle \frac{\partial v}{\partial x} - \frac{\partial u}{\partial y} \right\rangle = -\frac{\partial \langle u \rangle}{\partial y} \tag{8.166}$$

auch

$$(\langle \mathbf{v} \rangle \cdot \nabla) \langle u \rangle = -\langle \zeta \rangle \langle v \rangle + \langle w \rangle \frac{\partial \langle u \rangle}{\partial z} \tag{8.167}$$

schreiben. Der Wirbelanteil in der Advektion ist mithilfe von (8.161)

$$\left\langle \left(\mathbf{v}' \cdot \nabla \right) u' \right\rangle = \frac{1}{\rho} \left\langle \left(\overline{\rho} \mathbf{v}' \cdot \nabla \right) u' \right\rangle = \frac{1}{\rho} \nabla \cdot \left\langle \overline{\rho} \mathbf{v}' u' \right\rangle = \frac{\partial}{\partial y} \left\langle v' u' \right\rangle + \frac{1}{\rho} \frac{\partial}{\partial z} \left\langle \overline{\rho} w' u' \right\rangle \tag{8.168}$$

Einsetzen von (8.167) und (8.168) in (8.165) ergibt

$$\langle (\mathbf{v} \cdot \nabla) u \rangle = -\langle \zeta \rangle \langle v \rangle + \langle w \rangle \frac{\partial \langle u \rangle}{\partial z} + \frac{\partial}{\partial y} \left\langle v' u' \right\rangle + \frac{1}{\rho} \frac{\partial}{\partial z} \left\langle \overline{\rho} w' u' \right\rangle \tag{8.169}$$

Damit wird das zonale Mittel der zonalen Impulsgleichung

$$\frac{\partial \langle u \rangle}{\partial t} - (\langle \zeta \rangle + f) \langle v \rangle + \langle w \rangle \frac{\partial \langle u \rangle}{\partial z} = -\frac{\partial}{\partial y} \langle u' v' \rangle - \frac{1}{\rho} \frac{\partial}{\partial z} \langle \overline{\rho} u' w' \rangle + \langle F \rangle \tag{8.170}$$

Eine Skalenabschätzung zeigt, dass darin nicht alle Terme gleich groß sind. Dazu muss man sich erinnern, dass die horizontalen Winde in synoptischer Skalierung

$$u = U\left(\hat{u}_0 + Ro\,\hat{u}_1 + O\left(Ro^2\right)\right) \qquad (8.171)$$

$$v = U\left(\hat{v}_0 + Ro\,\hat{v}_1 + O\left(Ro^2\right)\right) \qquad (8.172)$$

sind, wobei wie bisher U eine typische horizontale Windskala ist und $Ro = U/f_0L \ll 1$ die Rossby-Zahl, in die auch die horizontale Längenskala L eingeht. Die $\hat{u}_i$ und $\hat{v}_i$ sind dimensionslos und alle von der Größenordnung $\mathcal{O}(1)$. Der entdimensionalisierte geostrophische Meridionalwind berechnet sich aus der entdimensionalisierten Stromfunktion $\hat{\psi}$ zu

$$\hat{v}_0 = \frac{\partial \hat{\psi}}{\partial \hat{x}} \qquad (8.173)$$

wobei $\hat{x} = x/L$ die dimensionslose Koordinate in Längenrichtung ist. Also hat man

$$\langle \hat{v}_0 \rangle = 0 \qquad (8.174)$$

und somit

$$\langle u \rangle = \mathcal{O}\left(U\right) \qquad (8.175)$$

$$\langle v \rangle = \mathcal{O}\left(Ro\,U\right) \qquad (8.176)$$

Weiterhin haben wir in der Herleitung der quasigeostrophischen Theorie gesehen, dass der Vertikalwind

$$\langle w \rangle = \mathcal{O}\left(Ro\frac{H}{L}U\right) \qquad (8.177)$$

ist, wobei H die typische vertikale Längenskala ist. Für die planetare Vorticity folgte aus $L/a = \mathcal{O}(Ro)$, dass

$$f = f_0\left[1 + \mathcal{O}(Ro)\right] \qquad (8.178)$$

ist, während man für die relative Vorticity

$$\langle \zeta \rangle = \mathcal{O}\left(\frac{U}{L}\right) \qquad (8.179)$$

erhält. Berücksichtigt man weiterhin, dass als Zeitskala die advektive Zeitskala $T = L/U$ angenommen wird, ergibt sich der Reihe nach für die Terme in der zonal gemittelten zonalen Impulsgleichung

$$\frac{\partial \langle u \rangle}{\partial t} = \mathcal{O}\left(\frac{U^2}{L}\right) \tag{8.180}$$

$$(\langle \zeta \rangle + f)\, \langle v \rangle = f_0 \langle v \rangle + \mathcal{O}\left(Ro\,\frac{U^2}{L}\right) \tag{8.181}$$

$$f_0 \langle v \rangle = \mathcal{O}\left(\frac{U^2}{L}\right) \tag{8.182}$$

$$\langle w \rangle \frac{\partial \langle u \rangle}{\partial z} = \mathcal{O}\left(Ro\,\frac{U^2}{L}\right) \tag{8.183}$$

$$\frac{\partial}{\partial y} \langle u'v' \rangle = \mathcal{O}\left(\frac{U^2}{L}\right) \tag{8.184}$$

$$\frac{1}{\overline{\rho}} \frac{\partial}{\partial z} \langle \overline{\rho} u'w' \rangle = \mathcal{O}\left(Ro\,\frac{U^2}{L}\right) \tag{8.185}$$

womit diese in guter Näherung zu

$$\frac{\partial \langle u \rangle}{\partial t} - f_0 \langle v \rangle = -\frac{\partial}{\partial y} \langle u'v' \rangle + \langle F \rangle \tag{8.186}$$

wird.

Die Entropiegleichung

$$\frac{D\theta}{Dt} = \frac{q\theta}{c_p T} \tag{8.187}$$

andererseits lässt sich mit der Zerlegung

$$\theta = \overline{\theta}(z) + \tilde{\theta}(x, y, z, t) \tag{8.188}$$

als Auftriebsgleichung

$$\frac{Db}{Dt} + N^2 w \left(1 + \frac{\tilde{\theta}}{\overline{\theta}}\right) = Q \tag{8.189}$$

schreiben, mit

$$Q = \frac{gq\theta}{c_p T \overline{\theta}} \tag{8.190}$$

In synoptischer Skalierung ist

$$\frac{\tilde{\theta}}{\overline{\theta}} = \mathcal{O}(Ro^2) \tag{8.191}$$

sodass die Auftriebsgleichung in guter Näherung durch

$$\frac{Db}{Dt} + N^2 w = Q \tag{8.192}$$

gegeben ist. Ihr zonales Mittel lautet, auf analogem Wege zur Herleitung der zonal gemittelten zonalen Impulsgleichung,

$$\frac{\partial \langle b \rangle}{\partial t} + \langle v \rangle \frac{\partial \langle b \rangle}{\partial y} + \left(N^2 + \frac{\partial \langle b \rangle}{\partial z} \right) \langle w \rangle = -\frac{\partial}{\partial y} \langle v'b' \rangle - \frac{1}{\overline{\rho}} \frac{\partial}{\partial z} \langle \overline{\rho} w'b' \rangle + \langle Q \rangle \qquad (8.193)$$

Auch hier sind in synoptischer Skalierung nicht alle Terme von gleicher Größenordnung. Um dies zu erkennen, stellen wir zunächst fest, dass aus (8.191)

$$b = g\, \mathcal{O}(Ro^2) \qquad (8.194)$$

folgt. Weiterhin ist in der Herleitung der quasigeostrophischen Theorie angenommen worden, dass

$$\frac{1}{\overline{\theta}} \frac{d\overline{\theta}}{d\hat{z}} = \mathcal{O}(Ro) \qquad (8.195)$$

ist, was

$$N^2 = \frac{g}{\overline{\theta}} \frac{d\overline{\theta}}{dz} = \frac{g}{H} \frac{1}{\overline{\theta}} \frac{d\overline{\theta}}{d\hat{z}} = \frac{g}{H} \mathcal{O}(Ro) \qquad (8.196)$$

zur Folge hat. Damit ergeben sich in der zonal gemittelten Auftriebsgleichung die Skalenabschätzungen

$$\frac{\partial \langle b \rangle}{\partial t} = \mathcal{O}\left(Ro^2\, g \frac{U}{L} \right) \qquad (8.197)$$

$$\langle v \rangle \frac{\partial \langle b \rangle}{\partial y} = \mathcal{O}\left(Ro^3\, g \frac{U}{L} \right) \qquad (8.198)$$

$$N^2 \langle w \rangle = \mathcal{O}\left(Ro^2\, g \frac{U}{L} \right) \qquad (8.199)$$

$$\langle w \rangle \frac{\partial \langle b \rangle}{\partial z} = \mathcal{O}\left(Ro^3\, g \frac{U}{L} \right) \qquad (8.200)$$

$$\frac{\partial}{\partial y} \langle v'b' \rangle = \mathcal{O}\left(Ro^2\, g \frac{U}{L} \right) \qquad (8.201)$$

$$\frac{1}{\overline{\rho}} \frac{\partial}{\partial z} \langle \overline{\rho} w'b' \rangle = \mathcal{O}\left(Ro^3\, g \frac{U}{L} \right) \qquad (8.202)$$

sodass sie in guter Näherung

$$\frac{\partial \langle b \rangle}{\partial t} + N^2 \langle w \rangle = -\frac{\partial}{\partial y} \langle v'b' \rangle + \langle Q \rangle \qquad (8.203)$$

geschrieben werden kann.

Wichtig ist einerseits, dass die beiden gemittelten Gl. (8.186) und (8.203) nicht voneinander unabhängig sind, da die zonalen Mittel von Zonalwind und Auftrieb über die Beziehung des thermischen Winds miteinander gekoppelt sind:

$$\frac{\partial \langle u \rangle}{\partial z} = -\frac{1}{f_0} \frac{\partial \langle b \rangle}{\partial y} \qquad (8.204)$$

Gegeben die Wellenflüsse, Heizung und Reibung, bestimmen (8.160), (8.186), (8.203) und (8.204) alle drei Komponenten von $\langle \mathbf{v} \rangle$ und $\langle b \rangle$.

Außerdem folgt aus der gemittelten Kontinuitätsgleichung (8.160) und dem Satz von Helmholtz, dass es eine Massenstromfunktion ψ_m gibt, sodass

$$\langle v \rangle = -\frac{1}{\rho}\frac{\partial \psi_m}{\partial z} \tag{8.205}$$

$$\langle w \rangle = \frac{1}{\rho}\frac{\partial \psi_m}{\partial y} \tag{8.206}$$

Das Produkt aus mittlerer Strömung und Dichte folgt den Isolinien der Massenstromfunktion dergestalt, dass die Strömung um ein Maximum im Uhrzeigersinn und um ein Minimum entgegen dem Uhrzeigersinn zirkuliert. An einem typischen Beispiel ist der Bezug zwischen gemittelter Zirkulation und Massenstromfunktion in Abb. 8.4 gezeigt.

Das direkte zonale Mittel von Meridional- und Vertikalwind wird als *Euler-Mittel* bezeichnet. Aus mehreren Gründen hat sich die Verwendung dieser Form des Mittels als unpraktisch erwiesen:

- Betrachtet man stationäre Lösungen der gemittelten Auftriebsgleichung (8.203), so findet man z. B.

$$\langle w \rangle = -\frac{1}{N^2}\left(\frac{\partial}{\partial y}\langle v'b' \rangle - \langle Q \rangle\right) \tag{8.207}$$

  d. h., auch ohne Heizung erhält man aufsteigende und sinkende Luftmassen. Diese Bewegung ist ausschließlich wellengetrieben. Es ist häufig sinnvoller, die mittlere Dynamik auf eine Weise darzustellen, in der dieser wellengetriebene Anteil nicht explizit auftritt.
- Es zeigt sich auch, dass der mittlere meridionale und vertikale Transport von Masse, und damit auch von beliebigen Spurenstoffen, nicht durch das Euler-Mittel der meridionalen Zirkulation wiedergegeben wird. Als Beispiel sind in Abb. 8.5 und 8.6 die Quellverteilung des stratosphärischen Ozons und seine klimatologische Verteilung gezeigt. Abb. 8.7 wiederum zeigt das Euler-Mittel der meridionalen Zirkulation. Zu beachten ist, dass die

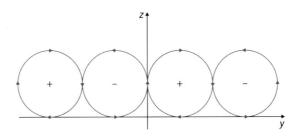

Abb. 8.4 Ein Beispiel für den Zusammenhang zwischen Massenstromfunktion und mittlerer Zirkulation. Die mittlere Strömung folgt den Isolinien der Massenstromfunktion dergestalt, dass sie um ein Maximum im Uhrzeigersinn und um ein Minimum entgegen dem Uhrzeigersinn zirkuliert.

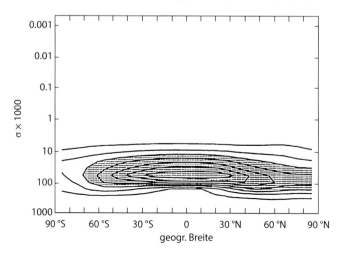

Abb. 8.5 Die Breiten-Höhen-Verteilung der photochemischen Ozonquelle im Frühjahr. (Abgedruckt aus James 1994 mit Genehmigung von Cambridge University Press).

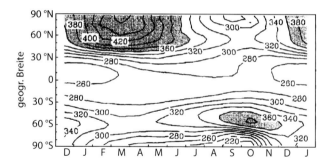

Abb. 8.6 Der Jahresgang der Breitenverteilung des vertikal und zonal gemittelten Ozons. (Abgedruckt aus Wang et al. 1995 mit Genehmigung durch Elsevier).

Quelle in den Tropen liegt, die maximale Ozondichte aber in polaren Regionen. Die mittlere Zirkulation aus Abb. 8.7 kann so einen Unterschied nicht erklären.

In Anbetracht des ersten Punkts führen wir deshalb eine *residuelle* Stromfunktion[3]

$$\psi^* = \psi_m + \frac{\overline{\rho}}{N^2} \langle v'b' \rangle \tag{8.208}$$

ein, sodass

$$N^2 \langle w \rangle + \frac{\partial}{\partial y} \langle v'b' \rangle = N^2 \frac{1}{\overline{\rho}} \frac{\partial \psi^*}{\partial y} \tag{8.209}$$

---

[3] Hier bedeutet der Stern *nicht* das komplex Konjugierte.

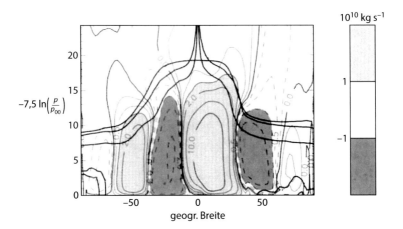

Abb. 8.7 Die Breiten-Höhen-Verteilung der Massenstromfunktion im Euler-Mittel für den nordhemisphärischen Winter. Klar erkennbar sind die Hadley-Zellen in den Tropen und die Ferrel-Zellen in den mittleren Breiten. Der obere Ast der Ferrel-Zellen ist vom Pol zum Äquator gerichtet, arbeitet also dem Ozontransport vom Äquator zum Pol entgegen. (Abbildung aus Juckes 2001 entnommen).

wird. Entsprechend wird die *residuelle mittlere Zirkulation*

$$\langle v \rangle^* = -\frac{1}{\overline{\rho}} \frac{\partial \psi^*}{\partial z} = \langle v \rangle - \frac{1}{\overline{\rho}} \frac{\partial}{\partial z} \left\langle \frac{\overline{\rho}}{N^2} v'b' \right\rangle \tag{8.210}$$

$$\langle w \rangle^* = \frac{1}{\overline{\rho}} \frac{\partial \psi^*}{\partial y} = \langle w \rangle + \frac{1}{N^2} \frac{\partial}{\partial y} \langle v'b' \rangle \tag{8.211}$$

definiert, die

$$\nabla \cdot \left(\overline{\rho} \langle \mathbf{v} \rangle^* \right) = 0 \tag{8.212}$$

erfüllt. Drückt man $\langle v \rangle$ in (8.186) über $\langle v \rangle^*$ aus, so findet man das interessante Ergebnis

$$\frac{\partial \langle u \rangle}{\partial t} - f_0 \langle v \rangle^* = -\frac{\partial}{\partial y} \langle u'v' \rangle + \frac{1}{\overline{\rho}} \frac{\partial}{\partial z} \left\langle f_0 \frac{\overline{\rho}}{N^2} v'b' \right\rangle + \langle F \rangle$$

$$= \frac{1}{\overline{\rho}} \nabla \cdot \boldsymbol{\mathcal{F}} + \langle F \rangle = \langle v'\pi' \rangle + \langle F \rangle \tag{8.213}$$

In der transformierten Darstellung ist die Eliassen-Palm-Fluss-Divergenz der Wellenantrieb der mittleren Strömung! Analoges Ersetzen des mittleren Vertikalwinds in der Auftriebsgleichung liefert zusammengefasst die mittleren Bewegungsgleichungen in der Darstellung des *transformierten Euler-Mittels (TEM)*:

$$\frac{\partial \langle u \rangle}{\partial t} = f_0 \langle v \rangle^* + \langle v' \pi' \rangle + \langle F \rangle \tag{8.214}$$

$$\frac{\partial \langle b \rangle}{\partial t} = -N^2 \langle w \rangle^* + \langle Q \rangle \tag{8.215}$$

Gegeben die Wellenflüsse, Heizung und Reibung, bestimmen diese zusammen mit (8.212) und (8.204) die residuelle meridionale Zirkulation in $\langle v \rangle^*$ und $\langle w \rangle^*$ sowie die zonalen Mittel von Zonalwind und Auftriebsverteilung. Man sieht, dass in dieser Darstellung der (residuelle) mittlere Vertikalwind bei Stationarität direkt nur durch die Heizung bedingt ist. Es bleibt zu zeigen, dass die residuelle Zirkulation den mittleren Massentransport beschreibt. Dazu wird in den folgenden zwei Kapiteln zunächst die massengewichtete mittlere Zirkulation definiert und dann ihr Bezug zur residuellen Zirkulation diskutiert.

8.4.2　Die massengewichtete Zirkulation in isentropen Koordinaten

Die Definition der massengewichteten Zirkulation fällt in isentropen Koordinaten leichter als auf anderem Wege. Es sei daran erinnert, dass in diesen Koordinaten die Vertikalgeschwindigkeit

$$\dot{\theta} = \frac{q\theta}{c_p T} \tag{8.216}$$

ausschließlich diabatisch bedingt ist. Da sie in Abwesenheit von Heizprozessen (inklusive Reibung und Wärmeleitung) verschwindet, ist der Massentransport ohne Heizung in isentropen Koordinaten rein horizontal. Die Kontinuitätsgleichung hat entsprechend die Form

$$\frac{\partial \sigma}{\partial t} + \nabla \cdot (\mathbf{u}\sigma) = H_\theta \tag{8.217}$$

wobei die rechte Seite

$$H_\theta = -\frac{\partial}{\partial \theta}\left(\sigma \dot{\theta}\right) \tag{8.218}$$

in Abwesenheit von Heizung verschwindet. Die Schichtdicke

$$\sigma(x, y, \theta, t) = -\frac{1}{g}\frac{\partial p}{\partial \theta} \tag{8.219}$$

stellt ein Maß für die Masse pro Fläche dar, die sich an einem horizontalen Punkt zwischen zwei benachbarten isentropen Schichten mit potentieller Temperatur θ und $\theta + d\theta$ befindet. Dies erkennt man mittels der hydrostatischen Beziehung

$$\partial p = -g\rho \partial z \tag{8.220}$$

derzufolge

$$\sigma = \rho \frac{\partial z}{\partial \theta} \tag{8.221}$$

ist, worin man wiederum $dm = \rho dz$ als Masse pro Fläche erkennt, die somit auch

$$dm = \sigma d\theta \tag{8.222}$$

ist.

Nun sei das zonale Mittel der Kontinuitätsgleichung betrachtet. Dieses ist

$$\frac{\partial \langle \sigma \rangle}{\partial t} + \frac{\partial}{\partial y} \langle v\sigma \rangle = \langle H_\theta \rangle \tag{8.223}$$

oder

$$\frac{\partial \langle \sigma \rangle}{\partial t} + \frac{\partial}{\partial y} (\langle v \rangle \langle \sigma \rangle) = -\frac{\partial}{\partial y} \langle v'\sigma' \rangle + \langle H_\theta \rangle \tag{8.224}$$

Wäre das Euler-Mittel $\langle v \rangle$ der meridionalen Strömung geeignet zur Beschreibung des Transports der zonal gemittelten Masse, dürfte die rechte Seite dieser Gleichung in Abwesenheit von Heizung keinen Beitrag leisten. Dies ist aufgrund des Wirbelanteils, des sogenannten *Stokes-Drift,* aber offensichtlich nicht der Fall. Letzterer muss in die effektive massengewichtete Transportgeschwindigkeit aufgenommen werden. Diese kann man definieren als

$$\langle v \rangle_* = \frac{\langle v\sigma \rangle}{\langle \sigma \rangle} = \langle v \rangle + \frac{\langle v'\sigma' \rangle}{\langle \sigma \rangle} \tag{8.225}$$

sodass die gemittelte Kontinuitätsgleichung zu

$$\frac{\partial \langle \sigma \rangle}{\partial t} + \frac{\partial}{\partial y} (\langle v \rangle_* \langle \sigma \rangle) = \langle H_\theta \rangle \tag{8.226}$$

wird. In der Tat beschreibt $\langle v \rangle_*$ den effektiven Transport von Masse. In guter Näherung kann sie auch für den Transport beliebiger Spurenstoffe verwendet werden.

Im stationären Fall (z. B. bei der Betrachtung von klimatologischen Mitteln) kann der massengewichteten Zirkulation auch eine entsprechende Massenstromfunktion zugewiesen werden, die für diagnostische Zwecke hilfreich ist. Es ist dann mit der Definition der massengewichteten Entropiegeschwindigkeit $\langle \dot\theta \rangle_* = \langle \dot\theta\sigma \rangle / \langle \sigma \rangle$

$$\frac{\partial}{\partial y} (\langle v \rangle_* \langle \sigma \rangle) + \frac{\partial}{\partial \theta} (\langle \dot\theta \rangle_* \langle \sigma \rangle) = 0 \tag{8.227}$$

Es muss also eine Massenstromfunktion ψ_* geben, sodass

$$\langle v \rangle_* = -\frac{1}{\langle \sigma \rangle} \frac{\partial \psi_*}{\partial \theta} \tag{8.228}$$

$$\langle \dot\theta \rangle_* = \frac{1}{\langle \sigma \rangle} \frac{\partial \psi_*}{\partial y} \tag{8.229}$$

8.4.3   Der Bezug zwischen der residuellen Zirkulation und der massengewichteten Zirkulation

Der Nachweis der näherungsweisen Identität zwischen der residuellen Zirkulation und der massengewichteten Zirkulation erfordert die Transformation zwischen der vertikalen z-Koordinate, in der die residuelle Zirkulation definiert wurde, und der isentropen Koordinate, in der die massengewichtete Zirkulation definiert wurde. Es erweist sich als hilfreich, in einem Zwischenschritt die massengewichtete Zirkulation in vertikaler Druckkoordinate darzustellen und schließlich von dort auf die z-Koordinate zu wechseln. Zunächst seien für eine beliebige Variable X, die entweder in isentroper Koordinate oder in Druckkoordinate vorliegt, das isentrope Mittel

$$\langle X \rangle_\Theta (\theta) = \frac{1}{L_x} \int_0^{L_x} dx\, X(x, \theta) \tag{8.230}$$

und das isobare Mittel

$$\langle X \rangle_P (p) = \frac{1}{L_x} \int_0^{L_x} dx\, X(x, p) \tag{8.231}$$

definiert. Dabei wurde der Einfachheit halber in allen Abhängigkeiten die von y und t unterdrückt. Dies wird auch im Rest dieses Kapitels so getan. In der beschriebenen Notation ist die massengewichtete meridionale Geschwindigkeit

$$\langle v \rangle_* (\theta) = \langle v \rangle_\Theta (\theta) + \left[\frac{\langle v' \sigma' \rangle_\Theta}{\langle \sigma \rangle_\Theta} \right](\theta) \tag{8.232}$$

Wenn nun $\langle p \rangle_\Theta (\theta)$ der isentrop gemittelte Druck ist, so kann man in isentroper Koordinate den Gesamtdruck

$$p(x, \theta) = \langle p \rangle_\Theta (\theta) + \eta(x, \theta) \tag{8.233}$$

schreiben. Darin bezeichnet η das Feld der Abweichungen des Drucks vom isentropen Mittel. Also ist

$$\langle X \rangle_\Theta (\theta) = \frac{1}{L_x} \int_0^{L_x} dx\, X[x, p(x, \theta)] = \frac{1}{L_x} \int_0^{L_x} dx\, X[x, \langle p \rangle_\Theta (\theta) + \eta(x, \theta)]$$
$$\approx \frac{1}{L_x} \int_0^{L_x} dx\, \left\{ X[x, \langle p \rangle_\Theta (\theta)] + \frac{\partial X}{\partial p} [x, \langle p \rangle_\Theta (\theta)] \eta(x, \theta) \right\} \tag{8.234}$$

Der erste Teil des Integrals ergibt bereits ein Mittel in Druckkoordinaten. Um dies auch für den zweiten Teil zu erreichen, benötigen wir auch η in Druckkoordinaten. Mit diesem Ziel halten wir zunächst fest, dass

$$\theta = \theta[x, p(x, \theta)] = \theta[x, \langle p \rangle_\Theta (\theta) + \eta(x, \theta)]$$
$$\approx \theta[x, \langle p \rangle_\Theta (\theta)] + \frac{\partial \theta}{\partial p} [x, \langle p \rangle_\Theta (\theta)] \eta(x, \theta) \tag{8.235}$$

In Druckkoordinaten ist

$$\theta(x, p) = \langle\theta\rangle_P(p) + \theta'(x, p) \tag{8.236}$$

wobei θ' klein ist, wenn η klein ist. Dies in den zweiten Term in (8.235) eingesetzt, liefert unter Vernachlässigung aller in den kleinen Größen nichtlinearen Terme

$$\theta \approx \theta\left[x, \langle p\rangle_\Theta(\theta)\right] + \frac{\partial\langle\theta\rangle_P}{\partial p}\left(\langle p\rangle_\Theta\right)\eta\left(x, \theta\right) \tag{8.237}$$

Da $\langle\eta\rangle_\Theta = 0$ ist, ergibt die Mittelung dieser Gleichung

$$\theta \approx \langle\theta\rangle_P\left[\langle p\rangle_\Theta(\theta)\right] \tag{8.238}$$

Dies in (8.235) eingesetzt, liefert schließlich

$$\eta(x, \theta) \approx \frac{\langle\theta\rangle_P\left[\langle p\rangle_\Theta(\theta)\right] - \theta\left[x, \langle p\rangle_\Theta(\theta)\right]}{\dfrac{\partial\langle\theta\rangle_P}{\partial p}\left[\langle p\rangle_\Theta(\theta)\right]} = -\frac{\theta'\left[x, \langle p\rangle_\Theta(\theta)\right]}{\dfrac{\partial\langle\theta\rangle_P}{\partial p}\left[\langle p\rangle_\Theta(\theta)\right]} \tag{8.239}$$

was wiederum in (8.234) eingesetzt

$$\langle X\rangle_\Theta(\theta) \approx \left[\langle X\rangle_P - \frac{\left\langle\theta'\partial X/\partial p\right\rangle_P}{\partial\langle\theta\rangle_P/\partial p}\right]\left[\langle p\rangle_\Theta(\theta)\right] = \left[\langle X\rangle_P - \frac{\left\langle\theta'\partial X'/\partial p\right\rangle_P}{\partial\langle\theta\rangle_P/\partial p}\right]\left[\langle p\rangle_\Theta(\theta)\right] \tag{8.240}$$

liefert, und somit auch

$$\langle v\rangle_\Theta(\theta) \approx \left[\langle v\rangle_P - \frac{\left\langle\theta'\partial v'/\partial p\right\rangle_P}{\partial\langle\theta\rangle_P/\partial p}\right]\left[\langle p\rangle_\Theta(\theta)\right] \tag{8.241}$$

Wenden wir uns nun dem zusätzlich in (8.232) benötigten Stokes-Drift zu. Aus (8.239) und (8.233) folgt

$$\frac{\partial p}{\partial\theta}(x, \theta) = \frac{\partial\langle p\rangle_\Theta}{\partial\theta}(\theta) - \frac{\partial}{\partial p}\left.\left(\frac{\theta'}{\partial\langle\theta\rangle_P/\partial p}\right)\right|_{[x, \langle p\rangle_\Theta(\theta)]}\frac{\partial\langle p\rangle_\Theta}{\partial\theta}(\theta) \tag{8.242}$$

und daraus mit (8.219) für die Schichtdicke

$$\sigma = -\frac{1}{g}\frac{\partial\langle p\rangle_\Theta}{\partial\theta}(\theta) + \frac{1}{g}\frac{\partial}{\partial p}\left.\left(\frac{\theta'}{\partial\langle\theta\rangle_P/\partial p}\right)\right|_{[x, \langle p\rangle_\Theta(\theta)]}\frac{\partial\langle p\rangle_\Theta}{\partial\theta}(\theta) \tag{8.243}$$

Offensichtlich lässt sich dies zerlegen in den Mittelwert

$$\langle\sigma\rangle_\Theta(\theta) = -\frac{1}{g}\frac{\partial\langle p\rangle_\Theta}{\partial\theta}(\theta) \tag{8.244}$$

und den Fluktuationsanteil

$$\sigma'(x, \theta) = -\langle \sigma \rangle_\Theta(\theta) \, \frac{\partial}{\partial p} \left(\frac{\theta'}{\partial \langle \theta \rangle_P / \partial p} \right) \Bigg|_{[x, \langle p \rangle_\Theta(\theta)]} \tag{8.245}$$

Wir setzen nun $X = v'\sigma'$ in (8.234) ein, vernachlässigen den in den Fluktuationen kubischen Anteil und erhalten so

$$\langle v'\sigma' \rangle_\Theta(\theta) \approx -\langle \sigma \rangle_\Theta(\theta) \left\langle v' \frac{\partial}{\partial p} \left(\frac{\theta'}{\partial \langle \theta \rangle_P / \partial p} \right) \right\rangle_P [\langle p \rangle_\Theta(\theta)] \tag{8.246}$$

Wir setzen dies zusammen mit (8.241) in (8.232) ein und erhalten

$$\langle v \rangle_*(\theta) \approx \left[\langle v \rangle_P - \left\langle \frac{\partial v'}{\partial p} \frac{\theta'}{\partial \langle \theta \rangle_P / \partial p} \right\rangle_P - \left\langle v' \frac{\partial}{\partial p} \left(\frac{\theta'}{\partial \langle \theta \rangle_P / \partial p} \right) \right\rangle_P \right] [\langle p \rangle_\Theta(\theta)] \tag{8.247}$$

Darin fassen wir die letzten beiden Terme zusammen. Außerdem stellen wir fest, dass in einer hydrostatischen stabil geschichteten Atmosphäre ein eindeutig umkehrbarer Zusammenhang $p = \langle p \rangle_\Theta(\theta)$ besteht, sodass wir als Abschätzung der massengewichteten mittleren Meridionalgeschwindigkeit in Druckkoordinaten

$$\langle v \rangle_*(p) \approx \left[\langle v \rangle_P - \frac{\partial}{\partial p} \left\langle v' \frac{\theta'}{\partial \langle \theta \rangle_P / \partial p} \right\rangle_P \right](p) \tag{8.248}$$

erhalten.

Um zum Abschluss von Druckkoordinaten auf die geometrische z-Koordinate zu transformieren, machen wir uns die synoptische Skalierung der quasigeostrophischen Theorie zunutze. Zunächst ist dann

$$p(x, z) = \overline{p}(z) \left[1 + \mathcal{O}(Ro^2) \right] \tag{8.249}$$

woraus

$$\langle X \rangle_P [\overline{p}(z)] = \langle X \rangle_Z(z) \left[1 + \mathcal{O}(Ro^2) \right] \tag{8.250}$$

folgt, und damit auch

$$\frac{\partial \langle X \rangle_P}{\partial p} [\overline{p}(z)] = \frac{\partial z}{\partial \overline{p}} \frac{\partial \langle X \rangle_Z}{\partial z}(z) \left[1 + \mathcal{O}(Ro^2) \right] = -\frac{1}{g\overline{\rho}} \frac{\partial \langle X \rangle_Z}{\partial z}(z) \left[1 + \mathcal{O}(Ro^2) \right] \tag{8.251}$$

Darüber hinaus hat man in synoptischer Skalierung

$$\theta(x, z) = \overline{\theta}(z) \left[1 + \mathcal{O}(Ro^2) \right] \tag{8.252}$$

und somit

$$\frac{\partial \langle \theta \rangle_P}{\partial p} [\overline{p}(z)] = -\frac{1}{g\overline{\rho}} \frac{\partial \langle \theta \rangle_Z}{\partial z}(z) \left[1 + \mathcal{O}(Ro^2) \right] = -\frac{1}{g\overline{\rho}} \frac{d\overline{\theta}}{dz}(z) \left[1 + \mathcal{O}(Ro^2) \right] \tag{8.253}$$

sodass (8.250) und (8.251) zusammen mit (8.248)

$$\langle v \rangle_* \approx \langle v \rangle_z - \frac{1}{\bar{\rho}} \frac{\partial}{\partial z} \left\langle \bar{\rho} \frac{v'\theta'}{\partial \bar{\theta}/\partial z} \right\rangle \left[1 + \mathcal{O}(Ro^2) \right] \tag{8.254}$$

ergeben. Mittels (8.8) und (8.19) erhalten wir schließlich in guter Näherung

$$\langle v \rangle_* = \langle v \rangle_z - \frac{1}{\bar{\rho}} \frac{\partial}{\partial z} \left\langle \frac{\bar{\rho}}{N^2} v'b' \right\rangle_z = \langle v \rangle^* \tag{8.255}$$

unter den beiden Bedingungen, dass die *Wellen kleine Amplituden haben und dass die Fluktuationen der thermodynamischen Felder klein sind im Vergleich zu den entsprechenden Feldern der Referenzatmosphäre.* Letzteres gilt z. B. für synoptischskalige Felder. Die mittlere massengewichtete und residuelle Stromfunktion im nordhemisphärischen Winter wird in den Abb. 8.8 und 8.9 gezeigt. Die Ähnlichkeit ist deutlich. Insbesondere ist aber auch festzustellen, dass man nun in jeder Hemisphäre eine große Zelle erhält, die überall in der oberen Troposphäre und der Stratosphäre Masse von den Tropen in polare Breiten transportiert, was die Klimatologie der Ozonverteilung erklärt.

8.4.4 Zusammenfassung

Die *Beeinflussung der mittleren Strömung durch die Wellen* und die Frage des *zonal gemittelten Stofftransports* durch die Atmosphäre sind eng miteinander verknüpft:

● Das Euler'sche zonale Mittel der Bewegungsgleichungen zeigt, dass die *zonal gemittelte Atmosphäre durch die Konvergenz der Wellenflüsse von Impuls und Auftrieb beeinflusst*

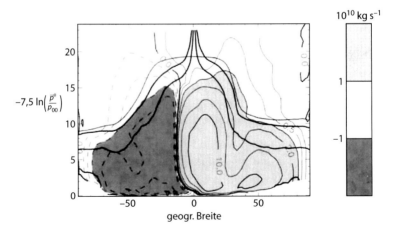

Abb. 8.8 Die Stromfunktion der massengewichteten mittleren Zirkulation im nordhemisphärischen Winter (Juckes 2001).

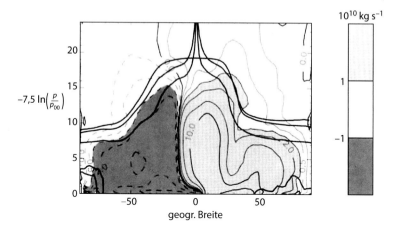

Abb. 8.9 Die Stromfunktion der mittleren residuellen Zirkulation im nordhemisphärischen Winter (Juckes 2001).

wird. Allerdings führt diese Sichtweise zu komplexen Zusammenhängen, in denen Wellenflüsse z. B. den Einfluss von Heizung verstärken oder abschwächen. Die *residuelle Zirkulation im transformierten Euler-Mittel (TEM)* verhält sich hingegen so, dass *Heizung (Kühlung) allein als Ursache des Aufsteigens (Absinkens) von Luftmassen* auftritt. Zudem *lassen sich klimatologische Verteilungen von wichtigen Spurenstoffen, wie z. B. Ozon, nicht allein durch die zonal gemittelte Zirkulation im Euler-Mittel erklären.*

- Grund für diese Diskrepanz ist der *Stokesdrift*, über den auch die Wellen zum zonal gemittelten Transport beitragen. Dieser lässt sich in *isentropen Koordinaten* direkt berechnen, da die *zonal gemittelte Zirkulation in diesen Koordinationen mit der transportierten Masse gewichtet* ist.
- Durch entsprechende Transformationen lässt sich zeigen, dass die *massengewichtete Zirkulation mit der residuellen Zirkulation nahezu identisch* ist .

8.5 Das Nichtbeschleunigungstheorem

Die bisherige Diskussion lässt im Allgemeinen einen Einfluss der Wellen auf das zonale Mittel der Atmosphäre erwarten. Eine wichtige Tatsache ist allerdings, dass dieser Einfluss nur unter bestimmten Bedingungen gegeben ist. Um dies zu zeigen, geht man von der Erhaltungsgleichung (8.14) für die quasigeostrophische potentielle Vorticity aus, die sich aufgrund der Divergenzfreiheit des geostrophischen Winds auch

$$\frac{\partial \pi}{\partial t} + \nabla \cdot (\mathbf{u}\pi) = D \tag{8.256}$$

schreiben lässt. Im zonalen Mittel ergibt sich

$$\frac{\partial \langle \pi \rangle}{\partial t} + \frac{\partial}{\partial y} \langle v\pi \rangle = \langle D \rangle \tag{8.257}$$

Bei synoptischer Skalierung im Rahmen der quasigeostrophischen Theorie aber ist $v = v' + \mathcal{O}(Ro)$, sodass man in guter Näherung

$$\frac{\partial \langle \pi \rangle}{\partial t} + \frac{\partial}{\partial y} \langle v'\pi' \rangle = \langle D \rangle \tag{8.258}$$

erhält. Mithilfe der Identität (8.112) zwischen der Eliassen-Palm-Fluss-Divergenz und dem meridionalen Fluss der potentiellen Vorticity, und der Eliassen-Palm-Beziehung (8.115), erhält man aber andererseits

$$\langle v'\pi' \rangle = \frac{1}{\overline{\rho}} \left(\frac{\overline{\rho} \langle D'\pi' \rangle}{\partial \langle \pi \rangle / \partial y} - \frac{\partial \mathcal{A}}{\partial t} \right) \tag{8.259}$$

was auf

$$\frac{\partial \langle \pi \rangle}{\partial t} = \frac{\partial}{\partial y} \left(\frac{1}{\overline{\rho}} \frac{\partial \mathcal{A}}{\partial t} - \frac{\langle D'\pi' \rangle}{\partial \langle \pi \rangle / \partial y} \right) + \langle D \rangle \tag{8.260}$$

führt. Außerdem ist

$$\pi = \nabla_h^2 \psi + f_0 + \beta y + \frac{1}{\overline{\rho}} \frac{\partial}{\partial z} \left(\overline{\rho} \frac{f_0^2}{N^2} \frac{\partial \psi}{\partial z} \right) \tag{8.261}$$

sodass man mithilfe von (8.5)

$$\frac{\partial}{\partial y} \frac{\partial \langle \pi \rangle}{\partial t} = -\frac{\partial^2}{\partial y^2} \frac{\partial \langle u \rangle}{\partial t} - \frac{1}{\overline{\rho}} \frac{\partial}{\partial z} \left(\overline{\rho} \frac{f_0^2}{N^2} \frac{\partial}{\partial z} \frac{\partial \langle u \rangle}{\partial t} \right) \tag{8.262}$$

erhält. Dies in die Merdionalableitung von (8.260) eingesetzt, liefert schließlich

$$\left[\frac{\partial^2}{\partial y^2} + \frac{1}{\overline{\rho}} \frac{\partial}{\partial z} \left(\overline{\rho} \frac{f_0^2}{N^2} \frac{\partial}{\partial z} \right) \right] \frac{\partial \langle u \rangle}{\partial t} = -\frac{\partial^2}{\partial y^2} \left(\frac{1}{\overline{\rho}} \frac{\partial \mathcal{A}}{\partial t} - \frac{\langle D'\pi' \rangle}{\partial \langle \pi \rangle / \partial y} \right) - \frac{\partial \langle D \rangle}{\partial y} \tag{8.263}$$

Dies ist eine elliptische Gleichung für die Zeitableitung des zonal gemittelten Zonalwinds. Letztere verschwindet dann, wenn einerseits die rechte Seite der Gleichung keinen Beitrag leistet und andererseits der zonal gemittelte Zonalwind an den Rändern des betrachteten Gebiets, z. B. des β-Kanals, keine Zeitableitung hat. Ein Verschwinden der rechten Seite erfordert, dass $D = 0$ ist und außerdem $\partial \mathcal{A}/\partial t = 0$. Dies bedeutet, dass einerseits keine nicht-konservativen Kräfte wirken und andererseits die Amplitude der Wellen stationär ist. Außerdem sollte man sich daran erinnern, dass an verschiedenen Stellen der Herleitung der verwendeten Beziehungen angenommen wurde, dass die Wellenamplituden klein sind, sodass lineare Dynamik angenommen werden kann. Zusammenfassend gilt folgender Satz:

Das Nichtbeschleunigungstheorem von Charney und Drazin:
Der zonal gemittelte Zonalwind ist in einem Gebiet stationär, wenn folgende Bedingungen erfüllt sind:

- Die Wellenamplituden sind klein genug, sodass lineare Dynamik gilt.
- Die Wellenamplituden sind stationär.
- Es wirken keine nicht-konservativen Kräfte.
- Stationarität des zonal gemittelten Zonalwinds ist an den Rändern des betrachteten Gebiets gegeben. Diese letzte Bedingung entfällt jedoch auf der Kugel.

Unter den Bedingungen des Theorems ist gemäß (8.259) aber auch

$$\langle v'\pi' \rangle = 0 \tag{8.264}$$

Dies wiederum hat zur Folge, dass gemäß (8.214) auch

$$\langle v \rangle^* = 0 \tag{8.265}$$

ist, da keine nicht-konservativen Kräfte wirken und somit $\langle F \rangle = 0$ ist. Schließlich folgt mit der Kontinuitätsgleichung (8.212) dann auch

$$\langle w \rangle^* = 0 \tag{8.266}$$

Unter den Bedingungen des Nichtbeschleunigungstheorems gibt es keine residuelle Zirkulation. Also sind

$$\langle v \rangle - \frac{1}{\overline{\rho}} \frac{\partial}{\partial z} \left\langle \frac{\overline{\rho}}{N^2} v'b' \right\rangle = 0 \tag{8.267}$$

$$\langle w \rangle + \frac{1}{N^2} \frac{\partial}{\partial y} \langle v'b' \rangle = 0 \tag{8.268}$$

sodass die Wellen exakt den Anteil des Euler-Mittels in der residuellen Zirkulation ausgleichen. Betrachtet man nochmals (8.215), so sieht man ebenfalls, dass das Nichtbeschleunigungstheorem auch

$$\frac{\partial \langle b \rangle}{\partial t} = 0 \tag{8.269}$$

impliziert, da die Abwesenheit nicht-konservativer Kräfte auch $\langle Q \rangle = 0$ bedeutet. *Unter den Bedingungen des Nichtbeschleunigungstheorems ist demnach auch die zonal gemittelte potentielle Temperatur stationär, sodass generell keine Wechselwirkung zwischen Wellen und Grundstrom stattfindet.*

Im Umkehrschluss ist eine Verletzung der Bedingungen des Theorems erforderlich, damit die Wellen den Grundstrom beeinflussen können! Dies erfordert z. B. eine zeitliche Entwicklung der Wellenamplituden oder den Einfluss nicht-konservativer Prozesse. Wenn also z. B.

- die Wellenamplituden sich zeitlich ändern,
- die Wellen brechen, d. h. nichtlinear abgebaut werden, oder
- Reibung oder Heizung wirken,

dann kann

- der Grundstrom durch die Wellen beschleunigt oder abgebremst werden und
- eine residuelle Zirkulation existieren.

Es lässt sich damit auch die residuelle Zirkulation in der Stratosphäre besser verstehen: Im klimatologischen Mittel ist die mittlere Strömung stationär, sodass die TEM-Gleichungen (8.214) und (8.215)

$$\langle v \rangle^* = -\frac{1}{f_0} \left(\langle v' \pi' \rangle + \langle F \rangle \right) \tag{8.270}$$

$$\langle w \rangle^* = \frac{1}{N^2} \langle Q \rangle \tag{8.271}$$

ergeben. Wie zu erwarten, resultiert das Aufsteigen (Absinken) von Luftmassen aus Heizung (Kühlung). Für ein besseres Verständnis der meridionalen Bewegung nutzen wir (8.112) und erhalten damit

$$\langle v \rangle^* = -\frac{1}{f_0} \left(\frac{1}{\rho} \nabla \cdot \boldsymbol{\mathcal{F}} + \langle F \rangle \right) \tag{8.272}$$

Unterhalb der Stratopause[4] dominiert auf der rechten Seite die Divergenz des Eliassen-Palm-Flusses aufgrund von Rossby-Wellen, die sich von der Troposphäre nach oben bewegen. Diese haben eine nach oben gerichtete Gruppengeschwindigkeit und damit wegen (8.154) auch einen nach oben gerichteten Eliassen-Palm-Fluss $\mathcal{F}_z > 0$. Wenn sie in der Stratosphäre absorbiert werden, z. B. durch Wellenbrechen an kritischen Schichten, wird $\partial \mathcal{F}_z / \partial z < 0$. Analog führt die Absorption von Wellen, die sich auch horizontal ausbreiten, ganz allgemein zu einer Konvergenz des Eliassen-Palm-Flusses $\nabla \cdot \boldsymbol{\mathcal{F}} < 0$. Also muss $f_0 \langle v \rangle^* > 0$ sein, sodass die residuelle Meridionalgeschwindigkeit in der Nordhemisphäre (Südhemisphäre) positiv (negativ) ist, generell also von den Tropen zu den Polen gerichtet ist.

---

[4] In der Mesosphäre darüber spielen kleinskalige Schwerewellen die beherrschende Rolle. Ihr Einfluss lässt sich in der Formulierung hier über Antrieb $\langle F \rangle \neq 0$ und Heizung $\langle Q \rangle \neq 0$ erfassen.

8.6   Leseempfehlungen

Gute Behandlungen der Welle-Grundstrom-Wechselwirkung finden sich in Holton und
Hakim (2013), Pedlosky (1987) und Vallis (2006), aber besonders empfehlenswert sind
die Texte von Andrews et al. (1987) und Bühler (2009). Letzterer diskutiert in sehr
guter Weise die sogenannte Generalized-Lagrangian-Mean-Theorie, die von Andrews
und McIntyre (1978a, b) eingeführt worden ist und die eine wichtige Grundlage unseres
Verständnisses der Wechselwirkung von Wellen und der mittleren Strömung ist, einschließlich des TEM und des Nichtbeschleunigungstheorems. Grundlegende Publikationen zur
meridionalen und vertikalen Rossby-Wellenausbreitung sind Charney und Drazin (1961),
Hoskins und Karoly (1981) und Karoly und Hoskins (1982). Der Eliassen-Palm-Fluss ist
von Eliassen und Palm (1961) eingeführt worden.

Die meridionale Zirkulation

Das bis zu diesem Punkt zusammengetragene Wissen zur Dynamik der Atmosphäre im Allgemeinen und zur Welle-Grundstrom-Wechselwirkung im Speziellen soll nun für eine Diskussion der Mechanismen der allgemeinen Zirkulation der Atmosphäre verwendet werden. Dabei wird es darum gehen, über die reine Diagnostik hinaus ein Verständnis zu erlangen, warum Zirkulation, zonales Mittel von Wind und Temperatur und die Wellen sich so einstellen, wie aus dem Beobachtungsbefund bekannt ist. Wenn auch bis heute noch wichtige offene Fragen bleiben, so ist die Theorie der atmosphärischen Dynamik doch in der Lage, einiges zu erklären. Mit diesem Ziel wird zunächst der empirische Befund sehr kurz angerissen, dann die Zirkulation in den Tropen diskutiert und schließlich auf die Verhältnisse in mittleren Breiten eingegangen.

9.1 Grundzüge des empirischen Befunds

Zunächst sei die Strahlungsbilanz betrachtet. Abb. 9.1 zeigt die breitenabhängige Leistungsdichte des zonalen Mittels der am Oberrand der Atmosphäre einfallenden solaren Strahlung und der von der Erde ausgesendeten Infrarotstrahlung. Die beiden Profile stimmen nicht miteinander überein. Nach dem Stefan-Boltzmann-Gesetz entspricht die Abstrahlung der Atmosphäre L einer Strahlungstemperatur T, sodass $L = \sigma T^4$. Die Strahlungstemperatur der Atmosphäre hat also eine Breitenabhängigkeit dergestalt, dass die Polarregionen wärmer und die Tropen kälter sind, als aufgrund der solaren Einstrahlung zu erwarten. Offensichtlich finden in der Atmosphäre Transportprozesse statt, bei denen thermische Energie von den Tropen in die Polarregionen transportiert wird. Zwar spielt dabei auch der Ozean eine Rolle, aber zu einem bedeutenden Teil wird dies durch die Atmosphäre bewirkt. Dabei wirken einerseits die direkte atmosphärische Breiten-Höhen-Zirkulation, andererseits aber auch aufgrund der baroklinen Instabilität erzeugte Wellen. Die daraus resultierende Breiten-Höhen-Verteilung der zonal gemittelten potentiellen Temperatur ist für die Troposphäre

© Springer-Verlag GmbH Deutschland, ein Teil von Springer Nature 2022 345
U. Achatz, *Atmosphärendynamik*, https://doi.org/10.1007/978-3-662-63780-7_9

Abb. 9.1 Schematische
Darstellung der
Breitenabhängigkeit des
zonalen Mittels der am
Oberrand der Atmosphäre
einfallenden solaren Strahlung,
der abgestrahlten
Infrarotstrahlung und der sich
daraus ergebenden
Nettostrahlungsbilanz
(einfallend – abgestrahlt).

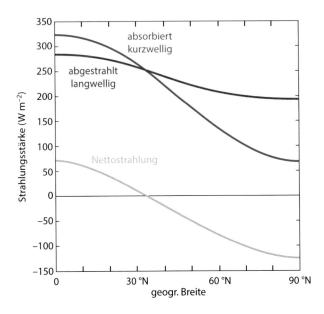

zusammen mit dem zonalen Mittel des Zonalwinds in Abb. 9.2 gezeigt. Neben der generellen Temperaturabnahme vom Äquator zu den Polen ist der stark barokline Bereich in den Subtropen augenfällig, mit einem korrespondierenden zonalen thermischen Westwind. Der Strahlstrom erstreckt sich aber noch weiter bis in mittlere Breiten, wo er eine eher barotrope Struktur hat. Entsprechend sind die Bodenwinde in mittleren Breiten Westwinde, während in den Tropen und in den polaren Breiten Ostwinde vorherrschen. Schließlich sei nochmals auf Abb. 8.7 hingewiesen, in der die meridionale Zirkulation im Euler-Mittel für den nordhemisphärischen Winter dargestellt wird. Man sieht die beiden Hadley-Zellen in den Tropen, mit einer deutlich stärkeren Zelle auf der Winterseite. Diese Zirkulation ist direkt, d. h., sie ist im Einklang mit der thermischen Struktur, da warme Luftmassen aufsteigen und kalte Luftmassen absinken. Die Hadley-Zirkulation ist von den Ferrel-Zellen flankiert, die thermisch indirekt sind. Offensichtlich muss hier der Wellenantrieb eine Rolle spielen. In polaren Breiten sind jeweils nochmals schwache direkte Zirkulationszellen zu erkennen.

9.2   Die Hadley-Zirkulation

In der Behandlung der Zirkulation in den Tropen soll zunächst die zonalsymmetrische Dynamik ohne Wellen mit Symmetrie zwischen Nord- und Südhemisphäre diskutiert werden, basierend auf Arbeiten von Schneider (1977) sowie Held und Hou (1980). Dann wird auf die Sommer-Winter-Asymmetrie eingegangen und schließlich auch der Einfluss der Wellen besprochen.

Abb. 9.2 Die Breiten-Höhen-Verteilung der zonalen Mittel des Zonalwinds (Konturintervall 5 m/s, Bereiche mit mehr als 20 m/s schattiert) und der potentiellen Temperatur (Konturintervall 10 K) in der Troposphäre im nordhemisphärischen Winter (oberes Bild) und Sommer (unten) im ERA5-Datensatz (Hersbach et al. 2020).

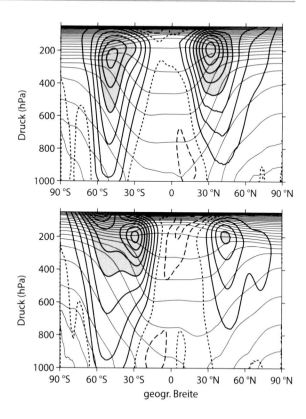

9.2.1 Die Grundgleichungen eines Modells ohne Wellenantrieb

Betrachtet seien die primitiven Gleichungen auf der Kugel. Dabei soll angenommen werden, dass es keine Wellen gibt und demnach alles zonalsymmetrisch ist. Außerdem wird nur nach stationären Zuständen gesucht, sodass zeitliche Entwicklungen der Zirkulation unter den Tisch fallen. Als wichtige dynamische Aspekte werden aber turbulente Reibung und Diffusion in der planetaren Grenzschicht berücksichtigt und außerdem selbstverständlich eine differenzielle Heizung zwischen Äquator und Polen. Es gelten also

$$\mathbf{v} \cdot \nabla u - f v - \frac{u v}{a} \tan \phi = \frac{\partial}{\partial z}\left(K \frac{\partial u}{\partial z}\right) \tag{9.1}$$

$$\mathbf{v} \cdot \nabla v + f u + \frac{u^2}{a} \tan \phi = -\frac{1}{a \rho} \frac{\partial p}{\partial \phi} + \frac{\partial}{\partial z}\left(K \frac{\partial v}{\partial z}\right) \tag{9.2}$$

$$0 = -\frac{1}{\rho} \frac{\partial p}{\partial z} - g \tag{9.3}$$

$$\nabla \cdot (\rho \mathbf{v}) = 0 \tag{9.4}$$

$$\mathbf{v} \cdot \nabla \theta = \frac{\partial}{\partial z}\left(K \frac{\partial \theta}{\partial z}\right) - \frac{\theta - \theta_E}{\tau} \tag{9.5}$$

Dabei ist aufgrund der Zonalsymmetrie

$$\mathbf{v} \cdot \nabla = \frac{v}{a}\frac{\partial}{\partial \phi} + w \frac{\partial}{\partial z} \tag{9.6}$$

und für jedes skalare Feld α

$$\nabla \cdot (\alpha \mathbf{v}) = \frac{1}{a \cos \phi}\frac{\partial}{\partial \phi}(\cos \phi\, v\alpha) + \frac{\partial}{\partial z}(w\alpha) \tag{9.7}$$

Außerdem wurden die turbulenten Flüsse durch eine einfache Fluss-Gradienten-Beziehung in der Vertikalen approximiert, mit identischem Viskositäts- und Diffusionskoeffizienten K, und die Heizung durch den Relaxationsansatz

$$Q = -\frac{\theta - \theta_E}{\tau} \tag{9.8}$$

Darin ist $\theta_E(\phi, z)$ die potentielle Temperatur des Strahlungsgleichgewichts und τ eine Relaxationszeit, innerhalb derer sich die Atmosphäre ohne Einfluss der Dynamik auf das Strahlungsgleichgewicht einstellen würde. Man kann sich leicht überzeugen, dass Q die Atmosphäre kühlt (heizt), wo die potentielle Temperatur über (unter) θ_E liegt.

Aus Gründen der Einfachheit soll auch die Boussinesq-Näherung verwendet werden, d. h., es wird angenommen, dass

$$\rho = \rho_0 + \tilde{\rho} \qquad |\tilde{\rho}| \ll \rho_0 \tag{9.9}$$
$$p = \overline{p} + \tilde{p} \qquad |\tilde{p}| \ll \overline{p} \tag{9.10}$$
$$\theta = \overline{\theta} + \tilde{\theta} \qquad |\tilde{\theta}| \ll \theta_0 \tag{9.11}$$

wobei $\overline{\theta}(z) = \theta_0 + \delta\overline{\theta}(z)$ mit $|\delta\overline{\theta}| \ll \theta_0$. ρ_0 und θ_0 sind Konstante, und ρ_0 und $\overline{p}(z)$ stehen zueinander im hydrostatischen Gleichgewicht, sodass

$$\frac{d\overline{p}}{dz} = -\rho_0 g \tag{9.12}$$

ist. Analog zur Diskussion in der Grenzschichttheorie werden (9.2) und (9.3) damit zu

$$\mathbf{v} \cdot \nabla v + fu + \frac{u^2}{a}\tan \phi = -\frac{1}{a}\frac{\partial P}{\partial \phi} + \frac{\partial}{\partial z}\left(K \frac{\partial v}{\partial z}\right) \tag{9.13}$$

$$0 = -\frac{\partial P}{\partial z} + g \frac{\theta - \theta_0}{\theta_0} \tag{9.14}$$

wobei

$$P = \frac{\tilde{p}}{\rho_0} \tag{9.15}$$

ist. Die Kontinuitätsgleichung (9.4) vereinfacht sich zu

$$\nabla \cdot \mathbf{v} = 0 \tag{9.16}$$

sodass alle Advektionsterme auch als Flussterme geschrieben werden können, also etwa

$$\mathbf{v} \cdot \nabla u = \nabla \cdot (u\mathbf{v}) \tag{9.17}$$

Zusammenfassend erhält man somit

$$\nabla \cdot (\mathbf{v}u) - fv - \frac{uv}{a}\tan\phi = \frac{\partial}{\partial z}\left(K\frac{\partial u}{\partial z}\right) \tag{9.18}$$

$$\nabla \cdot (\mathbf{v}v) + fu + \frac{u^2}{a}\tan\phi = -\frac{1}{a}\frac{\partial P}{\partial \phi} + \frac{\partial}{\partial z}\left(K\frac{\partial v}{\partial z}\right) \tag{9.19}$$

$$0 = -\frac{\partial P}{\partial z} + g\frac{\theta - \theta_0}{\theta_0} \tag{9.20}$$

$$\nabla \cdot \mathbf{v} = 0 \tag{9.21}$$

$$\nabla \cdot (\mathbf{v}\theta) = \frac{\partial}{\partial z}\left(K\frac{\partial \theta}{\partial z}\right) - \frac{\theta - \theta_E}{\tau} \tag{9.22}$$

Zur Lösung der Gleichungen werden *Randbedingungen* benötigt. Am *oberen Rand* ($z = H$) wird angenommen, dass es keine Vertikalbewegung gibt, also

$$z = H : \quad w = 0 \tag{9.23}$$

und dass folglich alle vertikalen turbulenten Flüsse, z. B. $\langle u'w'\rangle$, auch verschwinden. Im Rahmen der Fluss-Gradienten-Beziehung sind diese proportional zum vertikalen Gradienten der mittleren Felder, also z. B.

$$\langle u'w'\rangle = -K\frac{\partial u}{\partial z} \tag{9.24}$$

sodass man erhält:

$$z = H : \quad \frac{\partial u}{\partial z} = \frac{\partial v}{\partial z} = \frac{\partial \theta}{\partial z} = 0 \tag{9.25}$$

Am *unteren Rand* ($z = 0$) wird analog angenommen

$$z = 0 : \quad w = 0 \tag{9.26}$$

und auch der turbulente Wärmefluss durch den Boden vernachlässigt, also

$$z = 0 : \quad \frac{\partial \theta}{\partial z} = 0 \tag{9.27}$$

Eine Vernachlässigung des turbulenten Impulsflusses allerdings ist nicht möglich. Die Turbulenz der Grenzschicht vermittelt den Effekt der molekularen Viskosität so, dass Impuls von der festen Erde auf die Atmosphäre übertragen wird. Dabei wirkt er der laminaren Strömung entgegen, sodass man am Boden in einfachster Manier z. B.

$$\langle u'w' \rangle = -K \frac{\partial u}{\partial z} = -Cu \tag{9.28}$$

annehmen kann, wobei $C > 0$ ein konstanter Reibungskoeffizient ist. Es wird also

$$z = 0: \quad K \frac{\partial u}{\partial z} = Cu \quad K \frac{\partial v}{\partial z} = Cv \tag{9.29}$$

verwendet.

9.2.2 Eine Lösung ohne Meridionalzirkulation

Ohne turbulente Flüsse, also im Fall

$$K = 0 \tag{9.30}$$

gibt es eine einfache Lösung ohne meridionale Zirkulation, also mit

$$v = w = 0 \tag{9.31}$$

deren Bodenwinde verschwinden:

$$u(z = 0) = 0 \tag{9.32}$$

Sie ist im exakten Strahlungsgleichgewicht, sodass

$$\theta = \theta_E \tag{9.33}$$

ist. Damit sind zonale Impulsgleichung, Kontinuitätsgleichung und Entropiegleichung trivial befriedigt. Die meridionale und die vertikale Impulsgleichung werden zu

$$f u + \frac{u^2}{a} \tan \phi = -\frac{1}{a} \frac{\partial P}{\partial \phi} \tag{9.34}$$

$$0 = -\frac{\partial P}{\partial z} + g \frac{\theta_E - \theta_0}{\theta_0} \tag{9.35}$$

Man hat also Hydrostatik und ein verallgemeinertes geostrophisches Gleichgewicht. Die vertikale Ableitung von (9.34) ergibt mithilfe von (9.35)

$$\frac{\partial}{\partial z} \left(f u + \frac{u^2}{a} \tan \phi \right) = -\frac{1}{a} \frac{\partial}{\partial \phi} \left(g \frac{\theta_E - \theta_0}{\theta_0} \right) = -\frac{g}{a \theta_0} \frac{\partial \theta_E}{\partial \phi} \tag{9.36}$$

was einer Verallgemeinerung des thermischen Winds entspricht. Bei verschwindenden Bodenwinden ergibt die vertikale Integration von (9.36)

$$f u + \frac{u^2}{a} \tan \phi = -\frac{g}{a\theta_0} \int_0^z dz' \frac{\partial \theta_E}{\partial \phi} \tag{9.37}$$

Diese quadratische Gleichung in u hat nur eine Lösung, die mit (9.32) in Übereinstimmung ist:

$$u = \Omega a \cos \phi \left[\left(1 - \frac{g}{\Omega^2 a^2 \sin \phi \cos \phi} \int_0^z dz' \frac{\partial \theta_E}{\partial \phi} \right)^{1/2} - 1 \right] \tag{9.38}$$

Da die potentielle Temperatur des Strahlungsgleichgewichts vom Äquator zu den Polen abnimmt, ist

$$\frac{1}{\sin \phi} \frac{\partial \theta_E}{\partial \phi} < 0 \tag{9.39}$$

Dabei nehmen wir eine Breitenabhängigkeit von θ_E an, sodass ihre Ableitung am Äquator verschwindet. Andernfalls hätte der Zonalwind am Äquator eine Singularität, sodass die Vernachlässigung der turbulenten Reibung nicht zulässig wäre. Dies würde in (9.39) immer noch ein Gleichheitszeichen zulassen. Die uns interessierenden Gleichgewichtstemperaturen sind aber der Form (9.83), sodass strikte Ungleichheit gilt. Somit hat man oberhalb des Bodens überall

$$\frac{g}{\Omega^2 a^2 \sin \phi \cos \phi} \int_0^z dz' \frac{\partial \theta_E}{\partial \phi} < 0 \tag{9.40}$$

und damit

$$u > 0 \tag{9.41}$$

Dies gilt auch am Äquator, was bedeutet, dass die Atmosphäre dort schneller rotiert als die Erde. Man spricht in diesem Fall von *Superrotation*. Außerdem nimmt der Zonalwind überall nach oben zu, d. h.

$$\frac{\partial u}{\partial z} = -\frac{g}{2\Omega a \sin \phi} \frac{\partial \theta_E}{\partial \phi} \left(1 - \frac{g}{\Omega^2 a^2 \sin \phi \cos \phi} \int_0^z dz' \frac{\partial \theta_E}{\partial \phi} \right)^{-1/2} > 0 \tag{9.42}$$

9.2.3 Der Satz von Hide

Es liegt nahe anzunehmen, dass man eine Lösung für kleine K bekommen kann, indem man die oben beschriebene als Ausgangspunkt verwendet und die Gleichungen darum entwickelt. Ein möglicherweise überraschendes Resultat ist aber, dass Lösungen für $K \neq 0$ selbst im Grenzfall $K \to 0$ nicht gegen diese Superrotation ohne Meridionalzirkulation konvergieren. Dies folgt aus der Drehimpulserhaltung. Die zugehörige Gleichung erhält man, indem man zunächst die zonale Impulsgleichung (9.18) mittels der Divergenzfreiheit des Windfelds

$$\mathbf{v} \cdot \nabla u - 2\Omega \sin\phi\, v - \frac{uv}{a}\tan\phi = \frac{\partial}{\partial z}\left(K\frac{\partial u}{\partial z}\right) \tag{9.43}$$

schreibt. Dies mit $a\cos\phi$ multipliziert, ergibt unter Verwendung von (9.6)

$$\frac{v}{a}\frac{\partial m}{\partial \phi} + w\frac{\partial m}{\partial z} = \frac{\partial}{\partial z}\left(K\frac{\partial m}{\partial z}\right) \tag{9.44}$$

wobei

$$m = \Omega a^2 \cos^2\phi + ua\cos\phi \tag{9.45}$$

die massenspezifische Dichte der axialen Drehimpulskomponente ist. Nochmalige Verwendung von (9.6) und der Divergenzfreiheit des Windfelds liefert schließlich die Erhaltungsgleichung

$$0 = -\nabla \cdot (m\mathbf{v}) + \frac{\partial}{\partial z}\left(K\frac{\partial m}{\partial z}\right) \tag{9.46}$$

Mithilfe dieses Erhaltungssatzes lässt sich nun zeigen, dass das Maximum von m am unteren Rand der Atmosphäre liegen muss, und zwar in einer Region mit Ostwinden $u < 0$. Dies bedeutet, dass das globale Maximum von m gemäß (9.45)

$$m_0 < \Omega a^2 \tag{9.47}$$

sein muss, und somit

$$u = \frac{m - \Omega a^2 \cos^2\phi}{a\cos\phi} < \frac{m_0 - \Omega a^2 \cos^2\phi}{a\cos\phi} < \Omega a\frac{\sin^2\phi}{\cos\phi} \tag{9.48}$$

Dies wiederum erfordert insbesondere *Ostwinde am Äquator*, ganz im Gegensatz zur Superrotation. Außerdem muss in der Nähe des Maximums am Boden $\partial u/\partial z < 0$ sein, was auch im Grenzfall $K \to 0$ nicht stetig in (9.42) übergehen kann.

Wir zeigen zunächst, dass das Maximum nicht im Innenbereich der Atmosphäre liegen kann. Dies geschieht durch den Nachweis, dass die gegenteilige Annahme auf einen Widerspruch führt. Wenn im Inneren der Atmosphäre ein Maximum m_0 vorhanden wäre, würde es in ausreichender Nähe davon eine geschlossene Kontur C um den Ort des Maximums herum geben, auf der die Drehimpulsdichte einen konstanten Wert $m = m_C < m_0$ hat. Dies ist in Abb. 9.3 dargestellt. Integration von (9.46) über die von C eingeschlossene Fläche S_C liefert

$$0 = -\int_{S_C} dS\, \nabla \cdot (m\mathbf{v}) + \int_{S_C} dS\, \frac{\partial}{\partial z}\left(K\frac{\partial m}{\partial z}\right) \tag{9.49}$$

Zweimalige Anwendung des Integralsatzes von Gauß, und schließlich der Divergenzfreiheit des Strömungsfelds, liefert für das erste Integral

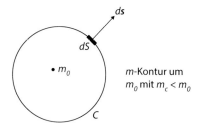

Abb. 9.3 Eine geschlossene Kontur C mit konstanter Drehimpulsdichte m_C, die ein Maximum m_0 einschließt. Der Vektor $d\mathbf{s}$ ist parallel zum nach außen gerichteten Normalvektor und stimmt im Betrag mit der Länge des Kurvenstücks ds überein.

$$\int_{S_C} dS \nabla \cdot (m\mathbf{v}) = \oint_C d\mathbf{s} \cdot m\mathbf{v} = m_C \oint_C d\mathbf{s} \cdot \mathbf{v} = m_C \int_{S_C} dS \nabla \cdot \mathbf{v} = 0 \qquad (9.50)$$

Zusammen mit Abb. 9.4 sieht man, dass das zweite Integral

$$\int_{S_C} dS \frac{\partial}{\partial z}\left(K \frac{\partial m}{\partial z}\right) = \int_{S_C} dz d\phi\, a \frac{\partial}{\partial z}\left(K \frac{\partial m}{\partial z}\right) = \int_{\phi_1}^{\phi_2} d\phi\, a \left[K \frac{\partial m}{\partial z}\right]_{z_1(\phi)}^{z_2(\phi)} < 0 \qquad (9.51)$$

ist, da

$$\left.\frac{\partial m}{\partial z}\right|_{z_2} \leq 0 \qquad (9.52)$$

$$\left.\frac{\partial m}{\partial z}\right|_{z_1} \geq 0 \qquad (9.53)$$

sind, mit überwiegend geltender Ungleichheit, wenn C nahe genug am Maximum m_0 ist. Es ist offensichtlich, dass (9.49), (9.50) und (9.51) zusammen einen Widerspruch erzeugen, sodass das Maximum von m nicht im Inneren der Atmosphäre liegen kann.

Ähnlich kann man zeigen, dass auch am oberen Rand kein Maximum liegen kann. Wäre das so, dann gäbe es nahe genug am Maximum eine Kontur C wie in Abb. 9.5, die zusammen mit dem oberen Rand das Maximum einschließt. Integration liefert analog wie oben

$$0 = \int_{S_C} dS \frac{\partial}{\partial z}\left(K \frac{\partial m}{\partial z}\right) = \int_{\phi_1}^{\phi_2} d\phi\, a \left[K \frac{\partial m}{\partial z}\right]_{z_1(\phi)}^{H} \qquad (9.54)$$

Aufgrund der oberen Randbedingung (9.25) aber ist bei $z = H$

$$K \frac{\partial m}{\partial z} = K a \cos\phi \frac{\partial u}{\partial z} = 0 \qquad (9.55)$$

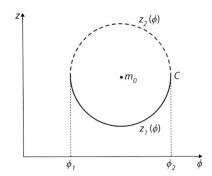

Abb. 9.4 Eine hilfreiche Aufteilung der Kontur C in Abb. 9.3 in Teilstücke, die als $z_i(\phi)$ geschrieben werden können.

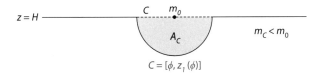

Abb. 9.5 Eine Kontur C mit konstanter Drehimpulsdichte m_C, die zusammen mit dem oberen Rand ein Maximum m_0 am oberen Rand der Atmosphäre einschließt.

sodass man

$$0 = -\int_{\phi_1}^{\phi_2} d\phi \, a \, K \frac{\partial m}{\partial z}\bigg|_{z_1(\phi)} \tag{9.56}$$

erhält. Da aber bei einer Kontur C, die nahe genug an m_0 liegt,

$$\frac{\partial m}{\partial z}\bigg|_{z_1(\phi)} \geq 0 \tag{9.57}$$

ist, mit überwiegend geltender Ungleichheit, führt auch dies auf einen Widerspruch.

Ein Maximum am unteren Rand hingegen ist möglich. Dort ist gemäß Abb. 9.6 das entsprechende Integral

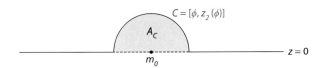

Abb. 9.6 Eine Kontur C mit konstanter Drehimpulsdichte m_C, die ein Maximum m_0 am unteren Rand der Atmosphäre einschließt.

$$0 = \int\limits_{S_C} dS \frac{\partial}{\partial z}\left(K\frac{\partial m}{\partial z}\right) = \int\limits_{\phi_1}^{\phi_2} d\phi \, a \left[K\frac{\partial m}{\partial z}\right]_0^{z_2(\phi)} \qquad (9.58)$$

Aufgrund der unteren Randbedingung (9.29) aber ist

$$K\frac{\partial m}{\partial z}\bigg|_{z=0} = a\cos\phi K\frac{\partial u}{\partial z}\bigg|_{z=0} = a\cos\phi C u\bigg|_{z=0} \qquad (9.59)$$

sodass

$$0 = \int\limits_{\phi_1}^{\phi_2} d\phi \, a \left[K\frac{\partial m}{\partial z}\bigg|_{z_2} - a\cos\phi C u\bigg|_{z=0}\right] \qquad (9.60)$$

resultiert. Diese Beziehung kann befriedigt werden, aber da nahe genug am Maximum

$$\frac{\partial m}{\partial z}\bigg|_{z_2} \le 0 \qquad (9.61)$$

ist, mit überwiegend geltender Ungleichheit, muss dann in der Nähe des Maximums $u < 0$ sein, sodass bei $K \to 0$ kein stetiger Übergang in die Superrotation möglich wäre.

9.2.4 Eine vereinfachte Beschreibung der Hadley-Zelle

Wie Held und Hou (1980) zeigen, gibt es trotz der soeben diskutierten Komplikationen einen guten analytischen Zugang zur Hadley-Zirkulation, der sich mittels numerisch exakter Lösungen verifizieren lässt. Demnach wird angenommen, dass sich eine Zelle wie in Abb. 9.7 vom Äquator bis zur Breite ϕ_H erstreckt. In der Rechnung werden fünf grundlegende Annahmen gemacht, die später noch durch zwei weitere zu ergänzen sind:

i) Im oberen Zweig nahe $z = H$ spielt die turbulente Viskosität in der Drehimpulserhaltung keine nennenswerte Rolle, sodass

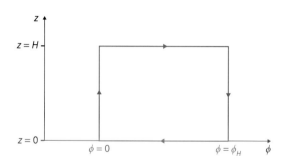

Abb. 9.7 Die Grundgeometrie einer Hadley-Zelle nach Held und Hou (1980).

$$z = H: \quad 0 = \nabla \cdot (m\mathbf{v}) \tag{9.62}$$

ist. Da das Strömungsfeld divergenzfrei ist, und außerdem bei $z = H$ gemäß der oberen Randbedingungen $w = 0$, wird dies zu

$$\frac{v}{a}\frac{\partial m}{\partial \phi} = 0 \tag{9.63}$$

oder auch

$$z = H: \quad \frac{\partial m}{\partial \phi} = 0 \tag{9.64}$$

Der Drehimpuls ist längs des oberen Asts der Hadley-Zelle also konstant oder

$$z = H: \quad m = m|_{\phi=0} \tag{9.65}$$

ii) In der meridionalen Impulsgleichung sind Advektion und turbulente Reibung vernachlässigbar, sodass man von demselben verallgemeinerten geostrophischen Gleichgewicht ausgehen kann, wie in der Betrachtung des Strahlungsgleichgewichts:

$$f u + \frac{u^2}{a}\tan\phi = -\frac{1}{a}\frac{\partial P}{\partial \phi} \tag{9.66}$$

iii) Die zonalen Bodenwinde sind wesentlich schwächer als am oberen Rand der Hadley-Zelle, also

$$|u|\big|_{z=0} \ll |u|\big|_{z=H} \tag{9.67}$$

iv) Die turbulente Diffusion spielt auch in der Entropiegleichung keine dominante Rolle, sodass man diese

$$\nabla \cdot (\mathbf{v}\theta) = -\frac{\theta - \theta_E}{\tau} \tag{9.68}$$

schreiben kann.

v) Schließlich soll auch angenommen werden, dass die Zirkulation symmetrisch bezüglich des *Äquators* ist, was bedeutet, dass keine Masse über den Äquator fließen kann:

$$\phi = 0: \quad v = 0 \tag{9.69}$$

Da die turbulenten Effekte weitgehend vernachlässigt werden, erhält man so im Wesentlichen die Lösung für $K \to 0$, während Ergebnisse für $K > 0$ nur numerisch möglich sind.

Annahme i) liefert den Zonalwind im oberen Ast der Hadley-Zelle, denn Einsetzen von (9.45) in (9.65) ergibt zunächst

$$z = H: \quad \Omega a^2 \cos^2\phi + ua\cos\phi = \Omega a^2 + a\,u|_{\phi=0} \tag{9.70}$$

Abb. 9.8 Die Breitenabhängigkeit des Zonalwinds in der oberen Troposphäre nach dem vereinfachten Modell von Held und Hou (1980).

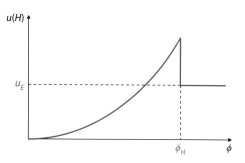

Da aber am Äquator die Luftmassen aus dem aufsteigendem Ast der Hadley-Zelle kommen, kann man infolge von Annahme iii) $u|_{\phi=0}$ vernachlässigen, sodass man

$$z = H: \quad u = u_M = \Omega a \frac{\sin^2 \phi}{\cos \phi} \tag{9.71}$$

erhält. Infolge der Drehimpulserhaltung steigt der Zonalwind vom Äquator zu den mittleren Breiten stark an. Wie weiter unten klar wird, erhält man außerhalb der Hadley-Zelle die oben diskutierte Lösung des Strahlungsgleichgewichts, sodass ein Strahlstrom wie in Abb. 9.8 resultiert. Zusammen mit numerischen Lösungen für verschiedene turbulente Viskositäten ist er in Abb. 9.9 gezeigt. Die zugehörige Breiten-Höhen-Abhängigkeit ist in Abb. 9.10 angegeben.

Gemäß Annahme ii) gilt das verallgemeinerte geostrophische Gleichgewicht (9.66). Seine Auswertung am oberen und unteren Rand der Hadley-Zelle und Differenzbildung liefern

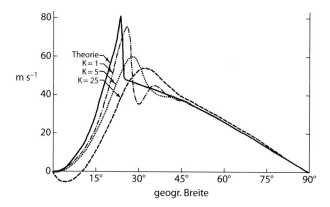

Abb. 9.9 Die Breitenabhängigkeit des Zonalwinds in der oberen Troposphäre in dem vereinfachten Modell von Held und Hou (1980), zusammen mit numerischen Ergebnissen für verschiedene turbulente Viskositäten (hier mit K bezeichnet). (Abgedruckt aus Held und Hou 1980).

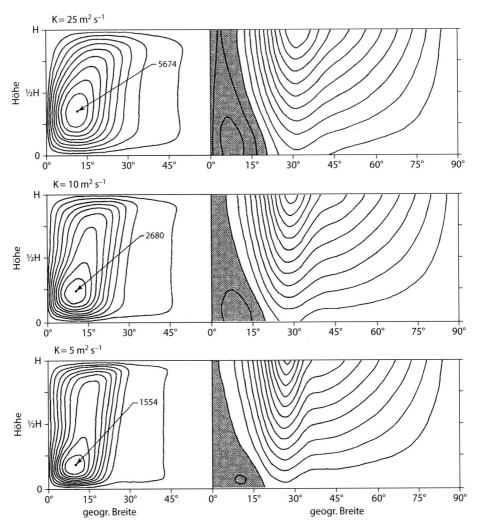

Abb. 9.10 Numerische Ergebnisse für die Breiten-Höhen-Abhängigkeit der Massenstromfunktion (links) und des Zonalwinds (rechts) in dem vereinfachten Modell von Held und Hou (1980).

$$f\left[u(H) - u(0)\right] + \frac{\tan\phi}{a}\left[u^2(H) - u^2(0)\right] = -\frac{1}{a}\frac{\partial}{\partial\phi}\left[P(H) - P(0)\right] \qquad (9.72)$$

Die rechte Seite dazu erhält man durch vertikale Integration des hydrostatischen Gleichgewichts

$$\frac{\partial P}{\partial z} = g\frac{\theta - \theta_0}{\theta_0} \qquad (9.73)$$

mit dem Ergebnis

$$\frac{1}{H}\left[P(H) - P(0)\right] = g\frac{\{\theta\} - \theta_0}{\theta_0} \tag{9.74}$$

wobei für beliebige Felder X

$$\{X\} = \frac{1}{H}\int_0^H dz\, X \tag{9.75}$$

das vertikale Mittel kennzeichnet. Unter weiterer Verwendung der Näherung (9.67) schwacher Bodenwinde und der Breitenunabhängigkeit von θ_0 erhält man zusammenfassend

$$z = H: \qquad fu + \frac{\tan\phi}{a}u^2 = -\frac{gH}{a\theta_0}\frac{\partial\{\theta\}}{\partial\phi} \tag{9.76}$$

Einsetzen von (9.71) zusammen mit $f = 2\Omega\sin\phi$ ergibt

$$\frac{\Omega^2 a}{2}\frac{\partial}{\partial\phi}\frac{\sin^4\phi}{\cos^2\phi} = -\frac{gH}{a\theta_0}\frac{\partial\{\theta\}}{\partial\phi} \tag{9.77}$$

Die Integration dieser Beziehung über die Breite liefert schließlich

$$\frac{\{\theta\}(\phi) - \{\theta\}(0)}{\theta_0} = -\frac{\Omega^2 a^2}{2gH}\frac{\sin^4\phi}{\cos^2\phi} \tag{9.78}$$

In den bisher abgeleiteten Ergebnissen bleiben sowohl die Breite ϕ_H der Hadley-Zelle als auch die mittlere potentielle Temperatur $\{\theta\}(0)/\theta_0$ am Äquator unbestimmt. Außerdem ist noch nicht der Nachweis vollbracht, dass außerhalb der Hadley-Zirkulation das Strahlungsgleichgewicht zusammen mit dem zugehörigen thermischen Wind (9.38) vorliegt. Letzteres lässt sich leicht aus (9.68) ableiten, denn außerhalb der Hadley-Zellen sind $v = w = 0$ und somit

$$\theta = \theta_E \tag{9.79}$$

Zusammen mit (9.76) führt dies auf das gewünschte Resultat. Die Breite ϕ_H kann man ermitteln, indem ein sinnvolles Profil für θ_E angenommen wird und außerdem Stetigkeit der potentiellen Temperatur, sodass

$$\phi = \phi_H: \qquad \{\theta\} = \{\theta_E\} \tag{9.80}$$

ist. Da, wie in Abb. 9.11 skizziert, am Außenrand der Hadley-Zelle die Normalkomponente des Geschwindigkeitsfelds selbstredend verschwindet, liefert die Integration der Entropiegleichung (9.68) mithilfe des Satzes von Gauß über die Fläche der Zelle

$$0 = -\frac{1}{\tau}\int_{S_H} dS(\theta - \theta_E) \tag{9.81}$$

Dies führt auf

Abb. 9.11 Das Geschwindigkeitsfeld in einer Hadley-Zelle ist so, dass am Außenrand die Normalkomponente verschwindet.

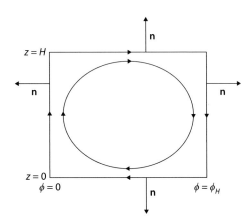

$$\int\limits_{0}^{\phi_H} d\phi \, a \, \{\theta\} = \int\limits_{0}^{\phi_H} d\phi \, a \, \{\theta_E\} \tag{9.82}$$

Die Fläche unter der Verteilung der vertikal gemittelten potentiellen Temperatur ist also dieselbe wie im Strahlungsgleichgewicht. Dies ist in Abb. 9.12 dargestellt. An dieser Stelle muss eine explizite räumliche Abhängigkeit der potentiellen Temperatur des Strahlungsgleichgewichts eingeführt werden. Ein guter Kompromiss zwischen Realitätsnähe und Einfachheit ist

$$\frac{\theta_E}{\theta_0} = 1 - \frac{2}{3} \Delta_H P_2(\sin\phi) + \Delta_v \left(\frac{z}{H} - \frac{1}{2} \right) \tag{9.83}$$

Dabei ist Δ_H der Bruchteil, um den sich die potentielle Temperatur zwischen Äquator und Pol ändert, während Δ_v den Unterschied zwischen Boden und Oberrand der Troposphäre beschreibt. Schließlich ist

$$P_2(x) = \frac{3}{2} x^2 - \frac{1}{2} \tag{9.84}$$

ein Legendre-Polynom. Da in den Subtropen und Tropen ohne Weiteres

$$|\phi| \ll 1 \tag{9.85}$$

angenommen werden kann, lässt sich (9.83) auch gut als

$$\frac{\theta_E}{\theta_0} = 1 + \frac{\Delta_H}{3} - \Delta_H \phi^2 + \Delta_v \left(\frac{z}{H} - \frac{1}{2} \right) \tag{9.86}$$

nähern, was auf

$$\frac{\{\theta_E\}}{\theta_0} = 1 + \frac{\Delta_H}{3} - \Delta_H \phi^2 \tag{9.87}$$

führt. Analog erhält man in der Näherung niedriger Breiten aus (9.78)

Abb. 9.12 Die Fläche unter der Abhängigkeit der vertikal gemittelten potentiellen Temperatur von der Breite ist dieselbe wie im Strahlungsgleichgewicht. Entsprechend stimmen auch die schraffierten Flächen überein. (Abgedruckt aus Held und Hou 1980).

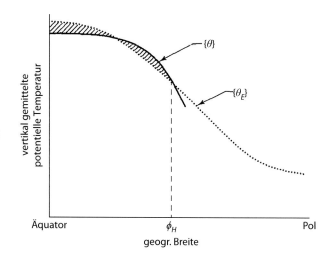

$$\frac{\{\theta\}}{\theta_0} = \frac{\{\theta\}(0)}{\theta_0} - \frac{\Omega^2 a^2}{2gH}\phi^4 \tag{9.88}$$

Diese beiden Näherungen in (9.80) und (9.82) eingesetzt, ergeben

$$\frac{\{\theta\}(0)}{\theta_0} - \frac{\Omega^2 a^2}{2gH}\phi_H^4 = \frac{\{\theta_E\}(0)}{\theta_0} - \Delta_H\phi_H^2 \tag{9.89}$$

$$\frac{\{\theta\}(0)}{\theta_0} - \frac{\Omega^2 a^2}{10gH}\phi_H^4 = \frac{\{\theta_E\}(0)}{\theta_0} - \frac{\Delta_H}{3}\phi_H^2 \tag{9.90}$$

wobei

$$\frac{\{\theta_E\}(0)}{\theta_0} = 1 + \frac{\Delta_H}{3} \tag{9.91}$$

ist. Die Differenz (9.90)–(9.89) liefert

$$\frac{2}{5}\frac{\Omega^2 a^2}{gH}\phi_H^4 = \frac{2}{3}\Delta_H\phi_H^2 \tag{9.92}$$

oder

$$\phi_H = \sqrt{\frac{5}{3}R} \tag{9.93}$$

mit

$$R = \frac{gH\Delta_H}{\Omega^2 a^2} \tag{9.94}$$

Die horizontale Erstreckung der Hadley-Zirkulation nimmt also mit der Baroklinizität der Atmosphäre zu, während sie mit dem Radius und der Rotationsfrequenz des Planeten abnehmen. Für die Erde ist eine sinnvolle Zahl für die Baroklinizität $\Delta_H = 1/6$, was $\phi_H \approx 20°$

liefert. Schließlich ergibt Einsetzen von (9.93) in (9.89)

$$\frac{\{\theta\}(0)}{\theta_0} = \frac{\{\theta_E\}(0)}{\theta_0} - \frac{5}{18}R\Delta_H \tag{9.95}$$

Der Unterschied zwischen den beiden vertikal gemittelten potentiellen Temperaturen am Äquator nimmt mit der horizontalen Ausdehnung zu, da die Stärke der Zirkulation und somit der Wärmetransport zunehmen.

Die Breitenabhängigkeit des vertikal gemittelten Wärmeflusses kann man ermitteln, indem man zunächst nochmals die Entropiegleichung (9.68) betrachtet:

$$\frac{1}{a\cos\phi}\frac{\partial}{\partial\phi}(\cos\phi v\theta) + \frac{\partial}{\partial z}(w\theta) = -\frac{\theta - \theta_E}{\tau} \tag{9.96}$$

Vertikale Integration liefert mit den Randbedingungen (9.23) und (9.26)

$$\frac{1}{H}\int_0^H dz \frac{1}{a\cos\phi}\frac{\partial}{\partial\phi}(\cos\phi v\theta) = -\frac{\{\theta\} - \{\theta_E\}}{\tau} \tag{9.97}$$

Mittels (9.88), (9.87) und (9.95) erhält man in der Näherung niedriger Breiten

$$\frac{\{\theta\} - \{\theta_E\}}{\theta_0} = \frac{\{\theta\}(0) - \{\theta_E\}(0)}{\theta_0} - \frac{\Omega^2 a^2}{2gH}\phi^4 + \Delta_H\phi^2 = -\frac{5}{18}R\Delta_H - \frac{\Omega^2 a^2}{2gH}\phi^4 + \Delta_H\phi^2 \tag{9.98}$$

was auf

$$\frac{1}{a}\frac{\partial}{\partial\phi}\left(\frac{1}{H}\int_0^H dz\, v\theta\right) = \frac{\theta_0}{\tau}\left(\frac{5}{18}R\Delta_H + \frac{\Omega^2 a^2}{2gH}\phi^4 - \Delta_H\phi^2\right) \tag{9.99}$$

führt, wobei für die niedrigen Breiten $\cos\phi \approx 1$ genähert wurde. Nun ist am Äquator $v = 0$ und damit auch

$$\frac{1}{H}\int_0^H dz\, v\theta\bigg|_{\phi=0} = 0 \tag{9.100}$$

Integration von 0 bis ϕ liefert somit

$$\frac{1}{a}\frac{1}{H}\int_0^H dz\, v\theta = \frac{\theta_0}{\tau}\left(\frac{5}{18}R\Delta_H\phi + \frac{\Omega^2 a^2}{10gH}\phi^5 - \frac{\Delta_H}{3}\phi^3\right) \tag{9.101}$$

was sich leicht in

$$\frac{1}{\theta_0} \int\limits_0^H dz\, v\theta = \frac{5}{18} \left(\frac{5}{3}\right)^{1/2} \frac{Ha\Delta_H}{\tau} R^{3/2} \left[\frac{\phi}{\phi_H} - 2\left(\frac{\phi}{\phi_H}\right)^3 + \left(\frac{\phi}{\phi_H}\right)^5\right] \tag{9.102}$$

umformen lässt. Dieses Resultat ist zusammen mit numerischen Resultaten für $K > 0$ in Abb. 9.13 gezeigt.

Zur Abschätzung der Bodenwinde werden zwei zusätzliche Grundannahmen benötigt. Zunächst lässt sich beobachten, dass aus der vertikalen Integration der Kontinuitätsgleichung

$$\frac{1}{a\cos\phi} \frac{\partial}{\partial\phi}(\cos\phi\, v) + \frac{\partial w}{\partial z} = 0 \tag{9.103}$$

mit den Randbedingungen (9.23) und (9.26)

$$\frac{1}{a\cos\phi} \frac{\partial}{\partial\phi}\left(\cos\phi \int dz\, v\right) = 0 \tag{9.104}$$

folgt. Da aber gemäß (9.69) keine Masse über den Äquator fließt, und somit auch

$$\phi = 0: \qquad \int\limits_0^H dz\, v = 0 \tag{9.105}$$

ist, hat man ganz allgemein

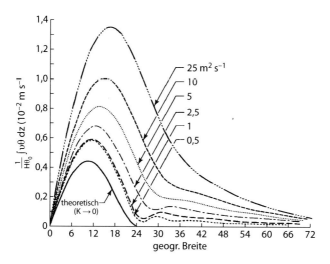

Abb. 9.13 Die Breitenabhängigkeit des vertikal gemittelten meridionalen Wärmetransports. Gezeigt ist das analytische Ergebnis für $K = 0$ und numerische Resultate für $K > 0$. (Nach Held und Hou 1980).

$$\int\limits_{0}^{H} dz\, v = 0 \tag{9.106}$$

Dies bedeutet, dass der polwärtige Massenfluss im oberen Zweig einer Hadley-Zelle durch den äquatorwärtigen Fluss im unteren Zweig ausgeglichen wird. Die beiden Zusatzannahmen lauten nun:

vi) Wie in Abb. 9.14 skizziert, ist der meridionale Fluss auf dünne Höhenbereiche nahe der Ränder oben und unten begrenzt. Gemäß der Diskussion oben sind die beiden Flüsse entgegengesetzt gleich groß:

$$V|_{z=H} = v(H)\Delta z(H) = -\,V|_{z=0} = -v(0)\Delta z(0) \tag{9.107}$$

vii) Außerdem wird auch angenommen, dass die statische Stabilität durch die Zirkulation nicht maßgeblich verändert wird, sodass

$$\frac{\theta|_{z=H} - \theta|_{z=0}}{\theta_0} = \Delta_v \tag{9.108}$$

ist.

Diese Zusatzannahmen führen zusammen auf folgende Abschätzung des vertikal gemittelten Wärmeflusses:

$$\frac{1}{\theta_0}\int\limits_{0}^{H} dz\, v\theta \approx \frac{1}{\theta_0}\big[(V\theta)|_{z=H} + (V\theta)|_{z=0}\big] = V|_{z=H}\,\Delta_v \tag{9.109}$$

Analog erhält man für den meridionalen Impulsfluss

Abb. 9.14 Der meridionale Fluss in der Hadley-Zelle ist auf dünne Schichten nahe der Ränder oben und unten begrenzt.

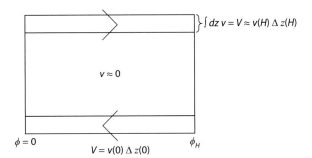

$\big\}\text{-}\!\int dz\, v = V \approx v(H)\,\Delta\, z(H)$

$v \approx 0$

$\phi = 0$ ϕ_H

$V = v(0)\,\Delta\, z(0)$

$$\int_0^H dz\, uv \approx (Vu)|_{z=H} + (Vu)|_{z=0} \approx V|_{z=H}\, u_M \tag{9.110}$$

wobei im letzten Schritt die Annahme (9.67) verwendet wurde und das Ergebnis (9.71) für die Breitenabhängigkeit des Zonalwinds in der oberen Troposphäre. Zusammen mit (9.109) erhält man das nützliche Resultat

$$\int_0^H dz\, uv = \frac{u_M}{\Delta_v}\frac{1}{\theta_0}\int_0^H dz\, v\theta \tag{9.111}$$

Unter erneuter Verwendung der Randbedingungen (9.23) und (9.26) bilden wir nun das vertikale Mittel der Drehimpulserhaltung (9.46) und erhalten zunächst

$$\frac{1}{a\cos\phi}\frac{\partial}{\partial\phi}\left(\cos\phi\int_0^H dz\, vm\right) = \left[K\frac{\partial m}{\partial z}\right]_0^H \tag{9.112}$$

Darin lässt sich in der linken Seite das vertikale Mittel des meridionalen Drehimpulsflusses durch Einsetzen von (9.45) und Verwendung des verschwindenden meridionalem Masseflusses (9.106) zu

$$\int_0^H dz\, vm = a\cos\phi\int_0^H dz\, uv \tag{9.113}$$

vereinfachen. Auf der rechten Seite verwenden wir, dass aufgrund der Randbedingungen

$$K\frac{\partial m}{\partial z} = a\cos\phi K\frac{\partial u}{\partial z} = \begin{cases} 0 & z = H \\ a\cos\phi\, Cu & z = 0 \end{cases} \tag{9.114}$$

ist, sodass

$$\frac{1}{a\cos\phi}\frac{\partial}{\partial\phi}\left(a\cos^2\phi\int_0^H dz\, uv\right) = -a\cos\phi\, C\, u|_{z=0} \tag{9.115}$$

resultiert. Damit ist der Bodenwind

$$u|_{z=0} = -\frac{1}{Ca\cos^2\phi}\frac{\partial}{\partial\phi}\left(\cos^2\phi\int_0^H dz\, uv\right)$$

$$= -\frac{1}{\Delta_v Ca\cos^2\phi}\frac{\partial}{\partial\phi}\left(\cos^2\phi\frac{u_M}{\theta_0}\int_0^H dz\, v\theta\right) \tag{9.116}$$

Schließlich führt die Verwendung der Ergebnisse (9.102) und (9.71) auf

$$z = 0: \quad u = -\frac{25}{18}\frac{\Omega a H \Delta_H}{C\tau\Delta_v}R^2\left[\left(\frac{\phi}{\phi_H}\right)^2 - \frac{10}{3}\left(\frac{\phi}{\phi_H}\right)^4 + \frac{7}{3}\left(\frac{\phi}{\phi_H}\right)^6\right] \quad (9.117)$$

Das Profil ist zusammen mit numerischen Ergebnissen für $K > 0$ in Abb. 9.15 gezeigt. Klar erkennbar sind die Ostwinde in den Tropen.

9.2.5 Die Sommer-Winter-Asymmetrie

In der Arbeit von Held und Hou (1980) wurde Symmetrie bezüglich des Äquators angenommen. Dies ist eine sinnvolle Annahme für Frühling und Herbst, da zu diesen Jahreszeiten das Strahlungsgleichgewicht näherungsweise symmetrisch ist. Im Sommer oder Winter hingegen ist weder die potentielle Temperatur des Strahlungsgleichgewichts symmetrisch noch die resultierende Hadley-Zirkulation. Schematisch ist die Situation in Abb. 9.16 gezeigt. Auf der Sommer- oder Winterseite wird die Zirkulation jeweils durch die Breiten ϕ_S und ϕ_W begrenzt. Der gemeinsame aufsteigende Ast beider Zellen liegt bei der Breite ϕ_1. Die erzeugende Gleichgewichtstemperatur kann nach Lindzen und Hou (1988) näherungsweise zu

$$\frac{\theta_E}{\theta_0} = 1 + \frac{\Delta_H}{3} - \Delta_H\left(\sin\phi - \sin\phi_0\right)^2 + \Delta_v\left(\frac{z}{H} - \frac{1}{2}\right) \quad (9.118)$$

angenommen werden. Sie erreicht ihr Maximum auf jeder Höhe bei der Breite ϕ_0. Es ist wichtig zu betonen, dass im Allgemeinen $\phi_1 \neq \phi_0$ ist. Die Breitenlage des aufsteigenden Asts muss selbst Ergebnis der Rechnungen sein.

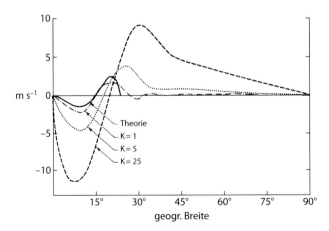

Abb. 9.15 Die Breitenabhängigkeit des Bodenwinds in den Tropen. Gezeigt ist das analytische Ergebnis für $K = 0$ und numerische Resultate für $K > 0$. (Nach Held und Hou 1980).

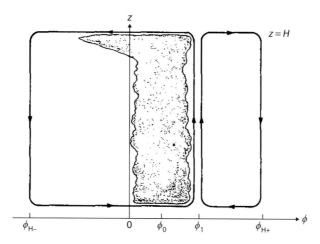

Abb. 9.16 Schematische Darstellung der Sommer-Winter-Asymmetrie der Hadley-Zirkulation. Auf der Sommer- oder Winterseite wird die Zirkulation jeweils durch die Breiten ϕ_S (hier ϕ_{H+}) und ϕ_W (hier ϕ_{H-}) begrenzt. Der gemeinsame aufsteigende Ast beider Zellen liegt bei der Breite ϕ_1. Die geographische Breite der maximalen potentiellen Temperatur im Strahlungsgleichgewicht ist ϕ_0. (Quelle: Lindzen und Hou 1988).

Die Annahmen sind dabei dieselben wie bei den symmetrischen Rechnungen von Lindzen und Hou (1980), mit der Ausnahme von Annahme v). So wird wiederum Drehimpulserhaltung im oberen Ast beider Zellen angenommen, was auf

$$z = H : \quad m = m|_{\phi = \phi_1} \tag{9.119}$$

führt. Da

$$u(\phi_1, H) = 0 \tag{9.120}$$

ist, erhält man

$$\Omega a^2 \cos^2 \phi + u a \cos \phi = \Omega a^2 \cos^2 \phi_1 \tag{9.121}$$

oder

$$z = H : \quad u = u_M = \Omega a \frac{\cos^2 \phi_1 - \cos^2 \phi}{\cos \phi} \tag{9.122}$$

Man beachte, dass am Äquator Ostwinde resultieren.

Für die Berechnung der Verteilung der potentiellen Temperatur werden wiederum das verallgemeinerte geostrophische Gleichgewicht, Hydrostatik und die Vernachlässigbarkeit der zonalen Bodenwinde gegenüber denen in der oberen Troposphäre angenommen. Man erhält

$$z = H : \quad f u + \frac{u^2}{a} \tan \phi = -\frac{g H}{a \theta_0} \frac{\partial \{\theta\}}{\partial \phi} \tag{9.123}$$

Zusammen mit (9.122) führt dies auf

$$\frac{\Omega^2 a}{2} \frac{\partial}{\partial \phi} \frac{\left(\sin^2 \phi_1 - \sin^2 \phi\right)^2}{\cos^2 \phi} = -\frac{gH}{a\theta_0} \frac{\partial \{\theta\}}{\partial \phi} \qquad (9.124)$$

Integration liefert

$$\frac{\{\theta\}}{\theta_0} = \frac{\{\theta\}(\phi_1)}{\theta_0} - \frac{\Omega^2 a^2}{2gH} \frac{\left(\sin^2 \phi_1 - \sin^2 \phi\right)^2}{\cos^2 \phi} \qquad (9.125)$$

Schließlich liefert die Integration der Entropiegleichung ohne turbulente Diffusion jeweils über die gesamte Fläche einer der beiden Zellen, unter Ausnutzung des Satzes von Gauß

$$\int_{\phi_W}^{\phi_1} d\phi \, a(\{\theta\} - \{\theta_E\}) = 0 \qquad (9.126)$$

$$\int_{\phi_1}^{\phi_S} d\phi \, a(\{\theta\} - \{\theta_E\}) = 0 \qquad (9.127)$$

Außerdem herrscht außerhalb der Zirkulationszellen Strahlungsgleichgewicht. Stetigkeit der potentiellen Temperatur erfordert

$$\{\theta\}(\phi_S) = \{\theta_E\}(\phi_S) \qquad (9.128)$$

$$\{\theta\}(\phi_W) = \{\theta_E\}(\phi_W) \qquad (9.129)$$

Man hat somit die vier Gleichungen (9.126) bis (9.129) für die vier Unbekannten ϕ_S, ϕ_W, ϕ_1 und $\{\theta\}(\phi_1)$. Eine Lösung ist nur noch numerisch möglich. Lösungen für Frühjahr und Sommer der Nordhemisphäre sind in Abb. 9.17 gezeigt. Zu beachten ist nicht nur die Asymmetrie der potentiellen Temperatur im zweiten Fall, sondern auch die deutlich stärkere Abweichung vom Strahlungsgleichgewicht auf der Winterseite. Dies ist ein klarer Hinweis auf eine deutlich stärkere Zirkulation auf dieser Seite.

9.2.6 Die wellengetriebene Hadley-Zirkulation

Die bisher vorgestellten Modelle haben verschiedene Schwächen. Die Vernachlässigung der zeitlichen Entwicklung (trotz des Jahresgangs) führt ebenso zu Fehlern wie die Vernachlässigung von Reibungseffekten. Die wichtigste Korrektur aber entsteht aus dem Wellenantrieb der tropischen Zirkulation, der oben in den zonalsymmetrischen Modellen nicht zu berücksichtigen war. In der Diskussion dieses Aspekts werden die Gleichungen hier zunächst um den Wellenantrieb erweitert, dann aber wieder Näherungen angewendet, sodass die Ergebnisse diejenigen aus den Modellen von Schneider (1977), Held und Hou (1980) und Lindzen und Hou (1988) nicht verallgemeinern, sondern komplementär ergänzen   .

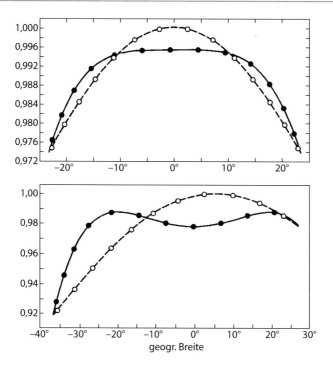

Abb. 9.17 Ein numerisches Ergebnis für die vertikal gemittelte potentielle Temperatur im Frühjahr (oberes Bild, $\phi_0 = 0$) und im nordhemisphärischen Sommer (unten, $\phi_0 = 6°$). (Aus Lindzen und Hou 1988).

Zunächst sei daran erinnert, dass das Produkt von $a \cos \phi$ mit der reibungsfreien zonalen Impulsgleichung in Boussinesq-Näherung

$$\frac{\partial u}{\partial t} + \mathbf{v} \cdot \nabla u - f v + \frac{u^2}{a} \tan \phi = -\frac{1}{a \cos \phi} \frac{\partial P}{\partial \lambda} \tag{9.130}$$

den Drehimpulserhaltungssatz

$$\frac{\partial m}{\partial t} + \nabla \cdot (\mathbf{v} m) = -\frac{\partial P}{\partial \lambda} \tag{9.131}$$

liefert. Darin spalten wir nun alle Felder in zonales Mittel und Wellen auf:

$$m = \langle m \rangle + m' \tag{9.132}$$

$$\mathbf{v} = \langle \mathbf{v} \rangle + \mathbf{v}' \tag{9.133}$$

$$P = \langle P \rangle + P' \tag{9.134}$$

und formen das zonale Mittel der Gleichung. Das Resultat ist

$$\frac{\partial \langle m \rangle}{\partial t} + \nabla \cdot (\langle \mathbf{v} \rangle \langle m \rangle) + \nabla \cdot \langle m' \mathbf{v}' \rangle = 0 \qquad (9.135)$$

Die Mittelung der Kontinuitätsgleichung ergibt

$$\nabla \cdot \langle \mathbf{v} \rangle = 0 \qquad (9.136)$$

sodass man auch

$$\frac{\partial \langle m \rangle}{\partial t} + \langle \mathbf{v} \rangle \cdot \nabla \langle m \rangle = -\nabla \cdot \langle m' \mathbf{v}' \rangle \qquad (9.137)$$

schreiben kann, oder detaillierter

$$\frac{\partial \langle m \rangle}{\partial t} + \frac{\langle v \rangle}{a} \frac{\partial \langle m \rangle}{\partial \phi} + \langle w \rangle \frac{\partial \langle m \rangle}{\partial z} = -\frac{1}{a \cos \phi} \frac{\partial}{\partial \phi} \left(\cos \phi \langle m' v' \rangle \right) - \frac{\partial}{\partial z} \langle m' w' \rangle \qquad (9.138)$$

Aus Gründen der Einfachheit soll nun für eine Abschätzung der Größenordnungen der einzelnen Terme in dieser Gleichung synoptische Skalierung wie in der quasigeostrophischen Theorie angenommen werden. Zunächst sind wegen (9.45) die Advektionsterme auf der linken Seite

$$\langle w \rangle \frac{\partial \langle m \rangle}{\partial z} = a \cos \phi \langle w \rangle \frac{\partial \langle u \rangle}{\partial z} \qquad (9.139)$$

$$\frac{\langle v \rangle}{a} \frac{\partial \langle m \rangle}{\partial \phi} = -a \cos \phi \, f \langle v \rangle + \frac{\langle v \rangle}{a} \frac{\partial}{\partial \phi} (a \cos \phi \langle u \rangle) \qquad (9.140)$$

mit $f = 2\Omega \sin \phi = \mathcal{O}(f_0)$. Darin sind

$$\langle u \rangle = \mathcal{O}(U) \qquad (9.141)$$

$$\langle v \rangle = \mathcal{O}(Ro\, U) \qquad (9.142)$$

$$\langle w \rangle = \mathcal{O}\left(Ro\frac{H}{L}U\right) \qquad (9.143)$$

und folglich

$$\langle w \rangle \frac{\partial \langle m \rangle}{\partial z} = \mathcal{O}\left(Ro\, a \frac{U^2}{L}\right) \qquad (9.144)$$

$$a \cos \phi \, f \langle v \rangle = \mathcal{O}\left(a \frac{U^2}{L}\right) \qquad (9.145)$$

$$\frac{\langle v \rangle}{a} \frac{\partial}{\partial \phi} (a \cos \phi \langle u \rangle) = \mathcal{O}\left(Ro\, a \frac{U^2}{L}\right) \qquad (9.146)$$

sodass in (9.138) die vertikale Drehimpulsadvektion vernachlässigt werden kann. Anders als durch einen Vergleich von (9.145) und (9.146) nahegelegt, behalten wir aber die gesamte meridionale Drehimpulsadvektion bei, d. h., wir vernachlässigen den Term in (9.146) nicht! Dies geschieht einerseits, weil die Dominanz des Coriolis-Terms in (9.145) insbesondere in den Tropen, aber auch in den Subtropen, weniger ausgeprägt ist als in mittleren Breiten. Andererseits aber ist der Term in (9.146) derjenige, der im zonalsymmetrischen Fall den Einfluss der Drehimpulserhaltung auf den subtropischen Strahlstrom erklärt.

Wir schließen die Analyse der Drehimpulserhaltung (9.138) ab, indem wir die Flussterme auf der rechten Seite betrachten. Diese sind wegen (9.45)

$$\frac{1}{a \cos\phi} \frac{\partial}{\partial\phi} \left(\cos\phi \, \langle m'v' \rangle\right) = \frac{1}{a \cos\phi} \frac{\partial}{\partial\phi} \left(a \cos^2\phi \, \langle u'v' \rangle\right) \qquad (9.147)$$

$$\frac{\partial}{\partial z} \langle m'w' \rangle = a \cos\phi \frac{\partial}{\partial z} \langle u'w' \rangle \qquad (9.148)$$

Hierin sind

$$u' = \mathcal{O}(U) \qquad (9.149)$$

$$v' = \mathcal{O}(U) \qquad (9.150)$$

$$w' = \mathcal{O}\left(Ro \frac{H}{L} U\right) \qquad (9.151)$$

sodass

$$\frac{1}{a \cos\phi} \frac{\partial}{\partial\phi} \left(\cos\phi \, \langle m'v' \rangle\right) = \mathcal{O}\left(a \frac{U^2}{L}\right) \qquad (9.152)$$

$$\frac{\partial}{\partial z} \langle m'w' \rangle = \mathcal{O}\left(Ro \, a \frac{U^2}{L}\right) \qquad (9.153)$$

und deshalb der vertikale Drehimpulsfluss gegenüber dem horizontalen vernachlässigt werden kann.

Zusammenfassend ist somit eine sinnvolle Näherung der Drehimpulsgleichung

$$\frac{\partial \langle m \rangle}{\partial t} + \frac{\langle v \rangle}{a} \frac{\partial \langle m \rangle}{\partial\phi} \approx -\frac{1}{a \cos\phi} \frac{\partial}{\partial\phi} \left(\langle u'v' \rangle a \cos^2\phi\right) \qquad (9.154)$$

Der Impulsfluss auf der rechten Seite ist für den Winter der Nordhemisphäre in Abb. 9.18 gezeigt. Es sei nun exemplarisch der obere Ast der Hadley-Zelle auf der Nordhemisphäre betrachtet. Dort ist

$$\langle v \rangle > 0 \qquad (9.155)$$

und außerdem

$$-\frac{1}{a \cos\phi} \frac{\partial}{\partial\phi} \left(a \cos^2\phi \, \langle u'v' \rangle\right) < 0 \qquad (9.156)$$

Dies bedeutet, dass im stationären Fall

$$\frac{\partial \langle m \rangle}{\partial t} = 0 \qquad (9.157)$$

der Drehimpuls zum Pol hin abnimmt, also

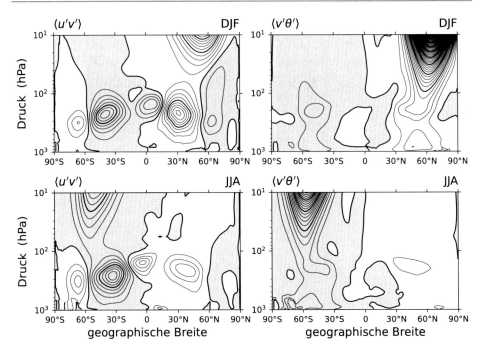

Abb. 9.18 Der klimatologische Befund für die meridionalen Flüsse von potentieller Temperatur (rechte Spalte, Konturintervall $10\,\mathrm{K\,m/s}$) und zonalem Impuls (links, Konturintervall $10\,\mathrm{m^2/s^2}$) für den nordhemisphärischen Winter (obere Zeile) und Sommer (unten). Schattierte Bereiche heben negative Werte hervor. Daten aus ERA5. (Hersbach et al. 2020).

$$\frac{\partial \langle m \rangle}{\partial \phi} < 0 \tag{9.158}$$

ist. Im Vergleich zum zonalsymmetrischen Fall wird der *Strahlstrom damit durch die Wellen abgeschwächt*. Zu analogen Ergebnissen gelangt man auch für die Südhemisphäre. Ein entsprechendes Resultat aus einem vereinfachten Klimamodell ist in Abb. 9.19 gezeigt.

Als Nächstes sei die Entropiegleichung

$$\frac{\partial \theta}{\partial t} + \nabla \cdot (\mathbf{v}\theta) = -\frac{\theta - \theta_E}{\tau} \tag{9.159}$$

ohne turbulente Diffusion betrachtet. Auf analogem Wege wie beim Drehimpuls erhält man daraus

$$
\begin{aligned}
\frac{\partial \langle \theta \rangle}{\partial t} + \nabla \cdot (\langle \mathbf{v} \rangle \langle \theta \rangle) &= -\nabla \cdot \langle \mathbf{v}'\theta' \rangle - \frac{\langle \theta \rangle - \theta_E}{\tau} \\
&= -\frac{1}{a\cos\phi}\frac{\partial}{\partial \phi}\left(\cos\phi\,\langle v'\theta' \rangle\right) - \frac{\partial}{\partial z}\langle w'\theta' \rangle - \frac{\langle \theta \rangle - \theta_E}{\tau} \\
&\approx -\frac{1}{a\cos\phi}\frac{\partial}{\partial \phi}\left(\cos\phi\,\langle v'\theta' \rangle\right) - \frac{\langle \theta \rangle - \theta_E}{\tau}
\end{aligned}
\tag{9.160}
$$

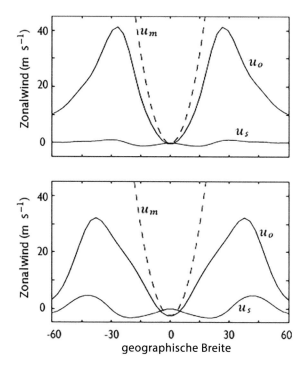

Abb. 9.19 Das zonale Mittel des Zonalwinds aus Simulationen eines vereinfachten allgemeinen Zirkulationsmodells ohne Wellen (oberes Bild) und mit Wellen (unten). Hierbei bezeichnet u_0 den Wind in der oberen Troposphäre und u_s den Bodenwind. Der Wind u_M aus Drehimpulserhaltung nach Held und Hou (1980) ist auch gezeigt. (Abgedruckt aus Vallis 2006 mit Genehmigung von Cambridge University Press).

was auch

$$\frac{\partial \langle \theta \rangle}{\partial t} + \nabla \cdot (\langle \mathbf{v} \rangle \langle \theta \rangle) = -\frac{\langle \theta \rangle - \theta_E^W}{\tau} \tag{9.161}$$

geschrieben werden kann, mit einer wellenmodifizierten Gleichgewichtstemperatur

$$\theta_E^W = \theta_E - \frac{\tau}{a \cos \phi} \frac{\partial}{\partial \phi} \left(\cos \phi \, \langle v' \theta' \rangle \right) \tag{9.162}$$

In den Tropen der Nordhemisphäre aber ist gemäß Abb. 9.18 im nordhemisphärischen Winter

$$\frac{\partial^2}{\partial \phi^2} \langle v' \theta' \rangle > 0 \tag{9.163}$$

sodass die Wellen den Breitengradienten der Gleichgewichtstemperatur verstärken, d. h.,

Abb. 9.20 Wie Abb. 9.19, aber
nun für die meridionale
Stromfunktion. (Abgedruckt
aus Vallis 2006 mit
Genehmigung von Cambridge
University Press).

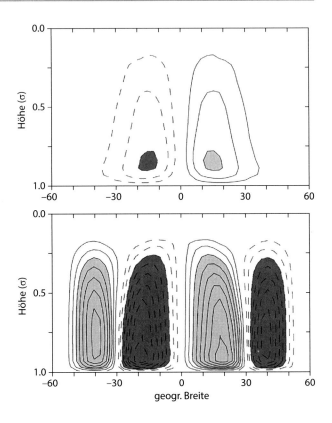

$$\frac{\partial \theta_E^W}{\partial \phi} < \frac{\partial \theta_E}{\partial \phi} < 0 \tag{9.164}$$

Dies hat zwangsläufig zur Folge, dass die *meridionale Zirkulation der Hadley-Zelle durch die Wellen verstärkt wird*. Analoge Ergebnisse erhält man auch auf der Südhemisphäre. Entsprechende Simulationsergebnisse sind in Abb. 9.20 gezeigt.

Dass dies so sein muss, kann man auch auf einem weiteren systematischen Weg erkennen, der weiter unten in der Diskussion der Ferrel-Zellen hilfreich sein wird. Dazu sei nochmals die mittlere Drehimpulserhaltungsgleichung (9.154) betrachtet. Darin ist mittels (9.45)

$$\frac{\partial \langle m \rangle}{\partial t} = a \cos \phi \frac{\partial \langle u \rangle}{\partial t} \tag{9.165}$$

und außerdem lässt sich die meridionale Drehimpulsadvektion gemäß (9.140) zerlegen, mit den zugehörigen Größenordnungsabschätzungen (9.145) und (9.146). Anders als soeben geschehen, behalten wir nun den Term in (9.146) aber nicht bei, weil wir uns ganz auf den Wellenantrieb konzentrieren wollen. Wir nähern deshalb auch $f \approx f_0$ und erhalten dann aus der Drehimpulserhaltung

$$\frac{\partial \langle u \rangle}{\partial t} - f_0 \langle v \rangle \approx M \tag{9.166}$$

mit

$$M = -\frac{1}{a^2 \cos^2 \phi} \frac{\partial}{\partial \phi} \left(\langle u'v' \rangle a \cos^2 \phi \right) \tag{9.167}$$

Auf ähnlichem Wege sei auch die mittlere Entropiegleichung (9.160) vereinfacht. Darin ist

$$\theta = \bar{\theta} + \tilde{\theta} \tag{9.168}$$

und somit auch unter Zuhilfenahme der Divergenzfreiheit des Geschwindigkeitsfelds

$$\nabla \cdot (\langle \mathbf{v} \rangle \langle \theta \rangle) = \langle \mathbf{v} \rangle \cdot \nabla \langle \theta \rangle = \frac{\langle v \rangle}{a} \frac{\partial \tilde{\theta}}{\partial \phi} + \langle w \rangle \frac{d\bar{\theta}}{dz} + \langle w \rangle \frac{\partial \langle \tilde{\theta} \rangle}{\partial z} \tag{9.169}$$

Gemäß quasigeostrophischer Skalierung sind

$$\tilde{\theta} = \mathcal{O} \left(Ro^2 \theta_0 \right) \tag{9.170}$$

$$\frac{d\bar{\theta}}{dz} = \mathcal{O} \left(Ro \frac{\theta_0}{H} \right) \tag{9.171}$$

und die Größenordnungen der zonal gemittelten Meridional- und Vertikalwinde lassen sich mittels (9.142) und (9.143) abschätzen. Somit ist

$$\nabla \cdot (\langle \mathbf{v} \rangle \langle \theta \rangle) \approx \langle w \rangle \frac{d\bar{\theta}}{dz} \tag{9.172}$$

Das Produkt von (9.160) mit g/θ_0 liefert dann

$$\frac{\partial \langle b \rangle}{\partial t} + \langle w \rangle N^2 \approx J \tag{9.173}$$

mit

$$J = -\frac{1}{a \cos \phi} \frac{\partial}{\partial \phi} \left(\langle b'v' \rangle \cos \phi \right) - \frac{g}{\theta_0} \frac{\langle \theta \rangle - \theta_E}{\tau} \tag{9.174}$$

und wie bisher

$$N^2 = \frac{g}{\theta_0} \frac{d\bar{\theta}}{dz} \tag{9.175}$$

Aus Gründen der Einfachheit verwenden wir ab hier lokale kartesische Koordinaten. Dann lautet die gemittelte Kontinuitätsgleichung

$$\frac{\partial \langle v \rangle}{\partial y} + \frac{\partial \langle w \rangle}{\partial z} = 0 \tag{9.176}$$

Folglich gibt es eine Stromfunktion ψ, aus der sich die mittleren Strömungsfelder gemäß

$$\langle v \rangle = -\frac{\partial \psi}{\partial z} \tag{9.177}$$

$$\langle w \rangle = \frac{\partial \psi}{\partial y} \qquad (9.178)$$

berechnen lassen. Im Rahmen der Quasigeostrophie gilt außerdem die Beziehung

$$f_0 \frac{\partial \langle u \rangle}{\partial z} = -\frac{\partial \langle b \rangle}{\partial y} \qquad (9.179)$$

für den thermischen Wind. Dies alles in $f_0 \, \partial(9.166)/\partial z + \partial(9.173)/\partial y$ verwendet, liefert schließlich das wichtige Ergebnis

$$f_0^2 \frac{\partial^2 \psi}{\partial z^2} + N^2 \frac{\partial^2 \psi}{\partial y^2} = f_0 \frac{\partial M}{\partial z} + \frac{\partial J}{\partial y} \qquad (9.180)$$

Dies ist eine elliptische Gleichung für die Stromfunktion, die auch im Fall zeitabhängiger mittlerer Felder gilt, aber keine Zeitableitungen enthält! Die mittlere Zirkulation kann immer direkt aus den Impulsquellen M und Heiztermen J bestimmt werden, die jeweils auch den Wellenanteil beinhalten.

Die qualitative Handhabung der Gleichung ist recht intuitiv. Man überlegt sich leicht, dass vom Vorzeichen her

$$f_0^2 \frac{\partial^2 \psi}{\partial z^2} + N^2 \frac{\partial^2 \psi}{\partial y^2} \sim -\psi \qquad (9.181)$$

ist, da Maxima mit negativen und Minima mit positiven Krümmungen verbunden sind. In diesem Sinne kann nun der Einfluss der Wärme- und Impulsflüsse untersucht werden.

• So kann man aus Abb. 9.18 ablesen, dass auch ohne direkte Heizung

$$\frac{\partial J}{\partial y} < 0 \qquad (9.182)$$

ist, da der Wärmefluss in den tiefen Tropen ein Minimum hat und somit $\partial^2 \langle v'b' \rangle / \partial y^2 > 0$ ist. Dies führt zu einer positiven Stromfunktion $\psi > 0$ mit aufsteigenden Luftmassen in den Tropen und absinkenden Luftmassen in den Subtropen. Dies ist in Abb. 9.21 zusammengefasst. Auf der Südhemisphäre ist analog $\psi < 0$.

• Analog leitet man aus Abb. 9.18 ab, dass in der Troposphäre

$$\frac{\partial M}{\partial z} < 0 \qquad (9.183)$$

ist, da die Divergenz des Impulsflusses $(\partial \langle u'v' \rangle / \partial y > 0)$ nach oben zunimmt. Auch dies führt zu $\psi > 0$, was in Abb. 9.22 zusammengefasst ist. Wiederum erhält man auf der Südhemisphäre analog $\psi < 0$.

• Außerdem sieht man, dass eine Reduzierung der Stabilität N^2 bei gleichbleibenden Flüssen ebenfalls zu einer Verstärkung der Zirkulation führt.

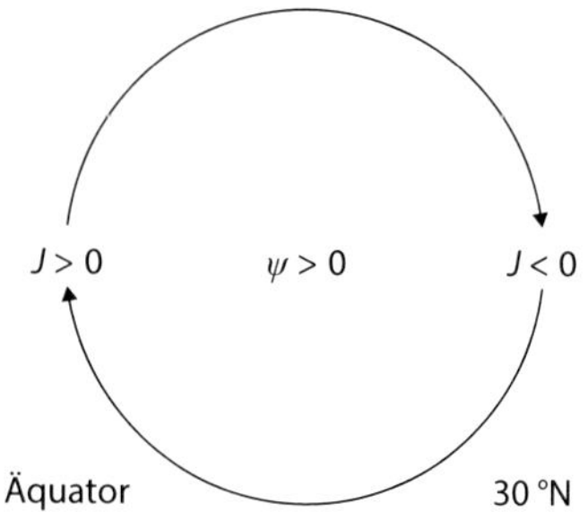

Abb. 9.21 Der qualitative Einfluss der Wärmeflüsse auf die Hadley-Zirkulation. Sie bewirken eine relative Heizung in den Tropen und Abkühlung in den Subtropen, sodass die Luftmassen in den Tropen aufsteigen und in den Subtropen absinken.

Abb. 9.22 Der Einfluss der Impulsflüsse auf die Hadley-Zirkulation. Sie verstärken die direkte Zirkulation ebenso wie die Wärmeflüsse.

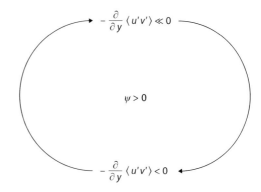

9.2.7 Zusammenfassung

Die Dynamik der Hadley-Zirkulation in den Tropen lässt sich *in gröbster Näherung bereits ohne den Einfluss von Wellen* verstehen. Letztere jedoch tragen zu einer wichtigen Korrektur bei.

- Zur Diskussion der Dynamik ohne Wellen genügt die Betrachtung der *stationären zonalsymmetrischen primitiven Gleichungen* in Boussinesq-Näherung. Wesentlich ist die Berücksichtigung einer *Strahlungsheizung* mit einer ein Strahlungsgleichgewicht charakterisierenden potentiellen Temperatur, die im Frühling und Herbst vom Äquator zu den Polen hin abnimmt, und der Impulsaustausch mit der festen Erde über *turbulente Bodenreibung*. Im reibungsfreien Fall lässt dies eine superrotierende geostrophisch-hydrostatische Gleichgewichtslösung ohne Meridionalzirkulation zu. Es zeigt sich aber, dass bereits die geringste turbulente Reibung diese Lösung unmöglich macht und dass stattdessen eine Lösung mit *Ostwinden in der Nähe des Drehimpulsmaximums am Boden* gefunden werden muss.

- Für schwache Reibung ist eine analytische Näherung möglich, derzufolge der *subtropische Strahlstrom das Ergebnis der Drehimpulserhaltung in einer in der oberen Troposphäre polwärts gerichteten Merdidionalzirkulation* ist. Die Breitenabhängigkeit der zugehörigen potentiellen Temperatur folgt aus dem thermischen Wind und aus dem stetigen Übergang zum *Strahlungsgleichgewicht außerhalb der Hadley-Zelle*. Es stellt sich heraus, dass die *horizontale Erstreckung der Hadley-Zirkulation* mit dem Äquator-Pol-Kontrast in der potentiellen Temperatur des Strahlungsgleichgewichts zunimmt, während sie mit dem Radius und der Rotationsfrequenz des Planeten abnimmt. *Je größer der Äquator-Pol-Kontrast, desto stärker fällt die Hadley-Zirkulation aus* und desto stärker auch die Reduktion der potentiellen Temperatur in den Tropen. Der zugehörige Wärmetransport ist überall von den Tropen zu den mittleren Breiten gerichtet. In der vertikal integrierten Drehimpulsgleichung führt das *Gleichgewicht zwischen Drehimpulsfluss und der turbulent-viskosen Drehimpulssenke durch Bodenreibung zu Bodenwinden, die in der Nähe des Äquators Ostwinde sind*.

- Eine Abwandlung des zonalsymmetrischen Modells für *Sommer- oder Winterbedingungen* führt zu *Ostwinden überall über dem Äquator*. Die *Hadley-Zelle auf der Winterseite ist deutlich stärker* als die Sommerzelle.

- *Lässt man schließlich auch Wellen zu, so zeigt sich, dass sie einen prägnanten Einfluss haben*. Bei der gegebenen Breitenabhängigkeit des Impulsflusses in der oberen Troposphäre bilden sie dort eine Drehimpulssenke, sodass *der subtropische Strahlstrom mit Wellen geringer ausfällt* als ohne. Zusätzlich ist die Breitenabhängigkeit der wellenbedingten Wärmeflüsse so, dass der *Äquator-Pol-Kontrast zwischen Heizung und Kühlung verstärkt wird, und somit die Wellen die Hadley-Zirkulation zusätzlich antreiben*. Diese Zusammenhänge lassen sich mathematisch über eine elliptische Gleichung für die Massenstromfunktion erfassen. Die beiden o. g. Welleneffekte fallen umso stärker aus, je schwächer die Schichtung ist.

9.3   Die Zirkulation in mittleren Breiten

Während die Zirkulation in den Tropen ohne Wellen zwar nicht umfassend, aber zumindest ansatzweise beschrieben werden kann, sind die mittleren Breiten und ihre Zirkulation ohne Wellen nicht zu verstehen. Die Längenabhängigkeit der Heizraten, z. B. aufgrund des Land-See-Kontrasts, die orographische Wellenanregung und insbesondere die barokline Instabilität erzeugen in den Extratropen kontinuierlich Wellen, sodass die Dynamik dieser Breitenregionen intrinsisch turbulent ist. Wichtige Charkteristika der resultierenden Zirkulation sind die Ferrel-Zellen und der barotrope Strahlstrom in mittleren Breiten. Die Dynamik dieser Phänomene soll im Folgenden diskutiert werden.

9.3.1 Die Phänomenologie der Ferrel-Zelle

In einer phänomenologischen Beschreibung der Ferrel-Zellen kann man auf die Überlegungen des vorigen Kapitels zurückgreifen. Im Rahmen der Boussinesq-Theorie lässt sich auch hier eine meridionale Stromfunktion ψ einführen, sodass die zonal gemittelten Merdional- und Vertikalgeschwindigkeiten aus ihr mittels (9.177) und (9.178) berechnet werden können. Aus der effektiven Heizrate

$$J = -\frac{\partial}{\partial y}\langle b'v'\rangle - \frac{g}{\theta_0}\frac{\langle\theta\rangle - \theta_E}{\tau} \tag{9.184}$$

und der effektiven Beschleunigung

$$M = -\frac{\partial}{\partial y}\langle u'v'\rangle + \frac{\partial}{\partial z}\left(K\frac{\partial\langle u\rangle}{\partial z}\right) \tag{9.185}$$

hier um die turbulente Reibung in der Grenzschicht erweitert, lässt sie sich mittels der elliptischen Gl. (9.180) bestimmen. Nichts in der entsprechenden Herleitung hatte direkt Bezug auf die Dynamik der Tropen genommen, sodass alles ohne Weiteres auf die mittleren Breiten übertragbar ist. In der Tat kann die quasigeostrophische Theorie hier mit deutlich weniger Vorbehalten angewendet werden. Was sich ändert, ist einerseits, dass die direkte Heizung vernachlässigbar ist, wie es vorher auch schon die turbulente Reibung außerhalb der Grenzschicht war, und andererseits das Vorzeichen der Wellenantriebe.

So findet man gemäß Abb. 9.18 in den nördlichen mittleren Breiten, dass die Impulsfluss-konvergenz

$$\frac{\partial}{\partial y}\langle u'v'\rangle < 0 \tag{9.186}$$

bis zur Tropopause nach oben hin zunimmt, sodass

$$\frac{\partial M}{\partial z} = -\frac{\partial^2}{\partial z\partial y}\langle u'v'\rangle > 0 \tag{9.187}$$

resultiert. Da der Wärmefluss in mittleren Breiten als Resultat der baroklinen Instabilität maximal ist, hat man außerdem

$$\frac{\partial^2}{\partial y^2}\langle v'b'\rangle < 0 \tag{9.188}$$

und folglich

$$\frac{\partial J}{\partial y} > 0 \tag{9.189}$$

Zusammen bedeutet dies, dass die Stromfunktion

$$\psi < 0 \tag{9.190}$$

ist, sodass die Zirkulation jener der Hadley-Zelle entgegengesetzt ist. In der Südhemisphäre drehen sich die Vorzeichen entsprechend um.

Alternativ kann die Zirkulation außerhalb der Grenzschicht auch direkt aus der Impulsgleichung (9.166) und der Auftriebsgleichung (9.173) abgeleitet werden. Im klimatologischen Mittel verschwinden in Winter und Sommer die Zeitableitungen und man erhält mit (9.184) und (9.185) unter Vernachlässigung von Temperaturrelaxation und turbulenter Reibung

$$\langle v \rangle = \frac{1}{f_0} \frac{\partial}{\partial y} \langle u' v' \rangle \qquad (9.191)$$

$$\langle w \rangle = -\frac{1}{N^2} \frac{\partial}{\partial y} \langle v' b' \rangle \qquad (9.192)$$

wobei die zonalen Mittel zusätzlich auch als zeitliche Mittel zu verstehen sind. Gemäß Abb. 9.18 ist in mittleren Breiten $\partial \langle u' v' \rangle / \partial y < 0$, was das Vorzeichen von $\langle v \rangle$ im oberen Bereich der Ferrelzelle erklärt. Man sieht in dieser Abb. auch, dass sich das Vorzeichen von $\langle w \rangle$ an den meridionalen Rändern der Ferrelzelle direkt aus dem Vorzeichen von $\partial \langle v' b' \rangle / \partial y$ erklären lässt.

Die Bodenwinde in mittleren Breiten können auf zwei verschiedenen Wegen plausibel gemacht werden, die inhaltlich aber identisch sind. Ausgangspunkt ist dabei jeweils das klimatologische Mittel der mittleren zonalen Impulsgleichung (9.166), wo alle Zeitableitungen durch die Mittelung verschwinden und die zonalen Mittel zusätzlich auch als zeitliche Mittel zu verstehen sind. Die Beschleunigung gemäß (9.187) beinhaltet den Effekt der turbulenten Reibung in der Grenzschicht, sodass man

$$- f_0 \langle v \rangle = -\frac{\partial}{\partial y} \langle u' v' \rangle + \frac{\partial}{\partial z} \left(K \frac{\partial \langle u \rangle}{\partial z} \right) \qquad (9.193)$$

erhält.

- Man kann einerseits vertikal über die Grenzschicht der Dicke Δz integrieren. Da dort die horizontalen Impulsflüsse vernachlässigbar sind, ergibt sich

$$- f_0 V \approx \left[K \frac{\partial \langle u \rangle}{\partial z} \right]_0^{\Delta z} \qquad (9.194)$$

wobei

$$V = \int_0^{\Delta z} dz \langle v \rangle > 0 \qquad (9.195)$$

das vertikale Integral des Meridionalwinds ist. Die Randbedingungen sind aber so, dass am oberen Rand der Grenzschicht der turbulente Impulsfluss verschwindet, während er am unteren Rand durch einen Reibungskoeffizienten genähert werden kann:

$$K\frac{\partial\langle u\rangle}{\partial z} = \begin{cases} 0 & \text{bei } z = \Delta z \\ C\langle u\rangle & \text{bei } z = 0 \end{cases} \tag{9.196}$$

Damit aber erhält man

$$z = 0 : \langle u\rangle = \frac{f_0}{C}V > 0 \tag{9.197}$$

Am Boden herrschen also Westwinde vor, sodass die Reibung durch den Coriolis-Effekt ausgeglichen wird.

- Andererseits kann man aber auch über die ganze Troposphäre integrieren, sodass sich

$$-f_0\int_0^H dz\langle v\rangle = -\int_0^H dz\frac{\partial}{\partial y}\langle u'v'\rangle - C\langle u\rangle|_{z=0} \tag{9.198}$$

ergibt. Da aber auch hier gemäß (9.106) der gesamte meridionale Massenfluss verschwindet, vereinfacht sich dieses zu

$$z = 0 : \quad \langle u\rangle = -\frac{1}{C}\int_0^H dz\frac{\partial}{\partial y}\langle u'v'\rangle > 0 \tag{9.199}$$

da in mittleren Breiten der Impulsfluss konvergent ist, was auch von Abb. 9.18 abgelesen werden kann.

Die Gesamtsituation ist nach Vallis (2006) in Abb. 9.23 zusammengefasst.

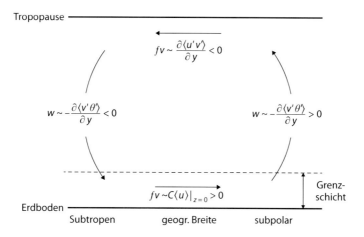

Abb. 9.23 Der Wellenantrieb der Ferrel-Zelle und der Westwinde am Boden der mittleren Breiten.

9.3.2 Wellenflüsse und barotroper Strahlstrom

Ein markantes Merkmal der mittleren Breiten ist ihr barotroper Strahlstrom, der besonders gut in lokalen Schnitten ohne zonales Mittel zur Geltung kommt. In Abb. 9.24 ist der barokline Strahlstrom in den Subtropen, mit Ostwinden am Boden, deutlich vom barotropen Strahlstrom in mittleren Breiten zu unterscheiden, wo die Westwinde sich bis zum Boden fortsetzen. Dieses wellengetriebene Phänomen soll im Folgenden eingehender diskutiert werden. Dabei wird klar werden, dass die Konfiguration der ihn bedingenden Wellenflüsse ein unmittelbares Ergebnis von barokliner Wellenerzeugung in mittleren Breiten und der Erhaltung der Vorticity gemäß des Satzes von Kelvin ist.

Der Grundmechanismus

Baroklinizität spielt in der Dynamik des Strahlstroms eine wichtige Rolle, dies aber nur zur Erklärung der Wellenquelle in mittleren Breiten infolge der baroklinen Instabilität. Jenseits dessen kann alles im Rahmen der barotropen Dynamik diskutiert werden. Man stelle sich z. B. einen barotropen inkompressiblen β-Kanal mit periodischen Randbedingungen in zonaler Richtung vor. Da die Strömung rein horizontal ist, folgt aus der Inkompressibilität

$$\frac{\partial u}{\partial x} + \frac{\partial v}{\partial y} = 0 \tag{9.200}$$

also

$$\frac{\partial \langle v \rangle}{\partial y} = 0 \tag{9.201}$$

und damit auch

$$\langle v \rangle = 0 \tag{9.202}$$

da die Strömung an den Kanalwänden rein zonal sein muss. Darüber hinaus hat sie nur vertikale relative Vorticity

$$\zeta = \frac{\partial v}{\partial x} - \frac{\partial v}{\partial y} \tag{9.203}$$

Abb. 9.24 Breiten-Höhen-Abhängigkeit des zonalen Winds bei 150°W über dem Pazifik für das Frühjahr der Nordhemisphäre. Daten aus ERA5 (Hersbach et al. 2020).

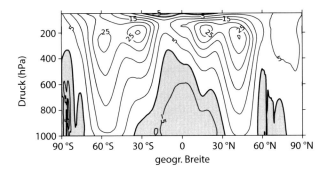

Die planetare Vorticity ist $f = f_0 + \beta y$ und die absolute Vorticity $\omega_{az} = f + \zeta$ setzt sich aus dieser und der relativen Vorticity zusammen. Wir nehmen weiter an, dass die Atmosphäre anfangs in Ruhe ist, so dass ihre absolute Vorticity mit der von Süden nach Norden zunehmenden planetaren Vorticity übereinstimmt. Nun werde die Atmosphäre in mittleren Breiten in irreguläre Bewegung versetzt, z. B. infolge einer baroklinen Wellenquelle. Nach dem Satz von Kelvin (4.33) erhalten die einzelnen materiellen Flächenelemente außerhalb der baroklinen Quellregion ihre absolute Wirbelstärke

$$\Gamma_a = \omega_{az} dS \qquad (9.204)$$

Das Geschwindigkeitsfeld aber ist divergenzfrei, und deshalb in zweidimensionaler Abwandlung von (1.12) auch dS erhalten, so dass die einzelnen materiellen Flächenelemente ihre absolute Vorticity mit sich transportieren. Diese ist anfangs durch die planetare Vorticity gegeben, so dass nach Norden wandernde Flächenelemente niedrige absolute Vorticity mit sich tragen, während südwärts wandernde Flächenelemente hohe absolute Vorticity mit sich transportieren. Insgesamt also entsteht im zonalen Mittel *außerhalb der baroklinen Quellregion* ein negativer Vorticity-Fluss

$$\langle v\omega_{az}\rangle = \langle v'\omega'_{az}\rangle < 0 \qquad (9.205)$$

Wegen der Definition der absoluten Vorticity aber stimmt der zonal gemittelte Fluss absoluter Vorticity mit dem relativer Vorticity überein, d. h.

$$\langle v'\omega_{az}\rangle = \langle v'\zeta'\rangle \qquad (9.206)$$

Letzterer jedoch ist ohne zonales Mittel, aufgrund von (9.200),

$$v'\zeta' = v'\left(\frac{\partial v'}{\partial x} - \frac{\partial u'}{\partial y}\right) = \frac{\partial}{\partial x}\frac{v'^2}{2} - \frac{\partial}{\partial y}(u'v') + u'\frac{\partial v'}{\partial y} = \frac{\partial}{\partial x}\frac{v'^2}{2} - \frac{\partial}{\partial y}(u'v') - u'\frac{\partial u'}{\partial x}$$

$$= \frac{\partial}{\partial x}\left(\frac{v'^2}{2} - \frac{u'^2}{2}\right) - \frac{\partial}{\partial y}(u'v') \qquad (9.207)$$

so dass sein zonales Mittel mit der zonal gemittelten Impulsflusskonvergenz übereinstimmt

$$\langle v\zeta\rangle = -\frac{\partial}{\partial y}\langle uv\rangle = -\frac{\partial}{\partial y}\langle u'v'\rangle \qquad (9.208)$$

Da die Strömung an den meridionalen Rändern des Kanals jedoch rein zonal ist, impliziert dies, dass das meridionale Mittel von $\langle v'\omega'_{az}\rangle$ und $\langle v'\zeta'\rangle$ verschwindet. Deshalb hat man *in der baroklinen Quellregion*

$$\frac{\partial}{\partial y}\langle u'v'\rangle = -\langle v'\zeta'\rangle = -\langle v'\omega'_{az}\rangle < 0 \qquad (9.209)$$

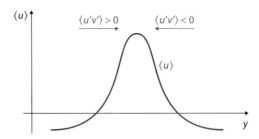

Abb. 9.25 Der Strahlstrom mit seinen Ostwindflanken, wie er in den mittleren Breiten als Konsequenz der Impulsflusskonvergenz entsteht, die ihrerseits eine Reaktion auf die barokline Quelle in mittleren Breiten und die Erhaltung der Vorticity aufgrund des Satzes von Kelvin ist.

so dass positiver zonaler Impuls aus den Subtropen und aus den polaren Breiten in die mittleren Breiten transportiert wird. Dies hat zur Folge, dass in mittleren Breiten ein Strahlstrom mit $\langle u \rangle > 0$ entsteht, und an den zugehörigen Flanken Ostwindgebiete. Dies ist in Abb. 9.25 skizziert.

Einen weiteren Zugang zu diesem Ergebnis bieten die Eigenschaften von Rossby-Wellen an, nun ohne Annahme von Barotropie und Inkompressibilität, dafür aber im Rahmen der linearen quasigeostrophischen Theorie. Betrachtet man die barokline Instabilität als Quelle von Rossby-Wellen in mittleren Breiten, so breiten diese sich gemäß (8.146) mit einer meridionalen Gruppengeschwindigkeit

$$c_{gy} = \frac{\partial \langle \pi \rangle}{\partial y} \frac{2\,lk}{\left(k^2 + l^2 + \dfrac{f_0^2}{N^2} m^2 + \dfrac{1}{4L_{di}^2} \right)^2} \tag{9.210}$$

aus, wobei k und l die zonale und meridionale Wellenzahl sind und $\langle \pi \rangle$ das zonale Mittel der potentiellen Vorticity. Obwohl Letztere auch barokline Anteile enthalten kann, ist ihr meridionaler Gradient im Wesentlichen durch den der planetaren Vorticity gekennzeichnet:

$$\frac{\partial \langle \pi \rangle}{\partial y} \approx \beta > 0 \tag{9.211}$$

Da die Wellen aus der Quellregion in mittleren Breiten herauslaufen, ist

$$\text{nördlich der Quellregion:} \quad c_{gy} > 0 \Rightarrow kl > 0 \tag{9.212}$$

$$\text{südlich der Quellregion:} \quad c_{gy} < 0 \Rightarrow kl < 0 \tag{9.213}$$

Dies hat Konsequenzen für den meridionalen Impulsfluss. Der Beitrag jeder Rossby-Welle zum Impulsfluss ist gemäß (8.144)

Abb. 9.26 Die charakteristische Bogenform der Rossby-Wellen in mittleren Breiten, die mit einem konvergenten Impulsfluss verbunden ist.

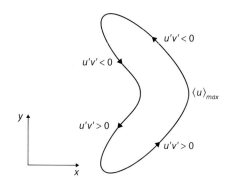

$$\langle u'v'\rangle = -\frac{|A|^2}{\overline{\rho}}kl \tag{9.214}$$

Dies bedeutet, dass

$$\text{nördlich der Quellregion:} \quad \langle u'v'\rangle < 0 \tag{9.215}$$
$$\text{südlich der Quellregion:} \quad \langle u'v'\rangle > 0 \tag{9.216}$$

ist, was wiederum auf (9.209) führt. Die Stromlinien der Rossby-Wellen haben eine charakteristische Bogenform, wie in Abb. 9.26 angedeutet.

Eine geschlossene Beschreibung mit Wellenquelle und dissipativer Senke
Für die Entwicklung einfachster geschlossener Gleichungen für den Strahlstrom wollen wir zunächst wieder zur barotropen Theorie zurückgehen. Betrachtet sei also eine Strömung mit konstanter Dichte ρ_0, die keine vertikalen Bewegungen aufweist. Die Kontinuitätsgleichung wird dann zu (9.200). Die horizontalen Impulsgleichungen auf der β-Ebene sind in diesem Rahmen

$$\frac{\partial u}{\partial t} + \mathbf{u}\cdot\nabla u - fv = -\frac{\partial P}{\partial x} + F_u - D_u \tag{9.217}$$

$$\frac{\partial v}{\partial t} + \mathbf{v}\cdot\nabla v + fu = -\frac{\partial P}{\partial y} + F_v - D_v \tag{9.218}$$

wobei $P = p/\rho_0$ der dichtenormierte Druck ist, $\mathbf{F}$ die barokline Quelle und $\mathbf{D}$ der turbulente Reibungsterm. In üblicher Manier erhält man aus $\partial(9.218)/\partial x - \partial(9.217)/\partial y$ mit (9.200) die Vorticity-Gleichung

$$\frac{D\zeta}{Dt} + \mathbf{u}\cdot\nabla\zeta + \beta v = F_\zeta - D_\zeta \tag{9.219}$$

für die relative Vorticity (9.203), wobei

$$F_\zeta = \frac{\partial F_v}{\partial x} - \frac{\partial F_u}{\partial y} \tag{9.220}$$

die barokline Vorticity-Quelle ist und

$$D_\zeta = \frac{\partial D_v}{\partial x} - \frac{\partial D_u}{\partial y} \tag{9.221}$$

die viskos-turbulente Senke. Aufgrund der Kontinuitätsgleichung (9.200) lässt sich die zonale Impulsgleichung (9.217) auch

$$\frac{\partial u}{\partial t} + \nabla \cdot (\mathbf{u} u) - f v = -\frac{\partial P}{\partial x} + F_u - D_u \tag{9.222}$$

schreiben, was im zonalen Mittel

$$\frac{\partial \langle u \rangle}{\partial t} + \frac{\partial}{\partial y} \langle uv \rangle - f \langle v \rangle = \langle F_u \rangle - \langle D_u \rangle \tag{9.223}$$

ergibt. Nun aber folgt wiederum aus der Divergenzfreiheit (9.200) und der Undurchdring-lichkeit der meridionalen Ränder des β-Kanals, dass die zonal gemittelte Meridionalge-schwindigkeit wie in (9.202) verschwindet, sodass

$$\langle uv \rangle = \langle u \rangle \langle v \rangle + \langle u'v' \rangle = \langle u'v' \rangle \tag{9.224}$$

Außerdem ist es sinnvoll anzunehmen, dass

$$\langle F_u \rangle = 0 \tag{9.225}$$

ist, da $\mathbf{F}$ den Effekt der baroklinen Instabilität wiedergeben soll, die vornehmlich Wellen ohne zonales Mittel erzeugt. Schließlich sei der einfachstmögliche Ansatz zur Beschreibung der turbulenten Reibung

$$\langle D_u \rangle = r \langle u \rangle \tag{9.226}$$

gewählt. Damit wird (9.223) zu

$$\frac{\partial \langle u \rangle}{\partial t} = -\frac{\partial}{\partial y} \langle u'v' \rangle - r \langle u \rangle \tag{9.227}$$

Des Weiteren ist aber gemäß (9.208) der Vorticity-Fluss mit der Impulsflusskonvergenz identisch, sodass diese Gleichung unter nochmaliger Verwendung von (9.202) auch

$$\frac{\partial \langle u \rangle}{\partial t} = \langle v'\zeta' \rangle - r \langle u \rangle \tag{9.228}$$

geschrieben werden kann.

Die Beschleunigung des zonal gemittelten Winds lässt sich mit der Transienz der Wellen in Verbindung bringen. Das zonale Mittel der Vorticity-Gleichung (9.219) ist

$$\frac{\partial \langle \zeta \rangle}{\partial t} + \frac{\partial}{\partial y} \langle v'\zeta' \rangle = \langle F_\zeta \rangle - \langle D_\zeta \rangle \tag{9.229}$$

Dies von (9.219) abgezogen, ergibt unter Vernachlässigung aller in den Wellen nichtlinearen Terme die Gleichung für die Wellen-Vorticity

$$\frac{\partial \zeta'}{\partial t} + \langle u \rangle \frac{\partial \zeta'}{\partial x} + \gamma v' = F'_\zeta - D'_\zeta \tag{9.230}$$

wobei

$$\gamma = \beta + \frac{\partial \langle \zeta \rangle}{\partial y} \tag{9.231}$$

der Breitengradient der absoluten Vorticity ist. Ähnlich wie in Abschn. 8.3.2 soll nun angenommen werden, dass dieser nur sehr langsam in der Zeit veränderlich ist. Dann ergibt die Multiplikation der Wellen-Vorticity-Gleichung mit ζ'/γ und zonale Mittelung die Gleichung

$$\frac{\partial \mathcal{A}}{\partial t} + \langle v' \zeta' \rangle = \frac{1}{\gamma} \left(\langle \zeta' F'_\zeta \rangle - \langle \zeta' D'_\zeta \rangle \right) \tag{9.232}$$

für die Wellenwirkungsdichte

$$\mathcal{A} = \left\langle \frac{\zeta'^2}{2\gamma} \right\rangle \tag{9.233}$$

Die Summe aus (9.228) und (9.232) liefert schließlich

$$\frac{\partial \langle u \rangle}{\partial t} + \frac{\partial \mathcal{A}}{\partial t} = \frac{1}{\gamma} \left(\langle \zeta' F'_\zeta \rangle - \langle \zeta' D'_\zeta \rangle \right) - r \langle u \rangle \tag{9.234}$$

Dies ist eine barotrope Variante des Nichwechselwirkungstheorems. Im uns hier jedoch interessierenden klimatologischen Mittel finden wir

$$r \langle u \rangle = \frac{1}{\gamma} \left(\langle \zeta' F'_\zeta \rangle - \langle \zeta' D'_\zeta \rangle \right) \tag{9.235}$$

Das Mittel des zonalen Winds ergibt sich also aus der Bilanz zwischen der baroklinen Quelle $\langle \zeta' F'_\zeta \rangle$ der Wellenwirkung, die in mittleren Breiten maximal ist, und der viskos-turbulenten Senke $\langle \zeta' D'_\zeta \rangle$. Im Integral muss sich dabei null ergeben, denn das Breitenintegral von (9.232) ist im stationären Grenzfall

$$0 = \frac{1}{\gamma} \int dy \left(\langle \zeta' F'_\zeta \rangle - \langle \zeta' D'_\zeta \rangle \right) \tag{9.236}$$

da ja infolge der meridionalen Randbedingungen des β-Kanals

$$\int dy \langle v' \zeta' \rangle = - \int dy \frac{\partial}{\partial y} \langle u' v' \rangle = 0 \tag{9.237}$$

ist. Es ist klar, dass in mittleren Breiten nahe der baroklinen Quelle

$$\langle \zeta' F'_\zeta \rangle > \langle \zeta' D'_\zeta \rangle \tag{9.238}$$

ist, und folglich

$$\langle u \rangle > 0 \tag{9.239}$$

während dann an den Flanken dieses Strahlstroms

$$\langle \zeta' F'_\zeta \rangle < \langle \zeta' D'_\zeta \rangle \tag{9.240}$$

sein muss, und somit

$$\langle u \rangle < 0 \tag{9.241}$$

Die entscheidenden Gleichgewichte sind in den Abb. 9.27 und 9.28 dargestellt.

9.3.3   Ein Zweischichtenmodell

Die obige Diskussion der rein barotropen Dynamik lässt einerseits keine explizite Behandlung der baroklinen Wellenquelle zu. Andererseits erlaubt sie auch keine Beschreibung einer in der Atmosphäre von der Höhe abhängenden mittleren Zirkulation. Auf einfachste Weise wird dies erst im Rahmen eines Zweischichtenmodells möglich.

Abb. 9.27 Die sich im barotropen Modell mit Wellenquelle in mittleren Breiten und turbulent-viskoser Senke ergebende Breitenverteilung von zonal gemitteltem zonalem Wind und der Wellenwirkungsdichte entsprechender mittlerer Wirbelgeschwindigkeit. (Nach Vallis 2006 mit Genehmigung von Cambridge University Press).

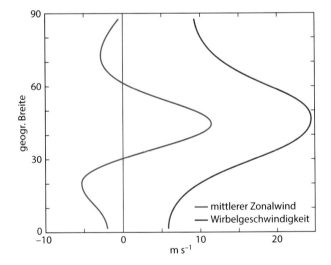

Abb. 9.28 Wie Abb. 9.27, aber nun für die Wellenquelle $\langle \zeta' F'_\zeta \rangle$, die Wellensenke $\langle \zeta' D'_\zeta \rangle$ und deren gemeinsamem Nettoeffekt, der mit $r \langle u \rangle$ übereinstimmt. (Nach Vallis 2006 mit Genehmigung von Cambridge University Press).

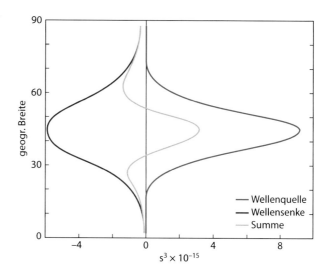

Die Modellgleichungen

Prinzipiell bleibt auch in der baroklinen Perspektive der Mechanismus der Vorticity-Erhaltung bestehen, wie er durch den Satz von Kelvin beschrieben wird. Nun aber muss man ihn, wie in Abschn. 4.5.2, auf isentrope materielle Flächenelemente anwenden und die Vorticity durch die potentielle Vorticity ersetzen. Deshalb ist der direkteste Weg von der barotropen zur baroklinen Perspektive ein Zweischichtenmodell mit isentropen Schichten (Held 2000). Aus Gründen der gedanklichen Einfachheit ist hier aber der Weg von Vallis (2006) gewählt, demzufolge ein Modell aus zwei übereinanderliegenden Fluidschichten mit jeweils konstanter Dichte betrachtet wird. Die sich ergebenden Gleichungen sind dieselben wie im Fall des Modells mit isentropen Schichten. Die Verhältnisse sind in Abb. 9.29 dargestellt: Übereinander liegen zwei Schichten mit jeweils konstanten Dichten

$$\rho_1 = \rho_0 - \tilde{\rho}_1 \qquad \tilde{\rho}_1 \ll \rho_0 \qquad (9.242)$$

$$\rho_2 = \rho_0 + \tilde{\rho}_2 \qquad \tilde{\rho}_2 \ll \rho_0 \qquad (9.243)$$

die sich aber nur wenig voneinander unterscheiden. Der obere Rand ist unbeweglich, was erfordert, dass von oben ein zeitlich und räumlich variabler Druck $p_T(x, y, t)$ wirkt. Die Trennfläche zwischen den beiden Schichten ist beweglich, sodass ihre vertikale Auslenkung relativ zur Gleichgewichtslage $\eta(x, y, t)$ ist. Die sich daraus ergebenden Höhen der beiden Schichten sind $h_1(x, y, t)$ und $h_2(x, y, t)$ mit entsprechenden konstanten Gleichgewichtswerten H_1 und H_2. Da wir uns für synoptischskalige Prozesse interessieren, herrschen in führender Ordnung Geostrophie und Hydrostatik, sodass η klein ist im Vergleich zu H_1 und H_2. Die gesamte Höhe der Modellatmosphäre ist

$$H = h_1 + h_2 = H_1 + H_2 = \text{const.} \qquad (9.244)$$

Abb. 9.29 Die Geometrie eines Zweischichtenmodells zur Diskussion der Zirkulation in mittleren Breiten.

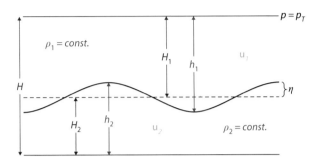

Wie auch in der Ableitung der Flachwassergleichungen wird angenommen, dass die Horizontalwinde $\mathbf{u}_1$ und $\mathbf{u}_2$ in den beiden Schichten nicht von der Höhe abhängen.

Der jeweilige Druck ergibt sich aus dem hydrostatischen Gleichgewicht

$$\frac{\partial p_i}{\partial z} = -g\rho_i \tag{9.245}$$

zu

$$p_1 = p_T + \rho_1 g(H - z) \tag{9.246}$$

$$p_2 = p_T + \rho_1 g(H_1 - \eta) + \rho_2 g(H_2 + \eta - z) \tag{9.247}$$

Damit sind die in den beiden horizontalen Impulsgleichungen wirkenden Druckgradientenbeschleunigungen

$$\frac{1}{\rho_1}\nabla_h p_1 = \frac{1}{\rho_1}\nabla p_T \approx \frac{1}{\rho_0}\nabla p_T \tag{9.248}$$

$$\frac{1}{\rho_2}\nabla_h p_2 = \frac{1}{\rho_2}\nabla p_T + g\frac{\rho_2 - \rho_1}{\rho_2}\nabla\eta \approx \frac{1}{\rho_0}\nabla p_T + g'\nabla\eta \tag{9.249}$$

Dabei wurde jeweils im Nenner $\rho_i \approx \rho_0$ angenommen. Außerdem ist

$$g' = g\frac{\rho_2 - \rho_1}{\rho_0} \tag{9.250}$$

die sogenannte reduzierte Erdbeschleunigung. Berücksichtigt man in der unteren Schicht noch eine einfache turbulente Reibung, ergeben sich die horizontalen Impulsgleichungen somit zu

$$\frac{D\mathbf{u}_1}{Dt} + f\mathbf{e}_z \times \mathbf{u}_1 = -\nabla\frac{p_T}{\rho_0} \tag{9.251}$$

$$\frac{D\mathbf{u}_2}{Dt} + f\mathbf{e}_z \times \mathbf{u}_2 = -\nabla\frac{p_T}{\rho_0} - g'\nabla\eta - r\mathbf{u}_2 \tag{9.252}$$

Hier ist r der turbulente Reibungskoeffizient.

Die Kontinuitätsgleichung lautet infolge der konstanten Dichten in jeder Schicht

$$\nabla \cdot \mathbf{u}_i + \frac{\partial w_i}{\partial z} = 0 \tag{9.253}$$

Die Elimination des Vertikalwinds vollzieht sich völlig analog zur Flachwassertheorie: Vertikale Integration z. B. der oberen Schicht liefert zunächst

$$h_1 \nabla \cdot \mathbf{u}_1 + [w_1]_{H_1 - \eta}^H = 0 \tag{9.254}$$

Es ist aber

$$[w_1]_{H_1 - \eta}^H = \left[\frac{Dz}{Dt} \right]_{H_1 - \eta}^H = \frac{Dh_1}{Dt} \tag{9.255}$$

sodass man

$$\frac{Dh_1}{Dt} + h_1 \nabla \cdot \mathbf{u}_1 = 0 \tag{9.256}$$

erhält oder entsprechend

$$\frac{\partial h_1}{\partial t} + \nabla \cdot (h_1 \mathbf{u}_1) = 0 \tag{9.257}$$

Die Behandlung der unteren Schicht geht völlig analog, sodass man allgemein

$$\frac{\partial h_i}{\partial t} + \nabla \cdot (h_i \mathbf{u}_i) = 0 \quad i = 1, 2 \tag{9.258}$$

hat. Aus Gründen, die im Folgenden klarer werden, sollen diese Gleichungen noch durch Quellen und Senken S_i erweitert werden, die den Massenaustausch zwischen den beiden Schichten in Gebieten absinkender oder aufsteigender Luftmassen beschreiben. Es werden also

$$\frac{\partial h_i}{\partial t} + \nabla \cdot (h_i \mathbf{u}_i) = S_i \tag{9.259}$$

verwendet.

Geostrophischer und thermischer Wind

Die geostrophischen Gleichgewichte zwischen Coriolis-Kraft und Druckgradientenkraft lauten jeweils

$$f_0 \mathbf{e}_z \times \mathbf{u}_1 = -\nabla \frac{p_T}{\rho_0} \tag{9.260}$$

$$f_0 \mathbf{e}_z \times \mathbf{u}_2 = -\nabla \left(\frac{p_T}{\rho_0} + g' \eta \right) \tag{9.261}$$

wobei f_0 der Wert des Coriolis-Parameters an einer mittleren Referenzbreite ist, sodass die geostrophischen Winde

$$\mathbf{u}_{1g} = \mathbf{e}_z \times \frac{1}{f_0} \nabla \frac{p_T}{\rho_0} \tag{9.262}$$

$$\mathbf{u}_{2g} = \mathbf{e}_z \times \frac{1}{f_0} \nabla \left(\frac{p_T}{\rho_0} + g'\eta \right) \tag{9.263}$$

sind. Die Differenz ergibt die Relation des thermischen Winds,

$$f_0 \left(\mathbf{u}_{1g} - \mathbf{u}_{2g} \right) = -g' \mathbf{e}_z \times \nabla \eta \tag{9.264}$$

die komponentenweise

$$f_0 \left(u_{1g} - u_{2g} \right) = g' \frac{\partial \eta}{\partial y} \tag{9.265}$$

$$f_0 \left(v_{1g} - v_{2g} \right) = -g' \frac{\partial \eta}{\partial x} \tag{9.266}$$

ist. Man sieht also, dass $-\eta$ die Rolle der potentiellen Temperatur übernimmt. Einer Neigung der Trennfläche wie in Abb. 9.30, also dergestalt, dass ihre Höhe von den Tropen zum Pol zunimmt, entspricht ein nach oben zunehmender zonaler Wind. Um in dem Modell eine Analogie zur Atmosphäre zu erzeugen, benötigt man also Quellterme S_i, die am Äquator, entsprechend des direkten Effekts einer Heizung, Masse von der unteren Schicht in die obere überführen und umgekehrt am Pol Masse von der oberen Schicht in die untere überführen, ganz wie es infolge der Abkühlung am Pol in der Realität geschieht.

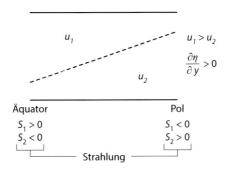

Abb. 9.30 Die Trennfläche des Zweischichtenmodells ist von den Tropen zu den Polen hin aufwärts geneigt, was einer Abnahme der potentiellen Temperatur und entsprechend einem positiven zonalen thermischen Wind entspricht. Die Neigung der Trennfläche wird durch die Quellterme bewirkt, die den Effekt der Strahlungsheizung beschreiben. Letztere führt zu einem Aufsteigen der Luftmassen in den Tropen und zu einem Absinken in den Polarregionen.

Die gemittelten Gleichungen in quasigeostrophischer Skalierung

In mittleren Breiten kann in guter Näherung Geostrophie

$$\mathbf{u}_i \approx \mathbf{u}_{ig} \tag{9.267}$$

angenommen werden. Da aber der geostrophische Wind divergenzfrei ist, also

$$\nabla \cdot \mathbf{u}_{ig} = 0 \tag{9.268}$$

lassen sich die zonalen Impulsgleichungen ohne großen Fehler

$$\frac{\partial u_1}{\partial t} + \nabla \cdot (\mathbf{u}_1 u_1) - f v_1 = -\frac{\partial}{\partial x} \frac{p_T}{\rho_0} \tag{9.269}$$

$$\frac{\partial u_2}{\partial t} + \nabla \cdot (\mathbf{u}_2 u_2) - f v_2 = -\frac{\partial}{\partial x} \left(\frac{p_T}{\rho_0} + g'\eta \right) - r u_2 \tag{9.270}$$

schreiben. Davon ist das zonale Mittel

$$\frac{\partial \langle u_1 \rangle}{\partial t} + \frac{\partial}{\partial y} \langle v_1' u_1' \rangle - f \langle v_1 \rangle = 0 \tag{9.271}$$

$$\frac{\partial \langle u_2 \rangle}{\partial t} + \frac{\partial}{\partial y} \langle v_2' u_2' \rangle - f \langle v_2 \rangle = -r \langle u_2 \rangle \tag{9.272}$$

Analog zur barotropen Theorie hat man aber auch

$$\frac{\partial}{\partial y} \langle v_i' u_i' \rangle \approx \frac{\partial}{\partial y} \langle v_{gi}' u_{gi}' \rangle = - \langle \zeta_{gi}' v_{gi}' \rangle \approx - \langle \zeta_i' v_i' \rangle \tag{9.273}$$

Weiters ist

$$f \langle v_i \rangle = f_0 \langle v_i \rangle + \mathcal{O}(Ro f_0 U) \tag{9.274}$$

da der β-Term im Vergleich zum führenden Term nur $\mathcal{O}(Ro)$ ist. Damit wird das zonale Mittel der zonalen Impulsgleichungen zu

$$\frac{\partial \langle u_1 \rangle}{\partial t} - f_0 \langle v_1 \rangle = \langle v_1' \zeta_1' \rangle \tag{9.275}$$

$$\frac{\partial \langle u_2 \rangle}{\partial t} - f_0 \langle v_2 \rangle = \langle v_2' \zeta_2' \rangle - r \langle u_2 \rangle \tag{9.276}$$

Die Mittelung der Kontinuitätsgleichungen ergibt außerdem auf entsprechende Weise

$$\frac{\partial \langle h_i \rangle}{\partial t} + \frac{\partial}{\partial y} (\langle h_i \rangle \langle v_i \rangle) = -\frac{\partial}{\partial y} \langle h_i' v_i' \rangle + \langle S_i \rangle, \quad i = 1, 2 \tag{9.277}$$

sodass das *Euler-Mittel* des Zweischichtenmodells

$$\frac{\partial \langle u_1 \rangle}{\partial t} - f_0 \langle v_1 \rangle = \langle v_1' \zeta_1' \rangle \tag{9.278}$$

$$\frac{\partial \langle u_2 \rangle}{\partial t} - f_0 \langle v_2 \rangle = \langle v_2' \zeta_2' \rangle - r \langle u_2 \rangle \tag{9.279}$$

$$\frac{\partial \langle h_i \rangle}{\partial t} + \frac{\partial}{\partial y} \left(\langle h_i \rangle \langle v_i \rangle \right) = -\frac{\partial}{\partial y} \langle h_i' v_i' \rangle + \langle S_i \rangle, \quad i = 1, 2 \tag{9.280}$$

lautet. Dabei sind $\langle h_i \rangle \approx H_i$, da η klein ist. Selbstverständlich ist diese Näherung nicht mehr anwendbar, wenn meridionale Ableitungen der zonal gemittelten Säulenhöhen gefragt sind.

Auf dem Weg zu einem transformierten Euler-Mittel sei zunächst bemerkt, dass sich ganz analog zur Flachwassertheorie leicht zeigen lässt, dass in Abwesenheit von Reibung ($r = 0$) und Quellen und Senken ($S_1 = S_2 = 0$)

$$\left(\frac{\partial}{\partial t} + \mathbf{u}_i \cdot \nabla \right) \Pi_i = 0 \tag{9.281}$$

ist, wobei

$$\Pi_i = \frac{\zeta_i + f}{h_i} \tag{9.282}$$

die potentielle Vorticity des Zweischichtenmodells in der i-ten Schicht ist. In quasigeostrophischer Skalierung sind

$$|\eta| \ll h_i \tag{9.283}$$

$$|\zeta_i| \ll f_0 \tag{9.284}$$

sodass $\Pi_i \approx \pi_i / H_i$, wobei

$$\pi_i = \zeta_i + f - f_0 \frac{h_i - H_i}{H_i} \tag{9.285}$$

die zugehörige quasigeostrophische potentielle Vorticity ist. Damit erhält man

$$\langle v_i' \pi_i' \rangle = \langle v_i' \zeta_i' \rangle - f_0 \frac{\langle v_i' h_i' \rangle}{H_i} \tag{9.286}$$

Es ist aber auch die Masse einer Fluidsäule proportional zu ihrer Höhe, sodass das massengewichtete (transformiert Euler'sche) Mittel der meridionalen Strömung in einer Schicht

$$\langle v_i \rangle_* = \frac{\langle v_i h_i \rangle}{\langle h_i \rangle} = \langle v_i \rangle + \frac{\langle v_i' h_i' \rangle}{\langle h_i \rangle} \tag{9.287}$$

ist, da man ja

$$\langle h_i v_i \rangle = \langle h_i \rangle \langle v_i \rangle + \langle h_i' v_i' \rangle \tag{9.288}$$

hat. Damit werden die gemittelten zonalen Impulsgleichungen zu

$$\frac{\partial \langle u_1 \rangle}{\partial t} - f_0 \langle v_1 \rangle_* = \langle v_1' \pi_1' \rangle \tag{9.289}$$

$$\frac{\partial \langle u_2 \rangle}{\partial t} - f_0 \langle v_2 \rangle_* = \langle v_2' \pi_2' \rangle - r \langle u_2 \rangle \tag{9.290}$$

Die zonal gemittelten Kontinuitätsgleichungen lassen sich analog in

$$\frac{\partial \langle h_i \rangle}{\partial t} + \frac{\partial}{\partial y} (\langle h_i \rangle \langle v_i \rangle_*) = \langle S_i \rangle, \qquad i = 1, 2 \tag{9.291}$$

umschreiben, sodass man zusammenfassend als *transformiertes Euler-Mittel (TEM)* des Zweischichtenmodells

$$\frac{\partial \langle u_1 \rangle}{\partial t} - f_0 \langle v_1 \rangle_* = \langle v_1' \pi_1' \rangle \tag{9.292}$$

$$\frac{\partial \langle u_2 \rangle}{\partial t} - f_0 \langle v_2 \rangle_* = \langle v_2' \pi_2' \rangle - r \langle u_2 \rangle \tag{9.293}$$

$$\frac{\partial \langle h_i \rangle}{\partial t} + \frac{\partial}{\partial y} (\langle h_i \rangle \langle v_i \rangle_*) = \langle S_i \rangle, \qquad i = 1, 2 \tag{9.294}$$

erhält.

Integrale Eigenschaften

Aus den Gleichungen folgen zwei wichtige Eigenschaften zu vertikalen Integralen des Modells. Zunächst können die Kontinuitätsgleichungen wegen der Divergenzfreiheit des näherungsweise geostrophischen Winds gut auch

$$\frac{\partial h_i}{\partial t} + \mathbf{u}_i \cdot \nabla h_i = S_i, \qquad i = 1, 2 \tag{9.295}$$

geschrieben werden. Einsetzen von

$$h_1 = H_1 - \eta \tag{9.296}$$

$$h_2 = H_2 + \eta \tag{9.297}$$

liefert

$$-\frac{\partial \eta}{\partial t} - \mathbf{u}_1 \cdot \nabla \eta = S_1 \tag{9.298}$$

$$\frac{\partial \eta}{\partial t} + \mathbf{u}_2 \cdot \nabla \eta = S_2 \tag{9.299}$$

Die Summe dieser beiden Gleichungen ist

$$-(\mathbf{u}_1 - \mathbf{u}_2) \cdot \nabla \eta = S_1 + S_2 \tag{9.300}$$

Aufgrund der Beziehung (9.264) des thermischen Winds aber verschwindet die linke Seite dieser Gleichung, sodass man

$$S_1 + S_2 = 0 \qquad (9.301)$$

erhält, sodass es einen Massenaustauschterm S gibt, aus dem sich S_1 und S_2 mittels

$$S_2 = S \qquad (9.302)$$

$$S_1 = -S \qquad (9.303)$$

bestimmen lassen, wobei

$$S(y = 0) < 0 \qquad S(y = L_y) > 0 \qquad \frac{dS}{dy} \geq 0 \qquad (9.304)$$

Dies in das transformierte Euler-Mittel der Kontinuitätsgleichungen eingesetzt, liefert

$$-\frac{\partial \langle \eta \rangle}{\partial t} + \frac{\partial}{\partial y} (\langle h_1 \rangle \langle v_1 \rangle_*) = -\langle S \rangle \qquad (9.305)$$

$$\frac{\partial \langle \eta \rangle}{\partial t} + \frac{\partial}{\partial y} (\langle h_2 \rangle \langle v_2 \rangle_*) = \langle S \rangle \qquad (9.306)$$

was in der Summe

$$\frac{\partial}{\partial y} (\langle h_1 \rangle \langle v_1 \rangle_* + \langle h_1 \rangle \langle v_2 \rangle_*) = 0 \qquad (9.307)$$

ergibt. Einmal mehr verwenden wir die meridionalen Randbedingungen

$$y = 0, L_y : \qquad v_i = 0 \qquad (9.308)$$

sodass

$$\langle h_1 \rangle \langle v_1 \rangle_* + \langle h_2 \rangle \langle v_2 \rangle_* = 0 \qquad (9.309)$$

resultiert oder wegen $h_i \approx H_i$

$$H_1 \langle v_1 \rangle_* + H_2 \langle v_2 \rangle_* = 0 \qquad (9.310)$$

Dies bedeutet, dass das vertikale Integral des Massenflusses verschwindet.

Des Weiteren folgt aus der Beziehung (9.266) für die Meridionalkomponente des thermischen Winds, dass in guter Näherung

$$\eta' (v_1' - v_2') = -\frac{g'}{f_0} \frac{\partial}{\partial x} \frac{\eta'^2}{2} \qquad (9.311)$$

ist, sodass sich im zonalem Mittel

$$\langle \eta' (v_1' - v_2') \rangle = 0 \qquad (9.312)$$

ergibt. Da wegen (9.296) und (9.297)

$$\eta' = -h'_1 = h'_2 \tag{9.313}$$

ist, erhält man daraus auch

$$\langle v'_1 h'_1 \rangle + \langle v'_2 h'_2 \rangle = 0 \tag{9.314}$$

d. h., die Wellen transportieren im vertikalen Mittel keine Masse. Damit wird das genäherte vertikale Integral der Flüsse der potentiellen Vorticity

$$
\begin{aligned}
H_1 \langle v'_1 \pi'_1 \rangle + H_2 \langle v'_2 \pi'_2 \rangle &= H_1 \left\langle v'_1 \left(\zeta'_1 - \frac{f_0}{H_1} h'_1 \right) \right\rangle + H_2 \left\langle v'_2 \left(\zeta'_2 - \frac{f_0}{H_2} h'_2 \right) \right\rangle \\
&= H_1 \langle v'_1 \zeta'_1 \rangle + H_2 \langle v'_2 \zeta'_2 \rangle \\
&= -\frac{\partial}{\partial y} \left(H_1 \langle u'_1 v'_1 \rangle + H_2 \langle u'_2 v'_2 \rangle \right)
\end{aligned}
\tag{9.315}
$$

wobei im letzten Schritt (9.273) verwendet wurde. Da es aufgrund der meridionalen Randbedingungen des β-Kanals an den meridionalen Rändern keine Impulsflüsse gibt, erhält man schließlich

$$\int_0^{L_y} dy \left(H_1 \langle v'_1 \pi'_1 \rangle + H_2 \langle v'_2 \pi'_2 \rangle \right) = 0 \tag{9.316}$$

Das vertikale und meridionale Mittel des Flusses der potentiellen Vorticity verschwindet also.

Die Dynamik des klimatologischen Mittels

Auf der Basis der oben abgeleiteten Beziehungen lässt sich nun die Dynamik eines klimatologischen Mittels recht schnell diskutieren, in dem alle Zeitableitungen durch zeitliche Mittelung verschwinden und alle zonalen Mittel durch zonale und zeitliche Mittel ersetzt werden. Zunächst folgt aus Integration der klimatologischen Mittel von (9.305) und (9.306) und wiederum Verwendung der meridionalen Randbedingungen für v_i

$$\langle v_1 \rangle_* \approx -\frac{1}{H_1} \int_0^y \langle S \rangle \tag{9.317}$$

$$\langle v_2 \rangle_* \approx \frac{1}{H_2} \int_0^y \langle S \rangle \tag{9.318}$$

Wegen (9.304) aber bedeutet dies, dass

$$\langle v_1 \rangle_* > 0 \tag{9.319}$$

$$\langle v_2 \rangle_* < 0 \tag{9.320}$$

sind, d. h., die residuelle Zirkulation der oberen Schicht ist polwärts gerichtet und die der unteren Schicht äquatorwärts. Letztendlich ist dies natürlich eine Konsequenz der Massenerhaltung in einer Atmosphäre mit Heizung (Kühlung) in den Tropen (Polarregionen).

Weiterhin liefert das genäherte vertikale Integral der zonalen Impulsgleichungen im TEM

$$- f_0 \left(H_1 \langle v_1 \rangle_* + H_2 \langle v_2 \rangle_* \right) = H_1 \langle v_1' \pi_1' \rangle + H_2 \langle v_2' \pi_2' \rangle - r H_2 \langle u_2 \rangle \qquad (9.321)$$

oder mit (9.310)

$$r H_2 \langle u_2 \rangle = H_1 \langle v_1' \pi_1' \rangle + H_2 \langle v_2' \pi_2' \rangle \qquad (9.322)$$

d. h., das Mittel des Zonalwinds in der unteren Schicht (der Bodenwind in diesem Modell) ist mit dem vertikalen Integral der Flüsse der potentiellen Vorticity identisch. Die resultierende Windstruktur hängt also einzig von der entsprechenden Bilanz ab. Betrachtet man nun das klimatologische Mittel der zonalen Impulsgleichung der oberen Schicht im TEM, so erhält man

$$- f_0 \langle v_1 \rangle_* = \langle v_1' \pi_1' \rangle \qquad (9.323)$$

Damit ist

$$\langle v_1' \pi_1' \rangle < 0 \qquad (9.324)$$

und folglich, wegen (9.316), der Fluss der potentiellen Vorticity in der unteren Schicht eher positiv. Um zu beurteilen, wie die lokale Bilanz zwischen diesen beiden Flüssen ausfällt, kann man sich ins Gedächtnis zurückrufen, dass die meridionale Gruppengeschwindigkeit der die potentielle Vorticity transportierenden Wellen

$$c_{gy} \propto \frac{\partial \langle \pi_i \rangle}{\partial y} = - \frac{\partial^2 \langle u_i \rangle}{\partial y^2} + \beta - \frac{f_0}{H_i} \frac{\partial \langle h_i \rangle}{\partial y} \qquad (9.325)$$

ist. Typischerweise aber ist der Gradient der relativen Vorticity klein gegenüber dem der planetaren Vorticity

$$\left| \frac{\partial^2 \langle u_i \rangle}{\partial y^2} \right| < \beta \qquad (9.326)$$

sodass in grober Näherung

$$\frac{\partial \langle \pi_1 \rangle}{\partial y} \approx \beta - \frac{f_0}{H_1} \frac{\partial \langle h_1 \rangle}{\partial y} \qquad (9.327)$$

$$\frac{\partial \langle \pi_2 \rangle}{\partial y} \approx \beta - \frac{f_0}{H_2} \frac{\partial \langle h_2 \rangle}{\partial y} \qquad (9.328)$$

sind. Da jedoch aufgrund der solaren Heizung

$$\frac{\partial \langle h_1 \rangle}{\partial y} < 0 \qquad (9.329)$$

$$\frac{\partial \langle h_2 \rangle}{\partial y} > 0 \qquad (9.330)$$

sind, hat man

$$\frac{\partial \langle \pi_1 \rangle}{\partial y} > \beta \gg 0 \tag{9.331}$$

$$\frac{\partial \langle \pi_2 \rangle}{\partial y} \lesssim 0 \tag{9.332}$$

wobei das Ergebnis für die untere Schicht nicht klar wird ohne den Kommentar, dass aufgrund einer analogen Rechnung zur Herleitung des Satzes von Rayleigh in Abschn. 6.4.2, die dem interessierten Leser zur Übung überlassen bleibt, eine barokline Instabilität nur auftreten kann, wenn

$$\sum_{i=1}^{2} H_i \int_0^{L_y} dy \frac{|\hat{\psi}_i|^2}{|\omega - k \langle u_i \rangle|^2} \frac{\partial \langle \pi_i \rangle}{\partial y} = 0 \tag{9.333}$$

Hier ist ω die komplexe Eigenfrequenz der baroklinen Instabilität und $\hat{\psi}_i$ die zugehörige Amplitude der Stromfunktion in der i-ten Schicht, wobei die quasigeostrophischen Stromfunktionen näherungsweise

$$\psi_i = \frac{1}{f_0} \frac{p_T}{\rho_0} \tag{9.334}$$

$$\psi_2 = \frac{1}{f_0} \left(\frac{p_T}{\rho_0} + g' \eta \right) \tag{9.335}$$

sind, sodass

$$\eta = -\frac{f_0}{g'} (\psi_1 - \psi_2) \tag{9.336}$$

Damit im Zweischichtenmodell überhaupt Wellen erzeugt werden, muss (9.333) erfüllt werden, und somit der meridionale Gradient der potentiellen Vorticity der unteren Schicht irgendwo negativ sein. In diesem Punkt weicht das Modell eventuell etwas von der Realität ab. Der klimatologische Gradient der potentiellen Vorticity aus Messdaten ist in Abb. 9.31 dargestellt, und man sieht, dass dort der Gradient in allen Höhen weitgehend positiv ist. Als wesentliches Ergebnis bleibt jedoch bestehen, dass die Rossby-Wellen in der oberen Schicht schneller sind, sodass sie die Fluktuationen besser verteilen können. Also ist zu erwarten, dass die Verteilung von $\langle v_1' \pi_1' \rangle < 0$ breiter ist als die von $\langle v_2' \pi_2' \rangle > 0$. Da aber wegen (9.316) die Flächen unter den beiden Verteilungen entgegengesetzt gleich groß sein müssen, ist

$$\langle u_2 \rangle > 0 \text{ in mittleren Breiten}$$
$$\langle u_2 \rangle < 0 \text{ an den Flanken des Strahlstroms} \tag{9.337}$$

Dies ist in Abb. 9.32 dargestellt und entspricht dem empirischen Befund. Die Winde in der oberen Schicht ergeben sich aus dem Bodenwind und der Baroklinizität der zonal gemittelten Atmosphäre mithilfe der zonal gemittelten thermischen Windgleichung (9.264). *Es ist wichtig zu verstehen, dass es die Bodenwinde sind, die von den baroklinen Wellen zusammen mit der Bodenreibung kontrolliert werden, und dass die Winde in der oberen Troposphäre daraus nur noch folgen!*

Abb. 9.31 Die zonal gemittelte potentielle Vorticity (blaue Konturen) und die zonal gemittelte potentielle Temperatur (rot) im Jahresmittel (oberes Bild) und im Winter der Nordhemisphäre (unten) aus ERA5 Analysedaten (Hersbach et al. 2020).

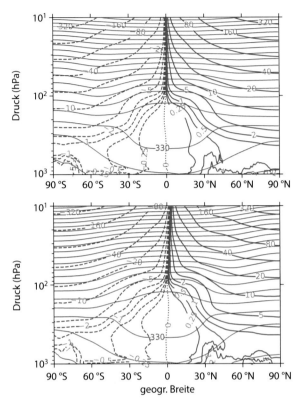

Abb. 9.32 Die Bodenwinde in mittleren Breiten organisieren sich aufgrund der Bilanz der Flüsse der potentiellen Vorticity in den beiden Schichten so, dass man Westwinde in mittleren Breiten und Ostwinde an den zugehörigen Flanken erhält.

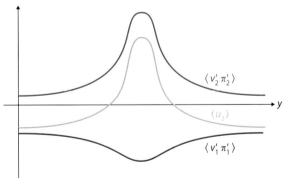

Den oberen Ast der Ferrel-Zirkulation schließlich, die ja ein Ergebnis der Euler-Mittelung ist, erhält man durch Betrachtung der zonalen Impulsgleichung der oberen Schicht im Euler-Mittel. Im klimatologischen Mittel lautet diese

$$- f_0 \langle v_1 \rangle = \langle v_1' \zeta_1' \rangle \tag{9.338}$$

Völlig analog wie in den Diskussionen der barotropen Dynamik, z. B. mittels der Beziehung zwischen der Gruppengeschwindigkeit der Rossby-Wellen und dem Vorzeichen des Impulstransports, ergibt sich auch hier, dass

$$\langle v_1' \zeta_1' \rangle > 0 \tag{9.339}$$

ist. Damit erhält man

$$\langle v_1 \rangle < 0 \tag{9.340}$$

In der unteren Schicht hingegen sind die Wellenfluktuationen klein, sodass in der entsprechenden zonalen Impulsgleichung im Euler-Mittel $\langle v_2' \zeta_2' \rangle$ vernachlässigt werden kann. Im stationären Grenzfall hat man dort deshalb

$$- f_0 \langle v_2 \rangle \approx -r \langle u_2 \rangle \tag{9.341}$$

sodass in mittleren Breiten $\langle v_2 \rangle > 0$ sein muss. Zusammengefasst erhält man die *Ferrel-Zelle*

$$\text{in mittleren Breiten:} \quad \begin{array}{l} \langle v_1 \rangle < 0 \\ \langle v_2 \rangle > 0 \end{array} \tag{9.342}$$

9.3.4 Die kontinuierlich geschichtete Atmosphäre

Die Darstellung der Zirkulation in mittleren Breiten in der geschichteten Atmosphäre soll auf der Basis des zuvor Geschilderten relativ kurz ausfallen. Einige Parallelen, aber auch Unterschiede, sollen hier noch zusätzlich beschrieben werden.

Die Bodenwinde
Der Zusammenhang zwischen den Bodenwinden und den Flüssen der potentiellen Vorticity fällt ähnlich aus wie im Zweischichtenmodell. Es sei zu diesem Zweck kurz daran erinnert, dass das TEM der zonalen Impulsgleichung im Rahmen der quasigeostrophischen Dynamik

$$\frac{\partial \langle u \rangle}{\partial t} - f_0 \langle v \rangle^* = \langle v' \pi' \rangle + \langle F \rangle \tag{9.343}$$

lautet, wobei

$$\langle v \rangle^* = \langle v \rangle - \frac{1}{\overline{\rho}} \frac{\partial}{\partial z} \left(\frac{\overline{\rho}}{N^2} \langle v' b' \rangle \right) \tag{9.344}$$

der residuelle Meridionalwind ist und außerdem die turbulente Reibung durch

$$\langle F \rangle = \frac{1}{\overline{\rho}} \frac{\partial}{\partial z} \left(\overline{\rho} K \frac{\partial \langle u \rangle}{\partial z} \right) \tag{9.345}$$

abgeschätzt werden kann. Das klimatologische Mittel liefert

$$-\overline{\rho}f_0\langle v\rangle^* = \overline{\rho}\langle v'\pi'\rangle + \overline{\rho}\langle F\rangle \tag{9.346}$$

oder nach Einsetzen von (9.344)

$$-f_0\overline{\rho}\langle v\rangle + f_0\frac{\partial}{\partial z}\left(\frac{\overline{\rho}}{N^2}\langle v'b'\rangle\right) = \overline{\rho}\langle v'\pi'\rangle + \frac{\partial}{\partial z}\left(\overline{\rho}K\frac{\partial\langle u\rangle}{\partial z}\right) \tag{9.347}$$

Das vertikale Integral dieser Gleichung, für ein beliebiges Feld X durch

$$\{X\} = \int\limits_0^\infty dz\, X \tag{9.348}$$

definiert, ergibt

$$-f_0\{\overline{\rho}\langle v\rangle\} + f_0\left[\frac{\overline{\rho}}{N^2}\langle v'b'\rangle\right]_0^\infty = \{\overline{\rho}\langle v'\pi'\rangle\} + \left[\overline{\rho}K\frac{\partial\langle u\rangle}{\partial z}\right]_0^\infty \tag{9.349}$$

Bei quasigeostrophischer Skalierung lautet die Kontinuitätsgleichung

$$\nabla\cdot(\overline{\rho}\mathbf{u}) + \frac{\partial}{\partial z}(\overline{\rho}w) = 0 \tag{9.350}$$

was im zonalen Mittel auf

$$\frac{\partial}{\partial y}(\overline{\rho}\langle v\rangle) + \frac{\partial}{\partial z}(\overline{\rho}\langle w\rangle) = 0 \tag{9.351}$$

führt. Dies vertikal integriert, ergibt

$$\frac{\partial}{\partial y}\{\overline{\rho}\langle v\rangle\} = 0 \tag{9.352}$$

da die Randbedingungen

$$\overline{\rho}\xrightarrow[z\to\infty]{}0 \tag{9.353}$$

$$\langle w\rangle|_{z=0} = 0 \tag{9.354}$$

gelten. Da aber z. B. am Pol $\langle v\rangle = 0$ angenommen werden kann, bedeutet dies, dass generell

$$\{\overline{\rho}\langle v\rangle\} = 0 \tag{9.355}$$

ist. Außerdem ist analog

$$\left[\frac{\overline{\rho}}{N^2}\langle v'b'\rangle\right]_0^\infty = -\left[\frac{\overline{\rho}}{N^2}\langle v'b'\rangle\right]_{z=0} \tag{9.356}$$

Für den turbulenten Impulsfluss nehmen wir an

$$\overline{\rho} K \frac{\partial \langle u \rangle}{\partial z} = \begin{cases} 0 & z \to \infty \\ r\overline{\rho}\langle u \rangle|_{z-0} & z = 0 \end{cases} \tag{9.357}$$

sodass insgesamt

$$z = 0: \quad r\langle u \rangle = \frac{f_0}{N^2}\langle v'b' \rangle + \frac{1}{\overline{\rho}}\left\{ \overline{\rho}\langle v'\pi' \rangle \right\} \tag{9.358}$$

resultiert. Auch in der geschichteten Atmosphäre ergibt sich der Bodenwind also aus dem vertikalen Integral der Flüsse der potentiellen Vorticity, allerdings ergänzt um einen Beitrag des Auftriebsflusses am Boden.

Der Fluss der potentiellen Vorticity
Da der zonale gemittelte meridionale Fluss der potentiellen Vorticity mit der Divergenz des Eliassen-Palm-Flusses identisch ist,

$$\langle v'\pi' \rangle = \frac{1}{\overline{\rho}}\nabla \cdot \mathcal{F} \tag{9.359}$$

$$\mathcal{F} = -\overline{\rho}\langle u'v' \rangle \mathbf{e}_y + \overline{\rho}\frac{f_0}{N^2}\langle v'b' \rangle \mathbf{e}_z \tag{9.360}$$

sei zunächst Letzterer in Abb. 9.33 betrachtet. Man erkennt die Dominanz der vertikalen Komponente in der unteren Troposphäre in mittleren Breiten. Dies ist der meridionale Wärmefluss, der aus der baroklinen Instabilität dort resultiert. Da der Eliassen-Palm-Fluss auch der Fluss der Wellenwirkungsdichte ist, sieht man, dass Letztere von der unteren Troposphäre nach oben und dann weiter Richtung Äquator transportiert wird. Die nach oben zunehmende horizontale Komponente lässt sich aus dem nach oben zunehmenden meridionalen Gradienten der zonal gemittelten potentiellen Vorticity (Abb. 9.31) und damit auch der Zunahme der meridionalen Rossbywellengruppengeschwindigkeit erklären. Die

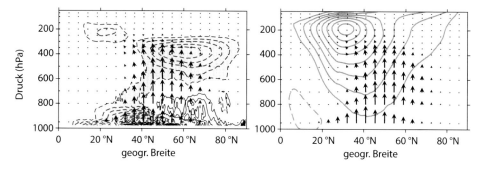

Abb. 9.33 Aus ERA5 Analysedaten (Hersbach et al. 2020): Der Eliassen-Palm-Fluss und seine Divergenz (linkes Bild, negative Werte gestrichelt) und mit dem zonal gemittelten Zonalwind (rechts), beides auf der Nordhalbkugel im nordhemisphärischen Winter.

Eliassen-Palm-Fluss-Divergenz ist negativ in der oberen Troposphäre und positiv in den mittleren und hohen Breiten der unteren Troposphäre. Dies stimmt mit den Vorzeichen der Flüsse der potentiellen Vorticity im Zweischichtenmodell überein und lässt sich auch aus Abb. 9.34 ablesen. Mit einem zusätzlichen Blick auf Abb. 8.9 kann man auch sehen, dass die Wellenflüsse in der oberen Troposphäre den Coriolis-Effekt der polwärts gerichteten residuellen Zirkulation balancieren, während in den unteren Bereichen auch die Wellen einen Beitrag zur Balancierung des Coriolis-Effekts einer residuellen Zirkulation in Richtung Tropen leisten. Die Zerlegung der Eliassen-Palm-Fluss-Divergenz in die Anteile des Impulsflusses und des Wärmeflusses in Abb. 9.35 lässt im ersten Teil das Muster aus Impulsflusskonvergenz in mittleren Breiten und Divergenz an den Flanken des Strahlstroms erkennen, das sich bereits im Rahmen der barotropen Theorie erklären lässt. Es gilt zu beachten, dass keineswegs positive Eliassen-Palm-Fluss-Divergenz zu Westwinden führt und negative Eliassen-Palm-Fluss-Divergenz zu Ostwinden! Dies resultiert daraus, dass wir klimatologische Mittel betrachten, in denen alle Zeitableitungen verschwinden. Die Zusammenhänge sind komplexer, und es sind die Bodenwinde, die sich aus einer Bilanz zwischen turbulenter Reibung und dem vertikalen Integral der Eliassen-Palm-Fluss-Divergenz ergeben, ergänzt durch den Effekt von Auftriebsflüssen am Boden. Die Zonalwinde in der oberen Troposphäre ergeben sich schließlich aus den Bodenwinden und dem thermischen Wind.

9.3.5 Zusammenfassung

Anders als in den Tropen sind *planetare und synoptischskalige Wellen* in mittleren Breiten, erzeugt durch den Land-See-Kontrast in der Heizung der Atmosphäre, durch Gebirge, und insbesondere durch den Prozess der baroklinen Instabilität, nicht nur ein Zusatzfaktor zur Erklärung der mittleren Strömung. Hier sind sie *wesentlich zum Verständnis* im Ansatz.

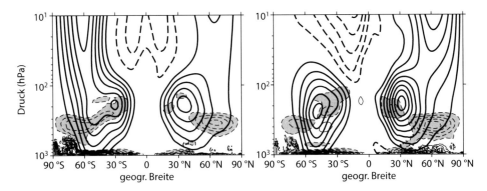

Abb. 9.34 Aus ERA5 Analysedaten (Hersbach et al. 2020): Die Eliassen-Palm-Fluss-Divergenz (dünne Konturen, negative Bereiche schattiert) und das zonale Mittel des Zonalwinds (dicke Konturen) im Jahresmittel (linkes Bild) und im Winter der Nordhemisphäre (rechts).

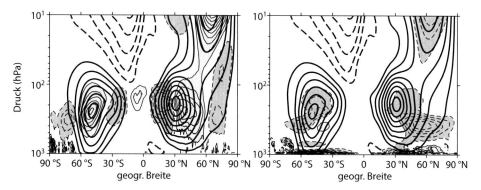

Abb. 9.35 Aus ERA5 Analysedaten (Hersbach et al. 2020) für den Winter der Nordhemisphäre: die Zerlegung der Eliassen-Palm-Fluss-Divergenz in den horizontalen Anteil (Impulsflusskonvergenz, linkes Bild) und den vertikalen Anteil (Wärmefluss, rechts), jeweils zusammen mit demselben zonalen Mittel des Zonalwinds wie in Abb. 9.34.

- *Phänomenologisch* lässt sich die Meridionalzirkulation im Euler-Mittel durch das *Lösen der elliptischen Gleichung für die Massenstromfunktion* bestimmen. Die vertikale Ableitung der Impulsflusskonvergenz und die Breitenableitung der Auftriebsflusskonvergenz sind in mittleren Breiten so, dass sie mit den indirekten Ferrel-Zellen einhergehen müssen. Am *Boden ergeben sich Westwinde,* weil diese benötigt werden, um in der merdionalen Impulsgleichung im Euler-Mittel *mittels Reibung die polwärts gerichtete Zirkulation am Boden zu balancieren.* Ein *Verständnis* der Vorzeichen der Wellenflüsse wird aber erst durch die *folgenden Argumente* möglich.

- Ein prägnantes *Phänomen der mittleren Breiten ist ein Strahlstrom mit einer deutlich barotroperen Struktur* als beim subtropischen Strahlstrom. Dieser barotrope Strahlstrom ist wellengetrieben. Eine wichtige Rolle kommt dabei der *Vermischung von (potentieller) Vorticity* zu. In einem barotropen Modell kann dies im ersten Ansatz untersucht werden. Aus der Erhaltung der absoluten Vorticity gemäß des *Satzes von Kelvin* folgt sofort, dass eine Wellenquelle in mittleren Breiten dort unweigerlich zu Impulsflusskonvergenz führt, und damit zu einem *Strahlstrom mit Westwinden, der von Ostwinden flankiert* ist. Alternativ zum Satz von Kelvin kann man auch den *Zusammenhang zwischen meridionaler Gruppengeschwindigkeit und Impulsfluss der von der Wellenquelle abgestrahlten Rossby-Wellen* verwenden.

- *Nicht barotrope Aspekte,* also die Wellenquelle, eine breitenabhängige Temperatur, die Baroklinizität der Winde und eine höhenabhängige meridionale Zirkulation *können auf einfachste Weise in einem Zweischichtenmodell erfasst werden, wo die Rolle der Vorticity von der potentiellen Vorticity übernommen* wird. Wesentlich ist, dass dieses Zweischichtenmodell in seinen beiden Kontinuitätsgleichungen *Quellen und Senken hat, die ein Aufsteigen (Absinken) der Luftmassen aufgrund von Heizung in den Tropen (Abkühlung an den Polen)* beschreiben. Die Mittelung dieses Modells kann sowohl nach Euler als auch im TEM erfolgen. Die residuelle Zirkulation im TEM ist das massengewichtete Mittel der Meridionalströmung. Wegen der Massenerhaltung gibt es im vertikalen Mittel keinen Massentransport. *In der oberen Schicht strömen die Luftmassen zum Pol und in der unteren Schicht zum Äquator.* Wegen des thermischen Winds heben sich die Flüsse der potentiellen Vorticity im vertikalen und meridionalen Mittel gegenseitig auf. Gleichzeitig muss der *meridionale Fluss der potentiellen Vorticity in der oberen Schicht polwärts* gerichtet sein, um im klimatologischen Mittel der zonalen Impulsgleichung die Coriolis-Beschleunigung der meridonalen Zirkulation zu balancieren. Entsprechend *ergibt sich in der unteren Schicht ein äquatorwärts gerichteter Fluss.* Das vertikale Integral dieser beiden Flüsse *muss im klimatologischen Mittel der vertikal gemittelten zonalen Impulsgleichung durch die Bodenreibung* balanciert werden. Dies bestimmt Struktur und Vorzeichen der Bodenwinde. Die unterschiedlich großen meridionalen Gradienten der mittleren potentiellen Vorticity in den beiden Schichten führen dort jeweils zu *unterschiedlichen Ausbreitungsgeschwindigkeiten der Rossby-Wellen, sodass der positive Fluss der potentiellen Vorticity in der oberen Schicht eine breitere Verteilung hat* als der entgegengesetzt gerichtete Fluss in der unteren Schicht. *Daraus resultieren am Boden Westwinde in mittleren Breiten mit Ostwinden an den Flanken.* Es sind die *Bodenwinde, die direkt durch die Wellen angetrieben werden.* Der Wind in der oberen Schicht folgt daraus über den thermischen Wind, ist also nicht direkt ursächlich durch die Wellen erzeugt. Auch die Ferrel-Zirkulation lässt sich aus den o. g. Argumenten verstehen (mittels Balancierung der zonalen Impulsgleichung im Euler-Mittel), ohne dass ein Blick auf die Messdaten nötig ist.

- Der Befund aus Simulationen und Analysen für die *kontinuierlich geschichtete Atmosphäre* stellt sich ähnlich dar. Wiederum folgt der Bodenwind aus der Balancierung der vertikal gemittelten Flüsse der potentiellen Vorticity durch die Bodenreibung. Hier spielt nun aber zusätzlich auch der *Auftriebsfluss* am Boden eine Rolle.

9.4   Lesempfehlungen

Die Lehrbücher von Andrews et al. (1987), Holton und Hakim (2013), Lindzen (1990) und Vallis (2006) sind für die Vertiefung des Materials dieses Kapitels alle hilfreich. Dies gilt auch für die Originalarbeiten von Schneider (1977), Held und Hou (1980) und Lindzen und Hou (1988). Quellen zum Effekt von Rossby-Wellen auf die Hadley-Zirkulation sind Becker et al. (1997), Vallis (2006) und Walker und Schneider (2006). Die Diskussion der Zirkulation in mittleren Beiten basiert auf Held (2000) und Vallis (2006). Zur Energetik der allgemeinen Zirkulation sei auf Lorenz (1967) und die Lehrbücher von Peixoto und Oort (1992) und Hartmann (2016) verwiesen.

Schwerewellen und ihr Einfluss auf die atmosphärische Strömung

10

In führender Ordnung kann die troposphärische Strömung auf der synoptischen und plane-taren Skala als Wechselwirkung zwischen einem zonalen Mittel und Rossby-Wellen ver-standen werden. In der Stratosphäre oberhalb der Tropopause und besonders in der Meso-sphäre oberhalb der Stratopause bei ca. 50 km Höhe jedoch sind Schwerewellen ein Faktor, der nicht ignoriert werden kann. Diese werden durch verschiedene Prozesse in der Tro-posphäre abgestrahlt, insbesondere die Überströmung von Gebirgen, Konvektion und die sogenannte spontane Imbalanz in der Nähe von Strahlströmen und Fronten. Derart abge-strahlte Schwerewellen breiten sich auch nach oben in die mittlere Atmosphäre aus. Messun-gen und Beobachtungen zeigen typischerweise eine starke Schwerewellenaktivität in diesen Höhen. Ihre Dynamik ist ein weites Forschungsfeld, das leicht eigene Bücher füllt und das in diesem Kapitel bei Weitem nicht umfassend behandelt werden kann. Stattdessen gibt es einen kurzen Überblick über den hier relevanten Teil des empirischen Befunds, diskutiert dann grundlegende Wellenlösungen einer Atmosphäre in Ruhe, betrachtet weiterhin die Wechselwirkung mesoskaliger Schwerewellen mit der synoptischskaligen Strömung und zeigt schließlich, wie diese Theorie die beobachteten Schwerewelleneffekte in der mittleren Atmosphäre erklären kann.

10.1 Einige empirische Befunde

Der Einfluss von Schwerewellen ist am augenfälligsten an der Sommermesopause bei etwa 80 bis 90 km Höhe. Um dies zu erkennen, sei zunächst Abb. 10.1 betrachtet, in der die Strahlungsgleichgewichtstemperatur gezeigt wird, die sich für die Atmosphäre im nordhe-misphärischen Winter ohne Wellen und ohne meridionale Zirkulation ergäbe. Man erkennt ein Temperaturmaximum in der tropischen Troposphäre, ein anderes an der Sommerstra-topause, bei einer Höhe von ca. 50 km, und ein drittes in der Thermosphäre oberhalb der Mesopause. Das Maximum an der Sommerstratopause ergibt sich aus der Absorption solarer

U. Achatz, *Atmosphärendynamik,* https://doi.org/10.1007/978-3-662-63780-7_10

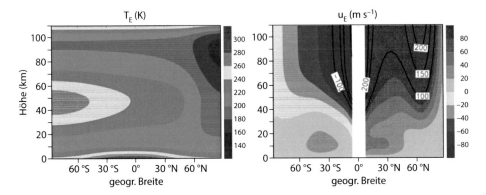

Abb. 10.1 Die zonal gemittelte Atmosphäre, wie sie sich aus einem Strahlungsgleichgewicht im nordhemisphärischen Winter ergeben würde. Gezeigt ist die zonal gemittelte Temperatur in K (links) und der zonal gemittelte Zonalwind, in m/s, den man daraus mittels des thermischen Winds berechnet, mit der Annahme einer ruhenden Atmosphäre am Boden (rechts). (Abgedruckt aus Becker 2012).

Strahlung durch stratosphärisches Ozon. Kalte Temperaturen sieht man in der winterlichen Stratosphäre und Mesosphäre, zwischen etwa 10 und 90 km Höhe, besonders in polaren Breiten, wo die solare Einstrahlung minimal ist. Das Bild zeigt auch den Zonalwind, den man durch Integration der Gleichung des thermischen Winds erhält, wenn man verschwindende Winde am Boden annimmt. In der Nähe des Äquators werden keine Winde gezeigt, da der Coriolis-Parameter dort durch null geht, sodass die thermischen Winde dort singulär wären. In der Mesosphäre ergeben sich starke Westwinde auf der Winterseite und Ostwinde auf der Sommerseite. Beide mesosphärischen Strahlströme sind nahezu barotrop. Dies ist mit der von Satelliten beobachteten Klimatologie in Abb. 10.2 zu vergleichen. Sowohl die heiße tropische Troposphäre als auch die warme Sommerstratopause sind dort ebenfalls zu sehen. Auffällige Unterschiede jedoch sind ein ausgeprägtes Temperaturminimum an der Sommermesopause und ein Temperaturmaximum an der Winterstratopause. Der korrespondierende zonal gemittelte Zonalwind weist ebenfalls Ostwinde in der Sommermesosphäre und Westwinde in der Wintermesosphäre auf. Diese ändern jedoch an der Mesopause ihre Richtung. Oberhalb dieser Höhe werden die sommerlichen Ostwinde zu Westwinden und die winterlichen Westwinde zu Ostwinden. Diese Winde sind in guter Genauigkeit im Gleichgewicht mit der Temperaturverteilung, wie sie durch den thermischen Wind ausgedrückt wird. Es ist offensichtlich, dass diese Strukturen nicht allein durch Strahlungseffekte erklärt werden können.

Rossby-Wellen werden ebenfalls in der Mesosphäre beobachtet, aber der Hauptbeitrag zu den beschriebenen Strukturen wird durch Schwerewellen geleistet, die typischerweise als ein klares Signal in Mesungen der mittleren Atmosphäre erkennbar sind. Ein Beispiel ist in Abb. 10.3 zu sehen, wo Vertikalprofile von Temperaturfluktuationen gezeigt werden. Man erkennt recht starke Wellenfluktuationen, mit einem exponentiellen Amplitudenanstieg bis zu etwa 20 K bei ca. 95 km Höhe. Weiter oben bleibt die Amplitude etwa konstant. Wie im

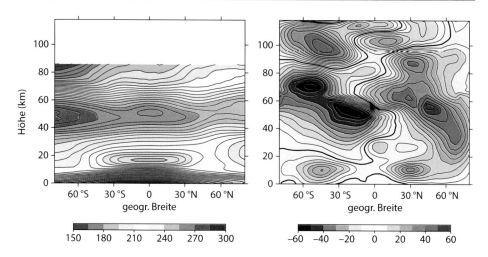

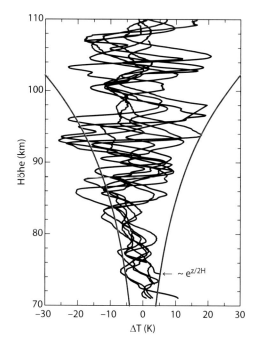

Abb. 10.2 Aus URAP-Daten (Swinbank und Ortland 2003): die zonal gemittelte Atmosphäre, wie sie durch Satelliten im nordhemisphärischen Winter beobachtet wird. Gezeigt sind die zonal gemittelte Temperatur in K (links) und der zonal gemittelte Zonalwind, in m/s (rechts).

Abb. 10.3 Vertikale Profile von Temperaturfluktuationen in K, mittels Raketen zwischen 70 und 110 km Höhe gemessen. Die roten Kurven deuten einen Zuwachs invers proportional zur Wurzel der Dichte einer isothermen Atmosphäre an. Zur Verfügung gestellt von M. Rapp.

Folgenden erklärt wird, deutet dies ein Brechen der Wellen aufgrund von Instabilitätsprozessen an. Diese Instabilität ist bedeutsam für die Bewerkstelligung irreversibler Änderungen der mittleren Strömung.

10.2   Die grundlegenden Wellenmoden einer Atmosphäre in Ruhe

Bevor wir uns dem Einfluss der Schwerewellen auf die großskalige Strömung zuwenden, sollen sie erst als grundlegende Wellenmoden der Atmosphäre identifiziert werden. Zu einem besseren Verständnis ihrer Struktur ist zunächst ein Blick auf die zugehörige Energetik lohnenswert. Dem folgt eine Herleitung der Dispersions- und Polarisationsrelationen der grundlegenden Wellenmoden. Eine vorläufige Diskussion der Eigenschaften von Schwerewellen wird dieses Unterkapitel abschließen.

10.2.1 Bewegungsgleichungen und Energetik

Rekapitulation der Gleichungen auf der f-Ebene
Im Interesse der Übersichtlichkeit betrachten wir die Bewegungsgleichungen auf einer f-Ebene. Aus den Kap. 1 und 2 erinnern wir uns, dass dies die Impulsgleichung

$$\frac{D\mathbf{v}}{Dt} + f\mathbf{e}_z \times \mathbf{u} = -\frac{1}{\rho}\nabla p - g\mathbf{e}_z + \frac{1}{\rho}\nabla \cdot \boldsymbol{\sigma} \tag{10.1}$$

die Entropiegleichung

$$\frac{D\theta}{Dt} = \frac{\theta}{c_p T}Q \quad Q = \epsilon + q - \frac{1}{\rho}\nabla \cdot \mathbf{F}_q \tag{10.2}$$

die Kontinuitätsgleichung

$$\frac{D\rho}{Dt} + \rho\nabla \cdot \mathbf{v} = \frac{\partial\rho}{\partial t} + \nabla \cdot (\rho\mathbf{v}) = 0 \tag{10.3}$$

und die Zustandsgleichung

$$p = \rho RT \tag{10.4}$$

sind. Hierbei sind $\mathbf{u} = u\mathbf{e}_x + v\mathbf{e}_y$ der Horizontalwind, $\mathbf{v} = \mathbf{u} + w\mathbf{e}_z$ der gesamte Wind, f der konstante Coriolis-Parameter, ρ die Dichte, p der Druck, g die Schwerebeschleunigung, $\boldsymbol{\sigma}$ der viskose Spannungstensor mit den kartesischen Elementen

$$\sigma_{ij} = \eta\left(\frac{\partial v_i}{\partial x_j} + \frac{\partial v_j}{\partial x_i} - \frac{2}{3}\delta_{ij}\frac{\partial v_k}{\partial x_k}\right) + \zeta\delta_{ij}\frac{\partial v_k}{\partial x_k} \tag{10.5}$$

die linear in $\nabla \mathbf{v}$ sind, $\theta = T(p_{00}/p)^{R/c_p}$ die potentielle Temperatur, T die Temperatur,

$$\epsilon = \frac{1}{\rho}\sigma_{ij}\frac{\partial v_i}{\partial x_j} \tag{10.6}$$

die viskose Dissipationsrate und $\mathbf{F}_q = -\kappa \nabla T$ der diffusive Wärmefluss. Aus der Definition der potentiellen Temperatur kann man leicht ableiten, dass die Zustandsgleichung auch die alternative Form

$$\rho = \frac{p_{00}}{R\theta}\left(\frac{p}{p_{00}}\right)^{c_V/c_p} \tag{10.7}$$

hat. Wie bereits in Abschn. 3.3.1 diskutiert, führen die Bewegungsgleichungen zu

$$\frac{\partial}{\partial t}(\rho e) + \nabla\cdot\left[\rho\mathbf{v}\left(e + \frac{p}{\rho}\right) + \mathbf{F}_q - \mathbf{v}\cdot\boldsymbol{\sigma}\right] = \rho q \qquad e = \frac{|\mathbf{v}|^2}{2} + c_V T + gz \tag{10.8}$$

sodass die Energie $E = \int dV \rho e$ erhalten ist, wenn durch die vertikalen Ränder (am Boden und bei unendlicher Höhe) weder viskose noch diffusive noch mechanische Energieflüsse auftreten und wenn es auch keine Volumenheizung gibt.

Die Energetik schwacher Fluktuationen in einer ruhenden Atmosphäre
Es gibt ebenfalls ein entsprechendes Erhaltungsgesetz für die Energie infinitesimal schwacher Abweichungen von einer ruhenden Atmosphäre. Letztere ist eine Lösung der Bewegungsgleichungen mit

$$\mathbf{v} = 0 \tag{10.9}$$

$$\rho = \overline{\rho}(z) \tag{10.10}$$

$$p = \overline{p}(z) \tag{10.11}$$

$$\theta = \overline{\theta}(z) \tag{10.12}$$

wobei Druck und Dichte im hydrostatischen Gleichgewicht sein müssen

$$0 = -\frac{1}{\overline{\rho}}\frac{d\overline{p}}{dz} - g \tag{10.13}$$

und auch die Volumenheizung im Gleichgewicht mit den diffusiven Wärmeflüssen stehen muss, d. h.,

$$0 = \overline{q} + \frac{\kappa}{\overline{\rho}}\frac{d^2\overline{T}}{dz^2} \tag{10.14}$$

Wir betrachten nun infinitesimal kleine Abweichungen

$$\mathbf{v} = \mathbf{v}' \quad \text{sehr klein} \tag{10.15}$$

$$\rho = \overline{\rho} + \rho' \quad |\rho'| \ll \overline{\rho} \tag{10.16}$$

$$p = \overline{p} + p' \quad |p'| \ll \overline{p} \tag{10.17}$$

$$\theta = \overline{\theta} + \theta' \quad |\theta'| \ll \overline{\theta} \tag{10.18}$$

Durch Differentiation wird (10.7) zu

$$\frac{d\rho}{\rho} = -\frac{d\theta}{\theta} + \frac{c_V}{c_p}\frac{dp}{p} \tag{10.19}$$

woraus sich die linearisierte Zustandsgleichung

$$\frac{\rho'}{\rho} = -\frac{\theta'}{\theta} + \frac{c_V}{c_p}\frac{p'}{p} \tag{10.20}$$

ergibt. Ähnlich erhält man mittels des hydrostatischen Gleichgewichts (10.13)

$$\frac{1}{\overline{\rho}}\frac{d\overline{\rho}}{dz} = -\frac{1}{\overline{\theta}}\frac{d\overline{\theta}}{dz} + \frac{c_V}{c_p}\frac{1}{\overline{p}}\frac{d\overline{p}}{dz} = -\frac{1}{\overline{\theta}}\frac{d\overline{\theta}}{dz} - g\frac{c_V}{c_p}\frac{\overline{\rho}}{\overline{p}} \tag{10.21}$$

Die Linearisierung der Impulsgleichung (10.1) ergibt

$$\frac{\partial \mathbf{v}'}{\partial t} + f\mathbf{e}_z \times \mathbf{u}' = -\frac{1}{\overline{\rho}}\nabla p' + \frac{\rho'}{\overline{\rho}^2}\frac{d\overline{p}}{dz}\mathbf{e}_z + \frac{1}{\overline{\rho}}\nabla \cdot \boldsymbol{\sigma}' \tag{10.22}$$

wobei, mittels der Hydrostatik (10.13), der linearisierten Zustandsgleichung (10.20) und (10.21), die beiden ersten Terme auf der rechten Seite als

$$-\frac{1}{\overline{\rho}}\nabla p' + \frac{\rho'}{\overline{\rho}^2}\frac{d\overline{p}}{dz}\mathbf{e}_z = -\nabla\frac{p'}{\overline{\rho}} - \left(\frac{p'}{\overline{\rho}^2}\frac{d\overline{\rho}}{dz} + g\frac{\rho'}{\overline{\rho}}\right)\mathbf{e}_z$$

$$= -\nabla\frac{p'}{\overline{\rho}} + \frac{p'}{\overline{\rho}}\left(\frac{1}{\overline{\theta}}\frac{d\overline{\theta}}{dz} + g\frac{c_V}{c_p}\frac{\overline{\rho}}{\overline{p}}\right)\mathbf{e}_z + g\left(\frac{\theta'}{\overline{\theta}} - \frac{c_V}{c_p}\frac{p'}{\overline{p}}\right)\mathbf{e}_z \tag{10.23}$$

umgeschrieben werden können, sodass (10.22) zu

$$\frac{\partial \mathbf{v}'}{\partial t} + f\mathbf{e}_z \times \mathbf{u}' = -\nabla\frac{p'}{\overline{\rho}} + \left(\frac{1}{\overline{\theta}}\frac{d\overline{\theta}}{dz}\frac{p'}{\overline{\rho}} + b'\right)\mathbf{e}_z + \frac{1}{\overline{\rho}}\nabla \cdot \boldsymbol{\sigma}' \tag{10.24}$$

wird, wobei $b' = g\theta'/\overline{\theta}$ der Auftrieb ist. Weil darüber hinaus ϵ nichtlinear in $\nabla\mathbf{v}'$ ist, führt die Linearisierung der Entropiegleichung (10.2) auf

$$\frac{\partial \theta'}{\partial t} + w\frac{d\overline{\theta}}{dz} = \frac{\overline{\theta}}{c_p\overline{T}}\left(q' + \frac{\kappa}{\overline{\rho}}\nabla^2 T' - \frac{\kappa}{\overline{\rho}}\frac{d^2\overline{T}}{dz^2}\frac{\rho'}{\rho}\right) \tag{10.25}$$

oder

$$\frac{\partial b'}{\partial t} + N^2 w' = \frac{g}{c_p \overline{T}} Q' \qquad Q' = q' + \frac{\kappa}{\overline{\rho}} \nabla^2 T' - \frac{\kappa}{\overline{\rho}} \frac{d^2 \overline{T}}{dz^2} \frac{\rho'}{\overline{\rho}} \qquad (10.26)$$

wobei

$$N^2(z) = \frac{g}{\overline{\theta}} \frac{d\overline{\theta}}{dz} \qquad (10.27)$$

die quadrierte Brunt-Väisälä-Frequenz ist. Schließlich linearisieren wir auch die Kontinuitätsgleichung (10.3) mit dem Ergebnis

$$\frac{\partial \rho'}{\partial t} + \nabla \cdot (\overline{\rho} \mathbf{v}') = 0 \qquad (10.28)$$

Damit sind wir bereit für die Ableitung der Energieerhaltung im Rahmen der linearen Dynamik der Störungen. Zunächst ergibt sich aus dem Skalarprodukt von $\overline{\rho} \mathbf{v}'$ mit der linearisierten Impulsgleichung (10.24)

$$\frac{\partial}{\partial t} \overline{\rho} \frac{|\mathbf{v}'|^2}{2} = -\overline{\rho} \mathbf{v}' \cdot \nabla \frac{p'}{\overline{\rho}} + \frac{1}{\overline{\theta}} \frac{d\overline{\theta}}{dz} p' w' + \overline{\rho} b' w' + \mathbf{v}' \cdot \nabla \cdot \boldsymbol{\sigma} \qquad (10.29)$$

oder

$$\frac{\partial (\overline{\rho} e_\kappa')}{\partial t} + \nabla \cdot (p' \mathbf{v}' - \mathbf{v}' \cdot \boldsymbol{\sigma}') = C_e + C_a - \overline{\rho} \epsilon' \qquad (10.30)$$

wobei

$$e_\kappa' = \frac{|\mathbf{v}'|^2}{2} \qquad (10.31)$$

die massenspezifische Dichte der kinetischen Energie ist,

$$C_e = \frac{p'}{\overline{\rho}} \left[\nabla \cdot (\overline{\rho} \mathbf{v}') + \frac{\overline{\rho}}{\overline{\theta}} \frac{d\overline{\theta}}{dz} w' \right] - \frac{p'}{\overline{\rho}\overline{\theta}} \nabla \cdot (\overline{\rho}\overline{\theta} \mathbf{v}') \qquad (10.32)$$

der elastische Austauschkoeffizient,

$$C_a = \overline{\rho} b' w' \qquad (10.33)$$

die anelastische Austauschrate und

$$\epsilon' = \frac{1}{\overline{\rho}} \sigma_{ij}' \frac{\partial v_i'}{\partial x_j} \qquad (10.34)$$

die quasilineare viskose Dissipationsrate. Weiterhin ergibt die Multiplikation der linearisierten Entropiegleichung (10.26) mit $\overline{\rho} b'/N^2$ die prognostische Gleichung

$$\frac{\partial(\overline{\rho}e_a')}{\partial t} = -C_a + \frac{g\overline{\rho}}{c_p\overline{T}N^2}b'Q' \tag{10.35}$$

für die Dichte anelastischer potentieller Energie

$$e_a' = \frac{b'^2}{2N^2} \tag{10.36}$$

Im nächsten Schritt dividieren wir die linearisierte Kontinuitätsgleichung (10.28) durch $\overline{\rho}$ und verwenden die linearisierte Zustandsgleichung (10.20), um

$$0 = \frac{\partial}{\partial t}\left(\frac{\rho'}{\overline{\rho}}\right) + \frac{1}{\overline{\rho}}\nabla\cdot(\overline{\rho}\mathbf{v}') = -\frac{1}{g}\frac{\partial b'}{\partial t} + \frac{\partial}{\partial t}\left(\frac{c_V}{c_p}\frac{p'}{\overline{p}}\right) + \frac{1}{\overline{\rho}}\nabla\cdot(\overline{\rho}\mathbf{v}') \tag{10.37}$$

zu erhalten. Zusammen mit der Auftriebsgleichung (10.26) führt dies zur prognostischen Gleichung

$$\frac{\partial}{\partial t}\left(\frac{1}{c_s^2}\frac{p'}{\overline{\rho}}\right) = -\frac{1}{\overline{\rho}}\nabla\cdot(\overline{\rho}\mathbf{v}') - \frac{1}{\overline{\theta}}\frac{d\overline{\theta}}{dz}w' + \frac{Q'}{c_p\overline{T}} = -\frac{C_e}{p'} + \frac{Q'}{c_p\overline{T}} \tag{10.38}$$

für den Störungsdruck, wobei

$$c_s^2 = \frac{c_p}{c_V}R\overline{T} \tag{10.39}$$

die quadrierte Schallgeschwindigkeit ist. Multiplikation von (10.38) mit p' liefert schließlich die prognostische Gleichung

$$\frac{\partial}{\partial t}(\overline{\rho}e_e') = -C_e + \frac{p'Q'}{c_p\overline{T}} \tag{10.40}$$

für die Dichte elastischer potentieller Energie

$$e_e' = \frac{1}{2c_s^2}\left(\frac{p'}{\overline{\rho}}\right)^2 \tag{10.41}$$

Schließlich nehmen wir die Summe der drei prognostischen Energiegleichungen (10.30), (10.35) und (10.40), was zum Erhaltungssatz

$$\frac{\partial}{\partial t}\overline{\rho}e' + \nabla\cdot(p'\mathbf{v}' - \mathbf{v}'\cdot\boldsymbol{\sigma}') = -\overline{\rho}\epsilon' + \frac{1}{c_p\overline{T}}\left(\frac{\overline{\rho}g}{N^2}b' + p'\right)Q' \tag{10.42}$$

für die Gesamtenergie der Fluktuationen führt, mit massenspezifischer Dichte

$$e' = e_k' + e_a' + e_e' \tag{10.43}$$

In der Abwesenheit von Reibung, Diffusion und Volumenheizung ist die Fluktuationsenergie $\int dV\,\overline{\rho}e'$ erhalten, vorausgesetzt, es gibt keine mechanischen Energieflüsse durch den vertikalen Rand. Sogar im konservativen Fall gibt es jedoch mittels C_e einen Austausch zwischen kinetischer Energie und elastischer potentieller Energie in den Druckfluktuationen und mittels C_a zwischen kinetischer Energie und anelastischer potentieller Energie in den Auftriebsfluktuationen.

10.2.2 Freie Wellen auf der f-Ebene in einer isothermen Atmosphäre

Die linearen Gleichungen im Fourier-Raum
Wir wollen uns nun den grundlegenden Wellenmoden der linearen Dynamik zuwenden. Wir betrachten dazu die linearisierte Zustandsgleichung (10.20), Impulsgleichung (10.24), Auftriebsgleichung (10.26) und Druckgleichung (10.38) ohne Volumenheizung, diffusive Wärmeflüsse und Reibung. Da die Referenzatmosphäre nicht von x, y und t abhängt, unterziehen wir die Gleichungen einer Fourier-Transformation in diesen Variablen. Die Abhängigkeit der volumenspezifischen Energiedichte

$$\overline{\rho}e' = \overline{\rho}\frac{|\mathbf{v}'|^2}{2} + \overline{\rho}\frac{b'^2}{2N^2} + \frac{\overline{\rho}}{2c_s^2}\left(\frac{p'}{\overline{\rho}}\right)^2$$

von den fluktuierenden Feldern legt für die vertikale Abhängigkeit Letzterer den Ansatz

$$\mathbf{v}' \sim \frac{1}{\sqrt{\overline{\rho}}} \quad b' \sim \frac{N}{\sqrt{\overline{\rho}}} \quad p' \sim c_s\sqrt{\overline{\rho}} \tag{10.44}$$

nahe. Wir schreiben deshalb, mit einer konstanten Referenzdichte ρ_0,

$$\begin{pmatrix} \mathbf{v}' \\ b' \\ p' \end{pmatrix} = \int dk\,dl\,d\omega\, e^{i(kx+ly-\omega t)} \begin{pmatrix} \dfrac{\tilde{\mathbf{v}}}{\sqrt{\overline{\rho}/\rho_0}} \\ \dfrac{\tilde{b}N}{\sqrt{\overline{\rho}/\rho_0}} \\ \tilde{p}c_s\sqrt{\dfrac{\overline{\rho}}{\rho_0}} \end{pmatrix} \tag{10.45}$$

Dies in (10.24) eingesetzt, liefert

$$-i\omega\frac{\tilde{u}}{\sqrt{\overline{\rho}/\rho_0}} - f\frac{\tilde{v}}{\sqrt{\overline{\rho}/\rho_0}} = -ik\tilde{p}\frac{c_s}{\sqrt{\overline{\rho}\rho_0}} \tag{10.46}$$

$$-i\omega\frac{\tilde{v}}{\sqrt{\overline{\rho}/\rho_0}} + f\frac{\tilde{u}}{\sqrt{\overline{\rho}/\rho_0}} = -il\tilde{p}\frac{c_s}{\sqrt{\overline{\rho}\rho_0}} \tag{10.47}$$

$$-i\omega\frac{\tilde{w}}{\sqrt{\overline{\rho}/\rho_0}} = -\frac{d}{dz}\left(\frac{c_s}{\sqrt{\overline{\rho}\rho_0}}\tilde{p}\right) + \frac{N^2 c_s}{g\sqrt{\overline{\rho}\rho_0}}\tilde{p} + \tilde{b}\frac{N}{\sqrt{\overline{\rho}/\rho_0}} \tag{10.48}$$

Im *isothermen* Fall $\overline{T}$ = const. ist die Schallgeschwindigkeit in (10.39) eine Konstante, und Dichte und Druck der Referenzatmosphäre im hydrostatischen Gleichgewicht (10.13) haben die exponentiellen Profile

$$\overline{p} = p_0\, e^{-z/H} \tag{10.49}$$

$$\overline{\rho} = \frac{\overline{p}}{R\overline{T}} = \rho_0\, e^{-z/H} \tag{10.50}$$

wobei wir die Wahl

$$\rho_0 = \frac{p_0}{R\overline{T}} \tag{10.51}$$

getroffen haben und wobei

$$H = \frac{R\overline{T}}{g} \tag{10.52}$$

die konstante Skalenhöhe von Druck und Dichte sind. Darüber hinaus sind die potentielle Temperatur und die Schichtung

$$\overline{\theta} = \overline{T}\left(\frac{p_{00}}{\overline{p}}\right)^{R/c_p} = \theta_0\, e^{z/H_\theta} \qquad \theta_0 = \overline{T}\left(\frac{p_{00}}{p_0}\right)^{R/c_p} \tag{10.53}$$

$$N^2 = \frac{g}{\overline{\theta}}\frac{d\overline{\theta}}{dz} = \frac{g}{H_\theta} \tag{10.54}$$

mit der Skalenhöhe

$$H_\theta = \frac{c_p}{R}H \tag{10.55}$$

der potentiellen Temperatur. Unter diesen Bedingungen werden die transformierten Bewegungsgleichungen (10.46)–(10.48)

$$-i\omega\tilde{u} - f\tilde{v} = -ik\tilde{p}\frac{c_s}{\rho_0} \tag{10.56}$$

$$-i\omega\tilde{v} + f\tilde{u} = -il\tilde{p}\frac{c_s}{\rho_0} \tag{10.57}$$

$$-i\omega\tilde{w} = \left(\frac{1}{H_\theta} - \frac{1}{2H} - \frac{d}{dz}\right)\tilde{p}\frac{c_s}{\rho_0} + N\tilde{b} \tag{10.58}$$

Auf die gleiche Weise ergibt die Fourier-Zerlegung (10.45) in der Auftriebsgleichung (10.26)

$$-i\omega\tilde{b} + N\tilde{w} = 0 \tag{10.59}$$

während die Druckgleichung (10.38) zu

$$-i\omega\frac{\tilde{p}}{c_s\rho_0} = -ik\tilde{u} - il\tilde{v} - \left(\frac{1}{H_\theta} - \frac{1}{2H} + \frac{d}{dz}\right)\tilde{w} \tag{10.60}$$

wird. Wir sehen nun, dass aufgrund der konstanten Temperatur der Referenzatmosphäre und der Transformation (10.45) alle Koeffizienten in (10.56)–(10.60) Konstante sind. Deshalb kann, unter Vernachlässigung der Existenz eines festen Rands am Boden, eine weitere Fourier-Transformation in der Vertikalen

$$
\begin{pmatrix} \tilde{\mathbf{v}} \\ \tilde{b} \\ \tilde{p} \end{pmatrix} = \int dm\, e^{imz} \begin{pmatrix} \hat{\mathbf{v}} \\ \hat{b} \\ \hat{p} \end{pmatrix}
\tag{10.61}
$$

angewendet werden, die auf das Gleichungssystem

$$
-i\omega\hat{u} - f\hat{v} = -ik\hat{p}\frac{c_s}{\rho_0}
\tag{10.62}
$$

$$
-i\omega\hat{v} + f\hat{u} = -il\hat{p}\frac{c_s}{\rho_0}
\tag{10.63}
$$

$$
-i\omega\hat{w} = \left(\frac{1}{H_\theta} - \frac{1}{2H} - im\right)\hat{p}\frac{c_s}{\rho_0} + N\hat{b}
\tag{10.64}
$$

$$
-i\omega\hat{b} + N\hat{w} = 0
\tag{10.65}
$$

$$
-i\omega\frac{\hat{p}}{c_s\rho_0} = -ik\hat{u} - il\hat{v} - \left(\frac{1}{H_\theta} - \frac{1}{2H} + im\right)\hat{w}
\tag{10.66}
$$

führt. In jedem Fourier-Unterraum zu einer spezifischen Wahl von Wellenzahl $\mathbf{k} = k\mathbf{e}_x + l\mathbf{e}_y + m\mathbf{e}_z$ und Frequenz ω sind dies fünf lineare Gleichungen für die Fourier-Amplituden $\hat{u}$, $\hat{v}$, $\hat{w}$, $\hat{b}$ und $\hat{p}$.

Die Dispersionsrelationen

Die Situation ist dieselbe wie im Fall der Flachwasserwellen auf der f-Ebene, die in Unterkapitel (5.4.2) diskutiert werden: Das System (10.62)–(10.66) hat nur dann nicht triviale Lösungen, wenn die zugehörige Matrix singulär ist. Die Wurzeln ihrer Determinante ergeben die möglichen Dispersionsrelationen. Anstatt direkt diese Determinante zu verwenden, gehen wir hier einen äquivalenten Weg, indem wir sukzessive immer mehr unbekannte Variable eliminieren, sodass man schließlich eine algebraische Gleichung für eine dieser erhält, die nur dann nicht trivial gelöst werden kann, wenn Dispersionsrelationen zwischen Frequenz und Wellenzahl befriedigt werden. Der Vorteil hierbei ist, dass die halbe Arbeit zur Bestimmung der Polarisationsrelationen zwischen den verschiedenen Fourier-Amplituden auf diesem Weg bereits erledigt wird und dass auch gleichzeitig entsprechendes strukturelles Verständnis auf direkterem Wege erhalten werden kann.

Zunächst lösen wir die transformierten horizontalen Impulsgleichungen (10.62) und (10.63) nach den Amplituden des horizontalen Winds auf. Das Ergebnis ist

$$\hat{u} = \left(\frac{k\omega + ilf}{\omega^2 - f^2} \right) \frac{\hat{p}c_s}{\rho_0} \tag{10.67}$$

$$\hat{v} = \left(\frac{l\omega - ikf}{\omega^2 - f^2} \right) \frac{\hat{p}c_s}{\rho_0} \tag{10.68}$$

Dies in die transformierte Druckgleichung (10.66) eingesetzt, führt auf

$$\hat{p} = -\rho_0 \frac{ic_s}{\omega} \frac{\left(\frac{1}{H_\theta} - \frac{1}{2H} + im \right)(\omega^2 - f^2)}{\omega^2 - f^2 - c_s^2 k_h^2} \hat{w} \tag{10.69}$$

Die transformierte Auftriebsgleichung (10.65) impliziert jedoch

$$\hat{w} = \frac{i\omega}{N} \hat{b} \tag{10.70}$$

sodass man schließlich

$$\hat{p} = \rho_0 \frac{c_s}{N} \frac{\left(\frac{1}{H_\theta} - \frac{1}{2H} + im \right)(\omega^2 - f^2)}{\omega^2 - f^2 - c_s^2 k_h^2} \frac{\omega}{\omega} \hat{b} \tag{10.71}$$

erhält. Es ist zu beachten, dass wir nicht $\omega/\omega = 1$ setzen, sodass $\omega = 0$ möglich bleibt. Einsetzen von (10.70) und (10.71) in (10.64) liefert

$$\frac{\omega^2}{N} \hat{b} = \frac{c_s^2}{N} \frac{\left(\frac{1}{H_\theta} - \frac{1}{2H} - im \right)\left(\frac{1}{H_\theta} - \frac{1}{2H} + im \right)(\omega^2 - f^2)}{\omega^2 - f^2 - c_s^2 k_h^2} \frac{\omega}{\omega} \hat{b} + N\hat{b} \tag{10.72}$$

Eine Lösung mit *nicht verschwindenden Auftriebsfluktuationen* $\hat{b} \neq 0$ impliziert

$$\omega(\omega^2 - N^2)\left[\omega^2 - f^2 - c_s^2 k_h^2 \right] = c_s^2 \left[\left(\frac{1}{H_\theta} - \frac{1}{2H} \right)^2 + m^2 \right] (\omega^2 - f^2)\,\omega \tag{10.73}$$

Es gibt zwei Möglichkeiten, diese Gleichung zu befriedigen. Eine ist

$$\omega = \omega_g = 0 \tag{10.74}$$

Dies ist die Eigenfrequenz des *balancierten (geostrophisch-hydrostatischen) Modes*. Durch Einsetzen von $\omega = 0$ in die transformierten Impulsgleichungen (10.46)–(10.48) sieht man direkt, dass dieser Mode im geostrophischen und hydrostatischen Gleichgewicht ist.

Die andere Möglichkeit ist, dass die quadratische Gleichung in ω^2

$$0 = \omega^4 - \omega^2 \left[f^2 + c_s^2(k^2 + l^2 + m^2) + N^2 + c_s^2 \left(\frac{1}{H_\theta} - \frac{1}{2H} \right)^2 \right] \tag{10.75}$$

$$+ N^2 c_s^2 k_h^2 + f^2 \left[c_s^2 m^2 + N^2 + c_s^2 \left(\frac{1}{H_\theta} - \frac{1}{2H} \right)^2 \right] \tag{10.76}$$

befriedigt wird, wobei aus Obigem folgt, dass

$$N^2 + c_s^2 \left(\frac{1}{H_\theta} - \frac{1}{2H} \right)^2 = N^2 + \frac{c_s^2}{H_\theta} \left(\frac{1}{H_\theta} - \frac{1}{H} \right) + \frac{c_s^2}{4H^2} \tag{10.77}$$

ist, mit

$$\frac{1}{H_\theta} - \frac{1}{H} = \left(\frac{R}{c_p} - 1 \right) \frac{1}{H} = -\frac{c_V}{c_p} \frac{1}{H} = -\frac{c_V}{c_p} \frac{g}{RT} = -\frac{g}{c_s^2} \tag{10.78}$$

sodass

$$N^2 + c_s^2 \left(\frac{1}{H_\theta} - \frac{1}{2H} \right)^2 = N^2 - \frac{g}{H_\theta} + \frac{c_s^2}{4H^2} = \frac{c_s^2}{4H^2} \tag{10.79}$$

Wir erhalten somit

$$0 = \omega^4 - \omega^2 \left[f^2 + c_s^2 \left(k^2 + l^2 + m^2 + \frac{1}{4H^2} \right) \right]$$
$$+ c_s^2 \left[N^2 k_h^2 + f^2 \left(m^2 + \frac{1}{4H^2} \right) \right] \tag{10.80}$$

was durch

$$\omega^2 = \frac{1}{2} \left[f^2 + c_s^2 \left(k_h^2 + m^2 + \frac{1}{4H^2} \right) \right]$$
$$\pm \sqrt{ \frac{1}{4} \left[f^2 + c_s^2 \left(k_h^2 + m^2 + \frac{1}{4H^2} \right) \right]^2 - c_s^2 \left[N^2 k_h^2 + f^2 \left(m^2 + \frac{1}{4H^2} \right) \right] } \tag{10.81}$$

gelöst wird, wobei $k_h^2 = k^2 + l^2$ die quadrierte horizontale Wellenzahl ist. Mit den Definitionen (10.39) für die Schallgeschwindigkeit, (10.52) der isothermen atmosphärischen Skalenhöhe und $L_d^2 = gH/f^2$ des quadrierten externen Rossby-Deformationsradius findet man darüber hinaus für typische Temperaturen der Referenzatmosphäre von einigen 100 K

$$\frac{f^2}{c_s^2/4H^2} = \frac{4}{c_p/c_V} \frac{H^2}{L_d^2} \ll 1 \tag{10.82}$$

sodass (10.81) zu

$$\omega^2 \approx \frac{c_s^2}{2}\left(k_h^2 + m^2 + \frac{1}{4H^2}\right)$$

$$\pm \sqrt{\frac{c_s^4}{4}\left(k_h^2 + m^2 + \frac{1}{4H^2}\right)^2 - c_s^2\left[N^2 k_h^2 + f^2\left(m^2 + \frac{1}{4H^2}\right)\right]} \tag{10.83}$$

vereinfacht werden kann. Aufgrund von (10.82) hat man jedoch auch

$$\frac{c_s^4}{4}\left(k_h^2 + m^2 + \frac{1}{4H^2}\right)^2 \gg c_s^2\left[N^2 k_h^2 + f^2\left(m^2 + \frac{1}{4H^2}\right)\right]$$

Dies ist bei Wellenzahl Null direkt sichtbar und folgt daraus aufgrund des Anstiegs des ersten Terms mit der vierten Potenz der Wellenzahl, was mit der Abhängigkeit des zweiten vom Quadrat der Wellenzahl zu vergleichen ist. Die Wurzel kann somit entwickelt werden, und man erhält in sehr guter Näherung vom Pluszeichen vor der Wurzel die Dispersionsrelation von *Schallwellen*

$$\omega^2 = \omega_s^2 \approx c_s^2\left(k_h^2 + m^2 + \frac{1}{4H^2}\right) \tag{10.84}$$

während das Minuszeichen die von *internen Schwerewellen*

$$\omega^2 = \omega_{gw}^2 \approx \frac{N^2 k_h^2 + f^2\left(m^2 + \frac{1}{4H^2}\right)}{k_h^2 + m^2 + \frac{1}{4H^2}} \tag{10.85}$$

liefert.

Alternativ ist (10.72) trivial befriedigt, wenn die Auftriebsamplitude verschwindet:

$$\hat{b} = 0 \tag{10.86}$$

In diesem Fall impliziert (10.65), dass auch

$$\hat{w} = 0 \tag{10.87}$$

sodass die vertikale Impulsgleichung (10.64) zu

$$0 = \left(\frac{1}{H_\theta} - \frac{1}{2H} - im\right)\hat{p}\frac{c_s}{\rho_0} \tag{10.88}$$

wird. Würde man daraus schließen, dass $\hat{p} = 0$, erhielte man mittels der transformierten horizontalen Impulsgleichungen (10.62) und (10.63) und der transformierten Druckgleichung (10.66) das triviale Ergebnis $\hat{u} = \hat{v} = 0$, d. h. überhaupt keine Fluktuationen! Wir haben jedoch auch die Möglichkeit, dass

$$m = \frac{i}{2H} - \frac{i}{H_\theta} \qquad (10.89)$$

ist, was rein horizontale Ausbreitung impliziert. Wenn man dann $\hat{w} = 0$ zusammen mit (10.67) und (10.68) in die transformierte Druckgleichung (10.66) einsetzt, kommt man zu

$$\omega \frac{\hat{p}}{c_s \rho_0} = \frac{k_h^2}{\omega^2 - f^2} \omega \frac{\hat{p} c_s}{\rho_0} \qquad (10.90)$$

was uns auf den *geostrophischen Mode ohne Auftriebsfluktuationen* führt, mit wiederum

$$\omega = \omega_g = 0 \qquad (10.91)$$

oder

$$1 = \frac{c_s^2 k_h^2}{\omega^2 - f^2} \qquad (10.92)$$

d. h. der Dispersionsrelation

$$\omega^2 = \omega_L^2 = f^2 + c_s^2 k_h^2 \qquad (10.93)$$

einer *Lamb-Welle*. Abb. 10.4 fasst alle Zweige des nicht rotierenden Falls ($f = 0$) für horizontale Ausbreitung in x-Richtung ($l = 0$) zusammen. Schallwellen haben die höchste Frequenz, während die Frequenz von Schwerewellen zwischen f und N liegt.

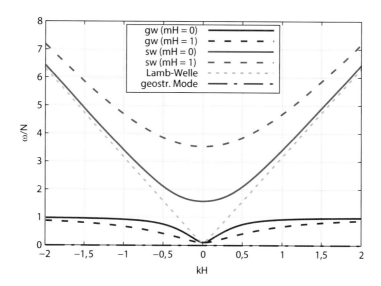

Abb. 10.4 Die Eigenfrequenzen aller freier Moden einer rotierenden ($f = 0,1 N$) und isothermen Atmosphäre in Ruhe, die sich in der Horizontalen in x-Richtung ausbreiten ($l = 0$).

Die Polarisationsbeziehungen für Schallwellen und Schwerewellen

Es sei nun die Frage betrachtet, wie diese Wellenlösungen aussehen. Wie sind die Phasen- und Amplitudenbeziehungen zwischen den verschiedenen dynamischen Feldern? Diese Frage wird durch die Polarisationsrelationen beantwortet. Jede Überlagerung von Wellen, welche die verschiedenen oben eingeführten Dispersionsrelationen befriedigen, ist eine mögliche Lösung der linearen Dynamik. Wir wenden uns hier den Schallwellen und Schwerewellen zu. Der geostrophische Mode und die zwei Wellentypen ohne Auftriebsoszillationen werden in Anhang H diskutiert.

Wie oben gezeigt, führt $\omega \neq 0$ auf die Beziehung (10.70) zwischen Auftrieb und Vertikalwind und die Beziehung (10.71) zwischen Auftrieb und Druck. Einsetzen dieser in (10.67) und (10.68) führt auf

$$\hat{u} = \frac{c_s^2}{N} \frac{(k\omega + ilf)\left(\dfrac{1}{H_\theta} - \dfrac{1}{2H} + im\right)}{\omega^2 - f^2 - c_s^2 k_h^2} \hat{b} \tag{10.94}$$

$$\hat{v} = \frac{c_s^2}{N} \frac{(l\omega - ikf)\left(\dfrac{1}{H_\theta} - \dfrac{1}{2H} + im\right)}{\omega^2 - f^2 - c_s^2 k_h^2} \hat{b} \tag{10.95}$$

Hier ist der Anteil von $\hat{b}$ aufgrund von Schwerewellen oder Schallwellen nur dann ungleich null, wenn eine der entsprechenden Dispersionsrelationen befriedigt ist, d. h., wenn ω mit einer der vier möglichen Optionen

$$\omega_s^\pm(\mathbf{k}) = \pm\sqrt{\omega_s^2(\mathbf{k})} \qquad \omega_{gw}^\pm(\mathbf{k}) = \pm\sqrt{\omega_{gw}^2(\mathbf{k})} \tag{10.96}$$

übereinstimmt. Es gibt deshalb zu jeder beliebigen Kombination von $\mathbf{k}$ und ω Amplituden $\hat{B}_s^\pm(\mathbf{k})$ und $\hat{B}_{gw}^\pm(\mathbf{k})$, sodass

$$\hat{b}(\mathbf{k}, \omega) = \sum_{\substack{\alpha = s, gw \\ \nu = +/-}} \hat{B}_\alpha^\nu(\mathbf{k})\delta\left[\omega - \omega_\alpha^\nu(\mathbf{k})\right] \tag{10.97}$$

Man erhält somit aus (10.61)

$$\tilde{b}(k, l, z, \omega) = \int dm\, e^{imz} \sum_{\substack{\alpha = s, gw \\ \nu = +/-}} \hat{B}_\alpha^\nu(\mathbf{k})\delta\left[\omega - \omega_\alpha^\nu(\mathbf{k})\right] \tag{10.98}$$

Dies in die ursprüngliche Fourier-Repräsentation (10.45) eingesetzt führt schließlich mithilfe des Dichteprofils (10.50) auf die Raum-Zeit-Abhängigkeit

$$b'(\mathbf{x}, t) = \int d^3k\, e^{i\mathbf{k}\cdot\mathbf{x} + z/2H} \sum_{\substack{\alpha = s, gw \\ \nu = +/-}} B_\alpha^\nu(\mathbf{k})e^{-i\omega_\alpha^\nu(\mathbf{k})t} \tag{10.99}$$

des Auftriebsfelds einer Überlagerung von Schallwellen und Schwerewellen, wobei

$$B_\alpha^\nu(\mathbf{k}) = N\,\hat{B}_\alpha^\nu(\mathbf{k}) \tag{10.100}$$

ist. Es ist wichtig zu realisieren, dass B_α^+ und B_α^- nicht voneinander unabhängig sind. Dies folgt aus

$$\omega_\alpha^\nu(-\mathbf{k}) = \omega_\alpha^\nu(\mathbf{k}) \quad \omega_\alpha^{-\nu} = -\omega_\alpha^\nu \tag{10.101}$$

und aus der Tatsache, dass das Auftriebsfeld nur reelle Werte annimmt. Somit hat man mit Kennzeichnung des komplex Konjugierten durch einen Stern und mittels der Substitutionen $\mathbf{k} \to -\mathbf{k}$ und $\nu \to -\nu$

$$\int d^3k\, e^{i\mathbf{k}\cdot\mathbf{x}+z/2H} \sum_{\alpha,\nu} B_\alpha^\nu(\mathbf{k})e^{-i\omega_\alpha^\nu(\mathbf{k})t} = b' = b'^* = \int d^3k\, e^{-i\mathbf{k}\cdot\mathbf{x}+z/2H} \sum_{\alpha,\nu} B_\alpha^{\nu*}(\mathbf{k})e^{i\omega_\alpha^\nu(\mathbf{k})t}$$

$$= \int d^3k\, e^{i\mathbf{k}\cdot\mathbf{x}+z/2H} \sum_{\alpha,\nu} B_\alpha^{\nu*}(-\mathbf{k})e^{i\omega_\alpha^\nu(-\mathbf{k})t} = \int d^3k\, e^{i\mathbf{k}\cdot\mathbf{x}+z/2H} \sum_{\alpha,\nu} B_\alpha^{-\nu*}(-\mathbf{k})e^{i\omega_\alpha^{-\nu}(-\mathbf{k})t}$$

$$= \int d^3k\, e^{i\mathbf{k}\cdot\mathbf{x}+z/2H} \sum_{\alpha,\nu} B_\alpha^{-\nu*}(-\mathbf{k})e^{-i\omega_\alpha^\nu(\mathbf{k})t} \tag{10.102}$$

Deshalb stehen die entsprechenden Amplituden B_α^+ und B_α^- sowohl von Schwerewellen als auch von Schallwellen zueinander in der Beziehung

$$B_\alpha^{-\nu}(\mathbf{k}) = B_\alpha^{\nu*}(-\mathbf{k}) \tag{10.103}$$

sodass

$$b' = \int d^3k\, e^{i\mathbf{k}\cdot\mathbf{x}+z/2H} \sum_\alpha \left[B_\alpha^+(\mathbf{k})e^{-i\omega_\alpha^+(\mathbf{k})t} + B_\alpha^-(\mathbf{k})e^{-i\omega_\alpha^-(\mathbf{k})t} \right]$$

$$= \int d^3k \left[e^{i\mathbf{k}\cdot\mathbf{x}+z/2H} \sum_\alpha B_\alpha^+(\mathbf{k})e^{-i\omega_\alpha^+(\mathbf{k})t} + e^{-i\mathbf{k}\cdot\mathbf{x}+z/2H} \sum_\alpha B_\alpha^{+*}(\mathbf{k})e^{i\omega_\alpha^+(\mathbf{k})t} \right] \tag{10.104}$$

was schließlich auf

$$b' = 2\Re \int d^3k\, e^{i\mathbf{k}\cdot\mathbf{x}+z/2H} \sum_{\alpha=s,gw} B_\alpha^+(\mathbf{k})e^{-i\omega_\alpha^+(\mathbf{k})t}$$

$$= 2\Re \int d^3k\, e^{i\mathbf{k}\cdot\mathbf{x}+z/2H} \sum_{\alpha=s,gw} B_\alpha^-(\mathbf{k})e^{-i\omega_\alpha^-(\mathbf{k})t} \tag{10.105}$$

führt. Also enthalten entweder die Amplituden B_α^+ oder ihre Gegenstücke B_α^- die ganze benötigte Information!

Zur Bestimmung der Windfelder verfährt man entsprechend. Man setzt die Zerlegung (10.97) in die Beziehungen (10.94), (10.95) und (10.70) ein, um $\hat{\mathbf{v}}$ zu berechnen, erhält daraus mittels (10.61) $\tilde{\mathbf{v}}$ und verwendet Letzteres schließlich, zusammen mit dem Dichteprofil (10.50), um die Darstellung der Windfelder

$$\mathbf{v}' = \int d^3k \, e^{i\mathbf{k}\cdot\mathbf{x}+z/2H} \sum_{\substack{\alpha=s,gw \\ \nu=+/-}} \mathbf{V}_\alpha^\nu(\mathbf{k}) e^{-i\omega_\alpha^\nu(\mathbf{k})t} \tag{10.106}$$

einer Überlagerung von Schallwellen und Schwerewellen zu erhalten, wobei die Polarisationsrelationen

$$W_\alpha^\nu = i \frac{\omega_\alpha^\nu}{N^2} B_\alpha^\nu \tag{10.107}$$

$$U_\alpha^\nu = \frac{c_s^2}{N^2} \frac{\left(k\omega_\alpha^\nu + ilf\right)\left(\dfrac{1}{H_\theta} - \dfrac{1}{2H} + im\right)}{\omega_\alpha^2 - f^2 - c_s^2 k_h^2} B_\alpha^\nu \tag{10.108}$$

$$V_\alpha^\nu = \frac{c_s^2}{N^2} \frac{\left(l\omega_\alpha^\nu - ikf\right)\left(\dfrac{1}{H_\theta} - \dfrac{1}{2H} + im\right)}{\omega_\alpha^2 - f^2 - c_s^2 k_h^2} B_\alpha^\nu \tag{10.109}$$

die Amplituden der Windfelder mit denen des Auftriebs verknüpfen. Da $\mathbf{v}'$ reellwertig ist, führen die gleichen Argumente wie oben für den Auftrieb auf

$$\mathbf{V}_\alpha^{-\nu}(\mathbf{k}) = \mathbf{V}_\alpha^{\nu*}(-\mathbf{k}) \tag{10.110}$$

was auch explizit mithilfe der Gl. (10.107)–(10.109) bestätigt werden kann. Man erhält also

$$\mathbf{v}' = 2\Re \int d^3k \, e^{i\mathbf{k}\cdot\mathbf{x}+z/2H} \sum_{\alpha=s,gw} \mathbf{V}_\alpha^+(\mathbf{k}) e^{-i\omega_\alpha^+(\mathbf{k})t}$$

$$= 2\Re \int d^3k \, e^{i\mathbf{k}\cdot\mathbf{x}+z/2H} \sum_{\alpha=s,gw} \mathbf{V}_\alpha^-(\mathbf{k}) e^{-i\omega_\alpha^-(\mathbf{k})t} \tag{10.111}$$

Schließlich ergeben analoge Argumente für den Druck, unter Verwendung von (10.71),

$$p' = \int d^3k \, e^{i\mathbf{k}\cdot\mathbf{x}-z/2H} \sum_{\substack{\alpha=s,gw \\ \nu=+/-}} P_\alpha^\nu(\mathbf{k}) e^{-i\omega_\alpha^\nu(\mathbf{k})t} \tag{10.112}$$

wobei

$$P_\alpha^\nu = \rho_0 \frac{c_s^2}{N^2} \frac{\left(\dfrac{1}{H_\theta} - \dfrac{1}{2H} + im\right)\left(\omega_\alpha^2 - f^2\right)}{\omega_\alpha^2 - f^2 - c_s^2 k_h^2} B_\alpha^\nu \tag{10.113}$$

die Polarisationsbeziehung zwischen Druck und Auftrieb ist. Man hat wiederum

$$P_\alpha^{-\nu}(\mathbf{k}) = P_\alpha^{\nu*}(-\mathbf{k}) \tag{10.114}$$

woraus

$$
\begin{aligned}
p' &= 2\Re \int d^3k \, e^{i\mathbf{k}\cdot\mathbf{x}-z/2H} \sum_{\alpha=s,gw} P_\alpha^+(\mathbf{k}) e^{-i\omega_\alpha^+(\mathbf{k})t} \\
&= 2\Re \int d^3k \, e^{i\mathbf{k}\cdot\mathbf{x}-z/2H} \sum_{\alpha=s,gw} P_\alpha^-(\mathbf{k}) e^{-i\omega_\alpha^-(\mathbf{k})t}
\end{aligned} \tag{10.115}
$$

folgt. Wie man sieht, nehmen Auftrieb und Geschwindigkeit mit der Höhe $\sim e^{z/2H}$ zu, während der Druck $\sim e^{-z/2H}$ abnimmt! Die entsprechende Zunahme der Temperaturamplitude ist in Abb. 10.3 sichtbar. Wie weiter unten zu diskutieren sein wird, führt die exponentielle Zunahme der Auftriebsamplitude zu einer statischen Instabilität der Wellen, wenn sie ausreichend große Höhen erreichen. Scherinstabilitäten aufgrund von starken Geschwindigkeitsgradienten sind ebenfalls möglich.

Der wichtigste und am häufigsten anzutreffende Spezialfall ist der von Wellen mit ausreichend kurzen vertikalen Wellenlängen $\lambda_z \ll 4\pi H$, sodass

$$m^2 \gg \frac{1}{4H^2} \tag{10.116}$$

Deren Dispersionsrelationen (10.84) und (10.85) vereinfachen sich zu

$$\omega_s^2 = c_s^2 \left(k_h^2 + m^2\right) \tag{10.117}$$

$$\omega_{gw}^2 = \frac{N^2 k_h^2 + f^2 m^2}{k_h^2 + m^2} \tag{10.118}$$

Eine kurze Rechnung zeigt dann unter Ausnutzung von $N^2 \gg f^2$, der Definitionen (10.39) der Schallgeschwindigkeit und (10.52) und (10.55) der isothermen Skalenhöhen von Dichte und potentieller Temperatur, dass

$$\frac{\omega_{gw}^2 - f^2}{c_s^2 k_h^2} = \frac{N^2 - f^2}{c_s^2(k_h^2 + m^2)} \approx \frac{N^2}{c_s^2(k_h^2 + m^2)} \ll 4\frac{N^2 H^2}{c_s^2} = 4\frac{c_V R}{c_p^2} = \mathcal{O}(1) \tag{10.119}$$

ist. Deshalb, und weil (10.116) auch

$$|m| \gg \left|\frac{1}{H_\theta} - \frac{1}{2H}\right| \tag{10.120}$$

impliziert, können die Polarisationsbeziehungen (10.107)–(10.109) und (10.113) für *Schwerewellen* gut durch

$$U_{gw}^v = -\frac{im\left(k\omega_{gw}^v + ilf\right)}{N^2 k_h^2} B_{gw}^v \tag{10.121}$$

$$V_{gw}^v = -\frac{im\left(l\omega_{gw}^v - ikf\right)}{N^2 k_h^2} B_{gw}^v \tag{10.122}$$

$$W_{gw}^v = i\frac{\omega_{gw}^v}{N^2} B_{gw}^v \tag{10.123}$$

$$P_{gw}^v = -i\rho_0 \frac{m\left(\omega_{gw}^2 - f^2\right)}{N^2 k_h^2} B_{gw}^v \tag{10.124}$$

genähert werden. Zur weiteren Illustration der Bedeutung dieser komplexen Amplituden führen wir schließlich die reellwertige Amplitude $A(\mathbf{k})$ und Phase $\phi(\mathbf{k})$ ein, sodass

$$B_{gw}^- = \frac{A}{2} e^{i\phi} \tag{10.125}$$

ist und deshalb der *Schwerewellenanteil* der dynamischen Felder gemäß (10.105), (10.111) und (10.115) zu

$$b' = \int d^3k\, A(\mathbf{k}) e^{z/2H} \cos\left[\left(\mathbf{k}\cdot\mathbf{x} - \omega_{gw}^-(\mathbf{k})t\right) + \phi(\mathbf{k})\right] \tag{10.126}$$

$$u' = \int d^3k\, \frac{A(\mathbf{k})}{N^2 k_h^2} e^{z/2H} \left\{ mlf \cos\left[\left(\mathbf{k}\cdot\mathbf{x} - \omega_{gw}^-(\mathbf{k})t\right) + \phi(\mathbf{k})\right] \right. $$
$$\left. + mk\omega_{gw}^- \sin\left[\left(\mathbf{k}\cdot\mathbf{x} - \omega_{gw}^-(\mathbf{k})t\right) + \phi(\mathbf{k})\right]\right\} \tag{10.127}$$

$$v' = \int d^3k\, \frac{A(\mathbf{k})}{N^2 k_h^2} e^{z/2H} \left\{ -mkf \cos\left[\left(\mathbf{k}\cdot\mathbf{x} - \omega_{gw}^-(\mathbf{k})t\right) + \phi(\mathbf{k})\right] \right. $$
$$\left. + ml\omega_{gw}^- \sin\left[\left(\mathbf{k}\cdot\mathbf{x} - \omega_{gw}^-(\mathbf{k})t\right) + \phi(\mathbf{k})\right]\right\} \tag{10.128}$$

$$w' = -\int d^3k\, \frac{\omega_{gw}^-}{N^2} A(\mathbf{k}) e^{z/2H} \sin\left[\left(\mathbf{k}\cdot\mathbf{x} - \omega_{gw}^-(\mathbf{k})t\right) + \phi(\mathbf{k})\right] \tag{10.129}$$

$$p' = \int d^3k\, \rho_0 \frac{m\left(\omega_{gw}^2 - f^2\right)}{N^2 k_h^2} A(\mathbf{k}) e^{-z/2H} \sin\left[\left(\mathbf{k}\cdot\mathbf{x} - \omega_{gw}^-(\mathbf{k})t\right) + \phi(\mathbf{k})\right] \tag{10.130}$$

wird. Es sei nochmals betont, dass die Auswahl des $-$-Zweigs *willkürlich* ist. Analoge Resultate erhält man nach Auswahl des $+$-Zweigs, d. h. durch die Ersetzungen $B_{gw}^- \to B_{gw}^+$ und $\omega_{gw}^- \to \omega_{gw}^+$.

Es ist eine lehrreiche Übung, die der Leserin überlassen bleibt, zu zeigen, dass die Schwerewellendispersionsrelation für kurze vertikale Wellenlängen, zusammen mit den zugehörigen Polarisationsbeziehungen (10.121)–(10.124), auch aus den Boussinesq-Gleichungen hergeleitet werden können, die in Abschn. 7.1.2 eingeführt worden sind. Dies ist der Fall, da eine grundlegende Annahme der Boussinesq-Theorie ist, dass alle relevanten vertikalen Skalen kleiner sind als die atmosphärische Skalenhöhe, sodass die hier verwendete Annahme (10.116) immer gilt. Viele Untersuchungen zur Dynamik von Schwerewellen verwenden deshalb die Boussinesq-Gleichungen. Was diese jedoch nicht erklären können, ist der exponentielle Anwachs in der Schwerewellenamplitude aufgrund der nach oben abnehmenden Dichte.

Einige Eigenschaften von Schwerewellen

An diesem Punkt kann man bereits einige wichtige Eigenschaften von Schwerewellen feststellen. Zunächst kann die Dispersionsrelation (10.118) auch

$$\omega_{gw}^2 = N^2 \cos^2\theta + f^2 \sin^2\theta \tag{10.131}$$

geschrieben werden, wobei hier θ der Winkel zwischen dem Wellenzahlvektor und der Horizontalen ist (Abb. 10.5 und 10.6). Man beachte, dass die Frequenz nur durch diesen Winkel bestimmt wird, aber nicht durch die totale Wellenlänge. Man sieht, dass die quadratische Frequenz

$$\omega_{gw}^2 \rightarrow \begin{cases} N^2 & \text{wenn } \theta \rightarrow 0, \pi \\ f^2 & \text{wenn } \theta \rightarrow \pm\frac{\pi}{2} \end{cases}$$

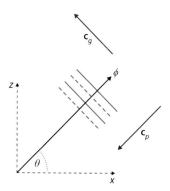

Abb. 10.5 Die Geometrie einer Schwerewelle in der Boussinesq-Näherung. Es wird angenommen, dass der Wellenzahlvektor in der $x - z$-Ebene liegt. Er schließt einen Winkel θ mit der horizontalen x-Richtung ein. Linien konstanter Phase sind blau gekennzeichnet. Die Gruppengeschwindigkeit ist parallel zu Linien konstanter Phase. Wenn sie wie hier nach oben zeigt, ist die Phasengeschwindigkeit antiparallel zum Wellenzahlvektor.

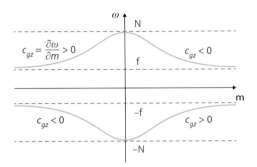

Abb. 10.6 Die Abhängigkeit der Schwerewellenfrequenz (in einer ruhenden Atmosphäre) von der vertikalen Wellenzahl. Kleine vertikale Wellenzahlen (große vertikale Wellenlängen, nicht-hydrostatischer Fall) implizieren hohe Frequenzen, während große vertikale Wellenzahlen (kleine vertikale Wellenlängen, hydrostatischer Fall) mit niedrigen Frequenzen nahe der Trägheitsfrequenz einhergehen.

befriedigt. Also ist die Phasenausbreitung von *niedrigfrequenten* Schwerewellen nahezu vertikal. Ihre vertikale Wellenzahl ist deutlich größer als die horizontale Wellenzahl, sodass ihre horizontale Skala deutlich größer ist als die vertikale Skala. Dies sind deshalb *hydrostatische* Wellen. *Hochfrequente* Schwerewellen andererseits haben eine signifikante horizontale Komponente ihrer Phasengeschwindigkeit. Sie sind *nicht hydrostatisch*. Die Dispersionsrelation ist auch in Abb. 10.6 illustriert.

Die *Phasengeschwindigkeit* ist

$$\mathbf{c}_p = \frac{\omega}{|\mathbf{k}|^2}\mathbf{k} = \frac{\omega}{|\mathbf{k}|^2}\begin{pmatrix} k \\ l \\ m \end{pmatrix} \tag{10.132}$$

und es ist eine leichte Übung zu zeigen, dass die *Gruppengeschwindigkeit*

$$\mathbf{c}_g = \nabla_{\mathbf{k}}\omega = \frac{N^2 - f^2}{\omega|\mathbf{k}|^4}\begin{pmatrix} km^2 \\ lm^2 \\ -k_h^2 m \end{pmatrix} \tag{10.133}$$

ist, und somit

$$\mathbf{c}_g \cdot \mathbf{c}_p = 0 \tag{10.134}$$

Es ist eine bemerkenswerte Eigenschaft von Schwerewellen, dass die *Gruppengeschwindigkeit senkrecht zur Phasengeschwindigkeit steht!* Die Wellenenergie breitet sich in der Tat entlang Linien konstanter Phase aus. Dies ist gut in Abb. 10.7 sichtbar, welche die Abstrahlung von Schwerewellen von einem konvektiven Ereignis zeigt.

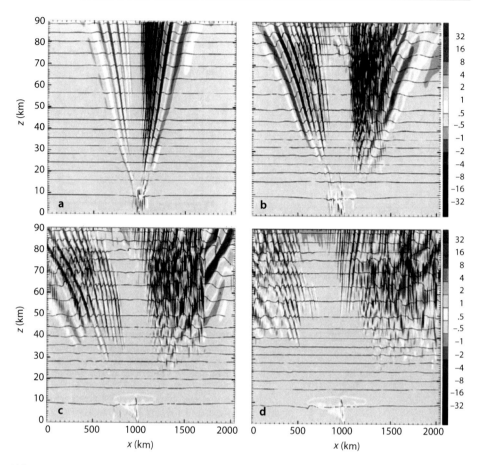

Abb. 10.7 Schwerewellenabstrahlung durch ein Konvektionsereignis in der Troposphäre. Gezeigt werden der vertikale Wind (Farbschattierung), der natürliche Logarithmus der potentiellen Temperatur (schwarze Konturen) und der Rand der Bewölkung (weiße Konturen) zu den Zeiten 2 h (**a**), 4 h (**b**), 6 h (**c**) und 8 h (**d**) nach der Initialisierung der Simulation. Man beachte, dass die Energie sich parallel zu Linien konstanter Phase bewegt. (Abgedruckt aus Holton und Alexander 1999).

Wir bemerken auch, dass die beiden Schwerewellenzweige die folgende Beziehung zwischen vertikaler Wellenzahl und vertikaler Gruppengeschwindigkeit befriedigen:

$$\omega = \omega_{gw}^{+} : \begin{cases} c_{gz} < 0 \text{ if } m > 0 \\ c_{gz} > 0 \text{ if } m < 0 \end{cases} \tag{10.135}$$

$$\omega = \omega_{gw}^{-} : \begin{cases} c_{gz} > 0 \text{ if } m > 0 \\ c_{gz} < 0 \text{ if } m < 0 \end{cases} \tag{10.136}$$

Man sieht, dass die Vorzeichen von vertikaler Wellenzahl und vertikaler Gruppengeschwindigkeit im Fall des Zweigs mit negativer Frequenz übereinstimmen, wie auch in Abb. 10.6

Abb. 10.8 Vier mögliche Konfigurationen von Gruppengeschwindigkeit $\mathbf{c}_g$ und Phasengeschwindigkeit $\mathbf{c}_p$ ebener Schwerewellen, mit dem Wellenzahlvektor in einem Winkel θ relativ zur Horizontalen geneigt, welche die Dispersionsrelation (10.131) befriedigen.

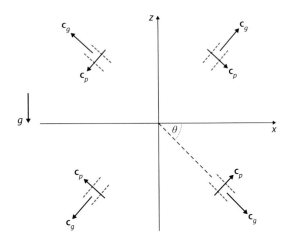

erkennbar. Deshalb ist es häufig handlicher, diesen für die Beschreibung des Schwerewellenfelds zu wählen. Es bleibt dem Leser als Übung überlassen, die vier möglichen Konfigurationen von Phasen- und Gruppengeschwindigkeit zu bestätigen, die sich wie in Abb. 10.8 aus den möglichen Kombinationen von horizontaler und vertikaler Wellenzahl ergeben.

10.2.3 Zusammenfassung

Die lineare Dynamik von Störungen einer ruhenden Atmosphäre auf der f-Ebene beleuchtet grundlegende Wellenmoden der atmosphärischen Dynamik und ihre Eigenschaften:

- In der Abwesenheit von Heizung, Reibung und Wärmeleitung *erhält nicht nur die nichtlineare Dynamik die Energie, sondern auch ihre lineare Näherung.* Neben der *kinetischen Energie* treten zwei Reservoire potentieller Energie auf. *Anelastische potentielle Energie* ist den Schwankungen der potentiellen Temperatur oder des Auftriebs zuzuordnen, während *elastische potentielle Energie* von Druckfluktuationen getragen wird. Die volumenspezifischen Dichten der kinetischen und der anelastischen potentiellen Energie gewichten jeweils die Quadrate der Geschwindigkeitsfluktuationen oder des Auftriebs mit der Dichte der Referenzatmosphäre, während die quadrierten Druckfluktuationen in die elastische potentielle Energie mit einer inversen Dichtewichtung eingehen.
- Dies hat Konsequenzen für die *Wellenmoden* der linearen Dynamik. *Wind- und Auftriebsamplituden sind invers proportional zur Wurzel der Dichte der Referenzatmosphäre.* Sie nehmen deshalb beträchtlich mit der Höhe zu. Das Gegenteil trifft für die *Druckamplituden zu, die am Boden am stärksten* sind. Drei grundlegende Wellenmoden treten auf, ein stationärer *geostrophischer Mode* sowie *Schall- und Schwerewellen.* Diese Moden werden durch verschiedene weitere mit imaginärer vertikaler Wellenzahl ergänzt, die

sich nur horizontal ausbreiten können. Die *Lamb-Welle* ist unter diesen die wichtigste. Alle Wellenmoden befriedigen *Polarisationsbeziehungen* zwischen ihren diversen dynamischen Feldern, sodass jeweils eines Letzterer alle anderen bestimmt. *Schwerewellen sind hochgradig dispersiv,* d. h., ihre Phasen- und Gruppengeschwindigkeiten stimmen nicht miteinander überein. In der Tat stehen sie sogar senkrecht zueinander, sodass die Wellengruppe sich entlang Linien konstanter Phase bewegt.

10.3 Die Wechselwirkung zwischen mesoskaligen Schwerewellen und der synoptischskaligen Strömung

Um den Einfluss von Schwerewellen auf die atmosphärische Zirkulation zu verstehen, müssen wir eine Strömung mit Skalen einbeziehen, die größer sind als die der Schwerewellen. Dies soll nun geschehen mit einem Fokus auf die Extratropen. Im Interesse der Einfachheit beschränken wir uns dabei auf die reibungsfreie und adiabatische Dynamik auf der f-Ebene, in der x die zonale und y die meridionale Richtung bezeichnen. Mesoskalige Schwerewellen werden zusammen mit der synoptischskaligen Strömung betrachtet. Zu diesem Zweck verwenden wir die Wentzel-Kramers-Brillouin-Theorie (WKB) und betrachten langsam modulierte Schwerewellen in einem langsam variablen und großskaligen Hintergrund.

10.3.1 Eine Umformulierung der dynamischen Gleichungen

Es hat sich als zweckmäßig erwiesen, die dynamischen Gleichungen durch die Einführung des Exner-Drucks

$$\pi = \left(\frac{p}{p_{00}} \right)^{R/c_p} \tag{10.137}$$

umzuformulieren, sodass Temperatur und potentielle Temperatur durch $T = \pi\theta$ miteinander verbunden sind. Setzt man dies zusammen mit $p = p_{00}\pi^{c_p/R}$ in die Zustandsgleichung $p = \rho R T$ ein, erhält man für Letztere die alternative Form

$$\rho = \frac{p_{00}}{R\theta} \pi^{c_V/R} \tag{10.138}$$

woraus sich die Druckgradientenbeschleunigung zu

$$\frac{1}{\rho}\nabla p = c_p \theta \nabla \pi \tag{10.139}$$

ergibt, sodass die reibungsfreie Impulsgleichung auf der f-Ebene die Form

$$\frac{D\mathbf{v}}{Dt} + f\mathbf{e}_z \times \mathbf{u} = -c_p\theta\nabla\pi - g\mathbf{e}_z \tag{10.140}$$

annimmt. Die adiabatische Entropiegleichung bleibt

$$\frac{D\theta}{Dt} = 0 \tag{10.141}$$

Anstatt der Kontinuitätsgleichung verwenden wir die prognostische Gleichung für den Exner-Druck: Aus der Zustandsgleichung (10.138) erhält man in Abwesenheit aller Heizprozesse

$$\frac{1}{\rho}\frac{D\rho}{Dt} = -\frac{1}{\theta}\frac{D\theta}{Dt} + \frac{c_V}{R}\frac{1}{\pi}\frac{D\pi}{Dt} = \frac{c_V}{R}\frac{1}{\pi}\frac{D\pi}{Dt} \tag{10.142}$$

Aufgrund der Kontinuitätsgleichung ist die linke Seite $-\nabla \cdot \mathbf{v}$, was zur prognostischen Gleichung

$$\frac{D\pi}{Dt} + \frac{R}{c_V}\pi\nabla \cdot \mathbf{v} = 0 \tag{10.143}$$

führt. Das System (10.138), (10.140), (10.141) und (10.143) soll verwendet werden, um prognostische Gleichungen für die Wechselwirkung zwischen mesoskaligen Schwerewellen und synoptischskaliger Strömung zu erhalten.

10.3.2 Skalierung für synoptischskalige Strömung und für Trägheitsschwerewellen

Die in Kap. 6 behandelte quasigeostrophische Theorie ist ein mächtiges Werkzeug zur Behandlung der synoptischskaligen Strömung in den Extratropen. In ihrer Herleitung identifiziert man typische synoptische Längen- und Zeitskalen, tut dies auch für die Größenordnung der synoptischskaligen Fluktuationen in einigen dynamischen Variablen, z. B. dem Horizontalwind, leitet daraus die Größenordnung der Fluktuationen in den verbleibenden dynamischen Variablen ab, z. B. dem Druck, und verwendet dann diese alle zusammen, um die Bewegungsgleichungen zu entdimensionalisieren, wodurch man eine Abschätzung der Größenordnung aller beitragenden Terme in Potenzen der Rossby-Zahl erhält. Die Entwicklung aller Felder in solchen Potenzen, Einsetzung dieser in die dimensionslosen Gleichungen und Sortierung des Ergebnisses in Potenzen der Rossby-Zahl führt schließlich auf die Erhaltungsgleichung der quasigeostrophischen potentiellen Vorticity. Diesem Plan folgen wir hier im Prinzip ebenfalls. Der Unterschied ist, dass wir anstatt je einer Zeitskala, horizontalen Längenskala, vertikalen Längenskala, einer Skala für die Windfluktuationen etc. derer jeweils zwei haben, eine für die synoptischskalige Strömung und eine für die mesoskaligen Bewegungen. Diese Skalen müssen zunächst definiert werden. Wir betrachten deshalb erst kurz die wesentlichen Aspekte der synoptischen Skalierung und schreiten dann weiter zur Identifikation der charakteristischen Mesoskalen.

Synoptische Skalierung in der quasigeostrophischen Theorie
Wir rekapitulieren zunächst die synoptische Skalierung, auf der die quasigeostrophische Theorie basiert. Die Theorie nimmt an, dass die synoptischskalige Strömung typische horizontale und vertikale Längenskalen L_s und H_s hat. Die Geschwindigkeitsskalen für den horizontalen und vertikalen Wind sind U_s und W_s, wobei

$$W_s = \frac{H_s}{L_s} U_s \tag{10.144}$$

ist. Die Zeitskala T_s ist die advektive Zeitskala

$$T_s = \frac{L_s}{U_s} = \frac{H_s}{W_s} \tag{10.145}$$

Die synoptische Zeitskala ist deutlich größer als die Trägheitszeitskala, sodass die Rossby-Zahl klein ist:

$$Ro = \frac{U_s}{f L_s} = \frac{1/f}{T_s} \ll 1 \tag{10.146}$$

Die Skalenhöhe der Dichte H_ρ ist von derselben Größenordnung wie die vertikale Skala, d. h.,

$$-\frac{H_s}{\overline{\rho}} \frac{d\overline{\rho}}{dz} = \frac{H_s}{H_\rho} = \mathcal{O}(1) \tag{10.147}$$

Wegen $\overline{p} = \overline{\rho} R \overline{T}$ sind die Skalenhöhen von Druck, Dichte und Temperatur über

$$\frac{1}{H_p} = -\frac{1}{\overline{p}} \frac{d\overline{p}}{dz} = -\frac{1}{\overline{\rho}} \frac{d\overline{\rho}}{dz} - \frac{1}{\overline{T}} \frac{d\overline{T}}{dz} = \frac{1}{H_\rho} + \frac{1}{H_T} \approx \frac{1}{H_\rho} \tag{10.148}$$

miteinander verknüpft, wobei im letzten Schritt verwendet wurde, dass die Skalenhöhe der Temperatur typischerweise größer ist als die von Dichte und Druck. Deshalb stimmt die Skalenhöhe der Dichte etwa mit der des Drucks überein, die aufgrund der Hydrostatik der Referenzatmosphäre

$$H_p = -\frac{\overline{p}}{d\overline{p}/dz} = \frac{\overline{p}}{g\overline{\rho}} = \frac{R\overline{T}}{g} \tag{10.149}$$

ist. Wir können deshalb für beide Skalenhöhen, und damit auch für die vertikale Längenskala H_s, die Abschätzung

$$H_\rho \approx H_p = \mathcal{O}\left(\frac{RT_{00}}{g}\right) \tag{10.150}$$

verwenden, wobei T_{00} eine Abschätzung der Größenordnung der Temperatur der Referenzatmosphäre ist, sodass $\overline{T} = \mathcal{O}(T_{00})$, d. h., man kann z. B. $T_{00} = 300\,\mathrm{K}$ wählen. Damit ist eine vernünftige Wahl der vertikalen Längenskala

$$H_s = \frac{R T_{00}}{g} \tag{10.151}$$

Die Skalenhöhe der potentiellen Temperatur ist jedoch

$$H_\theta = \frac{\overline{\theta}}{d\overline{\theta}/dz} = \frac{g}{N^2} \tag{10.152}$$

und die klassische Ableitung der quasigeostrophischen Theorie nimmt an, dass sie größer als die Skalenhöhe von Druck und Dichte ist, d. h.,

$$\frac{H_s}{H_\theta} = \mathcal{O}(Ro) \tag{10.153}$$

Der Einfachheit halber bleiben wir hier bei dieser Annahme, obwohl sie in der stärker geschichteten Stratosphäre weniger angebracht ist[1].

Darüber hinaus ist ein wichtiges Ergebnis der Theorie der baroklinen Instabilität, dass der interne Rossby-Deformationsradius

$$L_{di} = \frac{N H_s}{f} \tag{10.154}$$

die horizontale Skala der am schnellsten anwachsenden Wellen ist, d. h., man hat

$$\frac{L_s}{L_{di}} = \mathcal{O}(1) \tag{10.155}$$

und deshalb auch

$$\frac{H_s}{L_s} = \mathcal{O}\left(\frac{f}{N}\right) \tag{10.156}$$

Dieses Verhältnis ist unter typischen troposphärischen und mesosphärischen Bedingungen

$$\frac{f}{N} = \mathcal{O}(Ro^2) \tag{10.157}$$

Die Entsprechung (10.155) zwischen horizontaler Längenskala und internem Rossby-Deformationsradius impliziert auch für den externen Rossby-Deformationsradius

$$L_d = \frac{\sqrt{g H_s}}{f} \tag{10.158}$$

das Verhältnis

$$\frac{L_s^2}{L_d^2} = \mathcal{O}\left(\frac{L_{di}^2}{L_d^2}\right) = \mathcal{O}\left(\frac{N^2 H_s^2}{f^2}\frac{f^2}{g H_s}\right) = \mathcal{O}\left(\frac{H_s}{g/N^2}\right) = \mathcal{O}\left(\frac{H_s}{H_\theta}\right) = \mathcal{O}(Ro) \tag{10.159}$$

---

[1] Eine Verallgemeinerung auf stratosphärische Bedingungen ist möglich.

Nach den obigen Überlegungen sind wir nun für Größenordnungsabschätzungen der Fluktuationen in den dynamischen Feldern bereit. Zunächst impliziert das geostrophische Gleichgewicht für die Fluktuationen $\pi' = \pi - \overline{\pi}$ des Exner-Drucks

$$f\mathbf{e}_z \times \mathbf{u} \approx -c_p\overline{\theta}\nabla_h\pi' \tag{10.160}$$

woraus

$$\pi' = \mathcal{O}\left(\frac{fU_sL_s}{c_p\overline{\theta}}\right) \tag{10.161}$$

folgt und deshalb, unter Verwendung der Abschätzung (10.151) der vertikalen Längenskala, der Definition (10.146) der Rossby-Zahl und der Definition (10.158) des externen Rossby-Deformationsradius,

$$\frac{\pi'}{\overline{\pi}} = \mathcal{O}\left(\frac{fU_sL_s}{c_p\overline{\pi}\overline{\theta}}\right) = \mathcal{O}\left(\frac{fU_sL_s}{c_p\overline{T}}\right) = \mathcal{O}\left(\frac{R}{c_p}\frac{fU_sL_s}{gH_s}\right) = \mathcal{O}\left(\frac{R}{c_p}\frac{L_s^2}{L_d^2}Ro\right) \tag{10.162}$$

sodass sich die relative Größenordnung der synoptischskaligen Fluktuationen des Exner-Drucks mithilfe des Verhältnisses (10.159) zu

$$\frac{\pi'}{\overline{\pi}} = \mathcal{O}\left(Ro^2\right) \tag{10.163}$$

ergibt. Darüber hinaus impliziert das hydrostatische Gleichgewicht

$$0 \approx -c_p\theta\frac{\partial\pi}{\partial z} - g \tag{10.164}$$

Wie üblich nehmen wir an, dass die Referenzatmosphäre exakt im hydrostatischen Gleichgewicht ist, d. h.,

$$\frac{d\overline{\pi}}{dz} = -\frac{g/c_p}{\overline{\theta}} \tag{10.165}$$

Einsetzen der Zerlegungen $\pi = \overline{\pi} + \pi'$ und $\theta = \overline{\theta} + \theta'$ in (10.164) und die Vernachlässigung aller in den Fluktuationen nichtlinearen Terme führt deshalb zu

$$\frac{\partial\pi'}{\partial z} = \frac{g/c_p}{\overline{\theta}}\frac{\theta'}{\overline{\theta}} \tag{10.166}$$

und dieses, unter Verwendung von $\partial\pi'/\partial z = \mathcal{O}(\pi'/H_s)$ und der Abschätzung (10.150) der vertikalen Skalenhöhe, zu

$$\frac{\theta'}{\overline{\theta}} = \mathcal{O}\left(\frac{\overline{\theta}}{g/c_p}\frac{\pi'}{H_s}\right) = \mathcal{O}\left(\frac{c_p}{g}\frac{\overline{\pi}\overline{\theta}}{H_s}\frac{\pi'}{\overline{\pi}}\right) = \mathcal{O}\left(\frac{c_p}{g}\frac{\overline{T}}{H_s}\frac{\pi'}{\overline{\pi}}\right) = \mathcal{O}\left(\frac{c_p}{R}\frac{\pi'}{\overline{\pi}}\right) \tag{10.167}$$

Deshalb ist die relative Größenordnung der synoptischskaligen Fluktuationen der potentiellen Temperatur

$$\frac{\theta'}{\overline{\theta}} = \mathcal{O}\left(Ro^2\right) \tag{10.168}$$

Die Größenordnung des synoptischskaligen Horizontalwinds erhält man durch Auflösen der Abschätzung (10.161) für die Fluktuationen des Exner-Drucks nach U_s, also

$$U_s = \mathcal{O}\left(\frac{c_p \overline{\pi}\overline{\theta}}{f L_s} \frac{\pi'}{\overline{\pi}}\right) = \mathcal{O}\left(\frac{c_p}{R} \frac{R\overline{T}}{f L_s} \frac{\pi'}{\overline{\pi}}\right) \tag{10.169}$$

Hier hat man, wegen der Definition (10.151) der vertikalen Längenskala und der Definition (10.158) des externen Rossby-Deformationsradius,

$$\sqrt{R\overline{T}} = \mathcal{O}\left(\sqrt{gH_s}\right) = \mathcal{O}(f L_d) \tag{10.170}$$

sodass

$$U_s = \mathcal{O}\left(\frac{c_p}{R} \frac{L_d}{L_s} \frac{\pi'}{\overline{\pi}} \sqrt{R\overline{T}}\right) \tag{10.171}$$

ist und damit, unter Verwendung des Verhältnisses (10.159) und (10.163),

$$U_s = Ro^{3/2} \sqrt{RT_{00}} \tag{10.172}$$

als eine gute Wahl der Geschwindigkeitsskala der Fluktuationen des horizontalen Winds resultiert. Die Skala des Vertikalwinds kann daraus erhalten werden, wenn man (10.144), das Aspektverhältnis (10.156) und das Verhältnis (10.157) verwendet, mit dem Ergebnis

$$W_s = Ro^{7/2} \sqrt{RT_{00}} \tag{10.173}$$

Da aber die Definition der Rossby-Zahl $L_s = U_s/(Rof)$ impliziert, legt (10.172) auch die horizontale Längenskala als

$$L_s = Ro^{1/2} \sqrt{RT_{00}}/f \tag{10.174}$$

fest, was zusammen mit dem Aspektverhältnis (10.156) und dem Verhältnis (10.157) wiederum die vertikale Längenskala zu

$$H_s = Ro^{5/2} \sqrt{RT_{00}}/f \tag{10.175}$$

bestimmt, sodass in dieser Skalierung die Schwerebeschleunigung nicht mehr frei ist, sondern aufgrund von (10.151)

$$g = Ro^{-5/2} f \sqrt{RT_{00}} \tag{10.176}$$

befriedigt. Man könnte natürlich daraus auch $\sqrt{RT_{00}}$ als Funktion von g und f erhalten und alle Skalen über diese Konstanten ausdrücken. Dies würde die folgenden Ergebnisse nicht ändern. Man beachte, dass H_s auch eine Abschätzung der Skalenhöhe der Dichte und des Drucks der Referenzatmosphäre ist, während gemäß (10.153) die Skalenhöhe der potentiellen Temperatur länger ist:

$$H_\rho = \mathcal{O}(H_s) \qquad H_p = \mathcal{O}(H_s) \qquad H_\theta = \mathcal{O}(H_s/Ro) \qquad (10.177)$$

Wir vervollständigen die Liste, indem wir die synoptische Zeitskala mittels der Definition (10.146) der Rossby-Zahl als

$$T_s = Ro^{-1}/f \qquad (10.178)$$

ausdrücken. Wir haben damit alle notwendigen Skalen und auch die relative Stärke der Fluktuationen von Exner-Druck und potentieller Temperatur über den Coriolis-Parameter f, die grobe Abschätzung $\sqrt{RT_{00}}$ der Schallgeschwindigkeit und die Rossby-Zahl Ro ausgedrückt.

Die Skalierung von Trägheitsschwerewellen nahe der Brechung

Die uns interessierenden atmosphärischen Schwerewellen haben räumliche und zeitliche Skalen unterhalb der entsprechenden synoptischen Skalen. Wie man z. B. in Abb. 10.9 sehen kann, ist ihr Spektrum sehr breit, mit horizontalen Skalen zumindest zwischen ein paar Kilometern und einigen 100 km. Man muss sich hier entscheiden, welchen Teil des Schwerewellenspektrums man betrachten will. Wir nehmen typische horizontale und vertikale

Abb. 10.9 Aus einer Analyse von Flugzeugdaten aus der oberen Troposphäre: die Zerlegung des Spektrums der horizontalen kinetischen Energie bezüglich der horizontalen Wellenzahl in die Anteile von Schwerewellen und der residuellen geostrophischen Strömung. (Bild abgeändert aus Callies et al. 2014).

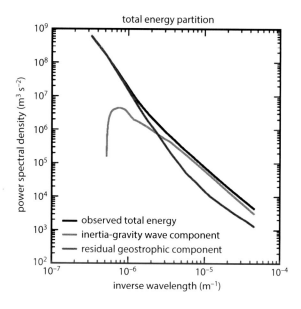

Wellenzahlen k, l und m mit entsprechenden Längenskalen $L_w = 1/k_h = 1/\sqrt{k^2 + l^2}$ und $H_w = 1/m$ an. Diese sollen um einen Skalenseparationsparameter $\varepsilon \ll 1$ kürzer sein als die entsprechenden synoptischen Skalen, sodass

$$L_w = \varepsilon L_s \qquad H_w = \varepsilon H_s \tag{10.179}$$

Unsere Wahl für den Skalenseparationsparameter trifft auf

$$\varepsilon = Ro \tag{10.180}$$

womit, gemäß der Definitionen (10.174) und (10.175) der synoptischen Skalen, die Längenskalen der Wellen

$$H_w = \varepsilon^{7/2} \frac{\sqrt{RT_{00}}}{f} \tag{10.181}$$

$$L_w = \varepsilon^{3/2} \frac{\sqrt{RT_{00}}}{f} \tag{10.182}$$

sind. Mit dieser Wahl der vertikalen Skala ist man im Regime $H_w \ll 2H_s$. Für eine Abschätzung der Zeitskala der Schwerewellen verwenden wir deshalb, wie a posteriori zu rechtfertigen sein wird, die Schwerewellendispersionsrelation (10.118), nun jedoch um einen Dopplerterm erweitert, der aus der Advektion durch die synoptischskalige Strömung resultiert[2], d. h.,

$$\omega = \mathbf{k} \cdot \mathbf{u} \pm \sqrt{\frac{N^2 k_h^2 + f^2 m^2}{k_h^2 + m^2}} \tag{10.183}$$

Da der advehierende Wind $\mathbf{u}$ der synoptischskaligen Strömung zuzuordnen ist, skaliert der Dopplerterm gemäß

$$\mathbf{k} \cdot \mathbf{u} = \mathcal{O}\left(\frac{U_s}{L_w}\right) = \mathcal{O}\left(\frac{U_s/L_s}{\varepsilon}\right) = \mathcal{O}\left(\frac{1/T_s}{\varepsilon}\right) \tag{10.184}$$

Darüber hinaus ist das Aspektverhältnis der Schwerewellen $H_w/L_w = \varepsilon^2$. Da dies, wie in (10.157) ausgedrückt, auch das Verhältnis f/N ist, skaliert der intrinsische Teil der erwarteten Schwerewellenfrequenz wie

$$\sqrt{\frac{N^2 k_h^2 + f^2 m^2}{k_h^2 + m^2}} = \mathcal{O}\left(\sqrt{\frac{N^2/L_w^2 + f^2/H_w^2}{1/H_w^2}}\right) = \mathcal{O}\left(f\sqrt{1 + \frac{N^2}{f^2}\frac{H_w^2}{L_w^2}}\right) = \mathcal{O}(f) \tag{10.185}$$

Aufgrund von (10.178) hat man aber auch $f = (1/T_s)/\varepsilon$, sodass die Zeitskala T_w der Schwerewellen, mit $\omega = \mathcal{O}(1/T_w)$,

---

[2] Wie unten gezeigt, ist es eine spezielle Eigenschaft von Schwerewellen im betrachteten Skalenregime, dass es keinen Dopplerterm aufgrund von Selbstadvektion durch die Windfelder der Schwerewelle gibt. Dies gilt, solange ein lokal monochromatisches Schwerewellenfeld betrachtet wird.

$$T_w = \varepsilon T_s = 1/f \qquad (10.186)$$

ist.

Eine andere Entscheidung muss in Bezug auf die Schwerewellenamplitude getroffen werden. Wie wir bereits oben gesehen haben, wachsen Schwerewellen in der Vertikalen signifikant in der Amplitude an, sodass ein weiter Bereich von Amplituden betrachtet werden kann. Am interessantesten ist jedoch die Dynamik von Schwerewellen mit großer Amplitude. Eine kritische Grenze ist hier die Schwelle der statischen Instabilität: Betrachtet sei die potentielle Temperatur einer monochromatischen Schwerewelle mit langsam variabler Amplitude θ_w in einer Atmosphäre mit synoptischskaliger potentieller Temperatur θ_s:

$$\theta(\mathbf{x}, t) = \overline{\theta}(z) + \theta_s(\mathbf{x}, t) + \theta_w(\mathbf{x}, t) \cos(\mathbf{k} \cdot \mathbf{x} - \omega t) \qquad (10.187)$$

Wie der Diskussion in Abschn. 2.4 entnommen werden kann, wird ein solches Feld potenzieller Temperatur instabil sein und zu Konvektion führen, wo und wann auch immer seine vertikale Ableitung negativ wird, d. h.

$$\frac{\partial \theta}{\partial z} = \frac{d\overline{\theta}}{dz} + \frac{\partial \theta_s}{\partial z} + \frac{\partial \theta_w}{\partial z}(\mathbf{x}, t) \cos(\mathbf{k} \cdot \mathbf{x} - \omega t) - m\theta_w \sin(\mathbf{k} \cdot \mathbf{x} - \omega t) < 0 \qquad (10.188)$$

Hierbei ist wegen (10.168) und (10.177)

$$\frac{\partial \theta_s / \partial z}{d\overline{\theta} / dz} = \mathcal{O}\left(\frac{\theta' / H_s}{\overline{\theta} / H_\theta}\right) = \mathcal{O}(\varepsilon) \qquad (10.189)$$

d. h., die vertikale Ableitung des synoptischskaligen Felds kann vernachlässigt werden. Darüber hinaus nehmen wir an, dass die Schwerewellenamplitude langsam variabel ist, sodass $\partial \theta_w / \partial z$ im Vergleich mit $m\theta_w$ vernachlässigt werden kann. Deshalb tritt eine statische Instabilität auf, wenn $m\theta_w$ vom Betrag her größer ist als die Ableitung der potentiellen Temperatur der Referenzatmosphäre. Wann immer dies geschieht, führt Konvektion zur Entstehung von Turbulenz, sodass diese ebenfalls zu berücksichtigen wäre. Der statisch stabile und der statisch instabile Fall sind in Abb. 10.10 illustriert. Wir betrachten deshalb hier Schwerewellen, die knapp unter der Schwelle statischer Instabilität sind. Deshalb wird mit $m\theta_w = \mathcal{O}(\theta_w / H_w)$ und $d\overline{\theta}/dz = \mathcal{O}(\overline{\theta}/H_\theta)$ angenommen, dass die relative Amplitude der Schwerewellenfluktuationen

$$\frac{\theta_w}{\overline{\theta}} = \mathcal{O}\left(\frac{H_w}{H_\theta}\right) \qquad (10.190)$$

ist, was unter Verwendung von (10.177) und (10.179) auf

$$\frac{\theta_w}{\overline{\theta}} = O(\varepsilon^2) \qquad (10.191)$$

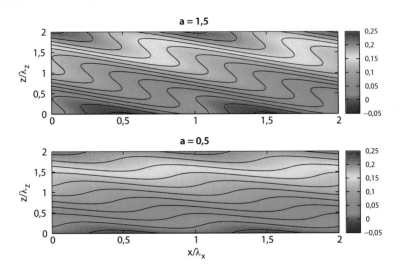

Abb. 10.10 Die potentielle Temperatur der Referenzatmosphäre überlagert durch entsprechende Fluktuationen einer Schwerewelle mit niedriger Amplitude, die nicht zu statischer Instabilität führt (unteres Bild, Wellenamplitude relativ zur Schwelle der Instabilität a = 0,5), oder durch die einer Schwerewelle mit großer Amplitude, die aufgrund einer solchen Instabilität brechen muss (oben, a = 1,5). Wichtig sind die Regionen, wo hohe potentielle Temperatur unter niedriger potentieller Temperatur liegt.

führt. Die Skala der B_w der Auftriebsfluktuationen der Schwerewellen kann abgeschätzt werden, indem man (10.190) mit g multipliziert, was zu

$$g\frac{\theta_w}{\bar{\theta}} = \mathcal{O}\left(\frac{g}{H_\theta}H_w\right) = \mathcal{O}\left(N^2 H_w\right) \tag{10.192}$$

führt, sodass

$$B_w = N^2 H_w \tag{10.193}$$

die angemessene Wahl ist.

Diese Abschätzung wird nun in den Polarisationsbeziehungen (10.121)–(10.124) verwendet, um die Skalierung der Winde und des Exner-Drucks in den Schwerewellenfluktuationen zu bestimmen. Sie werden unten neu abgeleitet, sodass die Verwendung von Ergebnissen für eine ruhende Atmosphäre keinen Anlass zur Sorge bietet. In der bewegten Atmosphäre gelten sie im mit dem Wind mitbewegten Bezugssystem, sodass jeweils anstatt der Frequenz ω die intrinsische Frequenz

$$\hat{\omega} = \omega - \mathbf{k}\cdot\mathbf{u} = \pm\sqrt{\frac{N^2 k_h^2 + f^2 m^2}{k_h^2 + m^2}} \tag{10.194}$$

zu verwenden ist. Wir betrachten zunächst den Horizontalwind in x-Richtung. Durch Einsetzen der Auftriebsskala in (10.121) erhält man die Wellenamplitude in u:

$$u_w = -\frac{im\left(k\hat{\omega} + ilf\right)}{N^2 k_h^2} B_w \qquad (10.195)$$

Da sowohl $k\hat{\omega}$ und lf von der Ordnung $\mathcal{O}\left(f/L_w\right)$ sind, führt dies zusammen mit (10.193) und (10.182) auf

$$u_w = \mathcal{O}\left(\frac{1}{H_w}\frac{f/L_w}{N^2/L_w^2}N^2 H_w\right) = \mathcal{O}(fL_w) = \mathcal{O}\left(\varepsilon^{3/2}\sqrt{RT_{00}}\right) \qquad (10.196)$$

sodass die passende Wahl für die Skala der Horizontalwindfluktuationen der Schwerewellen

$$U_w = \varepsilon^{3/2}\sqrt{RT_{00}} \qquad (10.197)$$

ist. Vergleicht man dies mit (10.172), so erkennt man, dass sie mit der synoptischen Horizontalwindskala U_s übereinstimmt! Diese Wellen haben eine recht starke Amplitude. Schließlich wird die interessierte Leserin leicht bestätigen können, dass die Betrachtung des Horizontalwinds in y-Richtung, d. h. (10.122), zum selben Ergebnis führt.

Entsprechend kann die Skala W_w des Vertikalwinds in der Schwerewelle durch Einsetzen der Auftriebsskala B_w in die Polarisationsbeziehung (10.123) bestimmt werden, was zur Amplitude

$$w_w = \frac{i\hat{\omega}}{N^2} B_w = \mathcal{O}\left(\frac{f}{N^2}N^2 H_w\right) = \mathcal{O}\left(f H_w\right) = \mathcal{O}\left(\varepsilon^{7/2}\sqrt{RT_{00}}\right) \qquad (10.198)$$

für den Vertikalwind führt, sodass wir

$$W_w = \varepsilon^{7/2}\sqrt{RT_{00}} \qquad (10.199)$$

wählen, was mit der synoptischen Skala W_s für den Vertikalwind übereinstimmt!

Schließlich erhält man aus der Definition des Exner-Drucks bei kleinen Druckfluktuationen

$$\frac{\pi'}{\overline{\pi}} = \frac{R}{c_p}\frac{p'}{\overline{p}} \qquad (10.200)$$

Deshalb kann die relative Amplitude der Exner-Druckfluktuationen der Schwerewelle aus dem entsprechenden Ergebnis für die Druckfluktuationen bestimmt werden. Deren Abschätzung erfolgt durch Einsetzen der Schwerewellenauftriebsskala B_w in die Polarisationsbeziehung (10.124), mit dem Ergebnis

$$\frac{\pi_w}{\overline{\pi}} = \frac{R}{c_p}\frac{\rho_0}{\overline{p}}\frac{m(\hat{\omega}^2 - f^2)}{N^2 k_h^2} B_w \qquad (10.201)$$

Da $N^2 \gg f^2$ und $L_w \gg H_w$, und deshalb auch $m^2 \gg k_h^2$, ergibt die Dispersionsrelation (10.118)

$$\hat{\omega}^2 - f^2 = \frac{(N^2 - f^2)k_h^2}{k_h^2 + m^2} \approx \frac{N^2 k_h^2}{m^2} \tag{10.202}$$

was, mit den lokalen Dichte- und Druckskalen ρ_{00} und p_{00}, sodass $p_{00} = \rho_{00}RT_{00}$, auf

$$\frac{\pi_w}{\overline{\pi}} = \mathcal{O}\left(\frac{R}{c_p}\frac{\rho_{00}}{p_{00}}\frac{1/H_w}{1/H_w^2}N^2 H_w\right) = \mathcal{O}\left(\frac{R}{c_p}\frac{N^2}{RT_{00}}H_w^2\right) = \mathcal{O}\left(\frac{R}{c_p}\frac{g/H_\theta}{gH_s}H_w^2\right) \tag{10.203}$$

oder

$$\frac{\pi_w}{\overline{\pi}} = \mathcal{O}\left(\frac{R}{c_p}\frac{H_w}{H_s}\frac{H_w}{H_\theta}\right) = \mathcal{O}\left(\frac{R}{c_p}\varepsilon^3\right) \tag{10.204}$$

führt, sodass eine passende Abschätzung der relativen Amplitude der Exner-Druckfluktuationen in den Schwerewellen

$$\frac{\pi_w}{\overline{\pi}} = \mathcal{O}\left(\varepsilon^3\right) \tag{10.205}$$

ist. Druckfluktuationen in Schwerewellen sind äußerst schwach.

10.3.3 Dimensionslose Gleichungen und WKB-Ansatz

Die obigen Abschätzungen werden nun verwendet, um zunächst die dynamischen Gleichungen zu entdimensionalisieren und dann eine Zerlegung der dynamischen Felder zu formulieren, die gleichzeitig Referenzatmosphäre, synoptischskalige Strömung und Schwerewellen berücksichtigt. In dieser Zerlegung wird der Wellenteil mittels eines WKB-Ansatzes ausgedrückt, wie er heuristisch in Abschn. 8.2.1 eingeführt worden ist. Mit den Vorbereitungen dort werden wir hier einen rigoroseren, und deshalb sichereren, skalenasymptotischen Weg beschreiten.

Die Entdimensionalisierung der Bewegungsgleichungen
Anders als in der Ableitung der quasigeostrophischen Theorie wählen wir nun die Wellenskalen, um die reibungsfreien und adiabatischen Bewegungsgleichungen in Abschn. 10.3.1 zu entdimensionalisieren. Im Interesse einer einfachen Schreibweise ersetzen wir

$$(\mathbf{u}, w) \rightarrow (U_w \mathbf{u}, W_w w) \tag{10.206}$$

$$(x, y, z, t) \rightarrow [L_w(x, y), H_w z, T_w t] \tag{10.207}$$

$$(\theta, \pi, \rho) \rightarrow (T_{00}\theta, \pi, \rho_{00}\rho) \tag{10.208}$$

$$f \rightarrow ff_0 \tag{10.209}$$

wobei die lokalen Druck- und Dichteskalen der Referenzatmosphäre mit der Temperaturskala über

$$\rho_{00} = \frac{p_{00}}{RT_{00}} \tag{10.210}$$

verbunden sind. Die horizontale Impulsgleichung wird somit

$$\frac{U_w^2}{L_w}\frac{D\mathbf{u}}{Dt} + fUf_0\mathbf{e}_z \times \mathbf{u} = -\frac{c_pT_{00}}{L_w}\theta\nabla_h\pi \tag{10.211}$$

Unter Verwendung der Schwerewellenskalen oben findet man jedoch, dass

$$\frac{U_w^2/L_w}{c_pT_{00}/L_w} = \frac{R}{c_p}\varepsilon^3 \qquad \frac{f_0U_w}{c_pT_{00}/L_w} = \frac{R}{c_p}\varepsilon^3 \tag{10.212}$$

was schließlich auf die dimensionslose horizontale Impulsgleichung

$$\varepsilon^3\left(\frac{D\mathbf{u}}{Dt} + f_0\mathbf{e}_z \times \mathbf{u}\right) = -\frac{c_p}{R}\theta\nabla_h\pi \tag{10.213}$$

führt. Entsprechend wird die vertikale Impulsgleichung zu

$$\frac{U_wW_w}{L_w}\frac{Dw}{Dt} = -\frac{c_pT_{00}}{H_w}\theta\frac{\partial\pi}{\partial z} - g \tag{10.214}$$

wobei mittels der obigen Definitionen

$$\frac{U_wW_w/L_w}{c_pT_{00}/H_w} = \frac{R}{c_p}\varepsilon^7 \qquad \frac{g}{c_pT_{00}/H_w} = \varepsilon \tag{10.215}$$

sind, sodass die dimensionslose vertikale Impulsgleichung

$$\varepsilon^7\frac{Dw}{Dt} = -\frac{c_p}{R}\theta\frac{\partial\pi}{\partial z} - \varepsilon \tag{10.216}$$

resultiert. Die Entdimensionalisierung der Entropiegleichung ist trivial. Man erhält zuerst

$$\frac{U_w}{L_w}T_{00}\frac{D\theta}{Dt} = 0 \tag{10.217}$$

woraus sich

$$\frac{D\theta}{Dt} = 0 \tag{10.218}$$

ergibt. Gleichzeitig findet man aus der Exner-Druckgleichung zunächst

$$\frac{U_w}{L_w}\frac{D\pi}{Dt} + \frac{R}{c_V}\pi\frac{U_w}{L_w}\nabla\cdot\mathbf{v} = 0 \tag{10.219}$$

und damit

$$\frac{D\pi}{Dt} + \frac{R}{c_V}\pi\nabla\cdot\mathbf{v} = 0 \tag{10.220}$$

Schließlich wird die Zustandsgleichung zu

$$\rho_{00}\rho = \frac{p_{00}}{RT_{00}} \frac{\pi^{c_V/R}}{\theta} \tag{10.221}$$

was mittels (10.210) auf

$$\rho = \frac{\pi^{\frac{c_V}{R}}}{\theta} \tag{10.222}$$

führt.

Mehrskalenasymptotik und WKB-Ansatz

Im Folgenden betrachten wir die Überlagerung einer Referenzatmosphäre in Ruhe, einer synoptischskaligen Strömung und eines lokal monochromatischen Schwerewellenfelds. Spezielle Maßnahmen sind notwendig, um auszudrücken, dass sie verschiedene Längen- und Zeitskalen haben. Zunächst sind die Längen- und Zeitskalen der *synoptischskaligen* Strömung um einen Faktor $1/\varepsilon$ länger als die entsprechenden Wellenskalen, d. h.,

$$L_s = L_w/\varepsilon \qquad H_s = H_w/\varepsilon \qquad T_s = T_w/\varepsilon \tag{10.223}$$

Dies kann man ausdrücken, indem die synoptischskaligen Felder von den *komprimierten Koordinaten*

$$\mathbf{X} = \varepsilon\mathbf{x}, T = \varepsilon t \tag{10.224}$$

abhängen, d. h., die synoptischskaligen Felder, z. B. der Horizontalwind der synoptischskaligen Strömung, haben eine Raum- und Zeitabhängigkeit der Form $\mathbf{u}(\mathbf{X}, T)$, sodass Änderungen der $\mathcal{O}(1)$ in den komprimierten Koordinaten notwendig sind, um Änderungen der $\mathcal{O}(1)$ in $\mathbf{u}$ zu bewirken. Per definitionem impliziert dies, dass sich die ursprünglichen dimensionslosen Koordinaten $\mathbf{x}$ und t um $\mathcal{O}(\varepsilon^{-1})$ ändern müssen, so wie es auch die Skalierung (10.223) und die ursprüngliche Entdimensionalisierung mit den Wellenskalen verlangt. Dies spiegelt sich dann in einem entsprechenden Vorfaktor ε aller Ableitungen beliebiger Funktionen $f(\mathbf{X}, T)$ wider, die mittels der Kettenregel

$$\frac{\partial f}{\partial t} = \frac{\partial T}{\partial t} \frac{\partial f}{\partial T} = \varepsilon \frac{\partial f}{\partial T} \tag{10.225}$$

$$\frac{\partial f}{\partial x_i} = \frac{\partial X_i}{\partial x_i} \frac{\partial f}{\partial X_i} = \varepsilon \frac{\partial f}{\partial X_i} \tag{10.226}$$

sind, und deshalb auch

$$\nabla f = \varepsilon \nabla_X f \quad \text{mit} \quad \nabla_X = \mathbf{e}_x \frac{\partial}{\partial X} + \mathbf{e}_y \frac{\partial}{\partial Y} + \mathbf{e}_z \frac{\partial}{\partial Z} \tag{10.227}$$

Da die dimensionslosen Gleichungen Faktoren mit Potenzen von ε enthalten, werden darüber hinaus alle synoptischskaligen Felder nach ε entwickelt, so wie wir es bereits aus der Entwicklung der quasigeostrophischen Theorie kennen. Hierbei darf man jedoch auch nicht die Ergebnisse (10.163) und (10.168) vergessen, denen zufolge *die führenden Terme in* *der Entwicklung von synoptischskaligem Exner-Druck und synoptischskaliger potentieller Temperatur beide von der $\mathcal{O}(\varepsilon^2)$ sind.*

Im nächsten Schritt wird angenommen, dass das *Wellenfeld* die folgenden Skalierungseigenschaften hat:

- Seine Wellenlängen und Perioden sind durch die oben eingeführten Wellenskalen charakterisiert.
- Wellenlängen und Perioden hängen von Ort und Zeit ab, da sie durch den synoptischskaligen Wind moduliert werden. Die Raum- und Zeitskalen dieser Variationen sind deshalb die entsprechenden synoptischen Skalen.
- Genauso haben auch die Wellenamplituden eine entsprechende räumliche und zeitliche Abhängigkeit.

Dies kann man mittels eines WKB-Ansatz ausdrücken, wie er heuristisch in Abschn. 8.2.1 für Rossby-Wellen eingeführt worden ist. Für den Horizontalwind in x-Richtung wird dies durch

$$u(\mathbf{x}, t) = \Re\left[U(\mathbf{X}, T)e^{i\phi(\mathbf{X},T)/\varepsilon} \right]$$

erreicht, mit Amplitude U und Phase ϕ/ε. Zeitableitung und räumlicher Gradient der Phase definieren jeweils die lokale Frequenz ω und lokale Wellenzahl $\mathbf{k}$:

$$\omega(\mathbf{X}, T) = -\frac{\partial}{\partial t}\left(\frac{\phi}{\varepsilon}\right) = -\frac{\partial\phi}{\partial T} \tag{10.228}$$

$$\mathbf{k}(\mathbf{X}, T) = \nabla\left(\frac{\phi}{\varepsilon}\right) = \nabla_X\phi \tag{10.229}$$

Auf diese Weise hat man Frequenzen und Wellenzahlen, die in den Wellenskalen $\mathcal{O}(1)$ sind, aber auf den synoptischen Skalen variieren. Mit diesen Definitionen der lokalen Frequenz und Wellenzahl hat man deshalb für beliebige Funktionen $f(\mathbf{X}, T)$, unter Verwendung der Rechenregeln (10.225)–(10.227),

$$\frac{\partial}{\partial t}\Re\left(fe^{i\phi/\varepsilon} \right) = \Re\left[\left(-i\omega f + \varepsilon\frac{\partial f}{\partial T}\right)e^{i\phi/\varepsilon} \right] \tag{10.230}$$

$$\nabla\Re\left(fe^{i\phi/\varepsilon} \right) = \Re\left[\left(i\mathbf{k}f + \varepsilon\nabla_X f\right)e^{i\phi/\varepsilon} \right] \tag{10.231}$$

Wiederum entwickeln wir die Wellenamplituden nach ε, beachten dabei aber auch die Ergebnisse (10.191) und (10.205), denen zufolge *die führenden Terme in der Entwicklung der potentiellen Temperatur und des Exner-Drucks der Schwerewellen jeweils von der $\mathcal{O}(\varepsilon^2)$ und $\mathcal{O}(\varepsilon^3)$ sind.*

Wenden wir uns schließlich der *Referenzatmosphäre* zu, so bemerken wir, dass die Skalenhöhe der potentiellen Temperatur mit der vertikalen Wellenskala über

$$H_\theta = \mathcal{O}(H_w/\varepsilon^2) \qquad (10.232)$$

verbunden ist, sodass $d\overline{\theta}/dz = \mathcal{O}(\overline{\theta}/H_\theta) = \mathcal{O}(\varepsilon^2\overline{\theta}/H_w)$. Diese schwache Abhängigkeit der potentiellen Temperatur der Referenzatmosphäre von der vertikalen Richtung, skaliert über die vertikale Skala der Schwerewellen, kann mittels

$$\overline{\theta} = \overline{\theta}^{(0)} + \varepsilon\overline{\theta}^{(1)}(Z) \qquad (10.233)$$

ausgedrückt werden, wobei $\overline{\theta}^{(0)}$ eine Konstante ist. Dies stellt eine ausreichend schwache Schichtung

$$\frac{1}{\overline{\theta}}\frac{d\overline{\theta}}{dz} = \frac{\varepsilon}{\overline{\theta}}\frac{d\overline{\theta}^{(1)}}{dz} = \frac{\varepsilon}{\overline{\theta}}\frac{dZ}{dz}\frac{d\overline{\theta}^{(1)}}{dZ} = \frac{\varepsilon^2}{\overline{\theta}}\frac{d\overline{\theta}^{(1)}}{dZ} = \mathcal{O}(\varepsilon^2) \qquad (10.234)$$

sicher. Da des Weiteren

$$H_p = \mathcal{O}(H_s) = \mathcal{O}(H_w/\varepsilon) \qquad (10.235)$$

ist, hängt der führende Term des Exner-Drucks der Referenzatmosphäre von Z ab, d. h.,

$$\overline{\pi} = \overline{\pi}^{(0)}(Z) + \varepsilon\overline{\pi}^{(1)}(Z) \qquad (10.236)$$

Zusammenfassend lautet unsere Zerlegung der gesamten Strömung

$$\mathbf{v} = \underbrace{\sum_{j=0}^{\infty} \varepsilon^j \mathbf{V}_0^{(j)}(\mathbf{X}, T)}_{\text{synoptischskaliger Anteil}} + \underbrace{\Re \sum_{j=0}^{\infty} \varepsilon^j \mathbf{V}_1^{(j)}(\mathbf{X}, T)e^{i\phi(\mathbf{X},T)/\varepsilon}}_{\text{Welle}} \qquad (10.237)$$

$$\theta = \underbrace{\sum_{j=0}^{1} \varepsilon^j \overline{\theta}^{(j)}(Z)}_{\text{Referenz}} + \underbrace{\sum_{j=2}^{\infty} \varepsilon^j \Theta_0^{(j)}(\mathbf{X}, T)}_{\text{synoptischskaliger Anteil}} + \underbrace{\Re \sum_{j=2}^{\infty} \varepsilon^j \Theta_1^{(j)}(\mathbf{X}, T)e^{i\phi(\mathbf{X},T)/\varepsilon}}_{\text{Welle}} \qquad (10.238)$$

$$\pi = \underbrace{\sum_{j=0}^{1} \varepsilon^j \overline{\pi}^{(j)}(Z)}_{\text{Referenz}} + \underbrace{\sum_{j=2}^{\infty} \varepsilon^j \Pi_0^{(j)}(\mathbf{X}, T)}_{\text{synoptischskaliger Anteil}} + \underbrace{\Re \sum_{j=3}^{\infty} \varepsilon^j \Pi_1^{(j)}(\mathbf{X}, T)e^{i\phi(\mathbf{X},T)/\varepsilon}}_{\text{Welle}} \qquad (10.239)$$

Man beachte, dass die Entwicklungen der synoptischskaligen und wellenskaligen potentiellen Temperatur bei der $\mathcal{O}(\varepsilon^2)$ beginnen, während die Entwicklung des Exner-Drucks im synoptischskaligen Anteil bei der $\mathcal{O}(\varepsilon^2)$ beginnt, im wellenskaligen Anteil aber erst bei der $\mathcal{O}(\varepsilon^3)$. Es sollte ebenso erwähnt werden, dass eine vollständigere Behandlung auch höhere Harmonische des Wellenfelds einbeziehen würde, mit doppelten, dreifachen usw. Wellenzahlen und Frequenzen, die durch nichtlineare Selbstwechselwirkungen des Wellenfelds entstehen. Wie in Anhang I gezeigt, tragen die höheren Harmonischen des Schwerewellenfelds jedoch nicht in führender Ordnung bei, sodass wir sie hier einfach vernachlässigen.

Schließlich ergibt Einsetzen der Entwicklungen (10.238) und (10.239) von potentieller Temperatur und Exner-Druck in die dimensionslose Zustandsgleichung (10.210)

$$\rho = \frac{\left[\overline{\pi}^{(0)} + \varepsilon\overline{\pi}^{(1)} + \mathcal{O}(\varepsilon^2)\right]^{c_V/R}}{\overline{\theta}^{(0)} + \varepsilon\overline{\theta}^{(1)} + \mathcal{O}(\varepsilon^2)} \tag{10.240}$$

Nach Entwicklung dieses Bruchs nach ε erhält man für die dimensionslose Dichte

$$\rho = \sum_{j=0}^{1} \varepsilon^j \overline{\rho}^{(j)}(Z) + \mathcal{O}(\varepsilon^2) \tag{10.241}$$

mit

$$\overline{\rho}^{(0)} = \frac{\bar{P}^{(0)}}{\overline{\theta}^{(0)}} \tag{10.242}$$

$$\overline{\rho}^{(1)} = \overline{\rho}^{(0)}\left(\frac{c_V}{R}\frac{\overline{\pi}^{(1)}}{\overline{\pi}^{(0)}} - \frac{\overline{\theta}^{(1)}}{\overline{\theta}^{(0)}}\right) \tag{10.243}$$

wobei

$$\bar{P}^{(0)} = \overline{\pi}^{(0)\,c_V/R} \tag{10.244}$$

Höhere Ordnungen der Entwicklung werden im Folgenden nicht benötigt.

10.3.4 Ergebnisse führender Ordnung: Gleichgewichte, Dispersions- und Polarisationsbeziehungen, Eikonalgleichungen

Als Nächstes sind die Entwicklungen (10.237)–(10.239) in die dimensionslosen dynamischen Gl. (10.213), (10.216), (10.218) und (10.220) einzusetzen, die Terme der führenden Ordnung zu sammeln und daraus erste Ergebnisse abzuleiten.

Die Exner-Druckgleichung
Wir wenden uns zunächst der Exner-Druckgleichung (10.220) zu. In der materiellen Zeitableitung $D\pi/Dt = \partial\pi/\partial t + \mathbf{v}\cdot\nabla\pi$ ist die Euler'sche Zeitableitung der Exner-Druckentwicklung (10.239), gemäß der Rechenregeln (10.225) und (10.230),

$$\frac{\partial\pi}{\partial t} = \sum_{j=2}^{\infty} \varepsilon^{j+1}\frac{\partial\Pi_0^{(j)}}{\partial T} + \Re\sum_{j=3}^{\infty}\left(-\varepsilon^j i\omega\Pi_1^{(j)} + \varepsilon^{j+1}\frac{\partial\Pi_1^{(j)}}{\partial T}\right)e^{i\phi/\varepsilon} = \mathcal{O}(\varepsilon^3) \tag{10.245}$$

während der advektive Anteil nach Einsetzen der Entwicklungen (10.237) und (10.239) von Wind und Exner-Druck mit den Rechenregeln (10.227) und (10.231)

$$\mathbf{v} \cdot \nabla \pi = \left(\sum_{j=0}^{\infty} \varepsilon^j \mathbf{V}_0^{(j)} + \Re \sum_{j=0}^{\infty} \varepsilon^j \mathbf{V}_1^{(j)} e^{i\phi/\varepsilon} \right)$$

$$\cdot \left[\mathbf{e}_z \sum_{k=0}^{1} \varepsilon^{k+1} \frac{d\overline{\pi}^k}{dZ} + \sum_{k=2}^{\infty} \varepsilon^{k+1} \nabla_X \Pi_0^{(k)} + \Re \sum_{k=3}^{\infty} \left(\varepsilon^k i \mathbf{k} \Pi_1^{(k)} + \varepsilon^{k+1} \nabla_X \Pi_1^{(k)} \right) e^{i\phi/\varepsilon} \right]$$

$$= \varepsilon \left[W_0^{(0)} + \Re \left(W_1^{(0)} e^{i\phi/\varepsilon} \right) \right] \frac{d\overline{\pi}^{(0)}}{dZ}$$

$$+ \varepsilon^2 \left\{ \left[W_0^{(0)} + \Re \left(W_1^{(0)} e^{i\phi/\varepsilon} \right) \right] \frac{d\overline{\pi}^{(1)}}{dZ} + \left[W_0^{(1)} + \Re \left(W_1^{(1)} e^{i\phi/\varepsilon} \right) \right] \frac{d\overline{\pi}^{(0)}}{dZ} \right\}$$

$$+ \mathcal{O}(\varepsilon^3) \tag{10.246}$$

ist. Entsprechend findet man

$$\frac{R}{c_V} \pi \nabla \cdot \mathbf{v} = \frac{R}{c_V} \left(\sum_{j=0}^{1} \varepsilon^j \overline{\pi}^{(j)} + \sum_{j=2}^{\infty} \varepsilon^j \Pi_0^{(j)} + \Re \sum_{j=3}^{\infty} \varepsilon^j \Pi_1^{(j)} e^{i\phi/\varepsilon} \right)$$

$$\cdot \left[\sum_{k=0}^{\infty} \varepsilon^{k+1} \nabla_X \cdot \mathbf{V}_0^{(k)} + \Re \sum_{k=0}^{\infty} \left(\varepsilon^k i \mathbf{k} \cdot \mathbf{V}_1^{(k)} + \varepsilon^{k+1} \nabla_X \cdot \mathbf{V}_1^{(k)} \right) e^{i\phi/\varepsilon} \right]$$

$$= \frac{R}{c_V} \overline{\pi}^{(0)} \Re \left(i \mathbf{k} \cdot \mathbf{V}_1^{(0)} e^{i\phi/\varepsilon} \right)$$

$$+ \varepsilon \frac{R}{c_V} \left\{ \overline{\pi}^{(0)} \left[\nabla_X \cdot \mathbf{V}_0^{(0)} + \Re \left(\left(i \mathbf{k} \cdot \mathbf{V}_1^{(1)} + \nabla_X \cdot \mathbf{V}_1^{(0)} \right) e^{i\phi/\varepsilon} \right) \right] \right.$$

$$\left. + \overline{\pi}^{(1)} \Re \left(i \mathbf{k} \cdot \mathbf{V}_1^{(0)} e^{i\phi/\varepsilon} \right) \right\}$$

$$+ \varepsilon^2 \frac{R}{c_V} \left\{ \overline{\pi}^{(0)} \left[\nabla_X \cdot \mathbf{V}_0^{(1)} + \Re \left(\left(i \mathbf{k} \cdot \mathbf{V}_1^{(2)} + \nabla_X \cdot \mathbf{V}_1^{(1)} \right) e^{i\phi/\varepsilon} \right) \right] \right.$$

$$\left. + \overline{\pi}^{(1)} \left[\nabla_X \cdot \mathbf{V}_0^{(0)} + \Re \left(\left(i \mathbf{k} \cdot \mathbf{V}_1^{(1)} + \nabla_X \cdot \mathbf{V}_1^{(0)} \right) e^{i\phi/\varepsilon} \right) \right] \right.$$

$$\left. + \Pi_0^{(2)} \Re \left(i \mathbf{k} \cdot \mathbf{V}_1^{(0)} e^{i\phi/\varepsilon} \right) \right\} + \mathcal{O}(\varepsilon^3) \tag{10.247}$$

Nun tragen wir alles in der Exner-Druckgleichung (10.220) zusammen, sammeln alle Terme gleicher Potenz in ε und finden somit, dass die führende $\mathcal{O}(1)$ einfach

$$\frac{R}{c_V} \overline{\pi}^{(0)} \Re \left(i \mathbf{k} \cdot \mathbf{V}_1^{(0)} e^{i\phi/\varepsilon} \right) = 0 \tag{10.248}$$

ist, was auf

$$\mathbf{k} \cdot \mathbf{V}_1^{(0)} = 0 \tag{10.249}$$

führt. In führender Ordnung ist die Geschwindigkeitsamplitude des Schwerewellenanteils orthogonal zum lokalen Wellenzahlvektor. Dies wird im Folgenden häufig verwendet werden.

Die Entropiegleichung

Als Nächstes wenden wir uns der Entropiegleichung (10.218) zu. Darin ist die Euler'sche Zeitableitung der Entwicklung (10.238) der potentiellen Temperatur

$$
\begin{aligned}
\frac{\partial \theta}{\partial t} &= \sum_{j=2}^{\infty} \varepsilon^{j+1} \frac{\partial \Theta_0^{(j)}}{\partial T} + \Re \sum_{j=2}^{\infty} \left(-\varepsilon^j i \omega \Theta_1^{(j)} + \varepsilon^{j+1} \frac{\partial \Theta_1^{(j)}}{\partial T} \right) e^{i\phi/\varepsilon} \\
&= \varepsilon^2 \Re \left(-i\omega \Theta_1^{(2)} e^{i\phi/\varepsilon} \right) + \varepsilon^3 \left\{ \frac{\partial \Theta_0^{(2)}}{\partial T} + \Re \left[\left(-i\omega \Theta_1^{(3)} + \frac{\partial \Theta_1^{(2)}}{\partial T} \right) e^{i\phi/\varepsilon} \right] \right\} \\
&\quad + \mathcal{O}(\varepsilon^4)
\end{aligned}
\tag{10.250}
$$

während der advektive Anteil nach Einsetzen der Entwicklungen (10.237) und (10.238) von Wind und potentieller Temperatur

$$
\begin{aligned}
\mathbf{v} \cdot \nabla \theta &= \left(\sum_{j=0}^{\infty} \varepsilon^j \mathbf{V}_0^{(j)} + \Re \sum_{j=0}^{\infty} \varepsilon^j \mathbf{V}_1^{(j)} e^{i\phi/\varepsilon} \right) \\
&\quad \cdot \left[\varepsilon^2 \frac{d\overline{\theta}^{(1)}}{dZ} \mathbf{e}_z + \sum_{k=2}^{\infty} \varepsilon^{k+1} \nabla_X \Theta_0^{(k)} + \Re \sum_{k=2}^{\infty} \left(\varepsilon^k i\mathbf{k}\Theta_1^{(k)} + \varepsilon^{k+1} \nabla_X \Theta_1^{(k)} \right) e^{i\phi/\varepsilon} \right] \\
&= \varepsilon^2 \left\{ W_0^{(0)} \frac{d\overline{\theta}^{(1)}}{dZ} + \Re \left[\left(W_1^{(0)} \frac{d\overline{\theta}^{(1)}}{dZ} + i\mathbf{k} \cdot \mathbf{V}_0^{(0)} \Theta_1^{(2)} \right) e^{i\phi/\varepsilon} \right] \right. \\
&\quad \left. + \Re \left(\mathbf{V}_1^{(0)} e^{i\phi/\varepsilon} \right) \cdot \Re \left(i\mathbf{k}\Theta_1^{(2)} e^{i\phi/\varepsilon} \right) \right\} \\
&\quad + \varepsilon^3 \left\{ \left[W_0^{(1)} + \Re \left(W_1^{(1)} e^{i\phi/\varepsilon} \right) \right] \frac{d\overline{\theta}^{(1)}}{dZ} \right. \\
&\quad + \left[\mathbf{V}_0^{(0)} + \Re \left(\mathbf{V}_1^{(0)} e^{i\phi/\varepsilon} \right) \right] \cdot \left\{ \nabla_X \Theta_0^{(2)} + \Re \left[\left(i\mathbf{k}\Theta_1^{(3)} + \nabla_X \Theta_1^{(2)} \right) e^{i\phi/\varepsilon} \right] \right\} \\
&\quad \left. + \left[\mathbf{V}_0^{(1)} + \Re \left(\mathbf{V}_1^{(1)} e^{i\phi/\varepsilon} \right) \right] \cdot \Re \left(i\mathbf{k}\Theta_1^{(2)} e^{i\phi/\varepsilon} \right) \right\} + \mathcal{O}(\varepsilon^4)
\end{aligned}
\tag{10.251}
$$

ist. Diese Entwicklungen zeigen uns, dass die führende $\mathcal{O}(\varepsilon^2)$ der Entropiegleichung

$$
\begin{aligned}
&W_0^{(0)} \frac{d\overline{\theta}^{(1)}}{dZ} + \Re \left[\left(-i\omega \Theta_1^{(2)} + i\mathbf{k} \cdot \mathbf{V}_0^{(0)} \Theta_1^{(2)} + W_1^{(0)} \frac{d\overline{\theta}^{(1)}}{dZ} \right) e^{i\phi/\varepsilon} \right] \\
&\quad + \Re \left(\mathbf{V}_1^{(0)} e^{i\phi/\varepsilon} \right) \cdot \Re \left(i\mathbf{k}\Theta_1^{(2)} e^{i\phi/\varepsilon} \right) = 0
\end{aligned}
\tag{10.252}
$$

ist. Darin resultiert der letzte Term auf der linken Seite aus der Selbstadvektion des Wellen-
teils, d. h. der Advektion der potentiellen Temperatur der Welle durch die Wellengeschwin-
digkeit. Hier und an allen weiteren Stellen verschwinden solche Selbstadvektionsterme in
führender Ordnung aufgrund der Orthogonalitätsbeziehung (10.249). Man erhält also

$$W_0^{(0)} \frac{d\overline{\theta}^{(1)}}{dZ} + \Re\left[\left(-i\hat{\omega}\Theta_1^{(2)} + W_1^{(0)} \frac{d\overline{\theta}^{(1)}}{dZ}\right) e^{i\phi/\varepsilon}\right] = 0 \qquad (10.253)$$

wobei

$$\hat{\omega} = \omega - \mathbf{k} \cdot \mathbf{V}_0^{(0)} \qquad (10.254)$$

die dimensionslose intrinsische Frequenz ist, die ein Beobachter in einem Bezugssystem
messen würde, das sich mit der synoptischskaligen Geschwindigkeit in führender Ordnung
bewegt. Da man für beliebige A die Identität $\Re(Ae^{i\phi/\varepsilon}) = A/2\, e^{i\phi/\varepsilon} + A^*/2\, e^{-i\phi/\varepsilon}$ hat, ist
Gl. (10.253) der Form

$$\sum_{n=-\infty}^{\infty} a_n(\mathbf{X}, T) e^{i(n/\varepsilon)\phi} = 0 \qquad (10.255)$$

also einer Fourier-Reihe in ϕ mit Periode $\varepsilon\, 2\pi$, wobei im Grenzfall $\varepsilon \to 0$ die Koeffizienten
a_n Konstante sind. Deswegen müssen diese alle verschwinden, d. h., $a_n = 0$ für alle n.
Wendet man diese Regel auf den Anteil der mittleren Strömung in (10.253) an, mit $n = 0$,
so sieht man, dass der erste Term in dieser Gleichung verschwinden muss, woraus sich

$$W_0^{(0)} = 0 \qquad (10.256)$$

ergibt. Dies reproduziert das bekannte Ergebnis, dass der synoptischskalige Wind in führender Ordnung keinen vertikalen Anteil hat. Weiterhin müssen auch die verbleibenden
Wellenanteile, mit $n = \pm 1$, in (10.253) sich so verhalten, dass die Klammer im zweiten Teil
der Gleichung verschwindet. Wenn man diese durch $\overline{\theta}^{(0)}$ dividiert, findet man schließlich
die lineare Auftriebsgleichung

$$-i\hat{\omega}B_1^{(2)} + W_1^{(0)}N_0^2 = 0 \qquad (10.257)$$

wobei

$$B_1^{(j)} = \frac{\Theta_1^{(j)}}{\overline{\theta}^{(0)}} \qquad (10.258)$$

der $\mathcal{O}(\varepsilon^j)$-Anteil der dimensionslosen Wellenauftriebsamplitude ist und

$$N_0^2 = \frac{1}{\overline{\theta}^{(0)}} \frac{d\overline{\theta}^{(1)}}{dZ} \qquad (10.259)$$

die dimensionslose quadrierte Brunt-Väisälä-Frequenz.

Die vertikale Impulsgleichung

Im nächsten Schritt analysieren wir die vertikale Impulsgleichung (10.216). Darin ist die Euler'sche Zeitableitung des Vertikalwinds in der Entwicklung (10.237), unter Berücksichtigung der Tatsache, dass es gemäß (10.256) keinen synoptischskaligen Vertikalwind in der $\mathcal{O}(1)$ gibt,

$$
\begin{aligned}
\varepsilon^7 \frac{\partial w}{\partial t} &= \sum_{j=1}^{\infty} \varepsilon^{j+8} \frac{\partial W_0^{(j)}}{\partial T} + \Re \sum_{j=0}^{\infty} \left(-\varepsilon^{j+7} i\omega W_1^{(j)} + \varepsilon^{j+8} \frac{\partial W_1^{(j)}}{\partial T} \right) e^{i\phi/\varepsilon} \\
&= \varepsilon^7 \Re \left(-i\omega W_1^{(0)} e^{i\phi/\varepsilon} \right) + \varepsilon^8 \Re \left[\left(-i\omega W_1^{(1)} + \frac{\partial W_1^{(0)}}{\partial T} \right) e^{i\phi/\varepsilon} \right] + \mathcal{O}(\varepsilon^9)
\end{aligned}
$$
$$(10.260)$$

Der advektive Anteil ist, wiederum mit der Entwicklung (10.237) des Windfelds,

$$
\begin{aligned}
\varepsilon^7 \mathbf{v} \cdot \nabla w &= \left(\sum_{j=0}^{\infty} \varepsilon^{j+7} \mathbf{V}_0^{(j)} + \Re \sum_{j=0}^{\infty} \varepsilon^{j+7} \mathbf{V}_1^{(j)} e^{i\phi/\varepsilon} \right) \\
&\quad \cdot \left[\sum_{k=1}^{\infty} \varepsilon^{k+1} \nabla_X W_0^{(k)} + \Re \sum_{k=0}^{\infty} \left(\varepsilon^k i\mathbf{k} W_1^{(k)} + \varepsilon^{k+1} \nabla_X W_1^{(k)} \right) e^{i\phi/\varepsilon} \right] \\
&= \varepsilon^7 \left[\mathbf{V}_0^{(0)} + \Re \left(\mathbf{V}_1^{(0)} e^{i\phi/\varepsilon} \right) \right] \cdot \Re \left(i\mathbf{k} W_1^{(0)} e^{i\phi/\varepsilon} \right) \\
&\quad + \varepsilon^8 \left\{ \left[\mathbf{V}_0^{(0)} + \Re \left(\mathbf{V}_1^{(0)} e^{i\phi/\varepsilon} \right) \right] \cdot \Re \left[\left(i\mathbf{k} W_1^{(1)} + \nabla_X W_1^{(0)} \right) e^{i\phi/\varepsilon} \right] \right. \\
&\quad \left. + \left[\mathbf{V}_0^{(1)} + \Re \left(\mathbf{V}_1^{(1)} e^{i\phi/\varepsilon} \right) \right] \cdot \Re \left(i\mathbf{k} W_1^{(0)} e^{i\phi/\varepsilon} \right) \right\} + \mathcal{O}(\varepsilon^9)
\end{aligned}
$$
$$(10.261)$$

Schließlich führt Einsetzen der Entwicklungen (10.238) und (10.239) von potentieller Temperatur und Exner-Druck in den Druckgradiententerm auf

$$
\begin{aligned}
-\frac{c_p}{R} \theta \frac{\partial \pi}{\partial z} &= -\frac{c_p}{R} \left(\sum_{j=0}^{1} \varepsilon^j \overline{\theta}^{(j)} + \sum_{j=2}^{\infty} \varepsilon^j \Theta_0^{(j)} + \Re \sum_{j=2}^{\infty} \varepsilon^j \Theta_1^{(j)} e^{i\phi/\varepsilon} \right) \\
&\quad \cdot \left[\sum_{j=0}^{1} \varepsilon^{j+1} \frac{d\overline{\pi}^{(j)}}{dZ} + \sum_{k=2}^{\infty} \varepsilon^{k+1} \frac{\partial \Pi_0^{(j)}}{\partial z} \right. \\
&\quad \left. + \Re \sum_{k=3}^{\infty} \left(\varepsilon^k im \Pi_1^{(k)} + \varepsilon^{k+1} \frac{\partial \Pi_1^{(k)}}{\partial Z} \right) e^{i\phi/\varepsilon} \right]
\end{aligned}
$$

$$
= -\varepsilon \frac{c_p}{R} \overline{\theta}^{(0)} \frac{d\overline{\pi}^{(0)}}{dZ} - \varepsilon^2 \frac{c_p}{R} \left(\overline{\theta}^{(1)} \frac{d\overline{\pi}^{(0)}}{dZ} + \overline{\theta}^{(0)} \frac{d\overline{\pi}^{(1)}}{dZ} \right)
$$

$$
- \varepsilon^3 \frac{c_p}{R} \left\{ \overline{\theta}^{(0)} \left[\frac{\partial \Pi_0^{(2)}}{\partial Z} + \Re \left(im \Pi_1^{(3)} e^{i\phi/\varepsilon} \right) \right] + \overline{\theta}^{(1)} \frac{d\overline{\pi}^{(1)}}{dZ} + \Theta_0^{(2)} \frac{d\overline{\pi}^{(0)}}{dZ} \right.
$$

$$
\left. + \Re \left(\Theta_1^{(2)} \frac{d\overline{\pi}^{(0)}}{dZ} e^{i\phi/\varepsilon} \right) \right\}
$$

$$
- \varepsilon^4 \frac{c_p}{R} \left\{ \overline{\theta}^{(0)} \left[\frac{\partial \Pi_0^{(3)}}{\partial Z} + \Re \left(\left(im \Pi_1^{(4)} + \frac{\partial \Pi_1^{(3)}}{\partial Z} \right) e^{i\phi/\varepsilon} \right) \right] \right.
$$

$$
+ \overline{\theta}^{(1)} \left[\frac{\partial \Pi_0^{(2)}}{\partial Z} + \Re \left(im \Pi_1^{(3)} e^{i\phi/\varepsilon} \right) \right]
$$

$$
+ \left[\Theta_0^{(2)} + \Re \left(\Theta_1^{(2)} e^{i\phi/\varepsilon} \right) \right] \frac{d\overline{\pi}^{(1)}}{dZ}
$$

$$
\left. + \left[\Theta_0^{(3)} + \Re \left(\Theta_1^{(3)} e^{i\phi/\varepsilon} \right) \right] \frac{d\overline{\pi}^{(0)}}{dZ} \right\} + \mathcal{O}(\varepsilon^5) \tag{10.262}
$$

Nach Zusammentragen von (10.260)–(10.262) in der vertikalen Impulsgleichung (10.216) finden wir, dass die führende Ordnung $\mathcal{O}(\varepsilon)$ ist, woraus wir

$$
0 = -\frac{c_p}{R} \overline{\theta}^{(0)} \frac{d\overline{\pi}^{(0)}}{dZ} - 1 \tag{10.263}
$$

erhalten oder

$$
\frac{d\overline{\pi}^{(0)}}{dZ} = -\frac{R/c_p}{\overline{\theta}^{(0)}} \tag{10.264}
$$

In der $\mathcal{O}(\varepsilon^2)$ finden wir

$$
0 = -\frac{c_p}{R} \overline{\theta}^{(1)} \frac{d\overline{\pi}^{(0)}}{dZ} - \frac{c_p}{R} \overline{\theta}^{(0)} \frac{d\overline{\pi}^{(1)}}{dZ} \tag{10.265}
$$

was mit der Hilfe von (10.264)

$$
\frac{d\overline{\pi}^{(1)}}{dZ} = \frac{R/c_p}{\overline{\theta}^{(0)}} \frac{\overline{\theta}^{(1)}}{\overline{\theta}^{(0)}} \tag{10.266}
$$

ergibt. Dies ist nichts anderes als das hydrostatische Gleichgewicht der Referenzatmosphäre.

Die nächste Ordnung $O(\varepsilon^3)$ ist die erste mit nicht verschwindenden Wellenanteilen. Hier wäre es die einfachste Prozedur zu akzeptieren, dass die materielle Ableitung dazu nichts beiträgt. Da es jedoch zwar nie erlaubt ist, große Terme zu vernachlässigen, wohl aber kleine Terme beizubehalten[3], behalten wir hier die niedrigste Ordnung der Beiträge der materiellen Ableitung bei. Wir verfahren so, weil dies, wie unten ersichtlich, die vollständige Dispersionsrelation für Schwerewellen mit vertikaler Skala von derselben Größenordnung oder kleiner als die atmosphärische Skalenhöhe bewahrt. Wir absorbieren also die Terme der $\mathcal{O}(\varepsilon^7)$ in der Euler'chen Zeitableitung (10.260) und im Advektionsterm (10.261) in die $\mathcal{O}(\varepsilon^3)$ der vertikalen Impulsgleichung. Die zusätzliche Berücksichtigung der Orthogonalitätsbeziehung (10.249) führt schließlich auf

$$
\begin{aligned}
\varepsilon^4 &\Re\left[\left(-i\omega W_1^{(0)} + i\mathbf{k}\cdot\mathbf{V}_0^{(0)} W_1^{(0)}\right)e^{i\phi/\varepsilon}\right] \\
&= -\frac{c_p}{R}\left\{\overline{\theta}^{(0)}\frac{\partial\Pi_0^{(2)}}{\partial Z} + \overline{\theta}^{(1)}\frac{d\overline{\pi}^{(1)}}{dZ} + \Theta_0^{(2)}\frac{d\overline{\pi}^{(0)}}{dZ} \right. \\
&\quad\left. + \Re\left[\left(im\overline{\theta}^{(0)}\Pi_1^{(3)} + \Theta_1^{(2)}\frac{d\overline{\pi}^{(0)}}{dZ}\right)e^{i\phi/\varepsilon}\right]\right\}
\end{aligned}
\tag{10.267}
$$

Mit den Definitionen (10.254) der intrinsischen Frequenz und (10.258) des Wellenauftriebs ergibt der Wellenanteil, unter Berücksichtigung des hydrostatischen Gleichgewichts (10.264) der führenden Ordnung des Exner-Drucks der Referenzatmosphäre, die lineare vertikale Impulsgleichung

$$
-\varepsilon^4 i\hat{\omega}W_1^{(0)} - B_1^{(2)} + im\frac{c_p}{R}\overline{\theta}^{(0)}\Pi_1^{(3)} = 0
\tag{10.268}
$$

während man aus dem Anteil der mittleren Strömung, unter Berücksichtigung der hydrostatischen Gleichgewichte (10.264) und (10.266),

$$
\frac{\partial\Pi_0^{(2)}}{\partial Z} = \frac{R/c_p}{\overline{\theta}^{(0)}}\left[B_0^{(2)} - \left(\frac{\overline{\theta}^{(1)}}{\overline{\theta}^{(0)}}\right)^2\right]
\tag{10.269}
$$

erhält, was das hydrostatische Gleichgewicht der synoptischskaligen Strömung zum Ausdruck bringt. Hierbei ist

$$
B_0^{(j)} = \frac{\Theta_0^{(j)}}{\overline{\theta}^{(0)}}
\tag{10.270}
$$

der dimensionslose synoptischskalige Auftrieb in $\mathcal{O}(\varepsilon^j)$.

---

[3] Dies ist möglich, solange es in der Analyse der höheren Ordnungen in ε berücksichtigt wird, d. h., derselbe Term darf nicht mehrmals verwendet werden.

Die horizontale Impulsgleichung

Schließlich wenden wir uns der horizontalen Impulsgleichung (10.213) zu, worin die Euler'sche Zeitableitung des Horizontalwinds in der Entwicklung (10.237)

$$
\begin{aligned}
\varepsilon^3 \frac{\partial \mathbf{u}}{\partial t} &= \sum_{j=0}^{\infty} \varepsilon^{j+4} \frac{\partial \mathbf{U}_0^{(0)}}{\partial T} + \Re \sum_{j=0}^{\infty} \left(-\varepsilon^{j+3} i\omega \mathbf{U}_1^{(j)} + \varepsilon^{j+4} \frac{\partial \mathbf{U}_1^{(j)}}{\partial T} \right) e^{i\phi/\varepsilon} \\
&= \varepsilon^3 \Re \left(-i\omega \mathbf{U}_1^{(0)} e^{i\phi/\varepsilon} \right) + \varepsilon^4 \left\{ \frac{\partial \mathbf{U}_0^{(0)}}{\partial T} + \Re \left[\left(-i\omega \mathbf{U}_1^{(1)} + \frac{\partial \mathbf{U}_1^{(0)}}{\partial T} \right) e^{i\phi/\varepsilon} \right] \right\} \\
&\quad + \mathcal{O}(\varepsilon^5)
\end{aligned}
\tag{10.271}
$$

ist. Der advektive Term ergibt sich, wiederum nach Einsetzen der Entwicklung (10.237) des Windfelds, zu

$$
\begin{aligned}
\varepsilon^3 (\mathbf{v} \cdot \nabla)\mathbf{u} &= \left(\sum_{j=0}^{\infty} \varepsilon^{j+3} \mathbf{V}_0^{(j)} + \Re \sum_{j=0}^{\infty} \varepsilon^{j+3} \mathbf{V}_1^{(j)} e^{i\phi/\varepsilon} \right) \\
&\quad \cdot \left[\sum_{k=0}^{\infty} \varepsilon^{k+1} \nabla_X \mathbf{U}_0^{(k)} + \Re \sum_{k=0}^{\infty} \left(\varepsilon^k i\mathbf{k}\mathbf{U}_1^{(k)} + \varepsilon^{k+1} \nabla_X \mathbf{U}_1^{(k)} \right) e^{i\phi/\varepsilon} \right] \\
&= \varepsilon^3 \left[\mathbf{V}_0^{(0)} \cdot \Re \left(i\mathbf{k}\mathbf{U}_1^{(0)} e^{i\phi/\varepsilon} \right) + \Re \left(\mathbf{V}_1^{(0)} e^{i\phi/\varepsilon} \right) \cdot \Re \left(i\mathbf{k}\mathbf{U}_1^{(0)} e^{i\phi/\varepsilon} \right) \right] \\
&\quad + \varepsilon^4 \left\{ \left[\mathbf{V}_0^{(0)} + \Re \left(\mathbf{V}_1^{(0)} e^{i\phi/\varepsilon} \right) \right] \cdot \left[\nabla_X \mathbf{U}_0^{(0)} + \Re \left(\left(i\mathbf{k}\mathbf{U}_1^{(1)} + \nabla_X \mathbf{U}_1^{(0)} \right) e^{i\phi/\varepsilon} \right) \right] \right. \\
&\quad \left. + \left[\mathbf{V}_0^{(1)} + \Re \left(\mathbf{V}_1^{(1)} e^{i\phi/\varepsilon} \right) \right] \cdot \Re \left(i\mathbf{k}\mathbf{U}_1^{(1)} e^{i\phi/\varepsilon} \right) \right\} + \mathcal{O}(\varepsilon^5)
\end{aligned}
\tag{10.272}
$$

Einsetzen des Horizontalwinds aus derselben Entwicklung in den Coriolis-Term liefert

$$
\begin{aligned}
\varepsilon^3 f_0 \mathbf{e}_z \times \mathbf{u} &= f_0 \mathbf{e}_z \times \left(\sum_{j=0}^{\infty} \varepsilon^{j+3} \mathbf{U}_0^{(j)} + \Re \sum_{j=0}^{\infty} \varepsilon^{j+3} \mathbf{U}_1^{(j)} e^{i\phi/\varepsilon} \right) \\
&= \varepsilon^3 f_0 \mathbf{e}_z \times \left[\mathbf{U}_0^{(0)} + \Re \left(\mathbf{U}_1^{(0)} e^{i\phi/\varepsilon} \right) \right] + \varepsilon^4 f_0 \mathbf{e}_z \times \left[\mathbf{U}_0^{(1)} + \Re \left(\mathbf{U}_1^{(1)} e^{i\phi/\varepsilon} \right) \right] \\
&\quad + \mathcal{O}(\varepsilon^5)
\end{aligned}
\tag{10.273}
$$

während Einsetzen der Entwicklungen (10.238) und (10.239) von potentieller Temperatur und Exner-Druck in den Druckgradiententerm

$$
-\frac{c_p}{R}\theta \nabla_h \pi = -\frac{c_p}{R}\left(\sum_{j=0}^{1}\varepsilon^j \overline{\theta}^{(j)} + \sum_{j=2}^{\infty}\varepsilon^j \Theta_0^{(j)} + \Re\sum_{j=2}^{\infty}\varepsilon^j \Theta_1^{(j)} e^{i\phi/\varepsilon}\right)
$$

$$
\cdot \left[\sum_{k=2}^{\infty}\varepsilon^{k+1}\nabla_{X,h}\Pi_0^{(k)} + \Re\sum_{k=4}^{\infty}\left(\varepsilon^k i\mathbf{k}_h \Pi_1^{(k)} + \varepsilon^{k+1}\nabla_{X,h}\Pi_1^{(k)}\right)e^{i\phi/\varepsilon}\right]
$$

$$
= -\varepsilon^3 \frac{c_p}{R}\overline{\theta}^{(0)}\left[\nabla_{X,h}\Pi_0^{(2)} + \Re\left(i\mathbf{k}_h \Pi_1^{(3)} e^{i\phi/\varepsilon}\right)\right]
$$

$$
- \varepsilon^4 \frac{c_p}{R}\left\{\overline{\theta}^{(0)}\left[\nabla_{X,h}\Pi_0^{(3)} + \Re\left(\left(i\mathbf{k}_h \Pi_1^{(4)} + \nabla_{X,h}\Pi_1^{(3)}\right)e^{i\phi/\varepsilon}\right)\right]\right.
$$

$$
\left. + \overline{\theta}^{(1)}\left[\nabla_{X,h}\Pi_0^{(2)} + \Re\left(i\mathbf{k}_h \Pi_1^{(3)} e^{i\phi/\varepsilon}\right)\right]\right\} + \mathcal{O}(\varepsilon^5) \qquad (10.274)
$$

ergibt. Hier bezeichnet $\nabla_{X,h} = \mathbf{e}_x \partial/\partial X + \mathbf{e}_y \partial/\partial Y$ den horizontalen Anteil des dimensionslosen Gradienten bezüglich der komprimierten Koordinaten und $\mathbf{k}_h$ den horizontalen Anteil des Wellenzahlvektors. Nach Zusammentragen aller obigen Entwicklungen in der horizontalen Impulsgleichung (10.213) sieht man schließlich, dass die führende $\mathcal{O}(\varepsilon^3)$

$$
\Re\left[\left(-i\omega\mathbf{U}_1^{(0)} + i\mathbf{k}\cdot\mathbf{V}_0^{(0)}\mathbf{U}_1^{(0)}\right)e^{i\phi/\varepsilon}\right] + \Re(\mathbf{V}_1^{(0)}e^{i\phi/\varepsilon})\cdot\Re\left(i\mathbf{k}\mathbf{U}_1^{(0)}e^{i\phi/\varepsilon}\right)
$$

$$
+ f_0\mathbf{e}_z \times \left[\mathbf{U}_0^{(0)} + \Re\left(\mathbf{U}_1^{(0)}e^{i\phi/\varepsilon}\right)\right] = -\frac{R}{c_p}\overline{\theta}^{(0)}\left[\nabla_{X,h}\Pi_0^{(2)} + \Re\left(i\mathbf{k}_h \Pi_1^{(3)}e^{i\phi/\varepsilon}\right)\right]
$$

$$
(10.275)
$$

ist. Einmal mehr verschwindet der nichtlineare Term aufgrund der Orthogonalitätsbeziehung (10.249), sodass ein Wellenanteil

$$
-i\hat{\omega}\mathbf{U}_1^{(0)} + f_0\mathbf{e}_z \times \mathbf{U}_1^{(0)} + \frac{c_p}{R}\overline{\theta}^{(0)}i\mathbf{k}_h \Pi_1^{(3)} = 0 \qquad (10.276)
$$

verbleibt und ein Anteil der mittleren Strömung

$$
f_0\mathbf{e}_z \times \mathbf{U}_0^{(0)} = -\frac{R}{c_p}\overline{\theta}^{(0)}\nabla_{X,h}\Pi_0^{(2)} \qquad (10.277)
$$

Das letzte Ergebnis drückt das geostrophische Gleichgewicht der synoptischskaligen Strömung aus.

Dispersionsrelationen und Polarisationsbeziehungen

Bis zu diesem Punkt haben wir nochmals das hydrostatische Gleichgewicht der Referenzatmosphäre und die geostrophischen und hydrostatischen Gleichgewichte der synoptischskaligen Strömung abgeleitet. Darüber hinaus haben wir lineare Impuls-, Auftriebs- und Exner-Druckgleichungen erhalten, die offensichtlich zu den linearen Gl. (10.62)–(10.66) in Bezug stehen, aus denen die Dispersionsrelationen der grundlegenden Wellenmoden einer ruhenden Atmosphäre resultieren. Ein Unterschied ist, dass (10.66) Druckoszillationen zulässt, während die entsprechende Orthogonalitätsbeziehung (10.249) keine Frequenzanteile enthält. Dies ist ein Ergebnis der Tatsache, dass Schwerewellen nur schwache Druckfluktuationen beinhalten. Wir werden nun unsere linearen Gleichungen verwenden, um daraus die Dispersions- und Polarisationsrelationen unseres Problems abzuleiten, und wir werden sehen, dass keine Schallwellen auftreten, während die Eigenschaften der abgeleiteten Schwerewellen (und auch des geostrophischen Modes) sehr eng mit denen in der ruhenden Atmosphäre verwandt sind. So wie die quasigeostrophische Theorie eine Theorie der synoptischskaligen Strömung unter Herausfilterung von Schwerewellen und Schallwellen ist, haben wir hier eine Theorie für die synoptischskalige Strömung und Schwerewellen unter Herausfilterung von Schallwellen.

Dispersionsrelationen
Die Vorgehensweise in der Ableitung der Welleneigenschaften ist der sehr ähnlich, die wir verwendet haben, um die Eigenschaften der grundlegenden Wellenmoden der ruhenden Atmosphäre zu erhalten. Die Wellengleichungen führender Ordnung (10.249), (10.257)/N_0, (10.268) und (10.276) können unter

$$\underbrace{\begin{pmatrix} -i\hat{\omega} - f_0 & 0 & 0 & ik \\ f_0 & -i\hat{\omega} & 0 & 0 & il \\ 0 & 0 & -i\hat{\omega}\varepsilon^4 & -N_0 & im \\ 0 & 0 & N_0 & -i\hat{\omega} & 0 \\ ik & il & im & 0 & 0 \end{pmatrix}}_{M_1 = M(\mathbf{k}, \omega)} \begin{pmatrix} U_1^{(0)} \\ V_1^{(0)} \\ W_1^{(0)} \\ B_1^{(2)}/N_0 \\ \frac{c_p}{R}\overline{\theta}^{(0)}\Pi_1^{(3)} \end{pmatrix} = 0 \qquad (10.278)$$

zusammengefasst werden. Nicht triviale Wellenamplituden verlangen det $M_1 = 0$, was auf

$$0 = \hat{\omega}\left\{ \hat{\omega}^2 \left[\varepsilon^4 k_h^2 + m^2 \right] - N_0^2 k_h^2 - f_0^2 m^2 \right\} \qquad (10.279)$$

führt. Somit ist entweder

$$\hat{\omega} = 0 \qquad (10.280)$$

was die Lösung des geostrophischen Modes ist, oder

$$\hat{\omega}^2 = \frac{N_0^2 k_h^2 + f_0^2 m^2}{\varepsilon^4 k_h^2 + m^2} \qquad (10.281)$$

was die Dispersionsrelation für Schwerewellen ist. Um uns davon zu überzeugen, redimensionalisieren wir die Dispersionsrelation durch die Ersetzungen

$$(k, l, m, \hat{\omega}) \to \left[L_w(k, l), H_w m, T_w \hat{\omega}\right] \tag{10.282}$$

$$\left(\overline{\theta}^{(0)}, d\overline{\theta}^{(1)}\right) \to \left[\overline{\theta}/T_{00}, d\overline{\theta}/(\varepsilon T_{00})\right] \tag{10.283}$$

$$Z \to \varepsilon z / H_w \tag{10.284}$$

$$f_0 \to f / f = 1 \tag{10.285}$$

Daraus erhalten wir erst

$$N_0^2 = \frac{1}{\overline{\theta}^{(0)}} \frac{d\overline{\theta}^{(1)}}{dZ} = \frac{1}{\overline{\theta}} \frac{H_w}{\varepsilon^2} \frac{d\overline{\theta}}{dz} \tag{10.286}$$

und weiter, unter Verwendung der Definitionen (10.181) und (10.182) der Wellenskalen,

$$\hat{\omega}^2 = f^2 \frac{\dfrac{1}{\overline{\theta}} \dfrac{H_w}{\varepsilon^2} \dfrac{d\overline{\theta}}{dz} L_w^2 k_h^2 + H_w^2 m^2}{\varepsilon^4 L_w^2 k_h^2 + H_w^2 m^2} = \frac{\dfrac{f^2 H_w}{\varepsilon^6} \dfrac{1}{\overline{\theta}} \dfrac{d\overline{\theta}}{dz} k_h^2 + f^2 m^2}{k_h^2 + m^2}$$

$$= \frac{\dfrac{\varepsilon^{-5/2} f \sqrt{R T_{00}}}{\overline{\theta}} \dfrac{d\overline{\theta}}{dz} k_h^2 + f^2 m^2}{k_h^2 + m^2} \tag{10.287}$$

Mittels der Beziehung (10.176) für die Schwerebeschleunigung führt dies in der Tat zur dimensionsbehafteten Dispersionsrelation

$$\hat{\omega}^2 = \frac{N^2 k_h^2 + f^2 m^2}{k_h^2 + m^2} \tag{10.288}$$

mit

$$N^2 = \frac{g}{\overline{\theta}} \frac{d\overline{\theta}}{dz} \tag{10.289}$$

Man beachte, das im Vergleich zu den Dispersionsrelationen in einer ruhenden Atmosphäre die Frequenz nun durch die intrinsische Frequenz ersetzt ist, die in dimensionsbehafteten Einheiten

$$\hat{\omega} = \omega - \mathbf{k} \cdot \langle \mathbf{u} \rangle \tag{10.290}$$

ist. Dabei ist

$$\langle \mathbf{u} \rangle = U_w \mathbf{U}_0^{(0)} \tag{10.291}$$

der Anteil des synoptischskaligen Horizontalwinds in führender Ordnung, wiederum in dimensionsbehafteten Einheiten, den man durch Mittelung des Horizontalwinds über die Phase erhält, was man entweder durch Mittelung über eine Wellenperiode oder durch Mittelung über eine Wellenlänge erreicht. Somit erhält man in einem Bezugssystem, das sich mit der lokalen synoptischskaligen Geschwindigkeit bewegt, wiederum die Dispersionsrelationen in einer ruhenden Atmosphäre.

Polarisationsbeziehungen für Schwerewellen Der geostrophische Mode ist eine eigene interessante Lösung. Wir beschränken uns im Folgenden aber dennoch auf die Betrachtung der Schwerewellen. Ihre Struktur ist durch den Nullvektor von M_1 gegeben, mit $\hat{\omega}$ aus der Dispersionsrelation (10.281). Zunächst ergeben die zwei Komponenten der linearen horizontalen Impulsgleichung (10.276), d. h.

$$-i\hat{\omega}U_1^{(0)} - f_0 V_1^{(0)} = -ik\frac{c_p}{R}\overline{\theta}^{(0)}\Pi_1^{(3)} \tag{10.292}$$

$$f_0 U_1^{(0)} - i\hat{\omega}V_1^{(0)} = -il\frac{c_p}{R}\overline{\theta}^{(0)}\Pi_1^{(3)} \tag{10.293}$$

die Beziehungen

$$U_1^{(0)} = \frac{k\hat{\omega} + ilf_0}{\hat{\omega}^2 - f_0^2}\frac{c_p}{R}\overline{\theta}^{(0)}\Pi_1^{(3)} \tag{10.294}$$

$$V_1^{(0)} = \frac{l\hat{\omega} - ikf_0}{\hat{\omega}^2 - f_0^2}\frac{c_p}{R}\overline{\theta}^{(0)}\Pi_1^{(3)} \tag{10.295}$$

zwischen den Horizontalwindamplituden und der Druckamplitude einer Schwerewelle, in Vektorform

$$\mathbf{U}_1^{(0)} = \frac{\mathbf{k}_h\hat{\omega} - if_0\mathbf{e}_z \times \mathbf{k}_h}{\hat{\omega}^2 - f_0^2}\frac{c_p}{R}\overline{\theta}^{(0)}\Pi_1^{(3)} \tag{10.296}$$

geschrieben. Aus der linearen Auftriebsgleichung (10.257) erhält man

$$W_1^{(0)} = \frac{i\hat{\omega}}{N_0^2}B_1^{(2)} \tag{10.297}$$

Dies in die lineare vertikale Impulsgleichung (10.268) eingesetzt, führt auf

$$\frac{c_p}{R}\overline{\theta}^{(0)}\Pi_1^{(3)} = \frac{i}{m}\frac{\varepsilon^4\hat{\omega}^2 - N_0^2}{N_0^2}B_1^{(2)} \tag{10.298}$$

sodass (10.296) schließlich zu

$$\mathbf{U}_1^{(0)} = \frac{i}{mN_0^2}\frac{\varepsilon^4\hat{\omega}^2 - N_0^2}{\hat{\omega}^2 - f_0^2}\left(\mathbf{k}_h\hat{\omega} - if_0\mathbf{e}_z \times \mathbf{k}_h\right)B_1^{(2)} \tag{10.299}$$

wird. Die Redimensionalisierung dieser Beziehungen erfolgt durch die Ersetzungen (10.282)–(10.285) und

$$\left(\mathbf{U}_1^{(0)}, W_1^{(0)}, B_1^{(2)}, \Pi_1^{(3)}\right) \rightarrow \left(\hat{\mathbf{u}}/U_w, \hat{w}/W_w, \varepsilon^{-2}\hat{\theta}/\overline{\theta}, \varepsilon^{-3}\hat{\pi}\right) \tag{10.300}$$

woraus man mit $\hat{b} = g\hat{\theta}/\overline{\theta}$

$$\hat{\mathbf{u}} = \frac{i}{mN} \frac{\hat{\omega}^2 - N^2}{\hat{\omega}^2 - f^2} \left(\mathbf{k}_h \hat{\omega} - i f \mathbf{e}_z \times \mathbf{k}_h \right) \hat{b} \tag{10.301}$$

$$\hat{w} = \frac{i\hat{\omega}}{N^2} \hat{b} \tag{10.302}$$

$$c_p \overline{\theta} \hat{\pi} = \frac{i}{m} \frac{\hat{\omega}^2 - N^2}{N^2} \hat{b} \tag{10.303}$$

erhält. Mithilfe der Dispersionsrelation (10.288) kann man sich überzeugen, dass dies zu den Polarisationsbeziehungen (10.121)–(10.124) für Schwerewellen in einer ruhenden Atmosphäre äquivalent ist, vorausgesetzt, man ersetzt die Frequenz dort durch die intrinsische Frequenz.

Die Eikonalgleichungen
Aus (10.256) und (10.281) folgt

$$\omega(\mathbf{X}, T) = \Omega(\mathbf{X}, T, \mathbf{k}) = \mathbf{k} \cdot \mathbf{U}_0^{(0)}(\mathbf{X}, T) \pm \sqrt{\frac{N_0^2(Z) k_h^2 + f_0^2 m^2}{\varepsilon^4 k_h^2 + m^2}} \tag{10.304}$$

Sowohl ω als auch $\mathbf{k}$ hängen von $(\mathbf{X}, T)$ ab, während in Ω die explizite Abhängigkeit von $\mathbf{X}$ und T ausschließlich aus den entsprechenden Abhängigkeiten von $\mathbf{U}_0^{(0)}$ und N_0^2 resultieren. *Prognostische Gleichungen* für Frequenz und Wellenzahl ergeben sich aus der Dispersionsrelation (10.304), die hier wie eine Zwangsbedingung wirkt. Man erhält zunächst

$$\frac{\partial \omega}{\partial T} = \frac{\partial \Omega}{\partial T} + \mathbf{c}_g \cdot \frac{\partial \mathbf{k}}{\partial T} \tag{10.305}$$

wobei die Gruppengeschwindigkeit

$$\mathbf{c}_g = \nabla_{\mathbf{k}} \Omega \tag{10.306}$$

der Gradient der lokalen Frequenz im Wellenzahlraum ist. Es ist aber auch, aufgrund der Definitionen (10.228) und (10.229) der lokalen Wellenzahl und Frequenz

$$\frac{\partial \mathbf{k}}{\partial T} = \frac{\partial}{\partial T} \nabla_X \phi = \nabla_X \frac{\partial \phi}{\partial T} = -\nabla_X \omega \tag{10.307}$$

sodass wir eine prognostische Gleichung für die lokale Frequenz,

$$\left(\frac{\partial}{\partial T} + \mathbf{c}_g \cdot \nabla_X \right) \omega = \frac{\partial \Omega}{\partial T} \tag{10.308}$$

erhalten können. Andererseits impliziert (10.307) komponentenweise, unter Verwendung der Definitionen (10.228) und (10.229) der lokalen Wellenzahl und Frequenz, und der Dispersionsrelation (10.304),

$$\frac{\partial k_i}{\partial T} = -\frac{\partial \omega}{\partial X_i} = -\frac{\partial \Omega}{\partial X_i} - \frac{\partial \omega}{\partial k_j}\frac{\partial k_j}{\partial X_i} = -\frac{\partial \Omega}{\partial X_i} - \frac{\partial \omega}{\partial k_j}\frac{\partial k_i}{\partial X_j} \qquad (10.309)$$

und damit

$$\left(\frac{\partial}{\partial T} + \mathbf{c}_g \cdot \nabla_X\right)\mathbf{k} = -\nabla_X\Omega \qquad (10.310)$$

Die Eikonalgleichungen (10.308) und (10.310) sind prognostische Gleichungen für die *Felder* von Wellenzahl und Frequenz. Sie werden jedoch häufig in einer *Lagrange-Formulierung* angegeben. Dazu definieren wir *Strahlen* als die Charakteristiken dieser Gleichungen, d. h. Trajektorien, entlang derer sich Wellenpakete bewegen würden, und die durch

$$\frac{d\mathbf{X}}{dT} = \mathbf{c}_g \qquad (10.311)$$

bestimmt sind. Man beachte, dass die Strahlen zeitabhängig sind, da die Gruppengeschwindigkeit keine Konstante ist! *Entlang dieser Strahlen* befriedigen Frequenz und Wellenzahl die *Strahlgleichungen*

$$\frac{d\omega}{dT} = \frac{\partial \Omega}{\partial T} \qquad (10.312)$$

$$\frac{d\mathbf{k}}{dT} = -\nabla_X\Omega \qquad (10.313)$$

In Spezialfall hier sind die Eikonalgleichungen

$$\left(\frac{\partial}{\partial T} + \mathbf{c}_g \cdot \nabla_X\right)\omega = \mathbf{k} \cdot \frac{\partial \mathbf{U}_0^{(0)}}{\partial T} \qquad (10.314)$$

$$\left(\frac{\partial}{\partial T} + \mathbf{c}_g \cdot \nabla_X\right)\mathbf{k} = -\left(\nabla_X\mathbf{U}_0^{(0)}\right)\cdot\mathbf{k} \mp \frac{\mathbf{e}_z}{2}\frac{dN_0^2}{dZ}\frac{k_h^2}{\sqrt{\left(\varepsilon^4 k_h^2 + m^2\right)\left(N_0^2 k_h^2 + f_0^2 m^2\right)}} \qquad (10.315)$$

Die Redimensionalisierung der Ergebnisse erfolgt direkt auf dieselbe Weise wie oben und mittels der Ersetzungen

$$(\mathbf{X}_h, Z, T) \to \varepsilon(\mathbf{x}_h/L_w, z/H_w, t/T_w) \qquad (10.316)$$

Dies führt auf

$$\omega(\mathbf{x}, t) = \Omega(\mathbf{x}, t, \mathbf{k}) = \mathbf{k} \cdot \langle \mathbf{u} \rangle (\mathbf{x}, t) \pm \sqrt{\left[N^2(z) k_h^2 + f^2 m^2 \right] / |\mathbf{k}|^2} \qquad (10.317)$$

$$\mathbf{c}_g = \nabla_{\mathbf{k}} \Omega \qquad (10.318)$$

$$\left(\frac{\partial}{\partial t} + \mathbf{c}_g \cdot \nabla \right) \mathbf{k} = -\nabla \Omega = -(\nabla \langle \mathbf{u} \rangle) \cdot \mathbf{k} \mp \frac{\mathbf{e}_z}{2} \frac{dN^2}{dz} \frac{k_h^2 / |\mathbf{k}|}{\sqrt{N^2 k_h^2 + f^2 m^2}} \qquad (10.319)$$

$$\left(\frac{\partial}{\partial t} + \mathbf{c}_g \cdot \nabla \right) \omega = \frac{\partial \Omega}{\partial t} = \mathbf{k} \cdot \frac{\partial \langle \mathbf{u} \rangle}{\partial t} \qquad (10.320)$$

Strahlen sind mittels

$$\frac{d\mathbf{x}}{dt} = \mathbf{c}_g \qquad (10.321)$$

bestimmt, und entlang dieser gilt

$$\frac{d\omega}{dt} = \frac{\partial \Omega}{\partial t} \qquad (10.322)$$

$$\frac{d\mathbf{k}}{dt} = -\nabla \Omega \qquad (10.323)$$

10.3.5 Die nächste Ordnung der Gleichungen

Die führenden Ordnungen der dynamischen Gleichungen haben wohlbekannte Gleichgewichte der Referenzatmosphäre und der synoptischskaligen Strömung bestätigt, genauso wie die Dispersionsrelation und Polarisationsbeziehungen für Schwerewellen mit vertikaler Skala von der Größenordnung oder kleiner als die atmosphärische Skalenhöhe. Da angenommen wurde, dass die vertikale Skala der Wellen um eine Ordnung in ε kleiner ist als die entsprechende synoptische Skala und da diese von derselben Größenordnung ist wie die atmosphärische Skalenhöhe, ist die Identifikation dieser Relationen keine Überraschung. Nur Wellen mit einer vertikalen Skala größer als die atmosphärische Skalenhöhe, und damit auch größer als die synoptische vertikale Skala, können von diesen signifikant abweichen. Darüber hinaus sind Schallwellen durch die Wahl der Skalen aus der Dynamik herausgefiltert worden.

Wir haben auch prognostische Gleichungen für die lokale Frequenz und Wellenzahl der Schwerewellen abgeleitet. Diese werden durch Gradienten und Zeitableitungen der Referenzatmosphäre und der synoptischskaligen Strömung beeinflusst. Was jedoch noch nicht berührt wurde, ist die Frage, ob und wie Schwerewellenamplituden auf die synoptischskalige Strömung reagieren und ob und wie Letztere wiederum durch Schwerewellen beeinflusst wird. Entsprechende Antworten erhält man durch die Betrachtung der nächsten Ordnungen der grundlegenden Gleichungen. In diesem Unterkapitel werden die Terme der nächsten Ordnung identifiziert. Sie werden im Weiteren für die Ableitung einer Amplitudengleichung der Schwerewellen verwendet und für die Analyse des Schwerewelleneinflusses auf die synoptischskalige Strömung.

Exner-Druckgleichung

So wie auch die führenden $\mathcal{O}(1)$-Terme in der Exner-Druckgleichung (10.220) identifiziert worden sind, erhalten wir durch Betrachtung der Entwicklungen (10.245)–(10.247) die nächste $\mathcal{O}(\varepsilon)$

$$\left[W_0^{(0)} + \Re\left(W_1^{(0)} e^{i\phi/\varepsilon} \right) \right] \frac{d\overline{\pi}^{(0)}}{dZ}$$
$$+ \frac{R}{c_V} \left\{ \overline{\pi}^{(0)} \left[\nabla_X \cdot \mathbf{V}_0^{(0)} + \Re\left(\left(i\mathbf{k} \cdot \mathbf{V}_1^{(1)} + \nabla_X \cdot \mathbf{V}_1^{(0)} \right) e^{i\phi/\varepsilon} \right) \right] \right.$$
$$\left. + \overline{\pi}^{(1)} \Re\left(i\mathbf{k} \cdot \mathbf{V}_1^{(0)} e^{i\phi/\varepsilon} \right) \right\} = 0 \tag{10.324}$$

Wenn wir uns an die Definition (10.244) von $\bar{P}^{(0)}$ und die Orthogonalitätsbeziehung (10.249) erinnern, erhalten wir den Wellenanteil

$$\frac{R}{c_V} \overline{\pi}^{(0)} i\mathbf{k} \cdot \mathbf{V}_1^{(1)} + \frac{R}{c_V} \frac{\overline{\pi}^{(0)}}{\bar{P}^{(0)}} \nabla_X \cdot \left(\bar{P}^{(0)} \mathbf{V}_1^{(0)} \right) = 0 \tag{10.325}$$

und daraus

$$i\mathbf{k} \cdot \mathbf{V}_1^{(1)} = -\frac{1}{\bar{P}^{(0)}} \nabla_X \cdot \left(\bar{P}^{(0)} \mathbf{V}_1^{(0)} \right) \tag{10.326}$$

Da sich jedoch gemäß der Zustandsgleichung (10.242) in führender Ordnung $\bar{P}^{(0)}$ von der führenden Ordnung $\overline{\rho}^{(0)}$ der Dichte der Referenzatmosphäre nur durch einen konstanten Faktor $1/\overline{\theta}^{(0)}$ unterscheidet, kann dies auch

$$i\mathbf{k} \cdot \mathbf{V}_1^{(1)} = R_{\pi,1}^{(1)} \equiv -\frac{1}{\overline{\rho}^{(0)}} \nabla_X \cdot \left(\overline{\rho}^{(0)} \mathbf{V}_1^{(0)} \right) \tag{10.327}$$

geschrieben werden. Weil gemäß (10.256) $W_0^{(0)} = 0$, ist der Anteil der mittleren Strömung

$$\frac{R}{c_V} \frac{\overline{\pi}^{(0)}}{\bar{P}^{(0)}} \nabla_{X,h} \cdot \left(\bar{P}^{(0)} \mathbf{U}_0^{(0)} \right) = 0 \tag{10.328}$$

oder einfach

$$\nabla_X \cdot \mathbf{V}_0^{(0)} = \nabla_{X,h} \cdot \mathbf{U}_0^{(0)} = 0 \tag{10.329}$$

Dies ist nicht wirklich ein neues Ergebnis, da die horizontale synoptischskalige Strömung entsprechend (10.277) im geostrophischen Gleichgewicht ist, und damit auch divergenzfrei.

Von der nächsten $\mathcal{O}(\varepsilon^2)$ der Exner-Druckgleichung (10.220) werden wir im Folgenden den Wellenanteil nicht benötigen, wohl aber den Anteil der mittleren Strömung. Nach Betrachtung der Entwicklungen (10.245)–(10.247), wiederum unter Verwendung von $W_0^{(0)} = 0$, aber auch der soeben abgeleiteten Divergenzfreiheit (10.329), findet man, dass dieser Anteil

$$W_0^{(1)} \frac{d\overline{\pi}^{(0)}}{dZ} + \frac{R}{c_V} \left(\overline{\pi}^{(0)} \nabla_X \cdot \mathbf{V}_0^{(1)} \right) = 0 \tag{10.330}$$

ist, was mithilfe der Definition (10.244) von $\bar{P}^{(0)}$ auf

$$\nabla_X \cdot \left(\bar{P}^{(0)} \mathbf{V}_0^{(1)} \right) = 0 \tag{10.331}$$

führt. Nochmals verwenden wir die Zustandsgleichung (10.242) für die Referenzatmosphäre in führender Ordnung, um dies zu

$$\nabla_X \cdot \left(\overline{\rho}^{(0)} \mathbf{V}_0^{(1)} \right) = 0 \tag{10.332}$$

vereinfachen. Wie auch in der quasigeostrophischen Theorie hat die synoptischskalige Strömung einen divergenzfreien Massenfluss.

Entropiegleichung
Entsprechend findet man durch Betrachtung der Entwicklungen (10.250) und (10.251), dass die $\mathcal{O}(\varepsilon^3)$-Beiträge der Entropiegleichung (10.218)

$$\begin{aligned}
&\frac{\partial \Theta_0^{(2)}}{\partial T} + \Re\left(-i\omega \Theta_1^{(3)} e^{i\phi/\varepsilon} \right) + \Re\left(\frac{\partial \Theta_1^{(2)}}{\partial T} e^{i\phi/\varepsilon} \right) + \left[W_0^{(1)} + \Re\left(W_1^{(1)} e^{i\phi/\varepsilon} \right) \right] \frac{d\overline{\theta}^{(1)}}{dZ} \\
&+ \left[\mathbf{V}_0^{(0)} + \Re\left(\mathbf{V}_1^{(0)} e^{i\phi/\varepsilon} \right) \right] \cdot \left\{ \nabla_X \Theta_0^{(2)} + \Re\left[\left(i\mathbf{k}\Theta_1^{(3)} + \nabla_X \Theta_1^{(2)} \right) e^{i\phi/\varepsilon} \right] \right\} \\
&+ \left[\mathbf{V}_0^{(1)} + \Re\left(\mathbf{V}_1^{(1)} e^{i\phi/\varepsilon} \right) \right] \cdot \Re\left(i\mathbf{k}\Theta_1^{(2)} e^{i\phi/\varepsilon} \right) = 0
\end{aligned} \tag{10.333}$$

sind. Hierin ist wegen der Orthogonalitätsbeziehung (10.249)

$$\Re\left(\mathbf{V}_1^{(0)} e^{i\phi/\varepsilon} \right) \cdot \Re\left(i\mathbf{k}\Theta_1^{(3)} e^{i\phi/\varepsilon} \right) = 0 \tag{10.334}$$

aber es treten zwei andere nicht verschwindende Produkte in den Wellenamplituden auf, die sich beide aus der Advektion der potentiellen Temperatur ergeben:

$$\Re\left(\mathbf{V}_1^{(0)}e^{i\phi/\varepsilon}\right)\cdot\Re\left(\nabla_X\Theta_1^{(2)}e^{i\phi/\varepsilon}\right)$$

$$=\frac{1}{4}\mathbf{V}_1^{(0)*}\cdot\nabla_X\Theta_1^{(2)*}e^{-2i\phi/\varepsilon}+\frac{1}{2}\Re\left(\mathbf{V}_1^{(0)}\cdot\nabla_X\Theta_1^{(2)*}\right)+\frac{1}{4}\mathbf{V}_1^{(0)}\cdot\nabla_X\Theta_1^{(2)}e^{2i\phi/\varepsilon}$$

$$\tag{10.335}$$

$$\Re\left(\mathbf{V}_1^{(1)}e^{i\phi/\varepsilon}\right)\cdot\Re\left(i\mathbf{k}\Theta_1^{(2)}e^{i\phi/\varepsilon}\right)$$

$$=-\frac{1}{4}\mathbf{V}_1^{(1)*}\cdot i\mathbf{k}\Theta_1^{(2)*}e^{-2i\phi/\varepsilon}-\frac{1}{2}\Re\left(\mathbf{V}_1^{(1)}\cdot i\mathbf{k}\Theta_1^{(2)*}\right)+\frac{1}{4}\mathbf{V}_1^{(1)}\cdot i\mathbf{k}\Theta_1^{(2)}e^{2i\phi/\varepsilon}$$

$$\tag{10.336}$$

In beiden wirkt der mittlere Term auf die mittlere Strömung, während die beiden anderen zum Antrieb einer schwachen zweiten Harmonischen des hier betrachteten Schwerewellenfelds beitragen. Wie bereits oben bemerkt, kann man zeigen, dass diese zweiten Harmonischen nicht in führender Ordnung an der Wechselwirkung zwischen Wellen und mittlerer Strömung teilhaben, sodass wir sie hier einfach vernachlässigen[4]. Mit diesen Betrachtungen stellt sich heraus, dass der Wellenteil von (10.333), nach Division durch $\overline{\theta}^{(0)}$ und unter Verwendung der Definitionen (10.258) und (10.259) der Amplitude des Wellenauftriebs und der dimensionslosen Brunt-Väisälä-Frequenz

$$-i\hat{\omega}B_1^{(3)}+N_0^2W_1^{(1)}=R_{b,1}^{(1)}$$

$$\equiv-\left(\frac{\partial}{\partial T}+\mathbf{U}_0^{(0)}\cdot\nabla_X+i\mathbf{k}\cdot\mathbf{V}_0^{(1)}\right)B_1^{(2)}-\mathbf{V}_1^{(0)}\cdot\nabla_XB_0^{(2)} \tag{10.337}$$

ist, während man als Anteil der mittleren Strömung mithilfe von (10.327)

$$\left(\frac{\partial}{\partial T}+\mathbf{V}_0^{(0)}\cdot\nabla_X\right)\Theta_0^{(2)}+W_0^{(1)}\frac{d\overline{\theta}^{(1)}}{dZ}$$

$$=-\frac{1}{2}\Re\left(\mathbf{V}_1^{(0)}\cdot\nabla_X\Theta_1^{(2)*}\right)+\frac{1}{2}\Re\left(i\mathbf{k}\cdot\mathbf{V}_1^{(1)}\Theta_1^{(2)*}\right)$$

$$=-\frac{1}{2}\Re\left(\mathbf{V}_1^{(0)}\cdot\nabla_X\Theta_1^{(2)*}\right)-\frac{1}{2}\Re\left\{\frac{1}{\overline{\rho}^{(0)}}\left[\nabla_X\cdot\left(\overline{\rho}^{(0)}\mathbf{V}_1^{(0)}\right)\right]\Theta_1^{(2)*}\right\} \tag{10.338}$$

erhält, und damit, nach Division durch $\overline{\theta}^{(0)}$ und unter Berücksichtigung der Definition (10.270) des synoptischskaligen Auftriebs und der Tatsache, dass entsprechend (10.256) $W_0^{(0)}=0$ ist,

$$\left(\frac{\partial}{\partial T}+\mathbf{U}_0^{(0)}\cdot\nabla_X\right)B_0^{(2)}+N_0^2W_0^{(1)}=-\frac{1}{\overline{\rho}^{(0)}}\nabla_X\cdot\left[\frac{\overline{\rho}^{(0)}}{2}\Re\left(\mathbf{V}_1^{(0)}B_1^{(2)*}\right)\right] \tag{10.339}$$

---

[4] Die Verallgemeinerung unter Berücksichtigung der höheren Harmonischen wird in Anhang I diskutiert.

Nun verwenden wir in einem letzten Schritt die Polarisationsbeziehung (10.297), worin die Amplituden von Vertikalwind und Auftrieb der Schwerewellen so miteinander verbunden sind, dass sie zueinander eine Phasendifferenz $\pi/2$ aufweisen, sodass

$$\Re\left(W_1^{(0)}B_1^{(2)*}\right) = 0 \tag{10.340}$$

Dies führt schließlich auf

$$\left(\frac{\partial}{\partial T} + \mathbf{U}_0^{(0)} \cdot \nabla_X\right)B_0^{(2)} + N_0^2 W_0^{(1)} = -\nabla_{X,h} \cdot \frac{1}{2}\Re\left(\mathbf{U}_1^{(0)}B_1^{(2)*}\right) \tag{10.341}$$

Diese Gleichung zeigt, wie der synoptischskalige Auftrieb durch die Auftriebsflüsse der Schwerewellen angetrieben wird. Um dies besser zu verstehen, können wir uns vor Augen führen, dass die Schwerewellenfluktuationen in Horizontalwind und Auftrieb in führender Ordnung in dimensionsbehafteten Größen

$$\mathbf{u}' = U_w\Re\left(\mathbf{U}_1^{(0)}e^{i\phi/\varepsilon}\right) \tag{10.342}$$

$$b' = g\frac{\theta'}{\overline{\theta}} = \varepsilon^2 g\Re\left(B_1^{(2)}e^{i\phi/\varepsilon}\right) \tag{10.343}$$

sind, woraus

$$\mathbf{u}'b' = \varepsilon^2 gU_w\left[\frac{1}{4}\mathbf{U}_1^{(0)*}B_1^{(2)*}e^{-2i\phi/\varepsilon} + \frac{1}{2}\Re\left(\mathbf{U}_1^{(0)}B_1^{(2)*}\right) + \frac{1}{4}\mathbf{U}_1^{(0)}B_1^{(2)}e^{2i\phi/\varepsilon}\right] \tag{10.344}$$

folgt. Mittelung über die Phase ergibt den horizontalen Auftriebsfluss

$$\langle\mathbf{u}'b'\rangle = \frac{g}{\theta}\langle\mathbf{u}'\theta'\rangle = \varepsilon^2 gU_w\frac{1}{2}\Re\left(\mathbf{U}_1^{(0)}B_1^{(2)*}\right) \tag{10.345}$$

der Schwerewellen. Dies, zusammen mit den Ersetzungen (10.283), (10.316), (10.286) und

$$\left(\mathbf{U}_0^{(0)}, W_0^{(1)}, B_0^{(2)}\right) \rightarrow \left(\langle\mathbf{u}\rangle/U_w, \varepsilon^{-1}\langle w\rangle/W_w, \varepsilon^{-2}\langle b\rangle/g\right) \tag{10.346}$$

verwendet, zeigt, dass die prognostische Gl. (10.341) für den synoptischskaligen Auftrieb in dimensionsbehafteter Form

$$\left(\frac{\partial}{\partial t} + \langle\mathbf{u}\rangle \cdot \nabla\right)\langle b\rangle + N^2\langle w\rangle = -\nabla \cdot \langle\mathbf{u}'b'\rangle \tag{10.347}$$

ist, und damit auch die Gleichung für die synoptischskaligen Fluktuationen $\langle\delta\theta\rangle = \overline{\theta}\langle b\rangle/g$ der potentiellen Temperatur

$$\left(\frac{\partial}{\partial t} + \langle\mathbf{u}\rangle \cdot \nabla\right)\langle\delta\theta\rangle + \langle w\rangle\frac{d\overline{\theta}}{dz} = -\nabla \cdot \langle\mathbf{u}'\theta'\rangle \tag{10.348}$$

Vertikale Impulsgleichung

Für die Terme der $\mathcal{O}(\varepsilon^4)$ in der vertikalen Impulsgleichung (10.216) betrachten wir die Entwicklungen (10.260)–(10.262). Wiederum beziehen wir die materielle Ableitung mit ein, nun durch die $\mathcal{O}(\varepsilon^8)$-Beiträge in der Euler'schen Zeitableitung (10.260) und im Advektionsterm (10.261). Alles zusammengetragen, ergibt

$$
\begin{aligned}
\varepsilon^4 \Bigg\{ & \frac{\partial W_0^{(0)}}{\partial T} + \Re\left[\left(-i\omega W_1^{(1)} + \frac{\partial W_1^{(0)}}{\partial T} \right) e^{i\phi/\varepsilon} \right] \\
& + \left[\mathbf{V}_0^{(0)} + \Re\left(\mathbf{V}_1^{(0)} e^{i\phi/\varepsilon} \right) \right] \cdot \Re\left[\left(i\mathbf{k} W_1^{(1)} + \nabla_X W_1^{(0)} \right) e^{i\phi/\varepsilon} \right] \\
& + \left[\mathbf{V}_0^{(1)} + \Re\left(\mathbf{V}_1^{(1)} e^{i\phi/\varepsilon} \right) \right] \cdot \Re\left(i\mathbf{k} W_1^{(0)} e^{i\phi/\varepsilon} \right) \Bigg\} \\
= -\frac{c_p}{R} \Bigg\{ & \overline{\theta}^{(0)} \left[\frac{\partial \Pi_0^{(3)}}{\partial Z} + \Re\left(\left(im \Pi_1^{(4)} + \frac{\partial \Pi_1^{(3)}}{\partial Z} \right) e^{i\phi/\varepsilon} \right) \right] \\
& + \overline{\theta}^{(1)} \left[\frac{\partial \Pi_0^{(2)}}{\partial Z} + \Re\left(im \Pi_1^{(3)} e^{i\phi/\varepsilon} \right) \right] \\
& + \left[\Theta_0^{(2)} + \Re\left(\Theta_1^{(2)} e^{i\phi/\varepsilon} \right) \right] \frac{d\overline{\pi}^{(1)}}{dZ} + \left[\Theta_0^{(3)} + \Re\left(\Theta_1^{(3)} e^{i\phi/\varepsilon} \right) \right] \frac{d\overline{\pi}^{(0)}}{dZ} \Bigg\}
\end{aligned}
\tag{10.349}
$$

Nochmals erinnern wir uns an das Verschwinden von $W_0^{((0))}$ gemäß (10.256) und an die Orthogonalitätsbeziehung (10.249), berücksichtigen auch das hydrostatische Gleichgewicht (10.264) und (10.266) und finden so, dass der Wellenteil in der obigen Gleichung

$$
\begin{aligned}
& -i\hat{\omega}\varepsilon^4 W_1^{(1)} - B_1^{(3)} + im\frac{c_p}{R}\overline{\theta}^{(0)} \Pi_1^{(4)} = R_{w,1}^{(1)} \\
& \equiv -\varepsilon^4 \left(\frac{\partial}{\partial T} + \mathbf{U}_0^{(0)} \cdot \nabla_X + i\mathbf{k} \cdot \mathbf{V}_0^{(1)} \right) W_1^{(0)} \\
& \quad - \frac{c_p}{R} \left(\overline{\theta}^{(0)} \frac{\partial \Pi_1^{(3)}}{\partial Z} + \overline{\theta}^{(1)} im\Pi_1^{(3)} + \Theta_1^{(2)} \frac{\partial \overline{\pi}^{(1)}}{\partial Z} \right)
\end{aligned}
\tag{10.350}
$$

ist. Der Anteil der mittleren Strömung wird im Folgenden nicht benötigt.

Horizontale Impulsgleichung

Schließlich tragen wir auch alle $\mathcal{O}(\varepsilon^4)$-Beiträge in der horizontalen Impulsgleichung (10.213) zusammen, unter Verwendung der Entwicklungen (10.271)–(10.274). Dies liefert

$$
\frac{\partial \mathbf{U}_0^{(0)}}{\partial T} + \Re\left[\left(-i\omega\mathbf{U}_1^{(1)} + \frac{\partial \mathbf{U}_1^{(0)}}{\partial T}\right)e^{i\phi/\varepsilon}\right]
$$

$$
+ \left[\mathbf{V}_0^{(0)} + \Re\left(\mathbf{V}_1^{(0)}e^{i\phi/\varepsilon}\right)\right]\cdot\left\{\nabla_X\mathbf{U}_0^{(0)} + \Re\left(\left[i\mathbf{k}\mathbf{U}_1^{(1)} + \nabla_X\mathbf{U}_1^{(0)}\right]e^{i\phi/\varepsilon}\right)\right\}
$$

$$
+ \left[\mathbf{V}_0^{(1)} + \Re\left(\mathbf{V}_1^{(1)}e^{i\phi/\varepsilon}\right)\right]\cdot\Re\left(i\mathbf{k}\mathbf{U}_1^{(1)}e^{i\phi/\varepsilon}\right) + f_0\mathbf{e}_z\times\left[\mathbf{V}_0^{(1)} + \Re\left(\mathbf{V}_1^{(1)}e^{i\phi/\varepsilon}\right)\right]
$$

$$
= -\frac{c_p}{R}\left\{\overline{\theta}^{(0)}\left[\nabla_{X,h}\Pi_0^{(3)} + \Re\left(\left(i\mathbf{k}_h\Pi_1^{(4)} + \nabla_{X,h}\Pi_1^{(3)}\right)e^{i\phi/\varepsilon}\right)\right]\right.
$$

$$
\left. + \overline{\theta}^{(1)}\left[\nabla_{X,h}\Pi_0^{(2)} + \Re\left(i\mathbf{k}_h\Pi_1^{(3)}e^{i\phi/\varepsilon}\right)\right]\right\} \tag{10.351}
$$

Hierin ist der Wellenteil

$$
-i\hat{\omega}\mathbf{U}_1^{(1)} + f_0\mathbf{e}_z\times\mathbf{U}_1^{(1)} + i\mathbf{k}_h\overline{\theta}^{(0)}\frac{c_p}{R}\Pi_1^{(4)} = \mathbf{R}_{\mathbf{u},1}^{(1)}
$$

$$
\equiv -\left(\frac{\partial}{\partial T} + \mathbf{U}_0^{(0)}\cdot\nabla_X + i\mathbf{k}\cdot\mathbf{V}_0^{(1)}\right)\mathbf{U}_1^{(0)} - \left(\mathbf{V}_1^{(0)}\cdot\nabla_X\right)\mathbf{U}_0^{(0)}
$$

$$
- \frac{c_p}{R}\left(\overline{\theta}^{(0)}\nabla_{X,h}\Pi_1^{(3)} + \overline{\theta}^{(1)}i\mathbf{k}_h\Pi_1^{(3)}\right) \tag{10.352}
$$

während der Anteil der mittleren Strömung, wieder unter Verwendung von $W_0^{(0)} = 0$ und der Orthogonalitätsbeziehung (10.249), und mit analogen Betrachtungen die in den Wellenamplituden nichtlinearen Terme betreffend, wie sie auch von den $\mathcal{O}(\varepsilon^3)$-Termen (10.333) in der Entropiegleichung zum entsprechenden Anteil (10.338) der mittleren Strömung geführt haben,

$$
\left(\frac{\partial}{\partial T} + \mathbf{U}_0^{(0)}\cdot\nabla_X\right)\mathbf{U}_0^{(0)} + f_0\mathbf{e}_z\times\mathbf{U}_0^{(1)}
$$

$$
= -\frac{c_p}{R}\left(\overline{\theta}^{(0)}\nabla_{X,h}\Pi_0^{(3)} + \overline{\theta}^{(1)}\nabla_{X,h}\Pi_0^{(2)}\right)
$$

$$
- \frac{1}{2}\Re\left[\left(\mathbf{V}_1^{(0)}\cdot\nabla_X\right)\mathbf{U}_1^{(0)*}\right] + \frac{1}{2}\Re\left[\left(i\mathbf{k}\cdot\mathbf{V}_1^{(1)}\right)\mathbf{U}_1^{(0)*}\right] \tag{10.353}
$$

ist. Mithilfe von (10.327) ergibt das

$$
\left(\frac{\partial}{\partial T} + \mathbf{U}_0^{(0)}\cdot\nabla_{X,h}\right)\mathbf{U}_0^{(0)} + f_0\mathbf{e}_z\times\mathbf{U}_0^{(1)}
$$

$$
= -\frac{c_p}{R}\left(\overline{\theta}^{(0)}\nabla_{X,h}\Pi_0^{(3)} + \overline{\theta}^{(1)}\nabla_{X,h}\Pi_0^{(2)}\right) - \frac{1}{\overline{\rho}^{(0)}}\nabla_X\cdot\left[\overline{\rho}^{(0)}\frac{1}{2}\Re\left(\mathbf{V}_1^{(0)}\mathbf{U}_1^{(0)*}\right)\right] \tag{10.354}
$$

Dies beschreibt den Einfluss der Impulsflüsse der Schwerewellen auf die synoptischskalige horizontale Strömung. Wenn wir dazu das geostrophische Gleichgewicht addieren und das Ergebnis dann redimensionalisieren, erhalten wir

$$\left(\frac{\partial}{\partial t} + \langle \mathbf{u} \rangle \cdot \nabla\right) \langle \mathbf{u} \rangle + f\mathbf{e}_z \times \langle \mathbf{u} \rangle = -c_p\overline{\theta}\nabla_h\langle \pi \rangle - \frac{1}{\overline{\rho}}\nabla \cdot \left(\overline{\rho}\langle \mathbf{v}'\mathbf{u}' \rangle\right) \tag{10.355}$$

wobei $\langle \pi \rangle$ der synoptischskalige Exner-Druck ist und

$$\mathbf{v}' = \Re\left[\left(U_w\mathbf{U}_1^{(0)} + W_wW_1^{(0)}\mathbf{e}_z\right)e^{i\phi/\varepsilon}\right] \tag{10.356}$$

die Geschwindigkeitsfluktuationen des Schwerewellenfelds. Der synoptischskalige Horizontalwind wird durch die Konvergenz der Impulsflüsse der Schwerewellen angetrieben.

10.3.6 Die Wellenwirkung

Nun sind wir so weit, dass wir aus den Gl. (10.327), (10.337), (10.350) und (10.352) nächster Ordnung eine prognostische Gleichung für die Wellenamplitude ableiten können. Diese Gleichung bringt die Erhaltung der Wellenwirkung zum Ausdruck. Man leitet zunächst einen Wellenenergiesatz her, formuliert dort Energiefluss, Scher- und Auftriebsproduktion mittels Dispersionsrelation, Polarisationsbeziehungen und Gleichgewichtsbedingungen der mittleren Strömung um und trägt schließlich alles unter Verwendung der Eikonalgleichungen zusammen.

Der Wellenenergiesatz
Die Wellengleichungen (10.327), (10.337), (10.350) und (10.352) können unter

$$M_1\mathbf{Z}_1^{(1)} = \mathbf{R}_1^{(1)} \tag{10.357}$$

zusammengefasst werden, mit

$$\mathbf{Z}_1^{(1)t} = \left(\mathbf{U}_1^{(1)t}, W_1^{(1)}, \frac{B_1^{(3)}}{N_0}, \frac{c_p}{R}\overline{\theta}^{(0)}\Pi_1^{(4)}\right) \tag{10.358}$$

$$\mathbf{R}_1^{(1)t} = \left(\mathbf{R}_{\mathbf{u},1}^{(1)t}, R_{w,1}^{(1)}, \frac{R_{b,1}^{(1)}}{N_0}, R_{\pi,1}^{(1)}\right) \tag{10.359}$$

Wie wir oben gesehen haben, muss M_1 singulär sein, sodass es einen nicht verschwindenden Nullraum hat, der durch die Polarisationsbeziehungen beschrieben wird. Aufgrund der sogenannten *Fredholm-Alternative* darf $\mathbf{R}_1^{(1)}$ keine Projektion auf diesen Nullraum haben. Um dies zu erkennen, stellen wir zunächst fest, dass Letzterer bis auf einen konstanten Faktor durch den Nullvektor

$$\mathbf{Z}_1^{(0)t} = \left(\mathbf{U}_1^{(0)t}, W_1^{(0)}, \frac{B_1^{(2)}}{N_0}, \frac{c_p}{R}\overline{\theta}^{(0)}\Pi_1^{(3)}\right) \tag{10.360}$$

gegeben ist, wie er aus den Polarisationsbeziehungen (10.297), (10.298) und (10.299) folgt. Per definitionem befriedigt er $M_1 \mathbf{Z}_1^{(0)} = 0$, somit auch $\mathbf{Z}_1^{(0)\dagger} M_1^\dagger = 0$ und schließlich

$$\mathbf{Z}_1^{(0)\dagger} M_1 = 0 \tag{10.361}$$

da M_1 antihermitesch ist, d.h., $M_1^\dagger = -M_1$. Deshalb ergibt die Multiplikation von (10.357) mit $\mathbf{Z}_1^{(0)\dagger}$

$$0 = \mathbf{Z}_1^{(0)\dagger} \mathbf{R}_1^{(1)} \tag{10.362}$$

Hierin ist der negative halbe Realteil

$$
\begin{aligned}
0 &= -\frac{1}{2}\Re\left(\mathbf{U}_1^{(0)*} \cdot \mathbf{R}_{\mathbf{u},1}^{(1)} + W_1^{(0)*} R_{w,1}^{(1)} + \frac{B_1^{(2)*}}{N_0} \frac{R_{b,1}^{(1)}}{N_0} + \frac{c_p}{R} \overline{\theta}^{(0)} \Pi_1^{(3)*} R_{\pi,1}^{(1)} \right) \\
&= \frac{1}{2}\Re\Bigg\{ \mathbf{U}_1^{(0)*} \cdot \left[\left(\frac{\partial}{\partial T} + \mathbf{U}_0^{(0)} \cdot \nabla_X + i\mathbf{k} \cdot \mathbf{V}_0^{(1)} \right) \mathbf{U}_1^{(0)} + \left(\mathbf{V}_1^{(0)} \cdot \nabla_X \right) \mathbf{U}_0^{(0)} \right. \\
&\qquad \left. + \frac{c_p}{R} \left(\overline{\theta}^{(0)} \nabla_{X,h} \Pi_1^{(3)} + \overline{\theta}^{(1)} i\mathbf{k}_h \Pi_1^{(3)} \right) \right] \\
&\qquad + W_1^{(0)*} \left[\varepsilon^4 \left(\frac{\partial}{\partial T} + \mathbf{U}_0^{(0)} \cdot \nabla_X + i\mathbf{k} \cdot \mathbf{V}_0^{(1)} \right) W_1^{(0)} \right. \\
&\qquad \left. + \frac{c_p}{R} \left(\overline{\theta}^{(0)} \frac{\partial \Pi_1^{(3)}}{\partial Z} + \overline{\theta}^{(1)} im\Pi_1^{(3)} + \Theta_1^{(2)} \frac{\partial \overline{\pi}^{(1)}}{\partial Z} \right) \right] \\
&\qquad + \frac{B_1^{(2)*}}{N_0} \left[\left(\frac{\partial}{\partial T} + \mathbf{U}_0^{(0)} \cdot \nabla_X + i\mathbf{k} \cdot \mathbf{V}_0^{(1)} \right) \frac{B_1^{(2)}}{N_0} + \frac{\mathbf{V}_1^{(0)}}{N_0} \cdot \nabla_X B_0^{(2)} \right] \\
&\qquad + \frac{c_p}{R} \overline{\theta}^{(0)} \Pi_1^{(3)*} \frac{1}{\overline{\rho}^{(0)}} \nabla_X \cdot \left(\overline{\rho}^{(0)} \mathbf{V}_1^{(0)} \right) \Bigg\} \tag{10.363}
\end{aligned}
$$

Dies ergibt nach Multiplikation mit $\overline{\rho}^{(0)}$, und unter Verwendung der Orthogonalitätsbeziehung (10.249),

$$
\begin{aligned}
0 &= \left(\frac{\partial}{\partial T} + \mathbf{U}_0^{(0)} \cdot \nabla_X \right) E_w + \frac{1}{2}\Re\left(\overline{\rho}^{(0)} \mathbf{U}_1^{(0)*} \mathbf{V}_1^{(0)} \right) \cdot\cdot \nabla_X \mathbf{U}_0^{(0)} \\
&\quad + \frac{1}{2}\Re\left(\frac{\overline{\rho}^{(0)}}{N_0^2} B_1^{(2)*} \mathbf{V}_1^{(0)} \right) \cdot \nabla_X B_0^{(2)} + \frac{1}{2}\Re\left(W_1^{(0)*} B_1^{(2)} \right) \overline{\theta}^{(0)} \frac{\partial \overline{\pi}^{(1)}}{\partial Z} \\
&\quad + \frac{1}{2}\Re\left[\overline{\rho}^{(0)} \mathbf{V}_1^{(0)*} \cdot \nabla_X \left(\frac{c_p}{R} \overline{\theta}^{(0)} \Pi_1^{(3)} \right) \right] + \frac{1}{2}\Re\left[\frac{c_p}{R} \overline{\theta}^{(0)} \Pi_1^{(3)*} \nabla_X \cdot \left(\overline{\rho}^{(0)} \mathbf{V}_1^{(0)} \right) \right] \tag{10.364}
\end{aligned}
$$

wobei

$$E_w = \frac{\overline{\rho}^{(0)}}{2} \left(\frac{\left|\mathbf{U}_1^{(0)}\right|^2}{2} + \varepsilon^4 \frac{\left|W_1^{(0)}\right|^2}{2} + \frac{1}{N_0^2} \frac{\left|B_1^{(2)}\right|^2}{2} \right) \tag{10.365}$$

die dimensionslose Wellenenergiedichte ist und wir für beliebige Vektoren **a**, **b**, **c** die Notation

$$\mathbf{ab} \cdot \cdot \nabla \mathbf{c} = \sum_{i,j} a_i b_j \frac{\partial c_i}{\partial x_j} \tag{10.366}$$

verwenden. Schließlich erinnern wir uns daran, dass es keinen vertikalen Wellenauftriebsfluss gibt, wie in (10.340) zum Ausdruck gebracht, sodass wir den dimensionslosen Wellenenergiesatz

$$\left(\frac{\partial}{\partial T} + \mathbf{U}_0^{(0)} \cdot \nabla_{X,h} \right) E_w + \frac{1}{2} \Re \nabla_X \cdot \left(\overline{\rho}^{(0)} \frac{c_p}{R} \overline{\theta}^{(0)} \Pi_1^{(3)*} \mathbf{V}_1^{(0)} \right)$$

$$= -\frac{1}{2} \Re \left(\overline{\rho}^{(0)} \mathbf{U}_1^{(0)*} \mathbf{V}_1^{(0)} \right) \cdot \cdot \nabla_X \mathbf{U}_0^{(0)} - \frac{1}{2} \Re \left(\frac{\overline{\rho}^{(0)}}{N_0^2} B_1^{(2)*} \mathbf{U}_1^{(0)} \right) \cdot \nabla_{X,h} B_0^{(2)} \tag{10.367}$$

erhalten, der dimensionsbehaftet

$$\left(\frac{\partial}{\partial t} + \langle \mathbf{u} \rangle \cdot \nabla_h \right) E_w + \nabla \cdot \langle c_p \overline{\rho} \overline{\theta} \pi' \mathbf{v}' \rangle = -\overline{\rho} \langle \mathbf{u}' \mathbf{v}' \rangle \cdot \cdot \nabla \langle \mathbf{u} \rangle - \frac{\overline{\rho}}{N^2} \langle b' \mathbf{u}' \rangle \cdot \nabla_h \langle b \rangle \tag{10.368}$$

lautet, wobei nun

$$E_w = \frac{\overline{\rho}}{2} \left(\langle |\mathbf{v}'|^2 \rangle + \frac{\langle b'^2 \rangle}{N^2} \right) \tag{10.369}$$

die dimensionsbehaftete Wellenenergiedichte ist. Sowohl Advektion durch die (in führender Ordnung divergenzfreie) mittlere Strömung als auch der Druck- oder *Energiefluss,* der letzte Term auf der linken Seite der Gleichung, verteilen Wellenenergie um. Dass der letzte Term in der Tat ein Druckfluss ist, kann man erkennen, indem man bemerkt, dass aufgrund der Definition (10.137) des Exner-Drucks

$$\frac{\pi'}{\overline{\pi}} = \frac{R}{c_p} \frac{p'}{\overline{p}} \tag{10.370}$$

ist, woraus

$$p' = \frac{c_p}{R} \frac{\overline{p}}{\overline{\pi}} \pi' = \frac{c_p}{R} \overline{\rho} R \frac{\overline{T}}{\overline{\pi}} \pi' = c_p \overline{\rho} \overline{\theta} \pi' \tag{10.371}$$

folgt. Auf der rechten Seite der Energiegleichungen (10.367) und (10.368) haben wir zwei Terme, die als Quellen oder Senken wirken. Der erste ist die *Scherproduktion*, aufgrund von Wellenimpulsflüssen gegen oder entlang des syoptischskaligen Geschwindigkeitsgradienten. Der zweite ist die *Auftriebsproduktion* aufgrund von Wellenauftriebsflüssen gegen oder entlang des synoptischskaligen Auftriebsgradienten.

Eine weitere hilfreiche Umformulierung der Energiegleichungen ist möglich, wenn wie hier die synoptischskalige Strömung balanciert ist. Geostrophie (10.277) und Hydrostatik (10.269) führen zusammen zur thermischen Windrelation

$$\nabla_{X,h} B_0^{(2)} = -f_0 \mathbf{e}_z \times \frac{\partial \mathbf{U}_0^{(0)}}{\partial Z} \tag{10.372}$$

für die synoptischskalige Strömung, mit ihrer dimensionsbehafteten Entsprechung

$$\nabla_h \langle b \rangle = -f \mathbf{e}_z \times \frac{\partial \langle \mathbf{u} \rangle}{\partial z} \tag{10.373}$$

Verwendung dieser in den Energiegleichungen (10.367) und (10.368) führt zu den Formulierungen

$$\left(\frac{\partial}{\partial T} + \mathbf{U}_0^{(0)} \cdot \nabla_{X,h} \right) E_w + \frac{1}{2} \Re \nabla_X \cdot \left(\overline{\rho}^{(0)} \frac{c_p}{R} \overline{\theta}^{(0)} \Pi_1^{(3)*} \mathbf{V}_1^{(0)} \right)$$

$$= -\frac{1}{2} \Re \left(\overline{\rho}^{(0)} \mathbf{U}_1^{(0)*} \mathbf{U}_1^{(0)} \right) \cdot \cdot \nabla_{X,h} \mathbf{U}_0^{(0)}$$

$$- \left[\frac{1}{2} \Re \left(\overline{\rho}^{(0)} W_1^{(0)*} \mathbf{U}_1^{(0)} \right) + \mathbf{e}_z \times f_0 \frac{1}{2} \Re \left(\frac{\overline{\rho}^{(0)}}{N_0^2} B_1^{(2)*} \mathbf{U}_1^{(0)} \right) \right] \cdot \frac{\partial \mathbf{U}_0^{(0)}}{\partial Z} \tag{10.374}$$

und

$$\left(\frac{\partial}{\partial t} + \langle \mathbf{u} \rangle \cdot \nabla_h \right) E_w + \nabla \cdot \langle c_p \overline{\rho} \overline{\theta} \pi' \mathbf{v}' \rangle$$

$$= -\overline{\rho} \langle \mathbf{u}' \mathbf{u}' \rangle \cdot \cdot \nabla_h \langle \mathbf{u} \rangle - \left(\overline{\rho} \langle w' \mathbf{u}' \rangle + \mathbf{e}_z \times f \frac{\overline{\rho}}{N^2} \langle b' \mathbf{u}' \rangle \right) \cdot \frac{\partial \langle \mathbf{u} \rangle}{\partial z} \tag{10.375}$$

in denen keine synoptischskaligen Auftriebsgradienten mehr auftreten.

Umformulierung der Wellenenergiedichte

Im nächsten Schritt verwenden wir die Dispersionsrelation und Polarisationsrelationen der Schwerewellen, um die dimensionslose Wellenenergiedichte (10.365) über Wellenauftriebsamplitude, Frequenz und Wellenzahl auszudrücken. Aufgrund der Polarisationsbeziehungen (10.297) und (10.299), worin die Schwerewellenwindamplituden mit der Auftriebsamplitude verbunden werden, ist die kinetische Energiedichte der Wellen

$$E_{w,kin} \equiv \frac{\overline{\rho}^{(0)}}{2} \left(\frac{\left| \mathbf{U}_1^{(0)} \right|^2}{2} + \varepsilon^4 \frac{\left| W_1^{(0)} \right|^2}{2} \right)$$

$$= \overline{\rho}^{(0)} \left[\left(\frac{\varepsilon^4 \hat{\omega}^2 - N_0^2}{\hat{\omega}^2 - f_0^2} \right)^2 \frac{k_h^2(\hat{\omega}^2 + f_0^2)}{4\, m^2 N_0^4} \left| B_1^{(2)} \right|^2 + \varepsilon^4 \frac{\hat{\omega}^2}{4 N_0^4} \left| B_1^{(2)} \right|^2 \right] \qquad (10.376)$$

wobei aufgrund der Schwerewellendispersionsrelation (10.281) die Identitäten

$$\varepsilon^4 \hat{\omega}^2 - N_0^2 = \varepsilon^4 \frac{N_0^2 k_h^2 + f_0^2 m^2}{\varepsilon^4 k_h^2 + m^2} - N_0^2 = \frac{(\varepsilon^4 f_0^2 - N_0^2)m^2}{\varepsilon^4 k_h^2 + m^2} \qquad (10.377)$$

$$\hat{\omega}^2 - f_0^2 = \frac{N_0^2 k_h^2 + f_0^2 m^2}{\varepsilon^4 k_h^2 + m^2} - f_0^2 = \frac{(N_0^2 - \varepsilon^4 f_0^2)k_h^2}{\varepsilon^4 k_h^2 + m^2} \qquad (10.378)$$

gelten, sodass sie wiederum unter Verwendung der Dispersionsrelation als

$$E_{w,kin} = \overline{\rho}^{(0)} \frac{\left| B_1^{(2)} \right|^2}{4 N_0^4} \left[\left(\frac{m^2}{k_h^2} \right)^2 \frac{k_h^2(\hat{\omega}^2 + f_0^2)}{m^2} + \varepsilon^4 \hat{\omega}^2 \right]$$

$$= \overline{\rho}^{(0)} \frac{\left| B_1^{(2)} \right|^2}{4 N_0^4} \left[\hat{\omega}^2 \left(\varepsilon^4 + \frac{m^2}{k_h^2} \right) + \frac{m^2}{k_h^2} f_0^2 \right]$$

$$= \overline{\rho}^{(0)} \frac{\left| B_1^{(2)} \right|^2}{4 N_0^4} \frac{2\, m^2 f_0^2 + N_0^2 k_h^2}{k_h^2} \qquad (10.379)$$

umgeschrieben werden kann. Dies in (10.365) eingesetzt, ergibt, nochmals unter Verwendung der Dispersionsrelation,

$$E_w = \overline{\rho}^{(0)} \frac{\left| B_1^{(2)} \right|^2}{2 N_0^4} \frac{f_0^2\, m^2 + N_0^2 k_h^2}{N_0^2 k_h^2} = \overline{\rho}^{(0)} \frac{\left| B_1^{(2)} \right|^2}{2 N_0^2} \frac{\hat{\omega}^2 \left(\varepsilon^4 k_h^2 + m^2 \right)}{N_0^2 k_h^2} \qquad (10.380)$$

Umformulierung des Energieflusses

Eine interessante und wichtige Tatsache ist, dass der Druck- oder Energiefluss mit dem Produkt der Wellenenergiedichte und intrinsischen Gruppengeschwindigkeit übereinstimmt. Deshalb gibt die intrinsische Gruppengeschwindigkeit in der Tat an, wohin sich die Energie in einem Bezugssystem ausbreitet, das sich mit der synoptischskaligen Strömung mitbewegt. Um dies zu zeigen, bemerken wir zunächst einerseits, dass die horizontalen und vertikalen Anteile der Gruppengeschwindigkeit aufgrund der Dispersionsrelation (10.281) jeweils

$$\hat{\mathbf{c}}_{g,h} = \nabla_{\mathbf{k},h}\hat{\omega} = \mathbf{k}_h \frac{\left(N_0^2 - \varepsilon^4 f_0^2\right) m^2}{\hat{\omega}\left(\varepsilon^4 k_h^2 + m^2\right)^2} \tag{10.381}$$

$$\hat{c}_{g,z} = \frac{\partial\hat{\omega}}{\partial m} = m\frac{\left(\varepsilon^4 f_0^2 - N_0^2\right) k_h^2}{\hat{\omega}\left(\varepsilon^4 k_h^2 + m^2\right)^2} \tag{10.382}$$

sind, was nach Multiplikation mit der Wellenenergiedichte in (10.380)

$$\hat{\mathbf{c}}_{g,h} E_w = \overline{\rho}^{(0)}\mathbf{k}_h \frac{\left(N_0^2 - \varepsilon^4 f_0^2\right) m^2\hat{\omega}}{\left(\varepsilon^4 k_h^2 + m^2\right) N_0^2 k_h^2}\frac{\left|B_1^{(2)}\right|^2}{2N_0^2} \tag{10.383}$$

$$\hat{c}_{g,z} E_w = \overline{\rho}^{(0)} m\frac{\left(\varepsilon^4 f_0^2 - N_0^2\right)\hat{\omega}}{\left(\varepsilon^4 k_h^2 + m^2\right) N_0^2}\frac{\left|B_1^{(2)}\right|^2}{2N_0^2} \tag{10.384}$$

ergibt. Andererseits ist der horizontale Druckfluss mittels der Polarisationsbeziehungen (10.297) und (10.298), in denen die Horizontalwind- und Exner-Druckamplituden der Schwerewellen zur entsprechenden Auftriebsamplitude in Beziehung gesetzt werden,

$$\frac{1}{2}\Re\left(\overline{\rho}^{(0)}\frac{c_p}{R}\overline{\theta}^{(0)}\Pi_1^{(3)*}\mathbf{U}_1^{(0)}\right)$$
$$= \overline{\rho}^{(0)}\frac{\left|B_1^{(2)}\right|^2}{2}\Re\left[-\frac{i}{m}\frac{\varepsilon^4\hat{\omega}^2 - N_0^2}{N_0^2}\frac{i}{mN_0^2}\frac{\varepsilon^4\hat{\omega}^2 - N_0^2}{\hat{\omega}^2 - f_0^2}\binom{k\hat{\omega} + ilf_0}{l\hat{\omega} - ikf_0}\right] \tag{10.385}$$

Hierin verwenden wir (10.377) und (10.378) und vergleichen mit (10.383), was uns zu

$$\frac{1}{2}\Re\left(\overline{\rho}^{(0)}\frac{c_p}{R}\overline{\theta}^{(0)}\Pi_1^{(3)*}\mathbf{U}_1^{(0)}\right) = \hat{\mathbf{c}}_{g,h} E_w \tag{10.386}$$

führt. Darüber hinaus verwenden wir die Polarisationsbeziehungen (10.295) und (10.297), in denen die Exner-Druck- und Vertikalwindamplituden der Schwerewellen mit der Auftriebsamplitude verbunden werden, um zu zeigen, dass der vertikale Druckfluss

$$\frac{1}{2}\Re\left(\overline{\rho}^{(0)}\frac{c_p}{R}\overline{\theta}^{(0)}\Pi_1^{(3)*}W_1^{(0)}\right) = \overline{\rho}^{(0)}\frac{\left|B_1^{(2)}\right|^2}{2}\Re\left(-\frac{i}{m}\frac{\varepsilon^4\hat{\omega}^2 - N_0^2}{N_0^2}\frac{i\hat{\omega}}{N_0^2}\right) \tag{10.387}$$

ist. Hierin verwenden wir (10.377) und vergleichen mit (10.384), um zu bestätigen, dass

$$\frac{1}{2}\Re\left(\overline{\rho}^{(0)}\frac{c_p}{R}\overline{\theta}^{(0)}\Pi_1^{(3)*}W_1^{(0)}\right) = \hat{c}_{g,z} E_w \tag{10.388}$$

ist. Deshalb folgt aus (10.386) und (10.388) insgesamt die wichtige Identität

$$\frac{1}{2}\Re\left(\overline{\rho}^{(0)}\frac{c_p}{R}\overline{\theta}^{(0)}\Pi_1^{(3)*}\mathbf{V}_1^{(0)}\right) = \hat{\mathbf{c}}_g E_w \tag{10.389}$$

mit ihrer dimensionsbehafteten Form

$$c_p \overline{\rho\theta} \langle \pi' \mathbf{v}' \rangle = \hat{\mathbf{c}}_g E_w \tag{10.390}$$

Umformulierung der Produktionsterme

Wir verwenden nun die Divergenzfreiheit des synoptischskaligen Winds in führender Ordnung und die Dispersions- und Polarisationsrelationen der Schwerewellen, um die Produktionsterme auf der rechten Seite der Umformulierungen (10.374) und (10.375) der Energiegleichung in eine Form umzuwandeln, in der die Wellenwirkungsdichte auftritt.

Zunächst betrachten wir die Beiträge der horizontalen Schwerewellenimpulsflüsse. Wir verwenden wiederum die Polarisationsbeziehung (10.299), worin die Horizontalwindamplituden der Schwerewellen mit der entsprechenden Auftriebsamplitude in Beziehung gesetzt werden, um

$$\frac{1}{2}\Re\left(\overline{\rho}^{(0)}U_1^{(0)*}U_1^{(0)}\right)\frac{\partial U_0^{(0)}}{\partial X} + \frac{1}{2}\Re\left(\overline{\rho}^{(0)}V_1^{(0)*}V_1^{(0)}\right)\frac{\partial V_0^{(0)}}{\partial Y}$$

$$= \overline{\rho}^{(0)}\frac{\left|B_1^{(2)}\right|^2}{2\,m^2 N_0^4}\frac{(\varepsilon^4\hat{\omega}^2 - N_0^2)^2}{(\hat{\omega}^2 - f_0^2)^2}\left[(k^2\hat{\omega}^2 + l^2 f_0^2)\frac{\partial U_0^{(0)}}{\partial X} + (l^2\hat{\omega}^2 + k^2 f_0^2)\frac{\partial V_0^{(0)}}{\partial Y}\right] \tag{10.391}$$

zu erhalten. Wegen der Divergenzfreiheit (10.329) des synoptischskaligen Horizontalwinds in führender Ordnung können wir darin die letzte Klammer

$$(k^2\hat{\omega}^2 + l^2 f_0^2)\frac{\partial U_0^{(0)}}{\partial X} + (l^2\hat{\omega}^2 + k^2 f_0^2)\frac{\partial V_0^{(0)}}{\partial Y}$$

$$= (k^2\hat{\omega}^2 + l^2 f_0^2)\frac{\partial U_0^{(0)}}{\partial X} + (l^2\hat{\omega}^2 + k^2 f_0^2)\frac{\partial V_0^{(0)}}{\partial Y} - k_h^2 f_0^2\left(\frac{\partial U_0^{(0)}}{\partial X} + \frac{\partial V_0^{(0)}}{\partial Y}\right)$$

$$= k^2(\hat{\omega}^2 - f_0^2)\frac{\partial U_0^{(0)}}{\partial X} + l^2(\hat{\omega}^2 - f_0^2)\frac{\partial V_0^{(0)}}{\partial Y} \tag{10.392}$$

umschreiben. Dies in (10.391) eingesetzt und dann die Verwendung von (10.377) und (10.378) führt auf

$$\frac{1}{2}\Re\left(\overline{\rho}^{(0)}U_1^{(0)*}U_1^{(0)}\right)\frac{\partial U_0^{(0)}}{\partial X} + \frac{1}{2}\Re\left(\overline{\rho}^{(0)}V_1^{(0)*}V_1^{(0)}\right)\frac{\partial V_0^{(0)}}{\partial Y}$$

$$= \overline{\rho}^{(0)}\frac{\left|B_1^{(2)}\right|^2}{2\,m^2 N_0^4}\frac{(\varepsilon^4\hat{\omega}^2 - N_0^2)^2}{(\hat{\omega}^2 - f_0^2)}\left(k^2\frac{\partial U_0^{(0)}}{\partial X} + l^2\frac{\partial V_0^{(0)}}{\partial Y}\right)$$

$$= \overline{\rho}^{(0)}\frac{\left|B_1^{(2)}\right|^2}{2N_0^4}\frac{(N_0^2 - \varepsilon^4 f_0^2)m^2}{(\varepsilon^4 k_h^2 + m^2)\,k_h^2}\left(k^2\frac{\partial U_0^{(0)}}{\partial X} + l^2\frac{\partial V_0^{(0)}}{\partial Y}\right) \tag{10.393}$$

Ein Blick auf die Formulierung (10.383) des horizontalen Energieflusses zeigt dann, dass

$$\frac{1}{2}\Re\left(\overline{\rho}^{(0)}U_1^{(0)*}U_1^{(0)}\right)\frac{\partial U_0^{(0)}}{\partial X} + \frac{1}{2}\Re\left(\overline{\rho}^{(0)}V_1^{(0)*}V_1^{(0)}\right)\frac{\partial V_0^{(0)}}{\partial Y}$$

$$= \frac{E_w}{\hat{\omega}}\hat{c}_{gx}k\frac{\partial U_0^{(0)}}{\partial X} + \frac{E_w}{\hat{\omega}}\hat{c}_{gy}l\frac{\partial V_0^{(0)}}{\partial Y} = \mathcal{A}k\hat{c}_{gx}\frac{\partial U_0^{(0)}}{\partial X} + \mathcal{A}l\hat{c}_{gy}\frac{\partial V_0^{(0)}}{\partial Y} \tag{10.394}$$

ist, mit der dimensionsbehafteten Entsprechung

$$\langle\overline{\rho}u'u'\rangle\frac{\partial\langle u\rangle}{\partial x} + \langle\overline{\rho}v'v'\rangle\frac{\partial\langle v\rangle}{\partial y} = \mathcal{A}k\hat{c}_{gx}\frac{\partial\langle u\rangle}{\partial x} + \mathcal{A}l\hat{c}_{gy}\frac{\partial\langle v\rangle}{\partial y} \tag{10.395}$$

Wir haben hier auch die *Wellenwirkungsdichte*

$$\mathcal{A} = \frac{E_w}{\hat{\omega}} \tag{10.396}$$

eingeführt, die dimensionslos und dimensionsbehaftet dieselbe Form hat. Wie wichtig dieses Feld ist, wird unten klarer werden. Darüber hinaus ergibt die Horizontalwindpolarisationsbeziehung (10.299) auch, wiederum unter Verwendung von (10.377) und (10.378),

$$\frac{1}{2}\Re\left(\overline{\rho}^{(0)}U_1^{(0)*}V_1^{(0)}\right) = \overline{\rho}^{(0)}\frac{\left|B_1^{(2)}\right|^2}{2m^2N_0^4}\frac{\left(\varepsilon^4\hat{\omega}^2 - N_0^2\right)^2}{\left(\hat{\omega}^2 - f_0^2\right)^2}\left(kl\hat{\omega}^2 - klf_0^2\right)$$

$$= \overline{\rho}^{(0)}\frac{\left|B_1^{(2)}\right|^2}{2m^2N_0^4}\frac{\left(\varepsilon^4\hat{\omega}^2 - N_0^2\right)^2}{\hat{\omega}^2 - f_0^2}kl$$

$$= \overline{\rho}^{(0)}\frac{\left|B_1^{(2)}\right|^2}{2N_0^4}\frac{\left(N_0^2 - \varepsilon^4 f_0^2\right)m^2kl}{\left(\varepsilon^4 k_h^2 + m^2\right)k_h^2} \tag{10.397}$$

Einmal mehr werfen wir einen Blick auf die Formulierung (10.383) des horizontalen Energieflusses und finden somit

$$\frac{1}{2}\Re\left(\overline{\rho}^{(0)}U_1^{(0)*}V_1^{(0)}\right) = \mathcal{A}k\hat{c}_{gy} = \mathcal{A}l\hat{c}_{gx} \tag{10.398}$$

mit der entsprechenden dimensionsbehafteten Form

$$\langle\overline{\rho}u'v'\rangle = \mathcal{A}k\hat{c}_{gy} = \mathcal{A}l\hat{c}_{gx} \tag{10.399}$$

Schließlich vereinfachen wir den Flussterm, der in (10.374) mit $\partial\mathbf{U}_1^{(0)}/\partial Z$ multipliziert wird und den wir durch Anwendung des thermischen Winds erhalten hatten. In seiner x-Komponente hat man mittels der Polarisationsbeziehungen (10.297) und (10.299)

$$\frac{1}{2}\Re\left(\overline{\rho}^{(0)}U_1^{(0)*}W_1^{(0)}\right) - f_0\frac{1}{2}\Re\left(\frac{\overline{\rho}^{(0)}}{N_0^2}V_1^{(0)*}B_1^{(2)}\right)$$

$$= \overline{\rho}^{(0)}\frac{\left|B_1^{(2)}\right|^2}{2}\Re\left[-\frac{i}{mN_0^2}\frac{\varepsilon^4\hat{\omega}^2 - N_0^2}{\hat{\omega}^2 - f_0^2}(k\hat{\omega} - ilf_0)i\frac{\hat{\omega}}{N_0^2}\right.$$
$$\left. -\frac{f_0}{N_0^2}\frac{i}{mN_0^2}\frac{\varepsilon^4\hat{\omega}^2 - N_0^2}{\hat{\omega}^2 - f_0^2}(l\hat{\omega} - ikf_0)\right]$$

$$= \overline{\rho}^{(0)}\frac{\left|B_1^{(2)}\right|^2}{2}\frac{N_0^2 - \varepsilon^4\hat{\omega}^2}{mN_0^4(\hat{\omega}^2 - f_0^2)}\Re\left[(ilf_0 - k\hat{\omega})\hat{\omega} + if_0(l\hat{\omega} - ikf_0)\right]$$

$$= \overline{\rho}^{(0)}\frac{\left|B_1^{(2)}\right|^2}{2}\frac{N_0^2 - \varepsilon^4\hat{\omega}^2}{mN_0^4}k = \overline{\rho}^{(0)}\frac{\left|B_1^{(2)}\right|^2}{2N_0^4}\frac{(\varepsilon^4 f_0^2 - N_0^2)mk}{\varepsilon^4 k_h^2 + m^2} \tag{10.400}$$

wobei im letzten Schritt (10.377) verwendet worden ist. Dies der Formulierung (10.384) des vertikalen Energieflusses gegenübergestellt, zeigt, dass

$$\frac{1}{2}\Re\left(\overline{\rho}^{(0)}U_1^{(0)*}W_1^{(0)}\right) - f_0\frac{1}{2}\Re\left(\frac{\overline{\rho}^{(0)}}{N_0^2}V_1^{(0)*}B_1^{(2)}\right) = \mathcal{A}k\hat{c}_{gz} \tag{10.401}$$

ist. Auf völlig analoge Weise erhält man für die y-Komponente des Flusses

$$\frac{1}{2}\Re\left(\overline{\rho}^{(0)}V_1^{(0)*}W_1^{(0)}\right) + f_0\frac{1}{2}\Re\left(\frac{\overline{\rho}^{(0)}}{N_0^2}U_1^{(0)*}B_1^{(2)}\right) = \mathcal{A}l\hat{c}_{gz} \tag{10.402}$$

und somit insgesamt, unter zusätzlicher Verwendung von $\hat{c}_{gz} = c_{gz}$,

$$\frac{1}{2}\Re\left(\overline{\rho}^{(0)}W_1^{(0)*}\mathbf{U}_1^{(0)}\right) + \mathbf{e}_z \times f_0\frac{1}{2}\Re\left(\frac{\overline{\rho}^{(0)}}{N_0^2}B_1^{(2)*}\mathbf{U}_1^{(0)}\right) = \mathcal{A}\mathbf{k}_h c_{gz} \tag{10.403}$$

mit der dimensionsbehafteten Entsprechung

$$\overline{\rho}\langle w'\mathbf{u}'\rangle + \mathbf{e}_z \times f\frac{\overline{\rho}}{N^2}\langle b'\mathbf{u}'\rangle = \mathcal{A}\mathbf{k}_h c_{gz} \tag{10.404}$$

Wir sehen, dass alle relevanten Flüsse in der Wellenenergiegleichung (10.367) oder (10.368) den Transport des sogenannten Pseudoimpulses

$$\mathbf{p}_h = \mathcal{A}\mathbf{k}_h \tag{10.405}$$

mit der intrinsischen Gruppengeschwindigkeit beschreiben.

Umformulierung des Wellenenergiesatzes

Mittels der obigen Ergebnisse können wir die Wellenenergiegleichung entscheidend umformulieren. Wir setzen die Identität (10.389) zwischen Druckfluss und Energiefluss, die hilfreiche Identität (10.394), die Beziehung (10.398) zwischen dem meridionalen Fluss zonalen Impulses (oder umgekehrt) und dem entsprechenden Wellenpseudoimpulsfluss und dieselbe Identität (10.403) für den vertikalen Pseudoimpulsfluss in die Formulierung (10.374) der Wellenenergiegleichung ein. Dies ergibt

$$0 = \left(\frac{\partial}{\partial T} + U_0^{(0)} \cdot \nabla_{X,h} \right) E_w + \mathbf{p}_h \hat{\mathbf{c}}_g \cdot \cdot \nabla_X U_0^{(0)} + \nabla_X \cdot \left(\hat{\mathbf{c}}_g E_w \right) \qquad (10.406)$$

Hierin haben wir $\hat{\mathbf{c}}_g = \mathbf{c}_g - \mathbf{U}_0^{(0)}$. Außerdem ist der synoptischskalige Horizontalwind in führender Ordnung divergenzfrei, wie durch (10.329) ausgedrückt. Damit erhalten wir

$$0 = \frac{\partial E_w}{\partial T} + \nabla_X \cdot \left(\mathbf{c}_g E_w \right) + \mathbf{p}_h \hat{\mathbf{c}}_g \cdot \cdot \nabla U_0^{(0)} \qquad (10.407)$$

oder in dimensionsbehafteter Form

$$0 = \frac{\partial E_w}{\partial t} + \nabla \cdot \left(\mathbf{c}_g E_w \right) + \mathbf{p}_h \hat{\mathbf{c}}_g \cdot \cdot \nabla \langle \mathbf{u} \rangle \qquad (10.408)$$

Die Erhaltung der Wellenwirkung

Von dem umformulierten Wellenenergiesatz ist es nur noch ein kleiner Schritt bis zum zentralen Satz zur Vorhersage der Schwerewellenamplituden. Wir ersetzen in (10.407) $E_w = \hat{\omega} \mathcal{A}$. Dies liefert

$$0 = \hat{\omega} \left[\frac{\partial \mathcal{A}}{\partial T} + \nabla_X \cdot \left(\mathbf{c}_g \mathcal{A} \right) \right] + \mathcal{A} \left(\frac{\partial}{\partial T} + \mathbf{c}_g \cdot \nabla_X \right) \hat{\omega} + \mathcal{A} \mathbf{k}_h \hat{\mathbf{c}}_g \cdot \cdot \nabla U_0^{(0)} \qquad (10.409)$$

In der Strahlableitung der intrinsischen Frequenz wenden wir die Eikonalgleichungen (10.314) und (10.315) an, was mit $\hat{\omega} = \omega - \mathbf{k}_h \cdot \mathbf{U}_0^{(0)}$

$$\left(\frac{\partial}{\partial T} + \mathbf{c}_g \cdot \nabla_X \right) \hat{\omega}$$

$$= \left(\frac{\partial}{\partial T} + \mathbf{c}_g \cdot \nabla_X \right) \omega - \left(\frac{\partial}{\partial T} + \mathbf{c}_g \cdot \nabla \right) \left(\mathbf{k}_h \cdot \mathbf{U}_0^{(0)} \right)$$

$$= \mathbf{k}_h \cdot \frac{\partial \mathbf{U}_0^{(0)}}{\partial T} - \mathbf{k}_h \cdot \left[\left(\frac{\partial}{\partial T} + \mathbf{c}_g \cdot \nabla_X \right) \mathbf{U}_0^{(0)} \right] - \left[\left(\frac{\partial}{\partial T} + \mathbf{c}_g \cdot \nabla_X \right) \mathbf{k}_h \right] \cdot \mathbf{U}_0^{(0)}$$

$$= -\mathbf{k}_h \mathbf{c}_g \cdot \cdot \nabla_X \mathbf{U}_0^{(0)} + \left[\left(\nabla_X \mathbf{U}_0^{(0)} \right) \cdot \mathbf{k}_h \right] \cdot \mathbf{U}_0^{(0)}$$

$$= -\mathbf{k}_h \mathbf{c}_g \cdot \cdot \nabla_X \mathbf{U}_0^{(0)} + \mathbf{k}_h \mathbf{U}_0^{(0)} \cdot \cdot \nabla_X \mathbf{U}_0^{(0)} = -\mathbf{k}_h \hat{\mathbf{c}}_g \cdot \cdot \nabla_X \mathbf{U}_0^{(0)} \qquad (10.410)$$

ergibt. Dies in (10.409) eingesetzt, führt schließlich auf den wichtigen Erhaltungssatz

$$\frac{\partial \mathcal{A}}{\partial T} + \nabla_X \cdot (\mathbf{c}_g \mathcal{A}) = 0 \tag{10.411}$$

mit seiner dimensionsbehafteten Form

$$\frac{\partial \mathcal{A}}{\partial t} + \nabla \cdot (\mathbf{c}_g \mathcal{A}) = 0 \tag{10.412}$$

für die Wellenwirkung $\oint dV \, \mathcal{A}$, mit ihrer Dichte $\mathcal{A}$ wie in (10.396) definiert. Vorhersagen der Wellenwirkungsdichte mittels dieser Gleichung ergeben, zusammen mit der Vorhersage von Wellenzahl und Frequenz mittels der Eikonalgleichungen, die Entwicklung des Betrags z. B. der Wellenauftriebsamplitude, woraus man mithilfe der Polarisationsbeziehungen bis auf einen Phasenfaktor auch alle anderen Wellenamplituden erhalten kann.

10.3.7 Der Welleneinfluss auf die synoptischskalige Strömung

Nachdem wir geklärt haben, wie die Schwerewellenfelder auf die synoptischskalige Strömung reagieren, bleibt die Frage, ob und wie sie Letztere beeinflussen. Die synoptischskalige Strömung wird durch die horizontale Impulsgleichung (10.354) und die Auftriebsgleichung (10.341) kontrolliert, beide durch Konvergenzen von Schwerewellenflüssen angetrieben, die anelastische Divergenzbedingung (10.332), das geostrophische Gleichgewicht (10.277) und das hydrostatische Gleichgewicht (10.269). Diese Gleichgewichte führen zusammen zum thermischen Windgleichgewicht (10.372). Im Folgenden sollen diese Gleichungen und Gleichgewichtsbedingungen verwendet werden, um eine prognostische Gleichung für die quasigeostrophische potentielle Vorticity abzuleiten. Die Herleitung hat viel mit der Herleitung der Erhaltung der quasigeostrophischen potentiellen Vorticity in Kap. 6 gemeinsam. Der wesentliche Unterschied ist der zusätzliche Schwerewellenantrieb, der zu berücksichtigen ist. Es wird sich zeigen, dass er zu einer Quelle oder Senke von quasigeostrophischer potentieller Vorticity führt, die über Wellenpseudoimpulsflüsse ausgedrückt werden kann.

Zunächst ergibt die Vertikalkomponente der Rotation (im Folgenden als vertikale Rotation bezeichnet) der horizontalen Impulsgleichung (10.354) die quasigeostrophische Vorticity-Gleichung mit Schwerewelleneinfluss

$$\left(\frac{\partial}{\partial T} + \mathbf{U}_0^{(0)} \cdot \nabla_{X,h} \right) \nabla_{X,h}^2 \left(\frac{1}{f_0} \frac{c_p}{R} \overline{\theta}^{(0)} \Pi_0^{(2)} \right) + f_0 \nabla_{X,h} \cdot \mathbf{U}_0^{(1)}$$

$$= -\frac{1}{\overline{\rho}^{(0)}} \nabla_X \cdot \frac{\overline{\rho}^{(0)}}{2} \left[\frac{\partial}{\partial X} \Re \left(\mathbf{V}_1^{(0)} V_1^{(0)*} \right) - \frac{\partial}{\partial Y} \Re \left(\mathbf{V}_1^{(0)} U_1^{(0)*} \right) \right] \tag{10.413}$$

Wegen der anelastischen Divergenzbedingung (10.332) ist die synoptischskalige horizontale Divergenz in führender Ordnung

$$\nabla_{X,h} \cdot \mathbf{U}_0^{(1)} = -\frac{1}{\overline{\rho}^{(0)}} \frac{\partial}{\partial Z} \left(\overline{\rho}^{(0)} W_0^{(1)} \right) \tag{10.414}$$

Hierin können wir den synoptischskaligen Vertikalwind in führender Ordnung mittels der Auftriebsgleichung (10.341) als

$$W_0^{(1)} = -\left(\frac{\partial}{\partial T} + \mathbf{U}_0^{(0)} \cdot \nabla_{X,h} \right) \frac{B_0^{(2)}}{N_0^2} - \nabla_{X,h} \cdot \frac{1}{2} \Re \left(\mathbf{U}_1^{(0)*} \frac{B_1^{(2)}}{N_0^2} \right) \tag{10.415}$$

ausdrücken, was zu

$$\begin{aligned}
\nabla_{X,h} \cdot \mathbf{U}_0^{(1)} &= \left(\frac{\partial}{\partial T} + \mathbf{U}_0^{(0)} \cdot \nabla_{X,h} \right) \left[\frac{1}{\overline{\rho}^{(0)}} \frac{\partial}{\partial Z} \left(\frac{\overline{\rho}^{(0)}}{N_0^2} B_0^{(2)} \right) \right] + \frac{\partial \mathbf{U}_0^{(0)}}{\partial Z} \cdot \nabla_{X,h} \frac{B_0^{(2)}}{N_0^2} \\
&\quad + \nabla_{X,h} \cdot \frac{1}{\overline{\rho}^{(0)}} \frac{\partial}{\partial Z} \left[\frac{\overline{\rho}^{(0)}}{2} \Re \left(\mathbf{U}_1^{(0)*} \frac{B_1^{(2)}}{N_0^2} \right) \right] \\
&= \left(\frac{\partial}{\partial T} + \mathbf{U}_0^{(0)} \cdot \nabla_{X,h} \right) \left\{ \frac{1}{\overline{\rho}^{(0)}} \frac{\partial}{\partial Z} \left[\frac{\overline{\rho}^{(0)}}{N_0^2} \frac{\partial}{\partial Z} \left(\frac{c_p}{R} \overline{\theta}^{(0)} \Pi_0^{(2)} \right) \right] \right\} \\
&\quad + \nabla_{X,h} \cdot \frac{1}{\overline{\rho}^{(0)}} \frac{\partial}{\partial Z} \left[\frac{\overline{\rho}^{(0)}}{2} \Re \left(\mathbf{U}_1^{(0)*} \frac{B_1^{(2)}}{N_0^2} \right) \right]
\end{aligned} \tag{10.416}$$

führt, wobei wir die thermische Windrelation (10.372) verwendet haben, um den zweiten Term auf der rechten Seite zu eliminieren, und außerdem der erste Term durch die Anwendung der Konsequenz

$$\left(\frac{\partial}{\partial T}, \nabla_{X,h} \right) B_0^{(2)} = \left(\frac{\partial}{\partial T}, \nabla_{X,h} \right) \left(\frac{c_p}{R} \overline{\theta}^{(0)} \frac{\partial \Pi_0^{(2)}}{\partial Z} \right) \tag{10.417}$$

des hydrostatischen Gleichgewichts (10.269) umformuliert worden ist. Einsetzen der horizontalen Divergenz führender Ordnung aus (10.416) in die Vorticity-Gleichung (10.413) führt zu einer prognostischen Gleichung für die quasigeostrophische potentielle Vorticity mit Schwerewelleneinfluss

$$\left(\frac{\partial}{\partial T} + \mathbf{U}_0^{(0)} \cdot \nabla_{X,h} \right) \left\{ \nabla_{X,h}^2 \left(\frac{1}{f_0} \frac{c_p}{R} \overline{\theta}^{(0)} \Pi_0^{(2)} \right) + \frac{f_0}{\overline{\rho}^{(0)}} \frac{\partial}{\partial Z} \left[\frac{\overline{\rho}^{(0)}}{N_0^2} \frac{\partial}{\partial Z} \left(\frac{c_p}{R} \overline{\theta}^{(0)} \Pi_0^{(2)} \right) \right] \right\}$$

$$= -\frac{1}{\overline{\rho}^{(0)}} \nabla_X \cdot \frac{\overline{\rho}^{(0)}}{2} \left[\frac{\partial}{\partial X} \Re \left(\mathbf{V}_1^{(0)} V_1^{(0)*} \right) - \frac{\partial}{\partial Y} \Re \left(\mathbf{V}_1^{(0)} U_1^{(0)*} \right) \right]$$

$$- \frac{f_0}{\overline{\rho}^{(0)}} \nabla_{X,h} \cdot \frac{\partial}{\partial Z} \left[\frac{\overline{\rho}^{(0)}}{2} \Re \left(\mathbf{U}_1^{(0)*} \frac{B_1^{(2)}}{N_0^2} \right) \right]$$

$$= -\nabla_{X,h} \cdot \left[\frac{\partial}{\partial X} \frac{1}{2} \Re \left(\mathbf{U}_1^{(0)} V_1^{(0)*} \right) - \frac{\partial}{\partial Y} \frac{1}{2} \Re \left(\mathbf{U}_1^{(0)} U_1^{(0)*} \right) \right]$$

$$- \frac{1}{\overline{\rho}^{(0)}} \frac{\partial}{\partial Z} \left\{ \frac{\overline{\rho}^{(0)}}{2} \left[\frac{\partial}{\partial X} \Re \left(W_0^{(1)} V_1^{(0)*} + f_0 U_1^{(0)*} \frac{B_1^{(2)}}{N_0^2} \right) \right. \right.$$

$$\left. \left. - \frac{\partial}{\partial Y} \Re \left(W_0^{(1)} U_1^{(0)*} - f_0 V_1^{(0)*} \frac{B_1^{(2)}}{N_0^2} \right) \right] \right\} \tag{10.418}$$

Darin ist der Term unter der horizontalen Divergenz auf der rechten Seite

$$\frac{\partial}{\partial X} \frac{1}{2} \Re \left(\mathbf{U}_1^{(0)} V_1^{(0)*} \right) - \frac{\partial}{\partial Y} \frac{1}{2} \Re \left(\mathbf{U}_1^{(0)} U_1^{(0)*} \right)$$

$$= \frac{\partial^2}{\partial X^2} \frac{1}{2} \Re \left(U_1^{(0)} V_1^{(0)*} \right) + \frac{\partial^2}{\partial X \partial Y} \frac{1}{2} \left(\left| V_1^{(0)} \right|^2 - \left| U_1^{(0)} \right|^2 \right) - \frac{\partial^2}{\partial Y^2} \frac{1}{2} \Re \left(V_1^{(0)} U_1^{(0)*} \right)$$

$$\tag{10.419}$$

Aufgrund der Horizontalwindpolarisationsbeziehung (10.299) ist dort im mittleren Term

$$\frac{1}{2} \left(\left| U_1^{(0)} \right|^2 - \left| V_1^{(0)} \right|^2 \right) = \frac{1}{2} \frac{\left| B_1^{(2)} \right|^2}{m^2 N_0^4} \frac{\left(\epsilon^4 \hat{\omega}^2 - N_0^2 \right)^2}{\left(\hat{\omega}^2 - f_0^2 \right)^2} (k^2 - l^2) \left(\hat{\omega}^2 - f_0^2 \right)$$

$$= \frac{1}{2} \frac{\left| B_1^{(2)} \right|^2}{m^2 N_0^4} \frac{\left(N_0^2 - \epsilon^4 f_0^2 \right) (k^2 - l^2)}{\left(\epsilon^4 k_h^2 + m^2 \right) k_h^2} \tag{10.420}$$

wobei im letzten Schritt (10.377) und (10.378) verwendet worden sind. Der Vergleich mit dem horizontalen Energiefluss (10.383) führt schließlich auf

$$\frac{1}{2} \left(\left| U_1^{(0)} \right|^2 - \left| V_1^{(0)} \right|^2 \right) = \frac{1}{\overline{\rho}^{(0)}} \left(\hat{c}_{gx} k \mathcal{A} - \hat{c}_{gy} l \mathcal{A} \right) \tag{10.421}$$

Dies zusammen mit der Beziehung (10.398) zwischen dem meridionalen Fluss zonalen Impulses (oder umgekehrt) und dem entsprechenden Pseudoimpulsfluss in (10.418) eingesetzt, ergibt

$$\frac{\partial}{\partial X} \frac{1}{2} \Re \left(\mathbf{U}_1^{(0)} V_1^{(0)*} \right) - \frac{\partial}{\partial Y} \frac{1}{2} \Re \left(\mathbf{U}_1^{(0)} U_1^{(0)*} \right)$$

$$= \frac{1}{\overline{\rho}^{(0)}} \left[-\frac{\partial^2}{\partial X^2} \left(\hat{c}_{gx} l \mathcal{A} \right) - \frac{\partial^2}{\partial X \partial Y} \left(\hat{c}_{gy} l \mathcal{A} \right) + \frac{\partial^2}{\partial X \partial Y} \left(\hat{c}_{gx} k \mathcal{A} \right) + \frac{\partial^2}{\partial Y^2} \left(\hat{c}_{gy} k \mathcal{A} \right) \right]$$

$$(10.422)$$

Das setzen wir wiederum in die Gl. (10.418) für die quasigeostrophische potentielle Vorticity ein, erkennen in den beiden letzten Termen auf der rechten Seite die beiden Komponenten des vertikalen Pseudoimpulsflusses (10.403) und erhalten somit

$$\left(\frac{\partial}{\partial T} + \mathbf{U}_0^{(0)} \cdot \nabla_{X,h} \right) \left\{ \nabla_{X,h}^2 \left(\frac{1}{f_0} \frac{c_p}{R} \overline{\theta}^{(0)} \Pi_0^{(2)} \right) + \frac{f_0}{\overline{\rho}^{(0)}} \frac{\partial}{\partial Z} \left[\frac{\overline{\rho}^{(0)}}{N_0^2} \frac{\partial}{\partial Z} \left(\frac{c_p}{R} \overline{\theta}^{(0)} \Pi_0^{(2)} \right) \right] \right\}$$

$$= \frac{1}{\overline{\rho}^{(0)}} \left[-\frac{\partial^2}{\partial X^2} \left(\hat{c}_{gx} l \mathcal{A} \right) - \frac{\partial^2}{\partial X \partial Y} \left(\hat{c}_{gy} l \mathcal{A} \right) + \frac{\partial^2}{\partial X \partial Y} \left(\hat{c}_{gx} k \mathcal{A} \right) \right.$$

$$\left. + \frac{\partial^2}{\partial Y^2} \left(\hat{c}_{gy} l \mathcal{A} \right) - \frac{\partial^2}{\partial Z \partial X} \left(\hat{c}_{gz} l \mathcal{A} \right) + \frac{\partial^2}{\partial Z \partial Y} \left(\hat{c}_{gz} k \mathcal{A} \right) \right]$$

$$(10.423)$$

was die prognostische Gleichung

$$\left(\frac{\partial}{\partial T} + \mathbf{U}_0^{(0)} \cdot \nabla_{X,h} \right) \pi_{qg} = -\frac{\partial}{\partial X} \left(\frac{1}{\overline{\rho}^{(0)}} \nabla_X \cdot \mathcal{H} \right) + \frac{\partial}{\partial Y} \left(\frac{1}{\overline{\rho}^{(0)}} \nabla_X \cdot \mathcal{G} \right) \qquad (10.424)$$

für die quasigeostrophische potentielle Vorticity

$$\pi_{qg} = \nabla_{X,h}^2 \left(\frac{c_p}{R} \overline{\theta}^{(0)} \Pi_0^{(2)} \right) + \frac{f_0}{\overline{\rho}^{(0)}} \frac{\partial}{\partial Z} \left[\frac{\overline{\rho}^{(0)}}{N_0^2} \frac{\partial}{\partial Z} \left(\frac{c_p}{R} \overline{\theta}^{(0)} \Pi_0^{(2)} \right) \right] \qquad (10.425)$$

ist, wobei $\mathcal{G} = \hat{\mathbf{c}}_g p_{h,x} = \hat{\mathbf{c}}_g k \mathcal{A}$ und $\mathcal{H} = \hat{\mathbf{c}}_g p_{h,y} = \hat{\mathbf{c}}_g l \mathcal{A}$ jeweils die Flüsse des zonalen und meridionalen Pseudoimpulsflusses sind. Ohne Schwerewellenflüsse ist die quasigeostrophische potentielle Vorticity π_{qg} erhalten. Andernfalls wird sie durch die vertikale Rotation des Vektors der Divergenzen der Flüsse der Komponenten des Pseudoimpulsfluss $\mathbf{p}_h = \mathbf{k}_h \mathcal{A}$ kontrolliert. Die dimensionsbehaftete Form dieser prognostischen Gleichung ist

$$\left(\frac{\partial}{\partial t} + \langle \mathbf{u} \rangle \cdot \nabla_h \right) \pi_{qg} = -\frac{\partial}{\partial x} \left(\frac{1}{\overline{\rho}} \nabla \cdot \mathcal{H} \right) + \frac{\partial}{\partial y} \left(\frac{1}{\overline{\rho}} \nabla \cdot \mathcal{G} \right) \qquad (10.426)$$

mit der dimensionsbehafteten quasigeostrophischen potentiellen Vorticity

$$\pi_{qg} = \nabla_h^2 \psi + \frac{1}{\overline{\rho}} \frac{\partial}{\partial z} \left(\frac{f^2}{N^2} \frac{\partial \psi}{\partial z} \right) \qquad (10.427)$$

wobei

$$\psi = \frac{1}{f} c_p \overline{\theta} \langle \delta\pi \rangle = \frac{1}{f} c_p \overline{\theta} \left(\langle \pi \rangle - \overline{\pi} \right) \tag{10.428}$$

die synoptischskalige Stromfunktion ist, sodass in Übereinstimmung mit der dimensionsbehafteten Form

$$f \mathbf{e}_z \times \langle \mathbf{u} \rangle = -c_p \overline{\theta} \nabla_h \langle \delta\pi \rangle \tag{10.429}$$

des geostrophischen Gleichgewichts (10.277) der synoptischskalige Wind durch

$$\langle \mathbf{u} \rangle = \mathbf{e}_z \times \nabla_h \psi \tag{10.430}$$

gegeben ist.

10.3.8 Die Verallgemeinerung auf Schwerewellenspektren: Die Wellenwirkungsdichte im Phasenraum

Die oben beschriebene mehrskalenasymptotische WKB-Theorie ist nichtlinear. Es wurde
nirgendwo die Annahme verwendet, dass die Wellenamplituden klein sind. In der Tat sind
sie nahe der statischen Instabilitätsgrenze. Was geholfen hatte, Annahmen kleiner Amplitude zu vermeiden, war die Annahme, dass es an einem Ort immer nur eine lokale Phase
(und somit auch Wellenzahl und Frequenz) und Amplitude gibt. Nichtsdestotrotz kann diese
Annahme zu Problemen führen, selbst wenn sie zu einem Anfangszeitpunkt befriedigt ist.
Diese treten auf, wenn Strahlen sich schneiden, was z. B. geschieht, wenn sich Strahlen
auf ein reflektierendes Niveau zubewegen und auf andere Strahlen treffen, die an diesem
Niveau bereits reflektiert worden sind. Eine andere Möglichkeit ist, dass sich Strahlen mit
verschiedenen Gruppengeschwindigkeiten gegenseitig überholen. In solchen Fällen leidet
die numerische Integration der Eikonalgleichungen unter ernsthaften numerischen Instabilitäten. In der Natur selbst jedoch ist, aufgrund solcher Ausbreitungseffekte, aber auch
der Emission ganzer Spektren von Schwerewellen durch typische Quellprozesse, der lokal
monochromatische Fall eine konzeptionell nützliche Ausnahme. Es ist wichtig, auch die
Wechselwirkung ganzer Spektren von Schwerewellen mit der synoptischskaligen Strömung
beschreiben zu können.

   Solange die Wellenamplituden ausreichend klein sind, ist dies jedoch leicht möglich.
Alle Ergebnisse oben zu den Welleneigenschaften, d. h., die Dispersionsrelation, die Polarisationsbeziehungen, die Eikonalgleichungen und die Wellenwirkungserhaltung sind aus
Gleichungen erhalten worden, die in den Wellenamplituden linear sind. Diese Linearität
ist durch das Verschwinden der nichtlinearen Advektionsterme in den Wellengleichungen
aufgrund der Orthogonalitätsbeziehung (10.249) zustande gekommen und durch die Tatsache, dass die Wellenamplituden in Exner-Druck und potentieller Temperatur selbst nahe
der statischen Instabilität klein gegenüber den entsprechenden Werten in der Referenzatmosphäre sind. Hätten wir die Gleichungen gleich zu Beginn linearisiert, wären wir zu
denselben Ergebnissen gekommen. Lösungen linearer Gleichungen können jedoch überla-

gert werden, sodass die Überlagerung wiederum eine Lösung ist. Wir können im Grenzfall schwacher Amplituden also eine Überlagerung solcher Lösungen betrachten, die jede durch einen eigenen Wert eines stetigen dreidimensionalen Index $\boldsymbol{\alpha}$ gekennzeichnet ist, jede sich in Wechselwirkung mit der geostrophisch und hydrostatisch balancierten synoptischskaligen Strömung bewegt und jede ihre eigene Wellenwirkungsgleichung und ihre eigenen Eikonalgleichungen befriedigt:

$$\frac{\partial \mathcal{A}_\alpha}{\partial t} + \nabla \cdot \left(\mathbf{c}_{g\alpha} \mathcal{A}_\alpha\right) = 0 \tag{10.431}$$

$$\left(\frac{\partial}{\partial t} + \mathbf{c}_{g\alpha} \cdot \nabla\right) \mathbf{k}_\alpha = -\nabla\Omega\left(\mathbf{k}_\alpha, \mathbf{x}, t\right) \tag{10.432}$$

Wir definieren nun eine Wellenwirkungsdichte im von Ort und Wellenzahl aufgespannten Phasenraum,

$$\mathcal{N}\left(\mathbf{x}, \mathbf{k}, T\right) = \int d^3\alpha \, \mathcal{A}_\alpha\left(\mathbf{x}, t\right) \delta\left[\mathbf{k} - \mathbf{k}_\alpha\left(\mathbf{x}, t\right)\right] \tag{10.433}$$

d. h. eine Überlagerung der Wellenwirkungsdichten aller getrennten Lösungen, und leiten ihre prognostische Gleichung ab. Zunächst ist

$$\frac{\partial \mathcal{N}}{\partial t} = \int d^3\alpha \left[\frac{\partial \mathcal{A}_\alpha}{\partial t} \delta\left(\mathbf{k} - \mathbf{k}_\alpha\right) - \mathcal{A}_\alpha \frac{\partial \mathbf{k}_\alpha}{\partial t} \cdot \nabla_\mathbf{k} \delta\left(\mathbf{k} - \mathbf{k}_\alpha\right)\right] \tag{10.434}$$

Mittels der Wellenwirkungsgleichungen (10.431) wird dies zu

$$\frac{\partial \mathcal{N}}{\partial t} = -\int d^3\alpha \left[\nabla \cdot \left(\mathbf{c}_{g\alpha} \mathcal{A}_\alpha\right) \delta\left(\mathbf{k} - \mathbf{k}_\alpha\right) + \mathcal{A}_\alpha \frac{\partial \mathbf{k}_\alpha}{\partial t} \cdot \nabla_\mathbf{k} \delta\left(\mathbf{k} - \mathbf{k}_\alpha\right)\right]$$

$$= -\int d^3\alpha \left\{\nabla \cdot \left[\mathbf{c}_{g\alpha} \mathcal{A}_\alpha \delta\left(\mathbf{k} - \mathbf{k}_\alpha\right)\right] - \mathcal{A}_\alpha \mathbf{c}_{g\alpha} \cdot \nabla \delta\left(\mathbf{k} - \mathbf{k}_\alpha\right)\right.$$

$$\left. + \mathcal{A}_\alpha \frac{\partial \mathbf{k}_\alpha}{\partial t} \cdot \nabla_\mathbf{k} \delta\left(\mathbf{k} - \mathbf{k}_\alpha\right)\right\} \tag{10.435}$$

Da jedoch $\partial\left[\delta\left(\mathbf{k} - \mathbf{k}_\alpha\right)\right]/\partial k_{\alpha i} = -\partial\left[\delta\left(\mathbf{k} - \mathbf{k}_\alpha\right)\right]/\partial k_i$ ist, hat man hierin

$$\mathbf{c}_{g\alpha} \cdot \nabla \delta\left(\mathbf{k} - \mathbf{k}_\alpha\right) = c_{g\alpha i} \frac{\partial}{\partial x_i} \delta\left(\mathbf{k} - \mathbf{k}_\alpha\right) = -c_{g\alpha i} \left[\frac{\partial}{\partial k_j} \delta\left(\mathbf{k} - \mathbf{k}_\alpha\right)\right] \frac{\partial k_{\alpha j}}{\partial x_i}$$

$$= -\left[\left(\mathbf{c}_{g\alpha} \cdot \nabla\right) \mathbf{k}_\alpha\right] \cdot \nabla_\mathbf{k} \delta\left(\mathbf{k} - \mathbf{k}_\alpha\right) \tag{10.436}$$

sodass man mittels der Eikonalgleichungen (10.432) und der Tatsche, dass $\nabla_\mathbf{k}$ weder auf $d\mathbf{k}_\alpha/dt = \nabla\Omega\left(\mathbf{k}_\alpha, \mathbf{x}, t\right)$ noch auf $\mathcal{A}_\alpha = \mathcal{A}_\alpha\left(\mathbf{x}, t\right)$ wirkt,

$$- \mathcal{A}_\alpha \mathbf{c}_{g\alpha} \cdot \nabla \delta \left(\mathbf{k} - \mathbf{k}_\alpha \right) + \mathcal{A}_\alpha \frac{\partial \mathbf{k}_\alpha}{\partial t} \cdot \nabla_\mathbf{k} \delta \left(\mathbf{k} - \mathbf{k}_\alpha \right)$$

$$= \mathcal{A}_\alpha \left[\frac{\partial \mathbf{k}_\alpha}{\partial t} + \left(\mathbf{c}_{g\alpha} \cdot \nabla \right) \mathbf{k}_\alpha \right] \cdot \nabla_\mathbf{k} \delta \left(\mathbf{k} - \mathbf{k}_\alpha \right) = \nabla_\mathbf{k} \cdot \left[\frac{d\mathbf{k}_\alpha}{dt} \mathcal{A}_\alpha \delta \left(\mathbf{k} - \mathbf{k}_\alpha \right) \right] \quad (10.437)$$

Dies setzen wir in (10.435) ein und machen uns die Eigenschaft zunutze, dass $\delta(\mathbf{k} - \mathbf{k}_\alpha)$ nur dort nicht verschwindet, wo $\mathbf{k} = \mathbf{k}_\alpha$. Deshalb ist

$$\frac{\partial \mathcal{N}}{\partial t} = - \int d^3\alpha \left\{ \nabla \cdot \left[\mathbf{c}_{g\alpha} \mathcal{A}_\alpha \delta \left(\mathbf{k} - \mathbf{k}_\alpha \right) \right] + \nabla_\mathbf{k} \cdot \left[\frac{d\mathbf{k}_\alpha}{dt} \mathcal{A}_\alpha \delta \left(\mathbf{k} - \mathbf{k}_\alpha \right) \right] \right\}$$

$$= -\nabla \cdot \int d^3\alpha \, \mathbf{c}_{g\alpha} \mathcal{A}_\alpha \delta \left(\mathbf{k} - \mathbf{k}_\alpha \right) - \nabla_\mathbf{k} \cdot \int d^3\alpha \, \frac{d\mathbf{k}_\alpha}{dt} \mathcal{A}_\alpha \delta \left(\mathbf{k} - \mathbf{k}_\alpha \right)$$

$$= -\nabla \cdot \int d^3\alpha \, \mathbf{c}_g \mathcal{A}_\alpha \delta \left(\mathbf{k} - \mathbf{k}_\alpha \right) - \nabla_\mathbf{k} \cdot \int d^3\alpha \, \frac{d\mathbf{k}}{dt} \mathcal{A}_\alpha \delta \left(\mathbf{k} - \mathbf{k}_\alpha \right)$$

$$= -\nabla \cdot \left[\mathbf{c}_g \int d^3\alpha \, \mathcal{A}_\alpha \delta \left(\mathbf{k} - \mathbf{k}_\alpha \right) \right] - \nabla_\mathbf{k} \cdot \left[\frac{d\mathbf{k}}{dt} \int d^3\alpha \, \mathcal{A}_\alpha \delta \left(\mathbf{k} - \mathbf{k}_\alpha \right) \right]$$

$$= -\nabla \cdot \left(\mathbf{c}_g \mathcal{N} \right) - \nabla_\mathbf{k} \cdot \left(\frac{d\mathbf{k}}{dt} \mathcal{N} \right) \quad (10.438)$$

Wir erhalten damit das wichtige Ergebnis

$$\frac{\partial \mathcal{N}}{\partial t} + \nabla \cdot \left(\mathbf{c}_g \mathcal{N} \right) + \nabla_\mathbf{k} \cdot \left(\dot{\mathbf{k}} \mathcal{N} \right) = 0 \quad (10.439)$$

worin wir die kompaktere Notation $\dot{\mathbf{k}} = d\mathbf{k}/dt$ eingeführt haben. Diese Gleichung zeigt, dass das Integral der spektralen Phasenraumwellenwirkungsdichte über den gesamten Phasenraum erhalten ist. Darüber hinaus implizieren $\mathbf{c}_g = \nabla_\mathbf{k} \Omega$ und $\dot{\mathbf{k}} = -\nabla\Omega$, dass die sechsdimensionale Phasenraumgeschwindigkeit divergenzfrei ist:

$$\nabla \cdot \mathbf{c}_g + \nabla_\mathbf{k} \cdot \dot{\mathbf{k}} = 0 \quad (10.440)$$

Dies hat die hilfreiche Folge, dass die Erhaltungsgleichung (10.439) auch

$$\frac{\partial \mathcal{N}}{\partial t} + \mathbf{c}_g \cdot \nabla \mathcal{N} + \dot{\mathbf{k}} \cdot \nabla_\mathbf{k} \mathcal{N} = 0 \quad (10.441)$$

geschrieben werden kann. Im Gegensatz zu der Wellenwirkungsdichte im Ortsraum ist die *Phasenraumwellenwirkungsdichte entlang der Strahlen im Phasenraum erhalten*, die

$$\frac{d\mathbf{x}}{dt} = \mathbf{c}_g \quad (10.442)$$

$$\frac{d\mathbf{k}}{dt} = \dot{\mathbf{k}} \quad (10.443)$$

befriedigen.

Der Einfluss der Wellen auf die synoptischskalige Strömung kann wie oben behandelt werden, nur dass die Ergebnisse dort als Einfluss eines einzelnen Mitglieds der Überlagerung von Wellenfeldern schwacher Amplitude gesehen werden müssen. Um den Einfluss aller Mitglieder zu berücksichtigen, verwendet man die entsprechende Überlagerung. So ist z. B. der Fluss des zonalen Pseudoimpuls als

$$
\begin{aligned}
\mathcal{G} &= \int d^3\alpha \, \hat{\mathbf{c}}_g\,(\mathbf{k}_\alpha)\, k_\alpha \mathcal{A}_\alpha = \int d^3\alpha \int d^3k \, \delta\,(\mathbf{k} - \mathbf{k}_\alpha)\, \hat{\mathbf{c}}_g\,(\mathbf{k})\, k \mathcal{A}_\alpha \\
&= \int d^3k \, \hat{\mathbf{c}}_g\,(\mathbf{k})\, k \int d^3\alpha \, \mathcal{A}_\alpha \delta\,(\mathbf{k} - \mathbf{k}_\alpha) = \int d^3k \, \hat{\mathbf{c}}_g\,(\mathbf{k})\, k \mathcal{N}\,(\mathbf{k})
\end{aligned} \tag{10.444}
$$

zu verstehen, wobei die Orts- und Zeitabhängigkeit unterdrückt worden ist oder, nun auch für den Fluss des meridionalen Pseudoimpulses,

$$
\mathcal{G}\,(\mathbf{x}, t) = \int d^3k \, \hat{\mathbf{c}}_g\,(\mathbf{k}, \mathbf{x}, t)\, k \mathcal{N}\,(\mathbf{k}, \mathbf{x}, t) \tag{10.445}
$$

$$
\mathcal{H}\,(\mathbf{x}, t) = \int d^3k \, \hat{\mathbf{c}}_g\,(\mathbf{k}, \mathbf{x}, t)\, l \mathcal{N}\,(\mathbf{k}, \mathbf{x}, t) \tag{10.446}
$$

Entsprechend verfährt man mit allen anderen Flüssen, d. h., Produkte von Funktionen der Wellenzahl mit der Wellenwirkungsdichte $\mathcal{A}$ im Ortsraum werden durch Wellenzahlintegrale von Produkten derselben Funktionen mit der spektralen Wellenwirkungsdichte $\mathcal{N}$ ersetzt. Im Rest dieses Kapitels werden wir die allgemeinere spektrale Perspektive verwenden, die durch die Phasenraumwellenwirkungsdichte und die davon abgeleiteten Flüsse ausgedrückt wird. Der lokal monochromatische Fall ist darin als Spezialfall enthalten.

10.3.9 Erhaltungseigenschaften

Wie wir oben gesehen haben, ist weder die Schwerewellenenergie erhalten noch die quasi-geostrophische potenzielle Vorticity. In beiden Fällen führt die Wechselwirkung zwischen Schwerewellen und synoptischskaliger Strömung zu einem Austausch zwischen den beiden, sodass die entsprechende Erhaltungsgröße Beiträge beider Komponenten beinhaltet. Dies soll hier gezeigt werden.

Energie
Wir beginnen mit der Energie. Wir stellen zunächst fest, dass die spektrale Form der Wellenenergiegleichung (10.408) mittels der obigen Argumente

$$
0 = \frac{\partial E_w}{\partial t} + \nabla \cdot \mathbf{F}_w + \left(\mathbf{e}_x \mathcal{G} + \mathbf{e}_y \mathcal{H}\right) \cdot \cdot \nabla \langle \mathbf{u} \rangle \tag{10.447}
$$

ist, wobei

$$E_w = \int d^3k \, \hat{\omega} \mathcal{N} \quad \text{und} \quad \mathbf{F}_w = \int d^3k \, \mathbf{c}_g \hat{\omega} \mathcal{N} \tag{10.448}$$

jeweils die Wellenenergiedichte und der Wellenenergiefluss sind. Es ist der letzte Term in (10.447), der den Austausch von Energie mit der synoptischskaligen Strömung über Auftriebseffekte und horizontale und vertikale Scherproduktion beschreibt. Eine prognostische Gleichung für die Energiedichte der synoptischskaligen Strömung kann man ähnlich erhalten wie in der quasigeostrophischen Theorie. Man multipliziert die prognostische Gl. (10.426) für die synoptischskalige quasigeostrophische potentielle Vorticity mit $-\overline{\rho}\psi$, d. h., man bildet

$$-\overline{\rho}\psi \left(\frac{\partial}{\partial t} + \langle \mathbf{u} \rangle \cdot \nabla_h \right) \pi_{qg} = -\overline{\rho}\psi \left[-\frac{\partial}{\partial x} \left(\frac{1}{\overline{\rho}} \nabla \cdot \mathcal{H} \right) + \frac{\partial}{\partial y} \left(\frac{1}{\overline{\rho}} \nabla \cdot \mathcal{G} \right) \right] \tag{10.449}$$

Nun drückt man die auftretenden Produkte als Divergenzen und Ortsableitungen aus, die typischerweise verschwinden, wenn man über das gesamte Gebiet integriert, durch Zeitableitungen, die zur Zeitableitung der Energiedichte der synoptischskaligen Strömung beitragen, und durch einen Term, der den Austausch mit Schwerewellen beschreibt. Zunächst ist das Produkt mit der Zeitableitung auf der rechten Seite von (10.426), unter Verwendung der Definition (10.427) der quasigeostrophischen potentiellen Vorticity,

$$
\begin{aligned}
-\overline{\rho}\psi \frac{\partial \pi_{qg}}{\partial t} &= -\overline{\rho}\psi \frac{\partial}{\partial t} \left[\nabla_h^2 \psi + \frac{1}{\overline{\rho}} \frac{\partial}{\partial z} \left(\overline{\rho} \frac{f^2}{N^2} \frac{\partial \psi}{\partial z} \right) \right] \\
&= \frac{\partial E_s}{\partial t} - \nabla_h \cdot \left(\overline{\rho}\psi \frac{\partial \nabla_h \psi}{\partial t} \right) - \frac{\partial}{\partial z} \left(\overline{\rho}\psi \frac{f^2}{N^2} \frac{\partial^2 \psi}{\partial t \partial z} \right)
\end{aligned}
\tag{10.450}
$$

wobei

$$E_s = \frac{\overline{\rho}}{2} \left[|\nabla_h \psi|^2 + \frac{f^2}{N^2} \left(\frac{\partial \psi}{\partial z} \right)^2 \right] \tag{10.451}$$

die Energiedichte der synoptischskaligen Strömung ist. Das Produkt mit der Advektion der quasigeostrophischen potentiellen Vorticity ist unter Verwendung der Divergenzfreiheit der horizontalen synoptischskaligen Strömung und der Geostrophie (10.430) des synoptischskaligen Horizontalwinds:

$$
\begin{aligned}
-\overline{\rho}\psi \langle \mathbf{u} \rangle \cdot \nabla_h \pi_{qg} &= -\overline{\rho}\psi \nabla_h \cdot (\langle \mathbf{u} \rangle \pi_{qg}) = -\nabla_h \cdot (\overline{\rho}\psi \langle \mathbf{u} \rangle \pi_{qg}) + \overline{\rho} \nabla_h \psi \cdot \langle \mathbf{u} \rangle \pi_{qg} \\
&= -\nabla_h \cdot (\overline{\rho}\psi \langle \mathbf{u} \rangle \pi_{qg})
\end{aligned}
\tag{10.452}
$$

Das Produkt auf der rechten Seite von (10.449) ist, wiederum unter Ausnutzung der Geostrophie (10.430),

$$-\overline{\rho}\,\psi\left[-\frac{\partial}{\partial x}\left(\frac{1}{\overline{\rho}}\nabla\cdot\mathcal{H}\right)+\frac{\partial}{\partial y}\left(\frac{1}{\overline{\rho}}\nabla\cdot\mathcal{G}\right)\right]$$

$$=\frac{\partial}{\partial x}\left(\psi\nabla\cdot\mathcal{H}\right)-\frac{\partial}{\partial y}\left(\psi\nabla\cdot\mathcal{G}\right)-\langle v\rangle\nabla\cdot\mathcal{H}-\langle u\rangle\nabla\mathcal{G}$$

$$=\frac{\partial}{\partial x}\left(\psi\nabla\cdot\mathcal{H}\right)-\frac{\partial}{\partial y}\left(\psi\nabla\cdot\mathcal{G}\right)$$

$$-\nabla\cdot\left[\langle\mathbf{u}\rangle\cdot\left(\mathbf{e}_x\mathcal{G}+\mathbf{e}_y\mathcal{H}\right)\right]+\left(\mathbf{e}_x\mathcal{G}+\mathbf{e}_y\mathcal{H}\right)\cdot\cdot\nabla\langle\mathbf{u}\rangle \qquad (10.453)$$

Einsetzen von (10.450), (10.452) und (10.453) in (10.449) liefert die gesuchte prognostische Gleichung

$$\frac{\partial E_s}{\partial t}-\nabla_h\cdot\left(\overline{\rho}\,\psi\frac{\partial\nabla_h\psi}{\partial t}\right)-\frac{\partial}{\partial z}\left(\overline{\rho}\,\psi\frac{f^2}{N^2}\frac{\partial^2\psi}{\partial t\partial z}\right)-\nabla_h\cdot\left(\overline{\rho}\,\psi\langle\mathbf{u}\rangle\pi_{qg}\right)$$

$$=\frac{\partial}{\partial x}\left(\psi\nabla\cdot\mathcal{H}\right)-\frac{\partial}{\partial y}\left(\psi\nabla\cdot\mathcal{G}\right)-\nabla\cdot\left[\langle\mathbf{u}\rangle\cdot\left(\mathbf{e}_x\mathcal{G}+\mathbf{e}_y\mathcal{H}\right)\right]$$

$$+\left(\mathbf{e}_x\mathcal{G}+\mathbf{e}_y\mathcal{H}\right)\cdot\cdot\nabla\langle\mathbf{u}\rangle \qquad (10.454)$$

für die Energiedichte der synoptischskaligen Strömung. Dies mit der Wellenenergiegleichung verbunden, ergibt schließlich

$$\frac{\partial}{\partial t}\left(E_s+E_w\right)-\nabla_h\cdot\left[\overline{\rho}\,\psi\left(\frac{\partial\nabla_h\psi}{\partial t}+\langle\mathbf{u}\rangle\pi_{qg}\right)\right]-\frac{\partial}{\partial z}\left(\overline{\rho}\,\psi\frac{f^2}{N^2}\frac{\partial^2\psi}{\partial t\partial z}\right)$$

$$=-\nabla\cdot\left[\mathbf{F}_w-\mathbf{e}_x\psi\nabla\cdot\mathcal{H}+\mathbf{e}_y\psi\nabla\cdot\mathcal{G}+\langle\mathbf{u}\rangle\cdot\left(\mathbf{e}_x\mathcal{G}+\mathbf{e}_y\mathcal{H}\right)\right] \qquad (10.455)$$

Wie in Abschn. 6.2.1 diskutiert, verschwindet das Integral der Flusskonvergenzen auf der linken Seite im Fall eines reibungsfreien f-Kanals, und dasselbe Ergebnis gilt auch, wenn die festen Randbedingungen in meridionaler Richtung durch periodische Randbedingungen ersetzt werden oder wenn die synoptischskalige Strömung am meridionalen Rand verschwindet, z. B. im Unendlichen. Entsprechend verschwindet das Volumenintegral der rechten Seite ebenfalls, wenn die meridionalen Grenzen weit genug entfernt sind, sodass es keine Schwerewellenflüsse durch sie gibt und wenn auch die Schwerewellenflüsse durch die vertikalen Ränder verschwinden. Dann ist das Volumenintegral der Gesamtenergiedichte E_s+E_w erhalten.

Potentielle Vorticity

Wie unten klarer wird, benötigen wir für die Ableitung der Erhaltung einer potentiellen Vorticity zunächst eine prognostische Gleichung für den Pseudoimpuls

$$\mathbf{p}_h=\int d^3k\,\mathbf{k}_h\mathcal{N} \qquad (10.456)$$

Wir verwenden dazu die spektrale Wellenwirkungsgleichung (10.439). Da es später von Bedeutung sein wird, ergänzen wir sie auf der rechten Seite auch durch einen Quell- oder Senkenterm $\mathcal{S}$, der Wellendissipation berücksichtigt, z. B. durch Wellenbrechen aufgrund einer statischen Instabilität. Wir multiplizieren die Gleichung dann mit $\mathbf{k}_h$ und integrieren das Ergebnis im Wellenzahlraum. Dies liefert

$$\frac{\partial \mathbf{p}_h}{\partial t} + \int d^3k \left[\nabla \cdot \left(\mathbf{c}_g \mathcal{N} \mathbf{k}_h \right) + \mathbf{k}_h \nabla_{\mathbf{k}} \cdot \left(\dot{\mathbf{k}} \mathcal{N} \right) \right] = \mathbf{s}_h \qquad (10.457)$$

wobei $\mathbf{s}_h = \int d^3k \, \mathbf{k}_h \mathcal{S}$ die Quelle oder Senke für den Pseudoimpuls ist. Im ersten Teil des Integrals ersetzen wir $\mathbf{c}_g = \langle \mathbf{u} \rangle + \hat{\mathbf{c}}_g$ und verwenden die Divergenzfreiheit des synoptischskaligen Horizontalwinds. Dies führt auf

$$\int d^3k \, \nabla \cdot \left(\mathbf{c}_g \mathcal{N} \mathbf{k}_h \right) = \nabla \cdot \int d^3k \, \mathbf{c}_g \mathcal{N} \mathbf{k}_h = \nabla \cdot \left(\langle \mathbf{u} \rangle \int d^3k \, \mathcal{N} \mathbf{k}_h \right) + \nabla \cdot \int d^3k \, \hat{\mathbf{c}}_g \mathcal{N} \mathbf{k}_h$$

$$= \langle \mathbf{u} \rangle \cdot \nabla \mathbf{p}_h + \nabla \cdot \left(\mathcal{G} \mathbf{e}_x + \mathcal{H} \mathbf{e}_y \right) \qquad (10.458)$$

Durch partielle Integration und mit der Annahme, dass die Wellenwirkungsdichte bei unendlichen Wellenzahlen verschwindet, wird der zweite Teil des Integrals in (10.457) zu

$$\int d^3k \, \mathbf{k}_h \nabla_{\mathbf{k}} \cdot \left(\dot{\mathbf{k}} \mathcal{N} \right) = - \int d^3k \, \mathcal{N} \dot{\mathbf{k}} \cdot \nabla_{\mathbf{k}} \mathbf{k}_h \qquad (10.459)$$

Mit

$$\nabla_{\mathbf{k}} \mathbf{k}_h = \left(\mathbf{e}_x \frac{\partial}{\partial k} + \mathbf{e}_y \frac{\partial}{\partial l} + \mathbf{e}_z \frac{\partial}{\partial m} \right) \left(k \mathbf{e}_x + l \mathbf{e}_y \right) = \mathbf{e}_x \mathbf{e}_x + \mathbf{e}_y \mathbf{e}_y \qquad (10.460)$$

und der Wellenzahlgleichung (10.319) wird dies zu

$$\int d^3k \, \mathbf{k}_h \nabla_{\mathbf{k}} \cdot \left(\dot{\mathbf{k}} \mathcal{N} \right) = - \int d^3k \, \mathcal{N} \dot{\mathbf{k}} \cdot \left(\mathbf{e}_x \mathbf{e}_x + \mathbf{e}_y \mathbf{e}_y \right)$$

$$= \int d^3k \, \mathcal{N} \left(\mathbf{e}_x \frac{\partial \langle \mathbf{u} \rangle}{\partial x} \cdot \mathbf{k}_h + \mathbf{e}_y \frac{\partial \langle \mathbf{u} \rangle}{\partial y} \cdot \mathbf{k}_h \right) = \int d^3k \, \nabla \langle \mathbf{u} \rangle \cdot \mathbf{k}_h \mathcal{N} \qquad (10.461)$$

Dies zusammen mit (10.458) in (10.457) verwendet, ergibt schließlich die gewünschte Pseudoimpulsgleichung

$$\left(\frac{\partial}{\partial t} + \langle \mathbf{u} \rangle \cdot \nabla \right) \mathbf{p}_h = -\nabla \cdot \left(\mathcal{G} \mathbf{e}_x + \mathcal{H} \mathbf{e}_y \right) - \nabla \langle \mathbf{u} \rangle \cdot \mathbf{p}_h + \mathbf{s}_h \qquad (10.462)$$

Im nächsten Schritt berechnen wir die vertikale Rotation dieser Gleichung. Dies ergibt

$$\left(\frac{\partial}{\partial t} + \langle \mathbf{u} \rangle \cdot \nabla\right)(\mathbf{e}_z \cdot \nabla \times \mathbf{p}_h)$$

$$= -\frac{\partial}{\partial x} \nabla \cdot \mathcal{H} + \frac{\partial}{\partial y} \nabla \cdot \mathcal{G} + \mathbf{e}_z \cdot \nabla \times \mathbf{s}_h$$

$$-\frac{\partial \langle \mathbf{u} \rangle}{\partial x} \cdot \nabla p_{hy} + \frac{\partial \langle \mathbf{u} \rangle}{\partial y} \cdot \nabla p_{hx} - \frac{\partial}{\partial x}\left(\frac{\partial \langle \mathbf{u} \rangle}{\partial y} \cdot \mathbf{p}_h\right) + \frac{\partial}{\partial y}\left(\frac{\partial \langle \mathbf{u} \rangle}{\partial x} \cdot \mathbf{p}_h\right)$$

$$= -\frac{\partial}{\partial x} \nabla \cdot \mathcal{H} + \frac{\partial}{\partial y} \nabla \cdot \mathcal{G} + \mathbf{e}_z \cdot \nabla \times \mathbf{s}_h \qquad (10.463)$$

da sich die letzten beiden Terme vor dem Endergebnis aufgrund von $\nabla_h \cdot \langle \mathbf{u} \rangle = 0$ gegenseitig aufheben. Schließlich vergleichen wir die rechte Seite dieser Gleichung mit jener der Gl. (10.426) für die quasigeostrophische potentielle Vorticity und sehen so, dass man die prognostische Gleichung

$$\left(\frac{\partial}{\partial t} + \langle \mathbf{u} \rangle \cdot \nabla\right)\Pi = -\frac{\mathbf{e}_z}{\rho} \cdot \nabla \times \mathbf{s}_h \qquad \Pi = \pi_{qg} - \frac{\mathbf{e}_z}{\rho} \cdot \nabla \times \mathbf{p}_h \qquad (10.464)$$

für eine Erweiterung Π der quasigeostrophischen potentiellen Vorticity formulieren kann, die Beiträge der synoptischskaligen Strömung enthält, die in der synoptischskaligen Stromfunktion linear sind, und als Schwerewellenanteil das negative der Pseudovorticity $\frac{\mathbf{e}_z}{\rho} \cdot \nabla \times \mathbf{p}_h$, die in den Schwerewellenamplituden nichtlinear ist. Ohne Wellendissipation ist Π erhalten.

Nichtbeschleunigung unter der Berücksichtigung von Schwerewellen
Es ist an dieser Stelle auch lohnenswert, einen zweiten Blick auf das Nichtbeschleunigungstheorem in Abschn. 8.5 zu werfen. Ein Vergleich der prognostischen Gl. (10.426) für die quasigeostrophische potentielle Vorticity mit ihrem Gegenstück (8.14) aus der quasigeostrophischen Theorie zeigt, dass sie miteinander übereinstimmen, solange in der letzten Gleichung alle Felder als phasengemittelte Felder in der ersten verstanden werden, und wenn der Quellen- und Senkenterm auf der rechten Seite als vertikale Rotation des Vektors der Pseudoimpulsflusskonvergenzen

$$D = -\frac{\partial}{\partial x}\left(\frac{1}{\rho} \nabla \cdot \mathcal{H}\right) + \frac{\partial}{\partial y}\left(\frac{1}{\rho} \nabla \cdot \mathcal{G}\right) \qquad (10.465)$$

verstanden wird. Dann gilt die elliptische Gl. (8.263), die uns sagt, dass der zonal gemittelte Wind stetig ist, wenn im Wesentlichen

- die Rossby-Wellenamplituden schwach sind,
- die Rossby-Wellenamplituden stationär sind und
- es keinen Schwerewellenantrieb gibt.

Aufgrund von (10.463) ist der Schwerewellenantrieb

$$D = \left(\frac{\partial}{\partial t} + \mathbf{u} \cdot \nabla \right) \left(\mathbf{e}_z \cdot \nabla \times \frac{\mathbf{p}_h}{\rho} \right) - \mathbf{e}_z \cdot \nabla \times \frac{\mathbf{s}_h}{\rho} \qquad (10.466)$$

worin wir die eckigen Klammern fallen gelassen haben, die das Phasenmittel kennzeichnen. Wir können demnach die folgende Ergänzung zum Nichtbeschleunigungstheorem formulieren:

> **Schwerewellen können den synoptischskaligen Wind nicht beeinflussen, wenn**
>
> - ihre Amplituden und Wellenzahlen stationär sind,
> - ihre Pseudovorticity nicht in horizontaler Richtung variiert,
> - keine Quellen und Senken aktiv sind, z. B. infolge von Wellenbrechen.

Es ist zu beachten, dass dies nicht nur in Anwendung auf einen zonal gemittelten Wind formuliert ist, da es unter den Bedingungen oben auch keinen Einfluss auf die synoptischskalige quasigeostrophische potentielle Vorticity allgemein gibt, und damit auch nicht auf zonale Variationen des synoptischskaligen Winds. In diesem Zusammenhang ist von Interesse, dass gegenwärtige Parametrisierungen von Effekten kleinskaliger Schwerewellen in Modellen mit grober räumlicher Auflösung die Auswirkungen von Schwerewellentransienz einerseits und horizontalen Variationen von synoptischskaligem Wind und Schwerewellen andererseits vernachlässigen. Sie beschreiben damit ausschließlich den Effekt des Wellenbrechens.

Es sei abschließend bemerkt, dass die obigen Bedingungen, obwohl ausreichend dafür, dass es *keinen Einfluss* der Schwerewellen auf den synoptischskaligen Wind gibt, keineswegs alle notwendig sind, um eine *stationäre* synoptischskalige Strömung sicherzustellen. Wir betrachten dafür den Fall stationärer Wellen (mit stationärem Pseudoimpuls $\mathbf{p}_h$), die möglicherweise stationäre Quellen und Senken $\mathbf{s}_h$ haben. Der stationäre Grenzfall der Erhaltungsgleichung (10.464) ergibt dann zusammen mit der Definition (10.427) der quasigeostrophischen potentiellen Vorticity und der Stromfunktionseigenschaft (10.430) des synoptischskaligen Winds

$$\left(\frac{\partial \psi}{\partial x} \frac{\partial}{\partial y} - \frac{\partial \psi}{\partial x} \frac{\partial}{\partial y} \right) \left[\nabla_h^2 \psi + \frac{1}{\bar{\rho}} \frac{\partial}{\partial z} \left(\frac{f^2}{N^2} \frac{\partial \psi}{\partial z} \right) - \mathbf{e}_z \cdot \nabla \times \frac{\mathbf{p}_h}{\rho} \right] = -\mathbf{e}_z \cdot \nabla \times \frac{\mathbf{s}_h}{\rho}$$
$$(10.467)$$

Diese Gleichung kann, mit passenden Randbedingungen, nach der stationären Stromfunktion ψ gelöst werden. Also gilt:

Schwerewellen schließen eine stationäre synoptischskalige Strömung nicht aus, wenn

- ihre Amplituden und Wellenzahlen stationär sind und auch
- ihre Quellen und Senken stationär sind.

10.3.10 Zusammenfassung

Die Wechselwirkung zwischen mesoskaligen Schwerewellen und der synoptischskaligen Strömung ist ein typisches Mehrskalenproblem, das eine ausführlichere Behandlung benötigt, wie hier für die Dynamik auf der f-Ebene vorgestellt.

- Die erneute Betrachtung der *synoptischen Skalierung* in der quasigeostrophischen Theorie legt zutage, dass die betreffenden horizontalen und vertikalen Längenskalen, die Zeitskala und auch die Skalen der Wind-, Entropie- und Druckfluktuationen *alle über die Rossby-Zahl, die Schallgeschwindigkeit und den Coriolis-Parameter* bestimmt werden können. Die *mesoskaligen Längen- und Zeitskalen werden um die Größenordnung der Rossby-Zahl kürzer* als die entsprechenden synoptischen Skalen gewählt. Die *mesoskaligen Entropiefluktuationen* werden so gewählt, dass sie *knapp unter der Grenze der statischen Instabilität* sind. Mit dieser Wahl, und unter Verwendung der Polarisationsbeziehungen für eine ruhende Atmosphäre, die im Folgenden neu abgeleitet werden, kann man zeigen, dass die *mesoskaligen Felder ebenfalls durch die Rossby-Zahl, die Schallgeschwindigkeit und den Coriolis-Parameter charakterisiert* werden können.
- Die kompressiblen Bewegungsgleichungen werden dann mit den identifizierten Mesoskalen in dimensionslose Form gebracht. Im Ergebnis tritt nur die Rossby-Zahl mit verschiedenen Potenzen als Vorfaktor der Gleichungsterme auf. Der Gegenwart synoptischskaliger Felder wird durch die Einführung *komprimierter Koordinaten* Rechnung getragen, in denen alle dimensionslosen Koordinaten mit der *Rossby-Zahl* multipliziert werden, die auch die Rolle eines *Skalenseparationsparameters* trägt. Es wird dann ein *WKB-Ansatz* für die mesoskaligen Felder eingeführt, mit Amplituden, Frequenz und Wellenzahl, die auf der synoptischen Skala variieren, während Frequenz und Wellenzahl selbst die gewählten Mesoskalen beschreiben. Alle Felder, mit Beiträgen der Referenzatmosphäre (mit besonders schwach variabler potentieller Temperatur), der synoptischskaligen Strömung und der mesoskaligen Wellenfelder, werden dann nach der *Skalenseparations- oder Rossby-Zahl* entwickelt. Der Ansatz nimmt lokal monochromatische Felder an. *Höhere Harmonische* entstehen in dieser Dynamik ebenfalls. Wir berücksichtigen diese hier aber nicht explizit, weil man zeigen kann, dass sie nicht in den relevanten Ordnungen des Skalenseparationsparameters beitragen. Eine entsprechende Erweiterung der Theorie findet man aber in Anhang I.

- Die Entwicklungen der Felder werden dann in die dimensionslosen Gleichungen eingesetzt, und die sich daraus ergebenden Terme werden nach Potenzen der Rossby-Zahl und
des exponentiellen Phasenfaktors sortiert. Wohlbekannte Eigenschaften der phasengemit-
telten mittleren Strömung werden abgeleitet: Sie ist in führender Ordnung im geostrophischen und hydrostatischen Gleichgewicht. Für die mesoskaligen Felder erhält man in
dieser nichtlinearen Theorie einen Satz linearer Gleichungen, die zur selben Dispersionsrelation und zu denselben Polarisationsbeziehungen für Schwerewellen führen, die man
auch in der ruhenden Atmosphäre findet, mit dem Unterschied, dass nun die Frequenz
durch die *intrinsische Frequenz* ersetzt werden muss. Wie üblich in der WKB-Theorie
führt die Definition von Wellenzahl und Frequenz über Gradient und Zeitableitung der
Phase, verbunden mit der *Dispersionsrelation,* zu einem Satz von *Eikonalgleichungen,*
mittels derer die Entwicklung von Wellenzahl- und Frequenzfeldern vorhergesagt wird.
Ein nützlicher Ansatz zur Behandlung dieser Gleichungen ist die *Lagrange-Perspektive,*
worin sie entlang sogenannter Strahlen gelöst werden, die überall parallel zur instantanen
und lokalen Gruppengeschwindigkeit sind.

- In der nächsten Ordnung der skalenseparierenden Rossby-Zahl werden *Gleichungen für
die phasengemittelte mittlere Strömung gefunden, in denen Antriebe durch Schwerewel-
lenflusskonvergenzen auftreten.* Die Wellengleichungen in dieser Ordnung führen mittels
der *Fredholm-Alternative* zu einer prognostischen Gleichung für die Energiedichte der
Schwerewellen. Sowohl Scherproduktion als auch Auftriebsproduktion tauchen als Quellen und Senken von Wellenenergie auf. Da die mittlere Strömung im geostrophischen
und hydrostatischen Gleichgewicht ist, können diese Produktionsterme und auch der
Druck- oder Energiefluss als Flüsse von Wellenenergie und Wellenpseudoimpuls formuliert werden, wobei die Gruppengeschwindigkeit als transportierende Geschwindigkeit
auftritt. Dies führt letztendlich zu einem Erhaltungssatz für die *Wellenwirkung.* Darin
ist die Wellenwirkungsdichte das Verhältnis aus Wellenenergiedichte und intrinsischer
Frequenz. Der *Wellenpseudoimpuls* ist das Produkt aus Wellenwirkungsdichte und horizontaler Wellenzahl.

- Eine Weiterverarbeitung der Gleichungen für die mittlere Strömung, die jener der quasigeostrophischen Theorie entspricht, wobei das geostrophische und hydrostatische Gleichgewicht der synoptischskaligen Strömung verwendet werden, führt auf eine *prognostische Gleichung für die quasigeostrophische potentielle Vorticity, die durch die vertikale
Rotation des Vektors aus den Konvergenzen der Pseudoimpulsflüsse angetrieben* wird.

- Von großer praktischer Bedeutung ist, dass die abgeleiteten lokal monochromatischen
Ergebnisse auf den Fall spektraler Schwerewellenverteilungen verallgemeinert werden
können, vorausgesetzt, die Schwerewellenamplituden sind ausreichend schwach. Unter
dieser Annahme kann man einzelne Lösungen der WKB-Theorie überlagern, sodass man
eine prognostische Gleichung für die *spektrale Schwerewellenwirkungsdichte im Phasenraum* findet. Ein sehr nützliches Ergebnis ist, dass die Phasenraumwellenwirkungsdichte
entlang der Wellenstrahlen erhalten ist, während das für die Wellenwirkungsdichte im
Ortsraum nicht gilt. Alle Schwerewellenflüsse und ihre Verwandten können als Integrale

über die Phasenraumwellenwirkungsdichte multipliziert mit Funktionen der Wellenzahl ausgedrückt werden.

- Man kann auch zeigen, dass die Theorie die *Energieerhaltung* respektiert. Energie wird zwischen Wellen und synoptischskaliger Strömung ausgetauscht, aber in der Abwesenheit von Reibung, Heizung, Wärmeleitung und Wellendissipation ist die Summe von Wellenenergie und der Energie der synoptischskaligen Strömung erhalten. Es kann auch ein Erhaltungssatz für eine *potentielle Vorticity* formuliert werden, die sich aus der *quasigeostrophischen potentiellen Vorticity* und der negativen *Pseudo-Vorticity* der Wellen zusammensetzt. Man kann ebenfalls zeigen, *dass Schwerewellen die synoptischskalige Strömung nicht beeinflussen können, wenn sie stationär in Amplitude und Wellenzahl sind, ihre Pseudovorticity nicht horizontal variiert, und keine Quellen und Senken für die Wellen aktiv sind*, z. B. infolge von Wellenbrechen. Dies ergänzt das Nichtbeschleunigungstheorem für Rossby-Wellen, aber man kann auch zeigen, dass *stationäre synoptischskalige Winde in der Gegenwart von Schwerewellen* bereits dann möglich sind, wenn die *Schwerewellen und ihre Quellen und Senken stationär* sind.

10.4 Kritische Niveaus und reflektierende Niveaus

Der Betrag der intrinsischen Frequenz von Schwerewellen liegt zwischen der Coriolis-Frequenz und der Brunt-Väisälä-Frequenz. Wenn sich die intrinsische Frequenz, im Zuge der Ausbreitung durch eine räumlich und zeitlich variable synoptischskalige Strömung, einer dieser beiden Grenzen nähert, setzt ein charakteristisches Verhalten ein, das sehr eng mit dem verwandt ist, was geschieht, wenn Rossby-Wellen sich einer kritischen Linie oder einer reflektierenden Schicht nähern. Im Fall von Schwerewellen sind kritische Niveaus wesentlich zum Verständnis des Schwerewelleneinflusses auf die mittlere Atmosphäre. Wir diskutieren hier beide Fälle innerhalb der WKB-Theorie. Wie klar wird, ist dies eine gewisse Begrenzung. Es ist jedoch ausreichend zum Verständnis wesentlicher Aspekte.

10.4.1 Kritische Niveaus

In der Nähe eines kritischen Niveaus nähert sich die intrinsische Frequenz, z. B. aufgrund von Variationen des synoptischskaligen Winds, der Coriolis-Frequenz,

$$\hat{\omega} \to \pm f \tag{10.468}$$

Mittels der Dispersionsrelation (10.288) sieht man, dass dies $m^2 \to \infty$ impliziert. Da $f^2 \ll N^2$ ist, ignorieren viele Diskussionen kritischer Niveaus den Coriolis-Effekt. In diesem Fall verschwindet die intrinsische Frequenz an einem kritischen Niveau:

$$\hat{\omega} \to 0 \qquad (10.469)$$

Wenn wir mit

$$c_h = \frac{\omega}{k_h} \qquad (10.470)$$

eine horizontale Phasengeschwindigkeit definieren und mit

$$u_\parallel = \frac{\langle \mathbf{u} \rangle \cdot \mathbf{k}_h}{k_h} \qquad (10.471)$$

die synoptischskalige horizontale Geschwindigkeit, die auf die horizontale Wellenzahl projiziert, dann kann man

$$\hat{\omega} = \omega - \mathbf{k}_h \cdot \langle \mathbf{u} \rangle = \left(c_h - u_\parallel \right) k_h \qquad (10.472)$$

schreiben, was besagt, dass man sich einem kritischen Niveau nähert, wenn

$$u_\parallel \to c_h \mp \frac{f}{k_h} \qquad (10.473)$$

wobei der Anteil von f oft vernachlässigt wird.

In der folgenden Analyse des Verhaltens eines Strahls in der Nähe eines kritischen Niveaus nehmen wir aus Gründen der Einfachheit an, dass horizontale Gradienten und Zeitabhängigkeit der synoptischskaligen Strömung außer Acht gelassen werden können und dass die Schichtung lokal konstant ist, d. h.,

$$\langle \mathbf{u} \rangle = \langle \mathbf{u} \rangle (z) \qquad (10.474)$$

$$N^2 = \text{const.} \qquad (10.475)$$

Dann folgt aus den Eikonalgleichungen (10.319) und (10.320), dass Frequenz und horizontale Wellenzahl längs eines Strahls unveränderlich sind,

$$0 = \frac{dk}{dt} = \frac{dl}{dt} = \frac{d\omega}{dt} \qquad (10.476)$$

sodass auch k_h und c_h nicht variieren. Die vertikale Wellenzahl befriedigt jedoch

$$\frac{dm}{dt} = -\mathbf{k}_h \cdot \frac{\partial \langle \mathbf{u} \rangle}{\partial z} = -k_h \frac{\partial u_\parallel}{\partial z} \qquad (10.477)$$

Aufgrund von Variationen von $u_\parallel$ variiert die intrinsische Frequenz $\hat{\omega} = \omega - k_h u_\parallel$ ebenfalls. Vertikale Wellenzahl und intrinsische Frequenz sind über die Dispersionsrelation (10.288) miteinander verknüpft. Diese nach der vertikalen Wellenzahl aufgelöst, ergibt

$$m^2 = k_h^2 \frac{N^2 - \hat{\omega}^2}{\hat{\omega}^2 - f^2} \qquad (10.478)$$

In der Nähe eines kritischen Niveaus bei $z = z_c$ können wir die intrinsische Frequenz nach z entwickeln, was

$$\hat{\omega} = \omega - k_h u_\| = \omega - k_h u_\|(z_c) - k_h \left.\frac{du_\|}{dz}\right|_{z_c} (z - z_c) + \mathcal{O}\left[(z - z_c)^2\right]$$

$$= \pm f - k_h \left.\frac{du_\|}{dz}\right|_{z_c} (z - z_c) + \mathcal{O}\left[(z - z_c)^2\right] \tag{10.479}$$

liefert. Damit ist

$$\hat{\omega}^2 - f^2 = \mp 2 f k_h \left.\frac{du_\|}{dz}\right|_{z_c} (z - z_c) + \mathcal{O}\left[(z - z_c)^2\right] \tag{10.480}$$

was in (10.478) auf

$$m^2 = \mp k_h \frac{N^2 - f^2}{2f \, du_\|/dz|_{z_c}} \frac{1}{z - z_c} + \dots \tag{10.481}$$

führt. Dies zeigt, wie die vertikale Wellenzahl divergiert, wenn man sich einem kritischen Niveau nähert. Negative m^2 sind unphysikalisch. In diesem Fall befände sich ein Strahl an einem Ort, wo $\hat{\omega}^2 - f^2 < 0$, was durch die Dispersionsrelation verboten ist.

In der Tat ist es nie möglich, dass ein Strahl sich von einer erlaubten Position aus, wo $\hat{\omega}^2 - f^2 > 0$, zu unerlaubten Orten bewegt, wo $\hat{\omega}^2 - f^2 < 0$, da er kritische Niveaus nicht kreuzen kann. In der Annäherung an ein kritisches Niveau erfährt ein Strahl eine Reduktion seiner Gruppengeschwindigkeit, sodass er durch das kritische Niveau asymptotisch eingefangen wird. Wenn wir die Ableitung der Dispersionsrelation (10.288) nach der vertikalen Wellenzahl nehmen, so finden wir, dass die vertikale Gruppengeschwindigkeit

$$c_{gz} = \frac{m}{\hat{\omega}} \frac{(f^2 - N^2)k_h^2}{\left(k_h^2 + m^2\right)^2} \xrightarrow[m^2 \to \infty]{} \frac{(f^2 - N^2)k_h^2}{\hat{\omega} m^3} \xrightarrow[m^2 \to \infty]{} 0 \tag{10.482}$$

ist. Ein Strahl, der sich einem kritischen Niveau nähert, wird eine vertikale Gruppengeschwindigkeit haben, die im Vorzeichen zu $z - z_c$ entgegengesetzt ist. Also ist

$$c_{gz} = -\sqrt{\frac{8 f k_h}{N^2 - f^2} \left|\frac{du_\|}{dz}\right|_{z_c}^3} \frac{z - z_c}{|z - z_c|} |z - z_c|^{3/2} + \dots \tag{10.483}$$

Die Verlangsamung der vertikalen Ausbreitung des Strahls hat die Folge, dass er innerhalb der WKB-Theorie ein kritisches Niveau nie erreicht. Um dies zu erkennen, nehmen wir das Beispiel eines sich nach oben bewegenden Strahls an, der sich einem kritischen Niveau von unten her nähert, d. h., $c_{gz} > 0$ und $z < z_c$. Dann hat man

$$\frac{dz}{dt} = c_{gz} = \alpha(z_c - z)^{3/2} + \dots \qquad \alpha = \sqrt{\frac{8 f k_h}{N^2 - f^2} \left|\frac{du_\|}{dz}\right|_{z_c}^3} \tag{10.484}$$

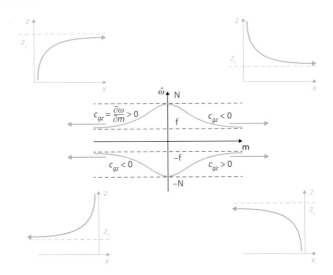

Abb. 10.11 Illustration des Verhaltens eines Schwerewellenstrahls in der Nähe eines kritischen Niveaus. Gezeigt sind die Abhängigkeit der intrinsischen Frequenz von der vertikalen Wellenzahl und die Trajektorie eines Strahls in der $x - z$-Ebene, unter der Annahme, dass $k > 0$ und $l = 0$. Das Vorzeichen der vertikalen Gruppengeschwindigkeit, d. h. der Ableitung der intrinsischen Frequenz nach der vertikalen Wellenzahl, wird ebenfalls angegeben. Abhängig vom Vorzeichen der intrinsischen Frequenz und der vertikalen Wellenzahl gibt es vier verschiedene Fälle. In jedem dieser Fälle divergiert die vertikale Wellenzahl. Entsprechend wird die vertikale Gruppengeschwindigkeit vernachlässigbar klein, sodass ein Strahl in der Nähe des kritischen Niveaus gefangen wird.

woraus

$$dt = \frac{1}{\alpha} \frac{dz}{(z_c - z)^{3/2}} + \dots \tag{10.485}$$

folgt oder, nach Integration von einer Position z_0 aus, an welcher der Strahl zur Zeit t_0 war,

$$t - t_0 = \frac{2}{\alpha} \left[\frac{1}{(z_c - z_0)^{1/2}} - \frac{1}{(z_c - z)^{1/2}} \right] + \dots \xrightarrow[z \to z_c]{} \infty \tag{10.486}$$

sodass die Zeit unendlich lang ist, die der Strahl bräuchte, um das kritische Niveau bei z_c zu erreichen. Abb. 10.11 veranschaulicht dieses Verhalten.

Wenn ein Strahl sich einem kritischen Niveau nähert, divergiert seine Wellenwirkungsdichte ebenfalls. Zur Veranschaulichung nehmen wir an, wie auch bereits für die synoptischskalige Strömung getan, dass die Wellenwirkungsdichte stationär ist und nicht vom horizontalen Ort abhängt. Die Erhaltung (10.432) der Wellenwirkung impliziert dann, mit Unterdrückung des Index α, wie bereits im Fall der Wellenzahl geschehen, dass

$$0 = \frac{\partial}{\partial z}(c_{gz} \mathcal{A}) \tag{10.487}$$

ist oder

$$\mathcal{A} \propto \frac{1}{c_{gz}} \propto \frac{1}{|z - z_c|^{3/2}} \tag{10.488}$$

Deshalb divergieren auch die Energiedichte und die Amplitude der Welle. Darüber hinaus folgt aus der dimensionsbehafteten Entsprechung

$$E_w = \hat{\omega}\mathcal{A} = \overline{\rho}\frac{|b|^2}{2N^2}\frac{\hat{\omega}^2(k_h^2 + m^2)}{N^2 k_h^2} \tag{10.489}$$

der Abhängigkeit (10.380) der Wellenenergiedichte von Wellenzahl und Auftriebsamplitude, dass

$$\frac{|mb|}{N^2} = \sqrt{\frac{2k_h^2 \mathcal{A}m^2}{\overline{\rho}|\hat{\omega}|(k_h^2 + m^2)}} \underset{z \to z_c}{\propto} \frac{1}{|z - z_c|^{3/4}} \tag{10.490}$$

ist. Wie oben diskutiert, kann eine statische Instabilität auftreten, wenn $|m\theta'| > d\overline{\theta}/dz$ oder, nach Multiplikation mit $g/\overline{\theta}$,

$$|mb| > N^2 \tag{10.491}$$

Wann auch immer dies geschieht, führt Konvektion zum Einsetzen von Turbulenz, und die Amplitude der Schwerewelle sinkt. Wie hier ersichtlich, tritt diese Instabilität in der Nähe eines kritischen Niveaus ein. In der Tat divergiert die Horizontalwindscherung ebenfalls, sodass auch Scherinstabilitäten auftreten.

Zwei Kommentare sind hier wichtig: Zunächst sollte man sich klarmachen, dass die WKB-Theorie in der Nähe eines kritischen Niveaus nicht wirklich gilt! Eine Grundannahme, die verwendet worden war, ist, dass die Wellenzahl sich über eine Wellenlänge nur schwach ändert. Nahe eines kritischen Niveaus ist jedoch

$$\frac{\lambda_z}{m}\frac{\partial m}{\partial z} \propto \frac{1}{m^2}\frac{\partial m}{\partial z} \propto |z - z_c|\frac{1}{|z - z_c|^{3/2}} = \frac{1}{|z - z_c|^{1/2}} \underset{z \to z_c}{\longrightarrow} \infty \tag{10.492}$$

Deshalb bricht die WKB-Theorie in der Nähe eines kritischen Niveaus zusammen. Dennoch zeigt eine detailliertere Untersuchung, dass die Argumente oben qualitativ immer noch richtig sind. Ein kleiner Teil einer Schwerewelle wird jedoch innerhalb der linearen Theorie an einem kritischen Niveau nicht absorbiert, sondern passiert es. Weiterhin sollte man auch beachten, dass wir in der Diskussion hier angenommen haben, dass die Zeitabhängigkeit der synoptischskaligen Strömung vernachlässigt werden kann. Signifikante Transienz Letzterer kann die Ergebnisse jedoch nachhaltig ändern, bis hin zum Verschwinden kritischer Niveaus.

10.4.2 Reflektierende Niveaus

Das Gegenstück zu kritischen Niveaus ist anzutreffen, wenn ein Strahl sich

$$\hat{\omega} \to \pm N \tag{10.493}$$

nähert, sodass seine vertikale Wellenzahl verschwindet, d. h., $m \rightarrow 0$. Wie unten gezeigt, ändert sie in der Tat ihr Vorzeichen, wenn ein Strahl ein entsprechendes Niveau berührt, sodass auch die Gruppengeschwindigkeit ihr Vorzeichen ändert und somit Strahlen an solchen Niveaus reflektiert werden. Diese Situation kann entweder infolge von Variationen des synoptischskaligen Winds eintreten oder durch Variationen der Schichtung.

Für eine Diskussion der Strahleigenschaften in der Nähe eines reflektierenden Niveaus nehmen wir wieder zeitunabhängige Winde an, die nur von der vertikalen Richtung abhängen, und ebenso eine konstante Schichtung. Dann beschreibt (10.478) wiederum die Abhängigkeit der vertikalen Wellenzahl. Nahe der Position $z = z_r$ eines reflektierenden Niveaus entwickeln wir

$$\hat{\omega} = \pm N - k_h \left.\frac{du_\parallel}{dz}\right|_{z_r} (z - z_r) + \dots \tag{10.494}$$

woraus

$$m^2 \approx \pm \frac{2Nk_h^3}{N^2 - f^2} \left.\frac{du_\parallel}{dz}\right|_{z_r} (z - z_r) \xrightarrow[z \to z_r]{} 0 \tag{10.495}$$

folgt. Entsprechend der Diskussion kritischer Niveaus erhalten wir daraus für die vertikale Gruppengeschwindigkeit nahe am reflektierenden Niveau

$$c_{gz} = \frac{m}{\hat{\omega}} \frac{(f^2 - N^2)k_h^2}{\left(k_h^2 + m^2\right)^2} \xrightarrow[m^2 \to 0]{} \frac{m(f^2 - N^2)}{\hat{\omega}k_h^2} \xrightarrow[m^2 \to 0]{} 0 \tag{10.496}$$

oder

$$c_{gz} \propto |z - z_r|^{\frac{1}{2}} \tag{10.497}$$

Dies impliziert, dass reflektierende Niveaus in endlicher Zeit erreicht werden. Wir betrachten z. B. den Fall eines Strahls, der sich von unten her dem Niveau nähert. Dann ist

$$\frac{dz}{dt} \propto \sqrt{z_r - z} \tag{10.498}$$

woraus sich

$$t - t_0 \propto \sqrt{z_r - z_0} - \sqrt{z_r - z} \xrightarrow[z \to z_r]{} \sqrt{z_r - z_0} < \infty \tag{10.499}$$

ergibt. Wenn das reflektierende Niveau erreicht ist, wird sich die vertikale Wellenzahl weiter gemäß (10.477) ändern, die Null passieren und ihr Vorzeichen wechseln. Dies wird von einem entsprechenden Vorzeichenwechsel in der vertikalen Gruppengeschwindigkeit begleitet, sodass der Strahl reflektiert wird und sich wieder von dem Niveau wegbewegt. Abb. 10.12 veranschaulicht die vier möglichen Fälle.

Auch hier ist jedoch Vorsicht geboten: $m \rightarrow 0$ widerspricht der WKB-Theorie, da dies einer unendlich langen Wellenlänge entspricht. Qualitativ zeigt die Behandlung oben aber das richtige Verhalten auf. Eine genauere Rechnung würde Airy-Funktionen verwenden.

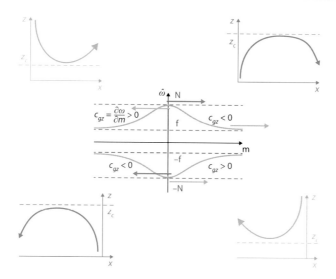

Abb. 10.12 Illustration reflektierender Niveaus, unter der Annahme, dass $k > 0$ und $l = 0$: Abhängig vom Vorzeichen der intrinsischen Frequenz und der vertikalen Wellenzahl gibt es vier mögliche Fälle. In allen ändert der Strahl das Vorzeichen seiner vertikalen Wellenzahl, wenn er $\hat{\omega} = \pm N$ passiert, sodass auch die vertikale Gruppengeschwindigkeit ihr Vorzeichen wechselt. Folglich wird der Strahl durch das Niveau reflektiert.

Ein Aspekt, den die WKB-Theorie völlig unterschlägt, ist, dass Schwerewellen verbotene Schichten durchtunneln können, in denen $\hat{\omega}^2 > N^2$ ist.

10.4.3 Zusammenfassung

Wenn sich die *intrinsische Frequenz* auf einem Schwerewellenstrahl, aufgrund von Variationen des synoptischskaligen Winds oder der Brunt-Väisälä-Frequenz, einer ihrer beiden Grenzen nähert, d. h. der Coriolis-Frequenz oder der Brunt-Väisälä-Frequenz, setzt ein charakteristisches Verhalten ein, das für den Einfluss von Schwerewellen auf die atmosphärische Zirkulation von Bedeutung ist.

- Die *Annäherung an die Coriolis-Frequenz geschieht in der Nähe kritischer Niveaus.* Dort divergiert die vertikale Wellenzahl, und die vertikale Gruppengeschwindigkeit wird vernachlässigbar klein. Infolgedessen *werden Strahlen durch kritische Niveaus eingefangen* und die *Schwerewellenamplitude divergiert.* Letzteres führt zu *Dissipation*, entweder durch statische Instabilität oder durch Scherinstabilität.
- Die *Annäherung an die Brunt-Väisälä-Frequenz* führt dazu, dass die *vertikale Wellenzahl und die vertikale Gruppengeschwindigkeit ihr Vorzeichen ändern.* In diesem Fall spricht man deshalb von einem *reflektierenden Niveau.*

● Strenggenommen verliert die WKB-Theorie in der Nähe dieser Niveaus ihre Gültigkeit. Sie ist aber dennoch in der Lage, wesentliche Aspekte richtig vorherzusagen, die durch genauere lineare Rechnungen bestätigt werden.

10.5   Der Einfluss von Schwerwellen auf die mittlere Atmosphäre

Mit dem soweit erworbenen Wissen sind wir nun in der Lage, die Schwerewelleneffekte in der mittleren Atmosphäre zu diskutieren, die in Abschn. 10.1 skizziert worden sind. Zu diesem Zweck wird zuerst das transformierte Euler-Mittel um den Effekt von Schwerewellen erweitert. Es wird klar, dass der zonale Pseudoimpulsfluss den Eliassen-Palm-Fluss zu ergänzen hat. Es werden dann die Auswirkungen kritischer Niveaus herangezogen, um die beobachtete mittlere Zirkulation zu verstehen.

10.5.1 Erweiterung des TEM um den Effekt von Schwerewellen

Formulierung der erweiterten TEM-Gleichungen
Für eine Analyse des Einflusses von Schwerewellen auf die Wechselwirkung zwischen den zonal gemittelten Winden und Temperaturen und der residuellen Zirkulation müssen wir auf die Impulsgleichung (10.355) und die Auftriebsgleichung (10.347) zurückgreifen, Letztere erweitert um eine Heizung Q. Um die Notation einfach zu halten, und auch im Interesse der Einheitlichkeit mit den Diskussionen in Abschn. 8.4 zur Wechselwirkung der zonal gemittelten Strömung (durch eckige Klammern gekennzeichnet) mit synoptischskaligen Fluktuationen (durch Strichelung bezeichnet), *lassen wir hier die das Schwerewellenphasenmittel kennzeichnenden eckigen Klammern fallen, kennzeichnen Schwerewellenfluktuationen durch ein Dach und bezeichnen schwerewellenphasengemittelte Flüsse durch einen Balken*, d. h. wir schreiben sie[5]

$$\left(\frac{\partial}{\partial t} + \mathbf{u} \cdot \nabla\right)\mathbf{u} + f\mathbf{e}_z \times \mathbf{u} = -c_p\overline{\theta}\nabla_h\pi - \frac{1}{\overline{\rho}}\nabla \cdot \left(\overline{\rho}\,\overline{\hat{\mathbf{v}}'\,\hat{\mathbf{u}}'}\right) \tag{10.500}$$

$$\left(\frac{\partial}{\partial t} + \mathbf{u} \cdot \nabla\right)b + N^2 w = -\nabla \cdot \overline{\hat{\mathbf{u}}'\hat{b}'} + Q \tag{10.501}$$

Horizontalwind und Auftrieb sind durch die thermische Windgleichung (10.373) verknüpft, die wir nun

$$\nabla_h b = -f\mathbf{e}_z \times \frac{\partial \mathbf{u}}{\partial z} \tag{10.502}$$

schreiben. Schließlich können die Divergenzfreiheit (10.329) des Horizontalwinds in führender Ordnung und die anelastische Divergenzgleichung (10.332) in nächster Ordnung in der dimensionsbehafteten Formulierung

---

[5] $\overline{\rho}$ und $\overline{\theta}$ bezeichnen weiterhin Dichte und potentielle Temperatur der Referenzatmosphäre.

$$\nabla \cdot (\overline{\rho}\mathbf{v}) = 0 \tag{10.503}$$

zusammengefasst werden. Mit denselben Argumenten wie in Abschn. 8.4.1 ergeben ihre zonalen Mittel, wieder durch eckige Klammern gekennzeichnet, in führender Ordnung, nun mit allen Schwerewellenflüssen:

$$\frac{\partial \langle u \rangle}{\partial t} - f \langle v \rangle = -\frac{\partial}{\partial y} \langle u'v' \rangle - \frac{\partial}{\partial y} \langle \widehat{\hat{u}\hat{v}} \rangle - \frac{1}{\overline{\rho}} \frac{\partial}{\partial z} \left(\overline{\rho} \langle \widehat{\hat{u}\hat{w}} \rangle \right) \tag{10.504}$$

$$\frac{\partial \langle b \rangle}{\partial t} + N^2 \langle w \rangle = -\frac{\partial}{\partial y} \langle v'b' \rangle - \frac{\partial}{\partial y} \langle \widehat{\hat{v}\hat{b}} \rangle + \langle Q \rangle \tag{10.505}$$

$$\frac{\partial \langle b \rangle}{\partial y} = -f \frac{\partial \langle u \rangle}{\partial z} \tag{10.506}$$

$$0 = \frac{\partial}{\partial y} \left(\overline{\rho} \langle v \rangle \right) + \frac{\partial}{\partial z} \left(\overline{\rho} \langle w \rangle \right) \tag{10.507}$$

Auf der rechten Seite der zonal gemittelten zonalen Impulsgleichung und der zonal gemittelten Auftriebsgleichung erkennen wir zuerst die Flüsse aufgrund von synoptischskaligen Rossby-Wellen (durch Strichelung gekennzeichnet) und dann die Schwerewellenflüsse (durch Dächer gekennzeichnet).

Nun erinnern wir uns an das Ergebnis aus Abschn. 8.4.3, dass der massengewichtet mittlere Meridionalwind mit dem residuellen Mittel des Meridionalwinds in transformierten Euler-Mitteln übereinstimmt. Alles, was dort angenommen wurde, ist, dass die Wellenamplituden ausreichend schwach sind, sodass in führender Ordnung die Fluktuationen in Druck und potentieller Temperatur im Vergleich zum Mittel der Referenzatmosphäre vernachlässigbar sind. Dies ist jedoch auch für Schwerewellen erfüllt. Da aber das residuelle Mittel der Zirkulation ebenfalls die anelastische Divergenzgleichung erfüllen muss, ist es dann durch

$$\langle v \rangle^* = \langle v \rangle - \frac{1}{\overline{\rho}} \frac{\partial}{\partial z} \left[\frac{\overline{\rho}}{N^2} \left(\langle v'b' \rangle + \langle \widehat{\hat{v}\hat{b}} \rangle \right) \right] \tag{10.508}$$

$$\langle w \rangle^* = \langle w \rangle + \frac{1}{N^2} \frac{\partial}{\partial y} \left(\langle v'b' \rangle + \langle \widehat{\hat{v}\hat{b}} \rangle \right) \tag{10.509}$$

gegeben, d. h., die Stokes-Drift der Rossby-Wellen wird durch eine typischerweise schwache Stokes-Drift infolge von Schwerewellen ergänzt, sodass die residuell gemittelte Zirkulation die anelastische Divergenzgleichung

$$\nabla \cdot \left(\overline{\rho} \langle \mathbf{v} \rangle^* \right) = 0 \tag{10.510}$$

befriedigt. Schließlich ersetzen wir in den zonalen Mitteln der zonalen Impulsgleichung und der Auftriebsgleichung jeweils die im Euler'schen Sinn gemittelte Zirkulation durch ihren Bezug zum transformierten Euler-Mittel, was

$$\frac{\partial \langle u \rangle}{\partial t} - f \langle v \rangle^* = -\frac{\partial}{\partial y} \langle u'v' \rangle + \frac{1}{\overline{\rho}} \frac{\partial}{\partial z} \left(\overline{\rho} \frac{f}{N^2} \langle v'b' \rangle \right)$$

$$- \frac{\partial}{\partial y} \langle \overline{\hat{u}\hat{v}} \rangle + \frac{1}{\overline{\rho}} \frac{\partial}{\partial z} \left(\overline{\rho} \frac{f}{N^2} \langle \overline{\hat{v}\hat{b}} \rangle - \overline{\rho} \langle \overline{\hat{u}\hat{w}} \rangle \right) \qquad (10.511)$$

$$\frac{\partial \langle b \rangle}{\partial t} + N^2 \langle w \rangle^* = \langle Q \rangle \qquad (10.512)$$

liefert. Wir sehen nun, durch Vergleich mit der Definition (8.113) des Eliassen-Palm-Flusses $\mathcal{F}$ infolge von Rossby-Wellen, dass die Beiträge der Rossby-Wellen auf der rechten Seite der zonal gemittelten zonalen Impulsgleichung unter

$$-\frac{\partial}{\partial y} \langle u'v' \rangle + \frac{1}{\overline{\rho}} \frac{\partial}{\partial z} \left(\overline{\rho} \frac{f}{N^2} \langle v'b' \rangle \right) = \frac{1}{\overline{\rho}} \nabla \cdot \mathcal{F} \qquad (10.513)$$

zusammengefasst werden können. Darüber hinaus zeigt der Vergleich mit den Beziehungen (10.399) und (10.404) zwischen Schwerewellenflüssen und Pseudoimpulsflüssen, dass für jede lokal monochromatische Unterkomponente des Schwerewellenfelds und damit auch für das gesamte Schwerewellenspektrum

$$\overline{\hat{u}\hat{v}} = \mathcal{G}_y \qquad (10.514)$$

$$\overline{\rho}\overline{\hat{u}\hat{w}} - \frac{f}{N^2} \overline{\hat{v}\hat{b}} = \mathcal{G}_z \qquad (10.515)$$

sind, und damit

$$-\frac{\partial}{\partial y} \langle \overline{\hat{u}\hat{v}} \rangle + \frac{1}{\overline{\rho}} \frac{\partial}{\partial z} \left(\overline{\rho} \frac{f}{N^2} \langle \overline{\hat{v}\hat{b}} \rangle - \overline{\rho} \langle \overline{\hat{u}\hat{w}} \rangle \right) = -\frac{1}{\overline{\rho}} \nabla \cdot \langle \mathcal{G} \rangle \qquad (10.516)$$

sodass die zonal gemittelte zonale Impulsgleichung

$$\frac{\partial \langle u \rangle}{\partial t} - f \langle v \rangle^* = \frac{1}{\overline{\rho}} \nabla \cdot (\mathcal{F} - \langle \mathcal{G} \rangle) \qquad (10.517)$$

geschrieben werden kann. Man sieht, dass der Elissen-Palm-Fluss infolge von Rossby-Wellen in der Gegenwart von Schwerewellen durch den negativen zonal gemittelten Fluss von zonalem Pseudoimpuls ergänzt wird. Man kann deshalb auch die Summe aus beiden als Eliassen-Palm-Fluss bezeichnen. Zusammenfassend sind die TEM-Gleichungen mit Schwerewelleneinfluss

$$\frac{\partial \langle u \rangle}{\partial t} - f \langle v \rangle^* = \frac{1}{\overline{\rho}} \nabla \cdot (\mathcal{F} - \langle \mathcal{G} \rangle)) \tag{10.518}$$

$$\frac{\partial \langle b \rangle}{\partial t} + N^2 \langle w \rangle^* = \langle Q \rangle \tag{10.519}$$

$$\frac{\partial \langle b \rangle}{\partial y} = -f \frac{\partial \langle u \rangle}{\partial z} \tag{10.520}$$

$$\nabla \cdot (\overline{\rho} \langle \mathbf{v} \rangle^*) = 0 \tag{10.521}$$

Im Grunde gilt für dieses System weiterhin alles, was darüber auch schon in den Abschn. 8.4 und 8.5 gesagt worden ist.

Nichtbeschleunigung nochmals betrachtet

Da der Schwerewelleneffekt im TEM sich außer in der schwachen Stokes-Drift durch die Pseudoimpulsflussdivergenz $\nabla \cdot \langle \mathcal{G} \rangle$ ausdrückt, lohnt sich die Frage, unter welchen Bedingungen er nicht beitragen wird. Dies kann man erkennen, indem man die zonale Komponente der Pseudoimpulsgleichung (10.462) nimmt, die unter Ausnutzung der Divergenzfreiheit des horizontalen Winds in führender Ordnung

$$\frac{\partial p_{hx}}{\partial t} + \nabla \cdot (\mathbf{u} p_{hx}) = -\nabla \cdot \mathcal{G} - \frac{\partial \mathbf{u}}{\partial x} \cdot \mathbf{p}_h + s_{hx} \tag{10.522}$$

lautet. Das zonale Mittel dieser Gleichung ergibt

$$\nabla \cdot \langle \mathcal{G} \rangle = -\frac{\partial \langle p_{hx} \rangle}{\partial t} - \frac{\partial}{\partial y} \langle v' p'_{hx} \rangle - \left\langle \frac{\partial \mathbf{u}'}{\partial x} \cdot \mathbf{p}'_h \right\rangle + \langle s_{hx} \rangle \tag{10.523}$$

Hierin ist, mittels partieller Integration und nochmals unter Verwendung der Divergenzfreiheit des horizontalen Winds,

$$\left\langle \frac{\partial \mathbf{u}'}{\partial x} \cdot \mathbf{p}'_h \right\rangle = \left\langle \frac{\partial u'}{\partial x} p'_{hx} \right\rangle + \left\langle \frac{\partial v'}{\partial x} p'_{hy} \right\rangle = -\left\langle \frac{\partial v'}{\partial y} p'_{hx} \right\rangle - \left\langle v' \frac{\partial p'_{hy}}{\partial x} \right\rangle$$

$$= -\frac{\partial}{\partial y} \langle v' p'_{hx} \rangle + \left\langle v' \left(\frac{\partial p'_{hx}}{\partial y} - \frac{\partial p'_{hy}}{\partial x} \right) \right\rangle \tag{10.524}$$

sodass (10.523) zu

$$\nabla \cdot \langle \mathcal{G} \rangle = -\frac{\partial \langle p_{hx} \rangle}{\partial t} - \langle v' \mathbf{e}_z \cdot \nabla \times \mathbf{p}'_h \rangle + \langle s_{hx} \rangle \tag{10.525}$$

wird. Hier repräsentiert der zweite Term auf der rechten Seite den meridionalen Fluss (mittels synoptischskaliger Winde) von synoptischskaligen Fluktuationen der Pseudo-Vorticity $\mathbf{e}_z \cdot \nabla \times \mathbf{p}_h / \overline{\rho}$ der Schwerewellen (multipliziert mit der Dichte der Referenzatmosphäre).

Demnach gibt es keinen Schwerewellenanteil in der Divergenz des Eliassen-Palm-Flusses, wenn

- die Amplituden und Wellenzahlen der Schwerewellen stationär sind,
- es keinen meridionalen Fluss (aufgrund synoptischskaliger Windfluktuationen) von synoptischskaligen Fluktuationen von Pseudo-Vorticity der Schwerewellen gibt, was z. B. der Fall wäre, wenn es weder in der synoptischskaligen Strömung noch in den Schwerewellenamplituden synoptischskalige zonale Variationen gäbe, und wenn
- die Schwerewellen weder Quellen noch Senken haben.

10.5.2 Der Einfluss von Schwerewellen auf die residuelle Zirkulation und auf die zonal gemittelte Strömung

Die in Unterkapitel 10.1 beschriebenen Schwerewelleneffekte können nun wie folgt verstanden werden. Wir betrachten das Sommer- oder Wintermittel der TEM-Gleichungen (10.518)–(10.521), in dem näherungsweise alle Zeitableitungen verschwinden[6] und in dem die zonalen Mittel auch als klimatologische Zeitmittel zu verstehen sind. Darüber hinaus wählen wir als Wärmequelle eine Relaxation $\langle Q \rangle = -(\langle b \rangle - b_r)/\tau$ zu einem Strahlungsgleichgewicht b_r im Auftrieb, mit einer charakteristischen Zeitskala τ. Deshalb sind

$$-f \langle v \rangle^* = \frac{1}{\overline{\rho}} \nabla \cdot (\mathcal{F} - \langle \mathcal{G} \rangle) \tag{10.526}$$

$$N^2 \langle w \rangle^* = -\frac{\langle b \rangle - b_r}{\tau} \tag{10.527}$$

$$\frac{\partial \langle b \rangle}{\partial y} = -f \frac{\partial \langle u \rangle}{\partial z} \tag{10.528}$$

$$\nabla \cdot \left(\overline{\rho} \langle \mathbf{v} \rangle^* \right) = 0 \tag{10.529}$$

Ein Bild, wie der Schwerewellenanteil des Eliassen-Palm-Flusses aussieht, kann man durch Betrachtung des Effekts kritischer Niveaus erhalten. Zu diesem Zweck vernachlässigen wir den Effekt der Rossby-Wellen-Winde, der in der oberen Stratosphäre und in der Mesosphäre typischerweise schwach ist, und betrachten nur den zonal gemittelten Zonalwind, d. h., wir nehmen $\langle \mathbf{u} \rangle = \mathbf{e}_x \langle u \rangle$ an. Unter diesen Bedingungen erfährt eine Schwerewelle ein kritisches Niveau, wenn ihre intrinsische Frequenz sich der Trägheitsfrequenz gemäß $\hat{\omega} \to \pm f$ nähert. Mit

$$\hat{\omega} = \omega - \mathbf{k}_h \cdot \langle \mathbf{u} \rangle = \omega - k \langle u \rangle = (c - \langle u \rangle) k \tag{10.530}$$

wobei $c = \omega / k$ die zonale Phasengeschwindigkeit ist, findet eine Annäherung an ein kritisches Niveau demnach statt, wenn

---

[6] Dies wäre im Frühling oder Herbst nicht der Fall, wo es eine Zeitableitung im klimatologischen Mittel gibt, die den Übergang zwischen Sommer und Winter oder umgekehrt beschreibt.

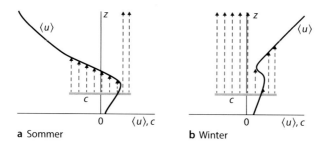

Abb. 10.13 Der Einfluss der Filterung von Schwerewellen aus der Troposphäre durch kritische Niveaus auf das Schwerewellenspektrum in der Mesosphäre. Im Sommer (**a**) haben die durchgelassenen Wellen positive intrinsische Phasengeschwindigkeiten $\hat{\omega}/k = c - \langle u \rangle$, während die durchgelassenen Wellen im Winter (**b**) negative intrinsische Phasengeschwindigkeiten haben.

$$\langle u \rangle \to c \mp \frac{f}{k} \approx c \tag{10.531}$$

wobei wir im letzten Schritt f vernachlässigt haben. Deshalb wird eine Schwerewelle, die durch einen beliebigen Prozess in der Troposphäre emittiert worden ist, ein kritisches Niveau nicht passieren können, an dem der zonal gemittelte Zonalwind mit ihrer Phasengeschwindigkeit übereinstimmt. Dies hat Folgen für das Spektrum der Schwerewellen, welche die Mesosphäre erreichen. Die typische Situation ist für den nordhemisphärischen Winter in Abb. 10.13 veranschaulicht. Die dort skizzierten klimatologischen und zonal gemittelten Winde repräsentieren die Situation in mittleren Breiten, wie sie in Abb. 10.2 zu sehen ist. Im Wesentlichen hat man Westwinde im Winter und Ostwinde im Sommer. Das Spektrum der von der Troposphäre abgestrahlten Schwerewellen ist recht breit. In grober Näherung stimmt die Bandbreite der emittierten Phasengeschwindigkeiten mit der Bandbreite der Zonalwinde in der Troposphäre überein. Die Filterung durch kritische Niveaus erlaubt jedoch nur Schwerewellen die Ausbreitung bis in die Mesosphäre, die auf der Sommerseite positive intrinsische Phasengeschwindigkeiten haben und negative intrinsische Phasengeschwindigkeiten auf der Winterseite, d. h.,

$$\frac{\hat{\omega}}{k} = c - \langle u \rangle \begin{cases} > 0 & \text{im Sommer} \\ < 0 & \text{im Winter.} \end{cases}$$

Da der von jeder spektralen Komponente transportierte zonale Pseudoimpuls

$$dp_{hx} = d^3k\,\mathcal{N}k = k\,d\mathcal{A} = \frac{k}{\hat{\omega}}\,dE_w \tag{10.532}$$

ist, stimmt das Vorzeichen des durchgelassenen zonalen Pseudoimpulses mit dem Vorzeichen der durchgelassenen intrinsischen Phasengeschwindigkeiten überein, d. h.,

$$p_{hx} = \int dp_{hx} \begin{cases} > 0 & \text{im Sommer} \\ < 0 & \text{im Winter.} \end{cases}$$

Letztendlich werden, meist in der oberen Mesosphäre, die Wellenamplituden so groß, dass die Wellen brechen, z. B. infolge statischer Instabilität. Das reduziert die Wellenamplituden, sodass eine Senke für den transportierten Pseudoimpuls entsteht. Deshalb wird die Konvergenz des Flusses von zonalem Pseudoimpuls im Brechungsgebiet in der Mesosphäre

$$-\nabla \cdot \langle \mathcal{G} \rangle \begin{cases} > 0 & \text{im Sommer} \\ < 0 & \text{im Winter} \end{cases}$$

sein.

Die Folgen für die Sommer- und Winterklimatologie der Mesosphäre können daraus direkt abgeleitet werden. Der residuell-gemittelte Meridionalwind ergibt sich aus der mittleren Zonalwindgleichung. In guter Näherung können wir darin in führender Ordnung die Rossby-Welleneffekte vernachlässigen, müssen aber beachten, dass sich der Coriolis-Parameter im Vorzeichen zwischen der Südhemisphäre, wo er negativ ist, und der Nordhemisphäre unterscheidet, wo er positiv ist. Man findet damit, dass der Meridionalwind im residuellen Mittel

$$\langle v \rangle^* = \frac{1}{f} \nabla \cdot \langle \mathcal{G} \rangle \text{ in beiden Hemispären} \begin{cases} > 0 & \text{im nordhemisphärischen Winter} \\ < 0 & \text{im nordhemisphärischen Sommer} \end{cases}$$

ist, d. h., er ist immer vom Sommer- zum Winterpol gerichtet. Die Massenerhaltung führt dann dazu, dass der residuell-gemittelte Vertikalwind

$$\langle w \rangle^* \begin{cases} > 0 & \text{über dem Sommerpol} \\ < 0 & \text{über dem Winterpol} \end{cases}$$

ist, wie in Abb. 10.14 veranschaulicht. Die Luftmassen werden deshalb über dem Sommer- und Winterpol jeweils adiabatisch gekühlt und geheizt. Aus dem klimatologischen Mittel der Auftriebsgleichung folgt entsprechend, dass der sich daraus ergebende Auftrieb

$$\langle b \rangle = b_r - \tau N^2 \langle w \rangle^* \begin{cases} < b_r & \text{über dem Sommerpol} \\ > b_r & \text{über dem Winterpol} \end{cases}$$

ist. Dies erklärt die kalte Sommermesopause und die warme Winterstratopause in Abb. 10.2. Das wiederum impliziert, dass der Auftrieb (und damit auch die potentielle Temperatur) vom Sommerpol zum Winterpol hin zunimmt. Also folgt aus der thermischen Windrelation (10.528), dass

$$\frac{\partial \langle u \rangle}{\partial z} = -\frac{1}{f} \frac{\partial \langle b \rangle}{\partial y} \begin{cases} > 0 & \text{an der Sommermesopause} \\ < 0 & \text{an der Wintermesopause} \end{cases}$$

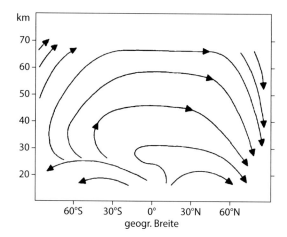

Abb. 10.14 Die residuelle Zirkulation in der mittleren Atmosphäre im nordhemisphärischen Winter. Aufgrund des Schwerewellenantriebs ist sie in der Mesosphäre vom Sommer- zum Winterpol gerichtet. Die Massenerhaltung führt damit dazu, dass Luftmassen über dem Sommerpol aufsteigen und über dem Winterpol sinken. (Abgedruckt aus Dunkerton 1978).

ist, was mit der Umkehr des Zonalwinds übereinstimmt, die man in der oberen Mesosphäre in Abb. 10.2 erkennen kann, einem Phänomen, das man nicht innerhalb des Strahlungsgleichgewichts in Abb. 10.1 erklären könnte.

10.5.3 Zusammenfassung

Auf der Grundlage der theoretischen Vorbereitungen weiter oben kann der Einfluss von Schwerewellen auf die mittlere Atmosphäre verstanden werden.

- Die Erweiterung der TEM-Beschreibung der Wechselwirkung zwischen zonal gemittelter Klimatologie und Rossby-Wellen um den Effekt der Schwerewellen zeigt nach der Hereinnahme der Stokes-Drift der Schwerewellen, dass der *Einfluss der Schwerewellen* dadurch erfasst wird, dass der *Eliassen-Palm-Fluss der Rossby-Wellen durch das negative zonale Mittel des Flusses von zonalem Schwerewellenpseudoimpuls* ergänzt wird. Man kann zeigen, dass dessen Divergenz *die mittlere Strömung nicht beeinflusst, wenn die Amplituden und Wellenzahlen der Schwerewellen stationär sind, wenn es keinen Meridionalfluss (aufgrund synoptischskaliger Windfluktuationen) von synoptischskaligen Fluktuationen von Schwerewellen-Pseudo-Vorticity gibt und wenn die Schwerewellen keine Quellen oder Senken haben,* z. B. infolge von Wellenbrechen.
- Es stellt sich heraus, dass der *Effekt des Schwerewellenbrechens* in der *Mesosphäre sehr bedeutsam* ist. Zusammen mit der *Filterung der Wellen durch kritische Niveaus* ist er

entscheidend zum Verständnis der *kalten Sommermesopause,* der *warmen Winterstrato-pause* und der *Zonalwindumkehr in der oberen Mesosphäre.*

10.6   Leseempfehlungen

Zwischen den voll kompressiblen Gleichungen und der Boussinesq-Näherung gibt es zwei genäherte Gleichungssysteme, die in der Analyse der Schwerewellendynamik nützlich sind. Im Gegensatz zu den kompressiblen Gleichungen haben sie keine Schallwellen als grund-legende Wellenmoden, beschreiben aber Schwerewellen in guter Genauigkeit, wobei sie auch den Dichteeffekt auf die Schwerewellenamplituden richtig wiedergeben. Dies sind die anelastischen Gleichungen (Ogura und Phillips 1962; Lipps und Hemler 1982; Lipps 1990) und die pseudoinkompressiblen Gleichungen Durran (1989). Weitere Diskussionen dieses Themas finden sich in Durran und Arakawa (2007), Klein et al. (2010) und Achatz et al. (2010).

Atmosphärische und ozeanische Wellen werden eingehend von Lighthill (1978) disku-tiert, und Sutherland (2010) betrachtet viele Aspekte der Dynamik von Schwerewellen, vielleicht mit einem etwas stärkeren Schwerpunkt auf dem Ozean als auf der Atmosphäre. Beide Bücher diskutieren auch die Grenzen der WKB-Theorie. Das Buch von Pichler (1997) ist eine sehr gute Referenz zu vielen Aspekten der Atmosphärendynamik, darunter auch Wellen, und dasselbe gilt bestimmt auch für das sehr breite und erhellende Buch von Vallis (2006). Nappo (2002) gibt eine Einführung in atmosphärische Schwerewellen, besonders die Wellenanregung durch die Überströmung von Gebirgen.

Die hier verwendete WKB-Theorie geht auf Bretherton (1966) und Grimshaw (1975b) zurück und ist durch Achatz et al. (2010, 2017) erweitert worden, um stratosphärische Bedin-gungen zu erlauben, höhere Harmonische zu berücksichtigen und auch den geostrophischen Mode. Das Konzept der Wellenwirkung im Phasenraum wird von Dewar (1970), Dubrulle und Nazarenko (1997), Hertzog et al. (2002) und Muraschko et al. (2015) beschrieben. WKB auf der Kugel erfordert spezielle Sorgfalt, die von Hasha et al. (2008) und Ribstein et al. (2015) besprochen wird.

Booker und Bretherton (1967) diskutieren die lineare Theorie der Schwerewellenausbrei-tung nahe eines kritischen Niveaus, und diese Arbeit wurde von Jones (1967) und Grimshaw (1975a) um die Auswirkungen der Rotation erweitert. Der Effekt zeitabhängiger mittlerer Strömungen auf kritische Niveaus wird von Broutman und Young (1986) und Senf und Achatz (2011) diskutiert.

Nichtlineare Wechselwirkungen zwischen Schwerewellen werden von Müller (1976) und den Referenzen darin behandelt, und das Buch von Nazarenko (2011) gibt eine her-vorragende Einführung in die entsprechende Theorie. Eden et al. (2019) betrachten die Wechselwirkung von Schwerewellen und geostrophischen Moden. Keine dieser Theorien bezieht aber eine mittlere Strömung in führender Ordnung ein.

Eine sehr wichtige Theorie zur Wechselwirkung zwischen Wellen und mittlerer Strömung ist die Theorie des verallgemeinerten Langrage-Mittels (Generalized-Lagrangian-Mean = GLM), die von Andrews und McIntyre (1978a, b) eingeführt worden ist, und Bühler (2009) ist die beste Referenz zu dieser Theorie und entsprechenden Entwicklungen, die auf diese einflussreichen Arbeiten gefolgt sind.

Lindzen (1981) ist eine sehr wichtige Arbeit zum Einfluss von brechenden Schwerewellen auf die mittlere Atmosphäre, und auch das Buch von Lindzen (1990) ist in dieser Hinsicht lesenswert. Nützliche Übersichtsartikel zu atmosphärischen Schwerewellen sind Fritts und Alexander (2003), Kim et al. (2003), Alexander et al. (2010) und Sutherland et al. (2019).

Anhänge 11

11.1 Anhang A: Nützliche Elemente der Vektoranalysis

Die Vektoranalysis ist ein wichtiges Werkzeug der Strömungsmechanik. Hier seien einige wichtige Elemente zusammengefasst.

11.1.1 Der Gradient

Der Gradient $\nabla\Psi$ eines skalaren Felds Ψ ist ein Vektorfeld. Er definiert sich am allgemeinsten über die Änderung von Ψ längs eines beliebigen Pfades im Raum mittels

$$\Psi(\mathbf{x}_2) - \Psi(\mathbf{x}_2) = \int_{\mathbf{x}_1}^{\mathbf{x}_2} d\mathbf{x} \cdot \nabla\Psi \tag{11.1}$$

In kartesischen Koordinaten ergibt er sich zu

$$\nabla\Psi = \frac{\partial\Psi}{\partial x}\mathbf{e}_x + \frac{\partial\Psi}{\partial y}\mathbf{e}_y + \frac{\partial\Psi}{\partial z}\mathbf{e}_z \tag{11.2}$$

11.1.2 Die Divergenz und der Satz von Gauß

Die Divergenz $\nabla\cdot\mathbf{b}$ eines beliebigen Vektorfelds $\mathbf{b}$ ist ein skalares Feld, das in allgemeinster Form über den *Integralsatz von Gauß* definiert ist:

$$\int_S \mathbf{b}\cdot d\mathbf{S} = \int_V dV\nabla\cdot\mathbf{b} \tag{11.3}$$

© Springer-Verlag GmbH Deutschland, ein Teil von Springer Nature 2022
U. Achatz, *Atmosphärendynamik,* https://doi.org/10.1007/978-3-662-63780-7_11

Das Integral der Divergenz über ein Volumen ist identisch mit dem Integral des Flusses des zugehörigen Vektorfelds über die Volumenoberfläche, d. h. dem Oberflächenintegral der Projektion des Vektorfelds auf die Flächennormale. In kartesischen Koordinaten ist die Divergenz

$$\nabla \cdot \mathbf{b} = \frac{\partial b_x}{\partial x} + \frac{\partial b_y}{\partial y} + \frac{\partial b_z}{\partial z} \tag{11.4}$$

11.1.3 Die Rotation und der Satz von Stokes

Die Rotation $\nabla \times \mathbf{b}$ eines beliebigen Vektorfelds $\mathbf{b}$ ist wiederum ein Vektorfeld, das in allgemeinster Form über den *Integralsatz von Stokes* definiert ist:

$$\int d\mathbf{S} \cdot \nabla \times \mathbf{b} = \oint \mathbf{b} \cdot d\mathbf{x} \tag{11.5}$$

Das Integral des Flusses der Rotation durch eine Fläche ist identisch mit dem Integral des zugehörigen Vektorfelds in Projektion um den Rand der Fläche. Dabei ist die Integrationsrichtung bei Betrachtung der Fläche von oben (d. h. von der Seite her, in die die Flächennormale zeigt) linksdrehend. In kartesischen Koordinaten ist die Rotation

$$\nabla \times \mathbf{b} = \left(\frac{\partial b_z}{\partial y} - \frac{\partial b_y}{\partial z} \right) \mathbf{e}_x + \left(\frac{\partial b_x}{\partial z} - \frac{\partial b_z}{\partial x} \right) \mathbf{e}_y + \left(\frac{\partial b_y}{\partial x} - \frac{\partial b_x}{\partial y} \right) \mathbf{e}_z \tag{11.6}$$

11.1.4 Einige Rechenregeln

Es gelten folgende Rechenregeln für beliebige skalare Felder Ψ und Π und Vektorfelder $\mathbf{a}$ und $\mathbf{b}$:

$$\nabla \frac{\Psi}{\Pi} = -\frac{1}{\Pi^2} \left(\Pi \nabla \Psi - \Psi \nabla \Pi \right) \tag{11.7}$$

$$\nabla \cdot (\Psi \mathbf{b}) = \nabla \Psi \cdot \mathbf{b} + \Psi \nabla \cdot \mathbf{b} \tag{11.8}$$

$$\nabla \cdot (\nabla \times \mathbf{b}) = 0 \tag{11.9}$$

$$\nabla \times \nabla \Psi = 0 \tag{11.10}$$

$$\nabla \times (\Psi \mathbf{b}) = \nabla \Psi \times \mathbf{b} + \Psi \nabla \times \mathbf{b} \tag{11.11}$$

$$\nabla \times (\mathbf{a} \times \mathbf{b}) = \mathbf{a} \nabla \cdot \mathbf{b} + (\mathbf{b} \cdot \nabla)\mathbf{a} - \mathbf{b} \nabla \cdot \mathbf{a} - (\mathbf{a} \cdot \nabla)\mathbf{b} \tag{11.12}$$

$$(\mathbf{b} \cdot \nabla)\mathbf{b} = \nabla \frac{\mathbf{b} \cdot \mathbf{b}}{2} - \mathbf{b} \times (\nabla \times \mathbf{b}) \tag{11.13}$$

11.1.5 Leseempfehlung

Zu diesem und allen weiteren mathematischen Anhängen sind Lehrbücher über mathematische Methoden der Physik eine hilfreiche Unterstützung, z. B. Arfken et al. (2012).

11.2 Anhang B: Drehungen

Drehungen von Koordinatensystemen werden mathematisch mittels linearer Abbildungen beschrieben. Betrachten wir z. B. die Drehung eines Koordinatensystems mit den Basisvektoren $\mathbf{e}_1$, $\mathbf{e}_2$, $\mathbf{e}_3$ um die $\mathbf{e}_3$-Achse (Abb. 11.1).

Ein Vektor $\mathbf{x}$ soll in beiden Koordinatensystemen dargestellt werden. Es ist

$$\mathbf{x} = x_1\mathbf{e}_1 + x_2\mathbf{e}_2 + x_3\mathbf{e}_3 = x_1'\mathbf{e}_1' + x_2'\mathbf{e}_2' + x_3'\mathbf{e}_3' \tag{11.14}$$

Die mathematische Darstellung der Drehung gibt (x_1', x_2', x_3') als Funktion von (x_1, x_2, x_3) an.

Wie in Abb. 11.2 ersichtlich, ist

$$\mathbf{e}_1 = \cos\alpha\,\mathbf{e}_1' - \sin\alpha\,\mathbf{e}_2'$$
$$\mathbf{e}_2 = \sin\alpha\,\mathbf{e}_1' + \cos\alpha\,\mathbf{e}_2' \tag{11.15}$$

Abb. 11.1 Drehung eines Koordinatensystems um die $\mathbf{e}_3$-Achse.

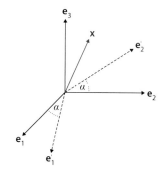

Abb. 11.2 Projektion der ursprünglichen Basisvektoren $\mathbf{e}_1$ und $\mathbf{e}_2$ auf die gedrehten.

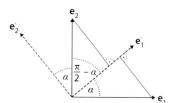

Einsetzen in (11.14) ergibt, nach Vergleich der Koeffizienten zu $\mathbf{e}'_1$ und $\mathbf{e}'_2$ und trivialerweise für x'_3,

$$
\begin{aligned}
x'_1 &= \cos\alpha\, x_1 + \sin\alpha\, x_2 \\
x'_2 &= -\sin\alpha\, x_1 + \cos\alpha\, x_2 \\
x'_3 &= x_3
\end{aligned}
\tag{11.16}
$$

oder

$$
\begin{pmatrix} x'_1 \\ x'_2 \\ x'_3 \end{pmatrix} = R_z(\alpha) \begin{pmatrix} x_1 \\ x_2 \\ x_3 \end{pmatrix}
\tag{11.17}
$$

mit der Drehmatrix

$$
R_z(\alpha) = \begin{pmatrix} \cos\alpha & \sin\alpha & 0 \\ -\sin\alpha & \cos\alpha & 0 \\ 0 & 0 & 1 \end{pmatrix}
\tag{11.18}
$$

Analog erhält man Drehmatrizen für Drehungen jeweils um den Winkel β um die $\mathbf{e}_2$-Achse oder den Winkel γ um die $\mathbf{e}_1$-Achse:

$$
R_y(\beta) = \begin{pmatrix} \cos\beta & 0 & -\sin\beta \\ 0 & 1 & 0 \\ \sin\beta & 0 & \cos\beta \end{pmatrix}
\tag{11.19}
$$

$$
R_x(\gamma) = \begin{pmatrix} 1 & 0 & 0 \\ 0 & \cos\gamma & \sin\gamma \\ 0 & -\sin\gamma & \cos\gamma \end{pmatrix}
\tag{11.20}
$$

Jede beliebige Drehung im Raum lässt sich als Hintereinanderschaltung solcher Elementardrehungen darstellen:

Abb. 11.3 Veranschaulichung der ersten zwei von drei Elementardrehungen, aus deren Hintereinanderschaltung sich eine allgemeine Drehung zusammensetzen lässt.

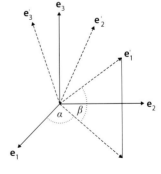

Dazu kann man folgendermaßen vorgehen:

1. Man bringt zunächst in zwei Schritten $\mathbf{e}_1$ in Position. Dabei ist α der Winkel, den die Projektion von $\mathbf{e}_1'$ auf die von $\mathbf{e}_1$ und $\mathbf{e}_2$ aufgespannte Ebene einerseits und $\mathbf{e}_1$ andererseits einschließen. Der Winkel β ist der Winkel zwischen $\mathbf{e}_1'$ und dieser Ebene (Abb. 11.3).

   a) Man führt zunächst eine Drehung um den Winkel α um die $\mathbf{e}_3$-Achse aus, sodass sich die gedrehten Koordinaten $x_i'' = R_z(\alpha)_{ij} x_j$ ergeben.

   b) Danach dreht man das Koordinatensystem um β um die x_2''-Achse und erhält so die transformierten Koordinaten $x_i''' = R_y(\beta)_{ij} x_j'' = R_y(\beta)_{ij} R_z(\alpha)_{jk} x_k$.

b) Schließlich dreht man $\mathbf{e}_2'''$ und $\mathbf{e}_3'''$ um einen Winkel γ so um die $\mathbf{e}_1'''$-Achse, dass sie mit den gewünschten Ausrichtungen $\mathbf{e}_2'$ und $\mathbf{e}_3'$ zusammenfallen. Man erhält $x_i' = R_x(\gamma)_{ij} x_j'''$ oder

$$\mathbf{x}' = R\mathbf{x} \tag{11.21}$$

wobei

$$R = R_x(\gamma) R_y(\beta) R_z(\alpha) \tag{11.22}$$

Eine wichtige Eigenschaft von Drehmatrizen ist ihre Orthogonalität, d. h.,

$$R^{-1} = R^t \tag{11.23}$$

Für die Elementardrehungen lässt sich dies direkt überprüfen. So ist z. B.

$$R_z(\alpha)^{-1} = R_z(-\alpha) = \begin{pmatrix} \cos\alpha & -\sin\alpha & 0 \\ \sin\alpha & \cos\alpha & 0 \\ 0 & 0 & 1 \end{pmatrix} = R_z(\alpha)^t \tag{11.24}$$

Damit erhält man die allgemeine Orthogonalitätseigenschaft aus (11.22). Die Orthogonalität ist ein direkter Ausdruck der Tatsache, dass Drehungen die Norm eines Vektors nicht ändern. Weiterhin gilt für infinitesimal kleine Drehungen:

$$R = I + \delta R \tag{11.25}$$

wobei die infinitesimal kleine Matrix

$$\delta R^t = -\delta R \tag{11.26}$$

erfüllt. Dazu bildet man

$$I = R^{-1}R = R^t R = I + \delta R + \delta R^t + \delta R^t \delta R \xrightarrow[\delta R \to 0]{} I + \delta R + \delta R^t \tag{11.27}$$

womit (11.26) folgt.

11.2.1 Leseempfehlung

Zu diesem und allen weiteren mathematischen Anhängen sind Lehrbücher über mathematische Methoden der Physik eine hilfreiche Unterstützung, z. B. Arfken et al. (2012).

11.3   Anhang C: Isotrope Tensoren

Ein Tensor n-ter Stufe T ist isotrop, wenn er invariant gegenüber Drehungen ist, d. h.,

$$R_{il} R_{jm} \cdots R_{kn} T_{lm...n} = T_{ij...k} \qquad (11.28)$$

wobei R die eine Drehung beschreibende Matrix ist (Anhang C). Im Folgenden wird die allgemeinste Form isotroper Tensoren bis zur 4. Stufe entwickelt.

11.3.1 Isotrope Tensoren 1. Stufe

Isotrope Tensoren 1. Stufe gibt es nicht. Zum Nachweis betrachten wir eine infinitesimal kleine Drehung $R = I + \delta R$, wobei δR antisymmetrisch ist. Ein isotroper Tensor T müsste erfüllen

$$\begin{aligned} T_i &= (\delta_{ij} + \delta R_{ij}) T_j \\ &= T_i + \delta R_{ij} T_j \end{aligned} \qquad (11.29)$$

und dies geht nur, wenn

$$\delta R_{ij} T_j = 0 \qquad (11.30)$$

für alle möglichen δR_{ij}. Also sind

$$\begin{aligned} \delta R_{11} T_1 + \delta R_{12} T_2 + \delta R_{13} T_3 &= 0 \\ \delta R_{21} T_1 + \delta R_{22} T_2 + \delta R_{23} T_3 &= 0 \\ \delta R_{31} T_1 + \delta R_{32} T_2 + \delta R_{33} T_3 &= 0 \end{aligned} \qquad (11.31)$$

Aufgrund der Antisymmetrie von δR aber sind $\delta R_{11} = \delta R_{22} = \delta R_{33} = 0$, während $\delta R_{21} = -\delta R_{12}$, $\delta R_{32} = -\delta R_{23}$ und $\delta R_{13} = -\delta R_{31}$. Damit erhält man

$$T_1 = T_2 = T_3 = 0 \qquad (11.32)$$

Es gibt also keinen isotropen Tensor 1. Stufe außer dem Nulltensor.

11.3.2 Isotrope Tensoren 2. Stufe

Wenn T ein isotroper Tensor 2. Stufe ist, gilt für alle i und k in erster Ordnung in den infinitesimal kleinen δR_{ij}

$$
\begin{aligned}
T_{ik} &= (\delta_{ij} + \delta R_{ij})(\delta_{kl} + \delta R_{kl})T_{jl} \\
&= T_{ik} + \delta R_{ij}\delta_{kl}T_{jl} + \delta R_{kl}\delta_{ij}T_{jl} \\
&= T_{ik} + \delta R_{ij}T_{jk} + \delta R_{kl}T_{il}
\end{aligned}
\tag{11.33}
$$

weshalb

$$
\delta R_{ij}T_{jk} + \delta R_{kj}T_{ij} = 0
\tag{11.34}
$$

Für den Fall ungleicher i und k wählen wir $i = 1$ und $k = 2$. Da $\delta R_{11} = \delta R_{22} = 0$, haben wir

$$
\begin{aligned}
0 &= \delta R_{12}T_{22} + \delta R_{13}T_{32} + \delta R_{21}T_{11} + \delta R_{23}T_{13} \\
&= \delta R_{12}(T_{22} - T_{11}) + \delta R_{13}T_{32} + \delta R_{23}T_{13}
\end{aligned}
\tag{11.35}
$$

und damit

$$
T_{32} = T_{13} = 0; \quad T_{11} = T_{22}
\tag{11.36}
$$

Analog lässt sich allgemein zeigen, dass $T_{ik} = 0$, wenn $i \neq k$, während $T_{11} = T_{22} = T_{33}$. Damit gilt (11.34) auch für identische i und k. Sei z. B. $i = k = 1$. Dann muss gelten

$$
\delta R_{12}T_{21} + \delta R_{13}T_{31} + \delta R_{12}T_{12} + \delta R_{13}T_{13} = 0
\tag{11.37}
$$

Dies ist in der Tat der Fall, da alle Terme null sind. Damit ist der einzige isotrope Tensor 2. Stufe das Produkt aus einem Skalar und δ_{ik}.

11.3.3 Isotrope Tensoren 3. Stufe

Wenn T ein isotroper Tensor 3. Stufe ist, gilt für alle i, k und m

$$
T_{ikm} = (\delta_{ij} + \delta R_{ij})(\delta_{kl} + \delta R_{kl})(\delta_{mn} + \delta R_{mn})T_{jln}
\tag{11.38}
$$

und deshalb

$$
\delta R_{ij}T_{jkm} + \delta R_{kj}T_{ijm} + \delta R_{mj}T_{ikj} = 0
\tag{11.39}
$$

Wir betrachten zunächst $i = k = 1$:

$$
\delta R_{12}T_{21m} + \delta R_{13}T_{31m} + \delta R_{12}T_{12m} + \delta R_{13}T_{13m} + \delta R_{m1}T_{111} + \delta R_{m2}T_{112} + \delta R_{m3}T_{113} = 0
\tag{11.40}
$$

Nun wählen wir $m = 2$. Damit ist auch $\delta R_{m2} = 0$. Also liefert die Zusammenfassung der Terme zu δR_{12}, δR_{13} und δR_{23}

$$T_{212} + T_{122} = T_{111}$$
$$T_{312} + T_{132} = 0 \tag{11.41}$$
$$T_{113} = 0$$

Mittels analoger Ergebnisse zu der letzten der drei Gleichungen unter Gleichsetzung jeweils zweier der Indizes findet man insgesamt, dass $T_{ikm} = 0$, wenn zwei Indizes gleich sind und der dritte Index sich unterscheidet. Aus der ersten der Gleichungen folgt dann, dass $T_{iii} = 0$ für beliebige i. Die zweite der Gleichungen zeigt schließlich, dass

$$T_{ikm} = -T_{kim} \tag{11.42}$$

wenn alle Indizes verschieden sind. Analog findet man durch Gleichsetzung zweier anderer Indizes aus i, k, m in (11.39), dass auch

$$T_{imk} = -T_{kmi} \tag{11.43}$$
$$T_{mik} = -T_{mki} \tag{11.44}$$

Dies führt insgesamt auch automatisch zur Befriedigung von (11.40) mit $m = 1$.

Wenn schließlich in (11.39) alle i, k, m verschieden sind, ist $T_{jkm} = 0$, wenn nicht $j = i$, was aber wiederum bedeutet, dass $\delta R_{ij} = 0$, sodass (11.39) befriedigt ist. Daraus folgt, dass jeder isotrope Tensor 3. Stufe ein Produkt aus ϵ_{ikm} mit einem Skalar ist.

11.3.4 Isotrope Tensoren 4. Stufe

Für einen isotropen Tensor 4. Stufe T gilt analog zu oben

$$\delta R_{ij} T_{jkmp} + \delta R_{kj} T_{ijmp} + \delta R_{mj} T_{ikjp} + \delta R_{pj} T_{ikmj} = 0 \tag{11.45}$$

Es gibt nur drei mögliche Werte für i, k, m, p, so dass zwei von ihnen identisch sein müssen. Wir betrachten im Folgenden die vier verschiedenen Fälle, dass (a) nur zwei Indizes gleich sind, (b) drei Indizes gleich sind und der letzte verschieden, (c) jeweils zwei Indizes gleich sind und (d) alle Indizes gleich sind.

Nur zwei gleiche Indizes
Wir wählen $i = k = 1$, $m = 2$ und $p = 3$. Dann ist

$$0 = \delta R_{12} T_{2123} + \delta R_{13} T_{3123} + \delta R_{12} T_{1223} + \delta R_{13} T_{1323}$$
$$+ \delta R_{21} T_{1113} + \delta R_{23} T_{1133} + \delta R_{31} T_{1121} + \delta R_{32} T_{1122} \tag{11.46}$$

Aufgrund der Antisymmetrie von δR führt dies zu

$$T_{2123} + T_{1223} - T_{1113} = 0$$
$$T_{3123} + T_{1323} - T_{1121} = 0 \tag{11.47}$$

und

$$T_{1133} - T_{1122} = 0 \tag{11.48}$$

Weitere Ergebnisse erhält man durch Vertauschung zweier Indizes, die nicht schon identisch sind, und durch zyklische Vertauschung der Achsen ($1 \rightarrow 2, 2 \rightarrow 3, 3 \rightarrow 1$). Auf diese Weise liefert (11.48)

$$T_{1133} = T_{1122} = T_{2233} = T_{2211} = T_{3322} = T_{3311} \equiv \lambda \tag{11.49}$$

und auch

$$T_{1313} = T_{1212} = T_{2323} = T_{2121} = T_{3232} = T_{3131} \equiv \mu + \nu \tag{11.50}$$
$$T_{3113} = T_{2112} = T_{3223} = T_{1221} = T_{2332} = T_{1331} \equiv \mu - \nu \tag{11.51}$$

Hierbei sind λ, μ und ν frei wählbare Parameter.

Drei gleiche Indizes

Wir wählen $i = k = m = 1$ und $p = 2$, sodass

$$0 = \delta R_{12} T_{2112} + \delta R_{13} T_{3112} + \delta R_{12} T_{1212} + \delta R_{13} T_{1312}$$
$$+ \delta R_{12} T_{1122} + \delta R_{13} T_{1132} + \delta R_{21} T_{1111} + \delta R_{23} T_{1113} \tag{11.52}$$

Der letzte Term führt auf

$$T_{1113} = 0 \tag{11.53}$$

Mittels Indexvertauschung findet man auf diesem Weg, dass generell $T_{ikmp} = 0$, wenn nur drei Indizes gleich sind (Typ a).

Außerdem liefern die Terme zu δR_{13} in (11.52)

$$T_{3112} + T_{1312} + T_{1132} = 0 \tag{11.54}$$

Andererseits verschwindet aufgrund des eben abgeleiteten Ergebnisses der jeweils letzte Term in (11.47), sodass

$$T_{2123} + T_{1223} = 0 \tag{11.55}$$

Durch zyklische Achsenvertauschung erhalten wir daraus

$$T_{1312} + T_{3112} = 0 \tag{11.56}$$

sodass mittels (11.54)

$$T_{1132} = 0 \tag{11.57}$$

Damit verschwinden auch alle Tensorelemente mit nur zwei gleichen Indizes (Typ b).

Die Terme zu δR_{12} in (11.52) ergeben zusammen

$$T_{1111} = T_{2112} + T_{1212} + T_{1122} \tag{11.58}$$

sodass Tensorelemente mit vier gleichen Indizes (Typ d) mittels Tensorelementen mit jeweils zwei gleichen Indizes (Typ c) ausgedrückt werden können.

Es bleiben damit die nicht verschwindenden Koeffizienten vom Typ (c) und (d). Die Betrachtung der entsprechenden Transformationsformeln gemäß (11.45) liefert keine neuen Erkenntnisse. Wenn z. B. $i = k = 1$ und $m = p = 2$, führt die Ersetzung von entweder i oder k in den ersten beiden Termen durch j nur dann zu nicht verschwindenden Tensorelementen, wenn $j = 1$. Dann aber ist $\delta R_{ij} = 0$ oder $\delta R_{kj} = 0$. Analog sind auch die beiden letzten Terme in (11.45) automatisch null, sodass die Gleichung befriedigt wird. Ähnliche Überlegungen gelten für $i = k = m = p$.

Wegen (11.49)–(11.51) lässt sich (11.58) umschreiben in

$$T_{1111} = T_{2222} = T_{3333} = \lambda + 2\mu \tag{11.59}$$

Es gibt also drei unabhängige isotrope Tensoren 4. Stufe, die man jeweils erhält, indem einer der drei Parameter λ, μ und ν gleich eins gesetzt wird und die anderen auf null. Im λ-Tensor ist $T_{ikmp} = 1$, wenn $i = k$ und $m = p$. Alle anderen Komponenten sind null. Er ist deshalb ein Vielfaches des Tensors mit den Komponenten $\delta_{ik}\delta_{mp}$. Wie man aus (11.49) und (11.50) sieht, ist im μ-Tensor $T_{ikmp} = 1$, wenn $i = m$ und $k = p$ oder wenn $i = p$ und $k = m$, wobei immer $i \neq k$. Wenn auch $i = k$, sieht man aus (11.59), dass die Komponente 2 ist. Alle anderen Komponenten sind null, sodass

$$T_{ikmp} = \delta_{im}\delta_{kp} + \delta_{ip}\delta_{km} \tag{11.60}$$

Im ν-Tensor wiederum ist $T_{ikmp} = 1$, wenn $i = m$ und $k = p$, und $T_{ikmp} = -1$, wenn $i = p$ und $k = m$. In allen anderen Fällen ist $T_{ikmp} = 0$. Dies betrifft auch den Fall $i = k = m = p$. Damit erhalten wir

$$T_{ikmp} = \delta_{im}\delta_{kp} - \delta_{ip}\delta_{km} \tag{11.61}$$

Der allgemeine isotrope Tensor 4. Stufe ist damit

$$T_{ikmp} = \lambda\delta_{ij}\delta_{mp} + \mu(\delta_{im}\delta_{kp} + \delta_{ip}\delta_{km}) + \nu(\delta_{im}\delta_{kp} - \delta_{ip}\delta_{km}) \tag{11.62}$$

wobei λ, μ, ν freie Parameter sind.

11.3.5 Leseempfehlung

Beträchtlich mehr zu Tensoren findet man z. B. in Hess (2015).

11.4 Anhang D: Kugelkoordinaten

11.4.1 Die lokalen Basisvektoren

Die (näherungsweise) Kugelförmigkeit der Erde legt die Verwendung eines angepassten Koordinatensystems nahe. Kugelkoordinaten, in Abb. 1.12 dargestellt, sind dafür sehr gut geeignet. Die *geographische Länge* λ liegt im Intervall $0 \leq \lambda \leq 2\pi$. Die *geographische Breite* ist ϕ mit $-\frac{\pi}{2} \leq \phi \leq \frac{\pi}{2}$. Hinzu kommt der *Radialabstand* r zum Erdmittelpunkt. Der Ortsvektor in kartesischen Koordinaten errechnet sich aus den Kugelkoordinaten mittels (1.93). Wir definieren Einheitsvektoren in Richtung der Ortsänderung bei Variation nur einer Koordinate:

$$
\begin{aligned}
\mathbf{e}_\lambda &= \frac{1}{h_\lambda}\frac{\partial \mathbf{x}}{\partial \lambda} \qquad && \text{mit } h_\lambda = \left|\frac{\partial \mathbf{x}}{\partial \lambda}\right| \\
\mathbf{e}_\phi &= \frac{1}{h_\phi}\frac{\partial \mathbf{x}}{\partial \phi} \qquad && \text{mit } h_\phi = \left|\frac{\partial \mathbf{x}}{\partial \phi}\right| \\
\mathbf{e}_r &= \frac{1}{h_r}\frac{\partial \mathbf{x}}{\partial r} \qquad && \text{mit } h_r = \left|\frac{\partial \mathbf{x}}{\partial r}\right|
\end{aligned}
\tag{11.63}
$$

Einsetzen von (1.93) ergibt z. B.:

$$
\frac{\partial \mathbf{x}}{\partial \lambda} = \begin{pmatrix} -r\cos\phi\sin\lambda \\ r\cos\phi\cos\lambda \\ 0 \end{pmatrix}
\tag{11.64}
$$

und damit den metrischen Faktor

$$
h_\lambda = r\cos\phi
\tag{11.65}
$$

sodass

$$
\mathbf{e}_\lambda = \begin{pmatrix} -\sin\lambda \\ \cos\lambda \\ 0 \end{pmatrix}
\tag{11.66}
$$

Zusammenfassend erhält man nach analogen Rechnungen auch für die beiden anderen Koordinaten

$$\mathbf{e}_\lambda = \begin{pmatrix} -\sin\lambda \\ \cos\lambda \\ 0 \end{pmatrix} \qquad h_\lambda = r\cos\phi \qquad\qquad (11.67)$$

$$\mathbf{e}_\phi = \begin{pmatrix} -\sin\phi\cos\lambda \\ -\sin\phi\sin\lambda \\ \cos\phi \end{pmatrix} \qquad h_\phi = r \qquad\qquad (11.68)$$

$$\mathbf{e}_r = \begin{pmatrix} \cos\phi\cos\lambda \\ \cos\phi\sin\lambda \\ \sin\phi \end{pmatrix} \qquad h_r = 1 \qquad\qquad (11.69)$$

Die Einheitsvektoren hängen, im Gegensatz zu den kartesischen, vom Ort ab. Sie sind aber dennoch orthogonal zueinander, d. h.:

$$\mathbf{e}_\lambda \cdot \mathbf{e}_\phi = \mathbf{e}_\lambda \cdot \mathbf{e}_r = \mathbf{e}_\phi \cdot \mathbf{e}_r = 0 \qquad\qquad (11.70)$$

11.4.2 Der Gradient in Kugelkoordinaten

Zur Umformulierung der Gleichungen der Atmosphäre auf Kugelkoordinaten müssen die verschiedenen Differentialoperatoren auf das neue Koordinatensystem mit den zugehörigen lokalen Einheitsvektoren umgeschrieben werden. Hier soll dies zunächst für den Gradienten geschehen. Gesucht sind also für eine beliebige ortsabhängige Funktion Ψ Faktoren g_λ^Ψ, g_ϕ^Ψ und g_r^Ψ, sodass

$$\nabla\Psi = g_\lambda^\Psi \mathbf{e}_\lambda + g_\phi^\Psi \mathbf{e}_\phi + g_r^\Psi \mathbf{e}_r \qquad\qquad (11.71)$$

Dazu nutzen wir aus, dass generell für beliebige Ortsänderungen

$$d\Psi = \nabla\Psi \cdot d\mathbf{x} = \nabla\Psi \cdot \left(\frac{\partial\mathbf{x}}{\partial\lambda}d\lambda + \frac{\partial\mathbf{x}}{\partial\phi}d\phi + \frac{\partial\mathbf{x}}{\partial r}dr \right)$$
$$= \nabla\Psi \cdot (h_\lambda\mathbf{e}_\lambda d\lambda + h_\phi\mathbf{e}_\phi d\phi + h_r\mathbf{e}_r dr) \qquad\qquad (11.72)$$

gilt. Setzen wir nun $d\phi = dr = 0$ und verwenden (11.71), so erhalten wir

$$d\Psi = \nabla\Psi \cdot \mathbf{e}_\lambda h_\lambda d\lambda = g_\lambda^\Psi h_\lambda d\lambda \qquad\qquad (11.73)$$

sodass

$$g_\lambda^\Psi = \frac{1}{h_\lambda}\frac{\partial\Psi}{\partial\lambda} \qquad\qquad (11.74)$$

Zusammen mit analogen Rechnungen für ϕ und r erhält man so

$$\nabla\Psi = \frac{1}{h_\lambda}\frac{\partial\Psi}{\partial\lambda}\mathbf{e}_\lambda + \frac{1}{h_\phi}\frac{\partial\Psi}{\partial\phi}\mathbf{e}_\phi + \frac{1}{h_r}\frac{\partial\Psi}{\partial r}\mathbf{e}_r \qquad\qquad (11.75)$$

sodass, unter Verwendung von (11.67) – (11.69),

$$\nabla \Psi = \frac{1}{r \cos \phi} \frac{\partial \Psi}{\partial \lambda} \mathbf{e}_\lambda + \frac{1}{r} \frac{\partial \Psi}{\partial \phi} \mathbf{e}_\phi + \frac{\partial \Psi}{\partial r} \mathbf{e}_r \qquad (11.76)$$

11.4.3 Die Divergenz in Kugelkoordinaten

Zur Berechnung der Divergenz eines beliebigen Vektorfelds **b** in Kugelkoordinaten verwenden wir den Integralsatz von Gauß (11.3) im Grenzfall eines infinitesimal kleinen Integrationsvolumens und erhalten so

$$\nabla \cdot \mathbf{b} = \lim_{V \to 0} \frac{1}{V} \int_S \mathbf{b} \cdot d\mathbf{S} \qquad (11.77)$$

Wir betrachten nun ein Volumen, das durch Isoflächen jeweils einer der Kugelkoordinaten λ, ϕ oder r eingeschlossen wird (Abb. 11.4).

Die Seitenlänge $\overline{AB}$ ist z. B. in führender Ordnung in den infinitesimalen Differentialen $d\lambda$, $d\phi$ und dr

$$\overline{AB} = \left| \frac{\partial \mathbf{x}}{\partial \lambda} d\lambda \right|$$
$$= h_\lambda d\lambda \qquad (11.78)$$

Analog erhalten wir

$$\overline{AD} = h_\phi d\phi \qquad (11.79)$$
$$\overline{EA} = h_r dr \qquad (11.80)$$

Das Gesamtvolumen ist damit

$$V = (h_\lambda d\lambda)(h_\phi d\phi)(h_r dr)$$
$$= h_\lambda h_\phi h_r d\lambda d\phi dr \qquad (11.81)$$

Abb. 11.4 Ein infinitesimal kleines Volumen, das durch Isoflächen mit konstanten Werten für jeweils eine Kugelkoordinate eingeschlossen wird.

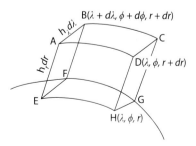

Die Normalvektoren der Isoflächen sind parallel oder antiparallel zu den entsprechenden Einheitsvektoren, sodass für $\mathbf{b} = b_\lambda \mathbf{e}_\lambda + b_\phi \mathbf{e}_\phi + b_r \mathbf{e}_r$, wiederum in führender Ordnung in $d\lambda$, $d\phi$ und dr

$$\int_S \mathbf{b} \cdot d\mathbf{S} = b_r(\lambda, \phi, r + dr) dS_{ABCD} - b_r(\lambda, \phi, r) dS_{EFGH}$$
$$+ b_\phi(\lambda, \phi + d\phi, r) dS_{EABF} - b_\phi(\lambda, \phi, r) dS_{HDCG}$$
$$+ b_\lambda(\lambda + d\lambda, \phi, r) dS_{BCGF} - b_\lambda(\lambda, \phi, r) dS_{EADH} \qquad (11.82)$$

Dabei ist z. B.

$$b_r(\lambda, \phi, r + dr) dS_{ABCD} - b_r(\lambda, \phi, r) dS_{EFGH}$$
$$= b_r(\lambda, \phi, r + dr) \left(h_\lambda h_\phi \right)(\lambda, \phi, r + dr) \, d\lambda d\phi - b_r(\lambda, \phi, r)(h_\lambda h_\phi)(\lambda, \phi, r) d\lambda d\phi$$
$$= \frac{\partial}{\partial r} (b_r h_\lambda h_\phi)(\lambda, \phi, r) d\lambda d\phi dr \qquad (11.83)$$

Nach analogen Rechnungen für die beiden anderen Paare von Teilflächen erhalten wir daraus

$$\int_S \mathbf{b} \cdot d\mathbf{S} = \frac{\partial}{\partial \lambda} (h_\phi h_r b_\lambda) d\lambda d\phi dr + \frac{\partial}{\partial \phi} (h_\lambda h_r b_\phi) d\lambda d\phi dr + \frac{\partial}{\partial r} (h_\lambda h_\phi b_r) d\lambda d\phi dr \quad (11.84)$$

Einsetzen von (11.81) und (11.84) in (11.77) liefert

$$\nabla \cdot \mathbf{b} = \frac{1}{h_\lambda h_\phi h_r} \left[\frac{\partial}{\partial \lambda} (h_\phi h_r b_\lambda) + \frac{\partial}{\partial \phi} (h_\lambda h_r b_\phi) + \frac{\partial}{\partial r} (h_\lambda h_\phi b_r) \right] \qquad (11.85)$$

und unter Verwendung der metrischen Faktoren aus (11.67) – (11.69)

$$\nabla \cdot \mathbf{b} = \frac{1}{r \cos \phi} \frac{\partial b_\lambda}{\partial \lambda} + \frac{1}{r \cos \phi} \frac{\partial}{\partial \phi} \left(\cos \phi \, b_\phi \right) + \frac{1}{r^2} \frac{\partial}{\partial r} (r^2 b_r) \qquad (11.86)$$

11.4.4 Die Rotation in Kugelkoordinaten

Die Rotation eines beliebigen Vektorfelds $\mathbf{b}$ lässt sich in Kugelkoordinaten mittels des Satzes von Stokes (11.5) über die Beziehung

Abb. 11.5 Eine infinitesimal kleine Fläche S mit Flächennormale $\mathbf{n}$ zur Bestimmung der Komponente der Rotation parallel zu $\mathbf{n}$ mittels des Satzes von Stokes.

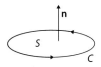

Abb. 11.6 Die Fläche zur
Berechnung von $(\nabla \times \mathbf{b})_\lambda$
mittels des Satzes von Stokes.

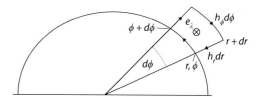

$$(\nabla \times \mathbf{b}) \cdot \mathbf{n} = \lim_{S \to 0} \frac{1}{S} \oint_C \mathbf{b} \cdot d\mathbf{x} \qquad (11.87)$$

bestimmen, wobei die Geometrie nochmals in Abb. 11.5 dargestellt ist. Die Integrationsrichtung des Kurvenintegrals ist von oben gesehen gegen den Uhrzeigersinn gerichtet. Die Komponenten der Rotation in Kugelkoordinaten seien definiert als

$$\nabla \times \mathbf{b} = (\nabla \times \mathbf{b})_\lambda \, \mathbf{e}_\lambda + (\nabla \times \mathbf{b})_\phi \, \mathbf{e}_\phi + (\nabla \times \mathbf{b})_r \, \mathbf{e}_r \qquad (11.88)$$

Damit sind

$$(\nabla \times \mathbf{b})_\lambda = (\nabla \times \mathbf{b}) \cdot \mathbf{e}_\lambda \qquad (11.89)$$

$$(\nabla \times \mathbf{b})_\phi = (\nabla \times \mathbf{b}) \cdot \mathbf{e}_\phi \qquad (11.90)$$

$$(\nabla \times \mathbf{b})_r = (\nabla \times \mathbf{b}) \cdot \mathbf{e}_r \qquad (11.91)$$

Die Berechnung der Skalarprodukte geschieht mittels (11.87), wobei die Integrationsfläche so zu wählen ist, dass der zugehörige Normalvektor mit einem der drei Einheitsvektoren $\mathbf{n} = \mathbf{e}_\lambda$, $\mathbf{e}_\phi$ oder $\mathbf{e}_r$ identisch ist.

Exemplarisch sei dies für die Komponente $(\nabla \times \mathbf{b})_\lambda$ gezeigt. Als Integrationsfläche wählen wir eine infinitesimal kleine Fläche, die in der Ebene zu festem λ liegend von Kurven mit festem ϕ oder r begrenzt wird (Abb. 11.6). Der Flächeninhalt ist

$$S = (h_r dr)(h_\phi d\phi) \qquad (11.92)$$

Das Kurvenintegral ergibt sich zu

$$\begin{aligned}
\oint_C \mathbf{b} \cdot d\mathbf{r} &= \left(b_\phi h_\phi d\phi\right)(\lambda, \phi, r) + (b_r h_r dr)(\lambda, \phi + d\phi, r) \\
&\quad - \left(b_\phi h_\phi d\phi\right)(\lambda, \phi, r + dr) - (b_r h_r dr)(\lambda, \phi, r) \\
&= \left(b_\phi h_\phi\right)(\lambda, \phi, r)\, d\phi + \left[(b_r h_r)(\lambda, \phi, r) + \frac{\partial}{\partial \phi}(b_r h_r)(\lambda, \phi, r)\, d\phi\right] dr \\
&\quad - \left[(b_\phi h_\phi)(\lambda, \phi, r) + \frac{\partial}{\partial r}(b_\phi h_\phi)(\lambda, \phi, r)\, dr\right] d\phi - (b_r h_r)(\lambda, \phi, r)\, dr \\
&= \left[\frac{\partial}{\partial \phi}(b_r h_r) - \frac{\partial}{\partial r}(b_\phi h_\phi)\right] d\phi dr \qquad (11.93)
\end{aligned}$$

Einsetzen von (11.92) und (11.93) in (11.87) liefert somit

$$(\nabla \times \mathbf{b})_\lambda = \frac{1}{h_r h_\phi} \left[\frac{\partial}{\partial \phi} (h_r b_r) - \frac{\partial}{\partial r} \left(h_\phi b_\phi \right) \right] \tag{11.94}$$

Ganz analog erhält man auch

$$(\nabla \times \mathbf{b})_\phi = \frac{1}{h_\lambda h_r} \left[\frac{\partial}{\partial r} (h_\lambda b_\lambda) - \frac{\partial}{\partial \lambda} (h_r b_r) \right] \tag{11.95}$$

und

$$(\nabla \times \mathbf{b})_r = \frac{1}{h_\lambda h_\phi} \left[\frac{\partial}{\partial \lambda} \left(h_\phi b_\phi \right) - \frac{\partial}{\partial \phi} (h_\lambda b_\lambda) \right] \tag{11.96}$$

Verwendung der metrischen Faktoren aus (11.67) – (11.69) ergibt schließlich

$$(\nabla \times \mathbf{b})_\lambda = \frac{1}{r} \left[\frac{\partial b_r}{\partial \phi} - \frac{\partial}{\partial r} \left(r b_\phi \right) \right] \tag{11.97}$$

$$(\nabla \times \mathbf{b})_\phi = \frac{1}{r \cos \phi} \left[\frac{\partial}{\partial r} (r \cos \phi \, b_\lambda) - \frac{\partial b_r}{\partial \lambda} \right] \tag{11.98}$$

$$(\nabla \times \mathbf{b})_r = \frac{1}{r \cos \phi} \left[\frac{\partial b_\phi}{\partial \lambda} - \frac{\partial}{\partial \phi} (\cos \phi \, b_\lambda) \right] \tag{11.99}$$

11.4.5 Leseempfehlung

Zu diesem und allen weiteren mathematischen Anhängen sind Lehrbücher über mathematische Methoden der Physik eine hilfreiche Unterstützung, z. B. Arfken et al. (2012).

11.5 Anhang E: Fourier-Integrale und Fourier-Reihen

11.5.1 Fourier-Integrale

Gerade in der Behandlung von Wellenphänomenen, aber längst nicht nur dort, ist die Fourier-Transformation ein unerlässliches Werkzeug. Hier seien einige wichtige Aspekte dazu zusammengefasst.

Definition
Sei $f : \mathbb{R} \to \mathbb{C}$, $x \mapsto f(x)$ eine Funktion mit folgenden Eigenschaften:

- $f(x)$ ist stückweise stetig,
- $f(x)$ ist differenzierbar, und

- $f(x)$ ist absolut integrierbar, d.h., $\int_{-\infty}^{\infty} dx |f(x)| < \infty$, was nur erfüllt ist, wenn $f(x)$ im Unendlichen verschwindet.

Unter diesen Bedingungen ist die *Fourier-Transformierte* von f bei der Wellenzahl k

$$\tilde{f}(k) = \frac{1}{2\pi} \int_{-\infty}^{\infty} dx e^{-ikx} f(x) \tag{11.100}$$

Die Ursprungsfunktion lässt sich mittels der inversen Fourier-Transformation über

$$f(x) = \int_{-\infty}^{\infty} dk e^{ikx} \tilde{f}(k) \tag{11.101}$$

aus der Fourier-Transformierten berechnen. Aus dieser Darstellung ist erkennbar, dass man $f(x)$ als eine Überlagerung von Wellen mit der Wellenzahl k sehen kann, korrespondierend zur Wellenlänge $\lambda = 2\pi/k$, wobei die zugehörige Amplitude jeweils $\tilde{f}(k)dk$ ist.

Die höherdimensionale Verallgemeinerung für Funktionen $f : \mathbb{R}^n \to \mathbb{C}$, $\mathbf{x} \mapsto f(\mathbf{x})$ ist denkbar als sukzessive Ausführung der Fourier-Transformation über alle Variablen x_i. Man erhält

$$\tilde{f}(\mathbf{k}) = \frac{1}{(2\pi)^n} \int_{-\infty}^{\infty} dx_1 \int_{-\infty}^{\infty} dx_2 \ldots \int_{-\infty}^{\infty} dx_n e^{-i\mathbf{k}\cdot\mathbf{x}} f(\mathbf{x}) \tag{11.102}$$

$$f(\mathbf{x}) = \int_{-\infty}^{\infty} dk_1 \int_{-\infty}^{\infty} dk_2 \ldots \int_{-\infty}^{\infty} dk_n e^{i\mathbf{k}\cdot\mathbf{x}} \tilde{f}(\mathbf{k}) \tag{11.103}$$

Hinsichtlich der Zeit ist eine leicht andere Definition üblich. Zu einer zeitabhängigen Funktion $f(t)$ ist die Fourier-Transformierte bei der Frequenz ω

$$\tilde{f}(\omega) = \frac{1}{2\pi} \int_{-\infty}^{\infty} dt e^{i\omega t} f(t) \tag{11.104}$$

und die inverse Transformation lautet

$$f(t) = \int_{-\infty}^{\infty} d\omega e^{-i\omega t} \tilde{f}(\omega) \tag{11.105}$$

Für raum- und zeitabhängige Funktionen ergibt sich in direkter Verallgemeinerung

$$\tilde{f}(\mathbf{k}, \omega) = \frac{1}{(2\pi)^4} \int_{-\infty}^{\infty} dx \int_{-\infty}^{\infty} dy \int_{-\infty}^{\infty} dz \int_{-\infty}^{\infty} dt e^{-i(\mathbf{k}\cdot\mathbf{x} - \omega t)} f(\mathbf{x}, t) \tag{11.106}$$

$$f(\mathbf{x}, t) = \int_{-\infty}^{\infty} dk_x \int_{-\infty}^{\infty} dk_y \int_{-\infty}^{\infty} dk_z \int_{-\infty}^{\infty} d\omega e^{i(\mathbf{k}\cdot\mathbf{x} - \omega t)} \tilde{f}(\mathbf{k}, \omega) \tag{11.107}$$

Die Funktion wird also in Wellen mit Frequenz ω und Wellenzahl $\mathbf{k}$ zerlegt.

Einige Eigenschaften

Grundsätzlich ist die Fourier-Transformation eine *lineare* Operation, d. h.,

$$g(\mathbf{x}, t) = af(\mathbf{x}, t) + bh(\mathbf{x}, t) \tag{11.108}$$

führt zu

$$\tilde{g}(\mathbf{k}, \omega) = a\tilde{f}(\mathbf{k}, \omega) + b\tilde{h}(\mathbf{k}, \omega) \tag{11.109}$$

Von großer Bedeutung ist die Eigenschaft, dass die Fourier-Transformierte einer Ableitung das Produkt aus der Fourier-Transformierten der nicht abgeleiteten Funktion und der Wellenzahl ist. Z. B. hat man für $g(x) = df/dx$ mittels partieller Integration

$$\tilde{g}(k) = \frac{1}{2\pi} \int_{-\infty}^{\infty} dx e^{-ikx} \frac{df}{dx} = \frac{1}{2\pi} \left[e^{-ikx} f \right]_{-\infty}^{\infty} + \frac{ik}{2\pi} \int_{-\infty}^{\infty} dx e^{-ikx} f = ik\tilde{f}(k) \tag{11.110}$$

wobei hier die Eigenschaft der absoluten Integrierbarkeit zum Tragen kam, derzufolge f im Unendlichen verschwinden muss. Analog gilt in direkter Verallgemeinerung

$$g(\mathbf{x}, t) = \frac{\partial^m \partial^n \partial^o \partial^p}{\partial x^m \partial y^n \partial z^o \partial t^p} f \quad \Leftrightarrow \quad \tilde{g}(\mathbf{k}, \omega) = (ik_x)^m (ik_y)^n (ik_z)^o (-i\omega)^p \tilde{f}(k, \omega) \tag{11.111}$$

11.5.2 Fourier-Reihen

Im Spezialfall periodischer Funktionen oder von Funktionen mit verschwindenden Randwerten wird das Fourierintegral zu einer Fourier-Reihe über Wellenzahlen zu Wellenlängen, die mit der Grundwellenlänge und ihren höheren Harmonischen identisch sind.

Periodische Funktionen

Jede Funktion f: $\mathbb{R} \to \mathbb{C}$, $x \mapsto f(x)$, die periodisch mit der Länge L ist, sodass $f(x + L) = f(x)$, lässt sich als Fourier-Reihe schreiben:

$$f(x) = \sum_{n=-\infty}^{\infty} f_n e^{ik_n x} \quad \text{mit} \quad k_n = n\frac{2\pi}{L} \tag{11.112}$$

Die zugehörigen Fourier-Koeffizienten sind

$$f_n = \frac{1}{L} \int_{-\frac{L}{2}}^{\frac{L}{2}} dx f(x) e^{-ik_n x} \tag{11.113}$$

Für *reelle* Funktionen ist

$$f^*_{-n} = \frac{1}{L} \int_{-\frac{L}{2}}^{\frac{L}{2}} dx f(x) e^{-ik_n x} = f_n \tag{11.114}$$

sodass

$$f(x) = \sum_{n=-\infty}^{-1} f_n e^{ik_n x} + f_0 + \sum_{n=1}^{\infty} f_n e^{ik_n x} = \sum_{n=1}^{\infty} f_{-n} e^{-ik_n x} + f_0 + \sum_{n=1}^{\infty} f_n e^{ik_n x}$$

$$= f_0 + \sum_{n=1}^{\infty} \left(f_n e^{ik_n x} + f^*_n e^{-ik_n x} \right) \tag{11.115}$$

Damit lässt sich leicht zeigen, dass für reelle Funktionen

$$f(x) = \frac{c_0}{2} + \sum_{n=1}^{\infty} [c_n \cos(k_n x) + s_n \sin(k_n x)] \tag{11.116}$$

$$c_n = \frac{2}{L} \int_{-\frac{L}{2}}^{\frac{L}{2}} dx f(x) \cos(k_n x) \tag{11.117}$$

$$s_n = \frac{2}{L} \int_{-\frac{L}{2}}^{\frac{L}{2}} dx f(x) \sin(k_n x) \tag{11.118}$$

Dabei ist der Cosinusanteil symmetrisch bezüglich $x = 0$ und der Sinusanteil antisymmetrisch.

Die Reihendarstellung einer Funktion mit verschwindenden Randwerten

Auf der Basis von Fourier-Reihen lässt sich auch eine reelle Funktion $f : [0, L] \to \mathbb{R}; x \mapsto f(x)$ auf einem endlichen Intervall mit verschwindenden Randwerten darstellen, sodass $f(0) = f(L) = 0$. Dazu konstruiert man durch Punktspiegelung an $x = 0$ aus f eine Funktion

$$g : [-L, L] \to \mathbb{R}; x \mapsto g(x) = \begin{cases} f(x) & \text{wenn } x \geq 0 \\ -f(-x) & \text{wenn } x < 0 \end{cases}$$

die antisymmetrisch bezüglich $x = 0$ ist. Diese wiederum kann als Teil einer antisymmetrischen Funktion $\mathbb{R} \to \mathbb{R}$ mit Periode $2L$ aufgefasst werden. Also ist

$$g(x) = \sum_{n=1}^{\infty} s_n \sin n \frac{2\pi}{2L} x = \sum_{n=1}^{\infty} s_n \sin \frac{n\pi}{L} x \tag{11.119}$$

mit

$$s_n = \frac{1}{L} \int_{-L}^{L} dx \, g(x) \sin \frac{n\pi}{L} x = \frac{2}{L} \int_0^L dx \, g(x) \sin \frac{n\pi}{L} x \tag{11.120}$$

da $g(x)$ genauso wie der Sinus antisymmetrisch bezüglich $x = 0$ ist. Da für $0 \leq x \leq L$ die Funktionen f und g identisch sind, kann damit $f : [0, L] \to \mathbb{R}; x \mapsto f(x)$ geschrieben werden als

$$f(x) = \sum_{n=1}^{\infty} s_n \sin \frac{n\pi}{L} x \tag{11.121}$$

$$s_n = \frac{2}{L} \int_0^L dx f(x) \sin \frac{n\pi}{L} x \tag{11.122}$$

Da bei komplexen Funktionen $f : [0, L] \to \mathbb{C}; x \mapsto f(x)$ mit verschwindenden Randwerten eine separate entsprechende Behandlung von Real- und Imaginärteil möglich ist, gilt die Darstellung (11.121) auch für solche.

11.5.3 Leseempfehlung

Zu diesem und allen weiteren mathematischen Anhängen sind Lehrbücher über mathematische Methoden der Physik eine hilfreiche Unterstützung, z. B. Arfken et al. (2012).

11.6 Anhang F: Zonalsymmetrische Rossby-Wellen im quasigeostrophischen Zweischichtenmodell

Wie in Abschn. 6.3.1 dargestellt, befriedigen infinitesimal kleine Störungen eines barotropen zonalen Grundstroms U im quasigeostrophischen Zweischichtenmodell die Gleichungen

$$\left(\frac{\partial}{\partial t} + U \frac{\partial}{\partial x} \right) \nabla_h^2 \psi' + \beta \frac{\partial \psi'}{\partial x} = 0 \tag{11.123}$$

und

$$\left(\frac{\partial}{\partial t} + U \frac{\partial}{\partial x} \right) \left(\nabla_h^2 \tau' - \kappa^2 \tau' \right) + \beta \frac{\partial \tau'}{\partial x} = 0 \tag{11.124}$$

wobei ψ' und τ' die Stromfunktionen des barotropen und baroklinen Modes sind, die sich mittels

$$\psi' = \frac{1}{2} (\psi_1' + \psi_2') \tag{11.125}$$

$$\tau' = \frac{1}{2} (\psi_1' - \psi_2') \tag{11.126}$$

aus den Stromfunktionen der beiden Schichten berechnen. Jede der beiden Stromfunktionen lässt sich aufgrund ihrer Periodizität in x als Fourier-Reihe

$$\psi_i'(x, y, t) = \sum_{n=-\infty}^{\infty} \psi_i^n(y, t)\, e^{ik_n x}; \quad k_n = n \frac{2\pi}{L_x} \tag{11.127}$$

schreiben. Die Behandlung der Anteile mit $n \neq 0$ ist in Abschn. 6.3.1 diskutiert. Wir konzentrieren uns hier auf den zonalsymmetrischen Fall $n = 0$. Aufgrund von (6.211) gilt auf jeder Schicht für die jeweilige Stromfunktion

$$\frac{\partial}{\partial t} \frac{\partial \psi_i^0}{\partial y} = 0 \qquad (y = 0, L_y) \tag{11.128}$$

d. h., an den meridionalen Rändern des β-Kanals ist der meridionale Gradient der Stromfunktion zeitunabhängig. Wir zerlegen nun $\partial \psi_i^0 / \partial y$ in einen linearen Verlauf, der die beiden zeitlich konstanten Endwerte miteinander verbindet und die zeitabhängige Abweichung ϕ_i von diesem Verlauf, d. h.:

$$\frac{\partial \psi_i^0}{\partial y} = \left(1 - \frac{y}{L_y}\right) \frac{\partial \psi_i^0}{\partial y}(0) + \frac{y}{L_y} \frac{\partial \psi_i^0}{\partial y}(L_y) + \phi_i(y, t) \tag{11.129}$$

wobei aus der Definition folgt, dass ϕ_i an den meridionalen Rändern verschwindet:

$$\phi_i = 0 \qquad (y = 0, L_y) \tag{11.130}$$

Es lässt sich somit als Fourier-Reihe

$$\phi_i(y, t) = \sum_{m=1}^{\infty} \phi_i^m(t) \sin(l_m y); \quad l_m = m \frac{\pi}{L_y} \tag{11.131}$$

schreiben. Integration in y liefert dann

$$\psi_i^0 = C(t) + \left(y - \frac{y^2}{2L_y}\right) \frac{\partial \psi_i^0}{\partial y}(0) + \frac{y^2}{2L_y} \frac{\partial \psi_i^0}{\partial y}(L_y) + \sum_{m=1}^{\infty} \psi_i^{0m}(t) \cos(l_m y) \tag{11.132}$$

mit einer zeitabhängigen Integrationskonstante C und

$$\psi_i^{0m} = -\frac{\phi_i^m}{l_m} \tag{11.133}$$

Da die Bedeutung der Stromfunktion ausschließlich in ihren räumlichen Gradienten liegt, kann ohne Einschränkung der Allgemeinheit $C = 0$ angenommen werden.

11.7 Anhang G: Explizite Lösung des Anfangswertproblems der baroklinen Instabilität im quasigeostrophischen Zweischichtenmodell

Aus den Eigenwertgleichungen (6.338) und (6.341) ergibt sich jeweils für die Eigenvektoren des baroklinen Instabilitätsproblems im quasigeostrophischen Zweischichtenmodell und des dazugehörenden adjungierten Problems die Form

$$\boldsymbol{\Psi}_j^{nm} = a_j \begin{pmatrix} -\alpha/(\omega_\psi - \hat{\omega}_j) \\ 1 \end{pmatrix} \qquad \boldsymbol{\Phi}_j^{nm} = b_j \begin{pmatrix} 1 \\ -\alpha/(\omega_\tau - \hat{\omega}_j^*) \end{pmatrix} \qquad (11.134)$$

Die Vorfaktoren a_j und b_j müssen so gewählt werden, dass die Normierungsbedingung (6.346) erfüllt ist, d. h.

$$1 = \boldsymbol{\Phi}_j^{nm\,\dagger} \boldsymbol{\Psi}_j^{nm} = -b_j^* a_j \alpha \frac{\omega_\psi + \omega_\tau - 2\hat{\omega}_j}{(\omega_\psi - \hat{\omega}_j)(\omega_\tau - \hat{\omega}_j)} \qquad (11.135)$$

oder, unter Verwendung der charakteristischen Gl. (6.337),

$$1 = -b_j^* a_j \frac{\omega_\psi + \omega_\tau - 2\hat{\omega}_j}{\alpha - \gamma} \qquad (11.136)$$

Eine mögliche Wahl der Vorfaktoren ist somit

$$b_j = 1 \qquad (11.137)$$

$$a_j = -\frac{\alpha - \gamma}{\omega_\psi + \omega_\tau - 2\hat{\omega}_j} \qquad (11.138)$$

sodass die Eigenvektoren zu

$$\boldsymbol{\Psi}_j^{nm} = -\frac{\alpha - \gamma}{\omega_\psi + \omega_\tau - 2\hat{\omega}_j} \begin{pmatrix} -\alpha/(\omega_\psi - \hat{\omega}_j) \\ 1 \end{pmatrix} \qquad \boldsymbol{\Phi}_j^{nm} = \begin{pmatrix} 1 \\ -\alpha/(\omega_\tau - \hat{\omega}_j^*) \end{pmatrix} \qquad (11.139)$$

resultieren.

Mit diesem Ergebnis lässt sich nun (6.348) zur Gewinnung der Entwicklungskoeffizienten des Anfangszustands nach den Eigenvektoren auswerten. Unter Verwendung von (6.325) erhält man

$$\begin{aligned} A_j^{nm} &= \begin{pmatrix} 1 \\ -\alpha/(\omega_\tau - \hat{\omega}_j) \end{pmatrix}^t \begin{pmatrix} K_{nm}\psi^{nm}(0) \\ \sqrt{K_{nm}^2 + \kappa^2}\,\tau^{nm}(0) \end{pmatrix} \\ &= K_{nm}\psi^{nm}(0) - \frac{\alpha\sqrt{K_{nm}^2 + \kappa^2}}{\omega_\tau - \hat{\omega}_j}\tau^{nm}(0) \end{aligned} \qquad (11.140)$$

Schließlich sei noch die Darstellung der Eigenvektoren über die zugehörige barotrope und barokline Stromfunktion angegeben. Aus (11.139) und (6.325) folgt direkt

$$
\begin{pmatrix} \psi_j^{nm} \\ \tau_j^{nm} \end{pmatrix} = -\frac{\alpha - \gamma}{\omega_\psi + \omega_\tau - 2\hat{\omega}_j} \begin{pmatrix} \dfrac{\alpha/K_{nm}}{\omega_\psi - \hat{\omega}_j} \\ 1 \\ \sqrt{K_{nm}^2 + \kappa^2} \end{pmatrix} \tag{11.141}
$$

Dies zusammen mit (11.140) in (6.350) verwendet, macht die allgemeine Lösung des Instabilitätsproblems explizit, wobei für die Eigenfrequenzen (6.370) zu verwenden ist.

11.8 Anhang H: Polarisationsbeziehungen des geostrophischen Modes und aller Moden auf der f-Ebene ohne Auftriebsschwankungen

Der geostrophische Mode

Der geostrophische Mode hat gemäß (10.74) Eigenfrequenz null, sodass aus (10.65) folgt, dass er auch keine Schwankungen im Vertikalwind hat,

$$
\hat{w} = 0 \tag{11.142}
$$

(10.62)–(10.64) ergeben das geostrophische und das hydrostatische Gleichgewicht,

$$
\hat{u} = -i \frac{l}{f} \frac{c_s}{\rho_0} \hat{p} \tag{11.143}
$$

$$
\hat{v} = i \frac{k}{f} \frac{c_s}{\rho_0} \hat{p} \tag{11.144}
$$

$$
\hat{b} - \left(im - \frac{1}{H_\theta} + \frac{1}{2H} \right) \frac{c_s}{\rho_0} \hat{p} \tag{11.145}
$$

die Horizonalwind- und Auftriebsfluktuationen mit den Druckfluktuationen verknüpfen. Letztere haben offensichtlich eine Amplitude $\hat{P}_g$, sodass

$$
\hat{p}(\mathbf{k}, \omega) = \hat{P}_g(\mathbf{k})\delta(\omega) \tag{11.146}
$$

ist, woraus sich, dem Verfahren für Schwerewellen und Schallwellen entsprechend unter Verwendung der Rücktransformationen (10.61) und (10.45), das Druckfeld zu

$$
p' = \int d^3k \, e^{i\mathbf{k}\cdot\mathbf{x} - z/2H} P_g(\mathbf{k}) \tag{11.147}
$$

ergibt, mit

$$
P_g = c_s \hat{P}_g \tag{11.148}
$$

$p' \in \mathbb{R}$ impliziert auch hier $P_g(-\mathbf{k}) = P_g^*(\mathbf{k})$. Darüber hinaus führt (11.148) zusammen mit (11.142–11.145), wieder mittels (10.61) und (10.45), zu

$$\begin{pmatrix} \mathbf{v}' \\ b' \end{pmatrix} = \int d^3k \, e^{i\mathbf{k}\cdot\mathbf{x}+z/2H} \begin{pmatrix} \mathbf{V}_g \\ B_g \end{pmatrix}(\mathbf{k}) \tag{11.149}$$

mit

$$U_g = -i\frac{l}{f}\frac{P_g}{\rho_0} \tag{11.150}$$

$$V_g = i\frac{k}{f}\frac{P_g}{\rho_0} \tag{11.151}$$

$$W_g = 0 \tag{11.152}$$

$$B_g = \left(im - \frac{1}{H_\theta} + \frac{1}{2H}\right)\frac{P_g}{\rho_0} \tag{11.153}$$

Natürlich haben wir auch hier $\mathbf{V}_g(-\mathbf{k}) = \mathbf{V}_g^*(\mathbf{k})$ and $B_g(-\mathbf{k}) = B_g^*(\mathbf{k})$.

Der geostrophische Mode ohne Auftriebsfluktuationen Im Fall der Moden ohne Auftriebsfluktuationen wird nicht nur die Frequenz mittels der Dispersionsrelation durch die Wellenzahlen bestimmt, sondern auch die vertikale Wellenzahl mittels (10.89) durch die horizontale Wellenzahl. Deshalb hat man, wenn $\mathbf{k}_h = k\mathbf{e}_x + l\mathbf{e}_y$ der horizontale Wellenzahlvektor ist und $\mathbf{x}_h = x\mathbf{e}_x + y\mathbf{e}_y$ die horizontale Position:

$$i\mathbf{k}\cdot\mathbf{x} + \frac{z}{2H} = i\mathbf{k}_h\cdot\mathbf{x}_h + \left(\frac{1}{H_\theta} - \frac{1}{2H}\right)z + \frac{z}{2H} = i\mathbf{k}_h\cdot\mathbf{x}_h + \frac{z}{H_\theta} \tag{11.154}$$

und entsprechend

$$i\mathbf{k}\cdot\mathbf{x} - \frac{z}{2H} = i\mathbf{k}_h\cdot\mathbf{x}_h + \left(\frac{1}{H_\theta} - \frac{1}{H}\right)z \tag{11.155}$$

wobei

$$\frac{1}{H_\theta} - \frac{1}{H} = \left(\frac{R}{c_p} - 1\right)\frac{1}{H} = -\frac{c_V}{c_p}\frac{1}{H} \tag{11.156}$$

ist. Dem Vorgehen folgend, wie es auch auf die Moden mit Auftriebsfluktuationen angewendet worden ist, erhält man dann für die dynamischen Felder des geostrophischen Modes mit Dispersionsrelation (10.91)

$$\begin{pmatrix} \mathbf{v}' \\ b' \end{pmatrix} = \int d^2k \, e^{i\mathbf{k}_h\cdot\mathbf{x}_h+z/H_\theta} \begin{pmatrix} \mathbf{V}_{gL} \\ B_{gL} \end{pmatrix}(\mathbf{k}_h) \tag{11.157}$$

und

$$p' = \int d^2k \, e^{i\mathbf{k}_h\cdot\mathbf{x}_h-(c_V/c_p)z/H} P_{gL}(\mathbf{k}_h) \tag{11.158}$$

wobei P_{gL} die Druckamplitude bei einer vorgegebenen horizontalen Wellenzahl ist, und die entsprechenden Wind- und Auftriebsfluktuationen folgen daraus über

$$U_{gL} = -i\frac{l}{f}\frac{P_{gL}}{\rho_0} \tag{11.159}$$

$$V_{gL} = i\frac{k}{f}\frac{P_{gL}}{\rho_0} \tag{11.160}$$

$$W_{gL} = 0 \tag{11.161}$$

$$B_{gL} = 0 \tag{11.162}$$

Die Lamb-Welle Formal hat die Lamb-Welle die möglichen Frequenzen

$$\omega_L^\pm = \pm\sqrt{\omega_L^2} \tag{11.163}$$

sodass ihre dynamischen Felder

$$\mathbf{v}' = \int d^2k\, e^{i(kx+ly)+\frac{z}{H_\theta}} \sum_\nu \mathbf{V}_L^\nu e^{-i\omega_L^\nu t} \tag{11.164}$$

$$b' = 0 \tag{11.165}$$

$$p' = \int d^2k\, e^{i(kx+ly)-\frac{c_V}{c_p}\frac{z}{H}} \sum_\nu P_L^\nu e^{-i\omega_L^\nu t} \tag{11.166}$$

sind, wobei die Windfeldamplituden aus der Druckamplitude über

$$U_L^\nu = \frac{k\omega_L^\nu + ilf}{\omega_L^2 - f^2}\frac{P_L^\nu}{\rho_0} \tag{11.167}$$

$$V_L^\nu = \frac{l\omega_L^\nu + ikf}{\omega_L^2 - f^2}\frac{P_L^\nu}{\rho_0} \tag{11.168}$$

$$W_L^\nu = 0 \tag{11.169}$$

bestimmt werden können. Wiederum sind die Felder jedoch alle reellwertig, was

$$P_L{}^\nu(\mathbf{k}) = P_L^{\nu*}(-\mathbf{k}) \tag{11.170}$$

und entsprechende Beziehungen für alle anderen Variablen ergibt. Wir erhalten somit

$$\mathbf{v}' = 2\Re \int d^2k\, e^{i\mathbf{k}_h\cdot\mathbf{x}_h+z/H_\theta}\mathbf{V}_L^+ e^{-i\omega_L^+ t} = 2\Re \int d^2k\, e^{i\mathbf{k}_h\cdot\mathbf{x}_h+z/H_\theta}\mathbf{V}_L^- e^{-i\omega_L^- t} \tag{11.171}$$

$$p' = 2\Re \int d^2k\, e^{i\mathbf{k}_h\cdot\mathbf{x}_h-(c_V/c_p)z/H}P_L^+ e^{-i\omega_L^+ t} = 2\Re \int d^2k\, e^{i\mathbf{k}_h\cdot\mathbf{x}_h-(c_V/c_p)z/H}P_L^- e^{-i\omega_L^- t} \tag{11.172}$$

11.9 Anhang I: Die höheren Harmonischen eines Schwerewellenfelds in der WKB-Theorie

Eine umfassende Behandlung der Wechselwirkung zwischen einem lokal monochromatischen Schwerewellenfeld und der mittleren Strömung in Abschn. 10.3 muss auch die Existenz höherer Harmonischer berücksichtigen. Wie wir in der Diskussion der Advektionsterme in der Entropiegleichung gesehen haben, führen diese in (10.335) und (10.336) nicht nur zu einem Antrieb der mittleren Strömung, sondern auch einer höheren Harmonischen mit der doppelten Phase der Grundwelle. Diese Harmonische wird wiederum die vierfache Phase induzieren und in Wechselwirkung mit der Grundwelle auch die dreifache Phase. Setzt man dieses Argument fort, so sieht man, dass der allgemeinste Ansatz für eine dimensionslose Zerlegung der dynamischen Felder wäre, (10.237)–(10.239) durch

$$\mathbf{v} = \underbrace{\sum_{j=0}^{\infty} \varepsilon^j \mathbf{V}_0^{(j)}(\mathbf{X}, T)}_{\text{synoptischskaliger Anteil}} + \underbrace{\Re \sum_{j=0}^{\infty} \varepsilon^j \sum_{\alpha=1}^{\infty} \mathbf{V}_\alpha^{(j)}(\mathbf{X}, T) e^{i\alpha\phi(\mathbf{X},T)/\varepsilon}}_{\text{Grundwelle} + \text{Harmonische}} \tag{11.173}$$

$$\theta = \underbrace{\sum_{j=0}^{1} \varepsilon^j \overline{\theta}^{(j)}(Z)}_{\text{Referenz}} + \underbrace{\sum_{j=2}^{\infty} \varepsilon^j \Theta_0^{(j)}(\mathbf{X}, T)}_{\text{synoptischskaliger Anteil}} + \underbrace{\Re \sum_{j=2}^{\infty} \varepsilon^j \sum_{\alpha=1}^{\infty} \Theta_\alpha^{(j)}(\mathbf{X}, T) e^{i\alpha\phi(\mathbf{X},T)/\varepsilon}}_{\text{Grundwelle} + \text{Harmonische}}$$
$$\tag{11.174}$$

$$\pi = \underbrace{\sum_{j=0}^{1} \varepsilon^j \overline{\pi}^{(j)}(Z)}_{\text{Referenz}} + \underbrace{\sum_{j=2}^{\infty} \varepsilon^j \Pi_0^{(j)}(\mathbf{X}, T)}_{\text{synoptischskaliger Anteil}} + \underbrace{\Re \sum_{j=3}^{\infty} \varepsilon^j \sum_{\alpha=1}^{\infty} \Pi_\alpha^{(j)}(\mathbf{X}, T) e^{i\alpha\phi(\mathbf{X},T)/\varepsilon}}_{\text{Grundwelle} + \text{Harmonische}}$$
$$\tag{11.175}$$

zu ersetzen. Hier ist in allen Summen über α die Grundwelle durch $\alpha = 1$ gegeben, während $\alpha = 2, 3, \ldots$ die zweite, dritte etc. Harmonische kennzeichnet. Die Analyse der führenden und darauf nachfolgenden Ordnung der Gleichungen in den Abschnitten 10.3.4 und 10.3.5 unterscheidet sich dann dadurch, dass das Produkt von Wellenamplitude und Phasenexponential überall durch die entsprechende Summe über alle Harmonische ersetzt wird. Wie wir sehen werden, bleiben in dem verallgemeinerten Ansatz alle Ergebnisse dieselben, die wir bisher unter Vernachlässigung der höheren Harmonischen abgeleitet haben. Darüber hinaus kann man jedoch auch diese höheren Harmonischen selbst bestimmen.

11.9.1 Ergebnisse aus der führenden Ordnung

Die Ergebnisse in führender Ordnung in Abschn. 10.3.4 können direkt ersetzt werden. Zunächst ist die führende $\mathcal{O}(1)$ der dimensionslosen Exner-Druckgleichung (10.220) anstatt

(10.248)

$$\frac{R}{c_V}\overline{\pi}^{(0)}\Re\sum_{\alpha=1}^{\infty}i\mathbf{k}\cdot\mathbf{V}_\alpha^{(0)}e^{i\alpha\phi/\varepsilon}=0 \tag{11.176}$$

was

$$\mathbf{k}\cdot\mathbf{V}_\alpha^{(0)}=0 \qquad \alpha=1,2,\ldots \tag{11.177}$$

ergibt. Wie im lokal monochromatischen Fall ohne höhere Harmonische ist diese Beziehung entscheidend dafür, dass in der führenden Ordnung alle Schwerewellenselbstadvektionsterme verschwinden.

Die führende $\mathcal{O}(\varepsilon^2)$ der dimensionslosen Entropiegleichung (10.218) ist, anstatt (10.252),

$$W_0^{(0)}\frac{d\overline{\theta}^{(1)}}{dZ}+\Re\sum_{\alpha=1}^{\infty}\left(-i\alpha\omega\Theta_\alpha^{(2)}+i\alpha\mathbf{k}\cdot\mathbf{V}_0^{(0)}\Theta_\alpha^{(2)}+W_\alpha^{(0)}\frac{d\overline{\theta}^{(1)}}{dZ}\right)e^{i\alpha\phi/\varepsilon}$$

$$+\Re\sum_{\alpha=1}^{\infty}\mathbf{V}_\alpha^{(0)}e^{i\alpha\phi/\varepsilon}\cdot\Re\sum_{\beta=1}^{\infty}i\beta\mathbf{k}\Theta_\beta^{(2)}e^{i\beta\phi/\varepsilon}=0 \tag{11.178}$$

Hierin verschwindet der letzte Term auf der linken Seite aufgrund der Orthogonalitätsbeziehung (11.177). Im Rest liefert der Anteil der mittleren Strömung das alte Ergebnis (10.256), dass der synoptischskalige Wind in führender Ordnung keinen vertikalen Wind hat. Die verbleibenden Wellenbeiträge ergeben, nun unter Einbeziehung der höheren Harmonischen,

$$-i\alpha\hat{\omega}B_\alpha^{(2)}+W_\alpha^{(0)}N_0^2=0 \qquad \alpha=1,2,\ldots \tag{11.179}$$

wobei

$$B_\alpha^{(j)}=\frac{\Theta_\alpha^{(j)}}{\overline{\theta}^{(0)}} \tag{11.180}$$

die $\mathcal{O}(\varepsilon^j)$ der dimensionslosen Wellenauftriebsamplitude der α-ten Harmonischen ist.

Die führenden $\mathcal{O}(\varepsilon)$ und $\mathcal{O}(\varepsilon^2)$ der dimensionslosen vertikalen Impulsgleichung (10.216) verbleiben jeweils (10.263) und (10.265), was zum hydrostatischen Gleichgewicht der Referenzatmosphäre führt, wie durch (10.264) und (10.266) ausgedrückt. Die nächste $O(\varepsilon^3)$ ist die erste mit nicht verschwindenden Wellenanteilen, worin wir wiederum die $\mathcal{O}(\varepsilon^7)$-Anteile der Euler'schen Zeitableitung und des Advektionsterms absorbieren. Unter zusätzlicher Berücksichtigung der Orthogonalitätsbeziehung (11.177) ergibt dies anstatt (10.267)

$$\varepsilon^4 \Re \sum_{\alpha=1}^{\infty} \left(-i\alpha\omega W_\alpha^{(0)} + i\alpha \mathbf{k} \cdot \mathbf{V}_0^{(0)} W_\alpha^{(0)} \right) e^{i\alpha\phi/\varepsilon}$$

$$= -\frac{c_p}{R} \left\{ \overline{\theta}^{(0)} \frac{\partial \Pi_0^{(2)}}{\partial Z} + \overline{\theta}^{(1)} \frac{d\overline{\pi}^{(1)}}{dZ} + \Theta_0^{(2)} \frac{d\overline{\pi}^{(0)}}{dZ} \right.$$

$$\left. + \Re \sum_{\alpha=1}^{\infty} \left(i\alpha m \Pi_\alpha^{(3)} + \Theta_\alpha^{(2)} \frac{d\overline{\pi}^{(0)}}{dZ} \right) e^{i\alpha\phi/\varepsilon} \right\} \tag{11.181}$$

Mit der Definition (11.180) des Wellenauftriebs führt dies unter Berücksichtigung des hydrostatischen Gleichgewichts (10.264) des Exner-Drucks der Referenzatmosphäre in führender Ordnung zur linearen vertikalen Impulsgleichung

$$-\varepsilon^4 i\alpha\hat{\omega} W_\alpha^{(0)} - B_\alpha^{(2)} + i\alpha m \frac{c_p}{R} \overline{\theta}^{(0)} \Pi_\alpha^{(3)} = 0 \qquad \alpha = 1, 2, \ldots \tag{11.182}$$

während der Anteil der mittleren Strömung wiederum das hydrostatische Gleichgewicht (10.269) der synoptischskaligen Strömung liefert.

Schließlich ist die führende $\mathcal{O}(\varepsilon^3)$ der dimensionslosen horizontalen Impulsgleichung (10.213) anstatt (10.275)

$$\Re \sum_{\alpha=1}^{\infty} \left(-i\alpha\omega \mathbf{U}_\alpha^{(0)} + i\alpha \mathbf{k} \cdot \mathbf{V}_0^{(0)} \mathbf{U}_\alpha^{(0)} \right) e^{i\alpha\phi/\varepsilon} + \Re \sum_{\alpha=1}^{\infty} \mathbf{V}_\alpha^{(0)} e^{i\alpha\phi/\varepsilon} \cdot \Re \sum_{\beta=1}^{\infty} i\beta \mathbf{k} \mathbf{U}_\beta^{(0)} e^{i\beta\phi/\varepsilon}$$

$$+ f_0 \mathbf{e}_z \times \left(\mathbf{U}_0^{(0)} + \Re \sum_{\alpha=1}^{\infty} \mathbf{U}_\alpha^{(0)} e^{i\alpha\phi/\varepsilon} \right)$$

$$= -\frac{R}{c_p} \overline{\theta}^{(0)} \left(\nabla_{X,h} \Pi_0^{(2)} + \Re \sum_{\alpha=1}^{\infty} i\alpha \mathbf{k}_h \Pi_\alpha^{(3)} e^{i\alpha\phi/\varepsilon} \right) \tag{11.183}$$

Die nichtlinearen Selbstadvektionsterme verschwinden aufgrund der Orthogonalitätsbeziehung (11.177), sodass der Wellenanteil

$$-i\alpha\hat{\omega} \mathbf{U}_\alpha^{(0)} + f_0 \mathbf{e}_z \times \mathbf{U}_\alpha^{(0)} + \frac{c_p}{R} \overline{\theta}^{(0)} i\alpha \mathbf{k}_h \Pi_\alpha^{(3)} = 0 \qquad \alpha = 1, 2, \ldots \tag{11.184}$$

und der Anteil (10.277) der mittleren Strömung überbleiben. Letzterer drückt das geostrophische Gleichgewicht der synoptischskaligen Strömung aus.

Wir sehen somit, dass die Ergebnisse führender Ordnung für die mittlere Strömung dieselben sind wie in der Theorie ohne höhere Harmonische. Die Wellengleichungen werden nun jedoch durch Entsprechungen für alle höheren Harmonischen ergänzt. Insgesamt sind dies die Gl. (11.177), (11.179), (11.182) und (11.184), die wir unter zusammenfassen. Nicht triviale Grundwellenamplituden $\mathbf{Z}_1^{(0)} \neq 0$ erfordern immer noch det $M_1 = 0$, was zu den dimensionslosen Dispersionsrelationen (10.280) und (10.281) für die geostrophischen Moden und Schwerewellen führt. Entsprechende Ergebnisse für die höheren Harmonischen $\alpha > 1$ unterscheiden sich jedoch grundlegend zwischen den Fällen der geostrophischen Moden und der Schwerewellen. Wenn ω and $\mathbf{k}$ durch die Schwerewellendispersionsrelation (10.281) miteinander verbunden sind, dann ist das im Fall $\alpha > 1$ für $\alpha\omega$ und $\alpha\mathbf{k}$ nicht möglich, wie man sich leicht überzeugen kann. Deshalb ist dann det $M_\alpha \neq 0$, d.h., M_α ist invertierbar, sodass man zu dem Ergebnis kommt, dass

$$\text{Schwerewellen}: \quad \mathbf{Z}_\alpha^{(0)} = 0 \quad \alpha > 1 \tag{11.186}$$

In anderen Worten:

> Die höheren Harmonischen tragen in führender Ordnung nicht zu den Schwerewellenfeldern bei.

Solch eine Feststellung kann zu geostrophischen Moden nicht getroffen werden, da $(\alpha\omega, \alpha\mathbf{k})$ die Dispersionsrelation (10.280) für geostrophische Moden für alle α befriedigen.

11.9.2 Die Ergebnisse aus der nächsten Ordnung

Es zeigt sich, dass die zweite Harmonische des Schwerewellenfelds aus der nächsten Ordnung der Bewegungsgleichungen bestimmt werden kann. Darüber hinaus können alle Ergebnisse aus der Theorie ohne höhere Harmonische bestätigt werden. Um dies zu sehen, müssen wir nochmals durch alle Gleichungen gehen, wobei wir die Terme der nächsten Ordnung zusammentragen und uns dabei auf Schwerewellen beschränken, d.h., wir lassen den Fall der geostrophischen Moden außer Acht. Zunächst ist die $\mathcal{O}(\varepsilon)$ der Exner-Druckgleichung (10.220) anstatt (10.324)

$$\left(W_0^{(0)} + \Re \sum_{\alpha=1}^{\infty} W_\alpha^{(0)} e^{i\alpha\phi/\varepsilon} \right) \frac{d\overline{\pi}^{(0)}}{dZ}$$

$$+ \frac{R}{c_V} \left\{ \overline{\pi}^{(0)} \left[\nabla_X \cdot \mathbf{V}_0^{(0)} + \Re \sum_{\alpha=1}^{\infty} \left(i\alpha\mathbf{k} \cdot \mathbf{V}_\alpha^{(1)} + \nabla_X \cdot \mathbf{V}_\alpha^{(0)} \right) e^{i\alpha\phi/\varepsilon} \right] \right.$$

$$\left. + \overline{\pi}^{(1)} \Re \sum_{\alpha=1}^{\infty} \left(i\alpha\mathbf{k} \cdot \mathbf{V}_\alpha^{(0)} \right) e^{i\alpha\phi/\varepsilon} \right\} = 0 \tag{11.187}$$

Wir erinnern uns nun an die Definition (10.244) von $\bar{P}^{(0)}$ und die Orthogonalitätsbeziehung (11.177). Darüber hinaus rufen wir uns ins Gedächtnis zurück, dass man aufgrund von (11.186) für alle $\alpha > 1$ das Ergebnis $\mathbf{V}_\alpha^{(0)} = 0$ hat. Deshalb ergeben die Wellenanteile

$$\frac{R}{c_V} \overline{\pi}^{(0)} i\alpha\mathbf{k} \cdot \mathbf{V}_\alpha^{(1)} + \delta_{\alpha,1} \frac{R}{c_V} \frac{\overline{\pi}^{(0)}}{\bar{P}^{(0)}} \nabla_X \cdot \left(\bar{P}^{(0)} \mathbf{V}_\alpha^{(0)} \right) = 0 \tag{11.188}$$

woraus folgt, dass, auch weil $\bar{P}^{(0)}$ sich von der Dichte der Referenzatmosphäre in führender Ordnung $\overline{\rho}^{(0)}$ nur durch den konstanten Faktor $1/\overline{\theta}^{(0)}$ unterscheidet,

$$i\alpha\mathbf{k} \cdot \mathbf{V}_\alpha^{(1)} = R_{\pi,\alpha}^{(1)} \equiv -\frac{\delta_{\alpha,1}}{\overline{\rho}^{(0)}} \nabla_X \cdot \left(\overline{\rho}^{(0)} \mathbf{V}_\alpha^{(0)} \right) \tag{11.189}$$

ist. Man beachte, dass die rechte Seite sich nur im Fall $\alpha = 1$ von null unterscheidet, sodass auch in nächster Ordnung die Windfeldamplituden der höheren Harmonischen orthogonal zum Wellenzahlvektor sind. Darüber hinaus stimmen die Anteile der mittleren Strömung in (10.324) und (11.187) miteinander überein, sodass das Ergebnis (10.329) zur Divergenzfreiheit der synoptischskaligen Strömung in führender Ordnung auch hier bestätigt wird. Schließlich verwenden wir in der nächsten $\mathcal{O}(\varepsilon^2)$ der Exner-Druckgleichung (10.220) nur den Anteil der mittleren Strömung, der dieselbe anelastische Divergenzbedingung (10.332) liefert wie in der Theorie ohne höhere Harmonische.

Die $\mathcal{O}(\varepsilon^3)$-Beiträge der Entropiegleichung (10.218) ergeben anstatt (10.333)

$$\frac{\partial \Theta_0^{(2)}}{\partial T} - \Re \sum_{\alpha=1}^{\infty} i\alpha\omega\Theta_\alpha^{(3)} e^{i\alpha\phi/\varepsilon} + \Re \sum_{\alpha=1}^{\infty} \frac{\partial \Theta_\alpha^{(2)}}{\partial T} e^{i\alpha\phi/\varepsilon} + \left(W_0^{(1)} + \Re \sum_{\alpha=1}^{\infty} W_\alpha^{(1)} e^{i\alpha\phi/\varepsilon} \right) \frac{d\overline{\theta}^{(1)}}{dZ}$$

$$+ \left(\mathbf{V}_0^{(0)} + \Re \sum_{\alpha=1}^{\infty} \mathbf{V}_\alpha^{(0)} e^{i\alpha\phi/\varepsilon} \right) \cdot \left[\nabla_X \Theta_0^{(2)} + \Re \sum_{\alpha=1}^{\infty} \left(i\alpha\mathbf{k}\Theta_\alpha^{(3)} + \nabla_X \Theta_\alpha^{(2)} \right) e^{i\alpha\phi/\varepsilon} \right]$$

$$+ \left(\mathbf{V}_0^{(1)} + \Re \sum_{\alpha=1}^{\infty} \mathbf{V}_\alpha^{(1)} e^{i\alpha\phi/\varepsilon} \right) \cdot \Re \sum_{\alpha=1}^{\infty} \left(i\alpha\mathbf{k}\Theta_\alpha^{(2)} e^{i\alpha\phi/\varepsilon} \right) = 0 \tag{11.190}$$

Hierin verschwinden alle Amplituden der höheren Harmonischen in führender Ordnung aufgrund von (11.186), d.h. sowohl $\mathbf{V}_\alpha^{(0)} = 0$ als auch $\Theta_\alpha^{(2)} = 0$ für alle $\alpha > 1$. Deshalb und wegen der Orthogonalitätsbeziehung (10.249) hat man darüber hinaus

$$\Re \sum_{\alpha=1}^{\infty} \mathbf{V}_{\alpha}^{(0)} e^{i\alpha\phi/\varepsilon} \cdot \Re \sum_{\alpha=1}^{\infty} i\alpha\mathbf{k}\Theta_{\alpha}^{(3)} e^{i\alpha\phi/\varepsilon} = 0 \tag{11.191}$$

Aus der Selbstadvektion der Welle treten aber zwei andere nicht verschwindende Produkte auf, wo wir auch die Orthogonalität (11.189) der Windamplituden der höheren Harmonischen in der nächsten Ordnung zum Wellenzahlvektor verwenden, um anstatt (10.335) und (10.336)

$$\Re\left(\mathbf{V}_1^{(0)} e^{i\phi/\varepsilon}\right) \cdot \Re\left(\nabla_X \Theta_1^{(2)} e^{i\phi/\varepsilon}\right)$$
$$= \frac{1}{2}\Re\left(\mathbf{V}_1^{(0)} \cdot \nabla_X \Theta_1^{(2)} e^{2i\phi/\varepsilon}\right) + \frac{1}{2}\Re\left(\mathbf{V}_1^{(0)} \cdot \nabla_X \Theta_1^{(2)*}\right) \tag{11.192}$$

$$\Re\sum_{\alpha=1}^{\infty} \mathbf{V}_{\alpha}^{(1)} e^{i\phi/\varepsilon} \cdot \Re\left(i\mathbf{k}\Theta_1^{(2)} e^{i\phi/\varepsilon}\right) = \Re\left(\mathbf{V}_1^{(1)} e^{i\phi/\varepsilon}\right) \cdot \Re\left(i\mathbf{k}\Theta_1^{(2)} e^{i\phi/\varepsilon}\right)$$
$$= \frac{1}{2}\Re\left(\mathbf{V}_1^{(1)} \cdot i\mathbf{k}\Theta_1^{(2)} e^{2i\phi/\varepsilon}\right) - \frac{1}{2}\Re\left(\mathbf{V}_1^{(1)} \cdot i\mathbf{k}\Theta_1^{(2)*}\right) \tag{11.193}$$

zu erhalten. Dieselben Beiträge zur mittleren Strömung treten auf wie in der Theorie ohne höhere Harmonische. Deshalb führt der Anteil der mittleren Strömung in (11.190) zu derselben prognostischen Gl. (10.341) für den synoptischskaligen Auftrieb, die wir bereits zuvor erhalten hatten, mit einem Antrieb durch die Konvergenz des Wellenauftriebsflusses. Nun vernachlässigen wir jedoch die Anteile nicht, die auf die zweite Harmonische projizieren. Unter deren Einbeziehung sind die Wellenteile von (11.190) anstatt (10.337)

$$-i\alpha\hat{\omega}B_{\alpha}^{(3)} + N_0^2 W_{\alpha}^{(1)} = R_{b,\alpha}^{(3)} \qquad \alpha = 1, 2, \dots \tag{11.194}$$

mit

$$R_{b,1}^{(1)} = -\left(\frac{\partial}{\partial T} + \mathbf{U}_0^{(0)} \cdot \nabla_X + i\mathbf{k} \cdot \mathbf{V}_0^{(1)}\right) B_1^{(2)} - \mathbf{V}_1^{(0)} \cdot \nabla_X B_0^{(2)} \tag{11.195}$$

$$R_{b,2}^{(1)} = -\frac{1}{2}\left(\mathbf{V}_1^{(0)} \cdot \nabla_X + i\mathbf{k} \cdot \mathbf{V}_1^{(1)}\right) B_1^{(2)} \tag{11.196}$$

$$R_{b,\alpha}^{(1)} = 0 \qquad \alpha > 2 \tag{11.197}$$

In dem Anteil $R_{b,2}^{(1)}$ der zweiten Harmonischen auf der rechten Seite kann der Term $i\mathbf{k} \cdot \mathbf{V}_1^{(1)}$ mittels (11.189) aus $\mathbf{V}_1^{(0)}$ berechnet werden, so dass $R_{b,2}^{(1)}$ vollständig aus den Grundwellenamplituden in führender Ordnung bestimmt werden kann.

Die Analyse der Terme der nächsten Ordnung in der Impulsgleichung verfährt völlig analog zu dem oben beschriebenen Weg, sodass wir nur die Endresultate angeben. In die Terme der $\mathcal{O}(\varepsilon^4)$ in der vertikalen Impulsgleichung (10.216) nehmen wir wiederum auch die materielle Ableitung auf, genauer die Terme der $\mathcal{O}(\varepsilon^8)$. Der Wellenanteil liefert dann anstatt (10.350)

$$-i\alpha\hat{\omega}\varepsilon^4 W_\alpha^{(1)} - B_\alpha^{(3)} + i\alpha m \frac{c_p}{R}\overline{\theta}^{(0)}\Pi_\alpha^{(4)} = R_{w,\alpha}^{(1)} \qquad \alpha = 1, 2, \ldots \qquad (11.198)$$

mit

$$R_{w,1}^{(1)} = -\varepsilon^4\left(\frac{\partial}{\partial T} + \mathbf{U}_0^{(0)}\cdot\nabla_X + i\mathbf{k}\cdot\mathbf{V}_0^{(1)}\right)W_1^{(0)}$$

$$-\frac{c_p}{R}\left(\overline{\theta}^{(0)}\frac{\partial\Pi_1^{(3)}}{\partial Z} + \overline{\theta}^{(1)}im\Pi_1^{(3)} + \Theta_1^{(2)}\frac{\partial\overline{\pi}^{(1)}}{\partial Z}\right) \qquad (11.199)$$

$$R_{w,2}^{(1)} = -\frac{\varepsilon^4}{2}\left(\mathbf{V}_1^{(0)}\cdot\nabla_X + i\mathbf{k}\cdot\mathbf{V}_1^{(1)}\right)W_1^{(0)} \qquad (11.200)$$

$$R_{w,\alpha}^{(3)} = 0 \qquad \alpha > 2 \qquad (11.201)$$

Die Terme der $\mathcal{O}(\varepsilon^4)$ in der horizontalen Impulsgleichung (10.213) ergeben anstatt von (10.352) die Wellenanteile

$$-i\alpha\hat{\omega}\mathbf{U}_\alpha^{(1)} + f_0\mathbf{e}_z\times\mathbf{U}_\alpha^{(1)} + i\alpha\mathbf{k}_h\overline{\theta}^{(0)}\frac{c_p}{R}\Pi_\alpha^{(4)} = \mathbf{R}_{u,\alpha}^{(1)} \qquad \alpha = 1, 2, \ldots \qquad (11.202)$$

mit

$$\mathbf{R}_{u,1}^{(1)} = -\left(\frac{\partial}{\partial T} + \mathbf{U}_0^{(0)}\cdot\nabla_X + i\mathbf{k}\cdot\mathbf{V}_0^{(1)}\right)\mathbf{U}_1^{(0)} - \left(\mathbf{V}_1^{(0)}\cdot\nabla_X\right)\mathbf{U}_0^{(0)}$$

$$-\frac{c_p}{R}\left(\overline{\theta}^{(0)}\nabla_{X,h}\Pi_1^{(3)} + \overline{\theta}^{(1)}i\mathbf{k}_h\Pi_1^{(3)}\right) \qquad (11.203)$$

$$\mathbf{R}_{u,2}^{(1)} = -\frac{1}{2}\left(\mathbf{V}_1^{(0)}\cdot\nabla_X + i\mathbf{k}\cdot\mathbf{V}_1^{(1)}\right)\mathbf{U}_1^{(0)} \qquad (11.204)$$

$$\mathbf{R}_{u,\alpha}^{(1)} = 0 \qquad \alpha > 2 \qquad (11.205)$$

während der Anteil der mittleren Strömung wiederum zur prognostischen Gl. (10.354) für den synoptischskaligen Horizontalwind führt, mit einem Antrieb durch die Impulsfluss-konvergenz der Schwerewellen, die wir bereits in der Theorie ohne höhere Harmonische gefunden hatten.

Zusammengefasst finden wir in der allgemeinen Theorie alle Gleichungen für die synop-tischskalige Strömung bestätigt, die wir zuvor unter Vernachlässigung der höheren Harmo-nischen erhalten hatten. Die Wellenanteile aus jener Theorie nehmen nun jedoch die allge-meineren Formen (11.189), (11.194)–(11.197), (11.198)–(11.201) und (11.202)–(11.205) an, die unter

$$M_\alpha\mathbf{Z}_\alpha^{(1)} = \mathbf{R}_\alpha^{(1)} \qquad \alpha = 1, 2, \ldots \qquad (11.206)$$

zusammengefasst werden können, mit

$$\mathbf{Z}_\alpha^{(1)\,t} = \left(\mathbf{U}_\alpha^{(1)\,t}, W_\alpha^{(1)}, \frac{B_\alpha^{(3)}}{N_0}, \frac{c_p}{R}\overline{\theta}^{(0)}\Pi_\alpha^{(4)} \right) \tag{11.207}$$

$$\mathbf{R}_\alpha^{(1)\,t} = \left(\mathbf{R}_{\mathbf{u},\alpha}^{(1)\,t}, R_{w,\alpha}^{(1)}, \frac{R_{b,\alpha}^{(1)}}{N_0}, R_{\pi,\alpha}^{(1)} \right) \tag{11.208}$$

Wie auch in der Theorie ohne höhere Harmonische ist M_1 singulär, was auf die Dispersionsrelation und Polarisationsbeziehungen für Schwerewellen geführt hatte. Diese Singularität impliziert wiederum, dass der Nullraum von M_1 nicht auf $\mathbf{R}_1^{(1)}$ projiziert, d. h. (10.362) wird bestätigt, woraus wiederum die prognostische Gl. (10.367) für die Wellenenergiedichte und die Wellenwirkungserhaltungsgleichung (10.411) folgen, die wir bereits ohne höhere Harmonische abgeleitet hatten.

Diese Ergebnisse werden nun durch Ergebnisse zu den Amplituden der höheren Harmonischen ergänzt. Wie bereits oben gesehen, ist die Matrix M_α für alle $\alpha > 1$ invertierbar. Damit, und weil $\mathbf{R}_\alpha^{(1)} = 0$ für alle $\alpha > 2$, findet man, dass

$$\mathbf{Z}_2^{(1)} = M_2^{-1}\mathbf{R}_2^{(1)} \tag{11.209}$$

$$\mathbf{Z}_\alpha^{(1)} = 0 \quad \alpha > 2 \tag{11.210}$$

Betrachten wir die Elemente von $\mathbf{R}_2^{(1)}$ in (11.189), (11.196), (11.200) und (11.204) und stellen dabei fest, dass der Term $i\mathbf{k}\cdot\mathbf{V}_1^{(1)}$ mittels (11.189) aus $\mathbf{V}_1^{(0)}$ berechnet werden kann, so sehen wir, dass $\mathbf{R}_2^{(1)}$ vollständig durch die Grundwellenamplituden in führender Ordnung bestimmt ist, so dass (11.209) eine Vorschrift liefert, wie die zweiten Harmonischen aus diesen bestimmt werden können. Darüber hinaus zeigt uns (11.210), dass die dritten und alle noch höheren Harmonischen nicht einmal in dieser nächsten Ordnung zum Schwerewellenfeld beitragen.

11.9.3 Leseempfehlungen

Die Darstellung folgt Achatz et al. (2010, 2017). Der zweite Text verallgemeinert auch die hier verwendeten Annahmen zur Schichtung der Referenzatmosphäre, sodass die Theorie auch unter stratosphärischen Bedingungen anwendbar ist.

Literatur

Achatz U, Klein R, Senf F (2010) Gravity waves, scale asymptotics, and the pseudo-incompressible equations. J Fluid Mech 663:120–147

Achatz U, Ribstein B, Senf F, Klein R (2017) The interaction between synoptic-scale balanced flow and a finite-amplitude mesoscale wave field throughout all atmospheric layers: weak and moderately strong stratification. Q J R Met Soc 143:342–361

Alexander MJ, Geller M, McLandress C, Polavarapu S, Preusse P, Sassi F, Sato K, Eckermann S, Ern M, Hertzog A, Kawatani Y, Pulido M, Shaw TA, Sigmond M, Vincent R, Watanabe S (2010) Recent developments in gravity-wave effects in climate models and the global distribution of gravity-wave momentum flux from observations and models. Q J R Meteorol So., 136:1103–1124

Andrews DG, Holton JR, Leovy CB (1987a) Middle atmosphere dynamics. Academic Press, London

Andrews DG, McIntyre ME (1978b) An exact theory of nonlinear waves on a lagrangian-mean flow. J Fluid Mech 89:609–646

Andrews DG, McIntyre ME (1978c) On wave-action and its relatives. J Fluid Mech 89:647–664

Arfken GB, Weber HJ, Harris FE (2012) Mathematical methods for physicists: a comprehensive guide. Academic Press, New York

Batchelor GK (1982) The theory of homogeneous turbulence. Cambridge University Press, Cambridge

Becker E (2012) Dynamical control of the middle atmosphere. Space Sci Rev 168:283–314

Becker E, Schmitz G, Geprägs R (1997) The feedback of midlatitude waves onto the hadley cell in a simple general circulation model. Tellus A 49(2):182–199

Birner T, Sankey D, Shepherd TG (2006) The tropopause inversion layer in models and analyses. Geophys Res Lett 33:L14804

Booker JR, Bretherton FP (1967) The critical layer for internal gravity waves in a shear flow. J Fluid Mech 27:513–539

Boussinesq J (1903) Théorie analythique de la chaleur. Tome, Paris, Gauthier-Villars 2: 170–172

Bretherton FP (1966) The propagation of groups of internal gravity waves in a shear flow. Quart J Roy Met Soc 92:466–480

Broutman D, Young WR (1986) On the interaction of small-scale oceanic internal waves with near-inertial waves. J Fluid Mech 166:341–358

Bühler O (2009) Waves and Mean Flows. Cambridge University Press, New York

© Springer-Verlag GmbH Deutschland, ein Teil von Springer Nature 2022

U. Achatz, *Atmosphärendynamik,* https://doi.org/10.1007/978-3-662-63780-7

Callies J, Ferrari R, Bühler O (2014) Transition from geostrophic turbulence to inertia-gravity waves in the atmospheric energy spectrum. Proc Natl Acad Sci 111(48):17033–17038

Chandrasekhar S (1981) Hydrodynamic and hydromagnetic stability. Dover, New York

Charney JG (1948) On the scale of atmospheric motion. Geofys Publ Oslo 17:1–17

Charney JG, Drazin PG (1961) Propagation of planetary-scale disturbances from the lower into the upper atmosphere. J Geophys Res 66(1):83–109

Charney JG, Stern ME (1962) On the stability of internal baroclinic jets in a rotating atmosphere. J Atmos Sci 19:159–172

Charney JG (1947) The dynamics of long waves in a baroclinic westerly current. J Meteor 4:135–163

Daley R (1991) Atmospheric data analysis. Cambridge University Press, New York

Dewar RL (1970) Interaction between hydromagnetic waves and a time-dependent, inhomogeneous medium. Phys Fluids 13(11):2710–2720

Dolaptchiev S, Klein R (2013) A multiscale model for the planetary and synoptic motions in the atmosphere. J Atmos Sci 70(9):2963–2981

Dolaptchiev SI, Achatz U, Reitz T (2019) Planetary geostrophic boussinesq dynamics: barotropic flow, baroclinic instability and forced stationary waves. Quart J Royal Meteor Soc 145(725):3751–3765

Drazin PG, Reid WH (2004) Hydrodynamic Stability, 2. Aufl. Cambridge University Press, Cambridge

Dubrulle B, Nazarenko S (1997) Interaction of turbulence and large-scale vortices in incompressible 2d fluids. Physica D: Nonl Phen 110(1):123–138

Dunkerton T (1978) On the mean meridional mass motions of the stratosphere and mesosphere. J Atmos Sci 35(12):2325–2333

Durran DR (2010) Numerical methods for fluid dynamics. Springer, New York

Durran DR (1989) Improving the anelastic approximation. J Atmos Sci 46:1453–1461

Durran DR, Arakawa A (2007) Generalizing the Boussinesq approximation to stratified compressible flow. CR Mec 355:655–664

Eady ET (1949) Long waves and cyclone waves. Tellus 1:33–52

Eden C, Chouksey M, Olbers D (2019) Mixed Rossby-gravity wave-wave interactions. J Phys Oceanogr 49(1):291–308

Eliassen A, Palm E (1961) On the tansfer of energy in stationary mountain waves. Geof Pub 22:1–23

Ertel H (1942) Ein neuer hydrodynamischer Wirbelsatz. Met Z 59:277–281

Etling D (2008) Theoretische Meteorologie. Springer, Berlin

Frisch U (2010) Turbulence: the legacy of A. N. Kolmogorov. Cambridge University Press, Cambridge

Fritts DC, Alexander MJ (2003) Gravity wave dynamics and effects in the middle atmosphere. Rev Geophys 41(1):1003

Greiner W, Stock H (1991) Hydrodynamik. Harri Deutsch, Frankfurt a. M

Grimshaw R (1975a) Internal gravity waves: critical layer absorption in a rotating fluid. J Fluid Mech 70:287–304

Grimshaw R (1975b) Nonlinear internal gravity waves in a rotating fluid. J Fluid Mech 71:497–512

Haltiner GJ, Williams RT (1983) Numerical prediction and dynamical meteorology. Wiley, New York

Hartmann D (2016) Global physical climatology. Elsevier, San Francisco

Hartmann DL (2007) The atmospheric general circulation and its variability. J Meteorol Soc Japan Ser II(85B):123–143. doi:https://doi.org/10.2151/jmsj.85B.123

Hasha A, Bühler O, Scinocca J (2008) Gravity wave refraction by three-dimensionally varying winds and the global transport of angular momentum. J Atmos Sci 65:2892–2906. doi:https://doi.org/10.1175/2007JAS2561.1

Held IM (2000) The general circulation of the atmosphere. In Woods Hole Program in Geophysical Fluid Dynamics, S 66

Held IM, Hou AY (1980) Nonlinear axially symmetric circulations in a nearly inviscid atmosphere. J Atmos Sci 37(3):515–533

Hersbach H, Bell B, Berrisford P, Hirahara S, Horonyi A, Munoz-Sabater J, Nicolas J, Peubey C, Radu R, Schepers D, Simmons A, Soci C, Abdalla S, Abellan X, Balsamo G, Bechtold P, Biavati G, Bidlot J, Bonavita M, De Chiara G, Dahlgren P, Dee D, Diamantakis M, Dragani R, Flemming J, Forbes R, Fuentes M, Geer A, Haimberger L, Healy S, Hogan RJ, Holm E, Janiskova M, Keeley S, Laloyaux P, Lopez P, Lupu C, Radnoti G, de Rosnay P, Rozum I, Vamborg F, Villaume S, Thepaut J-N (2020) The ERA5 global reanalysis. Q J R Meteorol Soc 146(730):1999–2049

Hertzog A, Souprayen C, Hauchecorne A (2002). Eikonal simulations for the formation and the maintenance of atmospheric gravity wave spectra. J Geophys Res 107(D12):ACL 4–1–ACL 4–14

Hess S (2015) Tensors for physics. Springer, Heidelberg

Holton JR, Alexander MJ (1999) Gravity waves in the mesosphere generated by tropospheric convection. Tellus 51A-B:45–58

Holton JR, Hakim GJ (2013) An introduction to dynamic meteorology. Elsevier, San Francisco

Hoskins BJ, Karoly DJ (1981) The steady linear response of a spherical atmosphere to thermal and orographic forcing. J Atmos Sci 38(6):1179–1196

Hoskins BJ, McIntyre ME, Robertson AW (1985) On the use and significance of isentropic potential vorticity maps. Quart J Royal Met Soc 111(470):877–946

Huang K (1963) Statistical mechanics. Wiley, New York

James IN (1994) Introduction to circulating atmospheres. Cambridge Atmospheric and Space Science Series. Cambridge University Press, Cambridge. https://doi.org/10.1017/CBO9780511622977

Jones WL (1967) Propagation of internal gravity waves in fluids with shear flow and rotation. J Fluid Mech 30(3):439–448

Juckes M (2001) A generalization of the transformed Eulerian-mean meridional circulation. Quart J Roy Meteor Soc 127(571):147–160

Kalnay E (2002) Atmospheric modeling. Data assimilation and predictability. Cambridge University Press, Cambridge, New York

Karoly DJ, Hoskins BJ (1982) Three dimensional propagation of planetary waves. J Meteor Soc Japan 60(1):109–123

Kim Y-J, Eckermann SD, Chun H-Y (2003) An overview of the past, present and future of gravity-wave drag parametrization for numerical climate and weather prediction models. Atmos Ocean 41:65–98

Klein R, Achatz U, Bresch D, Knio OM, Smolarkiewicz PK (2010) Regime of validity of sound-proof atmospheric flow models. J Atmos Sci 67:3226–3237

Landau LD, Lifschitz EM (1987) Fluid mechanics, 2. Aufl. Pergamon Press, Oxford

Lighthill J (1978) Waves in fluids. Cambridge Univ. Press, Cambridge

Lindzen RA (1990) Dynamics in atmospheric physics. Cambridge University Press, Cambridge

Lindzen RS (1981) Turbulence and stress owing to gravity wave and tidal breakdown. J Geophys Res 86:9707–9714

Lindzen RS, Hou AV (1988) Hadley Circulations for zonally averaged heating centered off the equator. J Atmos Sci 45(17):2416–2427, 09

Lipps F (1990) On the anelastic approximation for deep convection. J Atmos Sci 47:1794–1798

Lipps F, Hemler R (1982) A scale analysis of deep moist convection and some related numerical calculations. J Atmos Sci 29:2192–2210

Lorenz EN (1967) The nature and the theory of the general circulation of the atmosphere. Number 218. World Meteorological Organization

McKenna DS, Konopka P, Grooß J-U, Günther G, Müller R, Spang R, Offermann D, Orsolini Y (2002) A new Chemical Lagrangian Model of the Stratosphere (CLaMS) 1. Formulation of advection and mixing. J Geophys Res: Atm 107(D16):ACH 15–1–ACH 15–15. https://doi.org/10. 1029/2000JD000114. https://agupubs.onlinelibrary.wiley.com/doi/abs/10.1029/2000JD000114

Müller P (1976) On the diffusion of momentum and mass by internal gravity waves. J Fluid Mech 77:789–823

Muraschko J, Fruman M, Achatz U, Hickel S, Toledo Y (2015) On the application of WKB theory for the simulation of the weakly nonlinear dynamics of gravity waves. Quart J R Met Soc 141:676–697

Nappo CJ (2002) An introduction to atmospheric gravity waves. Academic, New York

Nazarenko S (2011) Wave turbulence. Springer, London

Nolting W (2012) Grundkurs Theoretische Physik 4: Spezielle Relativitätstheorie, Thermodynamik. Springer, Berlin

Nolting W (2014) Grundkurs Theoretische Physik 6: Statistische Physik. Springer, Berlin

Ogura Y, Phillips NA (1962) A scale analysis of deep and shallow convection in the atmosphere. J Atmos Sci 19:173–179

Pedlosky J (1964) The stability of currents in the atmosphere and ocean. Part I J Atmos Sci 21:201–219

Pedlosky J (1987) Geophysical fluid dynamics. Springer, New York

Peixoto JP, Oort AH (1992) Physics of climate. American Institute of Physics

Phillips N (1954) Energy transformations and meridional circulations associated with simple baroclinic waves in a two-level, quasi-geostrophic model. Tellus 6:273–286

Phillips NA (1963) Geostrophic motion. Rev Geophys 1(2):123–176. doi: https://doi.org/10.1029/ RG001i002p00123

Pichler H (1997) Dynamik der Atmosphäre. Spektrum Akademischer Verlag, Heidelberg

Pope SB (2000) Turbulent flows. Cambridge University Press, Cambridge

Randel W, Udelhofen P, Fleming E, Geller M, Gelman M, Hamilton K, Karoly D, Ortland D, Pawson S, Swinbank R, Wu F, Baldwin M, Chanin M-L, Keckhut P, Labitzke K, Remsberg E, Simmons A, Wu D (2004) The SPARC intercomparison of middle-atmosphere climatologies. J Climate 17(5): 986–1003, 03

Ribstein B, Achatz U, Senf F (2015) The interaction between gravity waves and solar tides: results from 4-d ray tracing coupled to a linear tidal model. J Geophys Res 120(8):6795–6817. ISSN 2169-9402. https://doi.org/10.1002/2015JA021349

Salmon R (1998) Geophysical fluid dynamics. Oxford University Press, New York

Schneider EK (1977). Axially symmetric steady-state models of the basic state for instability and climate studies. Part II. nonlinear calculations. J Atmos Sci 34(2):280–296, 02

Senf F, Achatz U (2011) On the impact of middle-atmosphere thermal tides on the propagation and dissipation of gravity waves. J Geophys Res 116:D24110

Simmons AJ, Hoskins BJ (1978) Life cycles of some non-linear baroclinic waves. J Atmos Sci 35:414–432

Stensrud DJ (2007) Parameterization schemes. Cambridge University Press, New York

Stull RB (1988) An introduction to boundary layer meteorology. Springer, New York

Sutherland BR (2010) Internal gravity waves. Cambridge University Press, New York

Sutherland BR, Achatz U, Caulfield CP, Klymak JM (Jan 2019) Recent progress in modeling imbalance in the atmosphere and ocean. Phys Rev Fluids 4:010501

Swinbank R, Ortland DA (2003) Compilation of wind data for the Upper Atmosphere Research Satellite (UARS) reference atmosphere project. J Geophys Res Atmosph 108:4615

Vallis GK (2006) Atmospheric and oceanic fluid dynamics: fundamentals and large-scale circulation. Cambridge University Press, New York

Walker CC, Schneider T (2006) Eddy influences on hadley circulations: simulations with an idealized GCM. J Atmos Sci 63(12), 3333–3350

Wang WC, Liang XZ, Dudek MP, Pollard D, Thompson SL (1995) Atmospheric ozone as a climate gas. Atmos Res 37(1):247–256, 1995. ISSN 0169-8095. Minimax Workshop

Wills RC, Schneider T (2016) How stationary eddies shape changes in the hydrological cycle: zonally asymmetric experiments in an idealized GCM. J Climate 29(9):3161–3179

Wu DL, Zhang F (2004) A study of mesoscale gravity waves over the north atlantic with satellite observations and a mesoscale model. J Geophys Res: Atm 109(D22). https://doi.org/10.1029/2004JD005090. https://agupubs.onlinelibrary.wiley.com/doi/abs/10.1029/2004JD005090

Wyngaard JC (2011) Turbulence in the atmosphere. Cambridge University Press, New York

Zeitlin V (2018) Geophysical fluid dynamics. Oxford University Press, Oxford

Stichwortverzeichnis

© Springer-Verlag GmbH Deutschland, ein Teil von Springer Nature 2022
U. Achatz, *Atmosphärendynamik,* https://doi.org/10.1007/978-3-662-63780-7

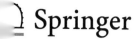

Printed in the United States
by Baker & Taylor Publisher Services